I0074142

Vorlesungen

über

Theorie des Eisenbetons

Im Anhang Hilfstabellen, die deutschen Bestimmungen
von 1915 mit Auslegungen, die österreichischen und die
schweizerischen Vorschriften

von

Karl Hager

o. Professor an der Technischen Hochschule, München

Mit zahlreichen Textabbildungen

München und Berlin 1916
Druck und Verlag von R. Oldenbourg

Copyright 1916 by R. Oldenbourg, München.

Vorwort.

Vorlesungen habe ich dieses Buch genannt, weil meine Vorlesungen über Eisenbetonbau an der Technischen Hochschule München hierzu den Grundstock geliefert haben. Damit soll aber nicht gesagt sein, daß der Inhalt dieses Buches mit dem meiner Vorlesungen vollkommen übereinstimmt. In den Vorlesungen muß auch die Ausführung von Eisenbetonbauten gelehrt und wenigstens die hauptsächlichsten Anwendungen des Eisenbetons im Bauwesen behandelt werden. Beides ist in diesem Buche nicht berührt. Denn die Ausführung der Eisenbetonbauten soll besser nicht aus Büchern sondern nach kurzer Anleitung auf der Baustelle erlernt werden, und die Anwendung des Eisenbetons hat in dem großen Handbuch für Eisenbeton, welches Dr. von Emperger herausgibt, eine nahezu erschöpfende Behandlung erfahren. Dagegen schien es mir erwünscht, unter Benutzung des in unseren Fachzeitschriften in den letzten Jahren reichlich gebotenen theoretischen Stoffes eine Theorie des Eisenbetons zu geben, deren Berechtigung durch einen fortlaufenden Vergleich mit den Ergebnissen der zahlreichen Versuche nachgewiesen wird.

Ich wollte mit dieser Behandlungsweise erreichen, daß der Lernende nicht an den toten Ziffern seiner Rechnung klebt, sondern sich auch eine Vorstellung von dem Kräftespiel und seiner Wirkungen in einem Verbundkörper machen kann und damit den Wert und die Bedeutung seiner Rechnungsergebnisse richtig einzuschätzen lernt.

Da durch das Nachschreiben der umfangreichen theoretischen Entwickelungen die Hörer sehr ermüdet und dadurch auch ihre Auffassung für dazwischen eingestreute praktische Bemerkungen sehr beeinträchtigt wird, wollte ich durch dieses Buch auch meinen Hörern das Nachschreiben solcher Entwickelungen ersparen und ihnen aber gleichzeitig eine Theorie von weit größerem Umfang übergeben, als sie in den Vorlesungen behandelt werden kann. Sie werden damit in der Lage sein auch für schwierigere in der Praxis ihnen entgegentretende theorische Aufgaben eine Lösung zu finden.

Diejenigen Gleichungen, welche für die praktische Rechnung häufig gebraucht werden, wurden durch fetten Druck ihrer Ordnungsnummer hervorgehoben.

Das Buch setzt die Kenntnisse der Festigkeitslehre voraus, wie sie an Deutschen Technischen Hochschulen vorgetragen wird. Wenn an einzelnen Stellen Gebiete der Festigkeitslehre benutzt wurden, welche nicht allgemein bekannt sein könnten, habe ich auf Lehrbücher verwiesen, mit deren Hilfe in kürzester Zeit solche Lücken des Gedächtnisses wieder geschlossen werden können.

In dem Buche sind die amtlichen Bestimmungen berücksichtigt worden, welche in deutscher Sprache erschienen sind, also die neuen deutschen Bestimmungen, die österreichischen und schweizerischen Vorschriften. Als Mitglied des Deutschen Ausschusses für Eisenbeton hielt ich insbesondere auch eine Auslegung der neuen deutschen Bestimmungen, wie ich sie im Anhange zu geben versucht habe, für erwünscht, weil im Anfange bei denen, welche die Entwickelung dieser Bestimmungen nicht kennen, doch Zweifel über ihre Auslegung entstehen können.

Durch die Gegenüberstellung der drei amtlichen Bestimmungen lernt man auch ihre Tragweite besser kennen, und so hoffe ich auch durch diese theoretische Arbeit, welche stets den praktischen Zweck, die Herstellung hinreichend sicherer, wirtschaftlicher Bauwerke oder Bauteile aus Eisenbeton, verfolgt, zur weiteren Entwickelung amtlicher Bestimmungen beigetragen zu haben.

München, im Juli 1915.

Hager.

Inhaltsverzeichnis.

Bezeichnungen.

L ä n g e n: Kleine lateinische Buchstaben, z. B. a, b, c, d, e, h, l, s, t, z.

F l ä c h e n: Große lateinische Buchstaben, z. B. F, F_e (Eisenfläche); ausnahmsweise f_e Querschnitt e i n e s Eisens oder Eisenfläche auf die Breite 1.

S t a t i s c h e M o m e n t e: Große deutsche Buchstaben, z. B. $\mathfrak{S}$ oder $\mathfrak{S}_A$ (hinsichtlich der Achse $A\,A$).

T r ä g h e i t s m o m e n t e: Große griechische Buchstaben, z. B. Θ, Θ_{bd} (der Betondruckfläche), Θ_s (bezogen auf eine Schwerlinie).

V e r h ä l t n i s z a h l e n u n d W i n k e l: Kleine griechische Buchstaben, z. B. α, β, λ, μ, $\left(\mu = \dfrac{l}{l_1}\right)$, φ $\left(\text{Bewehrungsverhältnis } \varphi = \dfrac{F_e}{F_b}\right)$; Ausnahme: $n =$ Verhältnis der Elastizitätsziffern.

E i n z e l l a s t e n: Große lateinische Buchstaben, z. B. P, Q; ($'P$, $'Q$ Nutzlasten), (^0P, ^0Q ständige Lasten).

L a s t e n a u f d i e L ä n g e n e i n h e i t: Kleine lateinische Buchstaben, z. B. p, q, g (kg/m); ($'p$, $'q$ Nutzlasten), (^0p, ^0q ständige Lasten).

L a s t e n a u f d i e F l ä c h e n e i n h e i t u n d S p a n n u n g e n: Kleine griechische Buchstaben, z. B. π (kg/qm); ($'\pi$ Nutzlast), ($^0\pi$ ständige Last); ε Elastizitätsmodul; σ_b Betonspannung, σ_z Spannung bei der Ordinate z.

B i e g u n g s m o m e n t e: Große deutsche Buchstaben, z. B. $\mathfrak{M}$ (mkg); ($'\mathfrak{M}$ herrührend von Nutzlast), ($^0\mathfrak{M}$ herrührend von ständiger Last).

W i d e r s t a n d s m o m e n t e: Große deutsche Buchstaben, z. B. $\mathfrak{W}$; ($\mathfrak{W}_z$ auf Zug, $\mathfrak{W}_d$ auf Druck).

P r e i s e: Große deutsche Buchstaben, z. B. $\mathfrak{B}$ für $^1/_{100}$ cbm Beton, $\mathfrak{E}$ für 1 kg Eisen.

1. Kapitel. Allgemeines.

Geschichtliches.

Die Zugfestigkeit des Betons ist wesentlich kleiner als seine Druckfestigkeit. Vergleicht man die an Würfeln gemessene Druckfestigkeit mit der an Prismen gemessenen Zugfestigkeit, so ergibt sich, daß die Zugfestigkeit nur etwa der zehnte bis zwanzigste Teil der Druckfestigkeit ist (siehe Seite 40). Es liegt deshalb der Gedanke nahe, die Betonkonstruktionen durch Beigabe irgendeines zugfesten Baustoffes in denjenigen Teilen, in welchen Zugkräfte auftreten, zur Aufnahme dieser Zugkräfte geeigneter zu machen.

Der billigste zugfeste Baustoff, der hierzu in Betracht kommen kann, ist das Walzeisen. Man wird daher zunächst in die mit inneren Zugspannungen behafteten Bauwerkteile Eisenstäbe einlegen, welche mit der Richtung der Zugspannungen gleichlaufen und von dem Beton zur innigen Verbindung und zum Schutze gegen äußere Einflüsse allseitig umgeben sind. Auf diese Weise ergeben sich die einfachsten Eisenbetonkonstruktionen. Sie entstehen durch eine innige Verbindung zweier selbständiger Baustoffe, von welchen keiner nicht lediglich als Bindemittel (wie etwa Mörtel) betrachtet werden kann, und heißen deshalb auch Verbundkonstruktionen.

Als Beispiel für eine solche einfache Eisenbetonkonstruktion sei der in Abb. 1 dargestellte Eisenbetonbalken betrachtet, welcher in seiner Zugzone mehrere wagerechte stabförmige Eiseneinlagen enthält.

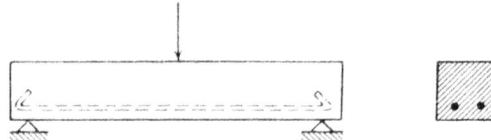

Abb. 1.

Da aber die Druckfestigkeit des Walzeisens auch erheblich größer ist als die des Betons, kann man einen Betonkörper auch gegen die Wirkung der Druckkräfte dadurch widerstandsfähiger machen, daß man Walzeisen an die Stelle und in der Richtung der inneren Druckkräfte einlegt.

Auf diesem logischen Wege ist man nun nicht zu den Verbundkonstruktionen aus Beton und Eisen gelangt, sondern bei den ersten Eisenbetonkonstruktionen sollten die Eisen entweder lediglich eine Sicherheitsvorkehrung sein oder die Formgebung erleichtern.

Der Erfindung des Eisenbetons mußten zwei sehr wichtige Erfindungen vorausgehen: die Entdeckung eines künstlichen, verlässigen hydraulischen Bindemittels und die Erfindung der Walztechnik. Das erstere scheint zuerst zu Anfang des 19. Jahrhunderts von Vicat versucht worden zu sein, letztere stammt von Cort, welcher sie am Ende des 18. Jahrhunderts zur Reinigung der Luppen verwendete.

Das erste auf eine Verbundkonstruktion aus Beton und Eisen erteilte Patent dürfte das englische Patent des Architekten Tyerman vom Jahre 1854 sein. Im

Jahre 1855 nahm Lambot ein Patent auf die Herstellung von Booten aus Eisenbeton. Gleichwohl erhielt im Jahre 1867 Monier ein französisches Patent auf die Herstellung von Eisenbetonkübeln, welchem später eine Reihe auf das Bauwesen gerichteter Zusatzpatente folgte[1]. Die Konstruktionen von Monier lassen aber erkennen, daß ihr Erfinder noch keine klare Vorstellung von der statischen Wirkung der Eisen im Beton hatte. Erst Dr.-Ing. Mathias Koenen hat erkannt, daß die Eisen im Eisenbeton die inneren Zugkräfte zu übertragen haben, während der Beton die Druckkräfte aufzunehmen hat. Er hat auch zuerst ein brauchbares Verfahren für »die Berechnung der Monierschen Zementplatten[2]« angegeben und den damaligen Inhaber der Monier-Patente in Deutschland, den Ingenieur G. A. Wayß, veranlaßt, eine Broschüre[3] über die Anwendung der neuen Bauweise herauszugeben, deren theoretischen Teil er selbst übernommen hatte.

Eine besonders rasche Ausbreitung der neuen Bauweise ist in fast allen Ländern nach dem Jahre 1900 festzustellen. Es scheint die Pariser Weltausstellung 1900 die von François Hennebique ausgebildeten Konstruktionen in weiteren Kreisen bekannt gemacht und damit auch manches bis dahin mehr oder weniger berechtigte Vorurteil beseitigt zu haben. Eine neue Industrie, die Eisenbetonindustrie, konnte entstehen, welche in Deutschland in dem bereits 1898 gegründeten »Deutschen Beton-Verein« eine fachwissenschaftlich und wirtschaftlich förderliche Vereinigung fand.

Der Deutsche Beton-Verein hat zusammen mit dem Verbande Deutscher Architekten- und Ingenieur-Vereine im Jahre 1904 die »Vorläufige Leitsätze für die Vorbereitung, Ausführung und Prüfung von Eisenbetonbauten« herausgegeben und damit erheblich zur ausgedehnten Verwendung des Eisenbetons im Hochbau beigetragen.

Die neue Industrie mußte vielfach noch gegen Vorurteile ankämpfen und gegen Holz- und Eisenbauweise in Wettbewerb treten. Gerade dadurch war sie aber genötigt, die Eisenbetonbauweise wissenschaftlich und wirtschaftlich zu heben, um immer wieder in neuen Gebieten des Bauwesens im Wettbewerb gegen die älteren, erprobten Bauweisen ihre mindestens gleich sicheren Eisenbetonkonstruktionen einführen zu können.

Aus einem Ausschuß des Deutschen Beton-Vereins ist im Jahre 1907 der »Deutsche Ausschuß für Eisenbeton« hervorgegangen. Dieser Ausschuß ist gebildet aus Vertretern der größeren deutschen Bundesstaaten, des Reichs, des Beton-Vereins, des Verbandes Deutscher Architekten- und Ingenieur-Vereine, des Vereins Deutscher Ingenieure und noch einiger anderer Vereine der Zement- und der Eisenindustrie. Erhebliche Mittel, welche der Staat Preußen, das Reich, die Vereine und interessierte wirtschaftliche Verbände aufbringen, stehen diesem Ausschuß zur Erforschung der Eisenbetonbauweise zur Verfügung.

Die Ergebnisse zahlreicher teils langwieriger und schwieriger Versuche sowie eigene Erfahrungen seiner Mitglieder hat der Ausschuß zum Entwurf der neuen Bestimmungen für Ausführung von Bauwerken aus Eisenbeton (1915) benutzt.

---

[1] Handbuch für Eisenbetonbau, herausgegeben von v. Emperger. 2. Aufl., I. Bd.: Die Grundzüge der geschichtlichen Entwicklung von Förster. Berlin 1912.

[2] M. Koenen, Berechnung der Stärke der Monierschen Zementplatten. Zentralblatt der Bauverwaltung 1886, Nr. 47.

[3] Das System Monier in seiner Anwendung auf das gesamte Bauwesen, unter Mitwirkung namhafter Architekten und Ingenieure herausgegeben von G. A. Wayß. Berlin 1887.

Der Ausschuß veröffentlicht seine Arbeiten und seine Versuchsergebnisse in besonderen Heften, welche in dem Verlage von Wilhelm Ernst & Sohn in Berlin erscheinen und in diesem Buch häufig angezogen sind.

Berechnungsvorschriften.

Die Versuche mit Eisenbetonkörpern zeigen, daß das innere Kräftespiel der Verbundkörper wesentlich verwickelter ist als das ähnlicher isotroper Körper unter den gleichen Belastungsverhältnissen. Deshalb kann man auch das Kräftespiel der Verbundkörper nicht mit denselben einfachen Mitteln mathematisch verfolgen, welche innerhalb der praktisch vorkommenden Grenzen zur Berechnung von Spannungen und Formänderungen isotroper Baustoffe mit hinreichender Genauigkeit angewendet werden, sondern es müssen zur Durchführung der Rechnung einschneidendere Annahmen gemacht werden.

Für die Anwendung des Eisenbetons im Bauwesen ist die genaue Darstellung der Spannungsverhältnisse in allen Konstruktionsteilen auch zunächst nicht nötig. Denn man fordert praktisch nur, daß ein Eisenbetonbauwerk eine ungünstigstenfalls auftretende Belastung mit einem ziffermäßig anzugebenden Sicherheitsgrad, ohne zu brechen, trägt, und daß dabei alle einzelnen Teile möglichst dieselbe Sicherheit haben, also kein Teil unnötig stark bemessen ist.

Diesen Zweck kann man aber auch mit weniger genauen, durch Annahmen vereinfachten Rechnungsverfahren erreichen, wenn man nur die nach dem Rechnungsverfahren zulässigen Spannungen unmittelbar von Versuchen abgeleitet hat, wie aus folgendem Beispiel leicht zu ersehen ist: Ein Versuchsbalken aus Eisenbeton sei mit einer Einzellast P in der Balkenmitte belastet, wobei sich nach einem angenäherten Rechnungsverfahren die größte Betondruckspannung zu $\sigma_b = 40$ kg/qcm, die größte Eisenspannung zu $\sigma_e = 1000$ kg/qcm ergeben haben. Bei einer Belastung 3 P sei der Balken gebrochen, so daß er also die Last P bei $\sigma_b = 40$ kg/qcm und $\sigma_e = 1000$ kg/qcm mit dreifacher Sicherheit getragen hat. Wird nun ein Balken im Bauwerk für eine Einzellast Q so bemessen, daß die größte Betondruckspannung $\sigma_b = 40$ kg/qcm und die größte Eisenspannung $\sigma_e = 1000$ kg/qcm betragen, so wird man bestimmt annehmen dürfen, daß dieser Balken auch erst bei 3 · Q bricht. Diese Annahme ist sicherlich berechtigt, wenn auch die nach dem Annäherungsverfahren berechneten Spannungen vielleicht um 30% oder mehr von den wirklich eintretenden Spannungen verschieden sind.

Es haben also die hier nach Annäherungsverfahren berechneten Spannungen nur eine relative Bedeutung, d. h. ihr Verhältnis untereinander und zu den für Versuchskörper nach demselben Rechnungsverfahren abgeleiteten zulässigen Spannungen ist von Wichtigkeit, nicht aber ihr absoluter Wert.

Es möge an dieser Stelle daran erinnert sein, daß auch die nach den Sätzen der Festigkeitslehre ermittelten Spannungswerte der isotropen Baustoffe mehr oder weniger von den wahren Spannungen abweichen, wenn auch in der Regel weniger als bei den Eisenbetonkonstruktionen. Die überraschend ungünstigen Ergebnisse der Biegeversuche mit ⌐-Eisen des Staatsrates v. Bach haben dies wieder deutlich gezeigt [1].

Die nach den Theorien des Eisenbetonbaus ermittelten Spannungen sind also Rechnungswerte, welche von den wahren Spannungswerten verschieden sind. Diese Rechnungswerte können daher der Größe nach nur dann beurteilt werden, wenn die Theorie angegeben ist, nach welcher sie berechnet worden sind.

---

[1] C. Bach, Versuche über die tatsächliche Widerstandsfähigkeit von Trägern mit ⌐-förmigem Querschnitt. Zeitschrift des Vereins deutscher Ingenieure 1910, S. 382.

Diese den meisten Ingenieuren neuartigen Verhältnisse haben beim Auftreten des Eisenbetonbaus das Mißtrauen der für die Sicherheit der Bauwerke verantwortlichen Behörden gegen die neue Bauweise noch genährt. Das Mißtrauen konnte am besten dadurch beseitigt werden, daß man Vorschriften erließ, in welchen nicht nur die in der Berechnung anzuwendenden Theorien sondern auch die als zweckmäßig erkannten Konstruktions- und Ausführungsregeln zur Beachtung vorgeschrieben wurden.

Solche Vorschriften gewährleisten den Bauherrn und der Baupolizei sichere Bauwerke, sie erleichtern dem entwerfenden Ingenieur die Verantwortung und schützen ihn gleichzeitig vor unerwarteten Auflagen nicht sachkundiger Baupolizeibeamten.

In diesem Buche sind nur die hauptsächlichsten vier Vorschriften deutscher Sprache berücksichtigt:

1. Bestimmungen für Ausführung von Bauwerken aus Eisenbeton, aufgestellt vom Deutschen Ausschuß für Eisenbeton (1915).
2. Die österreichische Vorschrift vom 15. Juni 1911 über die Herstellung von Tragwerken aus Eisenbeton oder Stampfbeton bei Straßenbrücken.
3. Die österreichische Vorschrift vom 15. Juni 1911 über die Herstellung von Tragwerken aus Eisenbeton oder Stampfbeton bei Hochbauten.
4. Vorschriften über Bauten in armiertem Beton, aufgestellt von der schweizerischen Kommission des armierten Beton vom Jahre 1909.

Ähnliche Vorschriften bestehen in den meisten anderen Kulturländern[1]).

Eigenspannungen.

In den Eisenbetonkonstruktionen sind auch von der Belastung unabhängige Spannungen festzustellen, welche auf verschiedene Ursachen zurückzuführen sind und unter der gemeinsamen Bezeichnung Eigenspannungen zusammengefaßt werden sollen.

Wenn die Eisenstäbe den Beton in seinem Widerstand gegen Zug oder Druck unterstützen können, muß eine innige Verbindung beider Stoffe an der Eisenoberfläche bestehen, so daß beide Stoffe an ihren Berührungsflächen unter äußeren Einflüssen die gleichen Formänderungen erleiden. Die Eigenschaft des Betons an der Eisenoberfläche fest anzuhaften, nennt man Haftfestigkeit oder Haftfähigkeit, welche später eingehend behandelt werden wird.

Da nun manche äußere Einflüsse, wie z. B. Änderung der Feuchtigkeit, bei dem Beton andere Formänderungen bewirken als beim Eisen, müssen die Formänderungen, soweit sie durch die Haftfestigkeit verhindert werden, zu inneren, von der Belastung unabhängigen Spannungen des Betons und des Eisens führen.

Der Beton schwindet beim Erhärten an der Luft, d. h. er verkleinert seinen Rauminhalt[2]). Durch die Verkürzung des Betonkörpers wird wegen der Haftfestigkeit auch das Eisen verkürzt, welches aber vermöge seiner Elastizität seine ursprüngliche Länge beizubehalten trachtet und damit die Verkürzung des Betonkörpers teilweise verhindert. Es werden also in dem Eisen Druckspannungen und in dem umgebenden Beton Zugspannungen entstehen[3]). Diese Eigenspan-

---

[1]) Handbuch für Eisenbetonbau von v. Emperger, 1. Aufl., IV. Bd., 3. Teil. Berlin 1909. Bestimmungen für Eisenbetonbauten von Natorp.

[2]) Deutscher Ausschuß für Eisenbeton, Heft 23, berichtet von Rudeloff und Sieglerschmidt. Berlin 1913. S. 20.

[3]) Desgleichen Heft 34, berichtet von Rudeloff. Berlin 1915. S. 35.

nungen, welche von dem Schwinden des Betons während der Erhärtung herrühren, heißen Anfangsspannungen.

Unter der Einwirkung von äußeren Kräften erleidet der Beton Formänderungen, welche nach dem Aufhören der Kraftwirkung nicht vollständig wieder verschwinden. In Abb. 2 sind die an einem unbewehrten Betonprisma gemessenen bleibenden, federnden und gesamten Zusammendrückungen mit den zugehörigen Spannungen dargestellt[1]). Sind in dem Betonprisma Eisenstäbe eingebettet, so haben diese das Bestreben, nach dem Aufhören der äußeren Kraftwirkung ihre ursprüngliche Länge wieder anzunehmen und werden durch die bleibende Verkürzung des Betons daran gehindert, so daß im Eisen Druck- und im umgebenden Beton Zugspannungen eintreten müssen.

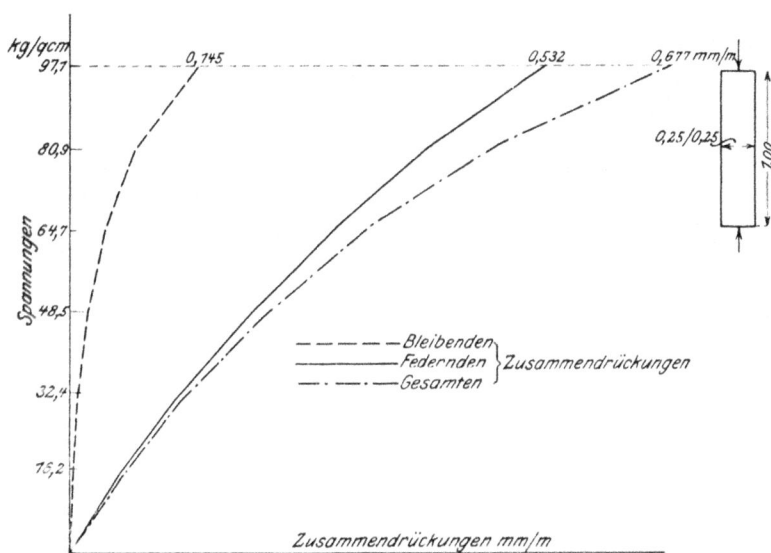

Abb. 2.

Die durch die bleibenden Formänderungen des Betons entstehenden Spannungen heißen remanente Spannungen.

Auch durch die Wärmeänderung werden im Eisenbeton Eigenspannungen hervorgerufen. Die Wärmespannungen der statisch unbestimmten Eisenbetonkonstruktionen werden später behandelt werden (Seite 224). Die in den statisch bestimmten Eisenbetonkonstruktionen eintretenden Spannungen durch Wärmeänderung sind entsprechend dem kleinen Unterschied der Wärmeausdehnungsziffern beider Stoffe nicht bedeutend. Die Wärmeausdehnungsziffer für Eisen ist $\alpha_e = 0,000012$, die des Betons im Mittel $\alpha_b = 0,000010$[2]).

Dagegen können die Eigenspannungen, welche durch Wassertränkung bzw. Austrocknung der Eisenbetonkörper eintreten, recht beträchtlich sein; denn nach 150 Tagen Wasserlagerung ist an einem an der Luft erhärteten Beton eine Ausdehnungsziffer von 0,000349 beobachtet worden[3]).

---

[1]) Bach, Druckversuche mit Eisenbetonkörpern. Mitteilungen über Forschungsarbeiten auf dem Gebiete des Ingenieurwesens, Heft 29. Berlin 1905. S. 11.

[2]) Deutscher Ausschuß für Eisenbeton, Heft 25, berichtet von Rudeloff und Sieglerschmidt. Berlin 1913. S. 31.

[3]) Ebenda S. 24.

Rostschutz.

Eisenbetonbauwerke haben nur dauernden Bestand, wenn das vom Beton umhüllte Eisen gegen Rosten gesichert ist. Im Anfang des Eisenbetonbaus konnte man sich nur auf günstige Beobachtungen stützen. Eisenteile, die viele Jahre in Zementmörtel eingebettet waren, sind beim Abbruch wieder ohne Rost angetroffen worden. Jedoch trat bald das Bedürfnis auf, die Frage der Rostsicherheit durch systematische Versuche zu klären, welche zum Teil heute noch nicht abgeschlossen sind[1]).

Solche Versuche haben ergeben, daß das Eisen im Zementbeton gegen Rosten gesichert ist, wenn nur der Beton dicht und nicht zu mager (zementarm) angemacht ist. Eine chemische Verbindung zwischen Bestandteilen des Portlandzementes und dem Eisen tritt nicht ein, dagegen verhindern Hydroxyde, z. B. Natronlauge, Kalilauge, Ammoniakwasser, Calciumhydroxyd u. a. den Oxydationsprozeß des Eisens. Da nun während des Abbindens und Erhärtens des Portlandzementes Calciumhydroxyd entsteht, ist das Eisen durch dieses gegen Rost geschützt[2]). Daraus geht aber auch hervor, daß der Beton zur Sicherung der Eisen gegen Rosten nicht zu mager sein darf und auch dicht sein muß, damit das Kalkhydrat vor dem Zutritt atmosphärischer Kohlensäure geschützt ist[3]).

Häufig wird die Dehnungsfähigkeit des Betons in den Eisenbetonkonstruktionen überwunden, so daß Risse entstehen, welche bis zu den Eisenstäben vordringen. Es ist deshalb auch zu prüfen, ob das Eisen an solchen Rißstellen noch hinreichend gegen Rosten gesichert ist. Nach Versuchen von Bach sind bei besonderen Vorkehrungen mit der Lupe Haarrisse im Beton von $1/_{200}$ mm Breite an wahrnehmbar. Durch so feine Haarrisse werden schädliche Gase oder Feuchtigkeit kaum in merkbarer Tiefe einzudringen vermögen. Solche Haarrisse dringen wohl auch kaum bis zu den Eisen vor, denn die Rißbildung beginnt bei Balken an den Zugkanten, welche von dem Eisen am weitesten entfernt liegen, und schreitet mit wachsender Belastung gegen die Eisen zu vor, wie aus Abb. 3 zu ersehen ist[4]).

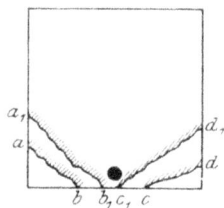

Abb. 3.
Kantenrisse nach ab und cd unter $P = 6000$ bis 6500 kg,
Kantenrisse nach $a_1 b_1$ und $c_1 d_1$ unter $P = 7000$ kg.

Beim Betonieren bildet sich um die Eisen eine feine Zementhaut, so daß also der Beton in unmittelbarer Nähe der Eisen zementreicher ist und deshalb auch mehr schützendes Calciumhydroxyd enthält als der übrige Beton. Immerhin mußte noch durch Versuche das Verhalten des Eisens in der Nähe von Betonzugrissen geprüft werden, insbesondere wenn gleichzeitig die Rostbildung begünstigende äußere Einflüsse auf die Konstruktion einwirken.

Der Deutsche Ausschuß für Eisenbeton hat daher Platten und Balken prüfen lassen, in welchen zuvor durch Belastungen Zugrisse hervorgerufen waren[5]). Ein

---

[1]) Deutscher Ausschuß für Eisenbeton, Heft 22, berichtet von Gary. Versuche über das Rosten von Eisen im Mörtel und Mauerwerk. Berlin 1913.

[2]) Rohland, Der Eisenbeton, kolloid-chemische und physikalisch-chemische Untersuchung. Leipzig 1912. S. 30.

[3]) Zschokke, Schweiz. Bauzeitung 1915, Nr. 11 u. 12.

[4]) Bach, Versuche mit Eisenbetonbalken, 1. Teil. Mitteilungen über Forschungsarbeiten, Heft 39. Berlin 1907.

[5]) Deutscher Ausschuß für Eisenbeton, Heft 31. Versuche zur Ermittelung des Rostschutzes der Eiseneinlagen im Beton unter besonderer Berücksichtigung des Schlackenbetons; berichtet von Scheit und Wawrziniok. Berlin 1915.

Teil der Versuchsstücke wurde unter dauernder Belastung im Freien gelagert, ein anderer Teil fortwährend wechselnd belastet und entlastet und dabei abwechselnd trockener Luft, Wasser und Rauchgasen ausgesetzt. An den Rißstellen und in deren unmittelbarer Nähe zeigte sich darauf Rost, welcher aber nur bei sehr porösem Beton zu einem Bedenken Anlaß bieten konnte. Gleichwohl empfehlen die deutschen Bestimmungen bei Brücken über Bahnanlagen einen besonderen Schutz (z. B. durch Schutzanstrich oder aufgehängte Schutztafeln) gegen die Einwirkung der schwefeligen Rauchgase. Von den Ergebnissen der im Hefte 31 des Deutschen Ausschusses für Eisenbeton behandelten Rostschutzversuche sind folgende Feststellungen von besonderer Wichtigkeit:

> »Es haben sich keine Anhaltspunkte dafür ergeben, daß die benutzten Zuschlagsstoffe ein Rosten der Eiseneinlagen verursachten. Dagegen hat sich aber deutlich gezeigt, daß poröser Beton das Rosten begünstigt und dichter Beton das Rosten sowie das Weiterrosten wirksam verhindert. Insbesondere konnte festgestellt werden, daß gut an den Eisen haftende Zementumhüllungen, sogenannte Zementhäute, der Rostbildung vorbeugen.
>
> Die Oberflächenbeschaffenheit der Eiseneinlagen ist auf die Rostbildung von Einfluß, und zwar neigen bei allen Betonmischungen die blanken Eiseneinlagen in höherem Maße zum Rosten als die mit Walzhaut bedeckten. Besonders bemerkenswert ist aber, daß die verrostet eingelegten Eisenstäbe nur dann weiterrosten, wenn die Luft und Feuchtigkeit Zutritt finden. Sind dagegen diese Eisenstäbe mit Beton umhüllt, so findet kein Weiterrosten statt. Ein Entrosten von Eisenstäben durch chemische Vorgänge beim Abbinden des Zementes . . . . . war in keinem Falle festzustellen.
>
> . . . . . Das Rosten beginnt an den Rißstellen und setzt sich nach beiden Seiten mehr oder weniger weit in das Innere des Betons hin fort, abhängig von dem Gerade der Dichtigkeit der Betonumhüllungen. . . . .
>
> Es hat sich gezeigt, daß Rosten der Eiseneinlagen nur dann stattfindet, wenn Wasser und Luft auf das Eisen einwirken, und zwar wird die Rostbildung um so stärker, je häufiger Wasser und Luft mit dem Eisen in Wechselwirkung treten und je ungehinderter dies stattfindet.«

Die Verfasser des Heftes 31 fassen ihre Versuchsergebnisse in folgender Schlußfolgerung zusammen:

> »Aus den Versuchsergebnissen ist zu folgern, daß es bei Errichtung von Eisenbetonbauten notwendig ist, die Eiseneinlagen zur Verhinderung der Rostbildung vor dem Zutritt von Feuchtigkeit und Luft zu schützen, und zwar durch Verwendung eines möglichst dichten Betons. Weiter muß durch ausreichende Bemessung der Querschnitte und zweckmäßige Verteilung der Eiseneinlagen über den Betonquerschnitt der Entstehung von statischen Betonrissen nach Möglichkeit vorgebaut werden. «

Feuersicherheit des Eisenbetons.

Sehr häufig wird der Eisenbeton im Bauwesen der Feuersicherheit wegen angewendet, so daß auch zu prüfen ist, ob der Eisenbeton feuersicher genannt werden darf.

Zunächst ist festzustellen, daß feuersicher ein relativer Begriff ist. Man wird eine Bauweise feuersicher nennen dürfen, wenn sie einem Schadenfeuer, welches bei Bränden in Städten mit befriedigenden Löscheinrichtungen eintreten kann, standzuhalten vermag.

Viele Schadenfeuer und die Versuche des Deutschen Ausschusses für Eisenbeton[1]) haben bewiesen, daß die Eisenbetonbauweise in höherem Maße feuer-

---

[1]) Deutscher Ausschuß für Eisenbeton, Heft 11, Berlin 1911, und Heft 26, Berlin 1913; berichtet von Gary.

sicher ist als die anderen seither als feuersicher betrachteten Bauweisen. Durch langandauerndes Feuer mit hoher Hitze wird Eisenbeton auch beschädigt. Insbesondere springen flache Schalen des Betons ab, wenn dieser mit einem dichten Putz überdeckt ist, so daß sich darunter gespannter Wasserdampf bildet, oder wenn der Beton beim Löschen des Brandes angespritzt wird. Aber die Konstruktionen behalten ihre Gestalt, so daß die auf Wänden und Säulen ruhenden Eisenbetondecken auch unter ihrer Nutzlast nicht einstürzen. Ferner bleibt ein Brand in einem von Eisenbetondecken und -wänden umschlossenen Raum auf seinen Herd beschränkt, weil entzündbare Stoffe auch durch eine nur 8 cm starke Wand oder Platte gegen ein benachbartes Schadenfeuer von etwa 1100° sicher geschützt bleiben.

Die Art der Zuschlagsstoffe und die Stärke der Wände ist bei den gewöhnlichen Schadenfeuern von untergeordneter Bedeutung. Auffallenderweise ist sogar der Kalksteinschotterbeton dem Flußkiesbeton in bezug auf Langsamkeit der Wärmeübertragung und Haltbarkeit der Betonüberdeckung an den Eisen überlegen. Auch ist es ohne Einfluß, ob die Betonüberdeckung an den Eisen 0,5 cm oder 2 cm stark gewählt wird. Jedoch ist es von Wichtigkeit, daß sich die Eisen auch an denjenigen Stellen, an welchen keine inneren Zugkräfte auftreten, übergreifen, damit an keiner Stelle des Bauwerkes unter der Brandhitze Spalten entstehen können.

Gary faßt in seinem oben angezogenen Bericht (Heft 11) die bei den Brandproben gewonnenen Erfahrungen in folgenden Sätzen zusammen:

»Im allgemeinen ist nicht anzunehmen, daß ein richtig konstruiertes und gut ausgeführtes Eisenbetongebäude durch ein Schadenfeuer zerstört werden kann. In der Regel werden bei örtlichem Brande in einem Betongebäude die dem Brandherd benachbarten Räume ohne Gefahr betreten werden können. Die in solchen Räumen lagernden brennbaren Gegenstände werden in der Regel vom Feuer nicht angegriffen oder beschädigt werden.«

Einfluß der Elektrizität auf Eisenbeton.

Die Elektrizität kann in zwei Formen auf Eisenbetonkonstruktionen einwirken. Es können Blitzschläge die Eisenbetonbauwerke treffen und vagabundierende Ströme können entweder aus der Erde in die Grundmauern eindringen oder infolge schlechter Isolierungen der im Gebäude liegenden Starkstromleitungen von diesen Leitungen durch den Eisenbeton zur Erde fließen.

Beide Formen der elektrischen Einwirkung auf Eisenbeton sind vom Deutschen Ausschuß für Eisenbeton untersucht worden[1]).

Der Blitz wird in Eisenbetongebäuden von den Eisenstäben geleitet. Es sind daher diejenigen Stellen zu untersuchen, an welchen diese Leitung durch den Stoß der Eisen unterbrochen sind und der Blitz durch den Beton gehen muß. Die Wirkung eines Blitzes konnte bislang noch nicht beobachtet werden, so daß man nur auf die Beobachtung der Wirkung künstlicher, blitzschlagähnlicher Entladungen angewiesen ist.

In trockenem Beton haben sich an der Durchgangstelle der Entladungen verglaste Blitzröhren im Beton gebildet, welche aber keinerlei Zerstörungen verursachten, dagegen wurden in feuchtem Beton nur selten solche Blitzröhren festgestellt.

Bei vagabundierendem Gleichstrom entsteht im feuchten oder in Wasser gelagertem Eisenbeton an den die Anode bildenden Eisen Rost. Die Rostbildung

---

[1]) Deutscher Ausschuß für Eisenbeton, Heft 15, berichtet von Berndt, Wirtz und Preuß. Berlin 1912.

kann so stark sein, daß der umgebende Beton infolge Volumvergrößerung des rostenden Eisens gesprengt wird. Unter der Einwirkung von normalem Wechselstrom rosten die Eisen nicht.

Für gut ausgetrocknete Eisenbetonbauten in trockener Luft besteht keine Gefahr durch elektrolytische Wirkungen, weil der elektrische Leitungswiderstand des trockenen Betons sehr groß ist und keine Sauerstoffentwickelung möglich ist.

Die besten Schutzvorkehrungen gegen die Einwirkung der vagabundierenden elektrischen Ströme sind deshalb einesteils Trockenhalten des Eisenbetonbauwerkes, anderseits sorgfältige Isolation der Starkstromleitungen gegen die Eisen des Eisenbetons.

Abbruch der Eisenbetonkonstruktionen.

Man hat der Eisenbetonbauweise gegenüber häufig das Bedenken geltend gemacht, daß ein etwa notwendiger Abbruch der Eisenbetongebäude nur mit ganz unverhältnismäßigen Kosten möglich wäre. Bis vor einigen Jahren haben diese Bedenken wohl auch eine Berechtigung gehabt, als man noch auf die ausschließliche Verwendung von schweren Hämmern, Meißeln und Keilen oder Sprengmitteln angewiesen war. Seitdem aber zu solchen Arbeiten Preßluftmeißel und Autogengasgebläse zur Verfügung stehen, haben sich die Verhältnisse wesentlich geändert[1]).

Im allgemeinen wird man annehmen dürfen, daß der Wert des wiedergewonnenen Eisens ungefähr die für Abbruch des Betons und Lösen der Eisen anfallenden Arbeitslöhne deckt, ungerechnet des Wertes der wieder verwertbaren Teile, wie Türen, Fenster usw., welche in gleicher Weise wie bei jeder anderen Bauweise anfallen. Die Kosten für den Abbruch eines Kubikmeters Eisenbeton wachsen mit der Betonstärke und mit dem Grade der Eisenverflechtung. Der Abbruch der Kohlenwäsche in Stockheim (Franken) soll im Durchschnitt 10 M./cbm gekostet haben.

Schwieriger als der Abbruch der Eisenbetongebäude gestaltet sich ihr Umbau, obwohl auch hierfür in den meisten Fällen wirtschaftliche Lösungen zu finden sein werden.

---

2. Kapitel. Baustoffe.

Der Beton.

Die zahlreichen technischen und wirtschaftlichen Fragen, welche bei der Betonbereitung, bei der Auswahl seiner Bindemittel und Zuschlagstoffe auftreten, bilden zusammen mit der konstruktiven und künstlerischen Behandlung der Betonbauwerke eine besondere Disziplin der Bauwissenschaften[2]), die mit dem Eisenbetonbau nur in losem Zusammenhange steht. Hier soll deshalb nur das für den Eisenbetonbau Wichtige von dem Beton gebracht werden.

Als Bindemittel wird im Eisenbetonbau meist Portlandzement verwendet, welcher den Normen für die Lieferung von Portlandzement[3]) entsprechen muß.

---

[1]) Schick, Zwei Fälle von Abbruch moderner Eisenbetonkonstruktionen. Zeitschrift für Betonbau. Wien 1913. Nr. 6.

[2]) An der Technischen Hochschule München wird diese Disziplin unter dem Titel »Betonbau« in einer besonderen einstündigen Vorlesung im Wintersemester behandelt. Vgl. auch Büsing und Schumann, Der Portlandzement, IV. Aufl. Berlin 1912.

[3]) Deutsche Normen für einheitliche Lieferung und Prüfung von Portlandzement. Verlag Ernst & Sohn. Berlin 1909.

Neben Portlandzement wird jetzt im Eisenbetonbau auch Eisenportlandzement, eine Mischung von 70% Portlandzement und 30% feingemahlener, gekörnter Hochofenschlacke, verwendet. Nach einer Veröffentlichung des Vereins Deutscher Eisenportlandzementwerke e. V. (Düsseldorf 1912)[1]) soll Eisenportlandzement schon seit dem Jahre 1903 zu Eisenbetonbauten verwendet worden sein. Nachteilige Folgen dieser Verwendung scheinen bis jetzt nicht bekannt geworden zu sein. Da die meisten Eisenbetonversuche bislang mit Portlandzement gemacht worden sind, wird nun auch vom Deutschen Ausschuß für Eisenbeton die Eignung des Eisenportlandzementes und seines jüngsten Verwandten, des Hochofenzementes[2]), zu Eisenbetonbauten geprüft werden.

Nach den deutschen Bestimmungen ist nur normalbindender Portland- oder Eisenportlandzement zu verwenden, der den jeweils gültigen deutschen Normen entspricht. In Österreich und in der Schweiz wird zu Eisenbetonbauten nur Portlandzement zugelassen.

Im Eisenbetonbau ist neben der Festigkeit, welche mit dem Bindemittel erzielt wird, auch die Raumbeständigkeit von besonderer Wichtigkeit. Wie bereits gezeigt, verursacht starkes Schwinden größere Anfangszugspannungen in dem Beton, welcher die Eisen umgibt, und diese Anfangsspannungen können den Anlaß zu frühzeitig eintretenden Rissen geben. Man wird deshalb sowohl Zemente, welche bei Erhärten stark schwinden, als auch zu fette Betonmischungen (insbesondere bei feinem oder tonhaltigem Sande) meiden müssen[3]).

Dagegen darf auch mit Rücksicht auf die Rostsicherheit des Eisens der Gehalt an Zement im Beton nicht zu gering bemessen werden. Die amtlichen österreichischen Eisenbetonbestimmungen schreiben daher die Verwendung von mindestens 280 kg Zement auf 1 cbm Gemenge der Zuschlagstoffe vor, die deutschen Bestimmungen fordern mindestens ½ cbm Mörtel auf 1,0 cbm Beton, ohne Festsetzung der Zementmenge (vgl. Auslegung 3, S. 332). Die schweizerischen Vorschriften verlangen für den normalen Beton 0,8 cbm Kies, 0,4 cbm Sand und 300 kg Portlandzement. Nach Raumteilen ausgedrückt, werden im Eisenbetonbau die Mischungen 1:4 und 1:5 am häufigsten verwendet. Das Mischungsverhältnis 1:3 nur für besonders hoch auf Druck beanspruchte Bauteile, bei welchen die Anfangszugspannungen belanglos oder durch die Belastung ausgeschlossen sind.

Künftig werden wohl allgemein die Mischungsverhältnisse so angegeben, daß das Bindemittel in Gewicht und die Zuschlagstoffe in Hohlmaßen gemessen werden.

Da auch die Dichtigkeit des Betons für den Rostschutz von Bedeutung ist, sollen die Hohlräume der groben Zuschläge durch den Mörtel (Zement und Sand) möglichst vollständig ausgefüllt werden. Das Verhältnis von Sand zu Kies bzw. Schotter ist in Raumteilen zweckmäßig 1:1,5 bis 2,0[4]). Die groben Zuschlagstoffe Kies und Schotter müssen im Eisenbetonbau feinkörniger als im gewöhnlichen Betonbau sein.

Der Sand muß von gemischtem Korn (7 mm bis fein) und beständig (nicht zerfallend, wie manche Schlackensande) sein und das Steinmaterial der gröberen Zuschläge darf keine geringere Festigkeit als die Mörtelfestigkeit haben. Die

[1]) II. Aufl., Düsseldorf 1914.

[2]) Passow, Hochofenzement. Verlag Tonindustriezeitung. Berlin 1912.

[3]) Deutscher Ausschuß für Eisenbeton, Heft 35, berichtet von Gary, Berlin 1915.

[4]) Schweizerische Eisenbetonbestimmungen. 1909. Deutscher Ausschuß für Eisenbeton, Heft 29, Zweckmäßigste Zusammensetzung des Betongemenges für Eisenbeton, berichtet von Gary. Berlin 1915.

österreichischen Bestimmungen enthalten auch für diese beiden Anforderungen ziffermäßig ausgesprochene Grenzen.

Lokomotivlösche und Kesselschlacke erzeugen Rost und sind deshalb im Eisenbetonbau nur im Füllbeton verwendbar, der die Eisen nicht berührt. Müssen leichte Betonkörper hergestellt werden, können Bimssand und Bimskies benutzt werden.

Der Beton muß in weichem bis flüssigem Zustand verwendet werden, damit er sich gut an die Eisen anlegt und dort die feine Zementhaut an der Eisenoberfläche bildet, welche nicht nur wichtig für den Rostschutz sondern auch für die Haftfestigkeit des Eisens im Beton zu sein scheint[1]).

Die Güte des Betons, welcher zu Eisenbetonbauten verwendet wird, wird in den meisten Ländern nach seiner Würfelfestigkeit beurteilt. In den amtlichen Bestimmungen wird deshalb auch fast allgemein eine geringste zu erreichende Würfelfestigkeit vorgeschrieben.

Dabei ist zu beachten, daß die weich und flüssig angemachten Betonmischungen langsamer erhärten als die erdfeuchten, wenn erstere auch im Laufe der Zeit die Würfelfestigkeit des gleichalterigen erdfeuchten Betons fast einholen. Da nun aber wegen der praktischen Durchführung der Baukontrolle nur junge Würfel geprüft werden können, muß man sich auch mit einer nicht sehr hohen Würfelfestigkeit in den Vorschriften begnügen. Hierdurch wird die Solidität des Bauwerks nicht geschädigt, da ja bis zum Eintritt der vollen Belastung eine weit höhere Festigkeit vorhanden ist.

In folgender Tabelle ist die in den Vorschriften einiger Länder festgesetzte Mindestfestigkeit des Betons aufgeführt.

Vorschrift	Probe-körper	Festigkeit in kg/qcm
Deutsche Bestimmung 1915	Würfel 20/20	Flüssiger Beton: 150 nach 28 Tagen, 180 nach 45 Tagen Säulenbeton: 180 nach 28 Tagen, 210 nach 45 Tagen
Vorläufige Leitsätze 1904	Würfel 30/30	180 bis 200 nach 28 Tagen
Vorschriften für die Württembergischen Staatseisenbahnen 1909	Würfel 30/30	180 bis 200 nach 28 Tagen
Österreichische Eisenbetonbestimmungen 1911	20/20	280 kg } Zement auf 130 } 350 » } 1 cbm 150 } nach 6 Wochen 470 » } Gemenge 170 }
Schweizerische Eisenbetonbestimmungen 1909	Würfel 16/16 Prismen 36/12/12	plastischer Beton: 150 } nach 28 Tagen erdfeuchter » 200 }
Französische Eisenbetonbestimmungen 1909		keine untere Grenze
Englische Eisenbetonbestimmungen	Würfel 10/10	170 nach 28 Tagen

[1]) Rohland, Der Eisenbeton, kolloid-chemische und physikalisch-chemische Untersuchungen. Leipzig 1912. S. 39.

Da ein schlechter Beton im Eisenbetonbau viel schneller zu Unglücksfällen führen kann als im reinen Betonbau, haben alle die an einem Eisenbetonbau Beteiligten, Bauleiter, Unternehmer, Bauherr und Baupolizei, ein hervorragendes Interesse an einem gleichmäßig guten Beton und somit auch an einer fortlaufenden Betonkontrolle.

Um die Kontrolle möglichst zu erleichtern und damit auch zu fördern, wurden zweckmäßigerweise in einigen Ländern kleine Probekörper eingeführt, wenn sie auch keine so gute Übereinstimmung mit der Betonfestigkeit im Bauwerk geben können als größere.

Aus dem gleichen Bestreben ist der Vorschlag von v. Emperger[1]) hervorgegangen, an Stelle von Würfeln stark bewehrte Balken zu prüfen und aus der Bruchlast den Druck im Beton zu rechnen, zumal auch die Würfelprobe mit dem weichen, nicht stampfbaren Beton unzuverlässige Ergebnisse liefere. Die Balken sind zwar noch unhandlicher als die Würfel (20/20), aber ihre Prüfung kann mit einfacheren Mitteln auf dem Bauplatze durchgeführt werden[2]). In der Zeitschrift »Armierter Beton« 1911 ist der Kontrollbalken nach einer Umfrage mehrfach erörtert worden, ohne daß damit eine Klärung der Frage, ob Würfel- oder Balkenprobe oder beides, im Eisenbetonbau eine geeignete Kontrolle bieten, möglich war. Auch durch die Versuche des Deutschen Ausschusses für Eisenbeton[3]) ist man noch nicht zu einem endgültigen Urteil gelangt, obgleich dort das Verhältnis der Biegungsfestigkeit zur Würfelfestigkeit ziemlich übereinstimmend zu 1,70 bis 1,81 gefunden worden ist. Andere Versuche haben aber kein so konstantes Verhältnis geliefert.

Ein handliches Prüfungsverfahren zur fortlaufenden Baukontrolle mit bewehrten kleinen Balken ist auch das mit der Reform-Prüfungsmaschine Patent Buchheim und Heister[4]). Jedoch dürfte die Kontrolle am ehesten durch Einführung kleiner Würfel (10/10) verbreitet werden.

Das elastische Verhalten des Betons unterscheidet sich von dem vieler anderer Stoffe dadurch, daß auch schon kleine Zug- und Druckbelastungen dauernde Formänderungen hervorzubringen vermögen. Anfangs kann man jede Längenänderung in eine bleibende und in eine federnde zerlegen. Wiederholt man dieselbe Belastung oftmals hintereinander, indem man sie stets wieder auf Null zurückgehen läßt, so wird die bleibende Formänderung einen Größtwert erreichen, welcher auch nach weiteren Wiederholungen derselben Belastung nicht mehr wachsen wird, so daß von nun an bis zu dieser Last nur mehr federnde Formänderungen eintreten werden.

v. Bach hat mit Betonprismen nach Abb. 4 Zugversuche durchgeführt und die hierbei eintretenden Formänderungen gemessen[5]). In Abb. 5 sind die bei einem Zugversuch gemessenen Verlängerungen als Abszissen, die zugehörigen Spannungen als Ordinaten aufgetragen worden. Der Beton hatte ein Mischungsverhältnis 1:4 und war ungefähr 105 Tage alt.

---

[1]) v. Emperger, Kontrollbalken. Verlag Ernst & Sohn. Berlin 1910.

[2]) Kromus, Die Betonkontrolle, Beton und Eisen. 1912, Heft XIX, und 1912, Heft I.

[3]) v. Bach und Graf, Deutscher Ausschuß für Eisenbeton. 1912, Heft 19.

[4]) Färber, Armierter Beton. 1911, Heft 6; Deutsche Bauzeitung 1912, Betonbeilage Nr. 17.

[5]) v. Bach, Mitteilungen über Forschungsarbeiten, Heft 29, 1905.

Zur Berechnung des Elastizitätsmoduls können natürlich nur die federnden Formänderungen benutzt werden. Die Linienzüge der federnden Formänderungen sind in den beiden Abb. 2 und 5 nicht geradlinig, sondern polygonal und nach der Achse der Formänderungen zu konkav. Daraus muß geschlossen werden, daß der Elastizitätsmodul des Betons auf Zug und Druck eine veränderliche, und zwar mit wachsender Spannung fallende Größe ist.

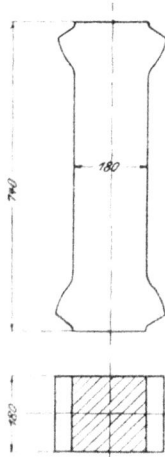

Abb. 4.

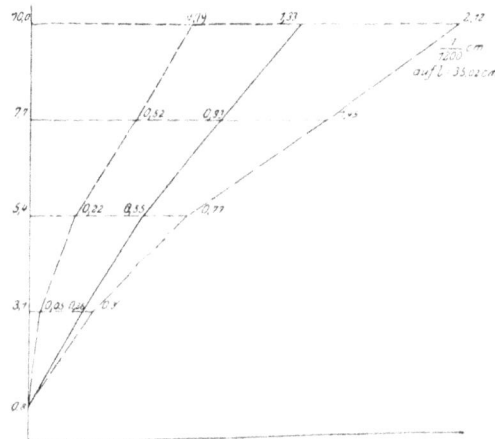

Abb. 5.

Vergleicht man die aus solchen Versuchen für die gleiche Spannung berechneten Elastizitätsmoduli verschiedener Betonarten[1]), so findet man, daß dieser Elastizitätskoeffizient von folgenden Umständen abhängig ist: vom Mischungsverhältnis, Bindemittel, Zuschlagstoffen, Wasserzusatz, Verdichtung durch Stampfen und von dem Alter der Probekörper. Deshalb kann auch keine einheitliche Gleichung zwischen Spannung und Elastizitätsmodul aufgestellt werden, welche für alle Betonarten die gleichen Konstanten enthält. Für die Verkürzungen λ eines Betonkörpers, welche zu Spannungen σ gehören, kann man die Gleichung aufstellen

$$\lambda = \frac{\sigma^m}{\varepsilon_b},$$

wobei ε_b der Elastizitätsmodul des Betons für die Druckspannung $\sigma = 1{,}0$ kg/qcm und $m = 1{,}11$ bis $1{,}16$ ist.

In Abb. 6 sind für drei Betonarten die Elastizitätsmoduli als Ordinaten aufgetragen worden, während die zugehörigen Abszissen nach rechts die Zug-, nach links die Druckspannungen bedeuten. Für die punktierten Strecken liegen keine Beobachtungen vor.

Man sieht, daß der Wert des Elastizitätsmoduls mit wachsender Spannung abnimmt, und zwar auf der Zugseite bei zwei Betonarten erheblich rascher als auf der Druckseite.

---

[1]) v. Bach, Mitteilungen über die Herstellung von Betonkörpern usw. 1903, 1906, 1909. Verlag Wittwer, Stuttgart.

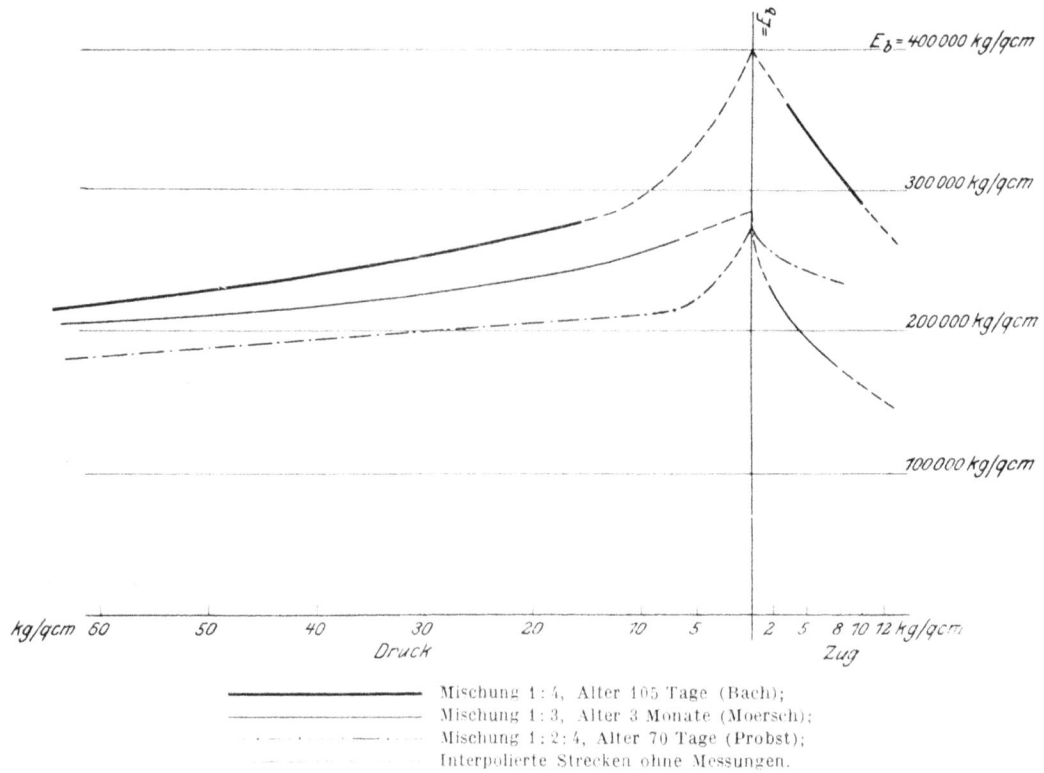

$E_b = 400000 \, kg/qcm$

$300\,000 \, kg/qcm$

$200\,000 \, kg/qcm$

$100\,000 \, kg/qcm$

kg/qcm 60   50   40   30   20   10   5 | 2   5   8 10 12 kg/qcm
                              Druck   Zug

Mischung 1:4, Alter 105 Tage (Bach);
Mischung 1:3, Alter 3 Monate (Moersch);
Mischung 1:2:4, Alter 70 Tage (Probst);
Interpolierte Strecken ohne Messungen.

Abb. 6.

	Feine Linie[1]		Starke Linie[2]		Strichpunktierte Linie[3]	
	Spannung	Elastizitäts-modul	Spannung	Elastizitäts-modul	Spannung	Elastizitäts-modul
	kg/qcm	kg/qcm	kg/qcm	kg/qcm	kg/qcm	kg/qcm
Druck	61,3	209 000	92,5	184 700	110	138 000
	49,0	216 000	77,1	202 300	100	146 000
	36,8	222 000	61,7	218 700	80	170 000
	30,6	227 000	46,3	235 200	60	181 000
	24,5	235 000	30,8	255 000	40	194 000
	18,3	241 000	15,4	277 000	20	204 000
	12,2	254 000	—	—	10	211 000
	6,1	265 000	—	—	5	221 000
Zug	0	—	0	—	0	272 000
	1,6	230 000	3,1	371 800	0,5	263 000
	3,1	207 000	5,4	351 500	1,0	254 000
	4,6	200 000	7,7	311 800	4,0	246 000
	6,2	194 000	10,0	290 700	6,0	242 000
	7,7	175 000	—	—	8,0	234 000

[1] Mörsch, Der Eisenbetonbau, IV. Aufl., 1912, S. 46.
[2] v. Bach, Mitteilungen über Forschungsarbeiten, Heft 29, 1905. Zusammenstellung 9 u. 10.
[3] Probst, Mitteilungen aus dem Kgl. Materialprüfungsamt 1907, Ergänzungsheft I, S. 11 u. 13.

Für Zementmörtel hat v. Bach gefunden, daß ihr größter Elastizitätsmodul beiläufig in den Mischungen 1:1,5 bis 1:2 auftritt[1]).

Zuweilen muß man zur Berechnung der Einbiegung eines Tragwerks einen Mittelwert des Elastizitätsmoduls in die Rechnung einführen. Solche Mittelwerte, welche ja auch die Ungenauigkeit der nur für isotrope Baustoffe gültigen Rechnung ausgleichen sollen, werden am besten aus Einbiegungen berechnet. Hierbei wird natürlich die Art und insbesondere das Alter des Betons, an welchem die Einbiegung gemessen wurde, von großem Einfluß auf den errechneten Elastizitätsmodul sein.

Aus der Scheitelsenkung eines Dreigelenkbogens wurde auf diese Weise der Elastizitätsmodul des Betons zu 342 000 kg/qcm berechnet[2]). Für den Beton zahlreicher Versuchsbalken wurde aus deren Einbiegung ein Elastizitätsmodul von 250 000 kg/qcm gefunden.

Die Wärmeausdehnungszahl des Betons kann für die praktische Rechnung hinreichend genau zu $0,000010 = 10 \cdot 10^{-6}$ angenommen werden. Jedoch ist zu beachten, daß der Beton auch beim Austrocknen schwindet und infolge von Wasseraufnahme sich ausdehnt. Desgleichen verändert der Beton während des Erhärtungsvorganges sein Volumen. An der Luft erhärtender Beton schwindet und der unter Wasser erhärtende Beton dehnt sich aus[3]).

Solche durch die Änderung des Wassergehaltes hervorgerufenen Längenänderungen sind von dem Mischungsverhältnis, dem Alter des Betons und der Art der Zuschlagstoffe abhängig. Sie können bis zu ± 0,03 bis 0,04% der ursprünglichen Länge betragen.

Das Eisen.

Zu den Eisenbetonbauten wird, abgesehen von gewissen Sonderkonstruktionen, in der Regel Rundeisen verwendet. Nach den Vorschriften für Lieferung von Eisen und Stahl, aufgestellt vom Verein Deutscher Eisenhüttenleute, Ausgabe 1911, wird das Stabeisen als Bauwerkeisen oder Handelseisen hergestellt. Für Bauwerkeisen sind in diesen Vorschriften Bedingungen festgesetzt, welchen das Eisen hinsichtlich seiner Festigkeit und anderer Eigenschaften genügen muß, während solche Bedingungen für das Handelseisen nur in beschränktem Maße aufgestellt sind.

In den deutschen Bestimmungen ist angeordnet:

»Das Eisen muß den Mindestforderungen genügen, welche für das Bauwerkeisen in den Vorschriften für Lieferung von Eisen und Stahl, aufgestellt vom Verein Deutscher Eisenhüttenleute 1911, enthalten sind.«

Es ist deshalb nötig, die in diesen Vorschriften unter Abschnitt B enthaltenen Lieferungsbedingungen hier auszugsweise anzuführen, soweit sie sich auf Rundeisen und Flacheisen beziehen:

B. Form- und Stabeisen.

1. Bauwerkeisen.

War eine satzweise Prüfung vereinbart, so müssen die zu einem Satz gehörigen Stäbe für sich gelagert werden. Aus jedem so vorgelegten Satze dürfen 3 Stück in Walzlängen, höchstens jedoch von je 20 Stück oder angefangenen 20 Stück

[1]) v. Bach und Graf, Versuche über die Elastizität des Zementmörtels usw. Armierter Beton, 1911, Heft 9.

[2]) Färber, Der Elastizitätsmodul eines Betongewölbes. Deutsche Bauzeitung 1911, Betonbeilage Nr. 15 u. 16.

[3]) Deutscher Ausschuß für Eisenbeton, Heft 23, berichtet von Rudeloff und Sieglerschmidt. Berlin 1913.

1 Stück entnommen und zu nachstehenden Proben verwendet werden.

War eine satzweise Prüfung nicht vereinbart, so können von je 100 Stücken in Walzlängen 5, höchstens jedoch von je 2000 oder angefangenen 2000 kg 1 Stück zu Probezwecken entnommen werden.

Unzulässig ist irgendeine Bearbeitung der Bauwerkstäbe in blauwarmem Zustande.

Formeisen (Träger usw.) und Stabeisen (Rundeisen, Vier-, Sechs- und Achtkanteisen, Flach- und Halbrundeisen usw.).

Zerreiß- und Dehnungsproben. Es soll betragen:

a) bei Material von 7 bis 28 mm Dicke und möglichst nicht unter 300 qmm Querschnitt der Probe

in der Längsrichtung:

die Zugfestigkeit 37[1]) bis 44 kg, die Dehnung mindestens 20%;

in der Querrichtung:

die Zugfestigkeit 36[1]) bis 45 kg, die Dehnung mindestens 17%;

b) bei Material von 5 bis 7 mm Dicke und möglichst nicht unter 150 qmm Querschnitt der Probe und einer entsprechenden Versuchslänge [beträgt der Querschnitt (F) weniger als 300 qmm ist die Versuchslänge $l = 11,3 \sqrt{F}$, bei $F = 300$ bis 500 qmm $l = 200$ mm] mit Ausnahme von Rundeisen[2]), Vier-, Sechs- und Achtkanteisen, bei welchen Zerreiß- und Dehnungsproben unzulässig sind,

in der Längsrichtung:

die Zugfestigkeit 37[1]) bis 47 kg, die Dehnung mindestens 18%;

in der Querrichtung:

die Zugfestigkeit 36[1]) bis 47 kg, die Dehnung mindestens 15%;

c) bei Material unter 5 mm Dicke sind Zerreiß- und Dehnungsproben nicht zulässig;

d) bei Material über 28 mm Dicke.

[Allgemeine Bestimmungen bei Material von über 28 mm Dicke sind die Probestreifen für Zerreiß-, Biege- und Stauchproben nicht durch Aushobeln oder Abdrehen, sondern durch Ausschneiden oder Auswalzen auf die Dicke von 28 mm zu bringen][2]).

Biegeproben. Biegeproben, solche mit scharfen Kanten sind mit der Feile abzurunden, dürfen nur mit Stücken bis zu 28 mm Dicke vorgenommen werden. Dickere Stücke müssen durch Ausschneiden oder Auswalzen auf eine Dicke von nicht über 28 mm gebracht werden[3]). Sowohl Längs- als auch Querstreifen sind zusammen-

---

[1]) Es kommen nach den oben erwähnten Eisenbetonvorschriften für das Eisenbetoneisen nur die unteren Grenzen in Betracht.

[2]) Eisenbetoneisen von 7 mm Dicke und weniger werden nur ausnahmsweise nach ihrem berechneten Querschnitt, sondern meist nach konstruktiven Erwägungen verwendet.

[3]) Diese Bestimmung ist nach den Deutschen Eisenbetonvorschriften nicht maßgebend, weil dort festgesetzt ist: »Das Eisen darf zum Zwecke der Prüfung weder abgedreht noch ausgeschmiedet oder ausgewalzt werden; es ist also stets in der Dicke zu prüfen, wie es angeliefert wird.«

zubiegen, daß sie eine Schleife bilden, deren Durchmesser an der Biegestelle gleich ist: bei Längsstreifen der einfachen, bei Querstreifen der doppelten Dicke des Versuchsstückes. Hierbei dürfen an Längsstreifen keine Risse entstehen; bei Querstreifen sind unwesentliche Oberflächenrisse zulässig.

Die gleiche Probe muß das Material aushalten, wenn die Streifen kirschrotwarm gemacht und in Wasser von etwa 28° C abgeschreckt sind.

Spielraum für Abmessungen. Es soll der Spielraum betragen:

bei Stäben in genauer Länge

abgeschert, warm gesägt oder gebrochen . $\pm$ 10 mm i. d. Länge

kalt gesägt oder gefräst . . . . $\pm$ 5 » » » »

bei Stabeisenstäben in gewöhnl. Länge . . $\pm$ 250 » » » »

bei Rundeisen, Vier-, Sechs- und Achtkanteneisen:

von 5 bis 25 mm Dicke von $\pm$ 0,5 mm i. d. Dicke

» über 25 » 50 » » » $\pm$ 0,75 » » » »

» » 50 » 100 » » » $\pm$ 1,0 » » » »

bei Flacheisen und Halbrundeisen:

in der Breite bei unter 50 mm Breite $\pm$ 1 mm

» » » » » 50 mm Breite und mehr $\pm$ 2%

» » Dicke unter 12,5 mm Dicke $\pm$ 0,5 mm

» » » bei 12,5 mm Dicke und mehr $\pm$ 4%.

Spielraumgewicht. Es soll gestattet sein:

die einzelnen Stäbe in den Grenzen des festgesetzten Spielraumes für Abmessungen zu liefern;

die Gesamtlieferung mit $\pm$ 6% des rechnungsmäßigen Gewichtes auszuführen.

Wird der Spielraum für Abmessungen und für Gewicht nur nach oben oder unten gewünscht, so gelten die vorstehenden Spielraumzahlen doppelt.

2. Handelseisen.

Qualität. Das Material darf weder kalt noch rotbrüchig sein, d. h. die Stäbe müssen sich im kalten und warmen Zustande bis zum rechten Winkel biegen lassen bei einer Ausrundung, deren Radius gleich der doppelten Dicke des Stabes ist.

Unzulässig ist irgendeine Bearbeitung des Form- und Stabeisens im blauwarmen Zustande.

Spielraum für Abmessungen. Es soll der Spielraum betragen:

bei Stäben in genauer Länge:

abgeschert, warm gesägt oder gebrochen . $\pm$ 10 mm i. d. Länge

kalt gesägt oder gefräst . . . . $\pm$ 5 » » » »

bei Stabeisenstäben in gewöhnl. Länge . . $\pm$ 250 » » » »

bei Breiten- und Dickenabmessungen wie bei Bauwerkeisen.

Spielraum für Gewicht. Wie oben bei Bauwerkeisen.

Da nun von dem Rundeisen zu Eisenbetonbauten nur die Mindestforderungen, welche für Bauwerkeisen gestellt sind, erfüllt sein müssen und durch zahlreiche Versuche festgestellt ist, daß auch das deutsche Handelseisen diesen Mindestforderungen mit ganz seltenen Ausnahmen entspricht, so kann auch Handelseisen zu Eisenbetonbauten Verwendung finden. Um aber sicher zu sein, daß kein zu sprödes Eisen für Eisenbetonbauten verwendet wird, wie es bei der

Handelsware vorkommen kann, schreiben die deutschen Bestimmungen vor, daß auf jeder Baustelle die Kaltbiegeprobe in der Regel durchgeführt werden soll. Hierdurch wird erreicht, daß auch bei Verwendung von Handelsrundeisen kein zu Eisenbetonbauten ungeeignetes Eisen eingebaut wird.

Für Bauteile, die besonders ungünstigen, rechnerisch nicht faßbaren Beanspruchungen ausgesetzt sind, ist es nun doch wichtig, daß das Eisen tatsächlich auch die voraussichtlichen Spannungen mit der erwarteten Sicherheit aushalten kann. In solchen Fällen sind dann auch noch weitere Proben außer der Kaltbiegeprobe angezeigt und auch in den deutschen Bestimmungen vorgesehen:

»Für Bauteile, die besonders ungünstigen, rechnerisch nicht faßbaren Beanspruchungen ausgesetzt sind, kann die Baupolizeibehörde bei Prüfung der Bauvorlagen ausnahmsweise Prüfung auf Zug verlangen, wobei die Mindestzahlen, 3700 kg/qcm Bruchspannung und 20% Bruchdehnung, eingehalten werden müssen.«

In Österreich und in der Schweiz muß das Eisen den für das Brückenbaueisen aufgestellten Bedingungen genügen.

Folgende Zusammenstellungen geben einen Überblick über die Festigkeitseigenschaften des Rundeisens aus deutschem Handelseisen.

Untersuchung von Handelsrundeisen durch Staatsrat von Bach.[1])

Zahl der Versuche	Durchmesser des Eisens mm	Zugfestigkeit kg/qcm	Streckgrenze kg/qcm	
			untere	obere
3	7	4535	3412	
18	10	4265	3171	3235
3	12	3953	2739	2764
3	13	3550	2473	2506
8	18	4082	2771	2819
2	22	4367	2961	3031
2	25	3750	2378	2434

Untersuchung von Handelsrundeisen durch den Deutschen Betonverein.[2])

Eisendurchmesser mm	Zugfestigkeit kg/qcm			Streckgrenze im Mittel kg/qcm	Streckgrenze in v. H. d. Zugfestigkeit			Bruchdehnung im Mittel in v. H. d. Zugfestigkeit %
	Max.	Mittel	Min.		Max. %	Mittel %	Min. %	
7	4550	4220	3900	2990	74	71	67	26,7
10	4750	4120	3450	2880	74	70	65	28,9
15	4750	4220	3950	2830	71	67	62	29,2
20	4350	4100	3850	2700	69	66	62	29,9
25	4550	3850	3250	2420	70	63	59	29,3
30	4440	3880	3450	2480	71	64	56	28,6

[1]) v. Bach, Mitteilungen über Forschungsarbeiten, Heft 45 bis 47. Berlin 1907.
[2]) Ausgeführt in den Jahren 1912 bis 1913 im Kgl. Materialprüfungsamt Großlichterfelde-West an Handelseisen aus Westfalen, Hannover, Lothringen und Schlesien.

Da die auf Biegung beanspruchten Teile der Eisenbetonbauten in der Regel mit der Erreichung der Streckgrenze in den Eisen zugrunde gehen, wäre es richtiger, statt einer unteren Grenze der Bruchfestigkeit eine untere Grenze für die Streckgrenze aufzustellen. In den französischen Eisenbetonbestimmungen (Artikel 7) ist die zulässige Spannung der Bewehrungseisen als Teilbetrag der Spannung an der Elastizitätsgrenze angegeben.

Aber die einwandfreie Bestimmung der Streckgrenze ist nicht so einfach als die der Bruchspannung, so daß zurzeit die Eisenindustrie sich auf eine Gewährleistung einer Streckgrenze bei dem billigen Rundeisen noch nicht einlassen will. Auch liegt es nicht im Interesse der Eisenbetonindustrie, allgemein ein Eisen mit sehr hoher Streckgrenze zu verwenden, weil für die kalte Bearbeitung des Eisens ein dehnbares Eisen notwendig ist, welches aber dementsprechend auch keine sehr hohe Streckgrenze haben kann. Im allgemeinen ist die Streckgrenze bei 65% der Zugfestigkeit zu erwarten; werden höhere Werte festgestellt, so kann man auf eine kalte mechanische Bearbeitung des Eisens (z. B. durch das Walzen) schließen. Durch Glühen des Eisens kann sein ursprünglicher Zustand wieder hergestellt werden, so daß ausgeglühtes Rundeisen bei ungefähr 0,65 der Bruchspannung seine Streckgrenze hat.

Der Elastizitätsmodul des Rundeisens (reziproke Wert der Dehnungsziffer) liegt ziemlich fest innerhalb der Grenzen 2 000 000 und 2 100 000 kg/qcm. Kleinere Werte kommen wohl überhaupt nicht, größere selten vor. Rudeloff fand bei Versuchen für den Deutschen Ausschuß für Eisenbeton folgende Werte:

Eisendurchmesser mm	Druck- oder Zugversuch	Elastizitätsmodul kg/qcm	Proportionalitätsgrenze kg/qcm	Streck- bzw. Quetschgrenze kg/qcm	Bemerkung
7	Zug	2 025 000	2770	3750	Deutscher Ausschuß für Eisenbeton, Heft 5, 1910
16	»	2 035 000	1310	2860	
16	Druck	2 105 000	1500	2955	
30	Zug	2 090 000	—	2600	Desgleichen, Heft 21, 1912.
7,5	»	2 370 000	—	3340	
30	Druck	2 060 000	2560	2720	

Während man im allgemeinen bei den dünneren Eisensorten wegen des gleichmäßigeren Auswalzens der Masse für die Bruchspannung und die Streckgrenze die höheren Werte erwarten darf, scheint der Eisendurchmesser auf den Elastizitätsmodul keinen Einfluß zu haben.

Bei besonders schwierigen Eisenbetonbauwerken hat man anstatt Flußeisen auch Stahl verwendet. Bach hat an Rundstäben von 20 mm Durchmesser aus Stahl gefunden für die

Streckgrenze 4322 kg/qcm, für die Bruchspannung 7225 kg/qcm[1].

Da die Haftfestigkeit des Eisens im Beton auch von der Oberflächenbeschaffenheit der Eiseneinlagen abhängig ist, liegt es nahe, die Oberfläche der Eisenstangen so zu gestalten, daß eine größere Haftfestigkeit als bei Rundeisen erwartet werden darf. Aus diesem Bestreben sind eine Reihe von Sondereisen auf den Markt gebracht worden, welche aber in Deutschland nur wenig Beachtung gefunden haben,

---

[1] v. Bach und Graf, Mitteilungen über Forschungsarbeiten, Heft 90 u. 91, 1910, S. 47.

nachdem man mit den billigeren Rundeisen auskommen kann. In den Abb. 7 bis 11 sind einige solcher Sonderprofileisen dargestellt.

Auch das Bestreben, an Flechtarbeit möglichst zu sparen, hat zu einigen Sondereisen geführt, welche auch in Deutschland öfters Verwendung finden.

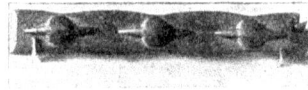

Abb. 7.
Thacher-Eisen.

Abb. 8.
Ransome-Eisen.

Abb. 9.
Johnson-Eisen. (Ältere Form.)

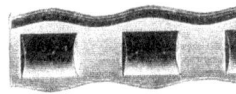

Abb. 10a.
Johnson-Eisen.
(Eine neuere Form.)

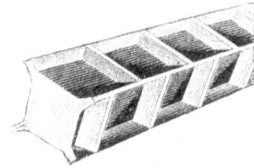

Abb. 10b.
Johnson-Eisen.
(Eine andere Form.)

Abb. 11.
Quadrateisen mit Vertiefungen.

Zu Platten, seltener zu Pfählen, wird aus diesem Grunde das Streckmetall Abb. 12 verwendet, zu Balken das Bulbeisen Abb. 13, der Lolatträger Abb. 14, das Eisen nach System Kahn Abb. 15, der nietlose Gitterträger Abb. 16.

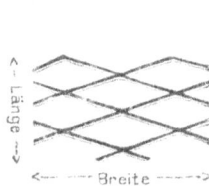

Abb. 12.

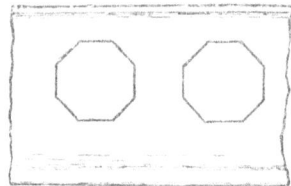

Abb. 13.

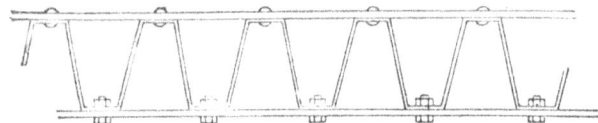

Abb. 14.

Abb. 15.

Der Deutsche Ausschuß für Eisenbeton hat das Verhalten einiger Gattungen Sonderprofileisen in Eisenbetonbalken untersuchen lassen. Hierbei hat sich ergeben, daß die Sonderprofileisen mit hügeliger Oberfläche bei gleichem Eisenaufwand erheblich größeren Gleitwiderstand und höhere Bruchlasten der Balken ergaben als die Rundeisenbewehrungen, daß aber die Belastungen, unter welchen die ersten Risse an den Balken beobachtet werden konnten, für alle geprüften Sonderprofileisen und für die Rundeisen ziemlich gleich waren[1]). Dabei ist jedoch zu beachten, daß zum Vergleich auch die Rundeisen nicht mit Endhaken versehen waren, also auch nicht mit ihnen die höchstmöglichen Bruchlasten erzielt werden konnten.

Mit nietlosen Gitterträgern hat Kleinlogel Versuche angestellt, durch welche ihre Brauchbarkeit in statischer Hinsicht nachgewiesen wird[2]).

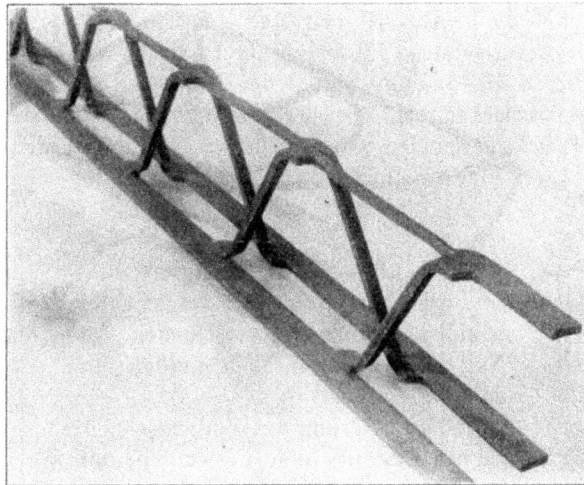

Abb. 16.

Schließlich ist noch zu erwähnen, daß auch noch andere Eisensorten zu Eisenbetonbauten verwendet werden. Bei der Bauweise nach Melan werden Formeisen oder sogar aus Formeisen zusammengesetzte Fachwerke einbetoniert; in den Möller-Trägern besteht das Zugeisen aus Flach- oder Universaleisen.

---

3. Kapitel. Zentrischer Druck.

Allgemeines.

Zentrisch gedrückte Betonkörper werden, wie die meisten festen Körper, nicht durch die Überwindung der Druckfestigkeit, sondern durch Überwindung der Scherfestigkeit zerstört. In länglichen Betonprismen bilden sich unter dem Einfluß des verteilten Druckes sog. Druckpyramiden oder auch schräge Bruchflächen, längs deren die Scherfestigkeit bei Eintritt des Bruches überwunden wird. Der Neigungswinkel φ der Bruch- und Pyramidenflächen gegen die Wagerechte ist nach den Beobachtungen annähernd 60° (vgl. Abb. 17 u. 18).

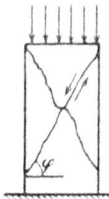

Abb. 17.

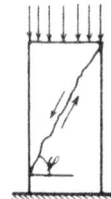

Abb. 18.

In der Festigkeitslehre nimmt man annäherungsweise an, daß sich die Spannungen in den Querschnitten zentrisch gedrückter Prismen gleichförmig über den ganzen Querschnitt ausbreiten (Abb. 19). Bei dieser Spannungsverteilung ist die lotrechte

---

[1]) Deutscher Ausschuß für Eisenbeton, Heft 1 bis 3, gleich Mitteilungen über Forschungsarbeiten, Heft 72 bis 74, 1909, berichtet von Bach und Graf, S. 85.

[2]) Kleinlogel, Deutsche Bauzeitung, Betonbeilage 1913, S. 59.

und wagerechte Schubspannung τ Null und deshalb nach den Regeln des ebenen Problems die Richtung φ' der größten Schubspannung (vgl. Gleichung 143 Seite 116).

$$\text{tg } 2\,\varphi' = \frac{\sigma_x - \sigma_y}{2\,\tau} = \infty; \quad 2\,\varphi' = 90^0; \quad \varphi' = 45^0.$$

Da die Beobachtung den Bruchwinkel φ größer als 45^0 ergibt, so kann man daraus folgern, daß die in Abb. 19 dargestellte Spannungsverteilung nicht richtig ist. Auch andere Überlegungen führen zu der Überzeugung, daß in den zentrisch gedrückten Prismen die Spannungen in der Nähe der Achse, wo die Teilchen gegen seitliches Ausweichen mehr gesichert sind als in der Nähe der Außenflächen, auch größere Druckspannungen übertragen werden als an den Rändern, also eine Spannungsverteilung ähnlich der in Abb. 20 dargestellten anzunehmen sein wird.

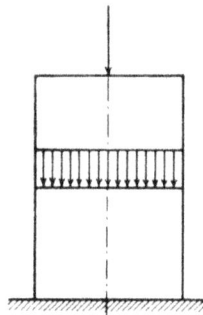

Bei dieser Spannungsverteilung sind die lotrechten und wagerechten Schubspannungen τ verschieden von Null und tg 2 φ nicht unendlich und daher auch $\varphi \neq 45^0$.

Die Erklärung des Winkels $\varphi \sim 60^0$ ist auch damit versucht worden, daß längs der schrägen Bruchfläche außer der Scherkraft auch die Reibung zu überwinden wäre. Bei geeigneter Wahl der Reibungsziffer ergibt sich nach dieser Erklärung tatsächlich $\varphi \sim 60^0$. Diese Erklärung kann gegenüber der oben gegebenen nicht bestehen, weil die Reibung erst wirksam werden kann, nachdem der Riß entstanden, d. h. die Scherfestigkeit überwunden ist.

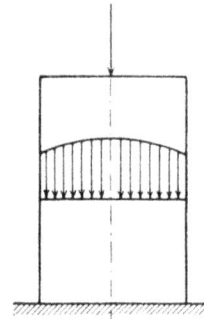

Eine rechnerische Entwickelung des Bruchwinkels φ muß man deshalb einer Zeit vorbehalten, zu welcher eine mathematische Ausdrucksform für die wirkliche Spannungsverteilung in den Quer- und Längsschnitten zentrisch gedrückter Prismen gefunden sein wird. Praktisch genügt zunächst die Beobachtung $\varphi > 45^0$.

Wenn $\varphi > 45^0$ ist, kann sich im Würfel keine Bruchfläche bilden, welche von einer Außenfläche bis zur gegenüberliegenden reicht. Deshalb zeigen Würfel unter der Druckpresse eine höhere Bruchlast als längliche Prismen desselben Stoffes und von gleichem quadratischen Querschnitt.

v. Bach hat an quadratischen Betonprismen eine gesetzmäßige Abnahme der Druckfestigkeit mit zunehmender Prismenhöhe festgestellt, wie in dem Schaubild Abb. 21 zu sehen ist[1]).

Er glaubt jedoch, daß die Abnahme der Druckfestigkeit mit wachsender Höhe in der Hauptsache eine Folge des Verfahrens sei, mit dem wir die Druckfestigkeit zu messen suchen, nicht aber eine Eigenschaft des Stoffes an sich. Die Druckflächen der Versuchspresse verzögerten die Querdehnung und mit wachsender Prismenlänge müßte dieser Einfluß der Druckflächen der Presse abnehmen und somit die Querdehnung zunehmen.

Da nun auch im Bauwesen am Kopf und Fuß der Säule ihre Querdehnung entweder durch Vergrößerung des Querschnittes oder durch anschließendes

Abb. 19.

Abb. 20.

[1]) C. v. Bach, Die Ergebnisse zur Ermittelung der Druckfestigkeit usw. Vortrag in der 17. Hauptversammlung des deutschen Betonvereins. Deutsche Bauzeitung 1914, Betonbeilage Nr. 5.

Gebälk behindert ist, werden die Verhältnisse der Säule im Bau denen des Prismas unter der Versuchspresse ähnlich sein, so daß allgemein die Druckfestigkeit des Betons in Säulen (Säulenfestigkeit) zu etwa $0,8 = \frac{4}{5}$ seiner Würfelfestigkeit angenommen werden darf. Diese Annahme ist natürlich nur solange berechtigt, als noch keine Knickerscheinungen bei dem Bruch zu erwarten sind.

Zentrisch gedrückte Betonprismen verkürzen sich in der Richtung ihrer Achse und dehnen sich senkrecht hierzu aus. Die Poissonsche Ziffer m des Betons, welche ein Maß für die Querdehnung bildet, ist eine mit der Betonart und der Spannung veränderliche Zahl (vgl. Seite 249), deren unmittelbare Beobachtung durch die oben geschilderte Wirkung der Druckflächen der Versuchspressen sehr erschwert ist.

Wenn man nun eine Betonsäule durch Eiseneinlagen verstärken will, muß man beiden Verformungen, der Verkürzung und der Querdehnung, durch Eisen-

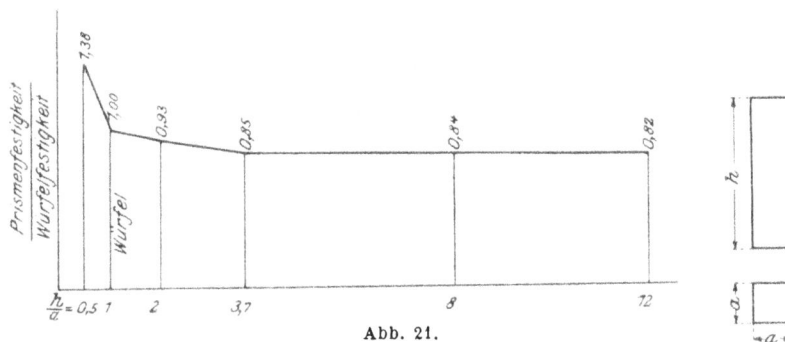

Abb. 21.

bewehrung entgegenzuwirken suchen. Inwieweit dies möglich ist, soll später an der Hand von Versuchsergebnissen geprüft werden.

Den Verkürzungen wird man durch Längsbewehrung (Längseisen), der Querdehnung durch Querbewehrung (Bügel) entgegenwirken können.

Nach der wahrscheinlichen Spannungsverteilung Abb. 20 müßte man die Längseisen in die Prismenachse legen, weil sie dort am besten ausgenutzt würden. Da aber fast alle Stützen im Bauwesen, auch wenn sie auf zentrischen Druck berechnet werden, wenigstens zeitweise exzentrisch belastet sind, entstehen während der exzentrischen Belastung gerade an den Außenseiten die größten Druckspannungen. Es können sogar bei bedeutender Exzentrizität Zugspannungen an den Außenflächen eintreten.

Aus solchen Erwägungen legt man die Längseisen auch bei den auf zentrischen Druck berechneten Stützen nicht in die Achse, sondern in die Nähe der Außenflächen und erreicht damit gleichzeitig den konstruktiven Vorteil, die Bügel auf einfache Weise mit den Längseisen in Verbindung bringen zu können.

Die Längseisen müssen die Verkürzung des Betonprismas mitmachen, nehmen also auch an der Druckübertragung von Querschnitt zu Querschnitt teil. Die Bügel werden infolge der Querdehnung auf Zug beansprucht und wirken somit der Querdehnung entgegen. Da sie die Längseisen umschließen, verhindern sie auch das Ausknicken der gedrückten Längseisen, solange der Bügelabstand nicht zu groß gewählt wird.

Da die Längseisen der Verkürzung einen größeren Widerstand entgegensetzen als der Betonstab von gleichem Querschnitt, bleibt ein zentrisch belastetes

Betonprisma nach der Hinzufügung von Längseisen nur dann zentrisch belastet, wenn die Prismenachse auch die Schwerachse der Längseisen ist. Daraus folgt, daß in symmetrisch gebildeten Betonquerschnitten die Querschnitte der Längseisen symmetrisch zu den Symmetrieachsen des Betonquerschnittes verteilt werden müssen (vgl. Abb. 22).

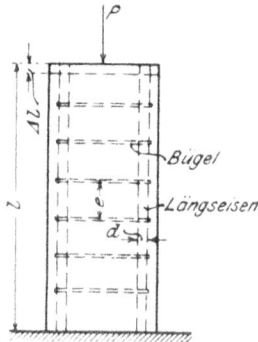

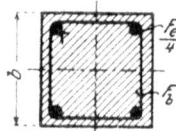

Bezeichnet man den in einem Säulenquerschnitt von dem Inhalte F auf den Beton treffenden Teil mit F_b und den auf die Längseisen treffenden Teil mit F_e, so ist

$$F = F_b + F_e.$$

Ein Eisenbetonquerschnitt heißt nach dem Bewehrungsverhältnis φ bewehrt, wenn $F_e = \varphi \cdot F$ ist.

Da F_e im Vergleich zu F_b sehr klein ist, kann man auch für F den Betonquerschnitt F_b setzen, so daß auch $F_e \sim \varphi \cdot F_b$ ist. In Prozenten ausgedrückt, nennt man das Bewehrungsverhältnis auch Bewehrungsprozente.

Abb. 22.

Berechnung der Stützen auf zentrischen Druck nach den deutschen, österreichischen und schweizerischen Vorschriften.

Das in Abb. 22 dargestellte zentrisch belastete Eisenbetonprisma wird sich unter der Einwirkung der Last P um Δl verkürzen, so daß die Verkürzung der Längeneinheit $\lambda = \dfrac{\Delta l}{l}$ ist. Die hierbei in den Längseisen entstehende Druckspannung sei σ_e, die des Betons σ_b. Die Elastizitätsziffern des Eisens und des Betons sollen mit ε_e bzw. ε_b, die Verkürzungen der Längeneinheit des Eisens mit λ_e des Betons mit λ_b bezeichnet werden.

Die Verkürzungen der Längeneinheit kann man aus den Spannungen und den Elastizitätsziffern berechnen.

$$\lambda_e = \frac{\sigma_e}{\varepsilon_e}; \quad \lambda_b = \frac{\sigma_b}{\varepsilon_b}.$$

Wenn sich während der Belastung der Verbund zwischen Eisen und Beton nicht löst, muß das Eisen die gleichen Verkürzungen erleiden als der umgebende Beton; daher ist

$$\lambda_e = \lambda_b = \frac{\sigma_e}{\varepsilon_e} = \frac{\sigma_b}{\varepsilon_b}.$$

Unter der Voraussetzung, daß ebene Querschnitte auch eben bleiben, ist λ_b für alle Punkte konstant.

$$\sigma_e = \frac{\varepsilon_e}{\varepsilon_b} \cdot \sigma_b = n\,\sigma_b \qquad \ldots \ldots \ldots \quad (1)$$

Es ist hierin n das Verhältnis des Elastizitätsmoduls des Eisens zu dem des Betons. Die Eisenspannung ist also stets der n-fache Betrag der Spannung des umgebenden Betons.

Der Elastizitätsmodul des Eisens ε_e ist eine konstante Zahl, während der Elastizitätsmodul des Betons ε_b eine veränderliche, mit wachsender Spannung, σ_b abnehmende Zahl ist. Daher ist das Verhältnis $n = \dfrac{\varepsilon_e}{\varepsilon_b}$ auch eine veränderliche, und zwar mit der Spannung σ_b wachsende Zahl. Da, wie bereits erläutert, ε_b auch noch von der Betonart, dem Alter des Betons und von seinem Wassergehalt abhängig ist, kann für n ebensowenig wie für ε_b eine für die praktische Rechnung allgemein brauchbare Funktion $n = f(\sigma_b)$ gefunden werden.

Wie aus den Werten der Tabelle Seite 14 abgeleitet werden kann, darf man für kleine Spannungen ungefähr $n = 8$ setzen. Bei ungefähr ¾ der Bruchspannung wird $n = 15$ und wächst dann rasch bis unmittelbar vor dem Bruch auf ungefähr $n = 26$ an.

Für die Rechnung nimmt man n als eine konstante Zahl an und setzt nach den deutschen Bestimmungen und den österreichischen Vorschriften für die Berechnung der Druckspannungen $n = 15$, dagegen nach den schweizerischen Vorschriften vom Jahre 1909 $n = 10$. Wenn man $n = 15$ wählt, so berücksichtigt man damit mehr die Spannungsverhältnisse in der Nähe des Bruchs und nicht die tatsächlichen Spannungsverhältnisse. Dies entspricht aber, wie bereits Seite 3 ausgeführt wurde, dem Wesen der Eisenbetontheorien, welche nicht wirkliche Spannungen, sondern bestimmte Sicherheitsgrade für die Bauwerke bestimmen wollen.

Die Belastung P der Säule nach Abb. 22 kann man durch die unter ihr entstehenden Spannungen ausdrücken,

$$P = \sigma_b \cdot F_b + \sigma_e \cdot F_e,$$

oder mit Einführung von σ_e aus Gleichung (1)

$$P = \sigma_b (F_b + n \cdot F_e) \quad \ldots \ldots \ldots \ldots \quad (2)$$

Diese Gleichung kann man auch schreiben

$$P = \sigma_b \cdot F_i,$$

wobei F_i den Inhalt eines ideellen Querschnitts bedeutet. Die Gleichung (2) stimmt dann mit der Gleichung der Festigkeitslehre für zentrischen Druck isotroper Baustoffe überein. Der ideelle Querschnitt $F_i = F_b + n \cdot F_e$ entsteht somit dadurch, daß man zu dem Betonquerschnitt F_b noch den n-fachen Eisenquerschnitt hinzuzählt, wie in Abb. 23 dargestellt ist. S ist der Schwerpunkt der Fläche F_i, in welchem die Kraft P zentrisch angreift.

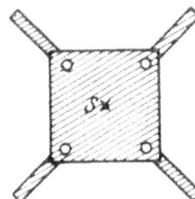

Abb. 23.

Der ideelle Querschnitt F_i wird mit der Betonspannung σ_b multipliziert und ist deshalb als ein dem Eisenbetonquerschnitt gleichwertiger Betonquerschnitt zu betrachten.

$$\sigma_b = \frac{P}{F_i} = \frac{P}{F_b + n \cdot F_e} = \frac{P}{F_b \left(1 + n \dfrac{F_e}{F_b}\right)}.$$

Führt man hier das Bewehrungsverhältnis $\varphi = \dfrac{F_b}{F_e}$ noch ein, so kann man schreiben

$$\sigma_b = \frac{P}{F_b (1 + n \varphi)} \quad \text{oder} \quad \sigma_e = \frac{P}{F_e \left(1 + \dfrac{1}{n \varphi}\right)}.$$

Für die praktische Rechnung sind die folgenden beiden Fälle zu betrachten:

1. Gegeben: Die Belastung P, die zulässige Spannung des Betons σ_b und das Bewehrungsverhältnis φ.

   Gesucht: Die Querschnitte F_b und F_e.

Aus den oben entwickelten Gleichungen ergibt sich

$$F_b = \frac{P}{\sigma_b\,(1 + n\,\varphi)} \quad \ldots \quad \ldots \quad \textbf{(3)}$$

$$F_e = \varphi \cdot F_b \quad \ldots \quad \ldots \quad \ldots \quad \textbf{(4)}$$

2. **Gegeben:** Die Belastung P, die zulässige Betonspannung σ_b und der Betonquerschnitt F_b.

Gesucht: Der Eisenquerschnitt F_e und das Bewehrungsverhältnis φ.

$$\varphi = \frac{P}{F_b \cdot n \cdot \sigma_b} - \frac{1}{n} \quad \ldots \quad \ldots \quad \textbf{(5)}$$

$$F_e = \varphi \cdot F_b,$$

$$\sigma_e = n \cdot \sigma_b.$$

Um mit den Gleichungen (3) bis (5) rechnen zu können, muß man zunächst die zulässigen Werte von σ_b und φ kennen lernen. Nach den Gleichungen dürfte man annehmen, daß φ jeden Wert annehmen kann. Aber zur Entwickelung der Gleichung (1) mußten Annahmen gemacht werden, welche möglicherweise nur zulässig sind, wenn φ in gewissen Grenzen sich bewegt.

Zu Säulen soll man eine Betonmasse verwenden, welche nach 28 Tagen nicht weniger als 180 kg/qcm Würfelfestigkeit hat. Die Prismenfestigkeit des Betons ist dann nach Seite 23 nur etwa $0,8 \cdot 180 = 144$ kg/qcm. Eine zulässige Betonspannung von $\sigma_b = 35$ kg/qcm würde somit von der Stütze schon nach 28 Tagen mit etwa 4facher Sicherheit aufgenommen werden können. Da der Beton im Laufe des ersten Erhärtungsjahres noch die doppelte Würfelfestigkeit erreicht, wird auch dementsprechend der Sicherheitsgrad noch von 4 auf 8 wachsen.

Im allgemeinen wird also von Eisenbetondruckgliedern eine Spannung von 35 kg/qcm mit hinreichender Sicherheit aufgenommen werden können.

In den deutschen Bestimmungen ist für Säulenbeton nach 28 Tagen mindestens 180 kg/qcm, nach 45 Tagen 210 kg/qcm Würfelfestigkeit vorgeschrieben, welcher bei Hochbauten allgemein mit $\sigma_b = 35$ kg/qcm auf zentrischen Druck beansprucht werden darf. Die Säulen mehrgeschossiger Gebäude dürfen nur mit 25 bis 35 kg/qcm, je nach dem Geschoß, zentrisch gedrückt werden (vgl. Seite 35).

Nach den österreichischen Vorschriften für Hochbauten dürfen zentrisch gedrückte Eisenbetonquerschnitte, je nach dem Mischungsverhältnis des Betons, nur mit $\sigma_b = 22$ bis 28 kg/qcm belastet werden (vgl. Seite 361 des Anhanges), und nach den österreichischen Vorschriften für Straßenbrücken desgleichen nur mit $\sigma_b = 19$ bis 25 kg/qcm (vgl. Seite 372 des Anhanges).

Die schweizerischen Vorschriften fordern nach 28tägiger feuchter Luftlagerung eine Druckfestigkeit des Betons von 150 kg/qcm (plastisch angemacht) bzw. 200 kg/qcm (erdfeucht angemacht) und gestatten als größte zulässige Betonspannung in zentrisch gedrückten Gliedern $\sigma_b = 35$ kg/qcm. Dabei wird die Druckfestigkeit an Würfeln von 16 cm Kantenlänge oder an Prismen von 36/12/12 cm ermittelt.

Die Eisenspannung σ_e kann somit in zentrisch gedrückten Eisenbetongliedern nach Gleichung (1) niemals die zulässige Grenze der Eisenspannungen 1000 bis 1200 kg/qcm erreichen, sondern höchstens mit $n = 15$ $\sigma_e = 15 \cdot 35 = 525$ kg/qcm oder mit $n = 10$ $\sigma_e = 10 \cdot 35 = 350$ kg/qcm.

Nach den Versuchen scheinen die oben entwickelten Gleichungen (1) bis (5) nicht für alle Bewehrungsverhältnisse anwendbar zu sein, und man hat deshalb in den amtlichen Bestimmungen teilweise φ nach oben begrenzt. Da aber auch die für Eisenbeton zulässigen Druckspannungen für unbewehrten Beton bei etwa eintretendem exzentrischen Lastangriff zu groß erscheinen, hat man φ auch nach unten begrenzt.

Die deutschen Bestimmungen fordern, daß in Druckgliedern, die bis zur zulässigen Grenze beansprucht sind, das Bewehrungsverhältnis φ nicht unter 0,008 und nicht über 0,03 beträgt.

In den österreichischen Vorschriften ist als obere Grenze $\varphi = 0,02$ bestimmt. Ist das Bewehrungsverhältnis $\varphi > 0,02$, so darf der Mehrbetrag nur zu $\frac{1}{3}$ in die Rechnung eingeführt werden (vgl. Seite 359 u. 371). Nach den Versuchen erscheint es jedoch sehr zweifelhaft, ob diese Beschränkung den tatsächlichen Verhältnissen auch entspricht.

Die schweizerischen Bestimmungen enthalten für φ eine untere Grenze $\varphi = 0,006$ und für F_i eine obere Grenze $F_i < 1,5 \cdot F_b$.

Es sei nochmals hervorgehoben, daß die untere Grenze nur für die Anwendbarkeit der Formeln (1) bis (5) maßgebend ist. Wird in der Rechnung der Eisenquerschnitt F_e ganz vernachlässigt und das zulässige σ_b des unbewehrten Betons in die Rechnung eingeführt, so dürfen selbstverständlich überall beliebige Bewehrungsverhältnisse, also auch $\varphi < 0,008$ bzw. $\varphi < 0,006$, angewendet werden.

Auch von der Art der Querbewehrung wird in den Vorschriften die Anwendung der Formeln (1) mit (5) abhängig gemacht.

Die deutschen Bestimmungen schreiben vor, daß der Abstand der Eisenstäbe (Längseisen) durch Querverbände gegeneinander festzulegen ist. Der Abstand der Querverbände darf nicht größer sein als das kleinste Quermaß der Stütze (Abb. 22, $e < b$) und darf nicht über das 12fache der Stärke der Längseisen gehen (Abb. 22, $e < 12 \cdot d$). Werden diese Bedingungen eingehalten, so ist auch ein Ausknicken der Längseisen zwischen zwei Querverbänden nicht zu befürchten.

Die schweizerischen Vorschriften enthalten dieselben beiden Bestimmungen, setzen aber für die Zahl 12 die Zahl 20, also $e < 20 \cdot d$.

In den österreichischen Vorschriften ist allgemein für Druckglieder verlangt, daß der in die Rechnung eingeführte Betonquerschnitt $F_b < 1,8 \cdot F_k$ ist, wobei mit F_k der von Querbewehrung eingeschlossene Teil des Querschnittes bezeichnet ist (vgl. Anhang Seite 360 u. 371). Außerdem ist auch die Bedingung gestellt, daß der Abstand (e) der Querverbände höchstens gleich dem kleinsten, durch den Schwerpunkt des Querschnitts gehenden Durchmesser sein darf, und daß die Längseisen für die freie Länge e auf Knicken zu prüfen sind und gegebenenfalls ihre zulässige Eisenspannung[1] zu ermäßigen ist (vgl. Anhang Seite 359 u. 371).

Säulenberechnung mit Berücksichtigung der Querbewehrung. Umschnürter Beton.

In den Gleichungen (3) bis (5) ist die Wirkung der Querbewehrung auf die Verzögerung der Querdehnung vernachlässigt worden. Es sind lediglich unter den Bedingungen, unter welchen diese Gleichungen angewendet werden dürfen, obere Grenzen für die Abstände der Querverbände (Bügel) angegeben worden.

---

[1] Haberkalt und Postuvanschitz, Berechnung der Tragwerke aus Eisenbeton und Stampfbeton, 2. Aufl. Wien und Leipzig 1912. S. 194. Tabelle der Eisenspannungen.

Für größere Bügelabstände kommt wohl auch nur die Verhinderung des Ausknickens der Längseisen durch die Bügel in Betracht, weil erst bei kleineren Bügelabständen die Verzögerung der Querdehnung durch die Bügel nachweisbar ist.

Man hat auf zwei Wegen versucht, den Einfluß der Querbewehrung in die Rechnung einzuführen[1]), entweder durch Berücksichtigung des Druckes, welcher infolge der Querdehnung gegen die Querbewehrung ausgeübt und damit die Längsverkürzung vermindert wird, oder durch Betrachtung der auf der schrägen Bruchfläche entstehenden Scherkraft, welcher eine Komponente des Querbewehrungsdruckes entgegenwirkt (vgl. Abb. 24).

Das erstere Verfahren wird erst nach Auffinden des Gesetzes über die tatsächliche Spannungsverteilung (Abb. 20) brauchbare Rechnungsergebnisse erwarten lassen, welche innerhalb der Gültigkeitsgrenzen des angewendeten Elastizitätsgesetzes mit den Versuchsergebnissen übereinstimmen. Dagegen werden für den Bruch auch dann noch Rechnung und Versuch kaum übereinstimmende Ergebnisse liefern.

Das zweite Rechnungsverfahren berücksichtigt nur den Zustand, in welchem gerade der Bruch eintritt. Es dürfen deshalb aber nicht, wie in der unten angegebenen Quelle, Scherkraft und Reibung auf der schrägen Bruchfläche zugleich berücksichtigt werden, da von Reibung erst gesprochen werden kann, wenn der Bruch eingetreten ist und zwei getrennte Stücke entstanden sind.

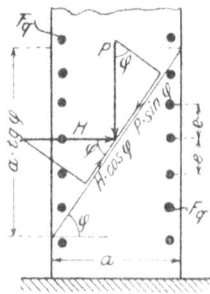

Abb. 24.

In Abb. 24 ist ein zentrisch gedrückter Eisenbetonzylinder dargestellt, welcher mit Kreisringen querbewehrt ist. Man denke sich noch einen zweiten nicht bewehrten Betonzylinder, welcher von derselben Betonmasse und unter denselben Umständen hergestellt worden ist.

Der unbewehrte Betonzylinder soll unter der zentrischen Belastung P_1 längs der schrägen, unter dem Neigungswinkel φ geneigten Fläche abgeschert werden. Die Scherfestigkeit des Betons ist sodann, gleichmäßige Verteilung über die Scherfläche ($F_b : \cos \varphi$) vorausgesetzt,

$$\tau = \frac{P_1 \cdot \sin \varphi}{F_b} \cdot \cos \varphi.$$

Der Eisenbetonzylinder werde in gleicher Weise unter der Last P zerstört, wobei die Komponente $H \cdot \cos \varphi$ des Querbewehrungsdruckes der abscherenden Komponente $P \cdot \sin \varphi$ der Kraft P entgegenwirkt. Die Scherfestigkeit des Betons, welche dieselbe sein muß wie bei dem unbewehrten Betonzylinder, ist in diesem Falle

$$\tau = \frac{P \cdot \sin \varphi - H \cdot \cos \varphi}{F_b} \cdot \cos \varphi.$$

Durch Elimination von τ aus diesen beiden Gleichungen erhält man

$$P = P_1 + H \cdot \cot \varphi.$$

---

[1]) Saliger, Die Druckfestigkeit des umschnürten Betons. Deutsche Bauzeitung, Betonbeilage 1907, Nr. 16. Eisenbeton 1910, Nr. 4 (eingegangen). Zur Theorie des querverstärkten Betons.

H ist der wagerechte Druck sämtlicher Ringe auf die Höhe $a \cdot \operatorname{tg} \varphi$. Die Ringspannung zur Zeit des Bruches sei σ_e, der Ringquerschnitt F_q. Nach Abb. 24 ist somit

$$H = 2 \cdot \sigma_e \cdot F_q \frac{a \cdot \operatorname{tg} \varphi}{e},$$

$$P = P_1 + 2 \cdot \sigma_e \cdot F_q \cdot \frac{a}{e} \quad \ldots \ldots \ldots \quad (6)$$

In dieser Gleichung ist für σ_e die Spannung σ_{es} an der Streckgrenze des Eisens einzusetzen, weil mit dem Erreichen der Streckgrenze das Abgleiten auf der Scherfläche möglich wird. Es sei aber hier schon erwähnt, daß die Gleichung nur in gewissen Grenzen brauchbare Werte liefert und für Eisen mit hoher Streckgrenze und für größere F_q (starke Umschnürung) zu kleine Bruchlasten P liefert. Dagegen gestattet diese Gleichung doch folgende Schlußfolgerungen, die der Versuch bestätigt, wenn sie auch den verwickelten Vorgang des Bruches nur erst ganz unvollkommen berücksichtigt:

Die Querbewehrung der Säule erhöht die Bruchlast der Säule um einen Betrag, der als Summand zu der Bruchlast derselben Säule ohne Querbewehrung hinzutritt.

Der günstige Einfluß der Querbewehrung wächst mit ihrem Querschnitt und mit der Spannung des Umschnürungseisens an der Streckgrenze und ist bei weniger festem Beton (kleines P_1) verhältnismäßig größer als bei festem Beton (großes P_1).

Der Einfluß der Querbewehrung nimmt ab mit der Bügelentfernung e und ist zu vernachlässigen, wenn der Bügelabstand gleich dem kleinsten Säulendurchmesser wird $\left(\frac{a}{e} = 1 \right)$, weil F_q für die üblichen Bügeldurchmesser weniger als 1 qcm mißt.

Die Betrachtung zeigt aber ferner, daß eine beträchtliche Erhöhung der Bruchlast nur von kreisförmigen Bügeln zu erwarten ist, welche nur Ringspannungen haben und deshalb dem Abgleiten nach jeder Richtung längs einer Scherfläche denselben Widerstand entgegensetzen. Rechteckige Bügel werden beim Abgleiten nach einer Seitenfläche auf Biegung beansprucht und erleiden bereits vor dem Erreichen der Streckgrenze größere Durchbiegungen, so daß sie dem Abgleiten schon bei kleineren Spannungen Raum geben.

In der Gleichung (6) ist nun P_1 noch durch den Ausdruck der Gleichung (2) zu ersetzen, in welcher nur für den Bruch die Spannung σ_b gleich der Prismenfestigkeit, also gleich dem 0,8fachen Betrage der Würfelfestigkeit σ_{bw} des Betons zu setzen ist. Die Bruchlast P ist daher

$$P = 0,8 \cdot \sigma_{bw} \cdot F_b + 0,8 \cdot \sigma_{bw} \cdot n \cdot F_e + 2 \cdot \sigma_{es} \cdot F_q \cdot \frac{a}{e} \quad \ldots \ldots \quad (7)$$

Wie bereits oben erwähnt, liefert diese Gleichung bei starken Querbewehrungen zu kleine Werte für die Bruchlast P und soll deshalb zur Rechnung nicht benutzt werden, sondern sie soll lediglich zeigen, in welcher Weise eine Formel gegliedert sein muß, wenn auch der Einfluß der Querbewehrung berücksichtigt werden will.

Im Jahre 1902 hat zuerst Considère als besonders starke und für die Anwendung einfache und zweckmäßige Querbewehrung die Spiralumwickelung der Säule eingeführt und sich patentieren lassen. Für Deutschland hat dieses Patent

(D. R. P. Nr. 149944) auf spiralbewehrten Beton (béton fretté) die Firma Wayß & Freytag A.-G. in Neustadt a. H. erworben (vgl. Abb. 25).

Die Spiralbewehrung wird aber nicht nur in Kreisform angewendet, welche sich besonders für achteckige Säulen eignet, sondern auch im Rechteck gewickelt, wie Abb. 26 zeigt, wenn auch die kreisförmige nach der oben gegebenen Erklärung wesentlich wirksamer ist[1]).

Nach den oben gegebenen Betrachtungen über die Wirkungsweise der Querbewehrung ist es einleuchtend, daß mit einer Ringbewehrung dieselbe Wirkung

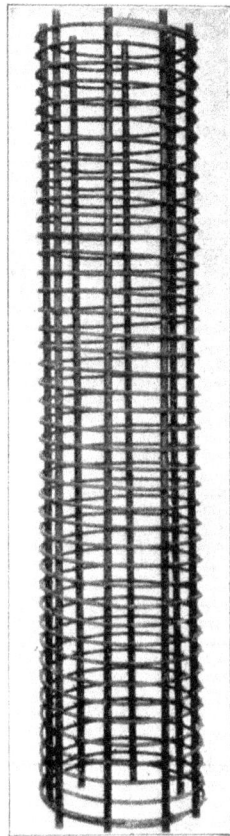 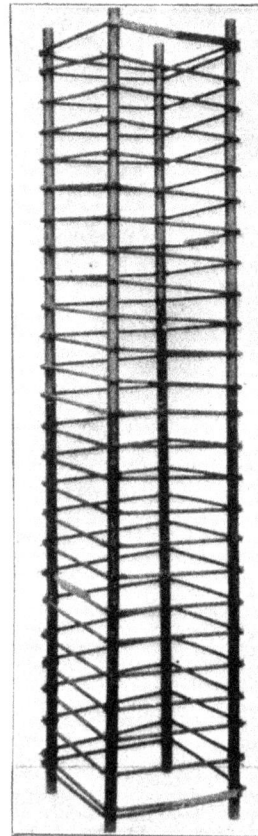

Abb. 25.[2])   Abb. 26.

erzielt werden kann wie mit einer Spiralbewehrung, wenn nur der Ringabstand gleich der Ganghöhe der Spirale und der Querschnitt des Ringeisens gleich dem des Spiraleisens ist. Es muß deshalb hier erwähnt werden, daß schon vor Considère im Jahre 1892 Dr. Koenen die Ringbewehrung vorgeschlagen hat, die in der Schweiz patentiert wurde, aber in Deutschland anscheinend damals nicht für patentfähig gehalten wurde.

Da die theoretischen Betrachtungen noch zu keiner Formel für spiralbewehrten oder ringbewehrten Beton geführt haben, welche mit den Versuchs-

---

[1]) Rudeloff, Weitere Untersuchungen von Eisenbetonsäulen. Beton und Eisen 1915, Heft 9/10.

[2]) Deutscher Ausschuß für Eisenbeton, Heft 28, berichtet von Rudeloff. Berlin 1914.

ergebnissen eine befriedigende Übereinstimmung zeigen, ist man jetzt noch auf empirische, aus den Versuchsergebnissen abgeleitete Formeln angewiesen, welche aber alle die Gliederung der Gleichung (7) zeigen. In diesen Gleichungen wird anstatt mit dem Querschnitt F_q mit dem Querschnitt F_{es} eines gedachten Längs-eisens gerechnet, das denselben Rauminhalt wie die ganze Spiral- bzw. die Ringbewehrung hat.

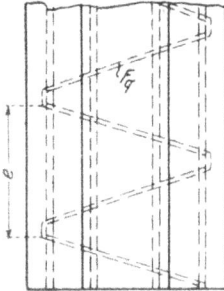

$$F_{es} \cdot e = F_q \cdot d_1 \pi.$$

$$F_{es} = F_q \cdot \frac{d_1 \pi}{e} \quad \ldots \ldots \quad (8)$$

Nachdem man aus Versuchsergebnissen ersehen hat, daß bei zentrischem Druck an Erhöhung der Bruchlast dieselbe Eisenmenge in der Querbewehrung ungefähr doppelt so viel leistet als in der Längsbewehrung, hat man aus der Gleichung (2) für umschnürte Säulen mit $n = 15$ die Formel gebildet

$$P = \sigma_b (F_b \cdot 15 \cdot F_e + 30 F_{es}) = \sigma_b \cdot F_i \quad . \quad . \quad \textbf{(9)}$$

Diese Gleichung, deren Gliederung mit der der Glei-chung (7) übereinstimmt, ist in die österreichischen Vor-schriften aufgenommen worden und war auch in Deutsch-land seither im Gebrauch.

Jedoch ist die Anwendung der Formel noch an ge-wisse Voraussetzungen geknüpft. Die österreichischen Vorschriften bestimmen nämlich, daß $e < \frac{d_1}{5}$, und daß $F_i < 1,5 (F_b + 15 F_e)$ und $F_i < 2 F_b$ sein müssen.

Nach den schweizerischen Vorschriften lautet die Gleichung (9)

$$P = \sigma_b (F_b + 10 \cdot F_e + 24 F_{es}) = F_i \cdot \sigma_b. \quad \ldots \ldots \quad (10)$$

wobei auch $e < \frac{d_1}{5}$ und $F_i < 2 F_b$ sein müssen.

Zahlreiche Versuche[1]) haben jedoch gezeigt, daß noch einige andere Kon-struktionsregeln[2]) beachtet werden müssen, wenn die Umschnürung zu ihrer höchsten Wirksamkeit gelangen soll.

Bezeichnet man mit F_k den von der Umschnürung umgebenen Teil des Beton-querschnittes F_b, so soll $(F_e + F_{es}) < 0,08 F_k$ sein, ferner $F_e : F_{es} = 1:2$ bis $1:3$. Für $F_{es} < 0,02 F_b$ soll $e = \frac{1}{6} d_1$ bis $\frac{1}{8} d_1$, für $F_{es} > 0,02 F_b$ soll $e = \frac{1}{8} d_1$ bis $\frac{1}{10} d_1$ sein.

Kleinlogel[3]) gibt als günstigste Verhältnisse an:

$$F_e + 2,4 \cdot F_{es} = 0,10 \cdot F_k, \quad F_e = 0,0154 \cdot F_k, \quad F_{es} = 0,0354 \cdot F_k \quad \text{und} \quad e : d_1 = 1 : 10.$$

Berücksichtigt man noch, daß für schwächere (30 cm Durchmesser) acht-eckige Säulen $F_b : F_k = 1,4 : 1,0$ und für stärkere achteckige Säulen $F_b : F_k = 1,3 : 1,0$ ist, so kann man mit den angegebenen günstigsten Werten und mit Hilfe der Gleichung (9) für die am häufigsten mit Umschnürungen versehenen achteckigen Säulen folgende Formeln zur Dimensionierung ableiten (Abb. 27).

---

[1]) Mörsch, Der Eisenbetonbau, 4. Aufl. Stuttgart 1912. S. 96.

[2]) Kleinlogel, Eisenbeton und umschnürter Beton. Leipzig 1910. S. 66.

[3]) Kleinlogel, Neue Versuche mit ringbewehrten Eisenbetonsäulen. Im Selbst-verlag der Firma Johann Odorico, Dresden. S. 58.

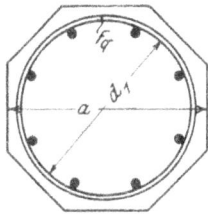

Abb. 27.

Für $F_b = 1,3 F_k$ ist:

$$F_i = 1,3 F_k + 15 \cdot 0,0154 \cdot F_k + 30 \cdot 0,0354 \cdot F_k = 2,6 F_k \quad . \quad . \quad . \quad (11)$$

$$P = \sigma_b \cdot 2,6 F_k = \sigma_b \cdot \frac{2,6}{1,3} \cdot F_k = \sigma_b \cdot 2 F_b,$$

$$F_b = \frac{P}{2 \sigma_b} = 0,828 \cdot a^2.$$

Für $F_b = 1,4 F_k$ ist:

$$F_i = 2,7 \cdot F_k \quad . \quad . \quad . \quad . \quad . \quad . \quad . \quad . \quad (12)$$

$$P = \sigma_b \cdot 2,07 \cdot F_b,$$

$$F_b = \frac{P}{2,07 \cdot \sigma_b} = 0,828 \cdot a^2.$$

Bemerkt sei noch, daß die Ringbewehrung nicht unter dem Schutze des Considèreschen Patentes steht.

Da bei stark umschnürten Säulen schon lange, bevor die Bruchlast erreicht ist, die äußere Schale des Betons abspringt, hat man auch zur Berechnung der Bruchfestigkeit statt den Betonquerschnitt F_b den umschnürten Kernquerschnitt F_k (nicht zu verwechseln mit dem Kern der Statik) in die Rechnung eingeführt.

Man hielt dies auch deshalb für richtig, weil der Säulenkern nach Abspringen der äußeren Schale noch nicht zerstört ist und nach Beseitigung der Umschnürung mit fortschreitendem Alter weiter erhärtet (Abb. 28)[1].

Mörsch[2] hat aus diesen Erwägungen für die Bruchlast umschnürter Säulen die Gleichung aufgestellt

$$P_B = F_e \cdot \sigma_{es} + F_k \cdot \sigma_b + m \cdot F_{es} \cdot \sigma_b, \quad . \quad . \quad (13)$$

in welcher σ_{es} die Spannung des Eisens an der Streckgrenze, σ_b die Betondruckfestigkeit und m ein mit steigendem σ_b fallender Zahlenwert ist. Aus Versuchen gibt Mörsch an für

$\sigma_b = 120$ kg/qcm	$m = 71$	$m \cdot \sigma_b = 8520$ kg/qcm
$\sigma_b = 160$ »	$m = 50$	$m \cdot \sigma_b = 8000$ »
$\sigma_b = 180$ »	$m = 43$	$m \cdot \sigma_o = 7740$ »
$\sigma_b = 220$ »	$m = 34$	$m \cdot \sigma_b = 7480$ »

Setzt man in der Gleichung (13) $\sigma_{es} = 2850$ kg/qcm und $\sigma_b = 190$ kg/qcm und rechnet mit einer 5,5 fachen Sicherheit, so erhält man die zulässige Säulenbelastung P

$$P = \frac{P_B}{5,5} = 520 \cdot F_e + F_k \cdot 35 + m \cdot F_{es} \cdot 35,$$

also die zulässige Betonspannung $\sigma_b = 35$ kg/qcm oder für $m = 45$

$$P = \sigma_b (F_k + 15 \cdot F_e + 45 \cdot F_{es}) = \sigma_b \cdot F_i \quad . \quad (14)$$

In dieser Form ist die Gleichung zur Berechnung umschnürter Druckglieder und Säulen in die deutschen

---

[1] Deutscher Ausschuß für Eisenbeton, Heft 28, berichtet von Rudeloff. Berlin 1914. S. 79.

[2] Mörsch, Der Eisenbetonbau, 4. Aufl. Stuttgart 1912. S. 135.

Abb. 28.

Bestimmungen aufgenommen, dabei jedoch noch eine besondere Erklärung der Umschnürung gegeben worden, für welche die Gleichung (14) ausschließlich angewendet werden darf. Die Spiral- oder Ringbewehrung muß kreisförmig sein, die Ganghöhe bzw. der Ringabstand muß kleiner als $^1/_5$ des Kerndurchmessers (d_1) und dabei nicht über 8 cm sein; die Längsbewehrung F_e muß mindestens $^1/_3$ der Querbewehrung F_{es} sein, während F_i kleiner als $2 \cdot F_b$ bleiben muß.

Durch Versuchsrechnung kann man sich überzeugen, daß die Gleichung (14) nur für eine kräftige Umschnürung eine größere zulässige Säulenbelastung P liefert als die Gleichung (2), so daß praktisch schwache Umschnürungen, welche erfahrungsgemäß noch zu keiner Erhöhung der Bruchlast führen, auch nicht zu ihrer Berücksichtigung nach Gleichung (14) reizen können.

Umschnürtes Gußeisen.

v. Emperger sucht das Gußeisen zur Herstellung von Druckgliedern im Bauwesen dadurch wieder mehr einzuführen, daß er einen Gußeisenkern mit einem spiralbewehrten Betonmantel umgibt. Dem Gußeisen soll in dieser Vereinigung seine Sprödigkeit genommen, also gerade die Eigenschaft des Gußeisens unschädlich gemacht werden, welche den Ingenieur heute vor der Verwendung des Gußeisens als Säule häufig abhält (Abb. 29).

Die Versuche haben ergeben, daß eine solche Säule tatsächlich erheblich höhere Bruchlasten aushält als der Gußeisenkern allein.

v. Emperger[1]) berechnet die Tragfähigkeit der umschnürten Gußeisensäule, indem er die Druckfestigkeiten der drei Baustoffe, des Betons des Kerns, des Flußeisens der Längsstäbe und des Gußeisenkerns zusammenzählt. Die Berechtigung zu diesem Rechnungsverfahren leitet er von der Betrachtung ab, daß Flußeisen an der Quetschgrenze und umschnürter Beton große Verkürzungen (Stauchungen) ohne Bruch erleiden können und deshalb das Gußeisen, sobald die Quetschgrenze der Längsstäbe erreicht ist, entsprechend hohen Anteil an der Druckübertragung nehmen muß, um gleich große Verkürzungen annehmen zu können. Nach der Meinung v. Empergers soll hierbei der Hauptzweck der Umschnürung darin bestehen, »ein Absprengen der Betonschale zu verhindern«. Hiernach lautet v. Empergers Formel für die Berechnung der Bruchlast P_B umschnürter Gußeisendruckglieder

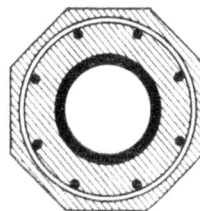

$$P_B = F_k \cdot \sigma_b + F_e \cdot \sigma_{es} + F_g \cdot \sigma_g.$$

In dieser Gleichung bedeuten F_k den umschnürten Teil des Betonquerschnittes, F_e den gesamten Querschnitt der Längsstäbe, F_g den Querschnitt des Gußeisenkernes, σ_b die Würfelfestigkeit des Betons, welche infolge der Umschnürung auch im Prisma zu erwarten ist, σ_{es} die Spannung an der Streckgrenze des Flußeisens und σ_g die Druckfestigkeit des Gußeisens.

Die Berechtigung dieses Rechnungsverfahrens hat nun auch Domke[2]) durch Anwendung des in der Nähe des Bruches gültigen Elastizitätsgesetzes von W. Ritter[3]) nachgewiesen.

---

[1]) v. Emperger, Beton und Eisen 1912, S. 57, 1913, S. 1. »Neuere Bogenbrücken aus umschnürtem Gußeisen«. Berlin 1913.

[2]) Domke, Beton und Eisen, 1912, Heft IV.

[3]) W. Ritter, Schweiz. Bauzeitung 1899, Bd. 33. $\sigma = K\,(1 - e^{-m\,\lambda})$, wobei $e = 2{,}718$, λ die Dehnung, K die Bruchfestigkeit, m eine Konstante ist, welche aus der Gleichung $\left(\dfrac{d\sigma}{d\lambda}\right)_{\sigma\,=\,0} = m \cdot K = \varepsilon_0$ hervorgeht (für Beton m etwa 1000).

Die Wirtschaftlichkeit der umschnürten Gußeisensäule muß in der hohen Druck-festigkeit σ_y des Gußeisens gesucht werden, welche aber in weiten Grenzen, beiläufig von 6300 bis 11000 kg/qcm schwankt. — Die härteren Gußeisensorten enthalten mehr Silicium als die weicheren. — Bezüglich der Konstruktion dürften Schwierig-keiten für den Anschluß des Eisenbetongebälks an durchgehende Säulen entstehen.

Die Sicherheit der Konstruktion hängt auch bei dieser Art der Verwendung des Gußeisens zu Druckgliedern von der gleichmäßig guten Lieferung der Gußeisenkerne ab. Wenn die Gießereien die Güte jedes Gußstückes gewähr-leisten können, wie heute jede Portlandzementfabrik oder jedes Walzwerk be-stimmte Güteziffern ihrer Erzeugnisse gewährleisten, wird auch das umschnürte Gußeisen weitere Verbreitung finden.

Säulen in fester Verbindung mit dem Gebälk und Säulen mehrgeschossiger Gebäude.

Aus den vorstehenden Betrachtungen könnte man es für wirtschaftlich halten, nur mit Spiralen oder Ringen umschnürte Eisenbetonsäulen anzuwenden, weil das Eisen der Umschnürung doppelt soviel und mehr zur Erhöhung der

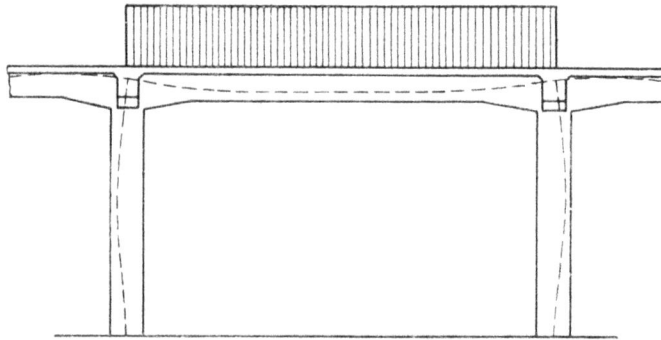

Abb. 30.

Bruchlast leistet als das Eisen der Längsstäbe. Jedoch ist, wie bereits früher bemerkt, zu bedenken, daß durch die steife Verbindung des Gebälks mit den Säulen die Verformungen des Gebälks zu der zentrischen Drucklast der Säulen auch noch Biegungsmomente hinzufügen, sodaß die zentrische Belastung in eine exzentrische übergeht und infolgedessen sogar an den Säulenrändern Zugspan-nungen entstehen können. Diese Zugspannungen können nur durch die Längs-stäbe aufgenommen werden.

Zur Sicherung gegen unerwartete oder unberücksichtigte Zugspannungen in Säulen wird man einerseits auch in den umschnürten Säulen, wie bereits oben erwähnt, unter einen bestimmten Gehalt an Längseisen nicht herabgehen dürfen, anderseits aber auch die umschnürte Säule vorzugsweise dort verwenden, wo zwar große Lasten, aber keine gefährlichen Biegungsmomente auftreten können, das ist vorzugsweise in den unteren Stockwerken mehrgeschossiger Gebäude.

Abb. 30 zeigt, wie durch ungleichmäßige Lastverteilung infolge der steifen Verbindung von Gebälk und Säule in den Säulen Biegungsmomente auftreten, welche in mehrgeschossigen Gebäuden mit durchgehenden Säulen, in den Säulen der oberen Geschosse infolge der geringeren zentrischen Last und der kleineren Säulenquerschnitte gefährlicher werden können als in denen der unteren Stock-werke.

Die deutschen Bestimmungen enthalten daher für Stützen in fester Verbindung mit Balken noch einige Sicherheitsvorschriften. Zunächst sollen bei Ingenieurbauten die Biegungsmomente der Säulen stets rechnerisch bestimmt werden. Bei den Endsäulen, welche die größten Momente aufzunehmen haben, sollen im Hochbau, wenn eine genaue Berechnung nicht angestellt wird, wenigstens ein solches Biegungsmoment berücksichtigt werden, welches gleich ein Drittel des Balkenmomentes im Endfeld des durchlaufenden Balkens ist. In Abb. 31 sind die hiernach entstehenden Momentenlinien der Säule für das oberste und unterste Geschoß eingezeichnet.

Es müßten somit in den Stützen AA und EE Biegungsmomente berücksichtigt werden, die gleich ein Drittel der positiven größten Biegungsmomente in den Feldern AB bzw. DE des unmittelbar darüber liegenden durchlaufenden Trägers $ABCDE$ sind. Die Berechnung solcher Säulen, welche auf Biegung mit Axialdruck beansprucht sind, ist in dem Kap. 13 behandelt.

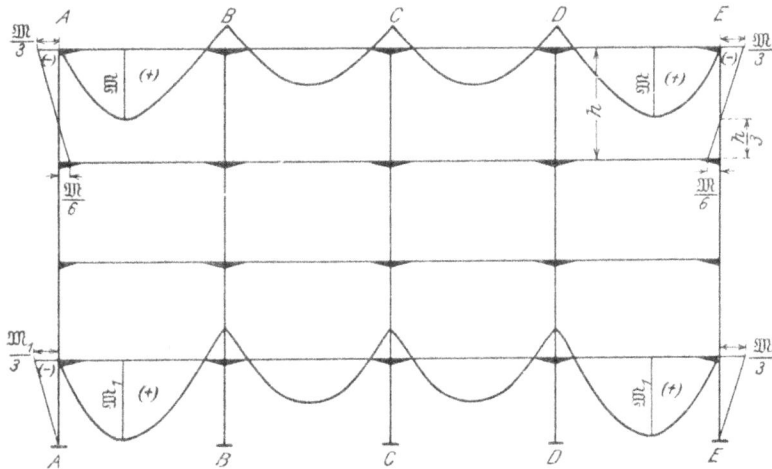

Abb. 31.

Außerdem wird den nicht berechneten Biegungsmomenten der Säulen nach den deutschen Bestimmungen noch dadurch Rechnung getragen, daß die zulässige Druckspannung σ_b der Säulen mehrgeschossiger Gebäude in den Geschossen von oben nach unten zunimmt.

Im Dachgeschoß ist . . . . . $\sigma_b = 25$ kg/qcm,
im darunter liegenden Geschoß $\sigma_b = 30$ »
in den folgenden Geschossen . $\sigma_b = 35$ »

Die Sicherheit solcher durchlaufender Säulen wird aber auch dadurch noch erhöht werden können, daß man in den oberen Geschossen das Bewehrungsverhältnis φ nicht zu klein wählt.

Nach den österreichischen Vorschriften sind in allen Säulen, welche mit den Balken fest verbunden sind, die Biegungsmomente zu berechnen. Sofern diese nicht nach einem genauen Rechnungsverfahren ermittelt werden, gestattet § 5 Abs. 5 dieser Vorschriften (siehe Anhang) ein Annäherungsverfahren, das aber zu große Werte für die Biegungsmomente ergibt.

In den schweizerischen Vorschriften ist über die Berechnung der mit Gebälk fest verbundenen Säulen nichts enthalten.

3*

Säulenversuche.

Zur Bestätigung der vorstehenden Rechnungsergebnisse, welche auf Grund einschneidender Annahmen gefunden wurden, sind Versuche notwendig. Versuche mit Eisenbetonsäulen, welche sich mit der Erforschung der Druckfestigkeit (ohne Knickerscheinungen) beschäftigen, sind sehr zahlreich und teils mit Aufwendung erheblicher Mittel und mit viel Mühe und Sorgfalt durchgeführt worden. Schon aus der großen Zahl der Versuche und der Forscher darf man schließen, daß die Versuche noch keine allgemein übereinstimmenden Ergebnisse gezeitigt haben. Es kann deshalb auch hier auf die einzelnen Versuche[1]) nicht eingegangen werden, vielmehr sollen nur die Brucherscheinungen und diejenigen Tatsachen behandelt werden, welche heute als feststehend angenommen werden dürfen.

Abb. 32[2]) zeigt eine durch zentrischen Druck zerstörte Betonsäule ohne Bewehrung. Man erkennt deutlich die beiläufig unter 60° gegen die Wagerechte geneigte Bruchfläche.

In Abb. 33[3]) sind drei mit Längseisen und Bügeln in größerem Abstand bewehrte Eisenbetonsäulen dargestellt, welche unter der Druckpresse durch zentrischen Druck zu Bruch gingen. Auch bei diesen drei Säulen kann man deutlich die entstandenen Druckpyramiden bzw. die schrägen Bruchflächen sehen.

Auch bei den umschnürten Eisenbetonsäulen zeigen sich beim Bruch Druckpyramiden oder schräge Bruchflächen, wenn sie auch vielfach weniger deutlich in die Erscheinung treten. Die Umschnürung reißt beim Bruch an einzelnen Stellen meist ab.

Abb. 34[4]) zeigt eine mit geschweißten Ringen und Abb. 35[4]) eine mit Spirale umschnürte, achteckige, zerdrückte Säule.

Rudeloff[4]) leitet aus seinen Messungen der Formänderungen ab, »daß die Verteilung der Druckspannungen über Beton- und Eisenquerschnitt der Säulen sich sowohl mit wachsender Belastung als auch beim wiederholten Lastwechsel ständig ändert, und daß die Spannungsverteilung in den einzelnen Querschnitten je nach der Höhenlage in der Säule verschieden ist« (vgl. die theoretischen Betrachtungen Seite 22).

Abb. 32.

Seine Versuche lassen aber auch erkennen, daß die Betonfestigkeit — nicht die Säulenfestigkeit — in den bewehrten Säulen geringer sein muß als in den unbewehrten. Der Einfluß der Bewehrung auf die Säulenfestigkeit ist daher zweierlei Art, teils eine Steigerung der Säulenfestigkeit, weil Längs- und Querbewehrung einen Teil der inneren Kräfte der Säule

---

[1]) Eine Zusammenstellung der Versuche bis 1912 enthält das Handbuch für Eisenbeton von v. Emperger. I. Bd. II. Kap. von v. Thullie. Berlin 1912. 2. Aufl.

[2]) Deutscher Ausschuß für Eisenbeton, Heft 28 von Rudeloff. Berlin 1914.

[3]) Mitteilungen über Forschungsarbeiten, Heft 29, von v. Bach. Berlin 1905.

[4]) Deutscher Ausschuß für Eisenbeton, Heft 28, von Rudeloff. Berlin 1914; desgl. Heft 34, von Rudeloff. Berlin 1915.

aufnehmen, teils aber eine Verminderung der Säulenfestigkeit, weil die Bewehrung die Betonfestigkeit beeinträchtigt. Es wird somit bei dem Vergleich der Bruchlasten bewehrter und unbewehrter Säulen nur der Unterschied beider Einflüsse festzustellen sein.

Die Verminderung der Betonfestigktit durch die Bewehrung dürfte zum größten Teil auf eine Entmischung des Betons und auf die Bildung von Hohlräumen unter den Eisen zurückzuführen sein.

Abb. 33.

Versuche mit Beton verschiedener Mischungsverhältnisse haben ergeben, daß die Bewehrung in Säulen aus druckfesterem Beton eine geringere Steigerung der Bruchbelastung bewirkt als in Säulen aus weniger festem Beton. Rudeloff[1] stellte fest, »daß der Einfluß der verschiedenartigen Querbewehrungen auf die Festigkeitseigenschaften der Säulen weit zurücktritt hinter dem Einfluß der mehr oder weniger sorgfältigen Arbeitsausführung beim Stampfen des Betons«. Hierin liegt auch offenbar die Schwierigkeit, mit Versuchen gut übereinstimmende

[1] Deutscher Ausschuß für Eisenbeton, Heft 5, berichtet von Rudeloff, S. 71. Berlin 1910.

Ergebnisse zu erzielen. Die Unterschiede der Bruchlasten bei den Säulen gleicher Bauart sind oft größer als die Unterschiede der gemittelten Bruchlasten der Säulen verschiedener Bauarten, so daß manches Versuchsergebnis noch stark vom Zufall beeinflußt erscheint.

Für die Zahl n zur Berechnung der Bruchlasten nach Gleichung (2) geben die Versuche noch verschiedene Werte, welche offenbar von dem verwendeten Beton in hohem Maße abhängig sind. Auch scheint noch nicht einwandfrei fest-

Abb. 34.   Abb. 35.

zustehen, ob die Gleichung (2) nur bis zu einem Bewehrungsverhältnis $\varphi = 0{,}02$ bis 0,03 anwendbar ist.

Saliger[1]) hat an zwei Versuchsreihen von Säulen aus Gußbeton, welche zur Erhöhung ihres Vergleichswertes jeweils gleichzeitig hergestellt worden waren, nachzuweisen versucht, daß die Bruchlast mit $n = 15$ nach Gleichung (2) für die Säulen mit größerer Bügelentfernung berechnet werden darf. Ebenso soll nach seinen Versuchen Gleichung (9) annähernd die Bruchfestigkeit der umschnürten Säulen ergeben. In beiden Fällen wäre jedoch für σ_b nicht die Würfelfestigkeit, sondern die Prismenfestigkeit zu setzen.

---

[1]) Saliger, Zeitschrift für Betonbau. Wien 1915. Heft 4, S. 43.

Die Schale der kräftig umschnürten Säulen springt bei einer Belastung ab, bei welcher in einer Säule ohne Umschnürung, jedoch mit denselben Längseisen und Bügeln, in größerem Abstand der Bruch eintreten würde.

Für das Bauwesen ist noch von Wichtigkeit, daß sich der bevorstehende Bruch der Eisenbetonsäulen unter zentrischem Druck bereits durch eine vorausgehende Rissebildung anzeigt, die bei geringerer Belastung als die Bruchlast eintritt. Der Unterschied zwischen Rißbelastung und Bruchlast ist um so größer, je kräftiger die Querbewehrung (Umschnürung) ist. Dagegen tritt der Bruch der unbewehrten Betonsäulen plötzlich ohne vorherige Anzeigen ein.

---

4. Kapitel. Zugfestigkeit und Dehnungsfähigkeit des Betons und des Eisenbetons.

Da die Zugfestigkeit des Betons wesentlich kleiner ist als die des Eisens, muß zur Betrachtung der Zugfestigkeit des Eisenbetons zunächst die Zugfestigkeit des Betons berücksichtigt werden.

An eingekerbten Betonprismen hat v. Bach festgestellt, daß die Betonzugfestigkeit stark abnimmt mit Zunahme der Querschnittsgröße, und daß die gleichmäßige und ungleichmäßige Durchfeuchtung der Körper einen wesentlichen Einfluß auf die Größe der Betonzugfestigkeit ausübt[1]. Für zwei verschiedene Wasserzusätze α und β, wobei α für Eisenbeton nicht wohl unterschritten werden darf und β für den gewöhnlichen Eisenbetonbau als obere Grenze anzusehen ist, hat v. Bach an Prismen von 400 qcm Querschnitt, welche aus 1 Raumteil Heidelberger Portlandzement, 2 Raumteilen Rheinsand und 3 Raumteilen Rheinkies hergestellt worden waren, folgende Zugfestigkeit beobachtet[2]:

	Im Alter von: 28 Tagen	45 Tagen	6 Monaten	1 Jahr	
Zugfestigkeit kg/qcm { Wasserzusatz α	12,4	13,7	19,5	23,7	} Lagerung: 7 Tage unter nassen Säcken, dann an der Luft
Wasserzusatz β	12,0	11,8	15,3	23,1	

Dabei handelte es sich um einen sehr guten Beton, wie man aus den folgenden, gleichzeitig beobachteten Würfelfestigkeiten schließen kann:

	Im Alter von: 28 Tagen	45 Tagen
Druckfestigkeit an Würfeln 30/30 cm, gemessen in kg/qcm { Wasserzusatz α	225	253
Wasserzusatz β	191	209

Auch von der Art der Zuschlagsstoffe ist die Betonzugfestigkeit abhängig, wie aus umstehender Zusammenstellung von Versuchen für gleiche Mischungsverhältnisse ersehen werden kann[3].

Hierbei wurden die Druckfestigkeit an Würfeln 30/30 cm, die Zugfestigkeit an Prismen von 20/20 cm Querschnittsfläche bestimmt. Die Probekörper waren 45 Tage alt. Sie wurden während der Erhärtung auf nassem Sande mit feuchten Säcken bedeckt gelagert.

---

[1]) v. Bach und Graf, Mitteilungen über Forschungsarbeiten, Heft 72 bis 74, Anhang.

[2]) v. Bach und Graf, Mitteilungen über Forschungsarbeiten, Heft 95.

[3]) v. Bach und Graf, Mitteilungen über Forschungsarbeiten, Heft 72 bis 74, 1909.

Nr.	Zusammensetzung des Betons nach Raumteilen			Druckfestigkeit kg/qcm		Zugfestigkeit kg/qcm		Verhältnis Druck zu Zug	
	Wasserzusatz in Gewichtsprozenten			$\alpha = 7,8$	$\beta = 9$	$\alpha = 7,8$	$\beta = 9$	$\alpha = 7,8$	$\beta = 9$
	Bindemittel	Sand	grober Zuschlag						
1	1 Portlandzement	2 Rheinsand	—	280	—	20,4	—	13,7	—
2	1 Portlandzement	2 Rheinsand	3 Rheinkies (7—20 mm)	224	201	19	17	11,8	11,8
3	1 Portlandzement	2 Rheinsand	3 Rheinkies (7—25 mm)	233	—	18,8	—	12,4	—
4	1 Portlandzement	2 Rheinsand	3 Basaltmaschinengeschläge	233	197	21,8	20,5	10,7	9,6
5	1 Portlandzement	2 Rheinsand	3 Bimskies	134	120	16,5	15,4	8,1	7,8
6	1 Portlandzement	2 Dresdener Grubensand	3 Rheinkies	238	191	17,8	17,8	13,4	11,0
7	1 Portlandzement	2 Basaltquetschsand	3 Rheinkies	202	157	17,2	16,8	11,7	9,3
8	1 Portlandzement	2 Kalksteinquetschsand	3 Rheinkies	191	147	18,4	15,0	10,4	9,8
9	1 Portlandzement	2 Basaltquetschsand	3 Basaltmaschinengeschläge	178	124	18,9	15,7	9,4	7,9

Im allgemeinen ist die Betonzugfestigkeit nur $1/10$ bis $1/20$ der Würfelfestigkeit und nicht nur von der Zugfestigkeit des Mörtels, sondern auch, wie gezeigt, von anderen Umständen beeinflußt[1]).

Berücksichtigt man noch außerdem, daß die vorstehenden Werte der Zugfestigkeit auf den Baustellen mit denselben Baustoffen nicht immer erreicht werden, so ist leicht einzusehen, daß man die Beanspruchung des Betons auf Zug nur mit einem hohen Sicherheitsgrad (8 bis 10) zulassen und daher auch bei gutem Beton mit höchstens 2 kg/qcm Zugspannung rechnen darf. Mit Beton können somit nur kleine Zugkräfte übertragen werden.

Für die Eisenbetonzugkonstruktionen würde es aber schon von großem Vorteile sein, wenn der Beton wenigstens die durch die Zugkräfte entstehenden Dehnungen der Eiseneinlagen, ohne zu reißen, mitmachen könnte, d. h. wenn er genügend dehnungsfähig wäre. Aber auch in dieser Beziehung darf man bei nur 12 kg/qcm Zugfestigkeit keine großen Erwartungen hegen. Nimmt man in der Nähe des Bruches bei reinem Zug für Beton einen Elastizitätsmodul von beiläufig $\varepsilon_{bz} = 140000$ kg/qcm an (vgl. Abb. 6), so erhält man eine Dehnung λ_z

$$\lambda_z = \frac{\sigma_z}{\varepsilon_{bz}} = \frac{12,0}{140000} = 0,000086 = 0,086 \text{ mm auf } 1,0 \text{ m.}$$

Da dieser Wert sehr klein ist und auch bei älterem guten Beton kaum wesentlich größer ist, mußte begreiflicherweise die Beobachtung Considères, daß bewehrter Beton viel größere Dehnungen (bis zum 20fachen Betrage) vertrage als un-

---

[1]) Zugfestigkeit für magerere Betonmischungen, vgl. Deutscher Ausschuß für Eisenbeton, Heft 17, berichtet von Rudeloff und Gary, 1912.

bewehrter, im Jahre 1898 großes Aufsehen erregen[1]). Darauffolgende Untersuchungen von Kleinlogel[2]), Rudeloff[3]), Talbot[4]) konnten jedoch diese Beobachtung nicht bestätigen, so daß auch Considère seine Beobachtungen nochmals prüfen mußte und dabei dann auch geringere Dehnungen fand.

Ein an der Luft gelagerter Balken hatte nur 0,625 mm Bruchdehnung auf 1,0 m gegenüber 1,3 mm eines unter Wasser gelagerten Balkens, also immerhin noch mehr als unbewehrter Beton[5]).

v. Bach[6]) findet, daß sich die Bruchdehnung an bewehrten und unbewehrten Zugkörpern und Balken ziemlich übereinstimmend ergibt, wenn man bei Balken die Dehnung nicht unmittelbar vor dem Bruch, sondern bei Auftreten der Wasserflecke, welche die Lockerung des Betongefüges anzeigen (vgl. Kap. 12), mißt. Er findet so an Balken und Zugprismen für einen Portlandzement im Mischungsverhältnis 1:4 die Bruchdehnung nach 6 bis 8 Monaten Lagerung unter feuchten Säcken

$$\lambda = 0,06 \text{ bis } 0,10 \text{ mm auf } 1,0 \text{ m}$$

für einen anderen Portlandzement

$$\lambda = 0,08 \text{ bis } 0,10 \text{ mm auf } 1,0 \text{ m}.$$

Für die Dehnung der äußersten Fasern der Biegebalken unmittelbar vor dem Bruch findet v. Bach etwas größere, aber auch ungleichmäßigere Werte, im Mittel ungefähr

$$\lambda = 0,12 \text{ bis } 0,14 \text{ mm auf } 1,0 \text{ m}$$

und nach Luftlagerung kleinere, nach Wasserlagerung größere Werte. Er kommt auf Grund seiner Versuche zu dem Ergebnis:

»Der Beton an sich besitzt im armierten Zustande rund die gleiche Dehnungsfähigkeit wie bei Nichtarmierung.«

Wo größere Dehnungen beobachtet worden sind, dürfte dies teils auf die bei feuchter Lagerung günstig wirkenden Anfangsspannungen teils auf nicht rechtzeitiges Erkennen der ersten Risse zurückzuführen sein. Dabei ist jedoch zu beachten, daß vom Eintreten der Wasserflecke bis zum Erkennen des Risses immer noch eine Vergrößerung der Dehnung zu beobachten ist[7]).

Soll also ein zentrisch auf Zug beanspruchtes Eisenbetonglied noch keine Risse erhalten, so darf die Dehnung sicherlich nicht 0,10 mm/m = 0,0001 übersteigen. Hieraus erhält man die zugehörige Eisenspannung σ_e zu

$$\sigma_e = \lambda \cdot \varepsilon_e = 0,0001 \cdot 2\,100\,000 = 210 \text{ kg/qcm}.$$

Es ergibt sich somit eine sehr schlechte Ausnutzung der Eisenzugfestigkeit.

Da man mit 0,0001 Dehnung im Beton nur noch einfache Sicherheit hätte, müssen zur Erlangung einer mehrfachen Sicherheit die Eisen auch allein die auftretende Zugkraft aufnehmen können. Setzt man eine Zugfestigkeit des Betons

---

[1]) Comptes rendus des séances de l'Académie des sciences, Bd. 127, 1898. Bach, Mitteilungen über Forschungsarbeiten, Heft 45 bis 47, Anlage 6.
[2]) Forschungsarbeiten auf dem Gebiete des Eisenbetons, 1904, Heft 1.
[3]) Mitteilungen aus dem Kgl. Materialprüfungsamte Großlichterfelde-West 1904.
[4]) Talbot, Engineering News 1904.
[5]) Beton und Eisen 1905.
[6]) v. Bach, Mitteilungen über Forschungsarbeiten, Heft 45 bis 47, 1907.
[7]) Probst, Grundlegende Fragen im Eisenbetonbau. »Betonbau«. Wien 1913. Heft 1 u. 2.

von 12 kg/qcm und eine zulässige Eisenzugspannung von $\sigma_e = 1200$ kg/qcm voraus, so kann man hierzu das Bewehrungsverhältnis $\varphi = \dfrac{F_e}{F_b}$ berechnen, bei welchem gerade noch keine Zugrisse im Beton eintreten würden (vgl. Abb. 36).

Für gerissenen Beton: $P = F_e \cdot 1200$;
für zugfesten Beton: $P = 12 \cdot F_b \, (1 + \varphi \cdot n)$ (Gleichung 2),

$$F_e \cdot 1200 = 12 \cdot F_b \, (1 + n \cdot \varphi) = \varphi \cdot F_b \cdot 1200,$$

$$\varphi = \frac{1}{100 - n} = 0{,}012 \quad . \quad . \quad . \quad . \quad . \quad . \quad . \quad . \quad (15)$$

Somit dürfte für gerade noch rissesichere Eisenbetonzugglieder das Bewehrungsverhältnis höchstens 1,2% erreichen, zumal $n < 15$ hier angenommen werden müßte.

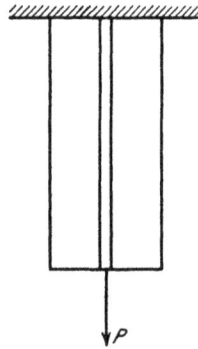

Abb. 36.

Nach diesen Betrachtungen wird man zugeben müssen, daß Eisenbeton zur Übertragung von Zugkräften nicht gerade geeignet ist und deshalb Zugglieder in Eisenbetonkonstruktionen nach Möglichkeit vermieden werden sollten.

Muß man gleichwohl Eisenbetonzugglieder anwenden, so wird die Rechnung stets nur so durchgeführt, als wenn nur der Eisenquerschnitt vorhanden wäre. Die Rissesicherheit kann entweder dadurch erzielt werden, daß das Bewehrungsverhältnis 1% nicht übersteigt, oder besser dadurch, daß man das Eisenzugglied erst mit Beton umgibt, nachdem es schon den größten Teil seiner Zugkraft erhalten hat.

Man wird also Zugbänder von Rahmen erst einbetonieren, wenn der Rahmen bereits ausgeschalt ist. In gleicher Weise sollte man Hängestangen, z. B. bei Bogenbrücken, mit unten liegender Fahrbahn erst einbetonieren, nachdem die Fahrbahn betoniert und die Fahrbahnbefestigung aufgebracht ist. Der Beton solcher Zugstangen wird dann nur noch an der Übertragung des von der Verkehrslast herrührenden Teiles der Zugkraft teilnehmen müssen.

Nicht zu verwechseln mit der reinen Zugfestigkeit des Betons ist die nach der Navierschen Formel berechnete Zugfestigkeit bei Biegung, die man deshalb vielfach auch Biegungsfestigkeit nennt. Diese Biegungsfestigkeit ist bis zu doppelt so groß als die reine Zugfestigkeit desselben Betons. Diese Verschiedenheit kommt von der Unbrauchbarkeit der Navierschen Biegungsformel mit konstantem Elastizitätsmodul zur Berechnung unbewehrter Betonbalken in der Nähe der Bruchlast[1][2]. Ferner scheint auch die Art der Eisenverteilung in der Zugzone der auf Biegung beanspruchten Balken einen Einfluß auf die Biegungsfestigkeit des Betons zu haben[3].

---

[1] v. Bach, Mitteilungen über Forschungsarbeiten, Heft 45 bis 47, 1907. Abschnitt XXXVII.

[2] Deutscher Ausschuß für Eisenbeton, Heft 17, 1912, Tabelle 64, berichtet von Rudeloff und Gary.

[3] Probst, »Betonbau«. Wien 1913. Heft 2.

5. Kapitel. Schub- oder Scherfestigkeit des Betons und Eisenbetons.

Zuweilen wird in der Theorie des Eisenbetons ein Unterschied zwischen Schubfestigkeit und Scherfestigkeit gemacht und demgemäß auch zwischen Schub- und Scherspannungen unterschieden. Schubspannungen wären hiernach die verschiebend wirkenden inneren Spannungen bei Biegung und Scherspannungen die in einer wirklichen Scherfläche (Abb. 37) auftretenden inneren Spannungen.

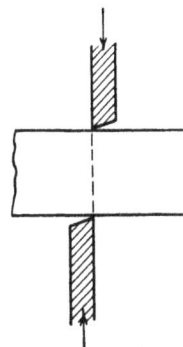

Mörsch hält diese Unterscheidung für begründet, weil Versuche, die für die Firma Wayß & Freytag ausgeführt worden sind, für die Scherfestigkeit erheblich größere Werte als für die Schubfestigkeit ergaben[1]. Er entwickelt auch, daß die Scherfestigkeit τ des Betons das geometrische Mittel aus der Zugfestigkeit σ_z und der Druckfestigkeit σ_d ist, also

$$\tau = \sqrt{\sigma_z \cdot \sigma_d}.$$

Die Ergebnisse seiner Scherversuche zeigen tatsächlich auch eine gute Übereinstimmung mit der nach dieser Formel errechneten Scherfestigkeit.

Abb. 37.

Mohr[2]) zeigt, daß die nach dieser Formel, die schon Köpcke benutzen wollte, errechnete Scherfestigkeit zu groß ist, da die Formel theoretisch richtig heißen sollte

$$\tau = \frac{1}{2} \sqrt{\sigma_z \cdot \sigma_d} \qquad \ldots \ldots \ldots \ldots (16)$$

Wendet man die beiden Formeln auf einige Versuchsreihen des Deutschen Ausschusses für Eisenbeton[3]) an, so ergibt sich, daß weder die eine Formel noch die andere eine befriedigende Übereinstimmung mit den Ergebnissen der Abscherversuche zeigt. Dies ist aber auch gar nicht verwunderlich. Denn die an Scherversuchen beobachtete Scherfestigkeit ist keine reine Scherfestigkeit, die Würfelfestigkeit ist nicht die reine Druckfestigkeit und die beobachtete Zugfestigkeit ist nach dem vorigen Kapitel von den Abmessungen und Anordnungen des Versuchs beeinflußt. Es kann also die

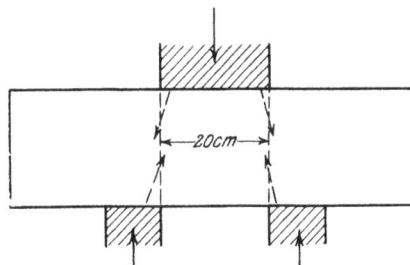

Abb. 38.

Mohrsche Formel recht wohl richtig sein, ohne daß sie sich mit unseren unvollkommenen Beobachtungsergebnissen in Übereinstimmung befindet.

Aus dem gleichen Grunde können auch die Ergebnisse der Schub- und Scherversuche erhebliche Unterschiede zeigen, ohne daß man deshalb dem Wesen nach Schubkräfte und Scherkräfte voneinander unterscheiden müßte.

An Prismen von 20/20 cm Querschnitt und 75 cm Länge wurden bei Scherversuchen nach Abb. 38 folgende Scherfestigkeiten gemessen[4]):

[1]) Mörsch, Der Eisenbetonbau, IV. Aufl., 1912, S. 52.

[2]) Armierter Beton, 1911, Heft 7.

[3]) Deutscher Ausschuß für Eisenbeton, Heft 17, 1912, berichtet von Rudeloff und Gary, Tabelle 62 u. 64.

[4]) Deutscher Ausschuß für Eisenbeton, Heft 17, 1912, berichtet von Rudeloff und Gary, Tabelle 62.

Mischung: Alter: 28 Tage   90 Tage   365 Tage

1 Portlandzement + 2,5 Isarsand (ungewaschen)
+ 5 Kies (erdfeucht) 58   60   79 kg/qcm
1 Portlandzement + 4 Isarsand (ungewaschen)
+ 5 Kies (erdfeucht) 35   42   54   »

Es ist einleuchtend, daß bei dieser Versuchsanordnung Biegungsspannungen und unmittelbare Druckübertragung (punktierte Pfeile) neben den Scherspannungen mitwirken werden.

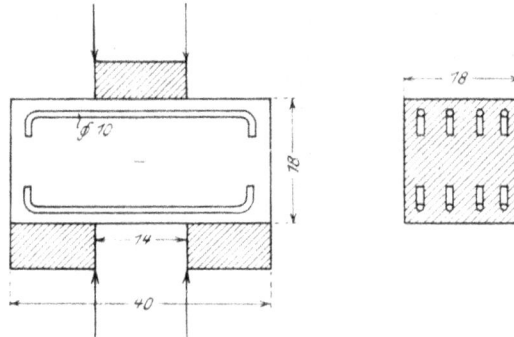

Abb. 39.

Die gleiche Versuchsanordnung hat schon früher Mörsch[1]) angewendet, um den Einfluß der Eisenbewehrung auf die Scherfestigkeit festzustellen. Er

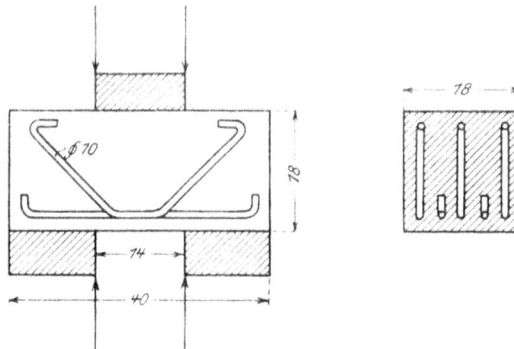

Abb. 40.

benutzte einen Beton aus 1 Raumteil Portlandzement und 4 Raumteilen Kiessand mit 14% Wasser und prüfte die Prismen von 18/18 cm Querschnitt in einem Alter von 1½ Monaten. Die Entfernung der Scherflächen betrug 14 cm.

	Bruchlast	Scherfestigkeit beim ersten Riß	beim Bruch
Die unbewehrten Betonprismen hatten . .	24 t	—	37,1 kg/qcm
Das nach Abb. 39 bewehrte Prisma . . .	40 t	36,2 kg/qcm	—
Das nach Abb. 40 » » . . .	35 t	34,03 »	—

[1]) Mörsch, Der Eisenbetonbau, IV. Aufl. Stuttgart 1912. S. 57.

Aus diesem Versuche geht hervor, daß die Scherrisse in den bewehrten Prismen ungefähr bei den gleichen Belastungen eintreten als der Bruch im unbewehrten Prisma. Nach dem Eintritt der Risse kann aber dann die abscherende Belastung bis zum Bruch noch erheblich gesteigert werden, während bei dem unbewehrten Prisma mit dem Riß auch der Bruch eintritt.

Wenn nun auch die hier gewonnenen Ergebnisse keine reine Scherfestigkeit liefern, so kann man aus den Versuchen doch den Schluß ziehen, daß die Sicherheit gegen Bruch infolge Abscherung durch Eisenbewehrungen zwar erhöht, aber das Eintreten der Scherrisse nicht verzögert werden kann.

Betrachtet man noch eine größere Anzahl ähnlicher Scherversuche, so gewinnt man die Überzeugung, »daß die Widerstandsfähigkeit des Betons gegen Querkräfte bei gleicher Zusammensetzung desselben in hohem Maße von der Bauart der Körper und der Versuchsanordnung abhängig erscheint[1])«. Es sind somit Scherversuche zur Feststellung der Scherfestigkeit nicht geeignet.

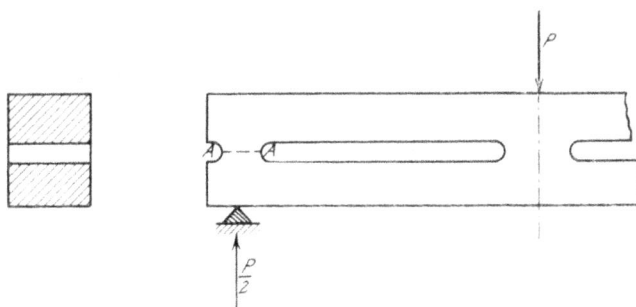

Abb. 41.

Man hat auch versucht, die Scherfestigkeit des Betons aus Verdrehungsversuchen abzuleiten[2]). Aber auch diese Versuchsanordnung ergibt keine einwandfreien Ergebnisse. v. Bach sagt in der Zusammenfassung der Ergebnisse seiner Verdrehungsversuche für den Deutschen Ausschuß für Eisenbeton: »Die Drehungsfestigkeit des Betons fand sich somit — wie nach den ... Versuchen mit Gußeisen zu erwarten stand — abhängig von der Querschnittsform der Körper[3]).« Damit ist aber bewiesen, daß die Verdrehungsversuche zur Feststellung der Scherfestigkeit des Betons so wenig geeignet sind, wie die oben besprochenen Scherversuche.

Es bleiben deshalb nur noch die für die Firma Wayß & Freytag A.-G. in der Materialprüfungsanstalt Stuttgart ausgeführten Schubversuche zur Ermittelung der Schub- oder Schubfestigkeit des Betons übrig[4]). Zu diesen Versuchen wurde ein an der Nullinie geschlitzter Betonbalken nach Abb. 41 verwendet. Die aus dem Auflagerdruck zu berechnende Schubkraft einer halben Balkenlänge mußte auf der kleinen Strecke A—A über dem Auflager aufgenommen werden. Dividiert man die Schubkraft, bei welcher ein Riß A—A auftritt, durch die Rißfläche, so ist der Quotient die Schub- oder Scherfestigkeit des geprüften Betons.

---

[1]) Handbuch für Eisenbetonbau, II. Aufl., 1912, S. 456.

[2]) Föppl, Mitteilungen aus dem Mechanisch-Technischen Laboratorium München, Heft 32, 1912.

[3]) v. Bach und Graf, Deutscher Ausschuß für Eisenbeton, Heft 16, 1912.

[4]) Mörsch, Der Eisenbetonbau, IV. Aufl., 1912, S. 62.

An je drei Probekörpern in einem Alter von 105 Tagen wurden folgende Festigkeitsziffern in kg/qcm im Mittel gefunden:

Mischungsverhältnis	1 : 3		1 : 4		1 : 7	
Wasserzusatz	8%	14%	8%	14%	8%	14%
Schub- oder Scherfestigkeit	36	30	31	28	26	19
Zugfestigkeit von Prismen	12,6	10,5	9,5	8,8	4,4	5,5
Druckfestigkeit von Würfeln . . .	280	195	220	153	127	88

Man erkennt, daß sich die Scherfestigkeit nach diesen Versuchen mit fortschreitender Magerung weit weniger vermindert als die Zugfestigkeit und die Würfelfestigkeit. Aus den Versuchsergebnissen ergibt sich ferner, daß bei den im Eisenbetonbau üblichen Betonarten (Mischungsverhältnis beiläufig 1:5) eine Schubfestigkeit von etwa 25 kg/qcm erwartet werden darf. Demnach wäre bei einer 5 fachen Sicherheit eine Schubspannung von 5 kg/qcm als zulässig zu erachten.

In den deutschen Bestimmungen ist die Grenze der zulässigen Schubspannungen auf $\tau = 4,0$ kg/qcm festgesetzt. Die amtlichen österreichischen Bestimmungen[1] lassen je nach dem Mischungsverhältnis bei Hochbauten $\tau = 3,5$ bis $4,5$ und bei Straßenbrücken $\tau = 3$ bis 4 kg/qcm zu. In den schweizerischen Bestimmungen vom Jahre 1909 ist als Grenze für die zulässigen Scherspannungen $\tau = 4,0$ kg/qcm angenommen worden.

6. Kapitel. Haftfestigkeit.

Es ist eine leicht zu beobachtende Tatsache, daß der Beton an Eisen haftet. Die Haftkraft auf die Einheit der Haftfläche bezogen, nennen wir die Haft-, festigkeit (Adhäsionsenergie). Die Haftfestigkeit ist selbstverständlich abhängig von der Oberflächenbeschaffenheit des Eisens und von der Art des Betons[2]; sie ist aber auch abhängig von der Art der Berührung zwischen Eisen und Beton — entweder einseitige Berührung oder Umschließung — und von der Richtung der loslösenden Kraft — entweder senkrecht oder parallel zur Berührungsfläche —.

Da der Beton schon an einer ebenen Eisenfläche mit einer meßbaren Kraft haftet, muß man dem Zement eine klebende Wirkung zuschreiben, während man früher die Haftkraft eines von Beton umschlossenen Eisens lediglich auf die durch das Schwinden des Betons entstehende Einklemmung zurückführte.

Die Klebewirkung des Zementes führt Rohland auf seine kolloidchemische Natur zurück[3]:

>»Der Zement spaltet beim Anrühren mit Wasser Stoffe im kolloiden Zustande ab, die dann koaguliert werden. Im ersteren Zustande werden sie nun mit dem Eisen zusammengebracht, in diesem Stadium haben sie die Fähigkeit, es fest zu umschließen und fest an ihm zu haften.

---

[1] Vorschriften des Ministeriums der öffentlichen Arbeiten vom 15. Juni 1911 über die Herstellung von Tragwerken aus Eisenbeton oder Stampfbeton bei Hochbauten und bei Straßenbrücken. (Verl. Lehmann & Wentzel, Wien.) (Siehe Anhang.)

[2] v. Bach, Mitteilungen über Forschungsarbeiten, Heft 22. Berlin 1905. S. 39.

[3] Rohland, Der Eisenbeton, kolloid-chemische und physikalische Untersuchungen. Leipzig 1912. S. 39.

Diese Kolloidstoffe, die als ein verzweigtes, engzelliges Maschengewebe aufzufassen sind, umklammern bei diesem Vorgang das Eisen mit großer Intensität; sie wirken wie irgendein anderer gelöster kolloider Stoff, der in diesem Zustande einen festen Gegenstand umschließt und dann koaguliert wird.«

Man kann sich also die Wirkung des Zementes im Beton wie die eines mineralischen Leimes denken.

Diese Auffassung stimmt mit den Ergebnissen der Versuche zur Bestimmung der Haftfestigkeit überein, bei welchen die loslösende Kraft senkrecht zur Haftfläche gerichtet war. Eine einfache Versuchsanordnung hat Dr. Müller[1]) benutzt, indem er die normalen Zugkörper der Zementprüfung in Geigenform an der Rißstelle durch ein Blechstückchen in zwei Teile teilte (Abb. 42).

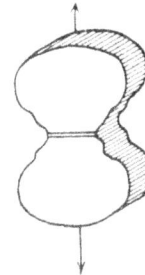
Abb. 42.

v. Bach[2]) wiederholte die Versuche von Dr. Müller und hat dabei für einen Portlandzementmörtel 1:3 folgende Ergebnisse erzielt:

Vortrag	Haftfestigkeit in kg/qcm		
	I 45 Tage im feuchten Kasten gelagert	II 1 Tag im Kasten, 44 Tage unter Wasser gelagert	III 1 Tag im Kasten, 6 Tage unter Wasser, 38 Tage an der Luft gelagert
a) Glattes Schwarzblech	$(7{,}0 + 6{,}5 + 3{,}0 + 5{,}0 + 3{,}5 + 5{,}5 + 4{,}5) : 7 = 5{,}0$	$(15{,}0 + 11{,}5 + 11{,}5 + 11{,}0 + 12{,}5) : 5 = 12{,}3$	$(4{,}5 + 3{,}5 + 3{,}5 + 2{,}5 + 3{,}0) : 5 = 3{,}4$
b) rostiges Blech	$(6{,}0 + 6{,}5 + 6{,}0 + 6{,}0 + 7{,}5 + 7{,}5 + 10{,}5) : 7 = 7{,}1$	$(20{,}0 + 16{,}5 + 21{,}5 + 12{,}0 + 18{,}0) : 5 = 19{,}2$	$(10{,}0 + 9{,}5 + 5{,}0 + 7{,}0 + 7{,}0) : 5 = 7{,}7$
b) mehr gegen a) in %	42%	56%	126%
III. a) gleich 1,0 gesetzt	1,47	3,62	1,0

Die Haftfestigkeit des Betons an rostiges Eisen ist somit größer als an glattes Eisen, und bei Wasserlagerung wurde die Haftfestigkeit erheblich höher und gleichmäßiger gefunden als bei trockener Lagerung der Probekörper.

Wenn nun auch die Haftfestigkeit gegen senkrecht zur Haftfläche wirkende lösende Kräfte für den Eisenbetonbau keine praktische Bedeutung hat, so lehrt doch ihre Untersuchung, daß das Anhaften des Betons am Eisen durch die oben beschriebene, klebende Wirkung des Zementes entsteht.

Zur Feststellung der Haftfestigkeit der von Beton umschlossenen Eisen gegen eine zur Haftfläche parallele lösende Kraft wurden Rundeisen, welche in Betonklötze einbetoniert waren, durchgedrückt oder herausgezogen und die hierzu nötige Druck- bzw. Zugkraft P gemessen (Abb. 43 u. 44).

Dabei zeigte sich aber eine Nebenwirkung der Elastizität des Eisens und des Betons. Die Druckkräfte mußten zur Lösung des Verbundes stets größer sein als die Zugkräfte unter gleichen Verhältnissen. Die Erscheinung ist leicht zu erklären. Die Druckkräfte bewirken eine Querausdehnung der Eisenstäbe, so daß sich dieser fester an den Beton anpreßt, während die Zugkräfte eine Querein-

---

[1]) Müller, Neue Versuche mit Eisenbetonbalken usw. Berlin 1908.
[2]) v. Bach und Graf, Armierter Beton, 1910, Heft 7.

schnürung der Stangen bewirken, welche die Eisenoberfläche von dem ummantelnden Beton zu lösen sucht.

v. Bach[1]) fand für die Haftfestigkeit (Gleitwiderstand) eines Eisens von 20 mm Durchmesser in einem Beton 1:4 mit 15% Wasser nach 90 Tagen:

für $l =$	10	20	30 cm einbetonierte Länge
beim Herausziehen	25,1	15,6	15,3 kg/qcm
beim Herausdrücken	27,4	22,3	21,5 »

Ferner ergab sich bei diesen Versuchen, daß der Gleitwiderstand mit Zunahme des Wasserzusatzes rasch abnimmt. Der Gleitwiderstand wurde auch für stärkeres Rundeisen mit Walzhaut größer als für dünneres beobachtet.

Zum Beispiel ergab sich bei $l = 15$ cm

für $d =$	10	20	40 mm Durchm.,
$\tau_1 =$	14,1	18,5	27,7 kg/qcm.

Wurden die Versuche rasch durchgeführt, so ergaben sich größere Gleitwiderstände als dann, wenn die Last auf jeder Stufe längere Zeit wirkte.

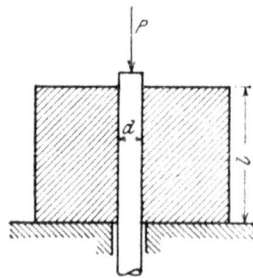 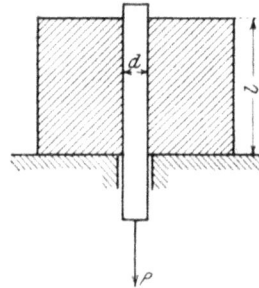

Abb. 43.   Abb. 44.

Später stellten v. Bach und Graf[2]) fest, daß der Gleitwiderstand mit dem Sandzusatz abnimmt, und daß die fetten Mischungen bei feuchter Lagerung größere Gleitwiderstände ergeben als bei trockener Lagerung.

Der Gleitwiderstand wurde gemessen beim Herausziehen eines Rundeisens von 20 mm Durchmesser, das 20 cm tief einbetoniert war. Der Wasserzusatz wurde so gewählt, daß sich für alle Mischungen ein weicher, noch stampffähiger Mörtel von gleicher Konsistenz ergab.

Raumteile Zement zu Rheinsand	Wasserzusatz Gewichtsprozent	Gleitwiderstand kg/qcm	
		nach feuchter Lagerung, Alter 50 Tage	nach 7 Tagen feuchter, dann trockener Lagerung, Alter 50 Tage
1 : 1,5	13,6	36,9	26,9
1 : 3	10,6	28,9	28,2
1 : 4,5	10,2	21,4	21,8
1 : 6	10,0	16,2	19,8

Der Gleitwiderstand nimmt aber auch mit der einbetonierten Länge des Eisens ab, wie v. Bach[3]) in einer Versuchsreihe festgestellt hat. In der

---

[1]) v. Bach, Mitteilungen über Forschungsarbeiten, Heft 22. Berlin 1905. S. 37.
[2]) v. Bach und Graf, Armierter Beton, 1910, Heft 7.
[3]) v. Bach, Zeitschrift des Vereins deutscher Ingenieure 1911, S. 859.

Abb. 45 sind an der strichpunktierten Linie die durch Herausdrücken eines 20 mm starken Rundeisens aus Beton 1:3 die für die Längen $l = 3, 6, 15$ und 40 cm gemessenen mittleren Gleitwiderstände eingeschrieben.

Hierdurch ist bewiesen, daß sich die Haftspannungen (τ_1) nicht gleichmäßig über die ganze einbetonierte Länge des Eisens verbreiten können, sondern daß sie von der Druckeintrittstelle an abnehmen, wobei auch die Druckspannungen im Eisen von dieser Stelle an bis zum Eisenende abnehmen.

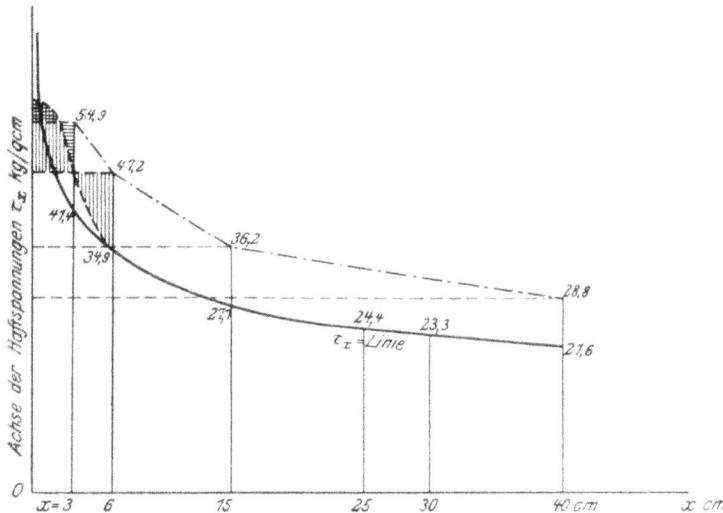

Abb. 45.

Bedeutet x die einbetonierte Länge und P_x die zugehörige Haftkraft und wird mit kg und cm gerechnet, so kann man die v. Bach in diesem Versuch gefundenen Haftkräfte mit großer Genauigkeit durch die Formel ausdrücken

$$P_x = 455 \cdot x^{3/4}\text{[1])} \qquad \dots \dots \dots \dots \quad (17)$$

Wenn man die Einbetonierungslänge x um dx vergrößert, so wächst P_x um dP_x, das auf dieser Verlängerung durch die an dieser Stelle bestehende Haftspannung τ_x aufgenommen werden muß.

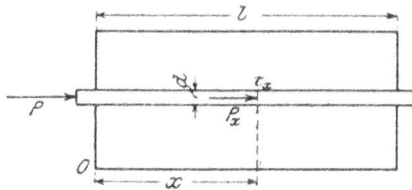

Abb. 46.

$$dP_x = \tau_x \cdot d \cdot \pi \cdot dx,$$

$$\frac{dP_x}{dx} = \frac{3}{4} \cdot 455 \cdot \frac{1}{\sqrt[4]{x}} = \tau_x \cdot d \cdot \pi,$$

$$\tau_x = \frac{3}{4} \cdot \frac{455}{d \cdot \pi} \cdot \frac{1}{\sqrt[4]{x}} \quad \dots \quad (18)$$

In der Abb. 45 sind die aus dieser Formel sich ergebenden τ_x als Ordinaten aufgetragen worden, so daß man die im Augenblick des Gleitens vorhandene Verteilung der Haftspannungen aus der ausgezogenen τ_x-Linie der Abbildung ersehen kann.

Für kleine Abszissen stimmt die Formel nicht, weil sie für $x = 0$ ein $\tau_x = \infty$ ergeben würde. Es ist deshalb für die kleinen Abszissen die gestrichelte Korrektur nötig. Diese Korrektur ergibt sich daraus, daß 47,2 bzw. 54,9 kg/qcm die für $x = 6$ bzw. 3 cm beobachteten mittleren Gleitwiderstände sind. Deshalb müssen

---

[1]) Feret, Zeitschrift des Vereins deutscher Ingenieure 1911, S. 1270.

die lotrecht bzw. wagerecht schraffierten Flächen einander gleich sein[1]). Denn der Inhalt der Fläche, welche von der Kurve (Abb. 45) der Ordinate bei $x = 6$ und den beiden Achsen begrenzt wird, ist $\int_0^{x=6} \tau_x \cdot dx$ und muß gleich dem Produkt $6 \cdot 47,2$ sein. Somit ist

$$\int_0^{x=6} \tau_x \cdot dx = 6 \cdot 47,2 \quad \text{bzw.} \quad \int_0^{x=3} \tau_x \cdot dx = 3 \cdot 54,9.$$

Prüft man die beiden anderen beobachteten mittleren Gleitwiderstände 36,2 und 28,8 kg/qcm durch eine ähnliche Flächenvergleichung, so findet man, daß die für τ_x entwickelte Gleichung mit dem Versuchsergebnis gut übereinstimmt. Für einen anderen Beton, vielleicht auch für einen anderen Eisendurchmesser, würde man statt 455 eine andere Konstante zu wählen haben.

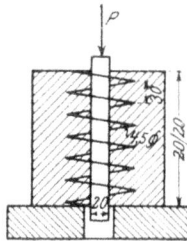

Abb. 47.

Man kann also sagen, daß die Haftspannungen gedrückter Eisen indirekt proportional der 4. Wurzel aus der Abszisse x sind. Das τ_{max} wird an der Seite anzunehmen sein, an welcher infolge der eintretenden Formänderung das Rundeisen den größten Querschnitt hat (vgl. Abb. 46).

Es sind bei Versuchen zur Bestimmung der Haftfestigkeit öfters die Betonkörper zersprungen. In solchen Fällen ist es zweifelhaft, ob mit der Bruchbelastung auch die Grenze der Haftfestigkeit erreicht war. Um nun ein vorzeitiges Zerspringen der Probekörper zu verhindern, hat Mörsch[2]) konaxial zu dem Rundeisen eine Rundeisenspirale eingelegt (Abb. 47) und damit tatsächlich eine höhere Haftfestigkeit erzielt.

Beton	Wasserzusatz Volumprozent °/₀	Haftfestigkeit, Mittel aus 4 Versuchen kg/qcm	
		ohne Spirale	mit Spirale
1 : 4	10	48,8	50,8
Alter:	12,5	31,2	45,9
4 Wochen			
	15	29,1	54

Man erkennt, daß gerade bei den nassen Mischungen, wie sie im Eisenbetonbau die Regel bilden, die Spirale einen sehr günstigen Einfluß auf die Erhöhung der Haftfestigkeit ausübte.

Da nun bei den Eisenbetonbalken die Eisen einerseits sehr wenig überdeckt sind, ist bei ihnen eine Sprengung des Balkens vor Erreichung der größten Haftfestigkeit zu befürchten. Jedoch haben Versuche der französischen Eisenbetonkommission ergeben, daß die den Beton umschließenden Bügel in den Balken eine ähnliche günstige Wirkung auf die Erhöhung der Haftfestigkeit ausüben, als die von Mörsch verwendete konaxiale Spirale. Da die Einzelwerte dieser Versuche aber erhebliche Unterschiede aufweisen, so daß die Bildung von Mittelwerten gewagt erscheint, will ich von einer Angabe der Ziffern absehen[3]).

---

[1]) Mörsch, Der Eisenbetonbau. Stuttgart 1912. IV. Aufl., S. 71.
[2]) Mörsch, Der Eisenbetonbau. Stuttgart 1912. IV. Aufl., S. 66.
[3]) v. Emperger, Handbuch für Eisenbetonbau, I. Bd., II. Aufl. Berlin 1912. S. 375.

Föppl[1]) hat aus Torsionsversuchen für einen Beton 1:3 eine Haftfestigkeit $\tau_1 = 13{,}2$ kg/qcm abgeleitet.

Da die Haftfestigkeit auch auf die Erhaltung des Verbundes bei den auf Biegung beanspruchten Eisenbetonbalken von besonderer Wichtigkeit ist, wurden auch durch zahlreiche Versuche die Haftfestigkeit in Balken und die Gesetze, welchen sie unterworfen ist, zu erforschen gesucht. Die wichtigsten Ergebnisse dieser Versuche sollen bei den Biegungsversuchen behandelt werden.

---

7. Kapitel. Die Normalspannungen bei Biegung.

Spannungsverteilung.

Bei der Betrachtung der Biegung isotroper Baustoffe setzt man in der Technik voraus, daß ebene Querschnitte senkrecht zur Achse des gebogenen Stabes auch während der Biegung eben bleiben (Abb. 48). Diese Voraussetzung ist zwar nach den Lehren der mathematischen Elastizitätstheorie auch für isotrope Baustoffe nur für reine Biegung zutreffend, d. h. in denjenigen Strecken der Balken,

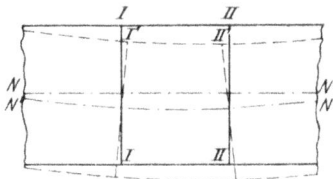

Abb. 48.

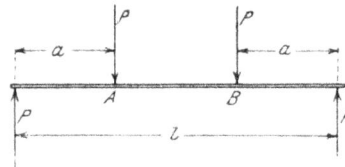

Abb. 49.

in welchen die Schubspannungen Null sind, z. B. in der Strecke AB des Balkens Abb. 49. Es läßt sich aber praktisch und theoretisch nachweisen, daß in den meisten Fällen in der Technik diese Voraussetzung, ohne einen großen Fehler zu begehen, gemacht werden darf[2]).

Da nun weder der Beton und noch weniger der Eisenbeton zu den isotropen Baustoffen gerechnet werden können, war zunächst durch Versuche nachzuweisen, welche Formen die zur Stabachse senkrechten, ebenen Querschnitte der Eisenbetonbalken während der Biegung annehmen. Mehrere Versuchsreihen haben ergeben, daß innerhalb der in Eisenbetonbauwerken vorkommenden Spannungsgrenzen die ebenen Querschnitte der Eisenbetonbalken auch während der Biegung annähernd eben bleiben[3]) (vgl. Seite 179).

Bezeichnet man mit σ eine Normalspannung, mit λ die von ihr hervorgerufene spezifische Dehnung (d. i. die Längenänderung der Länge 1) und mit ε den konstanten Elastizitätsmodul, so sind diese drei Größen nach dem Hookeschen Gesetz durch die Gleichung verbunden

$$\sigma = \lambda \cdot \varepsilon \quad \ldots \ldots \ldots \ldots \quad (19)$$

---

[1]) Föppl, Mitteilungen aus dem Mechanisch-Technischen Laboratorium der Technischen Hochschule München, Heft 22. München 1912. S. 19.

[2]) Föppl, Vorlesungen über Technische Mechanik, III. Bd. Festigkeitslehre, 5. Aufl., 1914, § 17, V. Bd., § 10.

[3]) Schüle, Mitteilungen aus der Materialprüfungsanstalt Zürich 1906, Heft 10 und 1907, Heft 12. Probst, Mitteilungen aus dem Materialprüfungsamt Großlichterfelde-West, 1907. Ergänzungsheft I (Dissertation). Handbuch für Eisenbetonbau. II. Aufl., 1. Bd., 1912.

Wenn die Balkenquerschnitte bei der Biegung eben bleiben, dann sind die Längenänderungen der einzelnen Balkenfasern, welche der Nullinie parallel sind, proportional ihrem Abstand y von der Nullinie (vgl. Abb. 50) und infolge der gleichen Faserlänge c sind auch die Dehnungen λ der Fasern den Abständen y proportional. Nachdem aber bei konstantem Elastizitätsmodul ε auch die Spannungen σ den Dehnungen λ proportional sind, sind auch die Spannungen σ den Abständen y proportional, d. h. die Spannungen ändern sich bei konstanter Elastizitätsziffer nach einer geraden Linie, welche den Querschnitt in der Nullinie schneidet (Abb. 51).

Wie auf Seite 14 bereits gezeigt wurde, ist der Elastizitätsmodul ε für Beton eine veränderliche Zahl, welche mit wachsender Spannung kleiner wird, und zwar

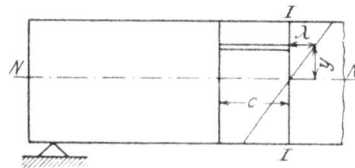

Abb. 50.

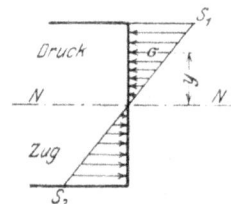

Abb. 51.

schneller bei Zug als bei Druck. Wenn man also bei Beton die nach einer geraden Linie veränderlichen Dehnungen λ mit dem veränderlichen Elastizitätsmodul multipliziert, können die Produkte, welche die Spannungen sind, sich nicht auch nach einer Geraden ändern, sondern nach einer Kurve $S_1 S_2$ der Abb. 52. Diese Kurve muß nach der Querschnittslinie zu konkav sein.

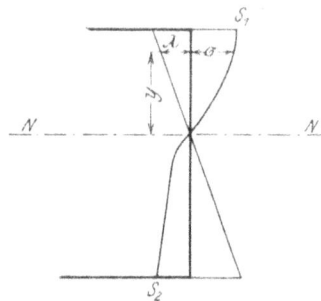

Abb. 52.

Die Veränderlichkeit des Elastizitätsmoduls ist, wie bereits gezeigt wurde, von mancherlei Einflüssen und auch von dem Alter des Betons abhängig, sodaß die genaue Kenntnis des Gesetzes, welches die Abhängigkeit des Elastizitätsmoduls von der Größe der Betonspannung darstellt, für die praktische Rechnung keine Vorteile bietet.

Die Linie der Spannungsverteilung $S_1 S_2$ der Abb. 52 wird sich mit wachsenden Spannungen, d. h. mit wachsendem Biegungsmoment, in demselben Balkenquerschnitt ändern, so daß man bei einem von Null bis zum Bruch wachsenden Biegungsmoment mehrere Stadien in der Spannungsverteilung (Spannungszustände) unterscheiden kann.

Gewöhnlich werden in der Theorie der Eisenbetonkonstruktionen vier Stadien der Spannungsverteilung unterschieden.

Solange das Biegungsmoment klein ist, werden auch in dem Balken nur geringfügige Spannungen auftreten, und für die geringfügigen Spannungen wird auch der Elastizitätsmodul nicht wesentlich verschiedene Werte haben, so daß man ihn für Zug und Druck und für alle vorkommenden Spannungswerte als nahezu konstante Zahl betrachten darf. In diesem Falle ist die Spannungsverteilung in jedem Querschnitt wie bei den isotropen Baustoffen geradlinig. Man nennt diesen Zustand das Stadium I (Spannungszustand I). Abb. 53 stellt die Spannungsverteilung eines Querschnittes im Stadium I dar und läßt erkennen, daß sie sich von der in einem Querschnitt eines isotropen Baustoffes nur durch die im Eisenbetonbalken noch vorhandene Eisenzugkraft Z_e unterscheidet.

Bei wachsendem Biegungsmoment werden auch die Spannungen größer, so daß nunmehr zu den verschiedenen Spannungswerten desselben Querschnitts Elastizitätsmoduli gehören, welche nicht mehr einander gleich sind. Es sei nun ferner das Biegungsmoment doch nur so groß, daß der Beton die auftretenden Betonzugspannungen gerade noch, ohne zu reißen, aufnehmen kann. In diesem Zustand, den man das Stadium IIa (Spannungszustand IIa) nennt, wird eine Spannungsverteilung nach Abb. 54 eintreten, wie sie bereits für Abb. 52 erläutert worden ist.

Wächst das Biegungsmoment nur wenig weiter, so wird die Zugfestigkeit des Betons überwunden werden und auf der Zugseite des Balkens ein Riß entstehen. Deshalb wird aber der Balken noch nicht brechen; denn nun können die Eisen die innere Zugkraft des Balkens an der Rißstelle allein aufnehmen. Man nennt dieses Stadium der Spannungsverteilung das Stadium IIb (Abb. 55) und denkt sich den entstandenen Riß der Einfachheit wegen bis zur Nullinie

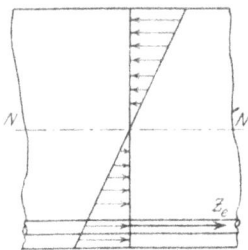
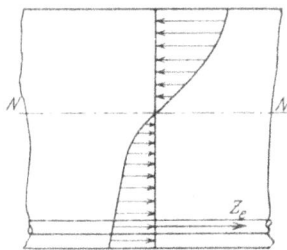
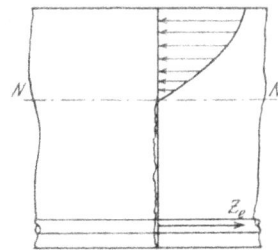

Abb. 53.   Abb. 54.   Abb. 55.

reichend, obgleich er kürzer sein wird und der Beton unmittelbar unter der Nullinie auch noch einen kleinen Teilbetrag der inneren Zugkraft des Balkens leistet.

Man kann nun das Biegungsmoment noch weiter steigern, bis schließlich in einem Stadium III entweder durch Überschreiten der Streckgrenze in den Zugeisen oder seltener durch Überwindung der Druck- oder der Scherfestigkeit des Betons der Bruch des Balkens eintreten wird.

Um nun für die auf Biegung beanspruchten Eisenbetonbalken ein Berechnungsverfahren aufstellen zu können, muß man an die Stelle der in den einzelnen Stadien tatsächlich vorhandenen Spannungsverteilungslinien (Abb. 53 bis 55) geometrisch einfache Kurvenstücke setzen. Es hat an Vorschlägen hierzu nicht gefehlt. Wenn man sich aber vergegenwärtigt, daß die elastischen Eigenschaften des Betons je nach seiner Beschaffenheit quantitativ sehr verschieden sein können und sich sogar bei demselben Beton mit der Zeit ändern, wird man zugeben müssen, daß es für die praktische Rechnung von geringer Bedeutung ist, ob die zu wählenden Kurvenstücke etwas besser oder weniger gut mit den im Laboratorium durch Versuche[1]) in einzelnen Fällen ermittelten Spannungsverteilungslinien übereinstimmen. Denn damit ist nicht bewiesen, daß diese gute Übereinstimmung auch bei dem gerade vorliegenden Beton eintreten muß.

---

[1]) Probst, Mitteilungen aus dem Materialprüfungsamt Großlichterfelde-West, Ergänzungsheft I, 1907, S. 75.

Von den vielen mannigfachen Vorschlägen[1]), welche für die Ersetzung der Spannungsverteilungslinie durch mathematisch einfach zu behandelnde Kurvenstücke gemacht worden sind, haben daher heute nur noch drei Vorschläge praktische Bedeutung.

. Man kann diese Vorschläge in zwei Gruppen teilen; denn zwei von diesen drei Vorschlägen nehmen Rücksicht auf die im Beton auftretenden Zugspannungen, während bei einem in Anlehnung an das Stadium IIb angenommen wird, daß die Zugfestigkeit des Betons bereits überall überschritten ist und deshalb die Eisen allein die innere Zugkraft aufnehmen müssen.

Mit Berücksichtigung der Betonzugspannungen.

Neumann schlägt für die Spannungsverteilungslinie, für die Druck- und die Zugseite nur eine gerade Linie vor, welche den Querschnitt in der Nullinie schneidet (Abb. 53). Dies würde also nur annähernd zutreffen für das Stadium I, in welchem erst sehr kleine Spannungen eingetreten sind.

Mathematisch ausgedrückt, würde der Vorschlag heißen: Der Elastizitätsmodul des Betons auf Druck (ε_{bd}) und der Elastizitätsmodul des Betons auf Zug (ε_{bz}) sind einander gleich und haben für alle Spannungen denselben Wert.

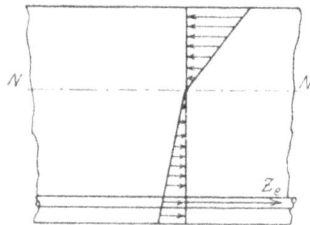

Abb. 56.

$$\varepsilon_{bz} = \varepsilon_{bd} = \text{const.}$$

Bei dem Auftreten größerer Spannungen stimmt diese vorgeschlagene Spannungsverteilung mit der tatsächlichen besonders auf der Zugseite schlecht überein, wie man sich durch einen Vergleich der Abb. 53 mit Abb. 52 leicht überzeugen kann. Deshalb schlägt Melan zwei gerade Linien vor, welche beide in dem Schnittpunkte des Querschnittes mit der Nullinie zusammentreffen (Abb. 56).

Dieser Vorschlag würde also besagen: Der Elastizitätsmodul des Betons auf Druck (ε_{bd}) und derjenige auf Zug (ε_{bz}) sind zwei konstante, aber einander nicht gleiche Werte.

$$\mu \cdot \varepsilon_{bd} = \varepsilon_{bz} = \text{const.}$$

In den amtlichen österreichischen Vorschriften vom 15. Juni 1911 ist zur Berechnung der Betonzugspannungen diese Spannungsverteilung nach Melan angeordnet und $\mu = 0{,}4$ festgesetzt worden.

Ohne Berücksichtigung der Betonzugspannungen.

Da die Betonzugfestigkeit infolge der Anfangsspannungen (vgl. Seite 5) und anderer Umstände nicht hinreichend zuverlässig erscheint, wird man die auf Biegung oder reinen Zug beanspruchten Eisenbetonglieder stets so dimensionieren, daß die auftretenden inneren Zugkräfte von den Eiseneinlagen allein mit genügender Sicherheit aufgenommen werden können. Man wird also stets für die Berechnung der Eisenquerschnitte bzw. der größten Eisenspannungen annehmen, daß bereits eine Spannungsverteilung nach dem Stadium IIb eingetreten ist.

---

[1]) Christophe, Der Eisenbeton und seine Anwendung im Bauwesen, Übersetzung der zweiten Auflage. Berlin 1905. S. 385. Haberkalt und Postuvanschitz, Die Berechnung der Tragwerke aus Eisenbeton usw. Wien und Leipzig 1912. 2. Aufl.

Für die in der Rechnung anzunehmende Verteilungslinie der Druckspannungen im Stadium IIb hat Dr. Koenen[1]) schon im Jahre 1886 eine gerade Linie vorgeschlagen (Abb. 57).

Für die Rechnung bedeutet dieser Vorschlag: Der Elastizitätsmodul des Betons auf Druck (ε_{bd}) ist eine konstante Zahl und derjenige auf Zug (ε_{bz}) ist Null.

$$\varepsilon_{bd} = \text{const}, \quad \varepsilon_{bz} = 0.$$

Diese Spannungsverteilung ist für die Rechnung die einfachste und hat deshalb auch in den meisten amtlichen Vorschriften Aufnahme gefunden, zumal, wie später gezeigt werden wird, die Rechnungsergebnisse nach dieser Annahme für den Zustand in der Nähe des Bruchs sich den tatsächlichen Verhältnissen ziemlich nähern.

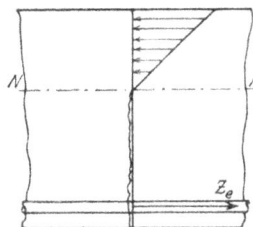

Abb. 57.

Wenn man nun eine solche ideelle Spannungsverteilung annimmt, kann man eine für die praktische Rechnung brauchbare Biegungstheorie der Eisenbetonbalken aufstellen; aber es ist einleuchtend, daß die nach einer solchen Theorie errechneten Spannungswerte mit den tatsächlichen Spannungswerten nicht übereinstimmen können.

Gerade dieser Umstand bereitet dem Anfänger gewisse Schwierigkeiten und läßt bei ihm Zweifel über die Brauchbarkeit einer solchen Theorie aufsteigen, weil er in der Vorstellung befangen ist, daß die ihm bekannten Theorien der Festigkeitslehre für isotrope Baustoffe die tatsächlichen Spannungswerte auch für die üblichen Baustoffe Holz, Stein und Eisen liefern. Ganz abgesehen aber von dem Zustande in der Nähe des Bruchs, wo das Hookesche Gesetz und das Superpositionsgesetz nicht mehr gültig sind, stimmen die nach der Festigkeitslehre für die genannten drei Baustoffe errechneten Spannungen mit den tatsächlichen Spannungen nicht genau überein, wenn auch die Übereinstimmung wesentlich besser ist als die für Eisenbeton erreichbare.

Die berechneten Spannungen haben deshalb für sich allein betrachtet wenig Wert. Sie müssen verglichen werden mit den errechneten Spannungen, welche für einen charakteristischen Zustand, z. B. Bruch (bleibende Formveränderung, erste Risse u. dgl.) eines ähnlichen Versuchsstückes gefunden worden sind. Es haben also die errechneten Spannungswerte im Eisenbetonbau, wie in der ganzen Statik, keine absolute sondern nur eine relative Bedeutung (vgl. Seite 3).

Gelegentlich der später folgenden Besprechung einiger Biegungsversuche soll dann auch untersucht werden, welche Genauigkeit in der Annäherung der errechneten Spannungswerte an die tatsächlich auftretenden Spannungen erwartet werden darf.

Bei den Biegungstheorien wird auch das Verhältnis des Elastizitätsmoduls des Eisens (ε_e) zu dem des Betons auf Druck (ε_{bd}) vorkommen, wie es schon bei der Berechnung des Eisenbetons auf Druck benötigt war. Dieses Verhältnis

$$n = \frac{\varepsilon_e}{\varepsilon_{bd}} \quad \ldots \ldots \ldots \ldots \quad (20)$$

ist in den Biegungstheorien als konstante Zahl anzunehmen, weil in den oben angeführten drei ideellen Spannungsverteilungen ε_{bd} als konstante Zahl angenommen wurde. Dagegen ist noch zu untersuchen, welcher Wert für ε_{bd} und damit auch für n in die Rechnung einzuführen ist.

---

[1]) Koenen, Zentralblatt der Bauverwaltung 1886. Das System Monier, Eisengerippe mit Zementumhüllung, herausgegeben von G. A. Wayß. Berlin 1887.

Hier ist der Zweck der Rechnung entscheidend. Sollen Deformationen oder statisch unbestimmte Größen berechnet werden, so ist ε_{bd} mit einem Mittelwert einzusetzen, der für die im Bauwerk tatsächlich bei den vorkommenden Belastungen eintretenden Spannungen passend erscheint. In der Regel wird zu diesem Zweck $n = 8$ bis 10 zu setzen sein. Anders ist dagegen n anzunehmen, wenn Dimensionen oder größte Rechnungsspannungen gesucht werden sollen.

Geht man von der rechnungsmäßigen Bruchspannung aus und setzt als zulässige rechnungsmäßige Spannung einen gewissen Teilbetrag der Bruchspannung, so wird man logischerweise sich auch in der Rechnung möglichst dem Zustande unmittelbar vor dem Bruch anpassen, also auch einen Wert für ε_{bd} wählen müssen, wie er den Spannungen unmittelbar vor dem Bruch entspricht. Nach diesen Erwägungen wählt man $n = 15$, und dieser Wert ist auch in den deutschen Bestimmungen und in den österreichischen Vorschriften für die Berechnung von Eisenbetonkonstruktionen festgesetzt worden. Die Schweizer Vorschriften setzen für die Biegungsrechnungen $n = 20$.

Dabei ist noch zu berücksichtigen, daß durch die Wahl eines Wertes von $n < 15$ die Sicherheit der Eisenbetonträger sogar noch um ein wenig vermindert werden würde[1]).

Berechnung ohne Berücksichtigung der Betonzugspannungen.

Wir legen der Berechnung die ideelle Spannungsverteilung nach Abb. 57 zugrunde und machen damit folgende drei Voraussetzungen:

Die Dehnungen sind den Spannungen proportional;

ebene Querschnitte bleiben auch während der Biegung eben;

der Beton nimmt keine Zugspannungen auf.

Berechnung von Balken und Platten rechteckigen Querschnitts mit einfacher Bewehrung.

In Abb. 58 ist ein einfach bewehrter, rechteckiger Eisenbetonbalken dargestellt. Längs eines Querschnittes ist der Balken abgeschnitten gedacht, und zur Herstellung des Gleichgewichtes sind die in diesem Querschnitte wirkenden

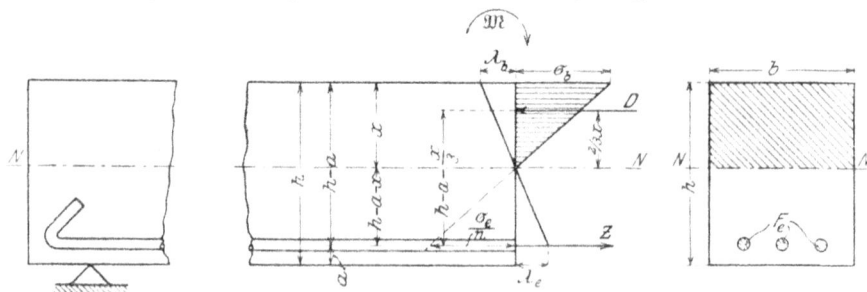

Abb. 58.

inneren Normalkräfte angebracht worden. Das Biegungsmoment der äußeren Kräfte in dem betrachteten Balkenquerschnitt sei $\mathfrak{M}$. Die gerade Linie der Dehnungen in diesem Querschnitt schneidet auf der Balkenoberkante die größte Betondehnung (Verkürzung) λ_b ab, zu welcher die Betonrandspannung σ_b gehört, und auf den Eisenstäben die Dehnung λ_e, der eine Eisenzugspannung σ_e entspricht.

---

[1]) Deutscher Ausschuß für Eisenbeton, Heft 25, 1913, berichtet von Möller.

In der Darstellung des Balkenquerschnittes ist die mit inneren Kräften belegte Betonfläche schraffiert.

Die inneren Druckkräfte des Querschnittes kann man zu einer Resultante D zusammenfassen, welche durch den Schwerpunkt des Spannungsdreiecks gehen muß. Daher hat D den Abstand $x/3$ von der Balkenoberkante. Die innere Zugkraft des Querschnittes ist gleich der Zugkraft der Eisen $Z = \sigma_e \cdot F_e$.

Es sollen zwei Fälle behandelt werden. Einmal soll der Balken und die Belastung als gegeben betrachtet und die Betonrandspannung σ_b und die Eisenspannung σ_e gesucht werden, im anderen Fall soll für eine gegebene Belastung und vorgeschriebene größten Spannungen der Balken dimensioniert werden.

I. Fall.

Gegeben sind die Größen: $\mathfrak{M}$, b, h, a, F_e.

Gesucht sind: x, σ_b, σ_e.

Aus den beiden Gleichgewichtsbedingungen, die Summe aller Horizontalkräfte und die Summe der Momente um einen Punkt müssen Null werden, erhält man die Gleichungen

$$Z = D; \quad \mathfrak{M} = D\left(h - a - \frac{x}{3}\right) \quad \ldots \ldots \ldots \quad (21)$$

Die Druckkraft D ist gleich dem Inhalte eines Keiles, dessen Basis die schraffierte Fläche $x \cdot b$ und dessen Länge σ_b ist.

$$D = \frac{x \cdot b \cdot \sigma_b}{2} = Z = \sigma_e \cdot F_e,$$

$$\sigma_b = \frac{2 \cdot \sigma_e \cdot F_e}{b \cdot x}.$$

Da die Dehnungen sich nach einer geraden Linie ändern, ist

$$\frac{\lambda_b}{x} = \frac{\lambda_e}{h - a - x}.$$

Bezeichnen ε_b und ε_e die Elastizitätsmoduli des Betons und des Eisens, so kann man die Dehnungen durch die Spannungen ausdrücken (Gleichung 19).

$$\lambda_b = \frac{\sigma_b}{\varepsilon_b}; \quad \lambda_e = \frac{\sigma_e}{\varepsilon_e},$$

$$\frac{\sigma_b}{\varepsilon_b} : x = \frac{\sigma_e}{\varepsilon_e} : (h - a - x).$$

In diese Gleichung wird für σ_b der oben entwickelte Wert eingesetzt.

$$\frac{2 \cdot \sigma_e \cdot F_e}{b \cdot x \cdot \varepsilon_b} : x = \frac{\sigma_e}{\varepsilon_e} : (h - a - x),$$

Hieraus:

$$\frac{x^2}{\varepsilon_e} = \frac{2 \cdot F_e}{b \cdot \varepsilon_b} \cdot (h - a - x),$$

$$\frac{\varepsilon_e}{\varepsilon_b} = n,$$

$$x^2 + 2 \cdot \frac{F_e}{b} \cdot n \cdot x = 2 \cdot \frac{F_e}{b} \cdot n \cdot (h - a),$$

$$x = \frac{n \cdot F_e}{b}\left(-1 + \sqrt{1 + \frac{2\,b\,(h - a)}{n \cdot F_e}}\right) \quad \ldots \ldots \quad (22)$$

Durch diese Gleichung ist die Lage der Nullinie gegeben.

Aus den Gleichgewichtsbedingungen (21)

$$\sigma_e \cdot F_e = Z = \frac{\mathfrak{M}}{h - a - \dfrac{x}{3}} = D = \frac{x \cdot b \cdot \sigma_b}{2}$$

erhält man die gesuchten Spannungen.

$$\sigma_b = \frac{2 \cdot \mathfrak{M}}{b \cdot x \left(h - a - \dfrac{x}{3}\right)} \quad \cdot \quad \cdot \quad \cdot \quad \cdot \quad \cdot \quad \cdot \quad \cdot \quad \textbf{(23)}$$

$$\sigma_e = \frac{\mathfrak{M}}{F_e \left(h - a - \dfrac{x}{3}\right)} \quad \cdot \quad \cdot \quad \cdot \quad \cdot \quad \cdot \quad \cdot \quad \textbf{(24)}$$

Die Proportion der Dehnungen ergibt

$$\sigma_e = n \cdot \sigma_b \cdot \frac{h - a - x}{x} \quad \cdot \quad \cdot \quad \cdot \quad \cdot \quad \cdot \quad \cdot \quad \textbf{(25)}$$

Der Ausdruck $\sigma_b \cdot \dfrac{(h - a - x)}{x}$ ist die Betonspannung in der Höhe der Eisen. Es besagt also diese Gleichung, daß die Eisenspannung der n-fache Betrag der Spannung des umgebenden Betons wäre, sofern er nicht als gerissen betrachtet worden wäre.

Für isotrope Baustoffe würde die Spannungsgleichung lauten

$$\sigma = \frac{\mathfrak{M} \cdot x}{\Theta} = \frac{\mathfrak{M}}{\mathfrak{W}} \quad \cdot \quad \cdot \quad \cdot \quad \cdot \quad \cdot \quad \cdot \quad \cdot \quad (26)$$

wobei Θ das Trägheitsmoment und $\mathfrak{W}$ das Widerstandsmoment des isotropen Balkenquerschnitts bedeuten.

Es soll nun versucht werden, einen Zusammenhang dieser Spannungsgleichung mit den oben für den rechteckigen Eisenbetonbalken entwickelten Gleichungen (23) und (24) herzustellen.

Erweitert man die Gleichung (23) mit x, so kann man für sie schreiben

$$\sigma_b = \frac{\mathfrak{M} \cdot x}{\dfrac{x^2 b}{2}\left(h - a - \dfrac{x}{3}\right)} = \frac{\mathfrak{M} \cdot x}{\dfrac{x^2 \cdot b}{2}\left((h - a - x) + \dfrac{2}{3}x\right)} = \frac{\mathfrak{M} \cdot x}{\dfrac{x^3 \cdot b}{3} + \dfrac{b\,x^2}{2}(h - a - x)} \cdot$$

Der erste Summand des Nenners ist das Trägheitsmoment des gedrückten (schraffierten) Betonrechtecks, bezogen auf die Nullinie (Abb. 58). Zur Erklärung des zweiten Summanden im Nenner ist noch eine Umformung desselben nötig, welche aus der oben angegebenen quadratischen Gleichung von x gewonnen werden kann.

$$x^2 + \frac{2 \cdot F_e}{b} \cdot n \cdot x = 2 \cdot \frac{F_e}{b} \cdot n\,(h - a),$$

$$\frac{x^2 \cdot b}{2} = n \cdot F_e\,(h - a - x) \quad \cdot \quad \cdot \quad \cdot \quad \cdot \quad \cdot \quad \cdot \quad (27)$$

Setzt man dies in den zweiten Summanden des betrachteten Nenners ein, so erhält man für die Betonrandspannung

$$\sigma_b = \frac{\mathfrak{M} \cdot x}{\dfrac{x^3 b}{3} + n\,F_e\,(h - a - x)^2} \cdot$$

Der zweite Summand des Nenners ist das Trägheitsmoment der n-fachen Eisenfläche, bezogen auf die Nullinie, wenn man das Trägheitsmoment der Eisenfläche, bezogen auf ihre eigene Schwerachse, vernachlässigt. Bei Rundeisen ist dieses letztere Trägheitsmoment, bezogen auf die Schwerlinie der Eisen, so klein, daß es stets vernachlässigt werden kann. Es stellt somit der Nenner der Gleichung ein auf die Nullinie des Balkens bezogenes Trägheitsmoment dar, wobei aber nur diejenigen Querschnittsteile in Rechnung gezogen sind, welche mit Spannungen behaftet sind und wobei die Eisenfläche mit dem n-fachen Betrage gerechnet ist. In Abb. 59 sind diejenigen Teile einer ideellen isotropen Fläche schraffiert, welche zur Berechnung des in dem betrachteten Nenner stehenden Trägheitsmomentes herangezogen werden müssen.

Dieses Trägheitsmoment einer aus Eisen und Beton bestehenden Verbundfläche heißt das Verbundträgheitsmoment (Θ_v). Es ist die Summe des Trägheitsmomentes der gedrückten Betonfläche (Θ_{bd}) und des der n-fachen Eisenfläche (Θ_{F_e}).

$$\Theta_v = \frac{x^3 b}{3} + n \cdot F_e \cdot (h - a - x)^2 = \frac{x^2 b}{2}\left(h - a - \frac{x}{3}\right) = \Theta_{bd} + n \cdot \Theta_{F_e} \quad (28)$$

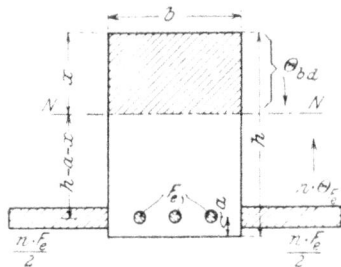

Abb. 59.

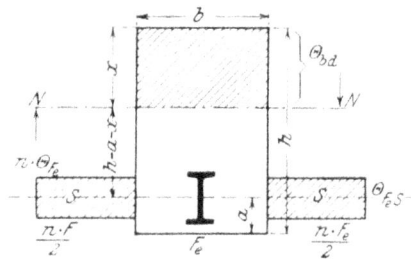

Abb. 60.

In Abb. 60 ist ein Verbundquerschnitt dargestellt, dessen Eiseneinlage nicht schlaff ist und deshalb auch ein zu berücksichtigendes Trägheitsmoment, bezogen auf ihre eigene Schwerachse ($\Theta_{F_{es}}$), hat.

Es muß deshalb auch bei der Bildung von Θ_{F_e} berücksichtigt werden

$$\Theta_{F_e} = \Theta_{F_e}s + F_e \cdot (h - a - x)^2.$$

Setzt man dies in Gleichung (28) ein, so erhält man das Verbundträgheitsmoment eines rechteckigen Eisenbetonquerschnitts mit steifer Eiseneinlage.

$$\Theta_v = \Theta_{bd} + n \cdot F_e (h - a - x)^2 + n \cdot \Theta_{F_e}s \quad \ldots \quad (29)$$

Aus dem Verbundträgheitsmoment Θ_v des rechteckigen Verbundquerschnittes erhält man die Widerstandsmomente auf Druck ($\mathfrak{W}_d$) und auf Zug ($\mathfrak{W}_z$) wie bei isotropen Querschnitten, weil man mit Hilfe des Faktors n den Verbundquerschnitt in einen isotropen Querschnitt verwandeln kann (vgl. Abb. 60).

$$\mathfrak{W}_d = \frac{\Theta_v}{x}; \quad \mathfrak{W}_z = \frac{\Theta_v}{h - a - x}.$$

In diese beiden Ausdrücke ist Θ_v aus Gleichung (28) einzusetzen

$$\mathfrak{W}_d = \frac{x b}{2}\left(h - a - \frac{x}{3}\right) \quad \ldots \ldots \ldots \quad (30)$$

Vergleicht man diese Gleichung mit der Spannungsgleichung (23), so erkennt man, daß der Nenner der Gleichung (23) das Widerstandsmoment $\mathfrak{W}_d$ ist, wie in der Spannungsgleichung für isotrope Baustoffe. In gleicher Weise erhält man aus (28)

$$\mathfrak{W}_z = \frac{x^2\, b\left(h - a - \dfrac{x}{3}\right)}{2\,(h - a - x)}.$$

In diese Gleichung ist der bereits oben entwickelte Wert

$$\frac{x^2\, b}{2} = n \cdot F_e\,(h - a - x)$$

einzusetzen.

$$\mathfrak{W}_z = n \cdot F_e\left(h - a - \frac{x}{3}\right) \quad . \quad . \quad . \quad . \quad . \quad . \quad (31)$$

Vergleicht man diesen Wert mit dem Nenner der Gleichung (24), so sieht man, daß $\mathfrak{W}_z$ der n-fache Betrag dieses Nenners ist und somit $\mathfrak{W}_z$ nicht σ_e, sondern nur $\dfrac{\sigma_e}{n}$ ergeben würde. Dies wäre also nach der dort gegebenen Erläuterung nicht die Eisenspannung, sondern die Spannung des dem Eisen benachbarten Betons, welche mit n vervielfacht die Eisenspannung ergibt, d. h. $\mathfrak{W}_z$ und $\mathfrak{W}_d$ sind die Widerstandsmomente gedachter einheitlicher Betonquerschnitte (Abb. 60), welche den Verbundquerschnitten gleichwertig sind.

II. Fall.

Gegeben sind die Größen: $\mathfrak{M}$, σ_b, σ_e, b, a.

Gesucht sind: h, F_e.

Es wird später gezeigt werden, daß der kleine Abstand a (Abb. 58) stets zuverlässig geschätzt werden kann. Die Breite b der Balken ist meist durch die Konstruktionsbedürfnisse gegeben oder kann, wie bei Plattenstreifen, für die Rechnung beliebig gewählt werden. Somit sind b und a in der Regel gegebene Größen, während h und F_e bei vorgeschriebenen äußerst zulässigen Spannungen σ_b und σ_e berechnet werden sollen.

Aus der Proportion der Dehnungen (vgl. Seite 57)

$$\frac{\sigma_b}{\varepsilon_b} : x = \frac{\sigma_e}{\varepsilon_e} : (h - a - x)$$

erhält man den Abstand x der Nullinie von der Druckkante

$$x = \frac{\sigma_b \cdot n}{\sigma_e + n \cdot \sigma_b} \cdot (h - a).$$

Zur abkürzenden Bezeichnung sei

$$\frac{\sigma_b \cdot n}{\sigma_e + n \cdot \sigma_b} = \sigma \quad . \quad . \quad . \quad . \quad . \quad . \quad . \quad (32)$$

Bei gegebener Spannung σ_b und σ_e ist σ eine gegebene Verhältniszahl, da ja auch für n ein bestimmter Zahlenwert, meist 15, einzusetzen ist.

$$x = \sigma\,(h - a) \quad . \quad . \quad . \quad . \quad . \quad . \quad . \quad \mathbf{(33)}$$

Die Gleichung (23) lautet nach $\mathfrak{M}$ aufgelöst

$$\mathfrak{M} = \sigma_b \cdot b \cdot x\,\frac{h - a - \dfrac{x}{3}}{2}.$$

Hierin wird die Größe x aus der Gleichung (33) eingesetzt

$$\mathfrak{M} = \frac{\sigma_b \cdot b}{2} \cdot \sigma \, (h - a) \left(h - a - \frac{\sigma \cdot (h - a)}{3} \right),$$

$$\mathfrak{M} = \frac{\sigma_b \cdot b}{2} \, \sigma \left(1 - \frac{\sigma}{3} \right) (h - a)^2,$$

$$h - a = \sqrt{\frac{2}{\left(1 - \dfrac{\sigma}{3} \right) \cdot \sigma \cdot \sigma_b}} \cdot \sqrt{\frac{\mathfrak{M}}{b}} \quad \ldots \ldots \quad (34)$$

Da a, wie oben erläutert, als bekannt vorausgesetzt werden darf, ist durch die Gleichung (34) die gesuchte Höhe h gegeben.

Auf Seite 57 ist die Beziehung entwickelt

$$Z = D = \sigma_e \cdot F_e = \frac{\sigma_b \cdot b \cdot x}{2},$$

$$F_e = \frac{\sigma_b \cdot b \cdot x}{2 \, \sigma_e}.$$

Auch in diese Gleichung wird x aus (33) eingesetzt

$$F_e = \frac{\sigma_b \cdot \sigma}{2 \cdot \sigma_e} \cdot b \, (h - a) \quad \ldots \ldots \ldots \quad (35)$$

Setzt man in diese Gleichung den nach (34) berechneten Wert von $(h - a)$ ein, so ist jetzt auch der Eisenquerschnitt F_e gefunden.

Der Faktor

$$\sqrt{\frac{2}{\left(1 - \dfrac{\sigma}{3} \right) \sigma \cdot \sigma_b}}$$

der Gleichung (34) ist sowohl von der Belastung als auch von den Formgrößen des Trägers unabhängig und daher für die gleichen Spannungen σ_e und σ_b und die gleiche Zahl n eine konstante Zahl.

$$\sqrt{\frac{2}{\left(1 - \dfrac{\sigma}{3} \right) \sigma \cdot \sigma_b}} = C_1 \quad \ldots \ldots \ldots \quad (36)$$

$$h - a = C_1 \sqrt{\frac{\mathfrak{M}}{b}} \quad \ldots \ldots \ldots \quad (37)$$

Setzt man diesen Wert in die Gleichung (35) ein und außerdem für den konstanten Faktor

$$C_1 \cdot \frac{\sigma_b \cdot \sigma}{2 \cdot \sigma_e} = C_2 \quad \ldots \ldots \ldots \quad (38)$$

so erhält man

$$F_e = C_2 \cdot \sqrt{\mathfrak{M} \cdot b} \quad \ldots \ldots \ldots \quad (39)$$

desgleichen aus der Gleichung (33)

$$x = \sigma \cdot C_1 \sqrt{\frac{\mathfrak{M}}{b}}.$$

Die Gleichung (35) kann man auch schreiben

$$F_e = C_3 \cdot b \, (h - a) \quad \ldots \ldots \ldots \quad (40)$$

wenn $\dfrac{\sigma_b \cdot \sigma}{2 \cdot \sigma_e} = C_3$ ist.

Die Faktoren σ, C_1, C_2 und C_3 sind also nur von den Spannungen σ_e und σ_b sowie von der Verhältniszahl n abhängig, so daß man die Werte dieser konstanten Faktoren für die gebräuchlichen Spannungszahlen in einer Tabelle zusammenstellen und damit die Berechnung der Trägerhöhe $(h - a)$ und des Eisenquerschnittes F_e nach den Gleichungen (37) und (39) wesentlich vereinfachen kann. (Vgl. Tabelle 1 des Anhangs.)

Für die häufig angewendeten Spannungspaare $\sigma_b = 40$, $\sigma_e = 1000$ kg/qcm und $\sigma_b = 40$, $\sigma_e = 1200$ kg/qcm erhält man aus dieser Tabelle $C_3 = 0,0075$ bzw. $0,0055$, somit

$$\begin{array}{ll} \sigma_b = 40, & \sigma_e = 1000, \\ \sigma_b = 40, & \sigma_e = 1200, \end{array} \quad F_e \left\{ \begin{array}{l} = 0,0075\, b\, (h - a) = \\ = 0,0055\, b\, (h - a) = \end{array} \right\} C_3 \cdot b\, (h - a).$$

Das Bewehrungsverhältnis φ für rechteckige Balken und Platten ergibt sich aus der Beziehung

$$F_e = \varphi \cdot b \cdot h.$$

Da nun $b \cdot h$ und $b\,(h - a)$ nahezu einander gleich sind, ist auch C_3 nur wenig größer als φ. Es liegt also für die üblichen Spannungswerte der Bewehrungsprozent φ rechteckiger Träger und Platten zwischen $0,55\%$ und $0,75\%$, jedenfalls immer unter 1%.

Zu den Werten $\sigma_b = 40$ und $\sigma_e = 1000$ kg/qcm erhält man aus der Tabelle

$$x = \sigma\,(h - a) = 0,375\,(h - a) = \frac{3}{8} \cdot (h - a),$$

$$h - a - \frac{x}{3} = \frac{7}{8} \cdot (h - a),$$

und aus Gleichung (24) hiermit

$$F_e = \frac{\mathfrak{M}}{\dfrac{7}{8}\,(h - a)\,\sigma_e},$$

welche Gleichung für die genannten Spannungswerte zuweilen anstatt (39) benutzt wird, aber meist keinen Vorteil bietet, weil für $b = 1,0$ oder 100 $h - a$ und F_e aus (37) bzw. (39) mit e i n e r Rechenschieberstellung zugleich abgelesen werden können.

Beispiel zu Fall I.

Eine an den Rändern frei auf Mauern gelagerte Eisenbetonplatte von $1,60$ m Lichtweite sei 10 cm stark und habe auf $1,00$ m Plattenbreite neun Rundeisen, Durchmesser 8, die einen Abstand $a = 1,4$ cm von der Plattenunterkante haben, da in den deutschen Bestimmungen für Platten eine Mindestüberdeckung der Eisen von $1,0$ cm vorgeschrieben ist. Die Platte trage einen Belag von 3 cm Stärke und eine Nutzlast $'\pi = 700$ kg/qm.

Wie groß sind die größte Betondruckspannung σ_b und die größte Eisenspannung σ_e?

Wir betrachten von der Platte einen $1,00$ m breiten Streifen, so daß $b = 100$ cm und $F_e = 9 \cdot \varnothing\, 8 = 9 \cdot 0,502 = 4,52$ qcm sind.

Die Stützweite der Platte ist unbestimmt, da die Platte auf Flächenlagern ruht, so daß man auf eine Schätzung angewiesen ist. Die deutschen Bestimmungen schreiben vor als Stützweite (l) die Summe aus Lichtweite und Plattenstärke (h) in die Rechnung einzuführen.

$$l = 1,60 + 0,10 = 1,70 \text{ m}.$$

Zur Rechnung des Eigengewichtes wird das Raumgewicht des Eisenbetons allgemein zu 2400 kg/cbm angenommen. Für den Belag sollen 2000 kg/cbm gewählt werden.

Hieraus kann man die Belastung p auf 1,00 m Länge des 1,00 m breiten Trägers berechnen.

^{1}) Eigengewicht ^0p $\begin{cases} \text{Eisenbeton} = 0,10 \cdot 2400 = \quad 240 \text{ kg/m,} \\ \text{Belag} \quad . \quad . = 0,03 \cdot 2000 = \quad 60 \quad \text{»} \end{cases}$

^{1}) Nutzlast $'p$ . . . . $= 1,0 \cdot 700 = \quad 700 \quad$ »

Last auf 1,00 m Träger p . . . . . . $= 1000$ kg/m.

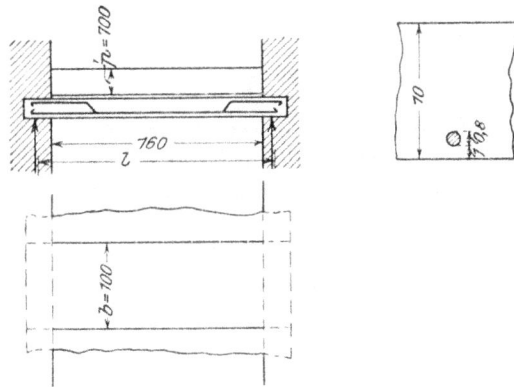

Abb. 61.

Das größte Biegungsmoment ($\mathfrak{M}$) des frei gelagerten Trägers ist

$$\mathfrak{M} = \frac{p\,l^2}{8} = \frac{1000 \cdot 1,7^2}{8} = 361,2 \text{ mkg} = 36\,120 \text{ cmkg.}$$

Nach Gleichung (22)

$$x = \frac{n \cdot F_e}{b}\left[-1 + \sqrt{1 + \frac{2\,b\,(h-a)}{n \cdot F_e}}\right] = \frac{15 \cdot 4,52}{100}\left[-1 + \sqrt{1 + \frac{2 \cdot 100\,(10-1,4)}{15 \cdot 4,52}}\right].$$
$$x = 2,8 \text{ cm.}$$

Nach Gleichung (23)

$$\cdot\sigma_b = \frac{2 \cdot \mathfrak{M}}{b \cdot x\left(h - a - \dfrac{x}{3}\right)} = \frac{2 \cdot 36\,120}{100 \cdot 2,8\left(10 - 1,4 - \dfrac{2,8}{3}\right)} = 33,5 \text{ kg/qcm.}$$

Nach Gleichung (24)

$$\sigma_e = \frac{\mathfrak{M}}{F_e\left(h - a - \dfrac{x}{3}\right)} = \frac{36\,120}{4,52\left(10 - 1,4 - \dfrac{2,8}{3}\right)} = 1038 \text{ kg/qcm.}$$

Beispiel zu Fall II.

Eine Platte von 1,70 m Stützweite ist auf Mauern gelagert. Sie trägt einen Belag von 3 cm Stärke, 1600 kg/cbm Eigengewicht, und eine Nutzlast $'\pi = 500$ kg/qm.

---

^{1}) Lasten auf die Längeneinheit bezogen werden mit kleinen lateinischen Buchstaben (p), Lasten auf die Flächeneinheit mit kleinen griechischen Buchstaben (π) bezeichnet. Die Beziehung zum Eigengewicht mit dem Index ^{0} links und zur Nutzlast mit dem Index $'$ links vom Buchstaben angedeutet.

Wie groß sind die Plattenstärke h und der auf 1,00 m Plattenbreite treffende Eisenquerschnitt F_e, wenn $\sigma_b = 40$ und $\sigma_e = 1000$ kg/qcm sind?

Wir betrachten wieder von der Platte einen Streifen von $b = 100$ cm Breite. Zur Berechnung des Eigengewichtes muß die Plattenstärke zunächst geschätzt werden. Sie sei zu $h = 8$ cm angenommen.

$$\text{Eigengewicht } {}^0 p \begin{cases} \text{Eisenbeton} = 0{,}08 \cdot 2400 = 192 \text{ kg/m,} \\ \text{Belag} \quad . \ = 0{,}03 \cdot 1600 = 48 \quad \text{»} \end{cases}$$

Nutzlast ${}'p$ . . . . $= 1{,}0 \cdot 500 = 500 \quad$ »

Last auf 1,00 m Träger p . . . . . . $= 740$ kg/m.

Das größte Biegungsmoment $\mathfrak{M}$ ist

$$\mathfrak{M} = \frac{p\, l^2}{8} = \frac{740 \cdot 1{,}7^2}{8} = 267 \text{ mkg} = 26\,700 \text{ cmkg.}$$

Aus der Tabelle 1 des Anhangs erhält man zu $\sigma_b = 40$ und $\sigma_e = 1000$ kg/qcm $C_1 = 0{,}390$ und $C_2 = 0{,}00293$.

Nach Gleichung (37)

$$h - a = C_1 \cdot \sqrt{\frac{\mathfrak{M}}{b}} = 0{,}390 \cdot \sqrt{\frac{26\,700}{100}} = 6{,}4 \text{ cm.}$$

Nach Gleichung (39)

$$F_e = C_2 \cdot \sqrt{\mathfrak{M} \cdot b} = 0{,}00293 \cdot \sqrt{26\,700 \cdot 100} = 4{,}79 \text{ qcm.}$$

Für F_e wählt man nach der Rundeisentabelle (vgl. Anhang Tabelle 2) zehn Stück, Durchmesser $8 = 5{,}02$ qcm.

Werden bestimmungsgemäß die Eisen der Platte mit 1 cm Betonüberdeckung gelegt, so ist

$$a = 1{,}0 + \frac{0{,}8}{2} = 1{,}4; \quad h = 6{,}4 + 1{,}4 = 7{,}8 \text{ rund } 8 \text{ cm.}$$

Will man den Eisenquerschnitt mit $\sigma_e = 1000$ kg/qcm voll ausnutzen, so rechne man aus dem Querschnitt $f_e = 0{,}502$ qcm eines Eisens, Durchmesser 8, den Abstand der Eisen t

$$t = \frac{0{,}502 \cdot 100}{4{,}79} = 10{,}4 \text{ cm.}$$

Auch zu dieser Rechnung kann man Tabellen benutzen. (Vgl. Tabelle 3 des Anhangs.)

Wäre die Schätzung der Plattenstärke, welche zur Gewichtsberechnung diente, mit dem Ergebnis der Rechnung nicht in hinreichender Übereinstimmung, so müßte die Rechnung wiederholt werden. Jedoch wird eine Wiederholung der Rechnung nur sehr selten nötig, weil die Plattenstärke fast immer zwischen 8 und 15 cm liegt und größere Plattenstärken nur ausnahmsweise vorkommen.

Zur leichteren Durchführung der Rechnung hat man auch Tabellen und Schaulinien aufgestellt, welche aber entbehrlich sind[1]. (Vgl. Tabelle 4 des Anhangs.)

---

[1] Zeichnerische Darstellung des Abstandes x von C. Bub, Betonkalender. Tabellen für h-a und F_e zu den Momenten $\mathfrak{M}$; Betontaschenbuch und Moersch, Der Eisenbetonbau, IV. Aufl., S. 155.

Berechnung von Balken und Platten rechteckigen Querschnitts mit doppelter Bewehrung.

Werden Balken oder Platten in denselben Querschnitten abwechselnd von positiven und negativen Biegungsmomenten beansprucht, so müssen für die positiven Momente die Eisen nahe der einen Außenfläche des Balkens liegen, für die negativen nahe der gegenüberliegenden Außenfläche, d. h. es muß ein doppelt (auf der Zugseite und auf der Druckseite) bewehrter Balken verwendet werden (vgl. Abb. 62).

Abb. 62.

Da nun auch die Eisen der Druckzone solcher Balken größere Druckkräfte übertragen können als der Beton, dessen Raum sie einnehmen, ist zu erwarten, daß die Bewehrung der Druckzone auch einen Einfluß auf die Tragfähigkeit (Bruchlast) der Balken ausüben wird.

Versuche von Bach[1]) und von Saliger[2]) haben erwiesen, daß die Druckbewehrungen in Balken nur dann die Bruchlast erhöhen, wenn dieselben Balken ohne Druckeisen durch Zerdrücken des Betons und nicht etwa durch frühzeitigeres Erreichen der Streckgrenze in den Zugeisen (vgl. Seite 167) zerstört worden wären. Wenn aber die Zugeisen kräftig genug gewählt sind (Bewehrungsprozent $\varphi > 2\%$), tritt eine Erhöhung der Bruchlast ein, welche sich bei Stahldruckbewehrung sogar größer ergab als bei Eisen. Hierdurch ist deutlich bewiesen, daß sich die Druckbewehrung an der Übertragung der inneren Druckkraft der Balken beteiligt, wie zu erwarten war, und daß bei der Berechnung der doppelt bewehrten Balken auf die Druckeisen Rücksicht genommen werden muß.

Nachdem jetzt die günstige Wirkungsweise der Druckeisen auf die Verminderung der Zusammendrückungen in der Druckzone rechteckiger Balken durch Versuche bewiesen ist, kann man in den Balkenquerschnitten, die nur positiven oder nur negativen Biegungsmomenten ausgesetzt sind, auch Druckeisen verwenden, um die Betondruckspannung σ_b zu vermindern und sie auf ein zulässiges Maß zurückzuführen, das auch unter Berücksichtigung zufälliger Betonierungsfehler noch die für das Bauwerk gewünschte Sicherheit gewährleistet.

I. Fall.

Gegeben sind die Größen: $\mathfrak{M}$, b, h, a, a', F_e, F_e'.
Gesucht sind: x, σ_b, σ_e, σ_e'.

In Abb. 63 ist ein doppeltbewehrter, rechteckiger Eisenbetonbalken dargestellt. Er ist längs eines lotrechten Querschnittes abgeschnitten gedacht und zur Herstellung des Gleichgewichtes sind die inneren Kräfte dieses Schnittes wieder angebracht worden. Dem Biegungsmoment $\mathfrak{M}$ der äußeren Kräfte an diesem Querschnitt müssen die inneren Kräfte des Schnittes das Gleichgewicht halten.

---

[1]) v. Bach und Graf, Mitteilungen über Forschungsarbeiten, Heft 90 u. 91, 1910, S. 49.
[2]) Saliger, Deutsche Bauzeitung, Betonbeilage, 1912, Nr. 19 u. 20.

Die Zugkraft der Zugeisen mit dem Querschnitt F_e und der Spannung σ_e ist

$$Z = F_e \cdot \sigma_e,$$

Die Druckkraft der Druckeisen ist bei entsprechender Bezeichnung

$$D_1 = F_e' \cdot \sigma_e'.$$

Die innere Druckkraft des Betons kann man zu einer Resultante D_2 zusammenfassen, welche durch den Schwerpunkt des schraffierten Spannungsdreiecks geht.

$$D_2 = \frac{\sigma_b \cdot b \cdot x}{2}.$$

Aus den beiden Gleichgewichtsbedingungen (21), Summe aller Horizontalkräfte ist gleich Null und die Summe aller Momente um einen Punkt ist Null, erhält man die beiden Gleichungen

$$Z = D_2 + D_1 = F_e \cdot \sigma_e = \frac{\sigma_b \cdot b \cdot x}{2} + F_e' \cdot \sigma_e' \quad \dots \quad \text{(A)}$$

$$\mathfrak{M} = D_2\left(h - a - \frac{x}{3}\right) + D_1(h - a - a') = \frac{\sigma_b \cdot b \cdot x}{2}\left(h - a - \frac{x}{3}\right) + F_e' \cdot \sigma_e' \cdot (h - a - a') \quad \text{(B)}$$

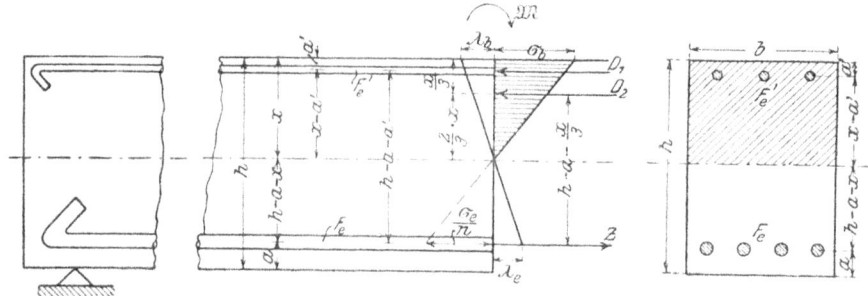

Abb. 63.

Bezeichnet man mit λ wiederum die Dehnungen, welche ihren Abständen von der Nullinie proportional sind, und mit ε die Elastizitätsmoduli, so ergeben sich zwei weitere Gleichungen:

$$\lambda_b : \lambda_e = \frac{\sigma_b}{\varepsilon_b} : \frac{\sigma_e}{\varepsilon_e} = x : (h - a - x); \quad \sigma_b : \frac{\sigma_e}{n} = x : (h - a - x) \quad \dots \quad \text{(C)}$$

$$\lambda_b : \lambda_e' = \frac{\sigma_b}{\varepsilon_b} : \frac{\sigma_e'}{\varepsilon_e} = x : (x - a'); \quad \sigma_e : \frac{\sigma_e'}{n} = x : (x - a') \quad \dots \quad \text{(D)}$$

Die vier Gleichungen (A), (B), (C) und (D) enthalten neben den als bekannt vorausgesetzten Größen die vier Unbekannten x, σ_b, σ_e und σ_e' und können deshalb zur Berechnung dieser Unbekannten dienen. Die Auflösung dieser vier Gleichungen mit vier Unbekannten ergibt:

$$x = \frac{-n(F_e + F_e')}{b} + \sqrt{\left(\frac{n(F_e + F_e')}{b}\right)^2 + \frac{2 \cdot n}{b}[F_e(h - a) + F_e' \cdot a']} \quad \textbf{(41)}$$

$$\sigma_b = \frac{2\,\mathfrak{M} \cdot x}{b\,x^2\left(h - a - \dfrac{x}{3}\right) + 2n \cdot F_e' \cdot (x - a')(h - a - a')} \quad \dots \quad \textbf{(42)}$$

$$\sigma_e = n \cdot \sigma_b \cdot \frac{h - a - x}{x} \quad \dots \dots \quad \textbf{(43)}$$

$$\sigma_e' = n \cdot \sigma_b \cdot \frac{x - a'}{x} \quad \dots \dots \quad \textbf{(44)}$$

In der Entwicklung dieser Gleichungen ist die geringe Querschnittsverminderung des Betondruckgurtes, welche durch die Druckeisen F_e' veranlaßt ist, nicht berücksichtigt worden. Wenn man die Querschnittsverminderung hätte berücksichtigen wollen, hätte für D_2 geschrieben werden müssen

$$D_2 = \frac{\sigma_b \cdot b \cdot x}{2} - \sigma_b \frac{x - a'}{x} \cdot F_e'.$$

Unter dieser Voraussetzung hätte sich dann ergeben:

$$x = - \frac{(n-1)\, F_e' + n\, F_e}{b}$$

$$+ \sqrt{\left(\frac{(n-1)\, F_e' + n\, F_e}{b}\right)^2 + \frac{2}{b}\left[(n-1)\, F_e' \cdot a' + n\, F_e\, (h-a)\right]} \quad . \quad (45)$$

$$\sigma_b = \frac{2 \cdot \mathfrak{M} \cdot x}{b\, x^2 \left(h - a - \dfrac{x}{3}\right) + (n-1)\, F_e'\, (x - a')\, (h - a - a')} \quad . \quad . \quad (46)$$

Für manche Aufgaben kann es zweckmäßig sein, die Lage der Druckresultante (D_3) aus der Betondruckkraft (D_y) und der Eisendruckkraft (D_1) zu kennen. Ihr Abstand von der Nullinie sei y_1 (Abb. 64).

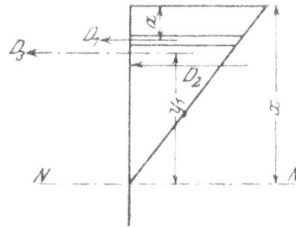

$$D_3 = D_2 + D_1,$$

$$D_3 \cdot y_1 = D_2 \cdot \frac{2}{3} \cdot x + D_1\, (x - a'),$$

$$y_1 = \frac{\dfrac{b\, x^2}{2} \cdot \dfrac{2}{3}\, x\, \sigma_b + \sigma_e' \cdot F_e' \cdot (x - a')}{\dfrac{b\, x}{2} \cdot \sigma_b + \sigma_e' \cdot F_e'}.$$

Abb. 64.

In dieser Gleichung wird noch aus (44) σ_e' durch σ_b ausgedrückt und sodann mit σ_b gehoben.

$$y_1 = \frac{\dfrac{b\, x^3}{3} + n\, F_e'\, (x - a')^2}{\dfrac{b\, x^2}{2} + n\, F_e'\, (x - a')} \quad . \quad . \quad . \quad . \quad . \quad . \quad (47)$$

Auch in dieser Gleichung ist die Querschnittsfläche F_e' im Druckquerschnitt des Betons vernachlässigt worden.

Bei der Besprechung der einfach bewehrten Eisenbetonbalken konnten ihre Spannungsgleichungen auf die Form der Biegungsgleichung, $\sigma = \dfrac{\mathfrak{M}}{\mathfrak{W}}$, isotroper Baustoffe zurückgeführt werden. In gleicher Weise ist dies auch für die doppelt bewehrten Eisenbetonbalken möglich.

Gleichung (41) ist die Wurzel der quadratischen Gleichung

$$x^2 + 2 \cdot n \cdot \frac{F_e + F_e'}{b} \cdot x - \frac{2 \cdot n}{b}\left[F_e\, (h-a) + F_e' \cdot a'\right] = 0,$$

$$\frac{x^2\, b}{2} = n\left[F_e\, (h-a) + F_e' \cdot a' - x\, (F_e + F_e')\right] = n \cdot F_e\, (h - a - x) + n \cdot F_e'\, (a' - x).$$

Die Gleichung (42) kann man auch schreiben

$$\sigma_b = \frac{\mathfrak{M} \cdot x}{\dfrac{b \cdot x^2}{2}\left(h - a - x + \dfrac{2}{3}\, x\right) + n\, F_e'\, (x - a')\, (h - a - a')}.$$

5*

In dem Nenner ersetzt man $\dfrac{x^2 b}{2}$ durch F_e und F_e' nach obenstehender Gleichung und erhält bei entsprechender Zusammenfassung der Glieder

$$\sigma_b = \frac{\mathfrak{M} \cdot x}{\dfrac{b \cdot x^3}{3} + n \cdot F_e'\,(x - a')^2 + n\,F_e\,(h - a - x)^2}.$$

Der Nenner dieser Gleichung stellt das Verbundträgheitsmoment (Θ_v) des Verbundquerschnittes, bezogen auf die Nullinie, dar

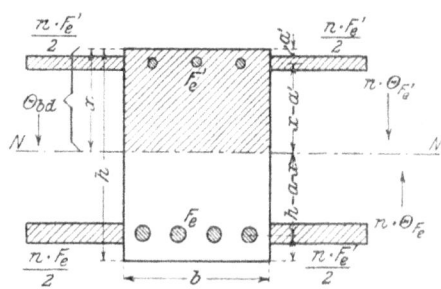

Abb. 65.

$$\Theta_v = \frac{b\,x^3}{3} + n \cdot F_e'\,(x - a')^2$$
$$+ n \cdot F_e\,(h - a - x)^2 \quad . \quad (48)$$
$$\Theta_v = \Theta_{bd} + n \cdot \Theta_{F_e} + n \cdot \Theta_{F_e'} \quad (49)$$

Hierbei ist das Trägheitsmoment der

Betondruckfläche $\Theta_{bd} = \dfrac{b\,x^3}{3}$,

Eisenzugfläche $\Theta_{F_e} = F_e\,(h - a - x)^2$,

Eisendruckfläche $\Theta_{F_e'} = F_e'\,(x - a')^2$.

Es kann somit auch hier das Verbundträgheitsmoment Θ_v des doppelt bewehrten Eisenbetonquerschnittes als das Trägheitsmoment der in der Abb. 65 schraffierten wirksam gedachten Betonflächen aufgefaßt werden.

II. Fall.

Gegeben seien die Größen: $\mathfrak{M}$, b, h, a, a', σ_b, σ_e.

Gesucht seien: x, σ_e', F_e und F_e'.

Dieser Fall ist praktisch häufig, weil zur Einhaltung einer zulässigen Betondruckspannung σ_b der doppelt bewehrte Eisenbetonquerschnitt dann anzuwenden ist, wenn dem Träger oder der Platte die für den einfach bewehrten Querschnitt

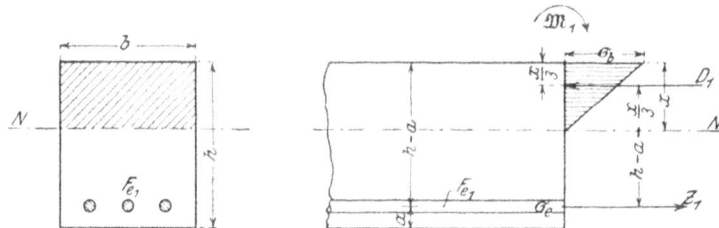

Abb. 66.

erforderliche Höhe aus konstruktiven Erwägungen nicht gegeben werden kann. Es ist also in solchen Fällen die durch äußere Verhältnisse beschränkte Höhe h des Trägers gegeben, so daß man unter Einhaltung der zulässigen Spannungen σ_b und σ_e nur noch die Größen der Eisenquerschnitte F_e und F_e' auf die Trägerbreite b zu berechnen hat.

Das gegebene Biegungsmoment $\mathfrak{M}$ zerlegt man in zwei Teile $\mathfrak{M}_1$ und $\mathfrak{M}_2$[1]), so daß

$$\mathfrak{M} = \mathfrak{M}_1 + \mathfrak{M}_2$$

[1]) Kaufmann, Beton und Eisen, 1912, S. 72. Suenson, Beton und Eisen, 1912, S. 167.

ist. Das Moment $\mathfrak{M}_1$ soll so gewählt werden, daß der Eisenbetonbalken von der Höhe h und der Breite b mit einer vorerst noch unbekannten Zugeiseneinlage F_{e1} als einfach bewehrter Eisenbetonbalken dieses Moment $\mathfrak{M}_1$ mit der vorgeschriebenen größten Betondruckspannung σ_b aufnehmen kann (Abb. 66).

Nach Gleichung (37) ist

$$h - a = C_1 \cdot \sqrt{\frac{\mathfrak{M}_1}{b}},$$

wobei die Konstante C_1 der Tabelle 1 des Anhangs zu den gegebenen Spannungen σ_b und σ_e entnommen werden kann. Durch diese Gleichung ist sodann $\mathfrak{M}_1$ gegeben.

$$\mathfrak{M}_1 = b \cdot \left(\frac{h - a}{C_1} \right)^2 \quad . \quad . \quad . \quad . \quad . \quad . \quad . \quad \textbf{(50)}$$

Zu diesem Moment $\mathfrak{M}_1$ findet man mit Hilfe der Gleichung (39) und der der Tabelle entnommenen Konstanten C_2

$$F_{e1} = C_2 \sqrt{\mathfrak{M}_1 \cdot b} \quad . \quad . \quad . \quad . \quad . \quad . \quad \textbf{(51)}$$

Der noch verbleibende zweite Teil $\mathfrak{M}_2$ des Momentes $\mathfrak{M}$ kann nur noch von Zug- und Druckeisen (F_{e2} bzw. F_e') aufgenommen werden, weil die zulässige

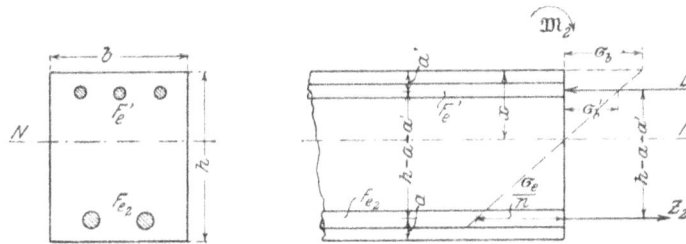

Abb. 67.

Betonrandspannung σ_b bereits unter der Wirkung vom $\mathfrak{M}_1$ erreicht ist und die Nullinie durch die Spannungen σ_b und σ_e nach Gleichung (33) unveränderlich festliegt (vgl. Abb. 67).

$$\mathfrak{M}_2 = \mathfrak{M} - \mathfrak{M}_1 \quad . \quad . \quad . \quad . \quad . \quad . \quad . \quad \textbf{(52)}$$

$$Z_2 = D_2 = \frac{\mathfrak{M}_2}{h - a - a'} = F_{e2} \cdot \sigma_{e2} = F_e' \cdot \sigma_e',$$

$$F_{e2} = \frac{\mathfrak{M}_2}{\sigma_e (h - a - a')} \quad . \quad . \quad . \quad . \quad . \quad \textbf{(53)}$$

$$x = \sigma (h - a),$$

σ wird der Tabelle entnommen. Die Betonspannung in der Höhe der Druckeisen σ_b' ist

$$\sigma_b' = \sigma_b \cdot \frac{x - a'}{x} \quad \text{und} \quad \sigma_e' = n \cdot \sigma_b'.$$

$$F_e' = \frac{\mathfrak{M}_2}{(h - a - a') \cdot \sigma_e'} \quad . \quad . \quad . \quad . \quad . \quad \textbf{(54)}$$

ist der gesuchte Druckeisenquerschnitt,

$$F_e = F_{e1} + F_{e2} \quad . \quad . \quad . \quad . \quad . \quad . \quad (55)$$

der gesamte gesuchte Zugeisenquerschnitt.

Zuweilen wird aus konstruktiven Gründen F_e annähernd gleich F_e' gemacht werden müssen, wie beispielsweise öfters bei Behälterwänden, so daß man in solchen Fällen auch ohne wirtschaftliche Schädigung die Bedingung stellen kann, F_e soll gleich F_e' werden.

$$F_e' = F_e = F_{e1} + F_{e2}.$$

Unter Benutzung der Gleichungen (51), (53) und (54) erhält man

$$C_2 \cdot \sqrt{\mathfrak{M}_1 \cdot b} + \frac{\mathfrak{M}_2}{\sigma_e (h - a - a')} = \frac{\mathfrak{M}_2}{\sigma_e' (h - a - a')}.$$

Nach der Gleichung (50) ist

$$\mathfrak{M}_1 = b \left(\frac{h - a}{C_1} \right)^2 \quad \text{und} \quad \mathfrak{M}_2 = \mathfrak{M} - b \left(\frac{h - a}{C_1} \right)^2,$$

daher

$$C_2 \frac{b (h - a)}{C_1} + \frac{\mathfrak{M}}{\sigma_e (h - a' - a)} - \frac{b (h - a)^2}{C_1^2 \sigma_e (h - a - a')}$$
$$= \frac{\mathfrak{M}}{\sigma_e' (h - a - a')} - \frac{b (h - a)^2}{C_1^2 \sigma_e' (h - a - a')}.$$

Es kann gesetzt werden

$$h - a - a' = \psi \cdot (h - a),$$

wobei ψ in dünneren Platten etwa 0,90, in dickeren 0,88 ist, also auch

$$a' = (1 - \psi) (h - a)$$

und

$$\sigma_e' = n \cdot \sigma_b \frac{x - a'}{a'} = n \cdot \sigma_b \left(1 - \frac{1 - \psi}{\sigma} \right).$$

In die obige Gleichung eingesetzt.

$$C_2 \cdot \frac{b (h - a)}{C_1} + \frac{\mathfrak{M}}{\sigma_e \psi (h - a)} - \frac{b (h - a)}{C_1^2 \cdot \sigma_e \cdot \psi} = \frac{\mathfrak{M}}{\sigma_e' \psi (h - a)} - \frac{b (h - a)}{C_1^2 \cdot \sigma_e' \cdot \psi},$$

$$(h - a)^2 \left[\frac{b \cdot C_2}{C_1} - \frac{b}{C_1^2 \cdot \sigma_e \cdot \psi} + \frac{b}{C_1^2 \cdot \sigma_e' \psi} \right] = \frac{\mathfrak{M}}{\psi} \left(\frac{1}{\sigma_e'} - \frac{1}{\sigma_e} \right),$$

$$h - a = \frac{C_1 \sqrt{\dfrac{1}{\sigma_e'} - \dfrac{1}{\sigma_e}}}{\sqrt{\psi C_1 \cdot C_2 - \dfrac{1}{\sigma_e} + \dfrac{1}{\sigma_e'}}} \cdot \sqrt{\frac{\mathfrak{M}}{b}} = C_3 \cdot \sqrt{\frac{\mathfrak{M}}{b}} \quad \cdots \quad (56)$$

$$C_3 = \frac{C_1 \sqrt{\dfrac{1}{\sigma_e'} - \dfrac{1}{\sigma_e}}}{\sqrt{\psi C_1 C_2 - \dfrac{1}{\sigma_e} + \dfrac{1}{\sigma_e'}}} \quad \cdots \cdots \cdots \quad (57)$$

Man kann somit mit Hilfe der Gleichungen (56) und (57) für den Fall $F_e = F_e'$ die erforderliche Plattenstärke ebenso einfach bestimmen, wie für den einfach bewehrten Balken rechteckigen Querschnitts

In gleicher Weise findet man aus vorstehender Entwicklung die Eisenquerschnitte

$$F_e = F_e' = \frac{\mathfrak{M}}{\sigma_e' \psi (h - a)} - \frac{b (h - a)}{C_1^2 \cdot \sigma_e' \psi},$$

$$F_e = F_e' = \frac{1}{\psi \sigma_e'} \left[\frac{\mathfrak{M}}{h - a} - \frac{b (h - a)}{C_1^2} \right],$$

$h - a$ wird aus der Gleichung (56) hier eingesetzt.

$$F_e = F_e' = \frac{1}{\psi\,\sigma_e'}\left[\frac{1}{C_3}\sqrt{\mathfrak{M}\,b} - \frac{C_3}{C_1^2}\sqrt{\mathfrak{M}\,b}\right].$$

$$F_e = F_e' = \frac{1}{\psi\,\sigma_e'}\left(\frac{1}{C_3} - \frac{C_3}{C_1^2}\right)\cdot\sqrt{\mathfrak{M}\,b} = C_4\cdot\sqrt{\mathfrak{M}\,b} \quad \text{. . .} \quad (58)$$

$$C_4 = \frac{1}{\psi\,\sigma_e'}\left(\frac{1}{C_3} - \frac{C_3}{C_1^2}\right) \quad \text{. . . . .} \quad (59)$$

Die Konstanten C_3 und C_4 können nach den Gleichungen (57) und (59) für die gebräuchlichen Spannungen berechnet werden und sind in dem folgenden Verzeichnis zusammengestellt worden.

Für die Rechnung in kg und cm.

$\dfrac{\sigma_e}{\sigma_b}$ kg/qcm	C_1	C_2	σ	ψ	σ_e' kg/qcm	C_3	C_4
1000	0,390	0,00293	0,375	0,90	440	0,290	0,00390
40				0,88	408	0,300	0,00379
1200	0,410	0,00228	0,333	0,90	420	0,329	0,00288
40				0,88	382	0,339	0,00276
1000	0,433	0,00261	0,344	0,90	372	0,342	0,00329
35				0,88	342	0,352	0,00319

Dieselbe Entwicklung, welche hier für den Fall $F_e = F_e'$ durchgeführt ist, kann man auch durchführen, wenn F_e' nur ein Bruchteil von F_e, also $F_e' = \mu F_e$ ist.[1]

Beispiel zu Fall I.

Ein Eisenbetonbalken von 30 cm Höhe und 25 cm Breite trägt in der Mitte seiner 2,70 m betragenden Lichtweite eine Säule mit einem Säulendruck P = 1600 kg. Die Druckeiseneinlagen sind drei Stück, Durchmesser 10, und die

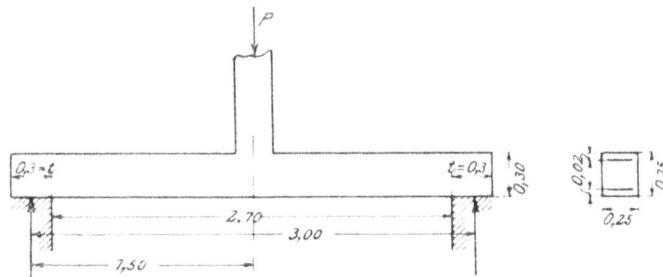

Abb. 68.

Zugeisen sechs Stück, Durchmesser 10. Die Eisenabstände von den Außenflächen sind $a = a' = 2$ cm.

Wie groß sind die größten Beton- und Eisenspannungen?

Die Stützweite (l) von Balken soll nach den deutschen Bestimmungen für die Momentenberechnung gleich der um eine Auflagerlänge (t) vergrößerten Lichtweite (l') angenommen werden.

$$l = l' + t = 2,70 + 0,30 = 3,00 \text{ m}.$$

[1] Stark und Dankelmann, Deutsche Bauzeitung, Betonbeilage Nr. 23, 1914; desgleichen 1915, Nr. 4.

Eigengewicht des Balkens: $\quad {}^0p = \quad 0{,}25 \cdot 0{,}30 \cdot 2400 = 180$ kg/m

Biegungsmoment durch das Eigengewicht:

$$\, {}^0\mathfrak{M} = \frac{{}^0p\,l^2}{8} = \frac{180 \cdot 3{,}0^2}{8} = 202{,}5 \text{ mkg}$$

Biegungsmoment durch die Nutzlast:

$$'\mathfrak{M} = \frac{P}{2} \cdot \frac{l}{2} = \frac{1600 \cdot 3{,}0}{4} = 1200{,}0 \text{ mkg}$$

Größtes Biegungsmoment in Balkenmitte: $\mathfrak{M} = 1402{,}5$ mkg $= 140\,250$ cmkg.

Aus der Rundeisentabelle (Tabelle 2 des Anhangs)

$$F_e = 6 \,\phi\, 10 = 4{,}71 \text{ qcm}, \quad F_e' = 3 \,\phi\, 10 = 2{,}36 \text{ qcm}.$$

Nach Gleichung (41)

$$x = -n \cdot \frac{F_e + F_e'}{b} = \sqrt{\left(\frac{n\,(F_e + F_e')}{b}\right)^2 + \frac{2\,n}{b}\,[F_e\,(h - a) + F_e' \cdot a'],}$$

$$x = -\frac{15 \cdot (4{,}71 + 2{,}36)}{25} + \sqrt{\left(\frac{15\,(4{,}71 + 2{,}36)}{25}\right)^2 + \frac{2 \cdot 15}{25}\,(4{,}71 \cdot 28 + 2{,}36 \cdot 2)} = 9{,}22 \text{ cm}.$$

Nach Gleichung (42)

$$\sigma_b = \frac{2 \cdot \mathfrak{M} \cdot x}{b \cdot x^2\left(h - a - \dfrac{x}{3}\right) + 2 \cdot n\,F_e'\,(x - a')\,(h - a - a')},$$

$$\sigma_b = \frac{2 \cdot 140\,250 \cdot 9{,}22}{25 \cdot 9{,}22^2\left(30 - 2 - \dfrac{9{,}22}{3}\right) + 2 \cdot 15 \cdot 2{,}36\,(9{,}22 - 2)\,(30 - 2 - 2)} = 39 \text{ kg/qcm.}$$

Nach Gleichung (43) und (44) ist

$$\sigma_e = \frac{n \cdot \sigma_b \cdot (h - a - x)}{x} = \frac{15 \cdot 39 \cdot (30 - 2 - 9{,}22)}{9{,}22} = 1192 \text{ kg/qcm.}$$

$$\sigma_e' = \frac{n \cdot \sigma_b\,(x - a')}{x} = \frac{15 \cdot 30\,(9{,}22 - 2)}{9{,}22} = 458 \text{ kg/qcm.}$$

Beispiel zu Fall II.

Ein Eisenbetonbalken von 30 cm Höhe und 25 cm Breite sei wie im vorigen Beispiel gelagert und belastet. Wie groß müssen die Querschnitte der Zugeisen und der Druckeisen bemessen werden, wenn die größte Betonspannung $\sigma_b = 40$ kg/qcm und die größte Eisenspannung $\sigma_e = 1200$ kg betragen sollen?

Das größte Biegungsmoment ist in Balkenmitte wie oben $\mathfrak{M} = 140\,250$ cmkg.

Zu den Spannungen $\sigma_e = 1200$ und $\sigma_b = 40$ kg/qcm erhält man aus der Tabelle 1 des Anhanges

$$C_1 = 0{,}410, \quad C_2 = 0{,}00228, \quad \sigma = 0{,}333.$$

Nach Gleichung (50) ist

$$\mathfrak{M}_1 = b \cdot \left(\frac{h - a}{C_1}\right)^2 = 25 \cdot \left(\frac{30 - 2}{0{,}410}\right)^2 = 116\,500 \text{ cmkg.}$$

Nach Gleichung (51)

$$F_{e1} = C_2 \cdot \sqrt{\mathfrak{M}_1 \cdot b} = 0{,}00228 \cdot \sqrt{116\,500 \cdot 25} = 3{,}9 \text{ qcm.}$$

Nach Gleichung (52)

$$\mathfrak{M}_2 = \mathfrak{M} - \mathfrak{M}_1 = 140\,250 - 116\,500 = 23\,750 \text{ cmkg.}$$

Nach Gleichung (53)

$$F_{e2} = \frac{\mathfrak{M}_2}{\sigma_e\,(h - a - a')} = \frac{23750}{1200\,(30 - 2 - 2)} = 0{,}76 \text{ qcm.}$$

Nach Gleichung (33)

$$x = \sigma\,(h - a) = 0{,}333 \cdot (30 - 2) = 9{,}33 \text{ cm.}$$

$$\sigma_e' = n \cdot \sigma_b\,\frac{x - a'}{x} = \frac{15 \cdot 40\,(9{,}33 - 2)}{9{,}33} = 471 \text{ kg/qcm.}$$

Nach Gleichung (54)

$$F_e' = \frac{\mathfrak{M}_2}{(h - a - a') \cdot \sigma_e'} = \frac{23750}{471\,(30 - 2 - 2)} = 1{,}94 \text{ qcm.}$$

Nach Gleichung (55)

$$F_e = F_{e1} + F_{e2} = 3{,}90 + 0{,}76 = 4{,}66 \text{ qcm.}$$

Nach der Rundeisentabelle des Anhanges können gewählt werden

Für $F_e = 6\ \phi\ 10 = 4{,}71$ qcm und für $F_e' = 3\ \phi\ 10 = 2{,}36$ qcm.

Es soll nun noch gezeigt werden, wie hoch der Träger hätte gemacht und wie stark die Zugeisen hätten gewählt werden müssen, wenn man mit einem einfach bewehrten Balken hätte auskommen wollen.

Für $\sigma_b = 40$ und $\sigma_e = 1200$ kg/qcm sind die Tabellenkonstanten

$$C_1 = 0{,}410 \quad \text{und} \quad C_2 = 0{,}00228$$

$$h - a = C_1\,\sqrt{\frac{\mathfrak{M}}{b}} = 0{,}410 \cdot \sqrt{\frac{140\,250}{25}} = 30{,}7 \text{ cm,}$$

$$F_e = C_2 \cdot \sqrt{\mathfrak{M} \cdot b} = 0{,}00228 \cdot \sqrt{140\,250 \cdot 25} = 4{,}27 \text{ qcm;}\quad 6\ \phi\ 10 = 4{,}71 \text{ qcm,}$$

$$h = 30{,}7 + 1{,}0 + \frac{1{,}0}{2} = 32{,}7 \text{ rund } 33 \text{ cm statt } 30 \text{ cm,}$$

wie im Beispiel oben gegeben war. Die geringe Vermehrung des Eigengewichtes und die dadurch entstehende Vergrößerung von $\mathfrak{M}$ blieb unberücksichtigt.

Nun soll ferner noch gezeigt werden, daß man auch unter Beibehaltung der beschränkten Höhe von 30 cm ohne Druckeisen F_e' auskommen kann, wenn man den Querschnitt der Zugeisen entsprechend vergrößert.

Es war oben $h - a = 28$ cm

$$C_1 = \frac{h - a}{\sqrt{\dfrac{\mathfrak{M}}{b}}} = \frac{28}{\sqrt{\dfrac{140\,250}{25}}} = 0{,}374.$$

Außerdem soll $\sigma_b = 40$ kg/qcm beibehalten werden. Es ist also jetzt durch diese beiden Werte σ_b und C_1 die zweite Dimensionierungskonstante C_2 gegeben. In der Tabelle 1 ist zu finden:

$$\sigma_b = 40, \qquad C_1 = 0{,}367, \qquad \sigma_e = 800 \text{ kg/qcm,} \qquad C_2 = 0{,}00397,$$
$$\sigma_b = 40, \qquad C_1 = 0{,}380, \qquad \sigma_e = 900 \text{ kg/qcm,} \qquad C_2 = 0{,}00337.$$

Durch Interpolation findet man zu $C_1 = 0{,}374$, $\sigma_e = 854$ kg/qcm, $C_2 = 0{,}00365$

$$F_e = 0{,}00365 \cdot \sqrt{140\,250 \cdot 25} = 6{,}84 \text{ qcm.}$$

Der bei dem einfach bewehrten Balken erforderliche Eisenquerschnitt ist etwas größer als der bei dem doppelt bewehrten Balken.

$$F_e{}' + F_e = 4{,}66 + 1{,}94 = 6{,}60 < 6{,}84 \text{ qcm.}$$

Man sieht also, daß auch bei beschränkter Balkenhöhe an Stelle eines doppelt bewehrten Balkens ein einfach bewehrter verwendet werden kann, wenn man nur den Zugeisenquerschnitt entsprechend vergrößert, welcher aber dann nur mit einer geringeren Eisenspannung ($\sigma_e = 854$ gegen 1200 kg/qcm) ausgenutzt werden kann.

Die Begründung hierfür kann schon aus der Gleichung (22) für x entnommen werden.

Mit wachsendem F_e wird x und damit die Druckzone des Balkens größer, so daß Druckeisen $F_e{}'$ entbehrlich werden. Wird die Randspannung σ_b beibehalten, so muß mit wachsendem x bei der angenommenen geradlinigen Spannungsverteilung σ_e kleiner werden (vgl. Abb. 67).

Es ist nun noch zu untersuchen, welcher der beiden Balken der einfach oder der doppelt bewehrte den Vorzug verdient.

Soll eine möglichst große Sicherheit gegen Rißbildung erreicht werden, so verdient der einfach bewehrte Balken mit der geringeren Eisenspannung den Vorzug. Auch wird dieser Balken die größere Sicherheit gegen Bruch bieten, wenn mit einem gleichmäßig guten Beton gerechnet und daher der Bruch durch Erreichen der Streckgrenze in den Zugeisen erwartet werden darf.

Dagegen verdient der doppelt bewehrte Balken den Vorzug, wenn durch Zufälle minderwertige Stellen im Beton nicht ganz ausgeschlossen sind. Es wird also in der Regel der einfach bewehrte Balken dem doppelt bewehrten vorzuziehen sein, wenn nicht aus konstruktiven Erwägungen oder durch Biegungsmomente mit wechselnden Vorzeichen zwei Bewehrungen geboten sind.

Berechnung von Platten mit steifer Bewehrung.

Im Hochbau und Ingenieurbau werden häufig Betonplatten verwendet, in welchen die Eiseneinlage anstatt aus Rundeisen aus steifen Profileisen mit größerem Trägheitsmoment gebildet sind. Solche große Profileisen bieten den Vorteil, daß an ihnen die für den Beton erforderliche Schalung aufgehängt und somit an Rüstungskosten gespart werden kann.

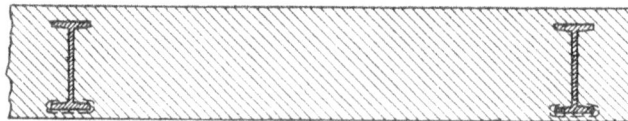

Abb. 69.

Es liegt zunächst nahe, eine Platte, wie sie in Abb. 69 dargestellt ist, als eine doppelt bewehrte Platte zu berechnen.

Denn ein Teil des Profileisens liegt in der Druckzone, der andere Teil in der Zugzone. Bei dieser Berechnung müßten selbstverständlich diejenigen Eisenspannungen noch berücksichtigt werden, welche schon durch die Belastung mit nassem Beton während der Bauausführung entstanden sind. Formell wäre eine solche Rechnung nicht zu beanstanden; aber das Zusammenwirken des Betons mit den kaum 1% seiner Masse betragenden Rundeisen, welche gut verteilt, durch Haken und Aufbiegungen gut verankert sind, kann nicht ohne weiteres dem Zusammenarbeiten großer, fast die ganze Betonplatte trennender Träger mit dem umgebenden Beton gleich geachtet werden.

Das Zusammenarbeiten großer Träger in Platten mit dem umgebenden Beton kann nur durch Versuche geklärt werden, welche heute noch fehlen. Man wird daher jetzt am sichersten in solchen Platten die Profileisen allein als Träger rechnen und den Beton lediglich als Querkonstruktion betrachten — eine unbewehrte, teilweise eingespannte Betonplatte —. Da der einbetonierte Eisenträger durch eine höhere Lage der Nullinie wohl ein größeres Trägheitsmoment hat als der Eisenträger allein, kann man dies dadurch berücksichtigen, daß man den einbetonierten Träger mit einer etwas größeren zulässigen Eisenspannung (vielleicht 10% Zuschlag) rechnet als den freien Eisenträger, bis durch Versuche andere Rechnungsgrundlagen geschaffen sind.

Soll der untere Flansch der Eisenträger durch Beton gegen Rost geschützt werden, so ist zu beachten, daß die dünne Betonschichte beim Ausschalen häufig teilweise an den Schalungen hängen bleibt. Es ist daher besser, die unteren Flanschen nur mit einem Rabitzgeflecht zu umgeben, welches durch den Beton über diesem Flansch festgehalten wird. Nach dem Ausschalen werden die Rabitzgeflechte mit Zementmörtel geputzt.

Auf die Verwendung steifer Eiseneinlagen in Plattenbalken komme ich später (vgl. Seite 91).

Berechnung der Plattenbalken mit einfacher Bewehrung.

Ein Platten- oder Rippenbalken ist ein Eisenbetonträger von **T**-förmigem Querschnitt, dessen Druckzone ganz oder teilweise in die Platte fällt.

Für die Rechnung muß man je nach der Lage der Nullinie drei Fälle unterscheiden:

Die Nullinie fällt in die Platte, — I—I der Abb. 70;

die Nullinie fällt mit der Plattenunterkante zusammen, — II—II Abb. 70;

die Nullinie schneidet den Steg des Plattenbalkens, — III—III Abb. 70.

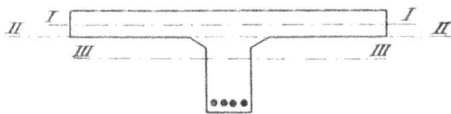

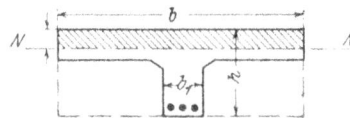

Abb. 70.   Abb. 71.

Bei den Lagen der Nullinie I—I und II—II kann man sich den Plattenbalken zu einem Träger rechteckigen Querschnitts ergänzt denken, wobei nur zwei Betonflächen anzufügen sind, auf welche nur Zugspannungen treffen (vgl. Abb. 71).

Da in diesem Abschnitt des Kapitels die auf den Beton treffenden Zugspannungen nicht berücksichtigt werden, ist es für die Rechnung gleichgültig, ob Betonflächen in der Zugzone hinzugefügt oder weggenommen werden. Es kann deshalb auch ein Plattenbalken, dessen Nullinie in die Lage I—I oder II—II fällt, als Träger rechteckigen Querschnitts von der Breite b und der Höhe h nach den Formeln (22), (23), (24), (34), (37), (35), (39) berechnet werden.

Es ist also hier nur noch der Trägerquerschnitt zu behandeln, dessen Nulllinie (III—III) den Steg schneidet.

Gewöhnlich sind mit den Rippen der Plattenbalken sehr breite Platten verbunden, so daß unmöglich die ganze vorhandene breite Platte als Druckgurtung der Plattenbalken betrachtet werden darf. Liegen mehrere parallele Rippen unter derselben Platte, so kann die Breite b solcher paralleler Plattenbalken nicht weiter als von Mitte zu Mitte der zwischen den Rippen liegenden Platten gerechnet werden. Diese Beschränkung von b genügt jedoch noch nicht (Abb. 72).

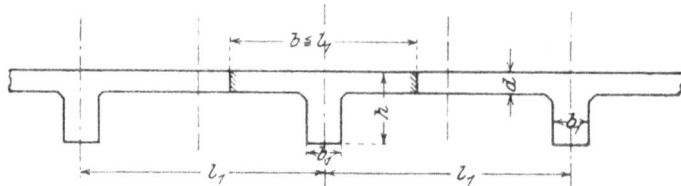

Abb. 72.

Im allgemeinen wird die Breite b des Druckgurtes von der Stützweite l, der Rippenbreite b_1 und der Plattenstärke d abhängig zu machen sein. Deshalb enthalten auch die meisten amtlichen Eisenbetonbestimmungen noch weitere Beschränkungen für die in der Rechnung zu wählende Druckgurtbreite b.

Die deutschen Bestimmungen schreiben vor:

»Die Breite der Druckplatte eines Plattenbalkens darf, von der Rippenachse aus nach jeder Seite gemessen, nicht größer angenommen werden als die vierfache Rippenbreite, die achtfache Plattendicke, die zweifache Trägerhöhe einschließlich der Plattendicke oder die halbe zugehörige Plattenfeldweite« (l_1).

Das heißt (Abb. 72):

$$b \leqq \begin{cases} l_1, \\ 8 \cdot b_1, \\ 16 \cdot d, \\ 4 \cdot h. \end{cases}$$

Nach den Schweizer Bestimmungen vom Jahre 1909 darf b höchstens $20 \times d$ gewählt werden. Aber dieses Maß dürfte nach Versuchen, welche v. Bach für die Jubiläumsstiftung der deutschen Industrie ausgeführt hat[1]), zu groß sein.

Die Beschränkungen der Breite b haben auch für die Plattenbalken Geltung, welche als rechteckige Träger berechnet werden müssen.

Da die Nullinie bei den Plattenbalken des Hochbaues meist sehr nahe an der Unterkante der Platte den Steg schneidet, kann man, ohne einen großen Fehler zu begehen, die kleine auf den Steg noch treffende innere Druckkraft vernachlässigen. Es soll daher in den folgenden Entwicklungen die auf das kleine Rechteck $(x - d) \cdot b_1$ (vgl. Abb. 73) treffende Druckkraft unberücksichtigt bleiben. Auf Seite 80 finden sich die Entwicklungen ohne diese Vernachlässigung.

I. Fall.

Gegeben sind: das Biegungsmoment $\mathfrak{M}$ des Querschnittes und die Formgrößen h, b, b_1, d, a, F_e.

Gesucht sind: die größte Betonspannung σ_b und die Eisenspannung σ_e.

Die inneren Druckkräfte des Querschnitts kann man zu einer Resultante D zusammenfassen, welche in dem Schwerpunkte des in der Abb. 73 schraffierten

---

[1]) v. Bach und Graf, Mitteilungen über Forschungsarbeiten, Heft 122 u. 123. Berlin 1912.

Spannungstrapezes angreift. Dabei ist der kleine Teil der auf den Steg noch treffenden Druckkraft vernachlässigt worden. Die innere Zugkraft (Z) des Querschnitts soll von den Eisen allein aufgenommen werden, also $Z = \sigma_e \cdot F_e$.

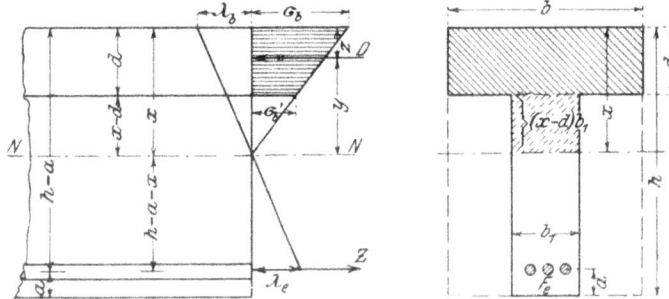

Abb. 73.

$$D = \sigma_b \cdot \frac{b \cdot x}{2} - \sigma_b' \cdot b \, \frac{x - d}{2}.$$

Aus der Gleichgewichtsbedingung $Z = D$ erhält man

$$\sigma_e \cdot F_e = \sigma_b \cdot \frac{b \cdot x}{2} - \sigma_b' \cdot b \cdot \frac{x - d}{2}.$$

Nach der Proportion der Dehnungen ist:

$$\lambda_b : x = \lambda_e : (h - a - x),$$

$$\lambda_b = \frac{\sigma_b}{\varepsilon_e}; \quad \lambda_e = \frac{\sigma_e}{\varepsilon_e}; \quad \frac{\varepsilon_e}{\varepsilon_b} = n;$$

daher

$$\sigma_e = n \cdot \sigma_b \cdot \frac{h - a - x}{x}.$$

Aus der Abb. 73 kann man entnehmen

$$\sigma_b' = \sigma_b \frac{x - d}{x}.$$

Setzt man nun für σ_e und σ_b' diese Ausdrücke in die obige Gleichung für $F_e \cdot \sigma_e$ ein, so erhält man eine Gleichung für x

$$x = \frac{2 \cdot n \, (h - a) \, F_e + b \, d^2}{2 \, (b \, d + n \, F_e)} \qquad \cdots \cdots \quad \textbf{(60)}$$

Der Schwerpunkt des Spannungstrapezes hat den Abstand (z) von der größeren Parallelseite, welcher nach einer einfachen Schwerpunktsberechnung gefunden wird, zu

$$z = \frac{d}{3} \cdot \frac{\sigma_b + 2 \, \sigma_b'}{\sigma_b + \sigma_b'}.$$

Hierin kann σ_b' nach der oben gegebenen Gleichung durch σ_b ausgedrückt werden, wodurch sich nach einigen Umformungen ergibt

$$z = \frac{d}{3} \cdot \frac{3 \, x - 2 \, d}{2 \, x - d}.$$

Der Abstand der Druckkraft D von der Nullinie ist

$$y = x - z = x - \frac{d}{3} \cdot \frac{3 \, x - 2 \, d}{2 \, x - d},$$

$$y = x - \frac{d}{2} + \frac{d^2}{6 \, (2 \, x - d)} \qquad \cdots \cdots \quad \textbf{(61)}$$

Die Gleichgewichtsbedingung, die Summe der Momente um einen Punkt ist Null, führt zu der Gleichung

$$D \cdot (h - a - x + y) = \mathfrak{M},$$

$$Z = D = \frac{\mathfrak{M}}{h - a - x + y} = \sigma_e \cdot F_e,$$

$$\sigma_e = \frac{\mathfrak{M}}{F_e (h - a - x + y)} \quad \cdot \quad \cdot \quad \cdot \quad \cdot \quad \cdot \quad \cdot \quad (62)$$

Aus der Eisenspannung σ_e erhält man die größte Betonspannung σ_b nach der oben benutzten Dehnungsproportion zu

$$\sigma_b = \sigma_e \cdot \frac{x}{n (h - a - x)} \quad \cdot \quad \cdot \quad \cdot \quad \cdot \quad \cdot \quad \cdot \quad (63)$$

Man kann auch hier zeigen, daß die Spannungsgleichungen (62) und (63) mit der Biegungsgleichung $\sigma = \dfrac{\mathfrak{M}}{\mathfrak{W}}$ der isotropen Baustoffe übereinstimmen, wenn man den Verbundquerschnitt mit Hilfe des Faktors n in einen gleichwertigen Betonquerschnitt verwandelt und nur jene Flächen des Querschnittes berücksichtigt, welche als wirksam angenommen worden sind.

Durch Einsetzen der Gleichung (62) in (63) erhält man

$$\sigma_b = \frac{\mathfrak{M} \cdot x}{n \cdot F_e (h - a - x)^2 + n \cdot F_e \cdot y (h - a - x)} \cdot$$

Das erste Glied des Nenners ist das Trägheitsmoment des n-fachen schlaffen Eisenquerschnittes, bezogen auf die Nullinie. Das zweite Glied bedarf zu seiner Deutung noch einer Umformung.

Aus Gleichung (60) kann man ableiten

$$n \cdot F_e (h - a - x) = \frac{b\, x^2}{2} - \frac{(x - d)^2 \cdot b}{2},$$

$$n \cdot F_e \cdot (h - a - x) \cdot y = \frac{b\, x^2}{2} \cdot y - \frac{(x - d)^2 \cdot b\, y}{2} \cdot$$

Ersetzt man auf der rechten Seite y aus (61), so ist

$$n \cdot F_e (h - a - x) \cdot y = b \cdot d \left(x - \frac{d}{2} \right)^2 + \frac{b\, d^3}{12} \cdot$$

Gleichung (63) kann daher geschrieben werden

$$\sigma_b = \frac{\mathfrak{M} \cdot x}{n \cdot F_e (h - a - x)^2 + \dfrac{b\, d^3}{12} + b\, d \left(x - \dfrac{d}{2} \right)^2} = \frac{\mathfrak{M} \cdot x}{\Theta_v} \cdot$$

Der Nenner stellt also wieder ein Verbundträgheitsmoment Θ_v dar, das sich zusammensetzt aus dem n-fachen Trägheitsmoment (Θ_{F_e}) des Eisenquerschnitts und dem Trägheitsmoment (Θ_{bd}) der gedrückten Betonfläche, bezogen auf die Nullinie.

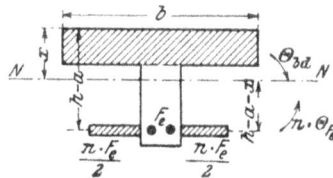

Abb. 74.

$$\Theta_v = n \cdot \Theta_{F_e} + \Theta_{bd} \quad \cdot \quad \cdot \quad \cdot \quad \cdot \quad (64)$$

$$\Theta_{F_e} = F_e \cdot (h - a - x)^2,$$

$$\Theta_{bd} = \frac{b\, d^3}{12} + b\, d \cdot \left(x - \frac{d}{2} \right)^2 \cdot$$

Nach Gleichung (62) und (63) ist auch

$$\Theta_v = n \cdot F_e \cdot (h - a - x + y)(h - a - x) \quad \cdot \quad \cdot \quad \cdot \quad \cdot \quad (65)$$

In gleicher Weise kann man die Gleichung (62) behandeln.
Es ergeben sich die Widerstandsmomente

$$\text{auf Druck} \quad \mathfrak{W}_d = \frac{\Theta_v}{x}$$

$$\left. \text{auf Zug} \quad \mathfrak{W}_z = \frac{\Theta_v}{h-a-x} \right\} \quad \ldots \ldots \quad (66)$$

Jedoch ist zu berücksichtigen, daß man mit Hilfe von $\mathfrak{W}_z$ nicht unmittelbar σ_e erhält, sondern, da der Verbundquerschnitt in einen gleichwertigen Betonquerschnitt verwandelt wurde, eine ideelle Betonzugspannung, deren n-facher Betrag σ_e ist.

<h2 style="text-align:center">II. Fall.</h2>

Gegeben sind: das Biegungsmoment $\mathfrak{M}$, die Formgrößen a, b, d und die zulässigen Spannungen σ_b, σ_e.
Gesucht sind: die Balkenhöhe h und der Eisenquerschnitt F_e.

Die Breite b ist in der Regel durch die Beschränkung der Bestimmungen als bekannt anzunehmen und die Plattenstärke d wird vor der Berechnung des Plattenbalkens durch die Plattenberechnung bestimmt, so daß für die Berechnung des Plattenbalkens b und d meist gegeben sind.

Aus den vier Gleichungen (60), (61), (62), (63) kann man die Größen x, y, F_e eliminieren und erhält dann eine Gleichung, die außer h nur bekannte Größen enthält.[1]

$$(h-a)^2 - (h-a) \cdot \frac{d^2 b \,(2\,n\,\sigma_b + \sigma_e) + 2 \cdot n \cdot \mathfrak{M}}{2 \cdot n \cdot \sigma_b \cdot d \cdot b} + \frac{d^2 \,(n \cdot \sigma_b + \sigma_e)}{3 \cdot n \cdot \sigma_b} = 0.$$

Nach Gleichung (32) kann man im letzten Glied schreiben

$$\frac{n \cdot \sigma_b + \sigma_e}{n\,\sigma_b} = \frac{1}{\sigma},$$

wobei σ der Tabelle 1 des Anhanges zu σ_e und σ_b entnommen werden kann.

$$(h-a)^2 - (h-a) \left[d + d \cdot \frac{\sigma_e}{2\,n\,\sigma_b} + \frac{\mathfrak{M}}{\sigma_b \cdot d \cdot b} \right] + \frac{d^2}{3\,\sigma} = 0 \quad . \quad . \quad (67)$$

Aus dieser quadratischen Gleichung kann $(h-a)$ berechnet werden. Jedoch läßt sich noch eine weitere Vereinfachung erzielen, wenn man sich eine Annäherung einzuführen gestattet.

Für die gebräuchlichsten Spannungen σ_e und σ_b ist annähernd

$$d + d \cdot \frac{\sigma_e}{2 \cdot n \cdot \sigma_b} \sim 2\,d,$$

$$(h-a) \sim \left[d + \frac{\mathfrak{M}}{2\,\sigma_b \cdot d \cdot b} \right] + \sqrt{\left[d + \frac{\mathfrak{M}}{2\,\sigma_b \cdot d \cdot b} \right]^2 - \frac{d^2}{3\,\sigma}} \quad . \quad . \quad \mathbf{(68)}$$

Da die Randspannung σ_b und die Eisenspannung σ_e gegeben sind, kann x aus der Gleichung (33) berechnet werden.

$$x = \sigma\,(h-a) \quad . \quad . \quad . \quad . \quad . \quad . \quad . \quad (33)$$

und

$$y = x - \frac{d}{2} + \frac{d^2}{6\,(2\,x - d)} \quad . \quad . \quad . \quad . \quad . \quad (61)$$

---

[1] **Kaufmann**, Tabellen für Eisenbetonkonstruktionen. Berlin 1905.

Mit diesem bereits für den Fall I entwickelten Werte y und mit Hilfe der Gleichung (62) findet sich der Eisenquerschnitt

$$F_e = \frac{\mathfrak{M}}{\sigma_e\,(h-a-x+y)} \quad \cdot \quad \cdot \quad \cdot \quad \cdot \quad \cdot \quad \cdot \quad (69)$$

In den Gleichungen (60) mit (69) sind die auf den Steg treffenden kleinen inneren Druckkräfte, wie bereits erwähnt, vernachlässigt worden. Es sollen nun noch die Gleichungen mit Berücksichtigung dieser Druckkräfte entwickelt werden, weil letztere bei breiten, hohen Stegen und schmalen, dünnen Platten einen bemerkenswerten Betrag erreichen können.

Die innere Druckkraft D ist genau (vgl. Abb. 73)

$$D = \frac{\sigma_b \cdot b \cdot x}{2} - \sigma_b'\,(b-b_1)\cdot\frac{x-d}{2},$$

$$Z = D = \sigma_e \cdot F_e = \frac{\sigma_b \cdot b \cdot x}{2} - \sigma_b'\,(b-b_1)\cdot\frac{x-d}{2}.$$

In dieser Gleichung wird σ_e und σ_b', wie oben, durch σ_b ausgedrückt. Dann enthält jedes Glied der Gleichung den Faktor σ_b, so daß sie mit σ_b dividiert werden kann. Das Ergebnis dieser Rechnungsoperationen ist eine quadratische Gleichung für die Unbekannte x.

$$F_e \cdot n \cdot \sigma_b \cdot \frac{h-a-x}{x} = \frac{\sigma_b \cdot b \cdot x}{2} - \sigma_b \cdot \frac{(x-d)^2}{2\,x}\cdot(b-b_1),$$

$$x = -\frac{(b-b_1)\,d + n\,F_e}{b_1} + \sqrt{\left[\frac{(b-b_1)\,d + n\cdot F_e}{b_1}\right]^2 + (b-b_1)\frac{d^2}{b_1} + 2\,F_e\cdot n\,\frac{h-a}{b_1}} \quad (70)$$

Für $b = b_1$ geht der Plattenbalken in den rechteckigen Träger über und daher auch Gleichung (70) in Gleichung (22), während diese Spezialisierung bei Gleichung (60), welche b_1 gar nicht enthält, wegen der dort gemachten Vernachlässigung nicht möglich ist.

Den Abstand y der Druckkraft D von der Nullinie erhält man, wenn man das Moment um die Nullinie $y \cdot D$ als die Differenz zweier Momente der inneren Kräfte darstellt, welche, wie oben, auf die Breite b und auf die Breite $(b-b_1)$ wirken (vgl. Abb. 73).

$$y\left[\frac{\sigma_b \cdot b \cdot x}{2} - \sigma_b \cdot \frac{(x-d)^2}{2\,x}(b-b_1)\right] = \frac{\sigma_b \cdot b \cdot x}{2}\cdot\frac{2}{3}\,x - \sigma_b\cdot\frac{(x-d)^2}{2\cdot x}(b-b_1)\cdot\frac{2}{3}\,(x-d),$$

$$y = \frac{2}{3}\cdot\frac{b \cdot x^3 - (x-d)^3\,(b-b_1)}{b\,x^2 - (x-d)^2\,(b-b_1)} \quad \cdot \quad \cdot \quad \cdot \quad \cdot \quad \cdot \quad (71)$$

Die Spannungsgleichungen (62) und (63) bleiben unverändert, jedoch sind für x und y die auf den Gleichungen (70) und (71) berechneten Werte von x bzw. von y einzusetzen.

Es sei noch bemerkt, daß diese genaue Lösung der Spannungsgleichungen des Plattenbalkens wohl noch einfacher als Sonderfall der noch zu behandelnden allgemeinen Spannungsgleichung für Eisenbetonbalken gefunden werden kann (vgl. Seite 85).

Die Berechnung der Trägerhöhe aus den gegebenen Spannungen nach Fall II begegnet praktisch Schwierigkeiten. Denn es ist längst nachgewiesen, daß Plattenbalken mit großer Breite b, bei welchen σ_b die zulässige Grenze erreicht, in der Regel unwirtschaftlich konstruiert sind. Dabei hängt aber die zweckmäßigste

Spannung σ_b sehr wesentlich von der in die Rechnung eingeführten Plattenbreite b ab. Es wird deshalb in einem späteren Kapitel auf die Bestimmung
der günstigsten Trägerhöhe zurückgekommen werden.

Zurzeit wird jedoch häufig noch die Trägerhöhe und der Eisenquerschnitt
F_e nach anderen Regeln geschätzt und dann nach Fall I geprüft, ob die Spannungen σ_b und σ_e brauchbare Werte annehmen.

So werden häufig im Hochbau die Trägerhöhen als Bruchteile der Stütz-
weiten (ungefähr $\frac{1}{20}\, l$ bis $\frac{1}{9}\, l$) geschätzt und zwar für die größeren Biegungsmomente die größeren Höhen für kleinere Momente, die kleineren Höhen gewählt.

Da die Nullinie nahe der Plattenunterkante liegt, wird auch häufig zweckmäßiger zur Schätzung der Trägerhöhe die Formel für rechteckige Trägerquer-
schnitte benutzt,

$$h - a = C_1 \cdot \sqrt{\frac{\mathfrak{M}}{b}},$$

und C_1 für das zulässige σ_e, also gewöhnlich 1000 oder 1200 kg/qcm, und für σ_b
je nach der Plattenbreite b 30 bis 40 kg/qcm der Tabelle 1 des Anhanges entnommen.

Der Eisenquerschnitt kann mit sehr guter Annäherung dadurch erhalten
werden, daß man annimmt, die innere Druckkraft D greife
in halber Plattenhöhe an (vgl. Abb. 75).

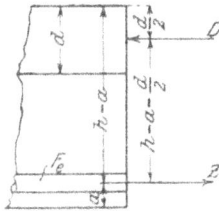
Abb. 75.

$$D = Z = F_e \cdot \sigma_e \backsim \frac{\mathfrak{M}}{h - a - \dfrac{d}{2}},$$

$$F_e \backsim \frac{\mathfrak{M}}{\sigma_e \left(h - a - \dfrac{d}{2}\right)} \quad \ldots \ldots \quad (72)$$

Da nach Abb. 73 $(h - a - x + y) > \left(h - a - \dfrac{d}{2}\right)$ ist, gibt diese Formel
ein wenig zu große Werte.

Sind auf diese Art schätzungsweise die Höhe h und der Eisenquerschnitt F_e
gefunden, so ist zunächst zu prüfen, ob die Nullinie die Platte oder den Steg
schneidet. Hierzu kann meist die Formel

$$x = \sigma (h - a)$$

benutzt werden, wobei σ zu den bereits angenommenen σ_b und σ_e der Tabelle
entnommen werden kann.

Für $x < d$ werden die endgültigen Werte von σ_b und σ_e mit Hilfe der Gleichungen (23) und (24), dagegen für $x > d$ mit Hilfe der Gleichungen (62) und (63)
berechnet. Die so berechneten Werte σ_b und σ_e zeigen, ob die nach Annäherungsverfahren bestimmten Größen h und F_e den Forderungen der Sicherheit und
zum Teil auch denen der Wirtschaftlichkeit entsprechen.

Beispiel.

Es sei die in der Abb. 76 dargestellte Plattenbalkendecke zu berechnen.
nachdem für die Platte eine notwendige Stärke von 10 cm bereits festgestellt ist,
Die Platte ist mit einem 3 cm starken Belag von 2000 kg/cbm Gewicht versehen und soll mit einer Nutzlast von $'\pi = 400$ kg/qm ohne Stöße belastet
werden.

Nach den deutschen Bestimmungen ist die Stützweite (l) eines Balkens gleich der um eine Auflagerlänge (t) vergrößerten Lichtweite (l') oder bei außergewöhnlich großen Auflagerlängen gleich der um 5% vergrößerten Lichtweite für die Rechnung anzunehmen.

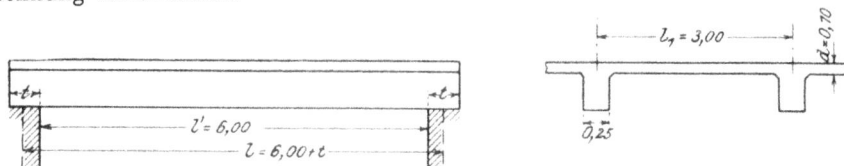

Abb. 76.

$$l = l' + t = 6{,}00 + 0{,}30 = l\,(1 + 0{,}05) = 6 \cdot 1{,}05 = 6{,}30 \text{ m}.$$

Für die Berechnung des Eigengewichtes ist nach den gleichen Bestimmungen das Raumgewicht des Eisenbetons auf 2400 kg/cbm festgesetzt. Die Höhe und Rippenbreite des Balkens müssen für die Gewichtsberechnung zunächst geschätzt werden.

$$h \sim \frac{l}{11} = \frac{6{,}30}{11} = 0{,}57 \text{ m}, \quad b_1 \sim 0{,}25 \text{ m}.$$

Eigengewicht ^0p
$$\begin{cases} \text{Platte} & .\; 0{,}10 \cdot & 3{,}0 & \cdot 2400 = & 720 \text{ kg/m}, \\ \text{Belag} & .\; 0{,}03 \cdot & 3{,}0 & \cdot 2000 = & 180 \;\; » \\ \text{Steg} & .\; 0{,}25 \cdot (0{,}57 - 0{,}10) \cdot 2400 = & & 282 \;\; » \end{cases}$$

$$^0p = 1182 \text{ kg/m},$$

Nutzlast . . . . $'p = 3{,}00 \cdot 400 = 1200$ »

Gesamtlast . . . . $p = 2382$ kg/m.

Das Biegungsmoment in Balkenmitte ist

$$\mathfrak{M} = \frac{p\,l^2}{8} = \frac{2382 \cdot 6{,}3^2}{8} = 11\,820 \text{ mkg} = 1\,182\,000 \text{ cmkg}.$$

Plattenbreite b
$$\begin{cases} l_1 \;.\;\;.\;\;.\;\;. = 300, \\ 8\,b_1 = \;\; 8 \cdot 25 = 200, \\ 16\,d = 16 \cdot 10 = 160, \\ 4\,h = \;\; 4 \cdot 57 = 228. \end{cases}$$

Somit kann $b = 160$ cm in die Rechnung eingeführt werden.

Zur vorläufigen Bestimmung der Balkenhöhe h sei $\sigma_e = 1200$ und $\sigma_b = 30$ kg/qcm gewählt.

Nach der Tabelle 1 ist hierzu $C_1 = 0{,}518$; $\sigma = 0{,}273$

$$h - a \sim C_1 \sqrt{\frac{\mathfrak{M}}{b}} = 0{,}518 \cdot \sqrt{\frac{1\,182\,000}{160}} = 45{,}8 \text{ cm},$$

$$F_e \sim \frac{\mathfrak{M}}{\sigma_e \left(h - a - \dfrac{d}{2} \right)} = \frac{1\,182\,000}{1200 \left(45{,}8 - \dfrac{10}{2} \right)} = 24{,}2 \text{ cm}^2.$$

Hierfür werden gewählt

$$\begin{cases} 5 \;\Phi\; 22 = 19{,}01 \text{ qcm} \;(1 \;\Phi\; 22 = 3{,}8 \text{ qcm}), \\ 1 \;\Phi\; 24 = \;\; 4{,}52 \;\;\; » \end{cases}$$

$$F_e = 23{,}53 \text{ qcm}.$$

Die Eiseneinlagen muß man in zwei Schichten legen, damit der Abstand der Rundeisen wenigstens gleich dem Eisendurchmesser wird. Für den Abstand (a) des Schwerpunktes der Eisen von der Unterkante des Balkens ist nach den deutschen Bestimmungen maßgebend, daß die Betonüberdeckung der Bügel noch 1,5 cm betragen muß. Nach der Abb. 77 ist somit

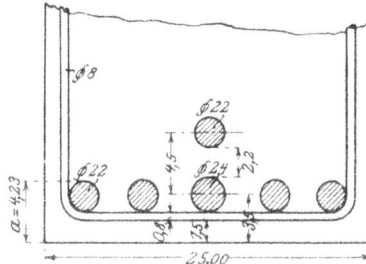

Abb. 77.

$$a = 1,5 + 0,8 + 1,2 + \frac{3,8 \cdot 4,5}{23,53} = 4,23 \text{ cm.}$$

Die Höhe des Balkens ist deshalb

$$h = 45,8 + 4,23 \backsim 50 \text{ cm.}$$

Die frühere Schätzung der Höhe für die Berechnung des Gewichtes war also genügend genau. Es ist nun noch zu prüfen, ob unter Annahme dieser durch Annäherung bestimmten Werte von F_e und h die größten Spannungen σ_b und σ_e brauchbare Werte annehmen.

Annäherungsweise ist

$$x = \sigma(h - a) = 0,273(50 - 4,23) = 12,5 \text{ cm.}$$

x ist größer als d, d. h. die Nullinie schneidet den Steg, somit müssen die Gleichungen (60), (61), (62), (63) angewendet werden.

Nach Gleichung (60) ist

$$x = \frac{2 \cdot n \cdot (h - a) F_e + b\, d^2}{2 \cdot n\, F_e + 2 \cdot b\, d} = \frac{2 \cdot 15 \cdot 45,8 \cdot 23,53 + 160 \cdot 10^2}{2 \cdot 15 \cdot 23,53 + 2 \cdot 160 \cdot 10} = 12,5 \text{ cm,}$$

$$y = x - \frac{d}{2} + \frac{d^2}{6(2x - d)} = 12,50 - \frac{10}{2} + \frac{10^2}{6(2 \cdot 12,5 - 10)} = 8,60 \text{ cm} \quad (61)$$

$$h - a - x + y = 45,8 - 12,5 + 8,6 = 41,9 \text{ cm.}$$

$$\sigma_e = \frac{\mathfrak{M}}{F_e(h - a - x + y)} = \frac{1\,182\,000}{23,53 \cdot 41,9} = 1200 \text{ kg/qcm} \quad . \quad . \quad (62)$$

$$\sigma_b = \frac{\sigma_e \cdot x}{n(h - a - x)} = \frac{1200 \cdot 12,5}{15(45,8 - 12,5)} = 30,0 \text{ kg/qcm} \quad . \quad . \quad (63)$$

Nachdem hiermit für σ_b und σ_e brauchbare Werte gefunden worden sind, kann $h = 50$ und $F_e = 5$ Durchmesser 22 + 1 Durchmesser 24 beibehalten werden, zumal auch die ursprüngliche Schätzung des Eigengewichtes einer Änderung nicht bedarf.

Es sollen nun auch noch die genaueren Formeln für die Spannungsberechnung angewendet werden.

Nach Gleichung (70) ist

$$x = -\frac{(b - b_1)d + n \cdot F_e}{b_1} + \sqrt{\left[\frac{(b - b_1)d + nF_e}{b_1}\right]^2 + (b - b_1)\frac{d^2}{b_1} + 2 \cdot n \cdot F_e \frac{h - a}{b_1}},$$

$$x = -\left[\frac{135 \cdot 10 + 15 \cdot 23,53}{25}\right] + \sqrt{[\quad]^2 + \frac{135 \cdot 10^2}{25} + 2 \cdot 15 \cdot 23,53 \cdot \frac{45,8}{25}} = 11,2 \text{ cm,}$$

$$y = \frac{2}{3} \cdot \frac{b\, x^3 - (x - d)^3(b - b_1)}{b \cdot x^2 - (x - d)^2(b - b_1)} = \frac{2}{3} \cdot \frac{160 \cdot 11,2^3 - (11,2 - 10)^3 \cdot 135}{160 \cdot 11,2^2 - (11,2 - 10)^2 \cdot 135} = 7,53 \text{ cm} \quad (71)$$

$$h - a - x + y = 50 - 4,23 - 11,2 + 7,53 = 42,1 \text{ cm.}$$

$$\sigma_e = \frac{\mathfrak{M}}{F_e\,(h - a - x + y)} = \frac{1\,182\,000}{23{,}53 \cdot 42{,}1} = 1194 \text{ kg/qcm} \quad . \quad (62)$$

$$\sigma_b = \frac{\sigma_e \cdot x}{n\,(h - a - x)} = \frac{1194 \cdot 11{,}2}{15\,(50 - 4{,}23 - 11{,}2)} = 25{,}8 \text{ kg/qcm} \quad . \quad (63)$$

Vergleicht man diese Spannungswerte mit den oben berechneten, so sieht man, daß σ_b kleiner ist, weil die wirksam angenommene Betondruckfläche größer ist, während σ_e sich nur unwesentlich geändert hat.

Berechnung doppelt bewehrter Plattenbalken.

Der doppelt bewehrte Plattenbalken wird ebenso wie der doppelt bewehrte rechteckige Träger angewendet werden, wenn entweder Biegungsmomente mit verschiedenen Vorzeichen in demselben Querschnitte auftreten, oder wenn dem Balken nur eine beschränkte Höhe gegeben werden kann. In beiden Fällen wird also in der Regel die Umrißlinie des Plattenbalkens schon vorgezeichnet sein, so daß nur noch die Eisenquerschnitte nach der Größe des Biegungsmomentes zu bemessen sind. Es soll deshalb hier auch nur der eine Fall behandelt werden, nämlich zu den gegebenen Spannungen und gegebenen Trägerabmessungen sollen die Querschnitte F_e und F_e' der Zugeisen bzw. der Druckeisen berechnet werden, zumal die Gleichungen für die Spannungsrechnung leicht durch Anwendung der allgemeinen Gleichungen (vgl. Seite 88) aufgestellt werden können.

Gegeben sind: h, b, d, b_1, a, a', σ_b, σ_e, $\mathfrak{M}$.

Gesucht sind: x, F_e, F_e'.

Es kann hier demselben Gedankengange gefolgt werden, welcher bei dem doppelt bewehrten rechteckigen Träger eingeschlagen wurde (vgl. Seite 68).

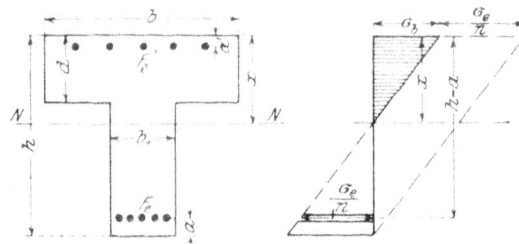

Abb. 78.

Da die Spannungen gegeben sind, wird die Größe x aus der Gleichung (33) gefunden, welche übrigens auch aus der Abb. 78 abgelesen werden kann.

$$x = \sigma\,(h - a) = \frac{\sigma_b}{\sigma_b + \dfrac{\sigma_e}{n}}\,(h - a)$$

σ wird der Tabelle 1 des Anhanges entnommen. Die Größe x ist demnach bei gegebenen Randspannungen von der Form des Querschnittes unabhängig.

Das Biegungsmoment $\mathfrak{M}$ wird in zwei Teile $\mathfrak{M}_1$ und $\mathfrak{M}_2$ zerlegt

$$\mathfrak{M} = \mathfrak{M}_1 + \mathfrak{M}_2.$$

$\mathfrak{M}_1$ wird nun gerade so groß gewählt, daß der Plattenbalken mit einer einfachen, zunächst noch unbekannten Zugbewehrung F_{e1} dieses Biegungsmoment $\mathfrak{M}_1$ mit der zulässigen gegebenen Randspannung σ_b aufnimmt.

Die innere Druckkraft in dem Querschnitt des Balkens sei hierbei D_1 und die Zugkraft der Eisen Z_1. Es können in diesem Fall die Entwicklungen des Plattenbalkens Anwendung finden.

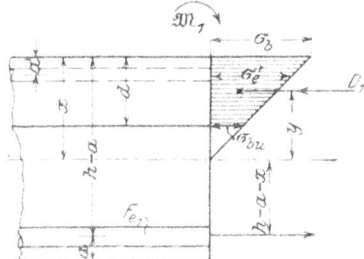

Abb. 79.

$$y = x - \frac{d}{2} + \frac{d^2}{6(2x - d)},$$

$$D_1 = b \cdot \frac{\sigma_e + \sigma_{bu}}{2} \cdot d \quad \text{wobei} \quad \sigma_{bu} = \frac{\sigma_b}{x}(x - d),$$

$$D_1 = \frac{b\,\sigma_b}{2}\left(2 - \frac{d}{x}\right) \cdot d = \frac{\mathfrak{M}_1}{h - a - x + y};$$

$$\mathfrak{M}_1 = \frac{b \cdot d \cdot \sigma_b}{2}\left(2 - \frac{d}{x}\right) \cdot (h - a - x + y) \quad (73)$$

Hieraus erhält man den gesuchten Eisenquerschnitt F_{e1}

$$Z_1 = F_{e1} \cdot \sigma_e = \frac{\mathfrak{M}_1}{h - a - x + y}$$

$$F_{e1} = \frac{\mathfrak{M}_1}{\sigma_e(h - a - x + y)} = \frac{b \cdot d \cdot \sigma_b}{2 \cdot \sigma_e}\left(2 - \frac{d}{x}\right) \quad \ldots \quad \textbf{(74)}$$

Da der Beton keine weitere Druckkraft mehr aufnehmen kann, müssen die von dem Momentenrest $\mathfrak{M}_2$ herrührenden inneren Kräfte in dem Querschnitt von dem Eisen allein aufgenommen werden, zu welchem Ende der Balken eine Druckeiseneinlage F_e' und eine weitere Zugeisenbewehrung F_{e2} erhält.

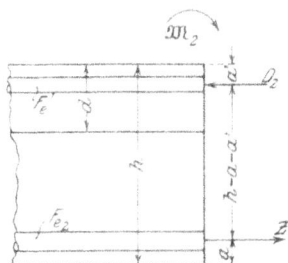

Abb. 80.

$$\mathfrak{M}_2 = \mathfrak{M} - \mathfrak{M}_1 , \quad \ldots \quad (75)$$

$$\mathfrak{M}_2 = D_2(h - a - a') = Z_2(h - a - a')$$
$$= F_{e2} \cdot \sigma_e \cdot (h - a - a')$$

$$F_{e2} = \frac{\mathfrak{M} - \mathfrak{M}_1}{\sigma_e(h - a - a')} \quad \ldots \quad \textbf{(76)}$$

Daher ist die gesamte Zugeisenfläche

$$F_e = (F_{e1} + F_{e2}) \quad \ldots \ldots \ldots \quad (77)$$

$$\sigma_e' = n \cdot \sigma_b', \quad \text{wobei} \quad \sigma_b' = \frac{\sigma_b}{x}(x - a').$$

$$D_2 = \frac{\mathfrak{M}_2}{h - a - a'} = F_e' \cdot \sigma_e'$$

$$F_e = \frac{\mathfrak{M} - \mathfrak{M}_1}{\sigma_e'(h - a - a')} \cdot \quad \ldots \ldots \ldots \quad \textbf{(78)}$$

F_e und F_e' sind die gesuchten nötigen Eisenquerschnitte.

Berechnung eines zur Biegungsebene symmetrischen, sonst beliebig geformten Eisenbetonquerschnittes.

Es soll hier der allgemeinste Fall der Biegung eines Eisenbetonbalkens behandelt werden, bei welchem aber wegen der Symmetrie der Querschnitte zur Biegungsebene keine Verwindungen eintreten. Die Zugkräfte des Betons sollen auch hier, wie in allen vorangegangenen Entwickelungen, noch unberücksichtigt bleiben.

Es sei gegeben der Eisenbetonquerschnitt und sein Biegungsmoment $\mathfrak{M}$ und gesucht seien die Spannungen σ_b und σ_e.

Die innere Druckkraft des Querschnittes, welche der Beton aufnimmt, soll mit D_b, die der Druckeisen (F_e') mit D_e und die Zugkraft der Eisen (F_e) mit Z_e

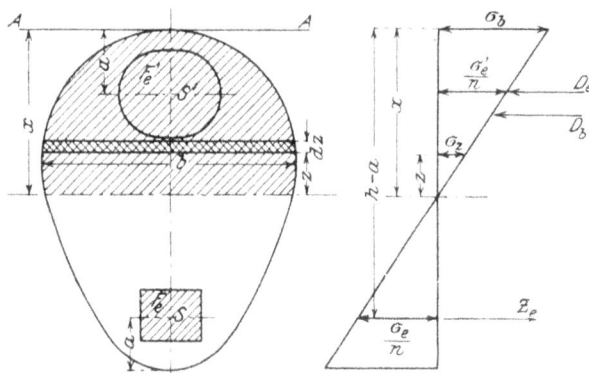

Abb. 81.

bezeichnet werden. Die Betondruckspannung im Abstande z von der Nullinie ist σ_z. Nach der Proportion der Spannungen kann man schreiben

$$\sigma_e = n \cdot \frac{\sigma_b}{x} (h - a - x), \quad \sigma_e' = n \cdot \frac{\sigma_b}{x} (x - a'), \quad \sigma_z = \frac{\sigma_b}{x} \cdot z \quad . \quad . \quad (79)$$

Das Gleichgewicht verlangt

$$D_b + D_e = Z_e$$

oder

$$\int_0^x \sigma_z \cdot b \cdot dz + \sigma_e' \cdot F_e' = \sigma_e \cdot F_e \quad . \quad . \quad . \quad . \quad . \quad . \quad (80)$$

In dieser Gleichung werden sämtliche Spannungen mit Hilfe der Gleichungen (79) durch σ_b ausgedrückt und dann wird die Gleichung durch $\frac{\sigma_b}{x}$ dividiert.

$$\int_0^x b z \, dz + n \cdot F_e' (x - a') = n \cdot F_e (h - a - x) \quad . \quad . \quad . \quad (81)$$

Wenn der Umriß des Querschnittes — $b = f(z)$ — gegeben ist, kann das Integral gelöst werden, so daß aus dieser Gleichung dann die einzige Unbekannte x berechnet werden kann.

Das Integral ist das statische Moment der gedrückten (schraffierten) Betonfläche, bezogen auf die Nullinie. Der Ausdruck $n \cdot F_e' \cdot (x - a')$ ist das statische Moment der n-fachen Druckeisenfläche, bezogen auf die Nullinie, und $n \cdot F_e \cdot (h - a - x)$ das statische Moment der n-fachen Zugeisenfläche, bezogen auf die Nullinie. Vergrößert man also in dem Querschnitte die Eisenflächen an ihrer gleichen Stelle auf den n-fachen Betrag und sieht die gezogenen Betonflächen als nicht vorhanden an (Abb. 82), so sagt die Gleichung (81) aus, daß in dieser ideellen Fläche (F_i) das statische Moment der einerseits der Nullinie gelegenen Flächen, bezogen auf die Nullinie, gleich ist dem der anderseits gelegenen Flächen, d. h. die Nullinie ist die Schwerlinie der um die n-fachen Eisenquerschnitte vergrößerten, wirksam gedachten Betonfläche.

Es können deshalb zum Aufsuchen der Nullinie eines Eisenbetonquerschnittes alle Methoden zur Bestimmung der Schwerlinie angewendet werden, wenn man an Stelle des Eisenbetonquerschnittes den eben beschriebenen, in Abb. 82 schraffierten ideellen Querschnitt setzt. Bezeichnet man mit $\mathfrak{S}_A$ das statische Moment

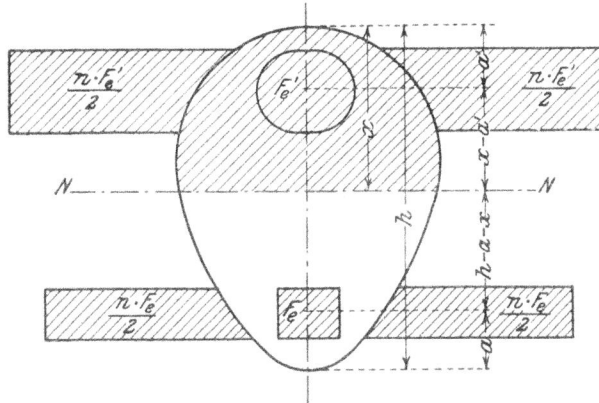

Abb. 82.

der ideellen Fläche F_i, bezogen auf die zur Nullinie parallele Tangente $A—A$ (vgl. Abb. 81), so ergibt sich der Abstand x der Nullinie von $A—A$ zu

$$x = \frac{\mathfrak{S}_A}{F_i} \quad \ldots \ldots \ldots \ldots \quad (82)$$

Bei vielfach gegliederten Querschnittsformen kann folgende rechnerische Annäherungsmethode zur Bestimmung der Nullinie mit Vorteil verwendet werden.

Man nimmt in dem gegebenen Querschnitt durch Schätzung zunächst die Nullinie NN an und teilt die gedrückte Betonfläche in schmale Streifen ($F_1, F_2 \ldots$) parallel zur Nullinie, deren Schwerpunktsabstände von der Balkenoberkante $v_1, v_2 \ldots$ sind. Bildet man das statische Moment des ideellen Querschnittes auf die Druckkante, so muß dies der Summe der statischen Momente der Flächenteile gleich sein

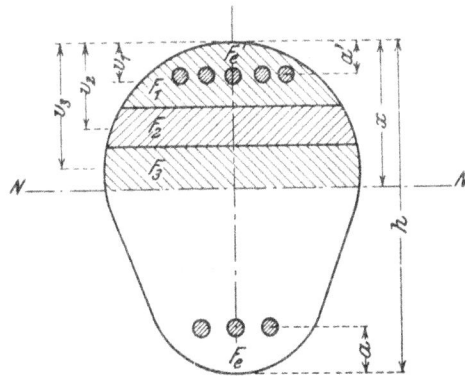

Abb. 83.

$$x (F_1 + F_2 + F_3 + nF_e + n \cdot F_e{}')$$
$$= F_1 \cdot v_1 + F_2 \cdot v_2 + F_3 \cdot v_3$$
$$+ nF_e (h — a) + nF_e{}' \cdot a'$$

$$x = \frac{F_1 \cdot v_1 + F_2 \cdot v_2 + F_3 \cdot v_3 + n \cdot F_e (h—a) + n \cdot F_e{}' \cdot a'}{F_1 + F_2 + F_3 + nF_e + nF_e{}'} \quad \ldots \quad (83)$$

Wenn das aus dieser Gleichung entwickelte x mit der ursprünglichen Annahme nicht hinreichend übereinstimmt, wird die Rechnung nach entsprechender Änderung der der Nullinie zunächst liegenden Fläche (F_3) und ihres Abstandes (v_3) wiederholt.

Nimmt man an, daß die Eiseneinlagen aus größeren Profilen gebildet sind, so muß man berücksichtigen, daß die Eisenspannungen mit ihrem Abstande von der Nullinie veränderlich sind. Die so veränderlichen Eisendruckspannungen seien σ_{ed}, die Eisenzugspannungen σ_{ez} und die veränderlichen Betondruckspannungen σ_z.

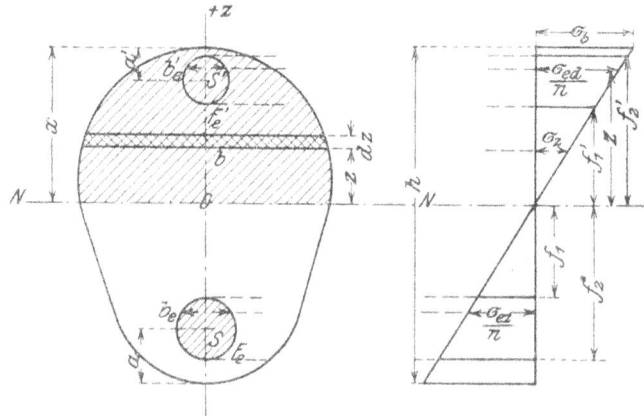

Abb. 84.

Das Biegungsmoment der äußeren Kräfte in dem betrachteten Querschnitt muß gleich sein dem der inneren Kräfte. Als Momentenpunkt soll der Schnittpunkt (O) des Querschnittes mit der Nullinie gewählt werden (vgl. Abb. 84).

$$\mathfrak{M} = \int_0^x \sigma_z \cdot b \cdot z \cdot dz + \int_{f_1'}^{f_2'} b_e' \cdot z \cdot \sigma_{ez} \cdot dz + \int_{f_1}^{f_2} b_e \cdot z \cdot \sigma_{ed} \cdot dz \quad \cdot \quad \cdot \quad \cdot \quad (84)$$

$$\sigma_{ez} = n \cdot \sigma_b \cdot \frac{z}{x}, \; \sigma_{ed} = n \cdot \sigma_b \cdot \frac{z}{x}, \; \sigma_z = \sigma_b \cdot \frac{z}{x} \quad \cdot \quad \cdot \quad \cdot \quad \cdot \quad (85)$$

Oben eingesetzt, gibt

$$\mathfrak{M} = \frac{\sigma_b}{x} \int_0^x z^2 b \cdot dz + n \cdot \frac{\sigma_b}{x} \int_{f_1'}^{f_2'} b_e' \cdot z^2 dz + n \cdot \frac{\sigma_b}{x} \int_{f_1}^{f_2} b_e \cdot z^2 dz.$$

Θ_{es} und Θ_{es}' sollen die Trägheitsmomente der Eisenquerschnitte F_e bzw. F_e' auf ihre Schwerachse bezogen bedeuten, so daß man schreiben kann

$$\int_0^x b \cdot z^2 dz = \Theta_{bd} = \text{Trägheitsmoment der gedrückten Betonfläche bezogen auf die Nullinie;}$$

$$n \cdot \int_{f_1'}^{f_2'} b_e' \cdot z^2 dz = n \cdot \Theta_{es}' + n \cdot F_e' (x - a')^2 = \text{Trägheitsmoment der Eisendruckfläche bezogen auf die Nullinie;}$$

$$n \cdot \int_{f_1}^{f_2} b_e \cdot z^2 dz = n \cdot \Theta_{es} + n \cdot F_e (h - a - x)^2 = \text{Trägheitsmoment der Eisenzugfläche bezogen auf die Nullinie.}$$

Das Verbundträgheitsmoment Θ_v ist somit

$$\Theta_v = \Theta_{bd} + n \cdot \Theta_{es}' + n \Theta_{es} + n \cdot F_e' (x - a')^2 + n F_e (h - a - x)^2 \quad . \quad (86)$$

und die Betondruckspannung σ_b

$$\sigma_b = \frac{\mathfrak{M} \cdot x}{\Theta_v} = \frac{\mathfrak{M} \cdot x}{\Theta_{bd} + n \cdot \Theta_{es}' + n \cdot \Theta_{es} + n \cdot F_e' (x - a')^2 + n \cdot F_e (h - a - x)^2} \quad (87)$$

Bei schlaffen Eiseneinlagen, wie Rundeisen, können die Trägheitsmomente Θ_{es}' und Θ_{es} vernachlässigt werden. Berücksichtigt man noch, daß das Verbundträgheitsmoment Θ_v gebildet ist von einem idellen gleichwertigen Betonquerschnitt, so erkennt man, daß die mit Θ_v errechneten Spannungen Betonspannungen sind, welche mit n multipliziert die Eisenspannungen an gleicher Stelle ergeben. An den Eisen ist die gedachte Betonspannung σ_b'

$$\sigma_b' = \frac{\mathfrak{M} \cdot (h - a - x)}{\Theta_v} ; \quad \sigma_e = n \cdot \frac{\mathfrak{M}(h - a - x)}{\Theta_v} \quad \cdots \quad (88)$$

In gleicher Weise wie zur Bestimmung der Nullinie kann auch bei mehrfach gegliederten Eisenbetonquerschnitten durch Zerlegung des Querschnittes ein Annäherungsverfahren zur Berechnung des Verbundträgheitsmomentes angewendet werden.

Vernachlässigt man die Trägheitsmomente der schmalen Flächenstreifen in Abb. 85, bezogen auf ihre Schwerachse, so kann man das Verbundträgheitsmoment Θ_v des in dieser Abbildung dargestellten Eisenbetonquerschnittes, bezogen auf die Nullinie, schreiben

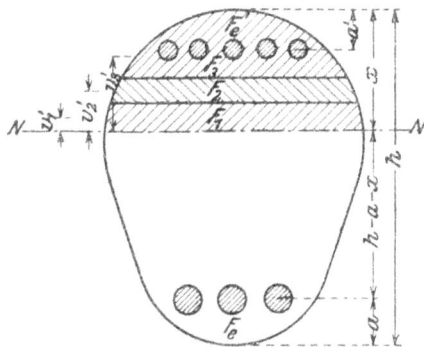

Abb. 85.

$$\Theta_v = F_1 \cdot v_1'^2 + F_2 \cdot v_2'^2 + F_3 \cdot v_3'^2 +$$
$$+ n F_e'(x - a')^2 + n \cdot F_e (h - a - x)^2 +$$
$$+ n \cdot \Theta_{es}' + n \cdot \Theta_e \quad \cdots \quad (89)$$

Hierbei bedeuten Θ_{es}' und Θ_{es} wieder die Trägheitsmomente der Eisenquerschnitte F_e' bzw. F_e, bezogen auf ihre Schwerachsen, so daß für Rundeisenbewehrung diese Werte Θ_{es}' und Θ_{es} vernachlässigt werden dürfen.

Beispiel.

Als Beispiel für den allgemeinen Fall der Biegung unter Vernachlässigung der Betonzugspannungen soll hier ein doppelt bewehrter Plattenbalken behandelt werden, wobei gleichzeitig die Ergebnisse der in diesem Abschnitte gegebenen Annäherungsverfahren mit denen des genauen Verfahrens verglichen werden sollen.

Es sei gegeben: $\mathfrak{M} = 2\,600\,000$ cmkg, $b = 80$ cm, $d = 10$ cm, $b_1 = 30$ cm, $h = 65$ cm, $a = a' = 5$ cm, $F_e = 8 \oslash 28 + 1 \oslash 18 = 51,8$ qcm, $F_e' = 8 \oslash 28 = 49,26$ qcm. Gesucht sind die Nullinie und die Randspannungen.

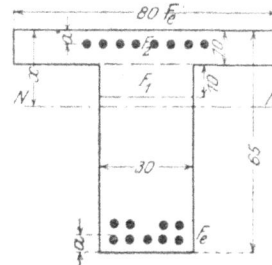

Abb. 86.

Bestimmung der Nullinie mit dem Annäherungsverfahren.

($x = 20$ cm geschätzt.)

Nach Gleichung (83)

$$x = \frac{F_1 \cdot v_1 + F_2 \cdot v_2 + n \cdot F_e (h - a) + n \cdot F_e' \cdot a'}{F_1 + F_2 + n \cdot F_e + n \cdot F_e'}$$

$$x = \frac{30 \cdot 10 \cdot 15 + 80 \cdot 10 \cdot 5 + 15 \cdot 51,80 \cdot 60 + 15 \cdot 49,26 \cdot 5}{10 \cdot 30 + 10 \cdot 80 + 15 \cdot 51,8 + 15 \cdot 49,26} = 22,5 \text{ cm}.$$

Wenn auch die Schätzung $x = 20$ cm mit dem berechneten Wert von x nicht genau übereinstimmt, soll keine Korrektur mehr durchgeführt werden, um zu zeigen, daß die Annäherung noch nicht hinreichend genau ist.

Bestimmung der Nullinie nach dem genauen Verfahren.

Zur Berechnung von x ist Gleichung (81) zu benutzen.

$$\int_0^x b \cdot z \cdot dz + n F_e' (x - a') = n \cdot F_e (h - a - x)$$

$$\int_0^x b z \, dz = (80 - 30) \cdot 10 \, (x - 5) + 30 \cdot \frac{x^2}{2}$$

$$(80 - 50) \cdot 10 \, (x - 5) + 30 \cdot \frac{x^2}{2} + 15 \cdot 49{,}26 \, (x - 5) = 15 \cdot 51{,}8 \, (65 - x - 5)$$

$$x^2 + x \cdot 134 = 3720$$

$$x = 23{,}6 \text{ cm gegen } 22{,}5 \text{ der Annäherung.}$$

Berechnung des Verbundträgheitsmomentes mit dem Annäherungsverfahren.

Bei dieser Rechnung soll auch der oben im Annäherungsverfahren berechnete Wert $x = 22{,}5$ cm benutzt werden.

Nach Gleichung (89)

$$\Theta_v = F_1 \cdot v_1'^2 + F_2 \cdot v_2'^2 + n \cdot F_e' (x - a')^2 + n \cdot F_e (h - a - x)^2$$

$$\Theta_v = 10 \cdot 30 \, (22{,}5 - 10 - 5)^2 + 80 \cdot 10 \cdot 17{,}5^2 + 15 \cdot 49{,}26 \cdot 17{,}5^2 + 15 \cdot 51{,}8 \cdot 37{,}5^2$$

$$\Theta_v = 1\,580\,000 \text{ cm}^4.$$

Berechnung des Verbundträgheitsmomentes nach dem genauen Verfahren.

Nach Gleichung (86)

$$\Theta_v = \Theta_{bd} + n \cdot F_e' \cdot (x - a')^2 + n \cdot F_e (h - a - x)^2 + n \cdot \Theta_{es}' + n \cdot \Theta_{es}.$$

Hierbei ist für x der richtige Wert $x = 23{,}6$ cm einzuführen.

$$\Theta_{bd} = \int_0^x b \cdot z^2 \cdot dz = \int_0^{x-d} 30 \cdot z^2 dz + \int_{x-d}^x 80 \cdot z^2 dz$$

$$x - d = 23{,}6 - 10 = 13{,}6$$

$$\Theta_{bd} = \frac{30 \cdot 13{,}6^3}{3} + \frac{80 \, (23{,}6^3 - 13{,}6^3)}{3} = 305\,514 \text{ cm}^4$$

$$\Theta_{es} = \Theta_{es}' = 0$$

$$\Theta_v = 305\,514 + 15 \cdot 49{,}26 \cdot (23{,}6 - 5)^2 + 15 \cdot 51{,}8 \, (65 - 5 - 23{,}6)^2$$

$$\Theta_v = 1\,590\,000 \text{ cm}^4 \text{ gegen } 1\,580\,000 \text{ (Annäherung).}$$

Spannungsrechnung mit angenähertem Θ_v und x.

Nach den Gleichungen (87 und (88)

$$\sigma_b = \frac{\mathfrak{M} \cdot x}{\Theta_v} = \frac{2\,600\,000 \cdot 22{,}5}{1\,580\,000} = 37 \text{ kg/qcm}$$

$$\sigma_e = \frac{n \cdot \mathfrak{M} \, (h - a - x)}{\Theta_v} = \frac{15 \cdot 2\,600\,000 \, (65 - 5 - 22{,}5)}{1\,580\,000} = 925 \text{ kg/qcm}$$

$$\sigma_e' = \frac{15 \cdot 2\,600\,000 \, (22{,}5 - 5)}{1\,580\,000} = 432 \text{ kg/qcm}.$$

Spannungsrechnung nach den genauen Werten Θ_v und x.

$$\sigma_b = \frac{2\,600\,000 \cdot 23,6}{1\,590\,000} = 38,6 \text{ kg/qcm}$$

$$\sigma_e = \frac{15 \cdot 2\,600\,000\,(65 - 5 - 23,6)}{1\,590\,000} = 893 \text{ kg/qcm}$$

$$\sigma_e' = \frac{15 \cdot 2\,600\,000\,(23,6 - 5)}{1\,590\,000} = 456 \text{ kg/qcm}.$$

Aus dem Vergleich beider Ergebnisse ist zu entnehmen, daß die Übereinstimmung der berechneten Werte noch nicht befriedigt. Die Unterschiede sind jedoch weniger auf die Ungenauigkeit von Θ_v als vielmehr auf die von x zurückzuführen. Es hätte also bei der Berechnung von x nach dem Annäherungsverfahren die oben angedeutete Verbesserung noch durchgeführt werden sollen.

Berechnung der Plattenbalken mit steifer Bewehrung.

Für die Berechnung der mit großen Profileisen bewehrten Betonplatte wurde auf Seite 75 empfohlen, von der günstigen Wirkung des Betons auf die Vergrößerung des Widerstandsmomentes der Profileisen abzusehen und nur die Profileisen als Träger anzusehen.

Bei den Plattenbalken mit steifen Bewehrungen liegen in der Regel die Verhältnisse anders als bei Platten. Denn die Profileisen sind hier meist kleiner und liegen ganz in der Zugzone, so daß ihre Wirkungsweise der der Rundeisen ähnlicher ist und daher auch auf sie das für schlaffe Eisen entwickelte Rechnungsverfahren Anwendung finden kann. Sollte aber bei solchen Plattenbalken das Profileisen so groß gewählt sein, daß es zu einem beträchtlichen Teil in die Druckzone fällt, so gelten für diese Plattenbalken selbstverständlich die für die Platten mit steifen Bewehrungen angestellten Betrachtungen.

Die Nullinie der Plattenbalken mit steifen Bewehrungen in der Zugzone (vgl. Abb. 87) wird nach den Gleichungen (60) oder (70) bestimmt.

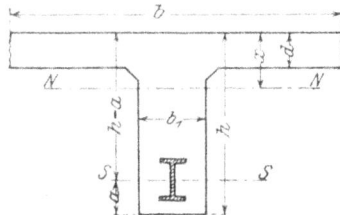

Abb. 87.

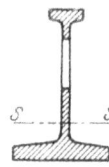

Abb. 88.

Zur Berechnung der Spannungen dienen die Gleichungen (87) und (88)

$$\sigma_b = \frac{\mathfrak{M} \cdot x}{\Theta_v}\;;\quad \sigma_e = \frac{n \cdot \mathfrak{M} \cdot (h - a - x)}{\Theta_v}.$$

Das Verbundträgheitsmoment erhält man nach Gleichung (86).

$$\Theta_v = \frac{b \cdot x^3}{3} - \frac{(b - b_1) \cdot (x - d)^3}{3} + n\,\Theta_{es} + n \cdot F_e\,(h - a - x)^2 \quad . \quad \textbf{(90)}$$

Man hat auch ein besonderes Profileisen entworfen, das für die Bewehrung der Plattenbalken gegenüber anderen steifen Profileisen einige Vorteile bietet. Das Bulbeisen der Pohlmanndecke (D. R. P. 170117, vgl. Abb. 88)[1] hat einen

---

[1] Verzeichnis der Profilmaße siehe Betonkalender. Berlin, Verlag Wilh. Ernst & Sohn.

gelochten Steg, wodurch ein besserer Zusammenhang des beiderseitigen Betons und die Verwendung von Bügeln ermöglicht wird. Außerdem liegt der Schwerpunkt des Profils sehr tief, so daß sein Abstand a von der Trägerunterkante verhältnismäßig klein bzw. die wirksame Höhe des Eisenbetonträgers groß wird.

Zeichnerische Ermittelung der Nullinie und des Verbundträgheitsmomentes.

Es sei hier ein zur Biegungsebene symmetrischer, aber sonst beliebig gestalteter Eisenbetonquerschnitt der Untersuchung zugrunde gelegt. Senkrecht zur Symmetrielinie in der Biegungsebene, also parallel zur Nullinie, wird der Querschnitt in parallele Streifen zerlegt, wobei die Eisenquerschnitte mit ihrem n-fachen Betrage und die Betonzugflächen gar nicht in die Rechnung eingeführt werden. Diese Flächenstreifen werden als Kräfte betrachtet (vgl. Abb. 90).

Zum besseren Verständnis sei aber zunächst noch an zwei Lehrsätze der graphischen Statik erinnert.

In Abb. 89 haben die parallelen Kräfte P_1, P_2, P_3 eine Resultante R; ihr Moment um den Punkt N ist $\mathfrak{M}$.

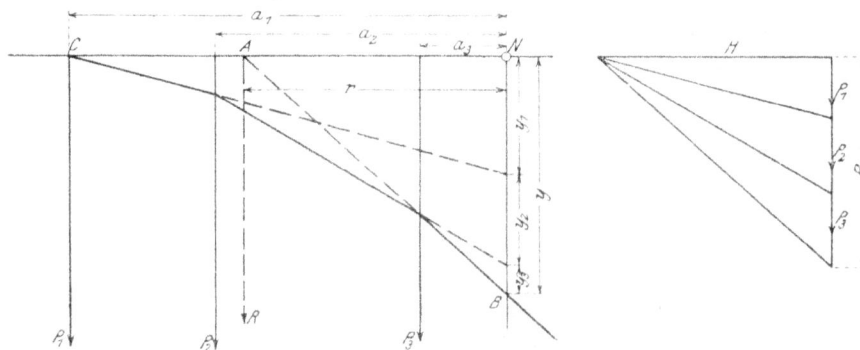

Abb. 89.

$$\mathfrak{M} = P_1 \cdot a_1 + P_2 \cdot a_2 + P_3 \cdot a_3 = R \cdot r.$$

Aus der Ähnlichkeit des Dreiecks ANB und des Kraftpolygons folgt

$$H : R = r : y; \quad R \cdot r = H \cdot y = \mathfrak{M},$$

d. h. das Moment $\mathfrak{M}$ der Kräfte um den Punkt N ist gleich der Poldistanz H multipliziert mit der Ordinate y im Punkte N zwischen den äußersten Seilpolygonseiten gemessen.

Das Trägheitsmoment der Kraft P_1 um N sei Θ_1

$$\Theta_1 = P_1 \cdot a_1^2,$$

das aller drei Kräfte um N sei Θ_N

$$\Theta_N = P_1 \cdot a_1^2 + P_2 \cdot a_2^2 + P_3 \cdot a_3^2.$$

Nach dem oben bewiesenen Lehrsatz ist

$$H \cdot y_1 = P_1 \cdot a_1, \quad H \cdot y_2 = P_2 \cdot a_2, \quad H \cdot y_3 = P_3 \cdot a_3$$
$$a_1 \cdot y_1 \cdot H = P_1 \cdot a_1^2, \quad a_2 \cdot H \cdot y_2 = P_2 \cdot a_2^2, \quad a_3 \cdot y_3 \cdot H = P_3 \cdot a_3^2$$
$$\Theta_N = H \cdot (a_1 \cdot y_1 + a_2 \cdot y_2 + a_3 \cdot y_3).$$

In Abb. 89 ist ersichtlich, daß die Fläche $CANB$ als Summe von drei Dreiecken aufgefaßt werden kann.

$$\text{Fläche } CANB = \frac{a_1 \cdot y_1}{2} + \frac{a_2 \cdot y_2}{2} + \frac{a_3 \cdot y_3}{2}$$
$$\Theta_N = H \cdot 2 \cdot \text{Fläche } CANB.$$

Das Trägheitsmoment der parallelen Kräfte um die Linie NB ist also gleich dem Produkt aus der Poldistanz H und der Fläche zwischen Seilpolygon, der Geraden NB und der äußersten Seilpolygonseite CN.

In Abb. 90 ist der gegebene Eisenbetonquerschnitt so dargestellt, daß die Nullinie lotrecht steht und die Inhalte der parallelen Streifen der Betonfläche als Gewicht betrachtet werden können. Dabei genügt es, die Betonfläche auf der Druckseite bis zu der mutmaßlichen Lage der Nullinie in Streifen einzuteilen.

Da die Nullinie Schwerlinie ist, müssen wir diejenige Lotrechte suchen, für welche das Moment der Flächen rechts um die lotrechte Nullinie gleich dem der Flächen links ist. Für eine Poldistanz H ist dieses Moment $H \cdot y$, wobei y der Abschnitt zwischen den äußersten Seilpolygonseiten auf der lotrechten Nullinie ist. Zeichnet man also für die Flächen links und die Flächen rechts der mutmaßlichen Nullinie zwei Kraftpolygone mit der gleichen Poldistanz H, welche

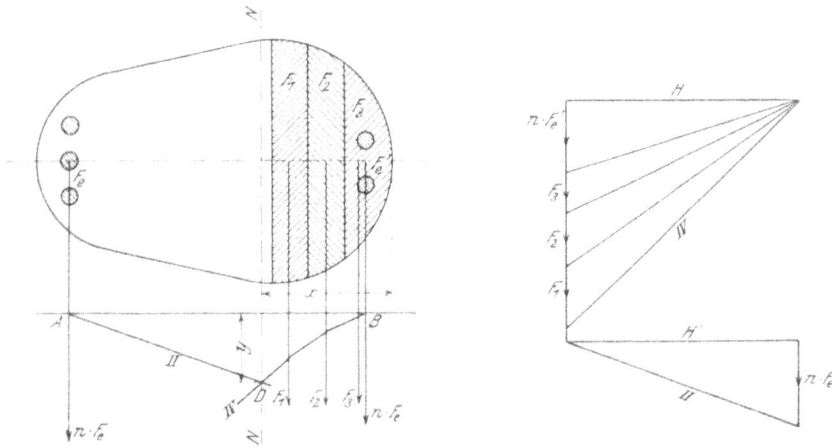

Abb. 90.

gleichzeitig jeweils der eine äußerste Strahl ist (vgl. Abb. 90), so werden die äußersten Seiten der zugehörigen Seilpolygone sich auf der Nullinie schneiden, denn dann schneiden beide Seilpolygone auf der lotrechten Nullinie dasselbe y ab. Es ist somit der Schnittpunkt D ein Punkt der Nullinie, welche senkrecht auf der Biegungsebene steht. Fällt die so gefundene Linie NN nicht annähernd mit der linken Seitenlinie der Teilfläche F_1 zusammen, so ist nach Änderung von F_1 die Konstruktion zu wiederholen.

Mit dieser Konstruktion der Nullinie ist aber nach dem oben bewiesenen Satze der graphischen Statik auch das Verbundträgheitsmoment Θ_v gefunden worden, wenn man nur noch den Inhalt der Seilpolygonfläche ABD bestimmt (Abb. 90).

$$\Theta_v = 2 \cdot H \times \text{Fläche } ABD \quad \ldots \ldots \quad (91)$$

Die Spannungen σ_b und σ_e werden sodann nach den Gleichungen (87) und (88) berechnet.

Berechnung mit Berücksichtigung der Betonzugspannungen.

In den vorstehenden Betrachtungen über die Biegung von Eisenbetonkörpern ist angenommen worden, daß der Beton überhaupt keine Zugkräfte zu übertragen vermag. Auch ohne die hierbei gewonnenen Rechnungsergebnisse mit den Ergebnissen der Versuche zu vergleichen, wird man feststellen können, daß dieses

Berechnungsverfahren eher zu ungünstig als zu günstig ist und somit gewiß hinreichende Sicherheit gewährleistet, denn tatsächlich wird auch der Beton kleine Zugkräfte übertragen, so daß die berechneten Eisenzugspannungen größer sind als die tatsächlichen.

Es kann aber auch das Bedürfnis bestehen, die Abmessungen der Eisenbetonquerschnitte so zu wählen, daß im Beton keine Zugrisse eintreten, sei es, um damit eine weitergehende Rostsicherheit oder sei es, um Dichtigkeit (Flüssigkeitsbehälter) zu erzielen. Der Beton wird solange keine Risse aufweisen, als seine Dehnungsfähigkeit auf der Zugseite nicht überschritten wird (vgl. Kap. 4). Deshalb kann man rissesichere Eisenbetonquerschnitte dadurch finden, daß man die Betonzugspannung σ_{bz} gewisse Grenzen nicht überschreiten läßt. Es müßte also die Betonzugspannung σ_{bz} kleiner gehalten werden als die auf Seite 42 erläuterte Biegungsfestigkeit des Betons.

Um praktisch rechnen zu können, müssen, wie bereits auf Seite 54 gezeigt worden ist, für die wirkliche Spannungsverteilung geometrisch einfache Kurvenstücke gesetzt werden. Es sollen hier nur die beiden Spannungsverteilungen nach Stadium I (Abb. 53) und die von Melan vorgeschlagene (Abb. 56) betrachtet werden. Selbstverständlich ist die Biegungsfestigkeit des Betons verschieden, je nachdem sie nach der einen oder der anderen Spannungsverteilung aus der Bruchlast berechnet worden ist, und es ist auch die für rissesichere Bauteile noch zulässige Spannung σ_{bz} verschieden, je nach der für die Rechnung gewählten Spannungsverteilung.

Die für rissesichere Bauten noch zulässige Biegungsspannung des Betons σ_{bz} kann aus Biegungsversuchen ermittelt werden, auf welche das eine oder andere Rechnungsverfahren angewendet wird. Die so berechneten Werte σ_{bz} weichen aber erheblich ab von denen, welche aus gemessenen Dehnungen ermittelt werden können, und zwar sind die Abweichungen bei der Rechnung nach dem Stadium I größer als nach der Melanschen Spannungsverteilung, wie aus Abb. 52 ersehen werden kann.

Diese Abweichung würde aber nicht bedenklich sein, weil ihr ja durch die Wahl des zulässigen, rechnungsmäßigen Wertes σ_{bz} Rechnung getragen wird. Viel störender ist der Umstand, daß die auf Seite 5 bereits besprochenen Anfangsspannungen im Beton Zugspannungen sind, welche also zu den Biegungsspannungen addiert werden müßten, aber wegen ihres starken Wechsels je nach den äußeren Umständen (trocken, naß) nicht berücksichtigt werden können. Hierdurch kommt in alle Berechnungen, die rissefreie Bauwerke ergeben sollen, eine gewisse Unsicherheit.

Da nun der Beton schon nach seiner Herstellungsart zur Aufnahme von Zugkräften nur wenig verlässig ist (vgl. Seite 42), müssen die Zugeisen der auf Biegung beanspruchten Bauteile stets o h n e Berücksichtigung der Betonzugspannungen berechnet werden, wenn auch die Spannungsberechnung mit Berücksichtigung der Betonzugspannungen durchgeführt wird.

Berechnung für das Stadium I.

Nachdem in den vorstehend behandelten Biegungsaufgaben zur Erleichterung des Verständnisses jedesmal von den einfachsten Querschnitten ausgegangen wurde, wird es wohl jetzt möglich sein, sofort mit dem allgemeinsten Falle zu beginnen. Es soll ein doppelt bewehrter Eisenbetonbalken betrachtet werden, dessen Querschnitt zur Biegungsebene symmetrisch, jedoch sonst beliebig, gestaltet ist (vgl. Abb. 91). Die Betrachtungen werden sich daher von denen auf Seite 86 nur dadurch unterscheiden, daß hier auch die inneren Zugkräfte des Betons in die Rechnung eingeführt werden müssen.

Es tritt daher zu der Zugkraft der Eisen ($\sigma_e \cdot F_e$) in der Gleichung (80) noch die Zugkraft des Betons $\int\limits_0^{h-x} \sigma_z \cdot b \cdot dz$, so daß die Gleichung nunmehr lautet:

$$\int\limits_0^x \sigma_z b \cdot dz + \sigma_e' F_e' = \int\limits_0^{h-x} \sigma_z b \cdot dz + \sigma_e \cdot F_e.$$

Ersetzt man die Spannungen wie auf Seite 86 durch σ_b, so erhält man

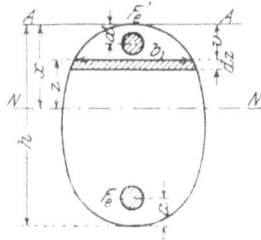

Abb. 91.

$$\int\limits_0^x b \cdot z \, dz + n \cdot F_e' (x - a') = \int\limits_0^{h-x} b \cdot z \, dz +$$
$$+ n \cdot F_e (h - a - x) \quad \ldots \quad (92)$$

In dieser Gleichung bedeutet die linke Seite das statische Moment der gedrückten Betonfläche plus dem statischen Moment der n-fachen Druckeisenfläche, beide bezogen auf die Nullinie. Die rechte Seite ist das statische Moment der Betonzugfläche plus dem der n-fachen Eisenzugfläche um die Nullinie. Es besagt also diese Gleichung, daß die Nullinie die Schwerlinie von einer ideellen Fläche (F_i) ist, welche entsteht, wenn man zu dem g a n z e n Betonquerschnitt den n-fachen Betrag der Eisenquerschnitte an ihrer gleichen Stelle zuzählt.

$$F_i = \int\limits_0^h b \cdot dz + n (F_e + F_e') \quad \ldots \quad \ldots \quad (93)$$

Das statische Moment der Fläche F_i, bezogen auf die zur Nullinie parallele Druckkante $A - A$, ist nach Abb. 91

$$\mathfrak{S}_A = \int\limits_0^h v \cdot b \cdot dz + n F_e' \cdot a' + n \cdot F_e (h - a),$$
$$x = \frac{\mathfrak{S}_A}{F_i} \quad \ldots \quad \ldots \quad \ldots \quad (94)$$

In gleicher Weise muß hier bei der Bildung des Momentes der inneren Kräfte auch das Moment der Betonzugkräfte noch berücksichtigt werden, so daß in Gleichung (84) noch das Integral $\int\limits_0^{h-x} \sigma_z b \cdot z \, dz$, welches das Moment der Betonzugkräfte um die Nullinie darstellt, aufzunehmen ist (Abb. 84).

$$\mathfrak{M} = \int\limits_0^x \sigma_z b \cdot z \, dz + \int\limits_0^{h-x} \sigma_z b \cdot z \, dz + \int\limits_{f_1'}^{f_2'} b_e' \cdot z \cdot \sigma_{ez} \cdot dz + \int\limits_{f_1}^{f_2} b_e \cdot z \cdot \sigma_{ed} \cdot dz.$$

Hieraus erhält man wie auf Seite 88

$$\mathfrak{M} = \frac{\sigma_b}{x} \cdot \left[\int\limits_0^x z^2 \cdot b \cdot dz + \int\limits_0^{h-x} z^2 \cdot b \cdot dz \right] + \frac{n \cdot \sigma_b}{x} \cdot \int\limits_{f_1'}^{f_2'} b_e' \cdot z^2 \cdot dz + \frac{n \cdot \sigma_b}{x} \int\limits_{f_1}^{f_2} b_e \cdot z^2 \cdot dz \quad (95)$$

$$\int\limits_0^x z^2 b \, dz + \int\limits_0^{h-x} z^2 b \cdot dz = \Theta_b = \left\{ \begin{array}{l} \text{Trägheitsmoment des ganzen Beton-} \\ \text{querschnittes, bezogen auf die Nullinie.} \end{array} \right.$$

Die Bedeutung der beiden anderen Integrale ist auf Seite 88 gegeben.

$$\sigma_b = \frac{\mathfrak{M} \cdot x}{\Theta_b + n \cdot \Theta_{es}' + n \cdot \Theta_{es} + n \cdot F_e' (x - a')^2 + n \cdot F_e (h - a - x)^2} = \frac{\mathfrak{M} \cdot x}{\Theta_v} \quad (96)$$

Bezeichnet man mit σ_{bz} die größte Betonzugspannung, mit σ_e und σ_e' die Eisenzug- bzw. Eisendruckspannungen im Schwerpunkt der Eisenquerschnitte, so erhält man entsprechend den Gleichungen (85)

$$\sigma_{bz} = \sigma_b \cdot \frac{h-x}{x}; \quad \sigma_e = n \cdot \sigma_b \cdot \frac{h-a-x}{x}; \quad \sigma_e' = n \cdot \sigma_b \cdot \frac{x-a'}{x} \qquad (97)$$

Balken von rechteckigem Querschnitt und doppelter Bewehrung.

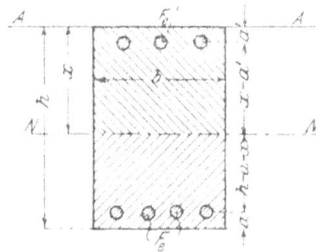

Abb. 92.

Nach Abb. 92 ist

$$F_i = b\,h + n\,(F_e + F_e'),$$

$$\mathfrak{S}_A = b\,h \cdot \frac{h}{2} + n \cdot F_e\,(h-a) + n \cdot F_e'\,a',$$

$$x = \frac{\mathfrak{S}_A}{F_i},$$

$$x = \frac{b\,h^2 + 2 \cdot n\,F_e \cdot (h-a) + 2 \cdot n \cdot F_e' \cdot a'}{2\,b\,h + 2\,n\,(F_e + F_e')} \qquad (98)$$

$$\Theta_b = \frac{b\,x^3}{3} + \frac{b\,(h-x)^3}{3}.$$

Für Rundeisenbewehrung ist $\Theta_{es} = \Theta'_{es} = 0$.

Nach Gleichung (96) daher

$$\sigma_b = \frac{\mathfrak{M} \cdot x}{\dfrac{b\,x^3}{3} + \dfrac{b\,(h-x)^3}{3} + n \cdot F_e\,(h-a-x)^2 + n \cdot F_e' \cdot (x-a')^2} \qquad (99)$$

Die Spannungen σ_{bz}, σ_e und σ_e' erhält man nunmehr nach (97)

Balken von rechteckigem Querschnitt und einfacher Bewehrung.

Man erhält die erforderlichen Beziehungen aus den Gleichungen (98) und (99), wenn man darin $F_e' = 0$ setzt.

$$x = \frac{b\,h^2 + 2 \cdot n \cdot F_e\,(h-a)}{2\,b\,h + 2\,n \cdot F_e} \qquad \ldots \ldots \ldots (100)$$

$$\sigma_b = \frac{\mathfrak{M} \cdot x}{\dfrac{b\,x^3}{3} + \dfrac{b\,(h-x)^3}{3} + n \cdot F_e\,(h-a-x)^2} \qquad \ldots \ldots (101)$$

Für σ_{bz}, σ_e und σ_e' ist wiederum (97) anzuwenden.

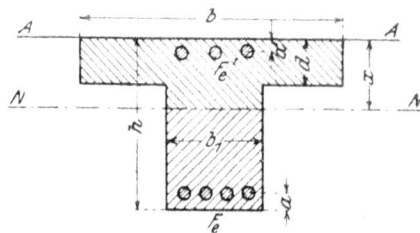

Abb. 93.

Plattenbalken mit doppelter Bewehrung.

Die ideelle Fläche dieses Eisenbetonquerschnittes Abb. 93 ist

$$F_i = b_1 \cdot h + (b - b_1) \cdot d + n\,(F_e + F_e'),$$

das statische Moment hinsichtlich $A - A$

$$\mathfrak{S}_A = b_1 \cdot h \cdot \frac{h}{2} + (b - b_1) \cdot d \cdot \frac{d}{2} + n \cdot F_e\,(h-a) + n\,F_e' \cdot a',$$

$$x = \frac{b_1 \cdot h^2 + (b - b_1)\,d^2 + 2 \cdot n \cdot F_e\,(h-a) + 2 \cdot n \cdot F_e' \cdot a'}{2\,b_1\,h + 2\,(b - b_1)\,d + 2 \cdot n\,(F_e + F_e')} \qquad \ldots \ldots (102)$$

Das Trägheitsmoment des Betonquerschnittes hinsichtlich der Nullinie ist

$$\Theta_b = \frac{b_1}{3}[x^3 + (h-x)^3] + \frac{b-b_1}{3}[x^3 - (x-d)^3].$$

Daher ist nach Gleichung (96)

$$\sigma_b = \frac{\mathfrak{M} \cdot x}{\frac{b_1}{3}[x^3 + (h-x)^3] + \frac{b-b_1}{3}[x^3 - (x-d)^3] + n \cdot F_e(h-a-x)^2 + n \cdot F_e' \cdot (x-a')^2} \qquad (103)$$

Die übrigen Spannungen gibt (97).

Plattenbalken mit einfacher Bewehrung.

Wie oben erhält man auch hier die gewünschten Ausdrücke, wenn man in (102) und (103) $F_e' = 0$ setzt.

$$x = \frac{b_1 h^2 + (b-b_1) d^2 + 2 \cdot n F_e (h-a)}{2 b_1 h + 2 (b-b_1) d + 2 n \cdot F_e} \quad \cdot \ \cdot \ \cdot \ \cdot \ \cdot \quad (104)$$

$$\sigma_b = \frac{\mathfrak{M} \cdot x}{\frac{b_1}{3}[x^3 + (h-x)^3] + \frac{b-b_1}{3}[x^3 - (x-d)^3] + n \cdot F_e(h-a-x)^2} \qquad (105)$$

Berechnung für die Spannungsverteilung nach Melan.

In den österreichischen Vorschriften vom 15. Juni 1911 ist für Straßenbrücken vorgeschrieben:

»Bei den auf Biegung beanspruchten Tragwerken sind auch die größten Zugspannungen des Betons nachzuweisen, welche sich für eine Formänderungszahl des Betons für Zug von 56 000 kg/qcm ergeben.« (Für Druck ist $\varepsilon_{bd} = 140\,000$ kg/qcm vorgeschrieben.)

Nach denselben Vorschriften ist diese Berechnung für Hochbauten nur bei solchen Tragwerken durchzuführen, »welche dem Einflusse der Witterung, von Nässe, Dämpfen, Rauch oder dem Eisen schädlichen Gasen ausgesetzt erscheinen«.

Dagegen sind die Betondruck- und Eisenzugspannungen stets »unter der Voraussetzung zu berechnen, daß der Beton keine Normalzugspannungen aufnehme«.

Bei der Berechnung der Betonzugspannungen ist somit nach diesen Vorschriften

der Elastizitätsmodul des Betons auf Druck $\varepsilon_{bd} = 140\,000$ kg/qcm,
der Elastizitätsmodul des Betons auf Zug $\varepsilon_{bz} = 56\,000$ kg/qcm,

$$\mu \cdot \varepsilon_{bd} = \varepsilon_{bz} = \text{const}, \quad \mu = \frac{\varepsilon_{bz}}{\varepsilon_{bd}} = 0{,}4 \ \cdot \ \cdot \ \cdot \ \cdot \ \cdot \ \cdot \quad (106)$$

in die Rechnung einzuführen.

Dieser Bedingung entspricht die Melansche Spannungsverteilung Abb. 56.

Es soll auch hier die Entwickelung für einen doppelt bewehrten Eisenbetonbalken durchgeführt werden, dessen Querschnitt zur Biegungsebene symmetrisch, im übrigen aber beliebig gestaltet ist (Abb. 94).

Da auch bei diesem Rechnungsverfahren vorausgesetzt wird, daß ebene Querschnitte des Balkens während der Biegung eben bleiben, verhalten sich die in der Abb. 94 dargestellten Dehnungen (Längenänderung der Länge 1) λ wie ihre Abstände von der Nullinie.

Nach (79) sind die in Abb. 94 eingetragenen Spannungen

$$\sigma_z' = \sigma_b \frac{z}{x}, \quad \sigma_e' = n \cdot \sigma_b \cdot \frac{x - a'}{x}, \quad \sigma_e = n\,\sigma_b \frac{h - a - x}{x},$$

$$\lambda_z = \lambda_b \cdot \frac{z}{x} = \frac{\sigma_z}{\varepsilon_{bz}} = \frac{\sigma_b}{\varepsilon_{bd}} \cdot \frac{z}{x}; \quad \sigma_z = \mu \cdot \frac{\sigma_b}{x} \cdot z \quad . \quad . \quad . \quad . \quad (107)$$

$$\lambda_{bz} = \lambda_b \cdot \frac{h - x}{x} = \frac{\sigma_{bz}}{\varepsilon_{bz}} = \frac{\sigma_b}{\varepsilon_{bd}} \cdot \frac{h - x}{x}; \quad \sigma_{bz} = \mu \cdot \frac{\sigma_b}{x} \cdot (h - x) \quad . \quad (108)$$

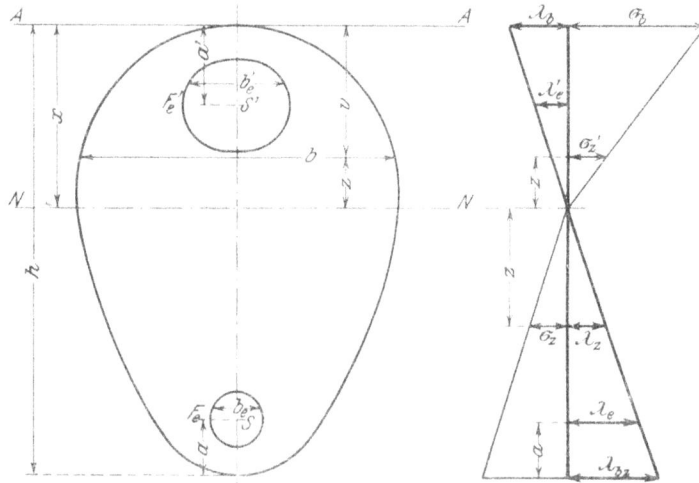

Abb. 94.

Die wagerechten inneren Druckkräfte sind gleich den wagerechten inneren Zugkräften, daher

$$\int_0^x \sigma_z' \cdot b\,dz + \sigma_e' F_e' = \int_0^{h-x} \sigma_z\, b\,dz + \sigma_e \cdot F_e.$$

In diesen Gleichungen werden, wie oben angegeben, alle Spannungswerte durch σ_b ausgedrückt. Dies ergibt

$$\int_0^x b\,z\,dz + n \cdot F_e'\,(x - a') = \mu \int_0^{h-x} b \cdot z\,dz + n\,F_e\,(h - a - x) \quad . \quad . \quad (109)$$

Beide Seiten der Gleichungen stellen wieder, wie bei (92), statische Momente um die Nullinie dar; die linke Seite stimmt mit der in (92) überein; die rechte Gleichungsseite ist das statische Moment der μ-fachen Betonzugfläche und der n-fachen Eisenzugfläche um die Nullinie. Somit ist hier die Nullinie die Schwerlinie einer ideellen Fläche F_i, welche besteht aus der Betondruckfläche, der μ-fachen Betonzugfläche und der n-fachen Eisenquerschnittsfläche.

$$F_i = \int_0^x b\,dz + \mu \cdot \int_0^{h-x} b\,dz + n\,(F_e + F_e') \quad . \quad . \quad . \quad . \quad . \quad (110)$$

Das statische Moment dieser Fläche F_i um die zur Nullinie parallele Druckkante $A - A$ ist

$$\mathfrak{S}_A = \int_0^x v \cdot b\,dz + \mu \cdot \int_x^h v\,b \cdot dz + n \cdot F_e' \cdot a' + n \cdot F_e\,(h - a) \quad . \quad . \quad (111)$$

$$x = \frac{\mathfrak{S}_A}{F_i} \quad . \quad . \quad . \quad . \quad . \quad . \quad . \quad . \quad . \quad (112)$$

Das Moment der wagerechten inneren Kräfte um die Nullinie ist, entsprechend der Gleichung (95)

$$\mathfrak{M} = \int_0^x \sigma_z' \cdot b \cdot z \cdot dz + \int_0^{h-x} \sigma_z \cdot b \cdot z \cdot dz + \int_{f_1'}^{f_2'} b_e' \cdot z \cdot \sigma_{ez} \, dz + \int_{f_1}^{f_2} b_e \cdot z \cdot \sigma_{ed} \cdot dz.$$

Drückt man hierin wieder alle Spannungswerte durch σ_b aus, so erhält man

$$\mathfrak{M} = \frac{\sigma_b}{x}\left[\int_0^x z^2 \cdot b \cdot dz + \mu \cdot \int_0^{h-x} z^2 \, b \, dz\right] + \frac{n \cdot \sigma_b}{x}\left[\int_{f_1'}^{f_2'} b_e' \cdot z^2 \cdot dz + \int_{f_1}^{f_2} b_e \cdot z^2 \cdot dz\right] \quad (113)$$

$$\int_0^x z^2 \cdot b \cdot dz = \Theta_{bd} = \left\{ \begin{array}{l} \text{Trägheitsmoment der Betondruckfläche,} \\ \qquad \text{bezogen auf die Nullinie.} \end{array}\right.$$

$$\int_0^{h-x} z^2 \cdot b \cdot dz = \Theta_{bz} = \left\{ \begin{array}{l} \text{Trägheitsmoment der Betonzugfläche,} \\ \qquad \text{bezogen auf die Nullinie.} \end{array}\right.$$

Die beiden anderen Integrale sind wie auf Seite 88 die Trägheitsmomente der n-fachen Eisenquerschnitte, bezogen auf die Nullinie, so daß man entsprechend (96) und (97) schreiben kann

$$\sigma_b = \frac{\mathfrak{M} \cdot x}{\Theta_{bd} + \mu \cdot \Theta_{bz} + n \cdot \Theta_{es}' + n \cdot \Theta_{es} + n \cdot F_e'(x-a')^2 + n \cdot F_e (h-a-x)^2} = \frac{\mathfrak{M} \cdot x}{\Theta_v} \quad (114)$$

$$\sigma_e = n \cdot \sigma_b \cdot \frac{(h-a-x)}{x}; \quad \sigma_{bz} = \mu \cdot \sigma_b \cdot \frac{(h-x)}{x} \quad \ldots \ldots (115)$$

Sonderfälle.

Durch Anwendung der allgemein gültigen Gleichungen (110), (111), (112), (114), (115) auf Balken rechteckigen Querschnitts und Plattenbalken ergeben sich folgende Ausdrücke. Die Entwickelungen sollen hier weggelassen werden, da sie denen der Berechnungen für das Stadium I leicht entnommen werden können[1]).

Rechteckiger Balken mit doppelter Bewehrung.

$$F_i = b \cdot x + \mu \cdot b \, (h-x) + n \cdot (F_e + F_e'),$$

$$\mathfrak{S}_A = \frac{b \, x^2}{2} + \mu \cdot b \, \frac{(h^2 - x^2)}{2} +$$

$$+ n \cdot F_e \, (h-a) + n \cdot F_e' \cdot a',$$

$$x = \frac{\mathfrak{S}_A}{F_i}.$$

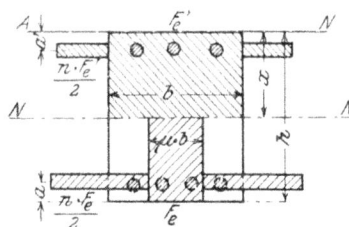

Abb. 95.

Der letzte Ausdruck liefert eine quadratische Gleichung für x

$$x = -\frac{\mu \, b \cdot h + n \, (F_e + F_e')}{b \, (1-\mu)}$$

$$+ \sqrt{\left[\frac{\mu \cdot b \, h + n \, (F_e + F_e')}{b \, (1-\mu)}\right]^2 + \frac{\mu \cdot b \, h^2 + 2 \cdot n \, [F_e \, (h-a) + F_e' \cdot a']}{b \, (1-\mu)}} \quad (116)$$

Für Rundeisenbewehrung ist

$$\Theta_v = \frac{b \, x^3}{3} + \mu \, \frac{b \cdot (h-x)^3}{3} + n \cdot F_e \, (h-a-x)^2 + n \cdot F_e' \, (x-a')^2 \quad (117)$$

---

[1]) Haberkalt und Postuvanschitz, Die Berechnung der Tragwerke aus Eisenbeton oder Stampfbeton, 2. Aufl. Wien und Leipzig 1912.

Rechteckiger Balken mit einfacher Bewehrung.

$$F_i = b \cdot x + \mu \cdot b \, (h - x) + n \cdot F_e,$$

$$\mathfrak{S}_A = \frac{b \cdot x^2}{2} + \mu \cdot \frac{b \, (h^2 - x^2)}{2} + n \cdot F_e \, (h - a),$$

$$x = \frac{\mathfrak{S}_A}{F_i},$$

$$x = -\left[\frac{\mu b h + n F_e}{b \, (1 - \mu)}\right] + \sqrt{\left[\frac{\mu b h + n F_e}{b \, (1 - \mu)}\right]^2 + \frac{\mu b h^2 + 2 \cdot n F_e (h - a)}{b \, (1 - \mu)}} \qquad (118)$$

$$\Theta_v = \frac{b \cdot x^3}{3} + \mu \cdot b \cdot \frac{(h - x)^3}{3} + n \cdot F_e \, (h - a - x)^2 \quad . \quad . \quad . \quad (119)$$

Plattenbalken mit doppelter Bewehrung.

Hierbei müssen die beiden Fälle unterschieden werden $x < d$ und $x > d$. Da aber bei Berücksichtigung der Betonzugspannungen die Nullinie fast immer den Steg schneidet, soll nur der Fall $x > d$ betrachtet werden (vgl. Abb. 93).

$$F_i = b \cdot x - (b - b_1) \, (x - d) + \mu \cdot b_1 \, (h - x) + n \, (F_e + F_e'),$$

$$\mathfrak{S}_A = \frac{b \cdot x^2}{2} - (b - b_1) \cdot \frac{(x^2 - d^2)}{2} + \mu \cdot b_1 \frac{(h^2 - x^2)}{2} + n \cdot F_e \, (h - a) + n \cdot F_e' \cdot a',$$

$$x = \frac{\mathfrak{S}_A}{F_i},$$

$$x = -\left[\frac{\mu \cdot b_1 \cdot h + (b - b_1) \, d + n \, (F_e + F_e')}{b_1 \, (1 - \mu)}\right]$$

$$+ \sqrt{[\quad]^2 + \frac{\mu b_1 \cdot h^2 + (b - b_1) \, d^2 + 2 \, n \, [F_e \, (h - a) + F_e' \cdot a']}{b_1 \, (1 - \mu)}} \qquad . \quad (120)$$

$$\Theta_v = \frac{b \cdot x^3}{3} - (b - b_1) \frac{(x - d)^3}{3} + \mu \cdot b_1 \frac{(h - x)^3}{3}$$

$$+ n \cdot F_e' \, (x - a')^2 + n \cdot F_e \, (h - a - x)^2 \quad . \quad . \quad . \quad . \quad (121)$$

Plattenbalken mit einfacher Bewehrung.

Es sei $x > d$, d. h. die Nullinie schneide den Steg.

$$F_i = b \cdot x - (b - b_1) \, (x - d) + \mu \cdot b_1 \, (h - x) + n \cdot F_e,$$

$$\mathfrak{S}_A = \frac{b \, x^2}{2} - (b - b_1) \frac{(x^2 - d^2)}{2} + \mu \cdot b_1 \frac{(h^2 - x^2)}{2} + n \cdot F_e \, (h - a),$$

$$x = \frac{\mathfrak{S}_A}{F_i},$$

$$x = -\left[\frac{\mu \, b_1 \cdot h + (b - b_1) \, d + n \cdot F_e}{b_1 \, (1 - \mu)}\right]$$

$$+ \sqrt{[\quad]^2 + \frac{\mu \, b_1 \, h^2 + (b - b_1) \, d^2 + 2 \, n \cdot F_e \, (h - a)}{b_1 \, (1 - \mu)}} \qquad . \quad . \quad . \quad (122)$$

$$\Theta_v = \frac{b \, x^3}{3} - (b - b_1) \frac{(x - d)^3}{3} + \mu \cdot b_1 \frac{(h - x)^3}{3} + n \cdot F_e \, (h - a - x)^2 \quad (123$$

Vergleich der errechneten Spannungswerte.

Auf Seite 3 ist bereits eingehend erläutert worden, daß die errechneten Spannungswerte mit den tatsächlichen nicht übereinstimmen können, und daß die Spannungswerte der Rechnung nur dadurch eine praktische Bedeutung gewinnen, daß man sie mit den nach dem gleichen Rechnungsverfahren ermittelten Spannungen von Versuchsbalken vergleicht. Es ist jedoch notwendig, dem Anfänger zunächst den großen Unterschied der nach den betrachteten Rechnungsverfahren ermittelten Spannungswerte vor Augen zu führen. Hierzu soll das auf Seite 63 bereits behandelte Beispiel benutzt werden.

Eine Platte von 100 cm Breite und 10 cm Höhe hat ein größtes Biegungsmoment von 36 120 cmkg aufzunehmen und ist hierzu mit 9 ⌀ 8 einfach bewehrt. Es sind also gegeben $\mathfrak{M} = 36\,120$ cmkg, $b = 100$ cm, $h = 10$ cm, $F_e = 4{,}52$ qcm, $a = 1{,}4$ cm.

Die errechneten Spannungen und die Abstände x der Nullinie sind in folgender Tabelle zusammengestellt:

Un-bekannte	Berechnung ohne Berücksichtigung des Betonzugs	Berechnung für das Stadium I	Berechnung nach Melan
x	2,8 cm	5,23 cm	4,30 cm
σ_b	33,5 kg/qcm	20,7 kg/qcm	24,4 kg/qcm
σ_e	1038 »	199,5 »	366 »
σ_{bz}	0 »	18,8 »	13,0 »

Hieraus ist ersichtlich, daß die zulässige Druck- oder Zugspannung eines auf Biegung beanspruchten Eisenbetonbalkens nicht aus Zug- und Druckversuchen mit Beton und Eisen gewonnen werden können, sondern daß die zulässige Spannung ein Bruchteil der nach dem gleichen Rechnungsverfahren ermittelten Spannung bei der Bruchlast (bzw. für σ_{bz} der Rißlast) eines Probebalkens sein muß. Jedoch muß der betrachtete Probebalken an der Überwindung derjenigen Festigkeit zu Bruch gegangen sein, für welche die zulässige Spannung festgestellt werden soll.

Begrenzung der Zugspannung des Betons.

Die vorstehenden Berechnungsverfahren zur Bestimmung der Betonzugspannung in den auf Biegung beanspruchten Eisenbetonkörpern verlieren dadurch sehr an praktischer Bedeutung, daß einerseits der Elastizitätsmodul des Betons auf Zug sich mit der Spannung sehr ändert, anderseits die Anfangsspannungen (vgl. Seite 5) ganz unberücksichtigt bleiben mußten. Es darf deshalb auch den nach dem einen oder anderen Verfahren berechneten Betonzugspannungen keine zu große Bedeutung bei der Beurteilung der Haltbarkeit eines Eisenbetonbauwerkes beigemessen werden. Aber es ist doch zuweilen erwünscht, die Betonzugquerschnitte im Vergleich zu den Betondruckflächen nicht zu klein zu machen, damit etwa entstehende Risse (Haarrisse) so fein bleiben, daß sie keinen Schaden verursachen können. Dies wird erreicht durch eine obere Begrenzung der Spannung σ_{bz}.

Nach der Zusammenstellung Heft 24[1]) des Deutschen Ausschusses für Eisenbeton scheint bis zu $\sigma_{bz} = 24$ kg/qcm Biegungszugspannung, welche für den Spannungszustand I (vgl. Seite 94) berechnet wurde, bei einem Betonmischungsverhältnis 1:2:3 hinreichende Sicherheit gegen Zugrisse gegeben zu sein.

---

[1]) v. Bach und Graf. Berlin 1913.

Im Auftrag des Deutschen Ausschusses für Eisenbeton hat nun Mörsch[1]) für den Spannungszustand IIb ein Berechnungsverfahren zur Bestimmung der Eisenquerschnitte entwickelt, nach welchem gleichzeitig eine obere Grenze von σ_{bz} eingehalten wird, ohne daß eine nochmalige Kontrolle durch die umständliche Berechnung der Zugspannung σ_{bz} notwendig wird.

Da dieses Verfahren in den deutschen Bestimmungen für die Berechnung der Brücken unter Gleisen, die von Hauptbahnlokomotiven befahren werden, mit $\sigma_{bz} = 24$ kg/qcm vorgesehen ist, soll es im folgenden nach der oben angegebenen Quelle wiedergegeben werden.

Rechteckiger Querschnitt.

Bei Platten kann man mit hinreichender Genauigkeit $h - a = 0{,}9 \cdot h$ setzen. Ist das Bewehrungsverhältnis φ, so ist $F_e = \varphi \cdot h \cdot b$.

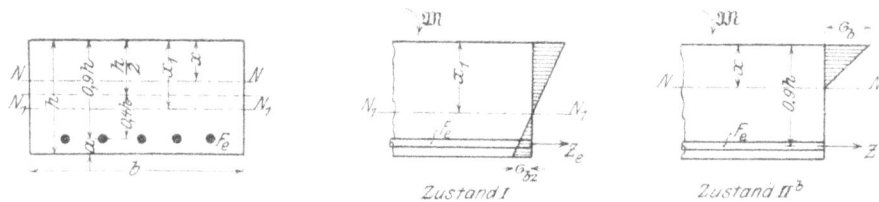

Abb. 96.

Für den Spannungszustand I erhält man die Nullinie (Schwerlinie) aus der Gleichung der statischen Momente um die Plattenmitte

$$\left(x_1 - \frac{h}{2}\right) \cdot (b\,h + \varphi\,b \cdot h \cdot n) = n \cdot \varphi \cdot b \cdot h \cdot 0{,}4\,h$$

für $n = 15$ erhält man hieraus

$$x_1 = h\left(0{,}5 + \frac{6 \cdot \varphi}{1 + 15\,\varphi}\right) \quad \ldots \quad \ldots \quad \ldots \quad (124)$$

Für den Spannungszustand IIb erhält man die Nullinie aus Gleichung (22)

$$x = \frac{n \cdot F_e}{b}\left(-1 + \sqrt{1 + \frac{2\,b\,(h-a)}{n\,F_e}}\right) = n \cdot \varphi h\left(-1 + \sqrt{1 + \frac{1{,}8}{n \cdot \varphi}}\right)$$

$$x = 15 \cdot \varphi \cdot h\left(-1 + \frac{0{,}12}{\varphi}\right) \quad \ldots \quad \ldots \quad \ldots \quad (125)$$

Die Momente der inneren Kräfte müssen sowohl im Zustande I als auch im Zustande IIb dem Angriffsmomente $\mathfrak{M}$ der Lasten gleich sein, also nach Abb. 96

$$\mathfrak{M} = \underbrace{F_e \cdot \sigma_e \left(0{,}9\,h - \frac{x}{3}\right)}_{\text{Zustand IIb.}} = \underbrace{F_e \cdot n \cdot \sigma_{bz}\,\frac{0{,}9\,h - x_1}{h - x_1}\left(0{,}9\,h - \frac{x_1}{3}\right) + \sigma_{bz}\,\frac{b\,(h - x_1)}{2} \cdot \frac{2}{3}\,h.}_{\text{Zustand I}}$$

Hieraus erhält man

$$\sigma_{bz} = \frac{F_e \cdot b_e\left(0{,}09\,h - \dfrac{x}{3}\right)}{n \cdot F_e \cdot \dfrac{0{,}9\,h - x_1}{h - x_1}\left(0{,}9\,h - \dfrac{x_1}{3}\right) + \dfrac{b\,h}{3}\,(h - x_1)}$$

oder

$$\sigma_{bz} = \frac{\varphi\left(0{,}9\,h - \dfrac{x}{3}\right) \cdot \sigma_e}{15 \cdot \varphi \cdot \dfrac{0{,}9\,h - x_1}{h - x_1}\left(0{,}9\,h - \dfrac{x_1}{3}\right) + \dfrac{1}{3}\,(h - x_1)} \quad \ldots \quad \ldots \quad (126)$$

---

[1]) Mörsch, Zentralblatt der Bauverwaltung 1914, Nr. 26.

Rechnet man nun für den Spannungszustand IIb, so kann man zu gegebenen Spannungen σ_e und σ_b mit Hilfe der Tabelle 1 des Anhanges und der Gleichungen (33), (37) und (39) x, $h-a$ und F_e und somit auch h und φ berechnen. Zu den so berechneten Werten h und φ liefern für den Spannungszustand I die Gleichungen (124) und (126) die zugehörigen Werte x_1 und σ_{bz}.

In der Tabelle 5 des Anhanges sind einige Werte σ_{bz} berechnet worden. Man kann aus dieser Tabelle ersehen, daß bei den rechteckigen Querschnitten (Platten) durch geeignete Wahl von σ_b und σ_e das σ_{bz} leicht kleiner als 24 kg/qcm gehalten werden kann. Insbesondere ist für die Grenzspannung $\sigma_e = 750$ kg/qcm und $\sigma_b = 30$ kg/qcm, welche nach den deutschen Bestimmungen in Brücken unter Eisenbahngleisen nicht überschritten werden dürfen, σ_{bz} nur 18,8 kg/qcm, also kleiner als 24 kg/qcm.

Plattenbalken.

Wie in der Abb. 97 dargestellt, sollen die Plattenbreite b und Plattendicke d als Vielfache der Rippenbreite b_1 bzw. der Rippenhöhe h_1 ausgedrückt werden. Die kleine Länge a kann zu $0,08 \cdot h_1$ angenommen werden.

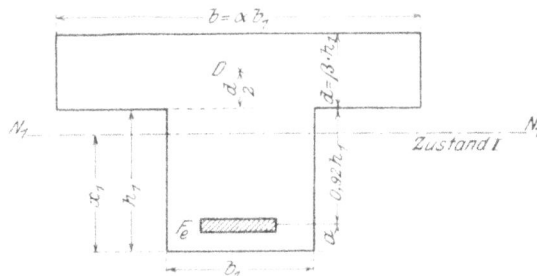

Abb. 97.

$$b = a \cdot b_1; \quad d = \beta \cdot b_1; \quad h_1 - a = 0,92\,h_1; \quad F_e = \varphi \cdot b_1 \cdot h_1.$$

Wenn man annäherungsweise die innere Druckkraft für den Spannungszustand IIb in Plattenmitte annimmt, so kann man für das Biegungsmoment setzen Gleichung (72)

$$\mathfrak{M} = F_e \cdot \sigma_e \left(0,92\,h_1 + \frac{d}{2}\right).$$

Für den Spannungszustand I kann man unter derselben Voraussetzung schreiben

$$\mathfrak{M} = n \cdot F_e \cdot \sigma_{bz} \frac{x_1 - 0,08\,h_1}{x_1} \left(0,92\,h_1 + \frac{d}{2}\right) + \sigma_{bz} \cdot \frac{b_1 \cdot x_1}{2} \left(h_1 + \frac{d}{2} - \frac{x_1}{3}\right).$$

Aus diesen beiden Gleichungen erhält man durch Ausscheidung der Größe $\mathfrak{M}$ eine Gleichung für σ_{bz}

$$\sigma_e \varphi \cdot \left(0,92 + \frac{\beta}{2}\right) = \left[\varphi \cdot n \cdot \frac{x_1 - 0,08\,h_1}{x_1} \left(0,92 + \frac{\beta}{2}\right) + \frac{x_1}{2\,h_1} \left(1 + \frac{\beta}{2} - \frac{x_1}{3\,h_1}\right)\right] \cdot \sigma_{bz}$$

$$\sigma_{bz} = \frac{\varphi \left(0,92 + \dfrac{\beta}{2}\right) \sigma_e}{\varphi \cdot n \cdot \dfrac{x_1 - 0,08\,h_1}{x_1} \left(0,92 + \dfrac{\beta}{2}\right) + \dfrac{x_1}{2\,h_1} \left(1 + \dfrac{\beta}{2} - \dfrac{x_1}{3\,h_1}\right)} \quad . \quad (127)$$

Den Abstand x_1 des Querschnittsschwerpunktes von der Unterkante des Trägers erhält man für den Spannungszustand I aus der Gleichung (entsprechend Gleichung 104)

$$x_1 = \frac{b_1 \cdot h_1 \cdot \frac{h_1}{2} + b \cdot d \left(h_1 + \frac{d}{2}\right) + n \cdot F_e \cdot 0,08\, h_1}{b_1 \cdot h_1 + b\, d + n\, F_e}$$

$$x_1 = h_1 \cdot \frac{0,08 \cdot n \cdot \varphi + 0,50 + \alpha \cdot \beta \left(1 + \frac{\beta}{2}\right)}{\alpha \cdot \beta + 1 + n \cdot \varphi} \quad \ldots \ldots \quad (128)$$

Zu den Verhältniszahlen α, β und φ können mit Hilfe der Gleichungen (128) und (127) die Größen x_1 und σ_{bz} berechnet werden. Für die üblichen Verhältnisse kann man die Rechnungsergebnisse auch in Tabellen so vorbereiten, daß man schon beim Entwerfen die zu erwartende Betonzugspannung ohne umständliche Rechnung erkennen kann (vgl. Anhang Tabelle 6). Da es nun beim Entwerfen auch sehr nützlich ist, die zu den Verhältniszahlen α, β, φ und zu der Eisenspannung σ_e zugehörige Betondruckspannung im Spannungszustand IIb zu kennen, hat Prof. Mörsch hierfür die oben erwähnte Tabelle noch erweitert ($\sigma_b : \sigma_e$ der Tabelle 6).

Im Spannungszustand IIb ist nach den Gleichungen (60) und (63)

$$x = \frac{n\,(h - a)\, F_e + \frac{b\, d^2}{2}}{n\, F_e + b\, d} \; ; \quad \sigma_b = \frac{\sigma_e}{n} \cdot \frac{x}{h - a - x} \; ;$$

Daraus erhält man

$$\sigma_b = \frac{\sigma_e}{n} \cdot \frac{2 \cdot n \cdot (h - a)\, F_e + b\, d^2}{b\, d\, (2\, h - 2\, a - d)}$$

oder

$$\sigma_b = \frac{\sigma_e}{n} \cdot \frac{2 \cdot n \cdot \varphi\, (0,92 + \beta) + \alpha\, \beta^2}{\alpha \cdot \beta\, (1,84 + \beta)} \quad \ldots \ldots \quad (129)$$

Nach dieser Gleichung kann man die Verhältnisse $\sigma_b : \sigma_e$, welche zu den Verhältniszahlen α, β und φ gehören, berechnen und in einer Tabelle zusammenstellen (vgl. Tabelle 6 des Anhanges).

Für die Spannungswerte $\sigma_e = 750$ kg/qcm und $\sigma_{bz} = 24$ kg/qcm, welche nach den deutschen Bestimmungen in Brücken unter Eisenbahngleisen nicht überschritten werden sollen, kann man die Werte der Tabelle 6 in einer Tafel zusammenstellen (vgl. Anhang Tafel 1)[1].

Durch die der Trägerrechnung vorangehende Plattenberechnung ist die Plattenstärke d gegeben, somit nach Annahme der Rippenhöhe h_1 auch die Verhältniszahl $\beta = \frac{d}{h_1}$. Der Zugeisenquerschnitt ergibt sich genügend genau aus der Annäherungsformel

$$F_e = \frac{\mathfrak{M}}{750 \left(0,92\, h_1 + \frac{d}{2}\right)}$$

$$\varphi = \frac{F_e}{b_1 \cdot h_1} = \frac{F_e}{d \cdot b} \cdot \alpha \cdot \beta; \quad \text{hieraus} \quad \frac{\varphi}{\alpha} = \frac{F_e}{d \cdot b} \cdot \beta \quad \ldots \quad (130)$$

Dieses Verhältnis $\frac{\varphi}{\alpha}$ kann also auch berechnet werden. Durch die Gleichungen (127) und (128) ist für das konstante Verhältnis $\sigma_{bz} : \sigma_e = 24 : 750 = 0,032$

---

[1] Hager, Zentralblatt der Bauverwaltung 1915, S. 391.

die Größe φ als Funktion von α und β gegeben. Für gewählte Werte von β sind in der Tafel 1 des Anhanges Linien gezeichnet, deren Abszissen die α und deren Ordinaten die φ sind. Die Punkte, für welche $\frac{\varphi}{\alpha}$ konstant bleibt, liegen auf geraden Linien, die durch den Anfangspunkt des Koordinatensystems gehen. Diese Geraden sind in der Tafel gleichfalls eingezeichnet.

Soll nun ein Plattenbalken berechnet werden, bei welchem die Grenzspannungen $\sigma_e = 750$ kg/qcm und $\sigma_b = 30$ kg/qcm im Spannungszustand II b sowie $\sigma_{bz} = 24$ kg/qcm im Spannungszustand I nicht überschritten werden, so ist zu verfahren, wie folgt:

Die Größen b und d sind gegeben, h_1 ist zu schätzen. Sodann berechne man, wie oben angegeben, $\beta = \frac{d}{h_1}$, F_e und $\frac{\varphi}{\alpha}$. In der Tafel suche man den Schnittpunkt der β-Linie mit der $\frac{\varphi}{\alpha}$-Geraden. An dem Schnittpunkt ist die Ordinate φ und die Abszisse α abzulesen, so daß die gesuchte Rippenbreite $b_1 = \frac{b}{\alpha}$ sofort berechnet werden kann.

Die Betondruckspannung σ_b erhält man aus dem zweiten Teile der Tabelle 6 des Anhanges, indem man für $\sigma_e = 750$ einsetzt.

Zahlenbeispiel.

Gegeben: $\mathfrak{M} = 760000$ cmkg, $b = 100$ cm, $d = 14$ cm.
Geschätzt $h_1 = 50$ cm.

$$\beta = \frac{14}{50} = 0,28; \quad F_e = \frac{760\,000}{750 \left(6,92 \cdot 50 + \frac{14}{2}\right)} = 19 \text{ qcm,}$$

$$\frac{\varphi}{\alpha} = \frac{19}{14 \cdot 100} \cdot 0,28 = 0,0038.$$

Aus der Tafel (kleiner Kreis) für $\beta = 0,28$ und $\frac{\varphi}{\alpha} = 0,0038$

$$\alpha = 4,82; \quad \varphi = 0,0183.$$

Daher $b_1 = \frac{100}{4,82} = 20,7$ cm; $\varphi = \frac{19}{20,7 \cdot 50} = 0,0183$ (wie oben).

Für α, β und φ ergibt die Tabelle 6 $\sigma_b : \sigma_e = 0,0246$ daher annähernd

$$\sigma_b \backsim 750 \cdot 0,0246 = 18,4 \text{ kg/qcm.}$$

Prüft man nun noch mit Hilfe der Gleichungen (105) und (97) den Wert von σ_{bz}, so findet man $\sigma_{bz} = 23,9$ kg/qcm, also noch weniger wie 24, weil in der Rechnung der Druckmittelpunkt ein wenig zu hoch angenommen ist. Die mit Hilfe der Tafel berechneten Werte bedürfen somit der Nachprüfung nicht mehr.

Vergleich der Rechnungsergebnisse mit den Versuchsergebnissen.

Wenn auch die Betrachtung der Biegungsversuche einem späteren Abschnitt vorbehalten bleiben muß, weil diese Versuche sich auch teils auf die erst später zu behandelnden Schub- und Haftspannungen beziehen, verlangen doch die im vorigen Abschnitte gezeigten großen Unterschiede der nach verschiedenen Rechnungsverfahren ermittelten Werte von x, σ_b und σ_e einen Vergleich mit beobachteten Werten.

Schüle[1]) hat durch Versuche festgestellt, daß die Lage der Nullinie unter anderem auch von der Würfelfestigkeit des Betons abhängig ist und bei Beton mit hoher Würfelfestigkeit näher an der Druckkante des Balkens liegt als bei Beton mit geringerer Würfelfestigkeit.

v. Bach[2]) stellte fest, daß die Lage der Nullinie unter steigender Belastung nach der Druckseite hinrückt, wie dies in den beiden Abb. 98 und 99 er-

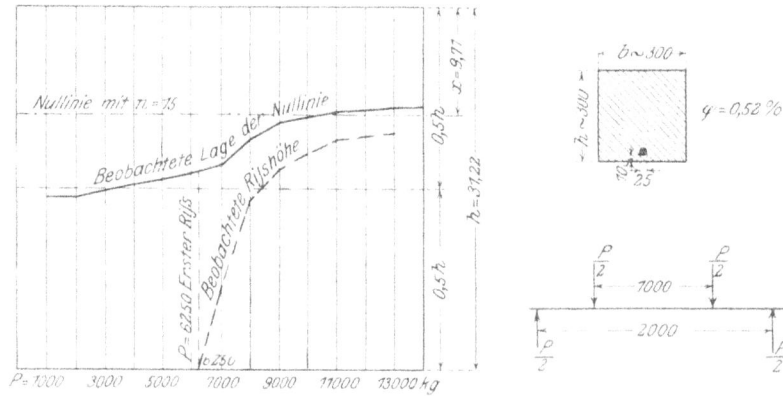

Abb. 98.

sehen werden kann, in welchen die mit der Belastung veränderliche Lage der Nullinie dargestellt ist.

Die Beobachtungen wurden am rechteckigen Balken von 2,00 m Stützweite und 30 cm Höhe angestellt[3]). Sie zeigen, daß in rechteckigen Balken, deren Be-

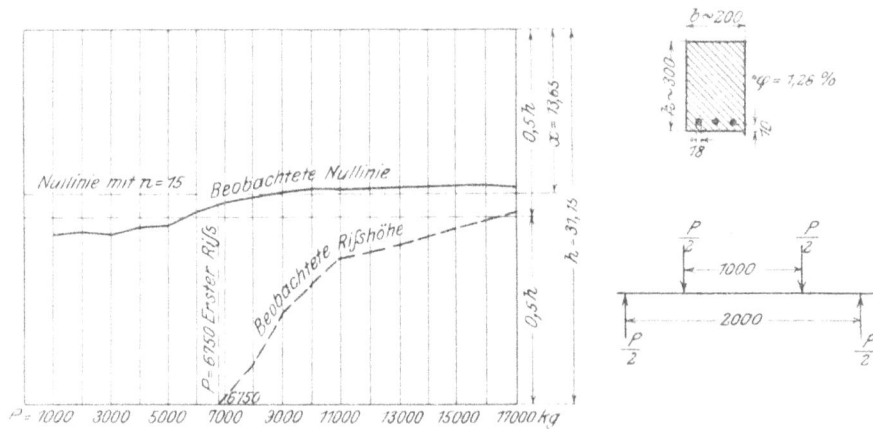

Abb. 99.

wehrungsprozente φ, wie üblich, zwischen 0,52% und 1,26% liegen, die Nullinie in der Nähe der Bruchlast tatsächlich der nach der Spannungsverteilung Abb. 57 ohne Berücksichtigung der Betonzugspannungen berechneten Lage sehr nahe kommt.

---

[1]) Schüle, Mitteilungen der Eidgen. Materialprüfungsanstalt Zürich, 10. Heft, 1906.
[2]) v. Bach, Mitteilungen über Forschungsarbeiten, Heft 39, 1907, S. 43.
[3]) v. Bach, Mitteilungen über Forschungsarbeiten, Heft 45 bis 47, 1907, S. 43 und 76.

In Abb. 100 ist die mit der Belastung veränderliche Lage der Nullinie eines stark bewehrten Plattenbalkens mit breiter Platte dargestellt[1]). Auch hier zeigt sich, daß in der Nähe der Bruchlast die mit $n = 15$ nach der Spannungsverteilung Abb. 57 ohne Berücksichtigung der Betonzugspannung berechnete Lage der Nullinie mit der beobachteten Lage der Nullinie gut übereinstimmt.

Da bei den Biegeversuchen nicht die inneren Spannungen, sondern nur die ihnen entsprechenden Längenänderungen (λ) gemessen werden können, können die Betonspannungen σ_b erst mit Hilfe der Formänderungszahl (Elastizitätsmodul) ε_b des Betons aus der Gleichung $\sigma_b = \lambda \cdot \varepsilon_b$ gewonnen werden. Es wurde

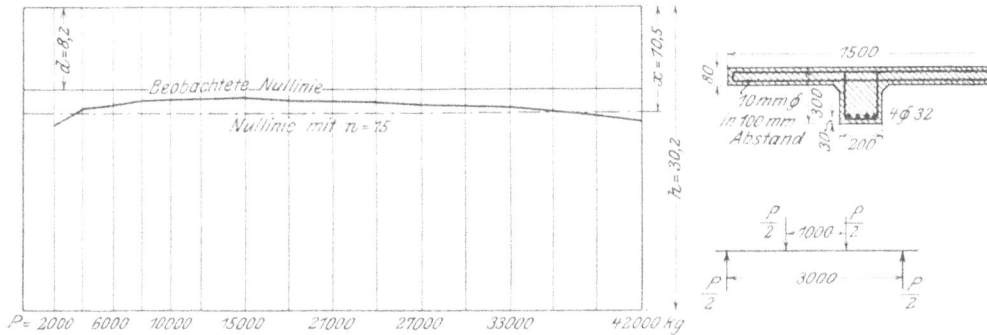

Abb. 100.

deshalb bei solchen Versuchen der veränderliche Elastizitätsmodul ε_b an Betonprismen, welche aus demselben Beton und unter denselben Verhältnissen wie die Versuchsbalken angefertigt worden waren, beobachtet und aus den gemessenen λ und den beobachteten ε_b die Biegungsspannung σ_b bestimmt.

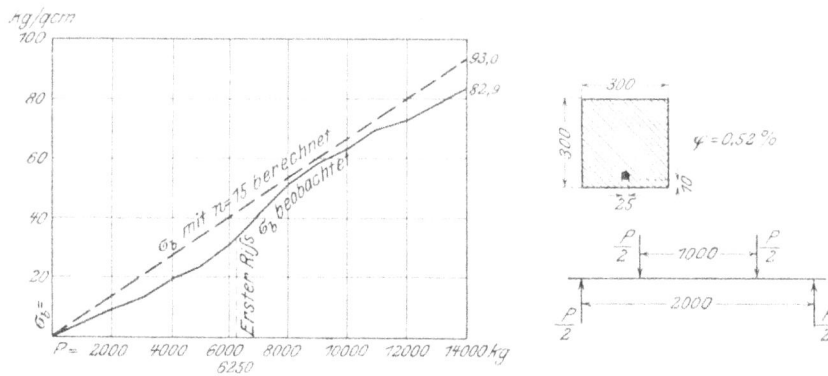

Abb. 101.

In den Abb. 101 und 102 sind die so beobachteten Biegungsspannungen σ_b für einen rechteckigen Balken und für einen Plattenbalken aufgetragen worden[2]). Die gestrichelten Linien geben die nach der Spannungsverteilung Abb. 57 ohne Berücksichtigung der Betonzugspannungen berechneten Werte σ_b an.

Die Unterschiede der beobachteten und berechneten Spannungen σ_b sind nach diesen Abbildungen nicht sehr bedeutend, und gerade in der Nähe des Bruchs sind die beobachteten Spannungswerte σ_b kleiner als die berechneten, so daß

---

[1]) v. Bach und Graf, Mitteilungen über Forschungsarbeiten, Heft 122 u. 123, 1912, S. 87.

[2]) Desgleichen Heft 45 bis 47. Zusammenstellung 53 und Heft 122 bis 123, S. 81.

die Rechnung etwas zu ungünstige, somit jedenfalls sichere Ergebnisse liefert. Der Vergleich der beobachteten und berechneten Spannungen zeigt aber auch, daß die in Abb. 57 angenommene geradlinige Spannungsverteilung der Betondruckspannungen für die praktische Rechnung ausreicht.

Um die berechneten Eisenspannungen mit den beobachteten vergleichen zu können, hat v. Bach[1]) einen Versuchsbalken benutzt, dessen Eiseneinlagen mit seitlich aus dem Balken hervorragenden Zapfen versehen waren, damit die Längen-

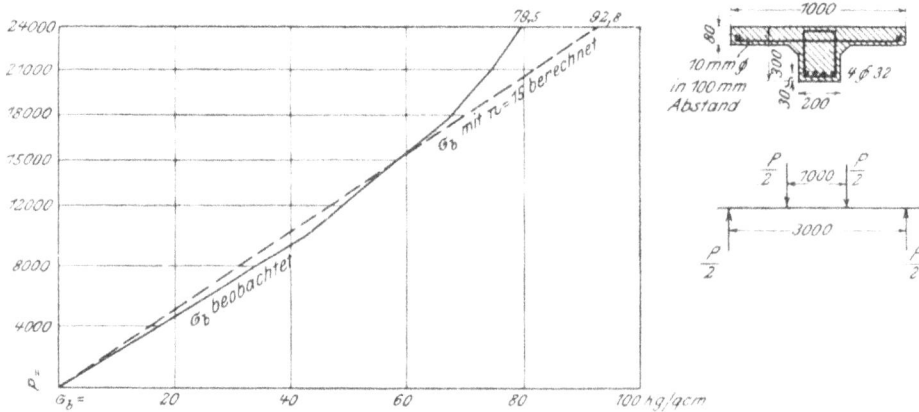

Abb. 102.

änderungen der Eisen während des Biegungsversuchs unmittelbar gemessen werden konnten. Die bei diesem Versuche beobachteten Eisenspannungen σ_l sind in der Abb. 103 aufgetragen worden.

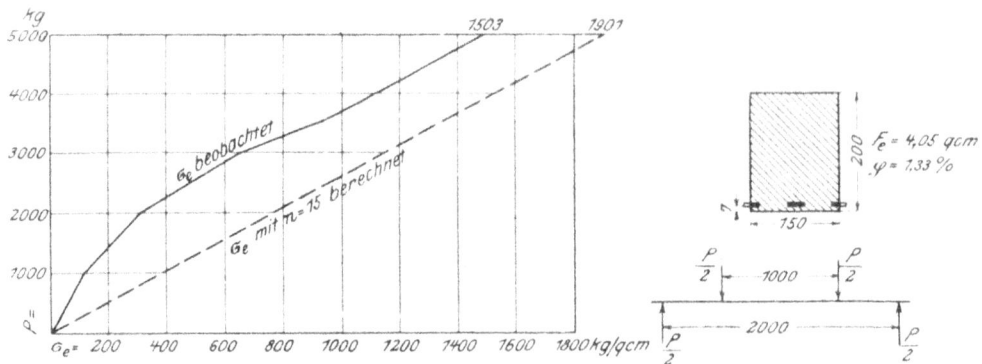

Abb. 103.

Vergleicht man diese beobachteten Eisenspannungen σ_e mit den durch die gestrichelte Linie dargestellten Spannungen, welche nach der Spannungsverteilung Abb. 57 mit $n = 15$ berechnet sind, so erkennt man, daß die berechneten Eisenspannungen des rechteckigen Balkens erheblich größer sind als die beobachteten. Bezüglich der Eisen wird also das gewählte Rechnungsverfahren für rechteckige Balken eine wesentlich höhere Sicherheit liefern, als die Rechnung erwarten läßt.

Ob ähnliche Versuche, bei welchen die Längenänderung der Eisen unmittelbar gemessen wurde, auch mit Plattenbalken angestellt worden sind, ist mir

[1]) v. Bach, Mitteilungen über Forschungsarbeiten, Heft 45 bis 47, 1907, Zusammenstellung 56.

nicht bekannt. Aus den Längenänderungen des Betons in der Nähe der Eisen, welche vielfach gemessen worden sind, darf man aber — wenigstens bei höheren Belastungen — nicht mehr auf die Längenänderung der Eisen schließen, weil hierbei schon Verschiebungen der Eisen im Beton eintreten. Jedoch läßt sich aus den Bruchbelastungen derjenigen Balken, welche, wie es die Regel bildet, durch das Erreichen der Streckgrenze in den Eisen zu Bruch gingen, ein Vergleich zwischen beobachteten und berechneten Eisenspannungen ableiten.

Bei sieben Versuchsreihen mit Plattenbalken[1]) wurde festgestellt, daß die für die Bruchlast mit $n = 15$ berechnete Eisenspannung σ_e um 3 bis 15% größer war als die für die Eisen bestimmte Streckgrenze. Dabei konnte aus dem auf den Eiseneinlagen beobachteten losen Zunder geschlossen werden, daß der Bruch der Balken durch Erreichen der Streckgrenze in den Eisen eingetreten war.

Somit liefert auch bei Plattenbalken die Rechnung nach der Spannungsverteilung Abb. 57 für die Eisenspannung σ_e einen etwas zu großen Wert in der Nähe des Bruchs.

Aus diesen Vergleichen kann allgemein geschlossen werden, daß für den Zustand in der Nähe des Bruchs die geradlinige Spannungsverteilung ohne Berücksichtigung der Betonzugspannungen mit $n = 15$ hinreichend genaue und jedenfalls sichere Rechnungsergebnisse liefert, sofern es sich um die Berechnung der Spannungen und die Lage der Nullinie handelt.

8. Kapitel. Die Schubspannungen bei Biegung.

Allgemeines.

Bei den vollwandigen Balken isotroper Baustoffe sind die Schubspannungen und die schrägen Hauptspannungen für die Beurteilung der Bruchgefahr in der Regel von untergeordneter Bedeutung. Wenn daher solche Balken in der Nähe der Nullinie nicht sehr dünn sind, kann bei den meisten Baustoffen von der Prüfung ihrer Schubspannungen abgesehen werden. Dagegen können die Schubspannungen und die schrägen Hauptspannungen für die Eisenbetonbalken gefährlich werden, so daß sie hier stets berechnet und gegebenenfalls durch eine besondere Anordnung der Eiseneinlagen unschädlich gemacht werden müssen.

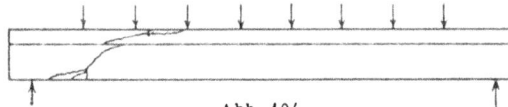

Abb. 104.

Belastet man einen stark mit geraden Zugeisen bewehrten Plattenbalken aus Eisenbeton gleichförmig verteilt bis zum Bruch, so wird dieser Balken nicht in der Nähe der Balkenmitte brechen, wie dies unter Verwendung eines isotropen Baustoffes zu erwarten wäre, sondern in der Nähe eines Auflagers. Dort bildet sich infolge der schrägen Zugspannungen und der Schubspannungen ein Riß, welcher in der Nullinie ungefähr unter 45 Gerad gegen diese und an seinen Enden mehr wagerecht verläuft (vgl. Abb. 104)[2]).

[1]) Deutscher Ausschuß für Eisenbeton, Heft 20, 1912, berichtet von v. Bach und Graf, S. 82.

[2]) Deutscher Ausschuß für Eisenbeton, Heft 20, 1912.

Da für die Berechnung der Eisenbetonbalken auf Biegung angenommen wurde, daß ebene Querschnitte eben bleiben, und daß der Elastizitätsmodul des Betons auf Druck eine konstante Zahl ist, so gelten für die Berechnung der Schub-

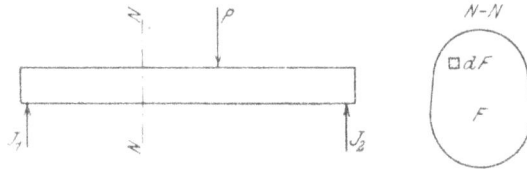

Abb. 105.

spannungen in der Druckzone der Eisenbetonbalken auch die für Balken isotroper Baustoffe gültigen Gleichungen. Zum leichteren Verständnis soll jedoch zunächst an einige hier einschlägige Sätze der Festigkeitslehre erinnert werden.

Die Summe der lotrechten inneren Schubkräfte in einem Balkenquerschnitt ist gleich der Querkraft V_n des Balkens an der Querschnittsstelle, somit nach Abb. 105, wenn τ die Schubspannung ist,

$$V_n = \int_0^F \tau\, dF.$$

Die wagerechten Schubkräfte eines Balkens sind die Unterschiede der inneren Normalkräfte in zwei benachbarten Balkenquerschnitten (vgl. Abb. 106)

$$H_z = S_2 - S_1.$$

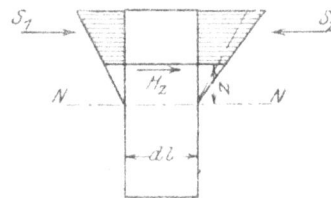

Abb. 106.

Die oberhalb und unterhalb einer zur Null-linie parallelen Schnittfläche angreifenden inneren Schubkräfte sind einander gleich und entgegengesetzt gerichtet und erreichen in demselben Querschnitt in der Nullinie ihren größten Wert (vgl. Abb. 107). Sie sind die Ordinaten einer quadratischen Parabel, deren Scheitel in der Nullinie liegt.

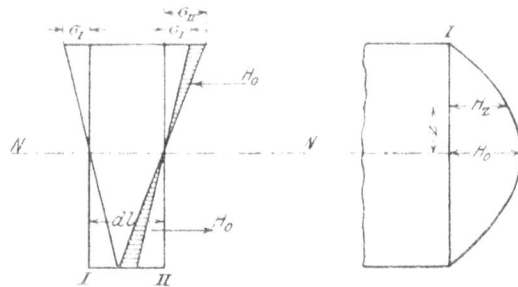

Abb. 107.

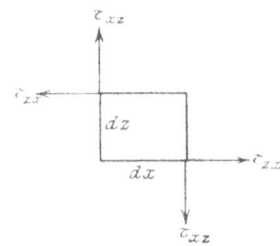

Abb. 108.

In einem Balken von gleichbleibendem Querschnitt treten die größten Schubspannungen an der Stelle des Balkens auf, an welcher die Querkräfte ihren größten Wert annehmen.

In jedem Punkte eines Balkenquerschnittes sind die lotrechte und die wagerechte Schubspannung einander gleich. Abb. 108 stellt ein Elementarprisma von der Tiefe 1 dar, an welchem zwei gleiche Kräftepaare angreifen.

$$\tau_{xz} \cdot dz \cdot 1 \cdot dx = \tau_{zx} \cdot dx \cdot 1 \cdot dz,$$

daher

$$\tau_{zx} = \tau_{xz} = \tau.$$

Bezeichnet man in dem Querschnitt eines isotropen Balkens (Abb. 109) mit τ die wagerechte Schubspannung in der Höhe z über der Nullinie, mit $\mathfrak{S}_z$ das statische Moment des in der Abb. 109 schraffierten Querschnittsteiles, bezogen auf die Nullinie, mit Θ das Trägheitsmoment der ganzen Querschnittsfläche, bezogen auf die Nullinie, und mit V die Querkraft an der Querschnittsstelle,

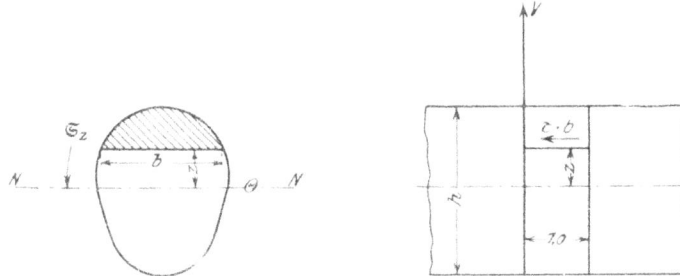

Abb. 109.

so ist bekanntlich die Schubkraft auf die Längeneinheit des Balkens an der betrachteten Stelle

$$\tau \cdot b = \frac{V \cdot \mathfrak{S}_z}{\Theta}.$$

Diese Gleichung kann nach den vorstehenden Betrachtungen auch auf Eisenbetonbalken angewendet werden, wenn nur zur Berechnung des statischen Momentes $\mathfrak{S}_z$ und des Trägheitsmomentes Θ die im vorigen Kapitel mehrfach erläuterte ideelle Querschnittsfläche F_i zugrunde gelegt wird.

Es würde also z. B. unter der Voraussetzung der Spannungsverteilung nach Abb. 57 für F_i eine Fläche zu setzen sein, welche aus der Betondruckfläche und der n-fachen Eisenquerschnittsfläche besteht (z. B. Abb. 59).

Bezeichnet man also mit $\mathfrak{S}_{iz}$ das dem $\mathfrak{S}_z$ entsprechende statische Moment des Querschnittsteiles der ideellen Fläche F_i und mit Θ_v das Verbundträgheitsmoment dieser Fläche F_i, beide bezogen auf die Nullinie, so wird man für einen Eisenbetonquerschnitt die vorige Gleichung zu schreiben haben

$$\tau \cdot b = \frac{V \cdot \mathfrak{S}_{iz}}{\Theta_v} \quad . \quad . \quad . \quad . \quad . \quad . \quad . \quad (131)$$

Die Gleichung zeigt, daß in demselben Querschnitt die Schubkraft auf die Längeneinheit ($\tau \cdot b$) ihren größten Wert erreicht, wenn $\mathfrak{S}_{iz}$ seinen größten Wert annimmt, d. h. wenn $z = 0$ ist (vgl. Abb. 109). Es ist somit im Eisenbetonbalken, wie im isotropen Balken, die Schubkraft auf die Längeneinheit in der Nullinie am größten ($\tau_o \cdot b$).

Schubspannungen in Balken von rechteckigem Querschnitt.

Einfache Bewehrung.

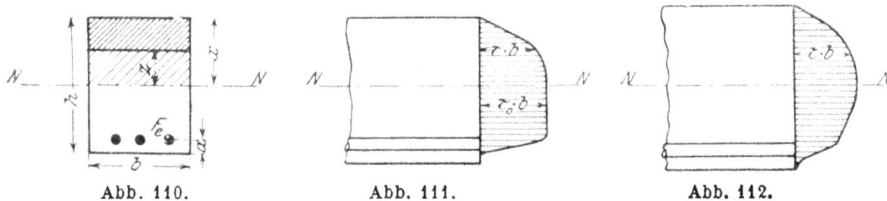

Abb. 110. Abb. 111. Abb. 112.

Aus der vorstehenden Abbildung 110 erhält man

$$\mathfrak{S}_{iz} = b \, (x - z) \left(z + \frac{x - z}{2} \right) = \frac{b}{2} \, (x^2 - z^2).$$

Nach Gleichung (28) ist

$$\Theta_v = \frac{x^2 b}{2}\left(h - a - \frac{x}{3}\right)$$

beides in (131) eingesetzt:

$$\tau b = \frac{V \cdot \mathfrak{S}_{iz}}{\Theta_v} = \frac{V\,(x^2 - z^2)}{x^2\left(h - a - \dfrac{x}{3}\right)}.$$

In der Nullinie ist $z = 0$ und τ nimmt seinen Größtwert τ_o an

$$\tau_0 = \frac{V}{b\left(h - a - \dfrac{x}{3}\right)} \quad \dots \dots \quad \textbf{(132)}$$

Hierbei ist $h - a - \dfrac{x}{3}$ der Abstand der inneren Zugkraft von der inneren Druckkraft in dem betrachteten Balkenquerschnitt (vgl. Abb. 58). Den Wert x erhält man aus Gleichung (22). Die Schubkraft auf die Längeneinheit in der Nulllinie ($\tau_o \cdot b$) ist somit der Quotient aus der Vertikalkraft V, geteilt durch den Abstand der inneren Zugkraft von der inneren Druckkraft.

Betrachtet man die Schubspannungen in einem wagerechten Schnitt der Zugzone, so erkennt man aus Abb. 110, daß in diesen Schnitten $\mathfrak{S}_{iz}$ seinen Wert für $z = 0$ beibehält, weil die Betonfläche der Zugzone im ideellen Querschnitt F_i solange als nicht vorhanden angesehen wird, als die Zugspannungen des Betons vernachlässigt werden. Wenn $\mathfrak{S}_{iz}$ für alle wagerechten Schnitte der Zugzone konstant bleibt, bleibt auch $\tau b = \tau_o b$ die Schubkraft der Längeneinheit bei allen beliebig gestalteten Querschnittsformen und beim rechteckigen Querschnitt $\tau = \tau_o$ die Schubspannung in allen Punkten der Zugzone konstant (vgl. Abb. 111).

Tatsächlich werden aber von dem Beton auch Zugkräfte übertragen, so daß die Betonzugflächen nicht vollkommen vernachlässigt werden dürfen, wenn man die wahren Schubkräfte der Zugzone bestimmen will, deren Veränderlichkeit beiläufig aus Abb. 112 ersehen werden kann.

Doppelte Bewehrung.

Für die doppelte Bewehrung sollen nur die größten Schubkräfte auf die Längeneinheit in der Nullinie ($\tau_o \cdot b$) betrachtet werden.

Wenn $z = 0$ ist, bedeutet $\mathfrak{S}_{iz}$ das statische Moment der Betondruckfläche und der n-fachen Eisendruckfläche, bezogen auf die Nullinie, welches gleich sein muß dem statischen Moment der n-fachen Eisenzugfläche, bezogen auf die Nulllinie (Gleichung (81), Abb. 63).

$$\mathfrak{S}_{iz} = n \cdot F_e \cdot (h - a - x).$$

Nach Gleichung (48) ist für doppelte bewehrte Rechteckquerschnitte

$$\Theta_v = \frac{b\,x^3}{3} + n \cdot F_e'\,(x - a')^2 + n \cdot F_e \cdot (h - a - x)^2,$$

wobei x aus Gleichung (41) bzw. (45) berechnet werden muß.

Daher ist

$$\tau_0 = \frac{V}{b} \cdot \frac{n \cdot F_e\,(h - a - x)}{\dfrac{b\,x^3}{3} + n \cdot F_e'\,(x - a')^2 + n\,F_e\,(h - a - x)^2} \quad \dots \quad (133)$$

Schubspannungen im Plattenbalken.

Auch für die Berechnung der Schubspannungen muß man beim Plattenbalken die zwei Fälle unterscheiden: die Nullinie schneidet die Platte und die Nullinie schneidet den Steg.

Schneidet die Nullinie die Platte, so ist nach Abb. 71 der Balken als rechteckiger Balken zu behandeln. Somit ist für die Berechnung der Schubkraft auf die Längeneinheit in der Nullinie die Gleichung (132) anzuwenden.

$$\tau_0 \cdot b = \frac{V}{h - a - \dfrac{x}{3}}.$$

Die Schubkraft $\tau_0 \cdot b$ bleibt zufolge Abb. 111 in der ganzen Zugzone eine konstante Zahl, so daß auch für die Rippenbreite b_1 die Beziehung gelten muß

$$\tau_0 \cdot b = \tau_0 \cdot b_1$$

oder

$$\tau_0 = \frac{V}{b_1 \left(h - a - \dfrac{x}{3} \right)} \quad \ldots \quad \ldots \quad \ldots \quad (134)$$

In den Plattenbalken tritt also die größte Schubspannung bei Vernachlässigung der Betonzugfläche stets im Steg auf. Schneidet die Nullinie den Steg, so erhält man das statische Moment $\mathfrak{S}_{iz}$ der Gleichung (131) für $z = 0$ am bequemsten von der Zugfläche her (vgl. Abb. 73).

$$\mathfrak{S}_{iz} = n \cdot F_e \cdot (h - a - x).$$

Das Verbundträgheitsmoment des Plattenbalkenquerschnittes erhält man unter Vernachlässigung der Betonzugspannungen aus Gleichung (65)

$$\Theta_v = n \cdot F_e \, (h - a - x + y)\,(h - a - x),$$

so daß man für die Schubkraft auf die Längeneinheit in der Nullinie des Plattenbalkens nach (131) erhält

$$\tau_0 \cdot b_1 = \frac{V}{(h - a - x + y)} \quad \ldots \quad \ldots \quad \ldots \quad (135)$$

Es ist also auch hier die Schubkraft auf die Längeneinheit in der Nullinie gleich dem Quotienten der Querkraft V geteilt durch den Abstand $(h-a-x+y)$ der inneren Druckkraft von der inneren Zugkraft.

In Abb. 75 wurde gezeigt, daß für diesen Abstand in der Regel mit guter Annäherung $h - a - \dfrac{d}{2}$ gesetzt werden darf. Hierdurch kann auch für τ_0 eine beim Entwerfen sehr zweckmäßige Annäherung gewonnen werden.

$$\tau_0 \sim \frac{V}{b_1 \left(h - a - \dfrac{d}{2} \right)} \quad \ldots \quad \ldots \quad \ldots \quad (136)$$

Auch an den Anschlüssen der Platte an den Steg entstehen beiderseits bemerkenswerte Schubspannungen τ_s (vgl. Abb. 113), welche zuweilen eine Vergrößerung der Plattenstärke d im Anschluß an den Steg selbst dann zweckmäßig erscheinen lassen, wenn solche Vouten der Platte mit Rücksicht auf die größeren Einspannungsmomente nicht erforderlich sein sollten. Wenn D die ganze innere Druckkraft im Balkenquerschnitt Abb. 73 und D_1 der auf die Plattenflügel

treffende Teil dieser Druckkraft ist, kann ohne Rücksicht auf die Vouten geschrieben werden (Abb. 113)

$$D_1 = \frac{D}{b} \cdot (b - b_2) = \frac{\mathfrak{M}}{h - a - x + y} \cdot \frac{b - b_2}{b}.$$

$$\frac{d\,D_1}{d\,x'} = \frac{d\,\mathfrak{M}}{d\,x'} \cdot \frac{1}{h - a - x + y} \cdot \frac{b - b_2}{b} = \frac{V}{h - a - x + y} \cdot \frac{b - b_2}{b}.$$

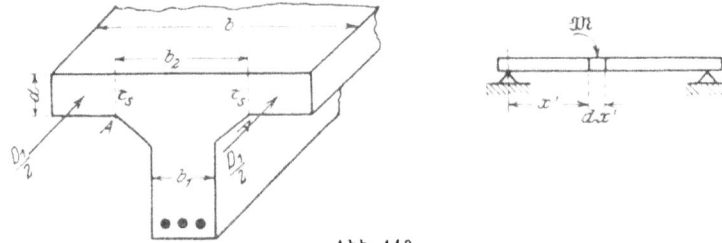

Abb. 113.

Die Schubkraft auf die Länge $d\,x'$ in den Schnitten A ist nach dem eingangs
dieses Kapitels angeführten Satze gleich dem Unterschied der beiden Druck-
kräfte $\frac{D_1}{2}$ in den um $d\,x'$ voneinander entfernten Querschnitten, also $\frac{d\,D_1}{2}$.

Setzt man als Annäherung voraus, daß sich τ_s gleichmäßig über die Schnitte A
verteilt, so kann man auch schreiben

$$\frac{d\,D_1}{2} = \tau_s \cdot d \cdot d\,x'; \quad \tau_s = \frac{1}{2\,d} \cdot \frac{d\,D_1}{d\,x'};$$

$$\frac{V}{h - a - x + y} = \tau_0 \cdot b_1;$$

beides oben eingesetzt:

$$\tau_s = \frac{\tau_0 \cdot b_1}{2\,d} \cdot \frac{b - b_2}{b} \quad \ldots \ldots \ldots \quad (137)$$

Da die Plattenbreite b meist durch die Trägerteilung gegeben ist, kann man
diese Gleichung benutzen, um mit Rücksicht auf τ_s die Voutenlänge dadurch
zu bestimmen, daß man sie nach b_2 auflöst.

$$b_2 = \frac{b}{\tau_0\,b_1}\,(\tau_0 \cdot b_1 - \tau_s \cdot 2\,d).$$

τ_0 kann hierfür mit hinreichender Genauigkeit aus der Annäherung (136)
eingesetzt werden. Für τ_s kann nach Versuchen von v. Bach[1]), wenn die Platte
mit Quereisen bewehrt ist, 8—9 kg/qcm[2]) als zulässige Spannung angenommen
werden.

Schubspannungen in Balken beliebigen Querschnittes.

Der Eisenbetonquerschnitt soll wie in Abb. 84 doppelt bewehrt und zur
Biegungsebene symmetrisch sein. Mit $\mathfrak{S}_{oz}$ soll das auf die Nullinie bezogene
statische Moment der über der Nullinie gelegenen Betondruckfläche, vermehrt
um den n-fachen Druckeisenquerschnitt, bezeichnet werden (Abb. 82). $\mathfrak{S}_{ez}$ sei

---

[1]) v. Bach und Graf, Mitteilungen über Forschungsarbeiten, Heft 90 bis 91,
1910, Heft 122 bis 123, 1912.

[2]) Mörsch, Der Eisenbetonbau, IV. Aufl. Stuttgart 1912. S. 345.

das statische Moment des Zugeisenquerschnitts, bezogen auf die Nullinie. b sei
die Breite des Eisenbetonquerschnittes in der Nullinie gemessen.

$$\tau_0 \cdot b = V \cdot \frac{\mathfrak{S}_{0z}}{\Theta_v} = V \cdot \frac{n \cdot \mathfrak{S}_{ez}}{\Theta_v} \quad \ldots \ldots \quad (138)$$

Gewöhnlich wird $\mathfrak{S}_{ez}$ schneller zu berechnen sein als $\mathfrak{S}_{oz}$.

Schubspannungen in Balken von veränderlicher Höhe.

Es seien auch hier nur die Schubspannungen in wagerechten und lotrechten
Schnitten betrachtet (Abb. 114).

$$D = Z = \frac{\mathfrak{M}}{e}.$$

Da die wagerechte Schubkraft auf die Länge dx' in der Nullinie gleich ist
der Differenz (dZ) der Zugkräfte Z in zwei
um dx' voneinander entfernten Querschnitten
(Abb. 107), muß zunächst das Differential dZ
gebildet werden. Nach Abb. 114 ist

$$Z = \frac{\mathfrak{M}}{e} \quad \text{somit} \quad \frac{dZ}{dx'} = \frac{\dfrac{d\mathfrak{M}}{dx'} \cdot e - \mathfrak{M} \cdot \dfrac{de}{dx'}}{e^2},$$

$$dZ = \tau_0 \cdot b \cdot dx', \quad \frac{d\mathfrak{M}}{dx'} = V,$$

$$\tau_0 \cdot b = \frac{1}{e} \cdot V - \frac{\mathfrak{M}}{e^2} \cdot \frac{de}{dx'}.$$

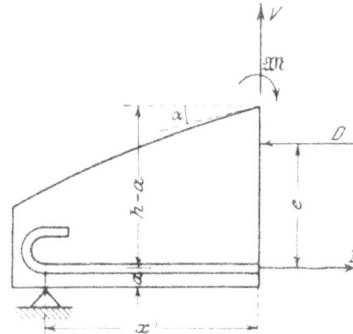

Abb. 114.

Vergleicht man dieses Ergebnis mit
den Gleichungen (132) und (135), so sieht
man, daß bei wachsendem $\mathfrak{M}$ und e hier τ_o kleiner wird als in den Balken
mit gleichbleibender Höhe.

Im rechteckigen Balken ist annähernd nach Seite 62

$$e = \frac{7}{8} (h - a) [1],$$

$$\frac{de}{dx'} = \frac{7}{8} \cdot \frac{dh}{dx'} = \frac{7}{8} \cdot \operatorname{tg} \alpha,$$

$$\tau_0 \cdot b = \frac{V}{e} - \frac{\mathfrak{M}}{e^2} \cdot \frac{7}{8} \operatorname{tg} \alpha \quad \ldots \ldots \quad (139)$$

Nach Abb. 75 ist in Plattenbalken $e \sim h - a - \dfrac{d}{2}$, daher

$$\frac{de}{dx'} = \frac{dh}{dx'} = \operatorname{tg} \alpha$$

und demnach die Schubkraft auf die Längeneinheit in der Nullinie eines Plattenbalkens mit veränderlicher Höhe

$$\tau_0 \cdot b = \frac{V}{e} - \frac{\mathfrak{M}}{e^2} \cdot \operatorname{tg} \alpha \quad \ldots \ldots \quad (140)$$

[1] Mörsch, Der Eisenbetonbau, IV. Aufl. Stuttgart 1912. S. 346.

Die schiefen Hauptspannungen.

Allgemeines.

Unter einer Normalspannung in einem Balkenpunkt hinsichtlich irgendeiner Schnittfläche F versteht man diejenige Komponente der durch diesen Punkt gehenden Spannung, welche auf dieser Schnittfläche F senkrecht steht, während die in die Fläche F fallende Komponente die Schubspannung heißt.

Wird die Schubspannung Null, so wird die Normalspannung zur Hauptspannung. Von den bisher betrachteten Normalspannungen sind nur die Randspannungen σ_b und σ_{bz} zugleich Hauptspannungen, weil die Schubspannungen an den Balkenrändern Null werden.

Es sollen hier nur die Spannungen im ebenen Spannungszustande betrachtet werden (ebenes Problem), d. h. in einem Spannungszustand, »bei dem nach einer bestimmten Richtung hin überhaupt keine Spannungskomponenten auftreten«[1]. Bezeichnet man nach Abb. 115 mit σ_x die wagerechte, mit σ_y die lotrechte und mit σ' eine schiefe Normalspannung in einem Balkenpunkte, so zeigt die Festigkeitslehre, daß σ' und die zugehörige Schubspannung τ' folgende Werte haben:

$$\sigma' = \frac{\sigma_x + \sigma_y}{2} + \frac{\sigma_y - \sigma_x}{2} \cos 2\varphi + \tau \cdot \sin 2\varphi,$$

$$\tau' = \frac{\sigma_x - \sigma_y}{2} \sin 2\varphi + \tau \cos 2\varphi.$$

σ' wird ein Größtwert für

$$\frac{d\sigma'}{d\varphi} = 0 = -\frac{\sigma_y - \sigma_x}{2} \cdot 2 \cdot \sin 2\varphi + \\ + 2\tau \cdot \cos 2\varphi = 2\tau'.$$

$$\operatorname{tg} 2\varphi = \frac{2\tau}{\sigma_y - \sigma_x} + n \cdot \frac{\pi}{2} \quad . \quad (141)$$

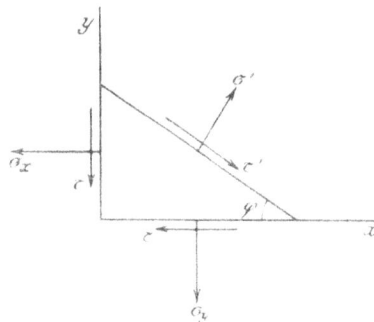

Abb. 115.

Aus diesen Gleichungen kann man ersehen, daß σ' in zwei Richtungen, welche wegen des Summanden $+ n \frac{\pi}{2}$ aufeinander senkrecht stehen, ein Maximum bzw. ein Minimum wird, und daß gleichzeitig die Maxima bzw. Minima Hauptspannungen sind, weil für sie die zugehörige Schubspannung τ' den Wert Null hat. Setzt man $tg\,2\varphi$ in die Gleichung für σ' ein, so erhält man bekanntlich

$$\sigma'^{\,max}_{\,min} = \frac{\sigma_x + \sigma_y}{2} \pm \frac{1}{2} \sqrt{4\tau^2 + (\sigma_x - \sigma_y)^2} \quad . \quad . \quad . \quad . \quad (142)$$

In gleicher Weise kann man auch die Richtung φ' suchen, für welche τ' ein Maximum bzw. ein Minimum wird, und erhält hierfür

$$\operatorname{tg} 2\varphi' = \frac{\sigma_x - \sigma_y}{2\tau} \quad . \quad . \quad . \quad . \quad . \quad . \quad . \quad (143)$$

Vergleicht man nun die beiden ausgezeichneten Richtungen φ und φ' miteinander, so findet man, daß diese sich in einen Winkel von 45° schneiden $\left(tg\,\varphi = \frac{1}{tg\,\varphi'}\right)$. Somit liegen die größten Schubspannungen in den Halbierenden des rechten Winkels, welchen die beiden Hauptspannung einschließen.

---

[1] Föppl, Vorlesungen über Technische Mechanik, III. Bd.: Festigkeitslehre. Leipzig. 5. Aufl. Leipzig-Berlin 1914. S. 25.

Bei der Biegung sind die lotrechten Spannungen σ_y gegenüber den übrigen Spannungen sehr klein oder gleich Null, so daß sie in der Regel vernachlässigt werden. — (Ich komme bei der Bügelberechnung auf σ_y nochmals zurück.)

Für $\sigma_y = 0$ ist

$$\left.\begin{array}{l} \sigma'^{\max}_{\min} = \dfrac{\sigma_x}{2} \pm \dfrac{1}{2} \sqrt{4\tau^2 + \sigma_x^2} \\[2mm] \operatorname{tg} 2\varphi = \dfrac{-2\tau}{\sigma_x} - n\dfrac{\pi}{2} \end{array}\right\} \quad \ldots \ldots \quad (144)$$

Von den in einem Querschnitte auftretenden Hauptspannungen werden diejenigen ausgezeichnete Werte annehmen, bei welchen einmal die Normalspannung σ_x, das andere Mal die Schubspannung τ ihre größten Werte erreichen.

Die ersteren aus $\sigma_{x\max}$ und $\tau = 0$ bzw. $\varphi = 0$ sind die bereits betrachteten Randspannungen der Balken

$$\sigma'_{\max} = \frac{\sigma_x}{2} + \frac{\sigma_x}{2} = \sigma_{x\max} \left\{ \begin{array}{l} \text{bei Vernachlässigung} \\ \text{von } \sigma_y. \end{array}\right.$$

Die letzteren bei $\tau = \tau_{\max}$ und $\sigma_x = 0$ sind in der Nullinie bzw. in der Zugzone der Eisenbetonbalken zu suchen.

$$\sigma'^{\max}_{\min} = \pm\,\tau_{\max} \quad \ldots \ldots \ldots \quad (145)$$

$$\operatorname{tg} 2\varphi = \infty, \quad \varphi = 45 + n\frac{\pi}{2} = \left\{ \begin{array}{l} 45^0 \\ 135^0. \end{array}\right.$$

Diese beiden letzten Gleichungen besagen:

Die beiden Hauptspannungen in der Nullinie sind eine Druck- und eine Zugspannung, welche beide, absolut betrachtet, gleich $\tau_{\max}$ und unter 45^0 gegen die Nullinie geneigt sind (Abb. 116).

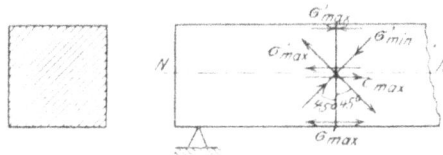

Abb. 116.

In den Eisenbetonbalken wird die schiefgerichtete Druckspannung, welche höchstens den Wert $\tau_{\max}$ erreicht, auf die Bruchgefahr keinen Einfluß haben; dagegen kann die schiefgerichtete Zugspannung von dem Beton nur solange mit hinreichender Sicherheit aufgenommen werden, als sie nur einen kleinen Betrag erreicht. Nimmt aber diese Zugspannung einen Wert an, welcher die Zugfestigkeit des Betons überschreitet, so wird ein unter 45^0 gegen die Nullinie geneigter Riß (Abb. 104) entstehen, durch welchen der Bruch des Balkens herbeigeführt werden kann. Da die schiefe Zugspannung gleich der Schubspannung in der Nullinie ist, erreicht sie also auch mit dieser ihren größten Wert, d. h. bei Balken von gleichbleibendem Querschnitt an der Stelle, an welcher die Querkraft V ihren größten Wert erreicht.

Vorkehrungen zur Aufnahme der Schubspannungen und der schiefen Hauptspannungen.

In den deutschen Bestimmungen ist als zulässige Schubspannung des Betons $\tau_0 \leqq 4{,}0$ kg/qcm festgesetzt worden. Die gleiche Grenze ist in den schweizerischen Eisenbetonbestimmungen gewählt. Die österreichischen Bestimmungen

vom 15. Juni 1911 stufen die zulässige Schubspannung nach den Mischungsverhältnissen 470, 350, 280 kg Zement auf 1 cbm Zuschläge ab und setzen bei Hochbauten
$\tau_o = 4{,}5,\ 4{,}0,\ 3{,}5$ kg/qcm und bei Straßenbrücken $\tau_o = 4{,}0,\ 3{,}5,\ 3{,}0$ kg/qcm fest.

Wenn nun die nach den Gleichungen (132), (133), (134) und (135) berechneten
Schubspannungen τ_o die zulässigen Grenzen überschreiten, muß entweder auf
ihre Verminderung durch Änderung der Konstruktion Bedacht genommen werden,
oder sie müssen durch entsprechende Eiseneinlagen aufgenommen werden.

Die Verminderung der Schubspannung kann, wie aus den erwähnten Gleichungen zu ersehen ist, entweder durch Vergrößerung der Abscherungsbreite b
oder b_1[1]) oder durch Vergrößerung der Balkenhöhe erreicht werden. Da aber
diese beiden Maßnahmen eine Erhöhung des Eigengewichtes zur Folge haben,
können sie nicht stets allein dazu benutzt werden, τ_o unter die zulässige Grenze
herabzudrücken.

Zu geringe Balkenhöhe und zu schmale Balkenrippen (b_1) führen konstruktiv
zu Unzuträglichkeiten und zu starken Rißbildungen, wenn auch die zulässigen
Grenzen der Betondruckspannung σ_b und der Eisenspannung σ_e eingehalten
worden sind. Es dürfen deshalb sowohl Balkenhöhe als auch Rippenbreite nicht
unter gewisse Grenzen herabgedrückt werden. Die deutschen Bestimmungen
suchen dies dadurch zu erreichen, daß sie als äußerste Grenze für τ_o ohne Berücksichtigung der Schubbewehrungen 14 kg/qcm vorschreiben. Berücksichtigt man,
daß nach dem vorigen Abschnitte die schiefe Zugspannung in der Nullinie gleich
der Schubspannung ist, so wird man zur sicheren Vermeidung von Rissen τ_o eben

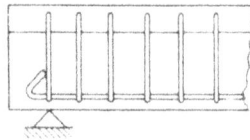 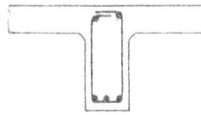 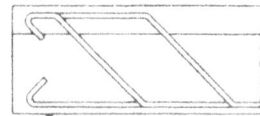

Abb. 117.　　　　　　　　　　　　　　　　　　Abb. 118.

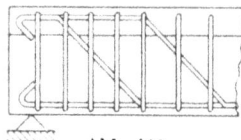

Abb. 119.

nicht größer als die zu erwartende Zugfestigkeit des
Betons, also ungefähr 14 kg/qcm, wählen.

Während nun in Balken rechteckigen Querschnittes
selten und in Platten keine besonderen Eiseneinlagen
zur Erhöhung ihres Widerstandes gegen die Wirkung der
Schubkräfte notwendig sind, bilden solche in Platten-
balken die Regel. Zur besseren Aufnahme der Schubkräfte können Balken beliebigen Querschnitts bewehrt werden: mit Bügeln (Abb. 117), mit schräg
hochgezogenen Eisen (Abb. 118) und mit beiden Bewehrungen gleichzeitig. Das
letztere bildet die Regel (Abb. 119).

Die Bügelbewehrung der Balken.

Durch umfangreiche Versuche ist die günstige Wirkung der Bügel auf die
Erhöhung der Bruchlast und damit auf die Erhöhung der Sicherheit bereits nachgewiesen[2][3]). Die wichtigsten Ergebnisse der angezogenen Versuche sind folgende:

---

[1]) Deutscher Ausschuß für Eisenbeton, Heft 10, 1911, berichtet v. Bach und
Graf, S. 68. Hiernach ist die Bruchlast und Rißlast der Stegbreite proportional, wenn
der Bruch durch Überwindung der Schubfestigkeit entstanden ist.

[2]) Deutscher Ausschuß für Eisenbeton, berichtet von Bach und Graf, Heft 10
und 12, Berlin 1911, und Heft 20, Berlin 1912.

[3]) Luft, Bericht über die Hauptversammlung des Deutschen Betonvereins 1908.
Auch Deutsche Bauzeitung 1908.

Die Belastung, unter welcher die ersten Risse auftreten (Rißlast) wird durch die Anwendung von Bügeln nicht wesentlich geändert, dagegen wird die Bruchbelastung je nach Stärke und Abstand der Bügel um 20% bis 80% erhöht.

Die Bruchbelastung nimmt bei gleichem Bügelabstand mit der Bügelstärke und bei gleicher Bügelstärke mit Abnahme des Bügelabstandes zu.

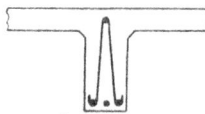

A = Bügel

Abb. 120.

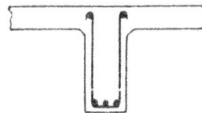

U = Bügel

Abb. 121.

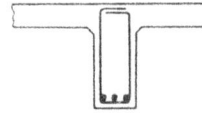

Umfangsbügel

Abb. 122.

Die Form der Bügel übt keinen wesentlichen Einfluß auf die Rißlast und die Bruchbelastung aus. (In den Abb. 120 bis 122 sind die üblichsten Bügelformen dargestellt.)

Flacheisen- und Rundeisenbügel sind ziemlich gleichwertig. (Deshalb verwendet man zu Bügeln gewöhnlich Rundeisen von 6 bis 10 mm Durchmesser.)

Die Montageeisen sind dünne Längseisen (10 bis 15 mm Durchmesser) im Obergurt, an welchen die Bügel zur leichteren Montierung der Eisengerippe befestigt sind. Sie haben bei den Versuchen von Luft-

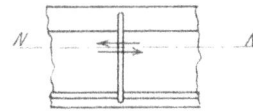

Abb. 123.

günstig, bei denen von v. Bach durch Beförderung von Längsrissen im Obergurt ungünstig gewirkt. Daraus wird man vielleicht schließen dürfen, daß die Montageeisen eine reichlich bemessene Betonüberdeckung erhalten sollen, um sie gegen Ausknicken zu sichern.

Früher hat man die Bügel auf Abscherung gerechnet wie die Dübel eines verdübelten Balkens bzw. die Nieten eines Blechträgers (Abb. 123).

Diese Berechnungsmethode wäre nur richtig, wenn der den Bügel umgebende Beton den Leibungsdruck des Bügels, der bei der Abscherung des Bügels aufgenommen werden müßte, aushalten könnte. Da dies aber unmöglich ist, ist auch die Berechnung der Bügel auf Abscherung nicht angängig. Man kann äußerstenfalls annehmen, daß der Bügelquerschnitt mit einer um weniges höheren Schubspannung berechnet werden darf als die für den Beton zulässige Schubspannung.

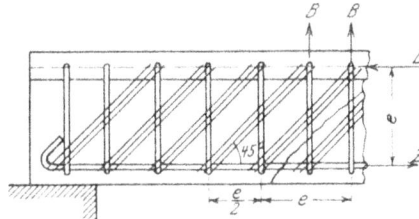

Abb. 124.

Damit ist aber praktisch nichts gedient und die tatsächlich beobachtete günstige Wirkung der Bügel nicht erklärt.

Sodann suchte man sich auf den Vorschlag von Mörsch die günstige Wirkung der Bügel dadurch zu erklären, daß man sie wirkend dachte, »ähnlich wie die gezogenen Vertikalen eines Fachwerks, das druckfähige, nach der Mitte steigende Diagonalen enthält«[1] (Abb. 124).

---

[1] Mörsch, Der Eisenbetonbau, IV. Aufl., S. 271. Stuttgart 1912.

Man hat auch auf diese Vorstellung von einem in dem Eisenbetonträger enthaltenen Fachwerk eine Berechnung der Bügel gegründet.

Da nach Abb. 124 von einem schrägen Schnitt unter 45° zwei Bügelpaare getroffen werden von je F_{eb} Eisenquerschnitt, muß die Summe zweier Bügelkräfte gleich der Querkraft V des Trägers an der Schnittstelle sein,

$$2 \cdot B = V = 2 \cdot \sigma_e \cdot F_{eb},$$

wobei die Betonzugspannungen vernachlässigt worden sind.

Bezeichnet e den Abstand der inneren Zugkraft von der inneren Druckkraft, so ist nach Gleichung (135)

$$\frac{V}{e} = \tau_0 \cdot b_1,$$

oben eingesetzt, ergibt:

$$2 B = e \cdot \tau_0 \cdot b_1 = 2 \cdot \sigma_e \cdot F_{eb}.$$

$$\tau_0 \cdot b_1 \cdot \frac{e}{2} = \sigma_e \cdot F_{eb}.$$

Für die Berechnung des Bügelquerschnittes aus der Schubkraft nach der früher angewendeten Berechnung erhält man für einen Bügelabstand $\frac{e}{2}$ und eine Eisenschubspannung τ_e unter Vernachlässigung des Betons

$$\tau_e F_{eb} = B = \tau_0 \cdot b_1 \cdot \frac{e}{2}.$$

Die beiden Formeln unterscheiden sich nur durch σ_e und τ_e und sind sonst trotz der verschiedenen Ableitung identisch. Wenn nun, wie oben gezeigt, die Berechnung der Bügel aus der Schubkraft nicht zulässig erscheint, kann auch die Fachwerktheorie, welche dasselbe Ergebnis liefert, nicht für einwandfrei gehalten werden.

Man könnte nun auch daran denken, die Bügelkraft aus der in Abb. 115 dargestellten lotrechten Normalspannung σ_y ableiten zu wollen. Ich habe aber nachgewiesen[1]), daß diese Spannung σ_y in dem isotropen Balken solange eine Druckspannung ist, als die Belastung auf den Balken drückt, und daß diese Spannung einen verhältnismäßig geringen Betrag erreicht. In Abb. 125 sind die Werte σ_y für einen rechteckigen isotropen Balken dargestellt (kubische Parabel).

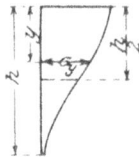

Abb. 125.

Solange nun der Eisenbetonbalken noch keine Zugrisse erhalten hat, ist er in seinem elastischen Verhalten dem isotropen Balken noch ähnlich. Nach den Versuchen[2]) scheinen die Bügel auch erst dann Zugkräfte aufnehmen zu müssen, wenn bereits zahlreiche Zugrisse eingetreten sind und dadurch ein von dem isotropen Balken ganz wesentlich verschiedenes Tragwerk entstanden ist, auf welches die Betrachtungen über die Biegung isotroper Baustoffe nicht mehr angewendet werden können. Es steht also die für isotrope Balken berechnete lotrechte Normaldruckspannung σ_y mit den in den Bügeln der Eisenbetonbalken nach Eintreten der Zugrisse beobachteten Zugkräften auch nicht in Widerspruch, aber die Normalspannung σ_y kann sicherlich nicht zur Berechnung der Bügelkräfte herangezogen werden.

[1]) Hager, Armierter Beton, 1914, Nr. 3. Das ebene Problem und die Bügelberechnung.

[2]) Deutscher Ausschuß für Eisenbeton, Heft 10, berichtet von Bach und Graf. 1911. Versuchsreihe 14.

Um die Wirkungsweise der Bügel nach Eintreten der Zugrisse erklären zu können, sei das zwischen zwei Zugrissen liegende Balkenstück AB der Abb. 126 näher betrachtet.

Die Eisenzugkräfte in den Punkten B und A seien Z_1 und Z_2 $Z_1 > Z_2$. $Z_1 - Z_2 = \varDelta Z$ ist der Teil der Zugkraft, welcher in dem Beton, stück AB durch Haftkraft aufgenommen worden ist.

Das Betonstück zwischen den Rissen A und B ist als eine Konsole zu betrachten, das in der Nähe des Endes mit einer Einzellast $\varDelta Z$ belastet ist (Abb. 127).

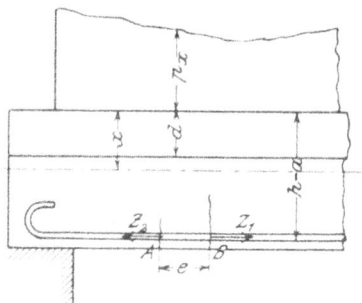
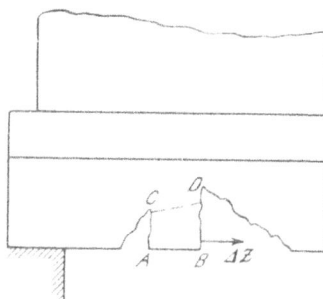

Abb. 126.   Abb. 127.

Da $Z_1 > Z_2$ ist, wird der Riß bei B länger sein als bei A und die Kraft $\varDelta Z$ sucht die Konsole AB längs einer schrägen Linie CD abzubrechen. Will man diese Konsole durch eine Eisenbewehrung tragfähiger machen, so muß man bei A einen Bügel einlegen (Abb. 128).

Daraus ist zu ersehen, daß die Bügel den Eintritt schräger Risse CD verzögern und damit die Bruchlast erhöhen. Würden keine Bügel vorhanden sein, so würden die Konsolen AB abbrechen, so daß sich dann die maximale Zugkraft Z bis zu den Auflagern fortsetzen könnte und dort durch Überwindung der Haftkraft oder durch Längssprengung des Balkens den Bruch herbeiführen würde.

In dem oben angezogenen Aufsatze des »Armierter Beton« habe ich nachzuweisen gesucht, daß die größten Bügelkräfte in Balken mit Einzellasten an den Stellen mit $\sigma_e\,\mathrm{max}$ auf-

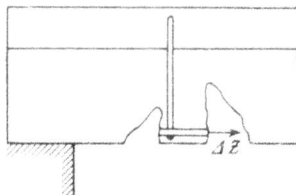

Abb. 128.

treten und bei gleichförmig verteilter Belastung in beiläufig $l/_5$ Abstand von den Auflagern entfernt. Auch die Versuche stimmen mit diesem rechnerischen Nachweis gut überein. Dabei habe ich aber wenigstens mit Annäherung die Veränderlichkeit der Verhältniszahl n dadurch zu berücksichtigen versucht, daß ich n proportional dem Biegungsmoment ($\mathfrak{M}$) von $n = 8$ bis $n = 15$ anwachsen ließ.

$$n = 8 + \frac{15-8}{\mathfrak{M}_{\mathrm{max}}} \cdot \mathfrak{M} \quad \ldots \ldots \ldots \ldots \quad (146)$$

Nach Gleichung (88) ist

$$\sigma_e = n \cdot \mathfrak{M} \cdot \frac{h-a-x}{\Theta_v}.$$

Θ_v kann, wie ich an gleicher Stelle gezeigt habe, wenigstens gegenüber n bei konstantem F_e als konstante Zahl angesehen werden. Setzt man nun das veränderliche n hier ein, so ist

$$\sigma_e = \frac{8(h-a-x)}{\Theta_v} \cdot \mathfrak{M} + \frac{(15-8)(h-a-x) \cdot \mathfrak{M}^2}{\Theta_v \cdot \mathfrak{M}_{\mathrm{max}}}.$$

Bezeichnet man nun mit x' die Entfernung des betrachteten Schnittes vom linken Auflager (Abb. 113), so ist

$$\frac{d\,\sigma_e}{d\,x'} = \frac{8\,(h-a-x)}{\Theta_v} \cdot \frac{d\,\mathfrak{M}}{d\,x'} + \frac{7\,(h-a-x)}{\Theta_v \cdot \mathfrak{M}_{\max}} \cdot 2\,\mathfrak{M} \cdot \frac{d\,\mathfrak{M}}{d\,x'},$$

$$\frac{d\,\mathfrak{M}}{d\,x'} = V,$$

$$\frac{d\,\sigma_e}{d\,x'} = \frac{8\,(h-a-x)}{\Theta_v} \cdot V + \frac{7\,(h-a-x)}{\Theta_v \cdot \mathfrak{M}_{\max}} \cdot 2\,\mathfrak{M} \cdot V.$$

Die Zugkraft der Zugeisen ist Z

$$Z = \sigma_e \cdot F_e,$$

$$dZ = \frac{d\,\sigma_e}{d\,x'} \cdot d\,x' \cdot F_e.$$

Wählt man für $d\,x'$ den endlichen Abstand e der beiden Risse A und B, so erhält man die Konsollast $\varDelta Z$ der Abb. 127 zu

$$\varDelta Z = \left(\frac{d\,\sigma_e}{d\,x'}\right) \cdot e \cdot F_e \quad \ldots \quad \ldots \quad (147)$$

Aus dieser Gleichung ergibt sich, daß $\varDelta Z$ für $\left(\dfrac{d\,\sigma_e}{d\,x'}\right)_{\max}$ ein Größtwert wird. Nach der oben gegebenen, jedoch hier nicht bewiesenen Mitteilung werden die Bügelkräfte an den Stellen mit $\sigma_{e\max}$ am größten. Für diese Stellen ist aber auch $n = 15$, d. h. nach (146) $\mathfrak{M} = \mathfrak{M}_{\max}$ zu setzen und daher

$$\left(\frac{d\,\sigma_e}{d\,x'}\right)_{\max} = \frac{8\,(h-a-x) \cdot V}{\Theta_v} + \frac{14 \cdot V \cdot (h-a-x)}{\Theta_v}.$$

Aus Gleichung (65) und Abb. 75 ergibt sich

$$\frac{h-a-x}{\Theta_v} = \frac{1}{n \cdot F_e\,(h-a-x+y)} \sim \frac{1}{n\,F_e\left(h-a-\dfrac{d}{2}\right)}$$

und für $n = 15$ somit

$$\left(\frac{d\,\sigma_e}{d\,x'}\right)_{\max} = \frac{1{,}467 \cdot V}{F_e\left(h-a-\dfrac{d}{2}\right)} \quad \ldots \quad \ldots \quad (148)$$

Bei Erreichung der Streckgrenze in den Zugeisen werden die Risse A und B äußerstenfalls bis zur Nullinie reichen, so daß dann die Konsole der Abb. 128 ein größtes Moment $\mathfrak{M}_q$ auszuhalten hat

$$\mathfrak{M}_q = \varDelta Z\,(h-a-x) = \left(\frac{d\,\sigma_e}{d\,x'}\right)_{\max} \cdot e \cdot F_e\,(h-a-x) \quad \ldots \quad (149)$$

Nach Gleichung (37) ist die Konsolhöhe e (Abstand der Risse Abb. 126)

$$e = C_1 \cdot \sqrt{\frac{\mathfrak{M}_q}{b_1}}; \quad C_1 = \frac{e}{\sqrt{\dfrac{\mathfrak{M}_q}{b_1}}} \quad \ldots \quad \ldots \quad (150)$$

Zu C_1 und σ_e erhält man aus der Tabelle 1 des Anhanges σ_b und C_2. Der Querschnitt der Bügel F_q ergibt sich aus Gleichung (39) zu

$$F_q = C_2 \cdot \sqrt{\mathfrak{M}_q \cdot b_1} \quad \ldots \quad \ldots \quad (151)$$

Die Rechnung des Bügelquerschnitts F_q könnte somit durchgeführt werden, wenn der Rißabstand e und die Spannungen σ_e und σ_b bekannt wären.

Die Versuche haben ergeben, daß die Risse in der Regel zuerst an den Bügeln auftreten (Abb. 183). Man wird also der Wahrheit ziemlich nahe kommen, wenn man den Rißabstand e gleich dem Bügelabstande annimmt. Die Annahme, daß in den Zugeisen die Streckgrenze erreicht und deshalb die Risse bis zur Nullinie vorgedrungen seien, bedingt, daß der gleiche Zustand für die Bügel angenommen werden muß. Man wird also die Bügelrechnung mit $\sigma_e = 2800$ bis 3000 kg/qcm, einem Mittelwert der Streckgrenze dünner Rundeisen, und dementsprechend mit $\sigma_b = 100$ bis 120 kg/qcm durchführen müssen, wenn alle Teile des Balkens die gleiche Sicherheit gegen Bruch haben sollen.

Da ΔZ der Unterschied der Zugkräfte in zwei um e voneinander entfernten Querschnitten ist, ist dieser auch gleich der Schubkraft in der Nullinie auf die Länge e

$$\Delta Z = \tau_0 \cdot b_1 \cdot e \quad \ldots \ldots \ldots \quad (152)$$

Auch nach dieser Bügelrechnung ergeben sich also die Bügelkräfte aus den Schubkräften in der Nullinie.

Die schrägen Eisen der Balken.

In der Abb. 116 sind die unter 45^0 gegen die Nullinie gerichteten Hauptspannungen dargestellt, von denen die Zugspannung in Eisenbetonbalken eine besondere Berücksichtigung erheischt. Man kann nun hier praktisch zwei Rechnungsverfahren unterscheiden, indem man einmal die schiefen Betonzugspannungen vernachlässigt und das andere Mal die auftretenden Betonzugspannungen berücksichtigt. Gewöhnlich ist in den amtlichen Bestimmungen eines Landes vorgeschrieben, welches Verfahren der Rechnung zugrunde zu legen ist; z. B. die österreichischen Bestimmungen fordern, »daß Bügel oder andere entsprechende Eiseneinlagen jenen Teil der Schub- und Hauptzugkräfte, welcher vom Beton ohne Überschreitung der festgesetzten zulässigen Spannungen nicht aufgenommen werden kann, mindestens aber 60% der gesamten Schub- und Hauptzugkräfte aufzunehmen vermögen. Der Beton muß für sich allein imstande sein, mindestens 30% der Schubkräfte durch Schubspannungen von zulässiger Größe aufzunehmen.«

Die schweizerischen Bestimmungen verlangen das andere Rechnungsverfahren:

»Überschreitet die Scherspannung im Beton, ermittelt unter Annahme eines homogenen Materials und ohne Rücksicht auf die Eiseneinlagen, die angegebene zulässige Grenze, so ist die volle Scherkraft mittels geeigneter Abbiegungen der Armierungsstangen oder spezieller Eiseneinlagen zu übertragen.«

Einen ähnlichen Standpunkt nehmen die deutschen Bestimmungen ein, auf welche im nächsten Abschnitt noch besonders eingegangen werden wird.

Auf Grund von Versuchen kommt Saliger[1] zu folgendem Vorschlag: »Schubspannungen von 4—5 kg/qcm (= $\frac{1}{3}$ der Zugfestigkeit des Betons von 12 bis 15 kg/qcm) können ohne Gefahr der Rißbildung vom Beton allein aufgenommen werden. Bei Schubspannungen über 4 kg/qcm bis 10 kg/qcm (= $\frac{1}{3}$ der Schubfestigkeit von 30 kg/qcm) ist jener Teil der Querkräfte, welche den Beton mit mehr als 4 kg/qcm auf Abscherung beanspruchen, einer entsprechenden Eisenbewehrung zuzuweisen.

Querkräfte, welche größere Schubspannungen als 10 kg/qcm im Beton erzeugen, sind am besten den Eisenbewehrungen allein zuzuweisen.«

Zu etwas anderen Vorschlägen zur Vermeidung der schiefen Risse gelangt Hotopp[2].

---

[1] Saliger, Schubwiderstand und Verbund in Eisenbetonbalken. Wien 1913. S. 49.

[2] Hotopp, »Beton und Eisen«, 1910, Heft VII.

a) Der Beton nimmt keine Schubkraft auf.

Auf die Länge dl eines Trägers (Abb. 129) wirkt eine wagerechte Schubkraft $S = \tau_0 \cdot b \cdot dl$, welche auch durch die an gleicher Stelle auf die Länge dl

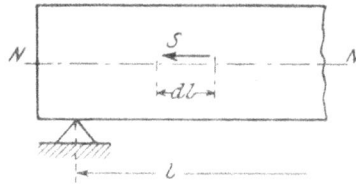

Abb. 129.

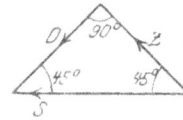

Abb. 130.

unter 45^0 wirkende Zugkraft Z und die Druckkraft D ersetzt werden kann (Abb. 130).

$$Z = D = \frac{S}{2} \cdot \frac{1}{\sin 45^0} = \tau_0 \cdot b \cdot dl \cdot \frac{\sqrt{2}}{2} = \frac{\tau_0 \cdot b \cdot dl}{\sqrt{2}}.$$

Zu derselben Gleichung gelangt man, wenn man die schiefe Hauptspannung $\sigma'_{max} = \tau_{max}$ (145) mit der Fläche $b \cdot \dfrac{dl}{\sqrt{2}}$, auf welche sie wirkt, multipliziert. Diese unter 45^0 wirkende Zugkraft kann man mit einem die Nullinie unter 45^0 schneidenden Eisen unmittelbar aufnehmen.

Wenn nun ein Eisen die Nullinie unter einem Winkel α schneidet, kann dieses Eisen auch nur eine Zugkraft Z in seiner Richtung aufnehmen und die Schubkraft S muß dann nach Abb. 131 durch eine Zugkraft Z unter dem Winkel α und eine Druckkraft D unter dem Winkel $90^0-\alpha$ gegen die Nullinie geneigt ersetzt werden.

$$Z = S \cdot \cos \alpha = \tau_0 \cdot b \cdot dl \cdot \cos \alpha.$$

Bezeichnet man mit Z_e die auf ein unter dem Winkel α gegen die Nullinie geneigtes Eisen treffende Zugkraft, das um e_1 von den Nachbareisen entfernt ist

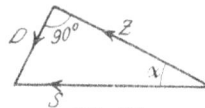

Abb. 131.

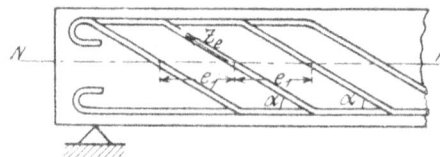

Abb. 132.

(Abb. 132), so kann man Z_e aus Z durch Integration über die Strecke von 0 bis e_1 erhalten

$$Z_e = \int_0^{e_1} \tau_0 \cdot b \cdot \cos \alpha \cdot dl \quad \ldots \quad \ldots \quad (153)$$

Nach Gleichung (138) ist

$$\tau_0 \cdot b = V \cdot \frac{\mathfrak{S}_{0z}}{\Theta_v} = V \cdot \frac{n \cdot \mathfrak{S}_{ez}}{\Theta_v},$$

somit

$$Z_e = \frac{\mathfrak{S}_{0z}}{\Theta_v} \cdot \cos \alpha \int_0^{e_1} V \cdot dl = \frac{n \cdot \mathfrak{S}_{ez}}{\Theta_v} \cdot \cos \alpha \cdot \int_0^{e_1} V \cdot dl \quad \ldots \quad (154)$$

Da nach diesen Gleichungen Z_e mit den Querkräften V wächst, müssen in den Integralen für V die V_{max} eingeführt werden. In Abb. 133 sind die Querkraftlinien eines Trägers auf zwei Stützen mit gleichförmig verteilter Eigenlast und beweglichen Einzellasten dargestellt. Das Integral $\int\limits_0^{e_1} V\,dl$ ist dann die in Abb. 134 schraffierte Fläche, welche zwischen

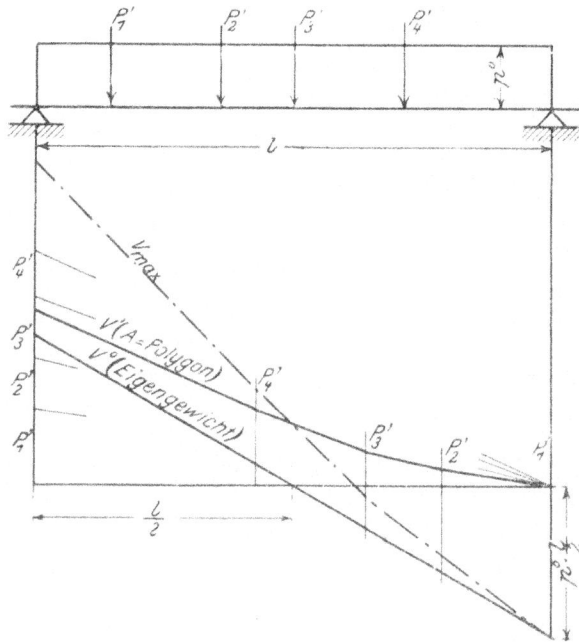

Abb. 133.

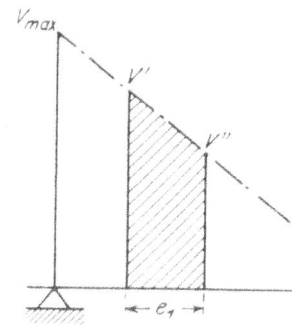

Abb. 134.

der Linie der V_{max} und der Trägerlinie liegt. Diese Fläche kann man als Trapez betrachten mit den parallelen Seiten V' und V''.

$$\int\limits_0^{e_1} V \cdot dl = e_1 \cdot \frac{V' + V''}{2},$$

$$Z_e = \frac{\mathfrak{S}_{0z}}{\Theta_v} \cdot \cos\alpha \cdot e_1 \cdot \frac{V' + V''}{2} = \frac{n \cdot \mathfrak{S}_{ez}}{\Theta_v} \cdot \cos\alpha \cdot e_1 \cdot \frac{V' + V''}{2} \qquad . \quad (155)$$

Sonderfälle.

1. Rechteckiger Träger.

Die zu den größten Querkräften V' und V'' gehörigen Schubspannungen in der Nullinie seien τ_0' und τ_0'', daher nach Gleichung (132)

$$\tau_0' \, b = \frac{V'}{h - a - \dfrac{x}{3}}; \quad \tau_0'' \cdot b = \frac{V''}{h - a - \dfrac{x}{3}},$$

$$Z_e = \frac{e_1 \cdot \cos\alpha}{2} \cdot \frac{V' + V''}{h - a - \dfrac{x}{3}} = \frac{e_1 \cdot b \cdot \cos\alpha}{2} (\tau_0' + \tau_0'').$$

Für $\alpha = 45^0$ ist $\cos\alpha = \dfrac{1}{\sqrt{2}}$; $\quad Z_{e\,45} = \dfrac{e_1}{2 \cdot \sqrt{2}} \cdot \dfrac{V' + V''}{h - a - \dfrac{x}{3}}$

Im Falle, daß nur eine gleichmäßig verteilte, ruhende Belastung p kg/m vorhanden ist, wird die Querkraftlinie eine Gerade (Abb. 133) und, wenn nur ein Eisen schräg liegt, ist

$$e_1 = \frac{l}{2}, \quad V' = \frac{p\,l}{2} \quad \text{und} \quad V'' = 0,$$

$$Z_{\frac{l}{2}\,45} = \frac{l^2 \cdot p}{8 \cdot \sqrt{2}} \cdot \frac{1}{h - a - \dfrac{x}{3}} = \frac{l \cdot \tau_0 \cdot b}{4 \cdot \sqrt{2}} \quad \cdots \quad \textbf{(156)}$$

2. Plattenbalken.

Nach Gleichung (135) ist

$$\tau_0 \cdot b_1 = \frac{V}{h - a - x + y},$$

$$Z_e = \frac{e_1 \cdot \cos a}{2} \cdot \frac{V' + V''}{h - a - x + y} = \frac{e_1 \cdot b_1 \cdot \cos a}{2} (\tau_0' + \tau_0'').$$

Für $a = 45^0$ ist $\cos a = \dfrac{1}{\sqrt{2}}$; $Z_{e\,45} = \dfrac{e}{2 \cdot \sqrt{2}} \cdot \dfrac{V' + V''}{h - a - x + y}$.

Im Falle nur eine gleichmäßig verteilte Belastung p kg/m und nur ein schräges Eisen vorhanden ist

$$V' = \frac{p\,l}{2}; \quad V'' = 0; \quad e_1 = \frac{l}{2},$$

$$Z_{\frac{l}{2}\,45} = \frac{l^2 \cdot p}{8 \cdot \sqrt{2}} \cdot \frac{1}{h - a - x + y} = \frac{l \cdot \tau_0 \cdot b_1}{4 \cdot \sqrt{2}} \quad \cdots \quad \textbf{(157)}$$

b) Der Beton nimmt einen Teil der Schubkraft auf.

In der folgenden Entwickelung ist es zunächst gleichgültig, ob der Beton oder etwa besondere Eiseneinlagen sich an der Aufnahme der Schubkräfte beteiligen, so daß für die Zugkräfte der schrägen Eisen nur ein verkleinerter Betrag der Schubkraft in Rechnung zu ziehen ist.

Zum leichteren Verständnis ist in Abb. 135 ein Balken längs seiner Nullinie in zwei Teile zerschnitten und dann sind diese Teile durch ein sehr niedriges Strebenfachwerk wieder miteinander verbunden worden. In der Nullinie können also keine Schubspannungen τ_0 übertragen werden, sie werden in ihrer Wirkung durch die Fachwerkstabkräfte Z und D ersetzt.

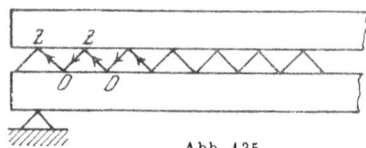

Abb. 135.

Wenn nun die Fachwerkhöhe so klein wird, daß die beiden Balkenteile sich gerade berühren, wird auch ein Teil τ_b der Schubspannung τ_0 z. B. schon durch Reibung in der Berührungsfläche übertragen werden und nur noch der Rest $(\tau_0 - \tau_b)$ in den sehr kleinen Fachwerkstäben durch Kräfte Z und D zu ersetzen sein.

Ist also der Betrag τ_b der Schubspannung, welchen der Beton oder besondere Eisen aufnehmen, gegeben, so erhält man die Zugkräfte der Schrägeisen aus Gleichung (153), nachdem man darin τ_0 durch $(\tau_0 - \tau_b)$ ersetzt hat.

$$Z_e = \int_0^{e_1} b \cdot \cos a \, (\tau_0 - \tau_b) \, dl \quad \cdots \quad \text{(158)}$$

Zu einer Schubspannung τ_b gehört eine Querkraft V_b, welche man aus Gleichung (138) berechnen kann.

$$\tau_b \cdot b = V_b \cdot \frac{\mathfrak{S}_{0z}}{\Theta_v} \quad \ldots \ldots \ldots \quad (159)$$

Eine Querkraft V erzeugt die Schubspannung τ_o, und somit wird der Rest $(\tau_o - \tau_b)$ von einer Querkraft $(V - V_b)$ hervorgerufen, so daß nunmehr in die unter a) entwickelte Gleichung (154) an Stelle von V der Restbetrag $(V - V_b)$ zu setzen ist.

$$Z_e = \frac{\mathfrak{S}_{0z}}{\Theta_v} \cdot e_1 \cdot \cos \alpha \cdot \int_0^{e_1} (V - V_b)\, dl = \frac{n \cdot \mathfrak{S}_{ez}}{\Theta_v} \cdot e_1 \cdot \cos \alpha \cdot \int_0^{e_1} (V - V_b)\, dl,$$

$$\int_0^{e_1} (V - V_b)\, dl = e_1 \cdot \frac{V' + V''}{2} - e_1 \cdot V_b,$$

$$Z_e = \frac{\mathfrak{S}_{0z}}{\Theta_v} \cdot e_1 \cdot \cos \alpha \cdot \left(\frac{V' + V''}{2} - V_b \right) = e_1 \cdot b \cdot \cos \alpha \cdot \left(\frac{\tau_0' + \tau_0''}{2} - \tau_b \right) \quad \textbf{(160)}$$

Sonderfälle.

1. Rechteckiger Träger.

Nach Gleichung (132)

$$\tau_0 \cdot b = \frac{V}{h - a - \dfrac{x}{3}}; \quad V_b = \tau_b \cdot b \left(h - a - \frac{x}{3} \right).$$

daher Gleichung (160) in diesem Falle

$$Z_e = \frac{e_1 \cdot \cos \alpha}{h - a - \dfrac{x}{3}} \cdot \left(\frac{V' + V''}{2} - V_b \right) = e_1 \cdot b \cdot \cos \alpha \left(\frac{\tau_0' + \tau_0''}{2} - \tau_b \right).$$

Für $\alpha = 45^0$, $\cos \alpha = \dfrac{1}{\sqrt{2}}$;

$$Z_{e\,45} = \frac{e_1}{\sqrt{2} \left(h - a - \dfrac{x}{3} \right)} \left(\frac{V' + V''}{2} - V_b \right) = \frac{e_1 \cdot b}{\sqrt{2}} \left(\frac{\tau_0' + \tau_0''}{2} - \tau_b \right) \quad (161)$$

In Abb. 136 ist die Vertikalkraftlinie für eine gleichmäßig verteilte Belastung p auf die Längeneinheit sowie die die Schubspannung τ_b erzeugende Vertikalkraft V_b dargestellt. Die schraffierten Ordinaten sind die Teile der Vertikalkräfte, welche für die Berechnung der schrägen Eisen noch in Betracht kommen. c ist die Länge, auf welche die schrägen Eisen wirken müssen.

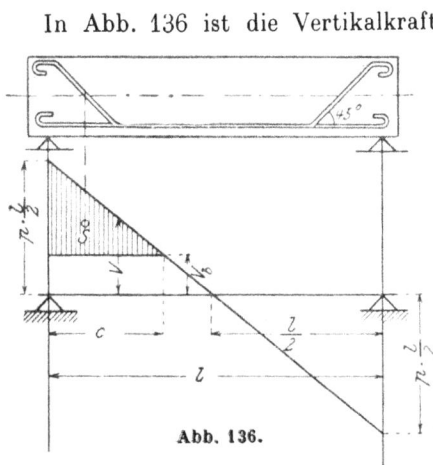

Abb. 136.

$$c = \frac{l}{2} \frac{\dfrac{p\,l}{2} - V_b}{\dfrac{p\,l}{2}} = \frac{l}{2} - \frac{V_b}{p} \quad . . \; \textbf{(162)}$$

Wenn nur ein schräges Eisen vorhanden ist, so muß dies im Schwerpunkt des schraffierten Vertikalkraftdreiecks die Nullinie schneiden (Abb. 136). Seine Zugkraft sei $Z_{c\,45}$.

In Gleichung (160) ist daher

$$e_1 = c; \quad V' = \frac{p\,l}{2}; \quad V'' = V_b; \quad \cos \alpha = \frac{1}{\sqrt{2}},$$

$$Z_{c45} = \frac{c}{\sqrt{2}\left(h - a - \frac{x}{3}\right)} \cdot \left(\frac{\frac{p\,l}{2} - V_b}{2}\right) = \frac{c \cdot b}{\sqrt{2}} \cdot \frac{\tau_0 - \tau_b}{2} \quad . \quad . \quad \text{(163)}$$

2. Plattenbalken.

Nach Gleichung (135) ist

$$\tau_0 \cdot b_1 = \frac{V}{h - a - x + y}; \quad \tau_b \cdot b_1 = \frac{V_b}{h - a - x + y}.$$

daher Gleichung (160) für den Plattenbalken

$$Z_c = \frac{e_1 \cdot \cos \alpha}{h - a - x + y} \cdot \left(\frac{V' + V''}{2} - V_b\right).$$

Für $\alpha = 45^0$, $\cos \alpha = \frac{1}{\sqrt{2}}$;

$$Z_{e45} = \frac{e_1}{\sqrt{2} \cdot (h - a - x + y)} \left(\frac{V' + V''}{2} - V_b\right) = \frac{e_1 \cdot b_1}{\sqrt{2}} \left(\frac{\tau_0' + \tau_0''}{2} - \tau_b\right) \quad \text{(164)}$$

Die Länge c ergibt sich für eine gleichmäßig verteilte Belastung auch hier aus Gleichung (162).

Die Zugkraft Z_{c45} für den Fall, daß nur ein schräges Eisen vorhanden ist, wird

$$Z_{c45} = \frac{c}{\sqrt{2}\,(h - a - x + y)} \left(\frac{\frac{p\,l}{2} - V_b}{2}\right) = \frac{c \cdot b_1}{\sqrt{2}} \cdot \frac{\tau_0 - \tau_b}{2} \quad . \quad . \quad \text{(165)}$$

Schräge Eisen und Bügel in den Balken.

Wie bereits bemerkt, werden in den Balken in der Regel Bügel und schräge Eisen gleichzeitig verwendet. Jedoch werden vielfach nur die schrägen Eisen nach den Schubkräften berechnet und die Bügel ohne weitere Berechnung ihrer bekannt günstigen Wirkung wegen gleichzeitig angewendet. Dabei werden aber wie nach den alten vorläufigen Leitsätzen des deutschen Betonvereins die Schubkräfte um einen gewissen Betrag vermindert, um damit der Mitwirkung des Betons Rechnung zu tragen.

Mit dem Grundsatze, daß der Beton in den Eisenbetonkonstruktionen keine Zugkräfte aufnehmen soll, scheint es besser übereinzustimmen, mit dem Beton nur geringe Schubspannungen (und damit auch nur geringe schiefe Zugspannungen) aufzunehmen. Die deutschen Bestimmungen geben hierfür als obere Grenze $\tau_0 < 4{,}0$ kg/qcm. Wird aber dieser Wert überschritten, so sind die Schubkräfte gänzlich von Eiseneinlagen aufzunehmen, weil dann die Mitwirkung des Betons unsicher wird.

Da nun die Schubkräfte sowohl nach den Versuchen als auch nach den Rechnungen der beiden vorhergehenden Abschnitte von schrägen Eisen und von den Bügeln aufgenommen werden, sind auch beide Gattungen der Bewehrung in der Rechnung zu berücksichtigen.

Die österreichischen Bestimmungen vom Jahre 1911 und die deutschen Bestimmungen stehen bereits auf diesem Standpunkt. Die letzteren schreiben aber für die Bügelrechnung kein bestimmtes Verfahren vor. Beide Vorschriften gestatten somit, die Bügel auf Abscherung bzw. als Vertikalpfosten eines Fachwerkes zu berechnen (Seite 119). Wenn auch diese Rechnungsverfahren für die Bügel nicht einwandfrei sind, so haben beide Vorschriften doch den großen Vorzug, die Konstrukteure zur reichlichen Verwendung von Bügeln anzuhalten und damit einen erzieherisch günstigen Einfluß zu üben. Außerdem können die Bügel nach den deutschen Bestimmungen auch nach anderen theoretisch begründeten Verfahren berechnet werden.

Die Berechnung erfolgt nach diesen Vorschriften unter Verwendung der Gleichungen des Teiles b) des vorigen Abschnittes, wobei τ_b bzw. V_b der Teil der Schubspannung τ_o bzw. der Vertikalkraft V ist, welcher von den Bügeln unter Einhaltung der zulässigen Spannung τ_e oder Zugspannung σ_e aufgenommen werden kann (vgl. Seite 120).

Bezeichnet F_q den auf eine Länge e der Balken treffenden Eisenquerschnitt der Bügel, so ist nach dem Rechnungsverfahren für Abscherung bzw. für ein mehrfaches Fachwerk zu setzen:

$$\text{oder} \qquad \left.\begin{aligned} F_q \cdot \tau_e &= \tau_b \cdot e \cdot b_1; \quad \tau_b = \frac{F_q \cdot \tau_e}{e \cdot b_1} \\ F_q \cdot \sigma_e &= \tau_b \cdot e \cdot b_1; \quad \tau_b = \frac{F_q \cdot \sigma_e}{e \cdot b_1} \end{aligned}\right\} \quad \ldots \ldots \quad (166)$$

Richtiger erscheint es mir jedoch, das Zusammenwirken der Bügel und der schrägen Eisen unmittelbar vor dem Bruch zu betrachten und dann aus der sich rechnerisch ergebenden Bruchlast der Sicherheit wegen nur einen Teilbetrag zuzulassen.

Nachdem die Zugeisen die Streckgrenze nahezu erreicht haben, werden die Risse fast bis zur Nullinie vorgedrungen und damit zwischen je zwei benachbarten Rissen Konsole nach Abb. 127 und 128 entstanden sein. Durch die schrägen Eisen und Konsolen zusammen entstehen statisch unbestimmte Konstruktionen, deren einfachste in Abb. 137 dargestellt ist. Andere Konsole werden von mehreren schrägen Eisen getroffen, so daß dann die Spannungsverteilung noch verwickelter wird.

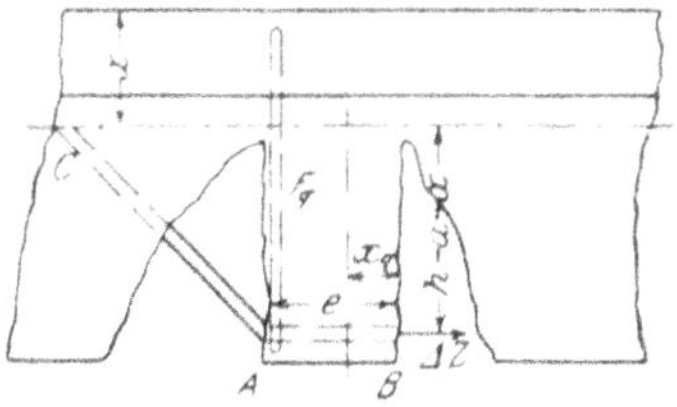

Abb. 137.

Da nun die Konsole erst kurz vor dem Bruch entsteht, muß die ganze Rechnung auf diesen Zustand bezogen werden. Hierdurch wird sie aber auch sehr einfach.

In dem Bügel bei A kann erst die Streckgrenze erreicht werden, wenn der schräge Zugstab AC sich bedeutend ausdehnt, d. h. auch die Streckgrenze erreicht hat. Daraus folgt, daß man für den Augenblick des Bruches die Tragfähigkeit des Zugstabes AC und die der Konsole AB addieren kann. In beiden Stücken tritt also der Bruch ein, wenn σ_e die Streckgrenze σ_{st} erreicht[1].

Da für die vorkommende Belastung eine gewisse Sicherheit gegen Eintritt der Streckgrenze gegeben sein muß, darf in die praktische Rechnung nur ein Bruchteil von σ_{st}, d. h. die zulässige Spannung σ_e eingeführt werden.

Mit einer solchen Rechnung kann man zwar die Sicherheit gegen Bruch ziffermäßig angeben, aber nicht die Spannungsverteilung zwischen Bügeln und

---

[1] Zu ähnlichen Erwägungen kommt v. Emperger durch seine Versuche mit umschnürtem Gußeisen. v. Emperger, Neuere Bogenbrücken aus umschnürtem Gußeisen. Berlin 1913. (Vgl. S. 33.)

schrägen Eisen unter der rechnungsmäßigen Nutzlast mit Eigengewicht. Die Rechnung wird, wie folgt, durchgeführt:

Der Schnitt F_q der Bügel und der Abstand e der Bügel wird angenommen. Da e zugleich den Abstand der Risse bezeichnet, darf es nicht zu groß, etwa bis $\frac{3}{4} \cdot b_1$, angenommen werden.

$\varDelta Z$ denkt man sich zerlegt in zwei Teile $\varDelta Z_1$ und $\varDelta Z_2$

$$\varDelta Z = \varDelta Z_1 + \varDelta Z_2,$$

so daß $\varDelta Z_1$ von der Konsole $\varDelta Z_2$ von den schrägen Eisen aufgenommen wird. Nach (149) ist

$$\mathfrak{M}_q = \varDelta Z_1 \cdot (h - a - x).$$

x_q sei der Abstand der Nullinie in der Konsole von der Druckkante B (vgl. Abb. 137).

$$\mathfrak{M}_q = F_q \cdot \sigma_e \cdot \left(e - \frac{x_q}{3} \right) \quad \dots \dots \dots \quad (167)$$

Nach (22) ist

$$x_q = \frac{n \cdot F_q}{b_1} \left(-1 + \sqrt{1 + \frac{2 \cdot b_1 \cdot e}{n \cdot F_q}} \right)$$

gegeben also auch $\mathfrak{M}_q$

$$\varDelta Z_1 = \frac{\mathfrak{M}_q}{h - a - x} \quad \dots \dots \dots \quad (168)$$

Nach (152)

$$\varDelta Z_1 = \tau_b \cdot b_1 \cdot e,$$

$$\tau_b = \frac{\mathfrak{M}_q}{h - a - x} \cdot \frac{1}{b_1 \cdot e} = \frac{F_q \cdot \sigma_e}{b_1 (h - a - x)} \cdot \left(1 - \frac{x_q}{3 \cdot e} \right) \quad \dots \quad (169)$$

Somit hätte nach diesem Rechnungsverfahren die Gleichung (169) an Stelle der Gleichung (166) zu treten, und für die Berechnung der Zugkräfte in den schrägen Eisen sodann die Gleichungen (160) bis (165) Anwendung zu finden.

Bestimmung der Lage der schrägen Eisen.

In Abb. 138 ist in der Ansicht ein Plattenbalken und darüber die Linie seiner größten Vertikalkräfte dargestellt. Die Schubspannung soll durch schräge Eisen unter dem Winkel α aufgenommen werden, welche einen gegenseitigen Abstand e_1 haben. Ein Teil τ_b der Schubspannung soll entweder vom Beton oder von den Bügeln übernommen werden.

Es ist nun noch festzustellen, an welchen Stellen des Balkens die schrägen Eisen hochzuziehen sind, nachdem zuvor die von ihnen aufzunehmende Kraft Z_s nach (160) berechnet worden ist.

In dem Nullpunkte C der Vertikalkraftkurve wird unter dem Winkel α gegen die Nullinie die Gerade CE gezogen. Auf diese Gerade werden alle Punkte B der Nullinie rechtwinkelig nach B' projiziert und in B' die Schubkraft der Längeneinheit $\tau_o \cdot b_1$ des Punktes B als Ordinate $B'F'$ aufgetragen. Auf diese Weise entsteht eine von der Geraden meist wenig abweichende Kurve CF.

Die Fläche ECF ist das Integral $\int_0^{\overline{AC}} \tau_o \cdot b_1 \cdot \cos \alpha \cdot dl$ (vgl. Abb. 139). Sie ist somit wegen Gleichung (153) gleich der schrägen Zugkraft Z_{AC}, welche auf der ganzen Strecke AC auftritt.

Die Gerade GG_1 ist parallel zu EC in dem Abstande $\tau_b \cdot b_1$ und schneidet daher an allen Ordinaten $B'F'$ die konstante Größe $\tau_b \cdot b_1$ ab.

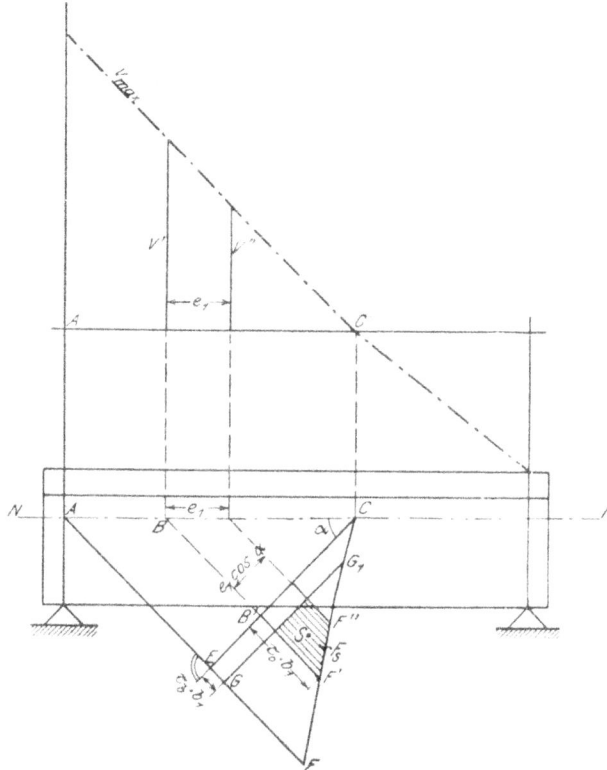

Abb. 138.

Die in der Abb. 138 schraffierte Fläche F_s kann jetzt geschrieben werden

$$F_s = \int\limits_0^{e_1} (\tau_0 \cdot b_1 - \tau_b \cdot b_1) \cdot \cos a \cdot d l = b_1 \int\limits_0^{e_1} (\tau_0 - \tau_b) \cdot \cos a \cdot d l.$$

Diese Gleichung stimmt aber überein mit der Gleichung (158), so daß $F_s = Z_e$ ist.

Die Fläche F_s stellt also der Größe nach die auf ein schräges Eisen auf der Strecke e_1 treffende Zugkraft dar.

Da die Fläche ECF durch die Punkte E und C in die richtige Lage zur Strecke AC gebracht ist, stellen die hier betrachteten Flächen ECF und F_s die schrägen Zugkräfte Z_{AC} bzw. Z_e nicht nur der Größe nach, sondern auch der Lage nach dar. Um die richtige Lage des schrägen Eisens für F_s zu erhalten, ist daher nur der Schwerpunkt S der Fläche F_s auf die Strecke AC zurückzuprojizieren (vgl. Abb. 140).

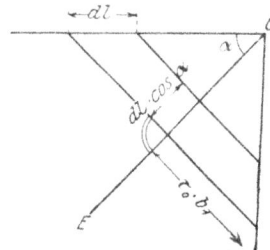

Abb. 139.

Die schrägen Eisen werden dadurch erhalten, daß man die Zugeisen des Zuggurtes aufbiegt. Haben alle aufgebogenen Eisen denselben Durchmesser, so ist die Fläche GG_1F in so viele gleiche Teile F_s zu zerlegen, als Eisen aufzubiegen sind. Die Zahl v der aufzubiegenden Eisen vom Einzelquerschnitt f_e ist

$$v = \frac{\text{Fläche } GG_1F}{f_e \cdot \sigma_e}.$$

9*

Bei verschiedenen Eisendurchmessern müssen sich die einzelnen Flächen F_s verhalten wie die Querschnitte der Eisen.

In Abb. 140 ist die Aufteilung einer Fläche GG_1F für drei gleiche Eisen vorgeführt.

Wie man bei der Berechnung der schrägen Zugkraft statt die Schubspannungen τ_o und τ_b auch die hierzu gehörigen Querkräfte V und V_b benutzen kann

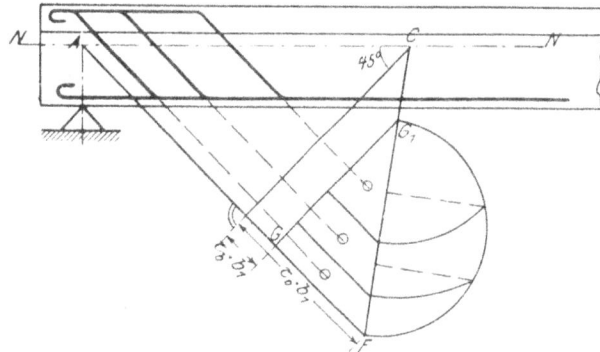

Abb. 140.

[Gleichung (160)], so kann man auch für die Bestimmung der Lage der schrägen Eisen bei gleichbleibender Balkenhöhe von der Querkraftlinie anstatt von der Linie die Schubkräfte ausgehen. In Abb. 141 ist diese Konstruktion durchgeführt, welche dasselbe Beispiel wie Abb. 140 behandelt.

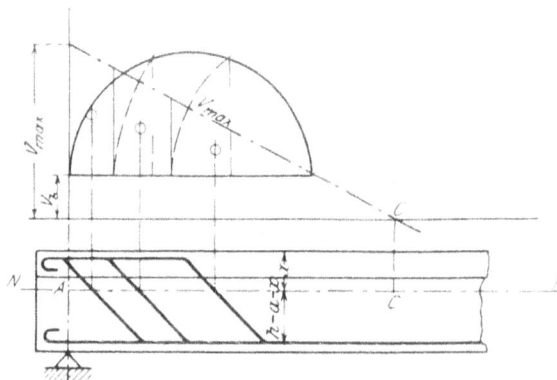

Abb. 141.

Legt man der Konstruktion die rechnerische Verteilung der Schubkräfte über einen Querschnitt zugrunde (Abb. 111), welche sich bei völliger Vernachlässigung der Betonzugspannungen ergibt, so wird man folgerichtig die Linie AC nicht in die Nullinie, sondern in die Mitte des Rechteckes der Abb. 111, d. h. um $\frac{h-a-x}{2}$ unter die Nullinie zu legen haben[1]).

Da jedoch gerade in der Nähe der Auflager meist keine Risse entstehen und somit die Betonzugspannungen einen merklichen Einfluß haben, wird hier an Stelle der Abb. 111 Abb. 112 die richtigere Spannungsverteilung darstellen, welche

---

[1]) Mörsch, Der Eisenbetonbau. Stuttgart 1912. IV. Aufl., S. 335.

den größten Wert $\tau_o \cdot b$ in der Nullinie zeigt, so daß auch AC richtiger in der Nullinie anzunehmen ist.

Dagegen ist es häufig nicht richtig, den Punkt A über der Mitte der Auflager zu wählen, insbesondere nicht bei breiten Flächenlagern, wie z. B. bei Balken, welche mit starken Säulen fest verbunden sind. Hierbei ist es richtiger, A über die Säulenkante zu legen, wie auch aus folgenden Überlegungen geschlossen werden kann.

In der Gleichung (144) ist die Vertikalspannung σ_y vernachlässigt worden. Über dem Auflager rührt diese Spannung von dem Druck des Auflagers gegen den Balken her und ist demnach von unten nach oben gerichtet (Abb. 142). Die Verteilung und damit auch die Größe dieser Vertikalspannungen ist unbekannt. Sicherlich können sie aber beträchtliche Werte annehmen, nachdem unmittelbar über den Auflagern niemals schräge Zugrisse beobachtet werden.

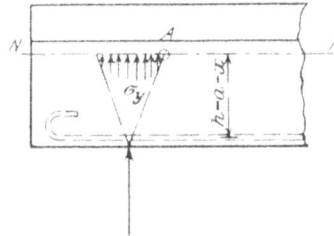

Abb. 142.

Für $\sigma_y > 0$ wird der Winkel φ nach Gleichung (141) in der Nullinie mit $\sigma_x = 0$ kleiner als 45^0, und aus Gleichung (142) kann man ableiten, daß σ'_{max} dann kleiner wird als für $\sigma_y = 0$. Somit wird gerade in der Nähe des Auflagerpunktes die schräge Zugspannung weniger unter 45^0 gerichtete schräge Eisen erfordern, und es wird richtiger sein, den Punkt A der Abb. 138, 140, 141 um einen kleinen Betrag, etwa $\frac{1}{3}(h-x)$, nach dem Feld des Trägers zu verschieben (Abb. 142) oder, wie oben bemerkt, an Säulen über die Kante anstatt über die Mitte der Säulen zulegen.

Verteilen der Eisen nach der Maximalmomentenlinie.

Die schrägen Eisen werden in der Regel durch Abbiegen und Hochziehen der Untergurteisen erhalten. Es kann deshalb ein solches Eisen nur dann hochgezogen werden, wenn es zur Aufnahme der Zugkraft im Untergurt nicht mehr benötigt wird. Um festzustellen, daß die Eisen an den im vorigen Abschnitte ermittelten Stellen auch mit Rücksicht auf die Zugkraft des Untergurtes aufgezogen werden dürfen, vergleicht man die Ordinaten der Maximalmomentenlinie mit den Biegungsmomenten, welche die Balken äußerstenfalls aufnehmen können, wenn ihre Eisen gerade mit der zulässigen Eisenzugspannung σ_e beansprucht werden. Diese letzteren Biegungsmomente sollen der Kürze wegen innere Momente ($\mathfrak{M}_i$) genannt werden. In einem Träger von der Höhe h und dem Eisenquerschnitt F_e ist nach Gleichung (24) $\mathfrak{M}_i = \sigma_e \cdot F_e \left(h - a - \frac{x}{3} \right)$ für den rechteckigen Balken, und nach Gleichung (62) $\mathfrak{M}_i = \sigma_e \cdot F_e (h-a-x+y)$ für den Plattenbalken. Für die praktische Rechnung nimmt man hierbei die Werte $\left(h - a - \frac{x}{3} \right)$ und $(h-a-x+y)$ bei gleichbleibender Höhe h des Balkens konstant an, wenn auch mit F_e sich x und y etwas ändern.

Die Linie der inneren Momente ($\mathfrak{M}_i$) muß die Maximalmomentenlinie umhüllen.

Das Verfahren für den Vergleich der Momente $\mathfrak{M}_i$ mit den Maximalmomenten wird am folgenden Zahlenbeispiel leicht zu ersehen sein.

Ein Raum von 3,20 m Lichtweite soll mit einer Platte überdeckt werden, welche eine Nutzlast von $'\pi = 2000$ kg/qm zu tragen hat. Da die Platte in Mauern gelagert wird, können an den Rändern Einspannungsmomente auftreten, für welche Eisen aus dem Untergurt in den Obergurt gezogen werden müssen.

Zur Bestimmung des Eigengewichtes und der Stützweite schätzen wir die Plattenstärke $h = 25$ cm. Die Stützweite ist nach den deutschen Bestimmungen Lichtweite plus Plattenstärke, $l = 3,20 + 0,25 = 3,45$ m. Wir betrachten einen Plattenstreifen von der Breite $b = 100$ cm.

$$\text{Eigengewicht } {}^0p \text{ kg/m} \begin{cases} \text{Platte} & 0,25 \cdot 1,0 \cdot 2400 = & 600 \text{ kg/m,} \\ \text{Belag} & 0,04 \cdot 1,0 \cdot 2000 = & 80 \text{ »} \\ \text{Putz} & 0,01 \cdot 1,0 \cdot 2000 = & 20 \text{ »} \end{cases}$$

$$ {}^0p = \ 700 \text{ kg/m,}$$

Nutzlast $'p$ kg/m; $ 'p = 2000 \cdot 1,0 = 2000$ »

Gesamtlast p . . . . $= 2700$ kg/m.

Größtes Biegungsmoment $\mathfrak{M}_{max} = \dfrac{p\,l^2}{8}$

$$\mathfrak{M}_{max} = \frac{2700 \cdot 3,45^2}{8} = 4020 \text{ mkg} = 402\,000 \text{ cmkg.}$$

Die Maximalmomentenlinie ist eine quadratische Parabel (Abb. 143).

Für die Spannungen $\sigma_b = 40$, $\sigma_e = 1000$ kg/qcm sind die Dimensionierungskonstanten der Tabelle 1 des Anhanges $C_1 = 0,390$, $C_2 = 0,00293$.

Nach Gleichung (37) und (39) ist

$$h - a = 0,390 \cdot \sqrt{\frac{402\,000}{100}} = 23,3 \text{ cm,}$$

$$F_e = 0,00293 \cdot \sqrt{402\,000 \cdot 100} = 17,5 \text{ qcm.}$$

Für F_e kann man wählen 10 ϕ 16 $= 20,11$ qcm (vgl. Tabelle 3 des Anhanges). Bei 1 cm Betonüberdeckung ist die kleine Größe a (Abb. 58)

$$a = 1 + \frac{1,6}{2} = 1,8 \text{ und } h = 23,3 + 1,8 \backsim 25 \text{ cm.}$$

Die Schätzung der Plattenstärke war somit richtig. Zur Berechnung det Größe x sind jetzt h, b und F_e gegeben, so daß hierfür Gleichung (22) verwender werden muß.

$$x = \frac{15 \cdot 20,1}{100}\left(-1 + \sqrt{1 + \frac{2 \cdot 100 \cdot 23,2}{15 \cdot 20,1}}\right) = 9,2 \text{ cm,}$$

$$h - a - \frac{x}{3} = 23,2 - 3,1 = 20,1 \text{ cm.}$$

Querschnitt	Eisen	F_e qcm	$\mathfrak{M}_i = \sigma_e \cdot F_e \cdot \left(h - a - \frac{x}{3}\right)$
IV—IV	10 ϕ 16	20,11	$\mathfrak{M}_{i\,IV} = 1000 \cdot 20,11 \cdot 20,1 = 404\,211$ cmkg
III—III	8 ϕ 16	16,08	$\mathfrak{M}_{i\,III} = 1000 \cdot 16,08 \cdot 20,1 = 323\,208$ »
II—II	6 ϕ 16	12,06	$\mathfrak{M}_{i\,II} = 1000 \cdot 12,06 \cdot 20,1 = 242\,406$ »
I—I	5 ϕ 16	10,05	$\mathfrak{M}_{i\,I} = 1000 \cdot 10,05 \cdot 20,1 = 202\,005$ »

In der Abb. 143 ist angenommen, daß die Eisen von dem unteren Abbiegepunkt an als Zugeisen des Untergurtes unwirksam sind. Diese Annahme ist nicht ganz richtig, erhöht aber die Sicherheit. Weniger zu empfehlen ist die Annahme, daß die schrägen Eisen erst vom Schnittpunkt mit der Nullinie an als Zugeisen des Zuggurtes unwirksam sind. Diese letztere Annahme führt zu den in Abb. 143 gestrichelten Staffeln der inneren Momente.

In der Platte Abb. 143 sind auch noch die über den Zugeisen liegenden Verteilungseisen (Durchmesser 8) angedeutet, welche in ungefähr 25 bis 30 cm Abstand verlegt, zur Verteilung konzentrierter Lasten auf eine größere Plattenbreite beitragen sollen (vgl. Platte Seite 282).

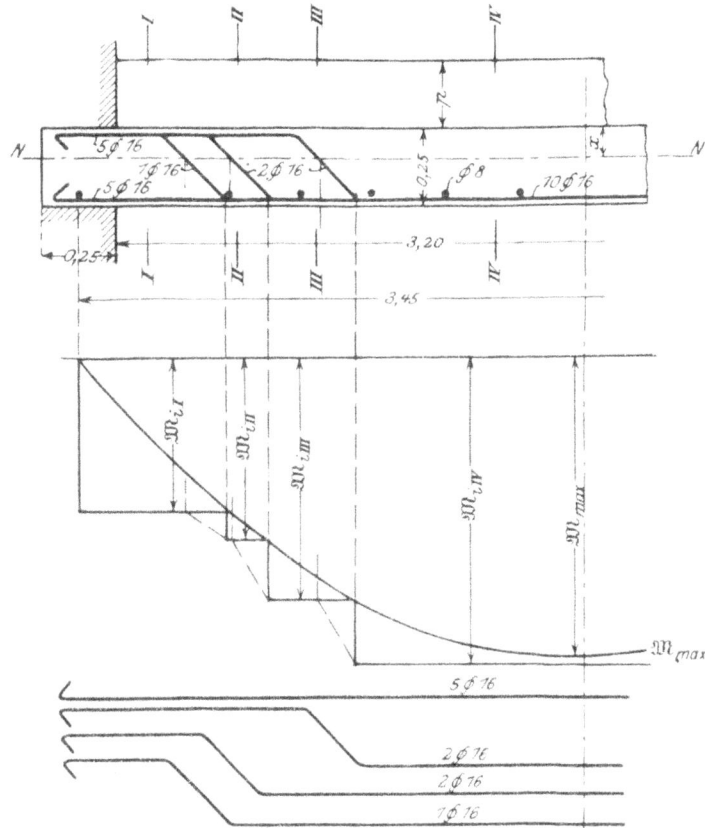

Abb. 143.

Zahlenbeispiel für die Berechnung von Bügeln und schrägen Eisen.

Der in Abb. 144 dargestellte Plattenbalken von 5,40 m Stützweite soll eine gleichförmig verteilte Gesamtlast von $p = 6250$ kg/m tragen. Der Punkt C (Nullpunkt der Querkraftlinie) fällt bei gleichförmig verteilter Belastung in die Balkenmitte.

$$x = 22{,}9 \text{ cm}; \quad y = 17{,}2 \text{ cm}; \quad a = 6{,}3 \text{ cm}; \quad h - a - x + y = 58 \text{ cm}.$$

1. Nach den deutschen Bestimmungen mit Bügelabscherung.

Für den Punkt A ist die Querkraft $V = 2{,}70 \cdot 6250 = 16875$ kg und

$$\tau_0 \cdot b_1 = \frac{V}{h - a - x + y} = \frac{16875}{58} = 277{,}1 \text{ kg/cm},$$

$$\tau_0 = \frac{277{,}1}{25} = 11{,}1 \text{ kg/qcm} < 14 \text{ kg/qcm},$$

somit zulässig.

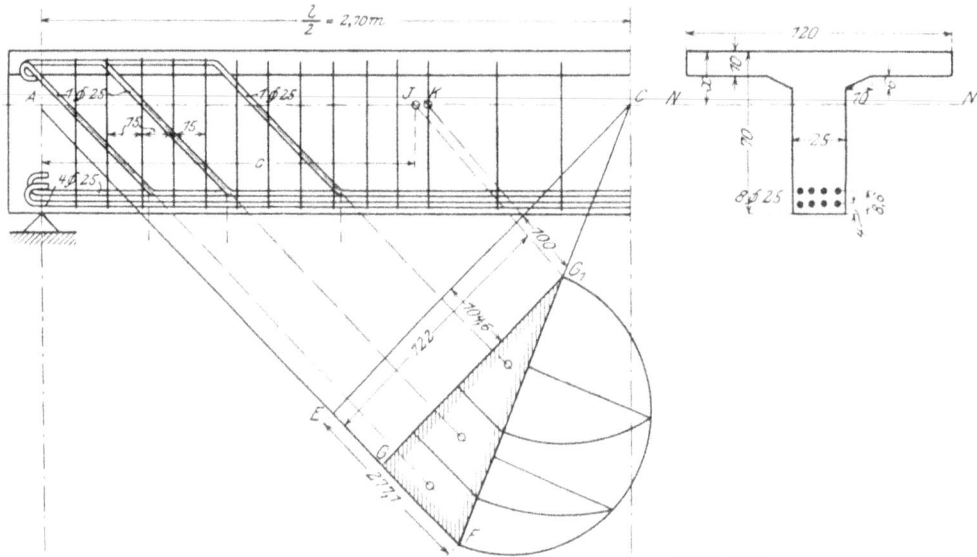

Abb. 144.

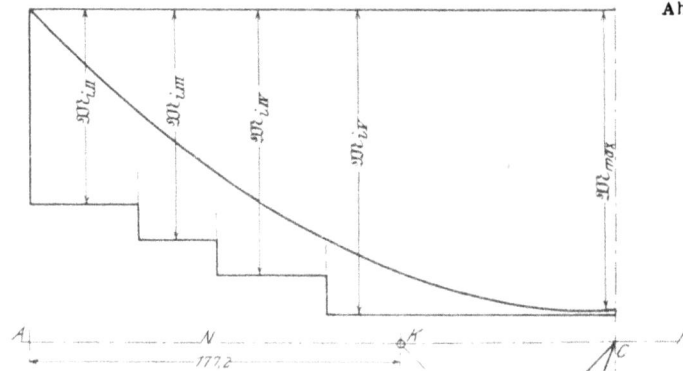

Abb. 144a.

Gewählt werden doppelschnittige Bügel Durchmesser 10 im Abstande 15 cm.

$$F_q = 2 \cdot \phi\, 10 = 1{,}57 \text{ qcm}; \quad e = 15 \text{ cm}; \quad \sigma_e = 1000 \text{ kg/qcm}.$$

Nach Gleichung (166)

$$\tau_b = \frac{F_q \cdot \sigma_e}{e \cdot b_1} = \frac{1{,}57 \cdot 1000}{15 \cdot 25} = 4{,}19 \text{ kg/qcm},$$

$$\tau_b \cdot b_1 = 4{,}19 \cdot 25 = 104{,}6 \text{ kg/cm}',$$

$$V_b = \tau_b \cdot b_1 \cdot (h - a - x + y) = 104{,}6 \cdot 58 = 6070 \text{ kg}.$$

Zufolge (162) ist

$$c = \frac{l}{2} - \frac{V_b}{p} = 270 - \frac{6070}{62,50} = 173 \text{ cm},$$

$$GG_1 = c \cdot \cos 45^0 = 173 \cdot \frac{1}{\sqrt{2}} = 122 \text{ cm}.$$

Nach Gleichung (165) oder Abb. 144 ist die gesamte schräge Zugkraft auf die Strecke c, welche von schrägen Eisen aufzunehmen ist,

$$Z_{c\,45} = \frac{277,1 - 104,6}{2} \cdot 122 = 10\,520 \text{ kg[1])}.$$

Im Punkte K erreicht die Schubspannung den Wert 4,0 kg/qcm. Zu ihr gehört eine Querkraft $V_4 = 4 \cdot b_1 (h - a - x + y) = 4 \cdot 25 \cdot 58 = 5800$ kg und nach Gleichung (162) erhält man

$$AK = \frac{l}{2} - \frac{V_4}{p} = 270 - \frac{5800}{62,50} = 177,2 \text{ cm}.$$

Auf der Strecke KC werden also die Bügel nur nach konstruktiven Erwägungen gewählt, da der Beton ohne Bewehrung 4,0 kg/qcm Schubspannung aufnehmen darf.

Ein Eisen Durchmesser 25 hat 4,91 qcm Querschnitt und nimmt daher $Z_e = 1000 \cdot 4,91 = 4910$ kg Zug auf, so daß drei Eisen $3 \cdot 4910 = 14\,730$ kg Zug aufnehmen könnten. Es genügen somit drei schräge Eisen für $Z_{c\,45}$, und die Fläche FGG_1 ist daher in drei gleiche Teile zu zerlegen (vgl. Abb. 144). Die Schwerpunkte der Teilflächen bestimmen die Lage der schrägen Eisen, so daß nurmehr durch Vergleichen der inneren Momente mit den Biegungsmomenten zu prüfen ist, ob die schrägen Eisen an diesen Stellen bereits hochgezogen werden dürfen,

$$\mathfrak{M}_{\max} = \frac{p\,l^2}{8} = \frac{6250 \cdot 5,4^2}{8} = 22\,750 \text{ mkg} = 2\,275\,000 \text{ cmkg}.$$

Eisen	F_e qcm	$\mathfrak{M}_i = F_e \cdot \sigma_e \cdot (h - a - x + y)$
8 ϕ 25	39,27	$\mathfrak{M}_{i\,V} = 39,27 \cdot 1000 \cdot 58 = 2\,278\,000$ cmkg
7 ϕ 25	34,26	$\mathfrak{M}_{i\,IV} = 34,26 \cdot 1000 \cdot 58 = 1\,994\,000$ »
6 ϕ 25	29,45	$\mathfrak{M}_{i\,III} = 29,45 \cdot 1000 \cdot 58 = 1\,708\,000$ »
5 ϕ 25	24,54	$\mathfrak{M}_{i\,II} = 24,54 \cdot 1000 \cdot 58 = 1\,425\,000$ ›
4 ϕ 25	19,63	$\mathfrak{M}_{i\,I} = 19,63 \cdot 1000 \cdot 58 = 1\,038\,000$ »

Man sieht aus Abb. 144, daß die inneren Momente überall größer sind als die Biegungsmomente.

2. Nach den schweizerischen Vorschriften.

Da $\tau_o = 11,1$ kg/qcm den für Abscherung zulässigen Wert von 4,0 kg/qcm überschreitet, muß die ganze Schubkraft von A bis zu dem Punkte J, wo τ_o gerade 4,0 kg/qcm wird, durch Aufbiegungen oder besondere Eiseneinlagen aufgenommen werden.

---

[1]) Wäre e größer bzw. F_q kleiner gewählt worden, z. B. $e = 20$, so wäre $\tau_b \cdot b_1 = 77,5$ und somit kleiner als das für den Beton ohne Bügel zulässige $4,0 \cdot b_1 = 100$ geworden. In diesem Falle würde $Z_{c\,45}$ nicht durch ein Dreieck, sondern durch ein Trapez $(GG_2 G_1 F)$ dargestellt, dessen Länge $AK : \sqrt{2}$ ist. (Vgl. Abb. 144a.)

Es stellt deshalb das Trapez $E J_1 G_1 F$ die auf die Länge $A J = c$ treffende schräge Zugkraft dar, welche ganz von schrägen Eisen nach diesen Vorschriften aufgenommen werden muß.

$$J_1 G_1 = 4{,}0 \cdot 25 = 100 \text{ kg/cm}.$$

$A J = c$ ist nach Abb. 144a gleich der Strecke $A K$, daher

$$c = 177{,}2 \text{ cm}.$$

Aus Abb. 145 ergibt sich

$$Z_{c\,45} = \frac{277{,}1 + 100}{2} \cdot \frac{177{,}2}{\sqrt{2}} = 23\,600 \text{ kg}.$$

Fünf schräge Eisen, Durchmesser 25, nehmen $Z = 5 \cdot 4910 = 24\,550$ kg auf, reichen also aus für das berechnete $Z_{c\,45}$.

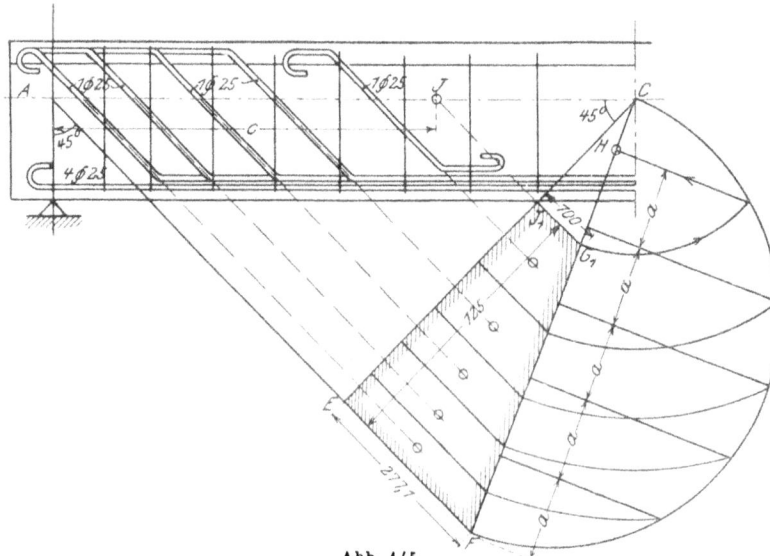

Abb. 145.

Vergleicht man die sich nach Abb. 145 ergebenden Abbiegestellen mit der Momentenlinie in Abb. 144, so erkennt man, daß das schräge nächst J an dieser Stelle noch nicht ohne das innere Moment in unzulässiger Weise zu verkleinern, aus dem Untergurt aufgezogen werden kann. Es ist deshalb in Abb. 145 für dieses schräge Eisen ein besonderes Eisen, Durchmesser 25, eingelegt worden.

Die Bügel werden hierbei angewendet, ohne sie in die Rechnung einzuführen.

In Abb. 145 ist in diesem Falle auch die Aufgabe gelöst worden, das Trapez $E F G_1 J_1$ in fünf gleiche Teile zu zerlegen, welche Aufgabe bei diesen Konstruktionen öfters zu lösen ist. Hierzu wurde die Strecke $H F$ in fünf gleiche Teile (a) geteilt.

3. Nach den österreichischen Vorschriften.

Oben ist $\tau_0 = 11{,}1$ kg/qcm berechnet worden. Hiervon muß 30%, somit 3,33 kg/qcm, der Beton aufnehmen können. Ein Beton von 280 kg Portlandzement auf 1 cbm Zuschläge darf mit 3,50 kg/qcm auf Schub beansprucht werden. Es würde also dieser Beton genügen.

$\tau_0 \cdot b_1 = 277{,}1$ kg/cm. Hiervon müssen mindestens 60%, somit

$$G_3 F = 166{,}26 \text{ kg/cm},$$

von den Eiseneinlagen aufgenommen werden (Abb. 146). Für die Betonschubspannung 3,5 kg/qcm ergibt sich nach Gleichung (159)

$$V_b = \tau_b \cdot b_1 \cdot (h - a - x + y) = 3,5 \cdot 25 \cdot 58 = 5070 \text{ kg}.$$

Nach Gleichung (162)

$$c = \frac{l}{2} - \frac{V_b}{p} = 270 - \frac{5070}{62,50} = 189 \text{ cm},$$

$$E J_1 = \frac{c}{\sqrt{2}} = \frac{189}{\sqrt{2}} = 133,5; \quad \tau_b \cdot b_1 = 3,5 \cdot 25 = 87,5 \text{ kg/cm}.$$

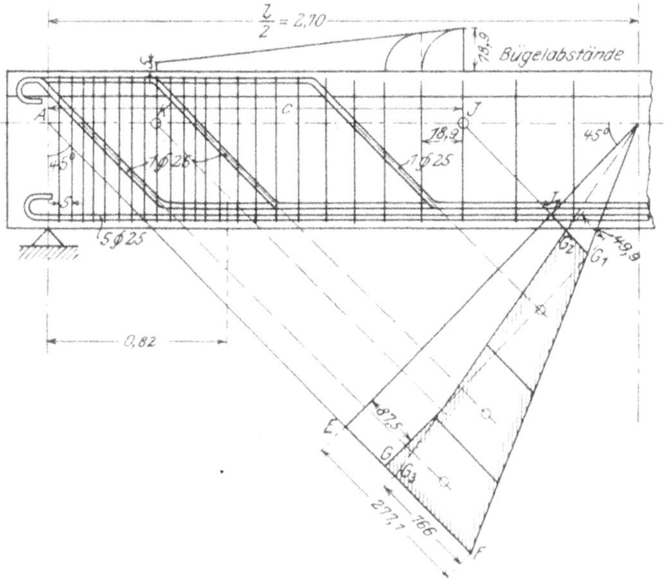

Abb. 146.

Mit diesen Massen ist in Abb. 146 die Fläche GFG_1G_2 gezeichnet worden, deren Ordinaten die von den Bügeln aufzunehmenden Schubkräfte der Längeneinheit und deren Flächeninhalt die Zugkraft der schrägen Eisen darstellt. Nach den österreichischen Vorschriften sind also Bügel und schräge Eisen unabhängig voneinander nach den Schubkräften zu berechnen[1].

Für doppeltschnittige Bügel, Durchmesser 10, ist $F_q = 1,57$ qcm. Die zulässige Schubspannung für die Bügeleisen ist $\tau_e = 600$ kg/qcm. Am Auflager ist die Schubkraft auf 1 cm Länge für die Bügel 277,1 − 87,5 = 189,6 kg/cm. Daher ist die Bügelentfernung e

$$e = \frac{F_q \cdot \tau_e}{b_1 (\tau_0 - \tau_b)} = \frac{1,57 \cdot 600}{189,6} = 5,0 \text{ cm}.$$

Diese Entfernung ist von A bis K zu wählen.

$$G_2 G_1 = \frac{166}{\frac{l}{2}} \left(\frac{l}{2} - c \right) = \frac{166}{270} \cdot 81 = 49,9 \text{ kg/cm}.$$

[1] Haberkalt und Postuvanschitz, Tragwerke aus Eisenbeton. Leipzig und Wien 1912. S. 137.

Bei J ist die Bügelentfernung

$$e = \frac{1,57 \cdot 600}{49,9} = 18,9 \text{ cm}.$$

Von K bis J nimmt für gleichförmig verteilte Last der Bügelabstand geradlinig zu (Abb. 146). Von J bis C sind die Bügel nur nach konstruktiven Gesichtspunkten zu wählen. Die Fläche GFG_1G_2 hat einen Flächeninhalt von 14760 kg. Drei Durchmesser 25 nehmen bei $\sigma_e = 1000$ 14730 kg auf, so daß drei schräge Eisen Durchmesser 25 gerade genügen. Es ist deshalb diese Fläche in drei gleiche Teile zu zerlegen, deren Schwerpunkte die Lage der schrägen Eisen angeben.

Das Beispiel zeigt, daß die österreichischen Vorschriften zu sehr starken Bügelbewehrungen führen können.

Man darf wohl sagen, daß die unabhängige Berechnung von Bügeln und schrägen Eisen nebeneinander zur Erhaltung des Verbundes nicht erforderlich ist. Sie widerspricht der in der Abb. 135 dargestellten Wirkung der schrägen Hauptspannungen, durch welche allein schon der Zusammenhang zwischen Zug- und Druckzone hergestellt werden kann.

4. Mit Berechnung der Bügel als Konsoleisen.

In Abb. 147 ist der Punkt A nicht über dem Auflagerpunkt gewählt, sondern in einem Abstand $\frac{h-x}{3}$ von diesem (vgl. Abb. 142). Für den Beton wurde in diesem Beispiel eine Schubspannung $\tau_b = 3,5$ kg/qcm zugelassen, welche nach den deutschen Bestimmungen sogar 4 kg/qcm hätte betragen können. Im Punkte J, von dem an der Beton ohne Bewehrung die Schubkraft aufnehmen kann, ist

$$\tau_b \cdot b_1 = 3,5 \cdot 25 = 87,5 \text{ kg/cm},$$
$$V_b = \tau_b \cdot b_1 (h - a - x + y) = 87,5 \cdot 58 = 5070 \text{ kg}$$

und nach (162)

$$c = \frac{l}{2} - \frac{V_b}{p} = 270 - \frac{5070}{62,50} = 189 \text{ cm},$$
$$AJ = c - \frac{h-x}{3} = 189 - \frac{47,1}{3} = 173,3 \text{ cm}.$$

Der Bügelabstand e, welcher bei dieser Rechnung nicht größer als $\frac{3}{4} b_1$ wegen der Rißentfernung angenommen werden sollte, sei 15 cm. Der Bügelquerschnitt eines doppeltschnittigen Bügels Durchmesser 10 ist $F_q = 1,57$ qcm.

Unter Verwendung der Gleichungen (167) und folgende ergibt sich

$$x_q = \frac{n \cdot F_q}{b_1}\left(-1 + \sqrt{1 + \frac{2 \cdot b_1 \cdot e}{n \cdot F_q}}\right) = \frac{15 \cdot 1,57}{25}\left(-1 + \sqrt{1 + \frac{2 \cdot 25 \cdot 15}{15 \cdot 1,57}}\right) = 4,45 \text{ cm}.$$

für Punkt A;

$$\tau_b \cdot b_1 = \frac{F_q \cdot \sigma_e}{h - a - x}\left(1 - \frac{x_q}{3 \cdot e}\right) = \frac{1,57 \cdot 1000}{40,8}\left(1 - \frac{4,45}{3 \cdot 15}\right) = 34,7 \text{ kg/qcm}.$$

Ferner ist im Punkte A die Querkraft V_A

$$V_A = \left(\frac{l}{2} - \frac{h-x}{3}\right) p = \left(270 - \frac{47,1}{3}\right) 62,50 = 15880 \text{ kg}$$

und daher

$$\tau_0 \cdot b_1 = \frac{V_A}{h - a - x + y} = \frac{15880}{58} = 274 \text{ kg/cm}.$$

In der Abb. 147 sind die Schubkräfte der Längeneinheit für A und J als Ordinaten aufgetragen worden, so daß das Trapez GG_2G_1F die Zugkraft sämtlicher schräger Eisen für die Strecke AJ darstellt.

$$\text{Fläche } GG_2G_1F = Z_{c\,45} = \frac{(274-34,7)+(87,5-34,7)}{2} \cdot \frac{173,3}{\sqrt{2}} = 17\,860 \text{ kg.}$$

Hierfür sind vier schräge Eisen Durchmesser 25 nötig, welche $Z = 4 \cdot 4910 = 19\,640$ kg aufnehmen können. Das erste schräge Eisen wird so gelegt, daß es 4600 kg Zug

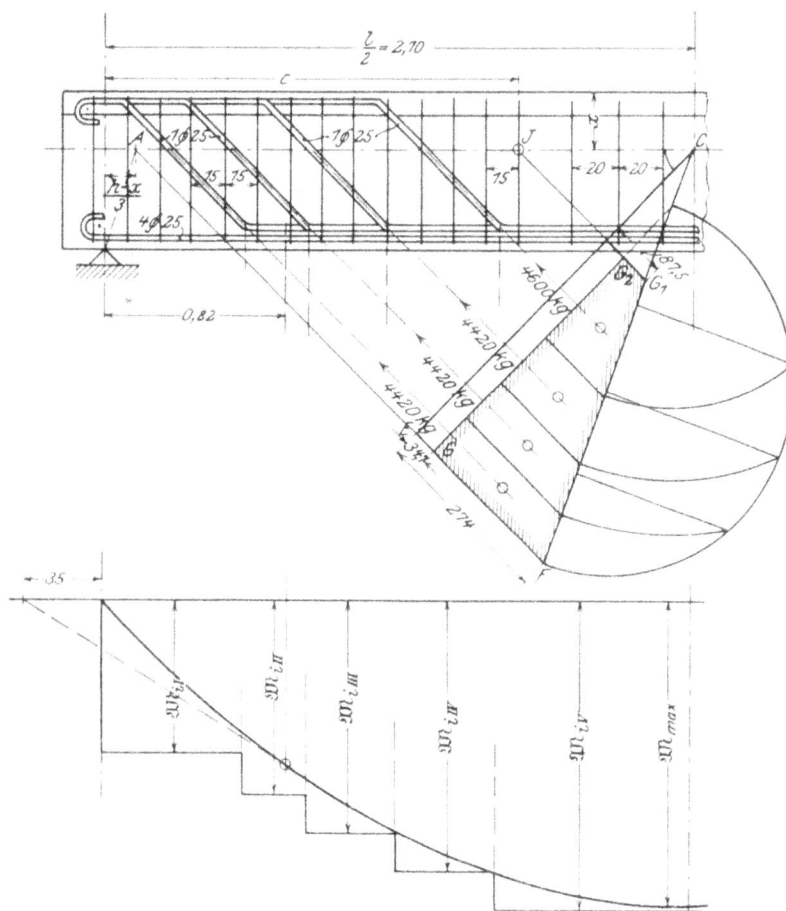

Abb. 147.

erhält, um es länger im Untergurt belassen zu können. Der Rest des schrägen Zuges wird auf die übrigen drei schrägen Eisen gleichmäßig verteilt, so daß jedes 4420 kg Zug erhält. In Abb. 147 ist diese Verteilung durchgeführt worden.

Da in diesem Rechnungsverfahren die Bügel nach ihrer Wirkung unmittelbar vor dem Bruch berechnet worden sind und nicht auf Abscherung, wie sie niemals wirken, möchte ich diesem Verfahren den Vorzug geben. Dabei kommen sowohl Bügel als auch schräge Eisen gerade in den Teil des Balkens, in welchem zuerst die schrägen Risse aufzutreten pflegen (Abstand der Risse vom Auflager für gleichmäßig verteilte Belastung etwa $\frac{l}{5}$[1]).

---

[1] Hager, Das ebene Problem und die Bügelberechnung, »Armierter Beton«, 1914, Nr. 4.

Dieses Rechnungsverfahren kann auch unter der Herrschaft der deutschen Bestimmungen angewendet werden, weil dort ein bestimmtes Verfahren für die Berechnung der Bügel nicht vorgeschrieben ist. Dabei wird nach diesem Rechnungsverfahren der Eisenaufwand nur dann größer werden, wenn für ein schräges Eisen ein besonderes Beilageeisen angewendet werden muß.

Da die Zerstörungen der stark bewehrten Balken beim Bruch häufig von einer Längssprengung ausgehen, welche auf die Wirkung der Haken zurückzuführen ist, sollten bei solchen Balken vor den Haken Quereisen angewendet werden, wie sie in Abb. 147 angedeutet sind.

Die Krümmung der abgebogenen Eisen.

Die abgebogenen Eisen üben in der Krümmung einen Druck auf den Beton aus. Die hieraus sich ergebende Betondruckspannung wird um so größer, je kürzer die Krümmung der Eisen gemacht ist. Mörsch[1]) empfiehlt deshalb für den kleinsten Krümmungshalbmesser $r \geqq 13\,d$, wenn d der Durchmesser der Eisen ist (vgl. Abb. 148).

Dieses Grenzmaß erhält man aus folgender Rechnung.

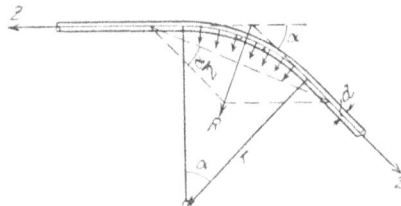

Abb. 148.

Der Druck $R = 2 \cdot Z \cdot \sin \dfrac{\alpha}{2}$.

Die Druckspannung des Druckes R sei ϱ

$$\varrho = \frac{R}{r \cdot a \cdot d} \sim \frac{R}{d \cdot r \cdot 2 \sin \dfrac{\alpha}{2}} = \frac{Z}{d \cdot r}$$

$$Z = \frac{\pi d^2}{4} \cdot \sigma_e$$

$$\varrho \sim \frac{\pi\,d \cdot \sigma_e}{4 \cdot r} \quad \ldots \quad \ldots \quad \ldots \quad (170)$$

Für $\sigma_e = 1000$ kg/qcm und $\varrho = 60$ kg/qcm erhält man

$$r \sim 13\,d.$$

Tatsächlich haben Vergleichsversuche ergeben, daß Balken mit gut ausgerundeten Eisen eine um 12% höhere Bruchlast aushielten als Balken mit scharf abgebogenen Eisen[2]).

Die Herstellung längerer Krümmungen bietet praktisch keine Schwierigkeiten.

---

[1]) Mörsch, Der Eisenbetonbau. Stuttgart 1912. IV. Aufl., S. 328.

[2]) Deutscher Ausschuß für Eisenbeton, Heft 12, berichtet von Bach und Graf. Berlin 1911. Reihe 50, S. 22 u. 142.

9. Kapitel. Die Haftspannungen bei Biegung.

Ältere Formeln zur Berechnung der Haftspannungen.

In der Abb. 149 ist ein Balkenstück von der Länge dl dargestellt, dessen Zugeisen einerseits den Zug Z_1, anderseits den Zug Z_2 ausüben.

Wenn nun die Zugeisen von der Differenz der Zugkräfte $dZ_e = Z_1 - Z_2$ nicht aus dem Balkenstück herausgezogen werden sollen, muß auf der Eisenoberfläche eine gleich große Kraft dZ_e entgegenwirken. Diese Kraft, welche das Herausgleiten der Eisen verhindert, heißt Haftkraft, ihr auf die Flächeneinheit der Eisenoberfläche treffende Teil Haftspannung (τ_1). v. Bach nennt die oberste Grenze der Haftspannung, bei welcher gerade ein Gleiten der Eisen eintritt, Gleitwiderstand.

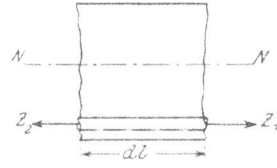

Die Haftkraft auf die Längeneinheit der Eisen

ist $\dfrac{dZ_e}{dl}$. Ist u der Umfang der Eisen, so ist $u \cdot dl$ die Eisenoberfläche auf die Länge dl, auf welche die Haftkraft dZ_e trifft, und somit ist die Haftspannung

$$\tau_1 = \frac{dZ_e}{u \cdot dl} \quad \ldots \ldots \ldots \ldots \quad (171)$$

Da die Eisenzugkraft Z sich sehr verschieden ergibt, je nachdem man die Betonzugspannungen berücksichtigt oder nicht, muß auch die errechnete Haftspannung τ_1 der Zugeisen für diese verschiedenen Annahmen sehr abweichende Werte ergeben.

Man berechnet nun in der Regel die Haftspannungen noch unter Vernachlässigung der Betonzugspannungen. Bezeichnet man mit e den Abstand der inneren Zugkraft von der inneren Druckkraft (Abb. 114), so ist

$$Z = \frac{\mathfrak{M}}{e} \; ; \; \frac{dZ_e}{dl} = \frac{1}{e} \cdot \frac{d\mathfrak{M}}{dl} = \frac{V}{e},$$

wobei V die Querkraft an der betrachteten Stelle bezeichnet.

Nach den Gleichungen (132) und (135) kann man aber auch schreiben

$$\frac{V}{e} = \tau_0 \cdot b \quad \ldots \ldots \ldots \ldots \quad (172)$$

und daher für (171)

$$\tau_1 = \frac{\tau_0 \cdot b}{u} \quad \text{bzw.} \quad \tau_1 = \frac{\tau_0 \cdot b_1}{u} \quad \ldots \ldots \quad \mathbf{(173)}$$

Die Formel sagt, daß am Eisenumfang die größte Schubkraft ganz aufgenommen werden muß.

Es wäre nun zu untersuchen, an welcher Stelle des Balkens τ_1 seinen größten Wert annimmt. Das würde eintreten, wenn τ_0 möglichst groß und u möglichst klein ist. Bei dem Balken auf zwei Stützen tritt beides am Auflager ein, weil dort sowohl die Vertikalkraft V am größten und der Umfang u der Zugeisen infolge des Abbiegens der Eisen am kleinsten ist. Deshalb wurde nach den alten preußischen Bestimmungen τ_1 aus der Gleichung (173) für $\tau_{0\,\mathrm{max}}$ berechnet und dabei nur der Umfang u der geraden Eisen berücksicht.

Dieses Rechnungsverfahren gibt aber viel zu große Werte, weil gerade an den Auflagern nur mehr sehr geringe Zugkräfte im Balken eintreten, welche der Beton zum größten Teil überträgt, so daß $\tau \cdot b$ an den Eisen (Abb. 112) wesentlich kleiner ist als $\tau_o \cdot b$ in der Nullinie (Abb. 111).

Man hat dann mehrfach vorgeschlagen, den Umfang u aller, auch der abgebogenen Eisen in die Gleichung (173) einzuführen und hat damit auch bei Versuchsbalken gleichmäßigere und wahrscheinlichere Werte τ_1 erhalten[1]). Aber dieser Vorschlag nimmt auf die Entwickelung der Gleichung (173) gar keine Rücksicht, so daß sie dann nur noch als eine empirische Formel betrachtet werden könnte, für welche eine Ableitung aus den Sätzen der Festigkeitslehre nicht gegegeben werden kann.

Die Richtigkeit der Gleichung (171) kann nicht bezweifelt werden und, um den richtigen Wert der Schubspannung τ_1 zu erhalten, müßte nur der richtige Wert für dZ_e eingesetzt werden, d. h. es müßte für alle Querschnitte des Balkens die tatsächliche Spannungsverteilung nach Abb. 54 bekannt sein. Da nun diese Spannungsverteilung aus den in dem Kapitel Biegung erläuterten Gründen praktisch nicht in die Rechnung eingeführt werden kann, müssen wir uns auch hier mit einer Annäherungsrechnung begnügen, welche uns durch den Vergleich mit den Ergebnissen der Versuche zwar den Sicherheitsgrad gegen die Bruchgefahr hinreichend ziffermäßig liefert, nicht aber die tatsächlichen Spannungswerte. Es müssen also auch hier wie bei den Biegungsspannungen tatsächliche und errechnete Haftspannungen unterschieden werden.

Ehe nun diese Rechnungsverfahren betrachtet werden, soll noch gezeigt werden, wie man den Gleitwiderstand der Eisen in den Balken praktisch erhöhen kann.

Vorkehrungen zur Erhöhung des Gleitwiderstandes.

Da der Eisenumfang mit der ersten Potenz des Eisendurchmessers und der Querschnitt mit dem Quadrat des Durchmessers wächst, haben einige dünnere Eisen einen größeren Umfang als weniger dickere Eisen von demselben Gesamtquerschnitt. Infolge der größeren Oberfläche haben daher auch die dünneren Eisen eine kleinere Haftspannung τ_1 als die dickeren bei gleichem $\dfrac{dZ_e}{dl}$ (vgl. Gleichung 171).

Man kann deshalb auch mit Rücksicht auf die Größe der Haftspannung einen geeigneten Eisendurchmesser suchen, der sich aber mit der Art der Belastung ändert[2]).

Für eine gleichförmig verteilte Belastung p eines Balkens auf zwei Stützen von der Stützweite l ist bei μ-Eisen nach Gleichung (172) und (173) bzw. Abb. 114

$$\tau_1 \cdot \mu \cdot d \cdot \pi = \frac{V}{e} = \frac{p\,l}{2 \cdot e}$$

$$\mu \cdot \frac{d^2 \pi}{4}\, \sigma_e = \frac{\mathfrak{M}}{e} = \frac{p\,l^2}{8 \cdot e}.$$

Durch Division beider Gleichungen erhält man

$$d = \frac{l}{\sigma_e} \cdot \tau_1.$$

---

[1]) Deutscher Ausschuß für Eisenbeton, Heft 12, berichtet von Bach und Graf. Berlin 1911. S. 106.

[2]) Thumb, Beton und Eisen, 1905, S. 42.

Hätte man einen eingespannten Träger untersucht, so wäre für $\mathfrak{M} = -\dfrac{pl^2}{12}$ zu setzen gewesen und daher

$$d = \frac{l}{\sigma_e} \cdot \frac{2}{3} \cdot \tau_1.$$

Für $\sigma_e = 1000$ und $\tau_1 = 4{,}5$ kg/qcm ergibt sich für den

$$\left.\begin{array}{ll}\text{für den frei aufliegenden Träger } & d = \dfrac{l}{1000} \cdot 4{,}5 \\[2mm] \text{für den eingespannten Träger } & d = \dfrac{l}{1000} \cdot 3\end{array}\right\} \quad \cdots \quad (174)$$

Man sieht daraus, daß man den Eisendurchmesser zweckmäßig zu 3 bis $4 \cdot \dfrac{l}{1000}$ wählen sollte.

Für konzentrierte Lasten und Balken mit Bügeln kann man $\dfrac{d}{l}$ größer wählen, z. B. ergibt sich für zwei gleiche konzentrierte Lasten in den Drittelspunkten des Trägers eine Belastungsart, die für Versuche häufig angewendet wurde, und für $\tau_1 = 5$

$$d = \frac{l}{1000} \cdot 6{,}7.$$

Saliger leitet aus Versuchen das Verhältnis $\dfrac{d}{l}$ ab, welches nicht überschritten werden darf, wenn die Zerstörung der Balken erst durch die Erreichung der Streckgrenze in den Eisen und nicht schon zuvor durch Lösung des Verbundes zwischen Eisen und Beton eintreten soll. Er findet für Eisen mit Haken für das Verhältnis $\dfrac{d}{l} = {}^4/_{1000}$ bis ${}^8/_{1000}$, also ähnliche Werte, wie oben angegeben worden sind[1]).

Wenn nun auch Saliger seine Schlüsse aus Versuchen zieht, deren Ergebnisse nicht unmittelbar miteinander verglichen werden können, so bestätigen doch seine Betrachtungen an der Hand von Versuchen zusammen mit der oben gegebenen theoretischen Entwickelung, daß der Verbund am sichersten gewahrt wird, wenn der Eisendurchmesser einen gewissen Bruchteil der Stützweite nicht überschreitet.

Außer der Verkleinerung des Eisendurchmessers kann auch eine geeignete Verankerung zur Erhöhung der Haftkraft benutzt werden. Deshalb werden sämtliche Rundeisen im Eisenbetonbau an ihren Enden mit Haken versehen, durch welche eine Verankerung des Eisens im Beton erzielt wird.

 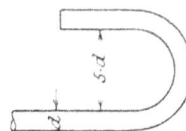

Abb. 150.   Abb. 151.   Abb. 152.

Es sind drei Hakenformen im Gebrauch, der rechtwinkelige (Abb. 150), der spitzwinkelige Haken (Abb. 151) und der Rund- oder U-Haken (Abb. 152).

---

[1]) Saliger, Schubwiderstand und Verbund der Eisenbetonbalken. Berlin 1913. S. 62.

Der Deutsche Ausschuß für Eisenbeton hat den Einfluß der Hakenform auf die Haftkraft der Eisen in Balken prüfen lassen und dabei folgende hauptsächlichsten Ergebnisse erhalten[1]).

Balken ohne Bügel.

Die Belastung, unter welcher sich die ersten Risse in den Balken einstellten, war unabhängig von der Oberflächenbeschaffenheit der Eisen und von der Form der Haken.

Bei Verwendung von glatt gedrehten Eiseneinlagen ohne Haken war die Bruchbelastung nicht wesentlich höher als die Rißlast.

Um den Einfluß der Hakenform möglichst unabhängig von dem Gleitwiderstand erkennen zu können, wurde glatt gedrehtes und geöltes Eisen mit den drei Hakenformen in die Balken eingelegt.

Bezeichnet man die Bruchlast der Balken mit glatten Eisen ohne Haken mit 1,0, so betrugen die Bruchlasten der Balken bei rechtwinkeligen Haken 1,69, bei spitzwinkeligen 1,80 und bei Rundhaken 1,96.

In den Balken, zu welchen Eiseneinlagen mit Walzhaut verwendet wurde, haben die Eiseneinlagen nahezu die Streckgrenze erreicht, so daß der Einfluß der verschiedenen Hakenformen ziemlich gleich ausfiel. Wird wiederum die Bruchlast der Balken bei Verwendung von Eisen mit Walzhaut und ohne Haken 1,0 gesetzt, so waren die entsprechenden Zahlen für rechtwinkelige Haken 1,52, für spitzwinkelige 1,54, für Rundhaken 1,53 und für Rundhaken mit Quereisen (Abb. 147) 1,60.

Bei Verwendung von Eiseneinlagen ohne Haken, aber mit Walzhaut, war die Bruchbelastung bedeutend höher als die Rißlast.

Vergleicht man die Bruchlasten der Balken mit glatten Eisen und Haken mit denen der Balken mit rauhen Eisen und Haken, so findet man, daß letztere erheblich höher sind, daß also jedenfalls bei diesen ein bedeutender Teil des Gleitwiderstandes zu der Hakenwirkung hinzutritt.

Die Zerstörung der Balken trat ein:

a) bei den Eisen ohne Haken durch Überwindung des Gleitwiderstandes;

b) bei Eisen mit rechtwinkeligen Haken durch Aufbiegen dieses Hakens;

c) bei Eisen mit spitzwinkeligen Haken und Rundhaken durch Längssprengung des Balkens (vgl. Abb. 153 und 154);

d) bei Rundhaken mit Quereisen durch Überschreiten der Streckgrenze in den Eiseneinlagen. Das Quereisen hatte die Längssprengung des Balkens verhindert.

Balken mit Bügel.

Die Balken mit Rundhaken hatten eine um 17% höhere Bruchlast als die Balken mit rechtwinkeligen Haken.

Man erkennt aus diesen Versuchsergebnissen den hohen Wert der Verankerung mittels Haken und dabei noch die Überlegenheit des spitzwinkeligen Hakens und des Rundhakens über den rechtwinkeligen. Starke Eisen sollten nur mit Rundhaken und Quereisen angewendet werden.

Da die Versuche mit Eisen von 25 mm Durchmesser ausgeführt und diese bei Verwendung von spitzwinkeligen Haken und Rundhaken unter der Bruchlast nahezu die Streckgrenze erreichten, kann bei allen Rundeisen unter 25 mm Durch-

[1]) Deutscher Ausschuß für Eisenbeton, Heft 9, berichtet von Bach und Graf. Berlin 1911. S. 83.

messer, die an den Enden mit spitzwinkeligen Haken oder Rundhaken versehen sind, von einem Nachweis zulässiger Haftspannungen in den statischen Berech-

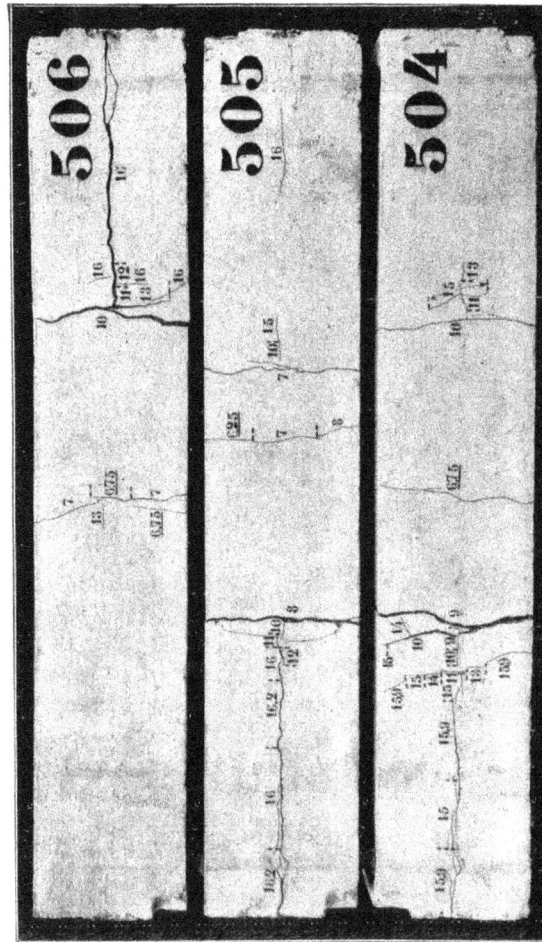

Abb. 154.

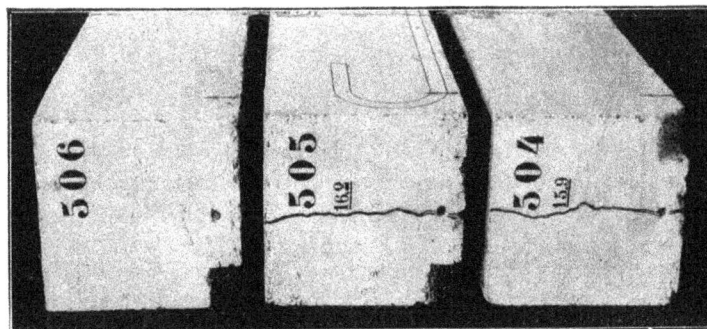

Abb. 153.

nungen abgesehen werden. In den deutschen Bestimmungen ist deshalb dieser Nachweis für die mit solchen Haken versehenen Rundeisen, welche nicht stärker als 26 mm sind, erlassen.

10*

Neuere Verfahren zur Berechnung der Haftspannungen.

Kleinlogel hat aus Versuchen von Bach für rechteckige Balken die Linie der tatsächlichen Eisenzugkräfte abgeleitet, so daß er auch den Differentialquotienten $\frac{dZ_e}{dl}$ dieser Linie für jeden Balkenpunkt und somit auch nach Gleichung (171) die Haftspannung τ_1 bestimmen konnte[1]. Die Linie der τ_1 läßt nun erkennen, daß die größten Haftspannungen in der Nähe der Rißstellen, also in der Nähe der Maximalmomentenpunkte, auftraten, wobei freilich bei dem untersuch-

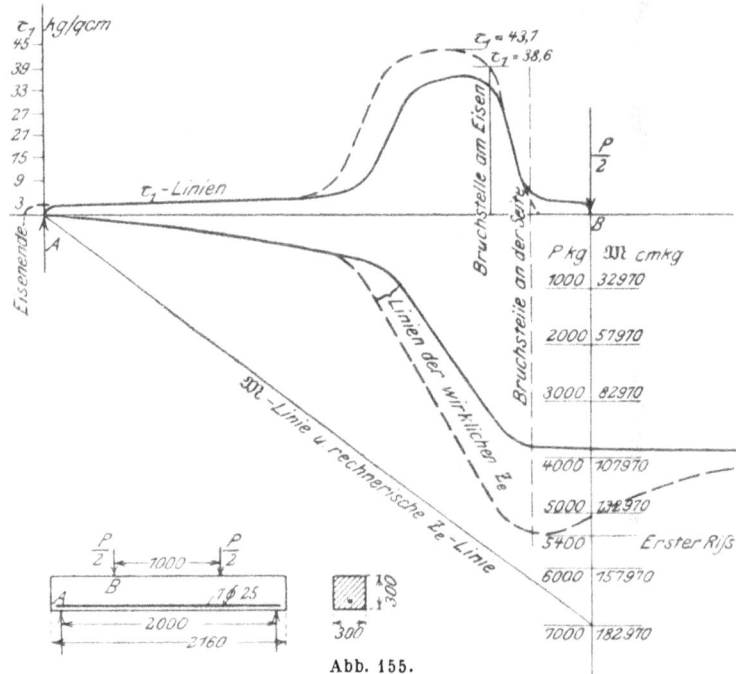

Abb. 155.

ten Belastungsfalle die Risse auch auf Stellen mit sehr großen Querkräften trafen[2]. Abb. 155 gibtdie Z_e- und τ_1-Linien für einen von Kleinlogel untersuchten Balken.

Zu einer ähnlichen Verteilung der Haftspannungen gelangt Engeßer[3] durch theoretische Betrachtungen. Man will auch schon durch Versuche nachgewiesen haben, daß das Maß, um welches die Eisen im Beton gleiten, in der Nähe der Maximalmomentenpunkte größer ist als am Auflager der Balken auf zwei Stützen[4]. Da jedoch diese Messungen insbesondere in der Nähe der Rißbelastung anfechtbar sind, kann man von ihnen absehen und sich mit der nicht anfechtbaren theoretischen Ableitung begnügen.

Es ist klar, daß die Linie der wirklichen Eisenzugkräfte Z_e sehr wesentlich von der Größe der Betonzugzone abhängig ist. Je kleiner die wirkende Beton-

[1] Dr. Kleinlogel, Über das Wesen und die wahre Größe des Verbundes zwischen Eisen und Beton. Berlin 1911.

[2] Deutscher Ausschuß für Eisenbeton, Heft 9, berichtet von Bach und Graf, S. 67. Berlin 1911.

[3] Engesser, Armierter Beton, 1910, Heft 2.

[4] Dr. Preuß, Armierter Beton, 1910, Heft 9. Entgegnung. — Dr. Baumann, Zeitschrift des Vereins deutscher Ingenieure, 1911, S. 639. — Abrams, University of Illinois, Bulletin No. 71 (Beton und Eisen, 1915, S. 73).

zugzone ist (z. B. stark bewehrte Plattenbalken mit breiter Platte und schmaler Rippe), um so mehr nähert sich die Kurve der wirklichen Z_e der Linie der errechneten Z_e. Es ist daher auch nicht zulässig, aus der Linie der wirklichen Z_e, welche wie in Abb. 155 für einen ganz bestimmten Träger rechteckigen Querschnitts abgeleitet sind, ein Maß für das größte $\frac{dZ_e}{dl}$ abzugreifen und mit einem solchen Maß die Haftspannungen beliebiger anderer nicht nur rechteckiger Träger zu rechnen.

Nachdem somit einerseits die Berechnung der größten Haftspannungen auf die gleichen Schwierigkeiten stößt wie die der wirklichen Biegungsspannungen, und anderseits die günstige Wirkung der Endhaken auf die Erhöhung der Bruchlasten durch die Versuche unzweifelhaft bewiesen ist, ist man auf eine andere Art der Beurteilung der Haftkraft der Eiseneinlagen in Balken übergegangen.

Betrachtet man einen Querschnitt eines Balkens, in welchem auf die Eisen eine rechnerische Zugkraft Z_e trifft, so genügt es für diesen Querschnitt, wenn die Eisen so gut im Beton haften oder verankert sind, daß sie die Zugkraft Z_e mit Sicherheit gegen Herausgleiten aushalten können (Abb. 156). Wenn nun diese Sicherheit in allen Querschnitten des Balkens gegeben ist, wird der Verbund zwischen Beton und Eisen nicht gefährdet sein.

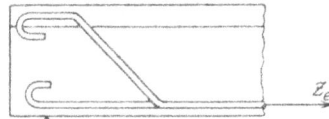

Abb. 156.

Setzt man voraus, daß sich die Haftkraft gleichmäßig von dem betrachteten Querschnitt bis zum Ende des Eisens verteilt, d. h. daß auf die Länge $x + c$

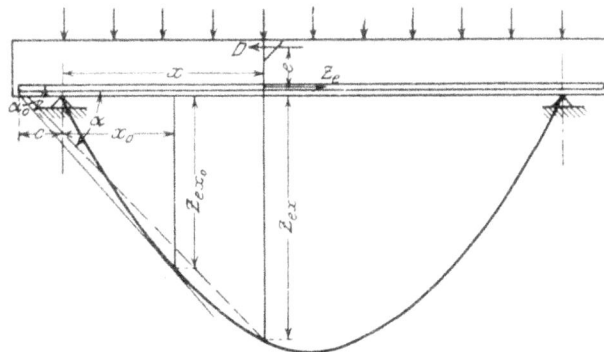

Abb. 157.

(Abb. 157) überall dieselbe Haftspannung τ_1 herrscht, so kann man den Querschnitt suchen, für welchen τ_1 seinen größten Wert erreicht.

$$Z_{ex} = \tau_1 \cdot u \cdot (x + c)$$
$$\operatorname{tg} a = \frac{Z_{ex}}{x + c} = \tau_1 \cdot u.$$

Hiernach wird τ_1 am größten, wenn der Winkel a seinen größten Wert hat, welchen er als Tangentenwinkel a_0 erreicht[1]).

$$\tau_{1\,max} = Z_{ex_0} \cdot \frac{1}{u \cdot (x + c)} = \frac{\mathfrak{M}_{x_0}}{e} \cdot \frac{1}{u \cdot (x + c)} \quad \ldots \quad (175)$$

Gegen diese Art der Berechnung kann man einwenden, daß τ_1 sich tatsächlich nicht gleichförmig über die Länge $x + c$ verteilt. Jedoch glaube ich, daß

---

[1]) Hager, Armierter Beton, 1909, Heft 11.

man mit einem mittleren τ_1 rechnen könnte, welches von Versuchen aus einer nach dem gleichen Rechnungsverfahren ermittelten Haftfestigkeit abzuleiten wäre (Engeßer nennt diese Haftfestigkeit die »scheinbare«). Denn auch die Gewinde einer Schraube werden sämtlich als gleich belastet betrachtet und sind sehr verschieden belastet. Ein wichtigerer Einwand wäre der, daß dieses Rechnungsverfahren doch wohl nur solange einen Sinn hat, als in die Strecke x_0 keine Zugrisse treffen, da nach Eintritt nur eines Risses eine Teilstrecke von x_0 für die Haftkraftrechnung unsicher würde. In dem Verfahren ist aber noch nicht festgestellt, daß auf der Strecke x_0 die zulässige Betonzugspannung nicht überschritten wird. Soll auch diesem Einwand noch entgegengetreten werden, so erübrigt nur für die Strecke x_0 die größten Betonzugspannungen nach irgendeinem der angegebenen Verfahren (Seite 93) zu berechnen. Für u ist der Umfang der unteren Eisen im Querschnitt mit der Abszisse x_0 in die Rechnung einzuführen.

In den österreichischen Vorschriften vom 15. Juni 1911 ist dieses Verfahren zur Berechnung der »mittleren« Haftspannung mit der Erweiterung angeordnet worden, daß der geraden Haftstrecke $(x_0 + c)$ für die Wirkung von recht- und spitzwinkeligen Haken der vierfache, für jene von Rundhaken der zwölffache Eisendurchmesser zuzuschlagen ist [1]).

Nach diesen Vorschriften dürfen die mittleren Haftspannungen folgende Werte nicht übersteigen:

Betonmischung					im Hochbau	bei Straßenbrücken
470 kg Zement auf 1 cbm Zuschläge					$\tau_1 \leqq 5$ kg/qcm	$\tau_1 \leqq 3{,}5$ kg/qcm
350 »	»	»	1 »	»	4,5 »	3,5 »
280 »	»	»	1 »	»	4,0 »	2,5 »

In den deutschen Bestimmungen wird für die Berechnung der Haftspannungen unterschieden zwischen Platten und Balken, welche nur gerade Eisen enthalten, und solche, deren Eisen nach dem einfachen oder mehrfachen Strebensystem teilweise hochgezogen sind. Dabei bedarf es in beiden Fällen einer Berechnung der Haftspannungen überhaupt nicht, wenn der Eisendurchmesser nicht stärker als 26 mm ist und die Enden mit spitzwinkeligen Haken oder Rundhaken versehen sind.

Für die Platten und Balken mit nur geraden Eisen wird die Gleichung (173) in Anwendung gebracht und dabei soll τ_1 das Maß 4,5 kg/qcm nicht übersteigen. Bei richtiger Wahl des Eisendurchmessers wird diese Forderung stets erfüllt sein.

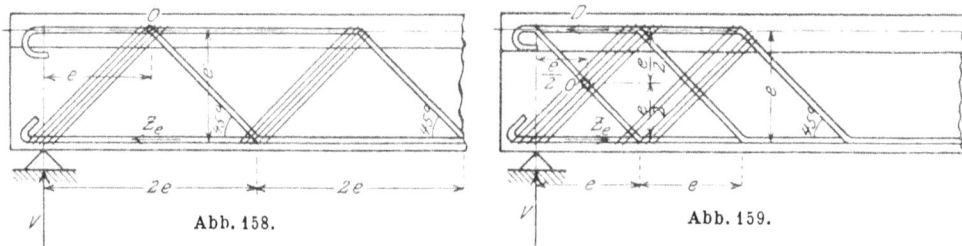

Abb. 158.

Abb. 159.

Bei den Balken mit hochgezogenen Eisen wird der Träger in der Nähe des Auflagers als Fachwerkträger betrachtet, und zwar entweder als einfaches (Abb. 158) oder als doppeltes Strebensystem (Abb. 159)[2]).

---

[1]) Weitere Erläuterung für dieses in Österreich vorgeschriebene Rechnungsverfahren finden sich in Haberkalt und Postuvanschitz, Tragwerke aus Eisenbeton. Wien und Leipzig 1912. 2. Aufl., S. 145.

[2]) Mörsch, Der Eisenbetonbau. Stuttgart 1912. 4. Aufl., S. 273.

Man kann voraussetzen, daß die Vertikalkraft in den Punkten O kleiner ist als am Auflager, so daß man sicher rechnet, wenn man V vom Auflager bis zu den Punkten O konstant annimmt.

Das Biegungsmoment um O ist

im einfachen System: $V \cdot e = Z_e \cdot e$, daher $Z_e = V$;

im doppelten System: $V \cdot \dfrac{e}{2} = Z_e \cdot \dfrac{e}{2} + D \cdot \dfrac{e}{2}$,

$$Z_e = D, \quad \text{daher} \quad Z_e = \frac{V}{2}.$$

Nimmt man nun an, daß die Zugkraft Z_e sich auf die Fachlänge gleichmäßig durch Haftung auf den Beton überträgt, so erhält man bei einem Eisenumfang u

im einfachen System: $Z_e = \tau_1 \cdot u \cdot 2 \cdot e$, daher $\tau_1 = \dfrac{V}{2 \cdot u \cdot e}$;

im doppelten System: $Z_e = \tau_1 \cdot u \cdot e$, daher $\tau_1 = \dfrac{V}{2\, u \cdot e}$.

Da nach Gleichung (172) für $\dfrac{V}{e}$ auch $\tau_0 \cdot b$ gesetzt werden kann, erhält man für die Haftspannungen in Balken mit hochgezogenen Eisen, und zwar für rechteckige Balken bzw. Plattenbalken

$$\tau_1 = \frac{\tau_0 \cdot b}{2 \cdot u} \quad \text{bzw.} \quad \tau_1 = \frac{\tau_0 \cdot b_1}{2 \cdot u} \quad \ldots \ldots \quad \textbf{(176)}$$

In den Balken mit den nach einem Strebensystem hochgezogenen Eisen ergibt sich also für die Haftspannung hiernach die Hälfte wie früher nach Gleichung (173).

Die Formel (176) leidet an demselben Mangel als das zuvor behandelte Rechnungsverfahren der österreichischen Vorschriften. Die Rechnung hat nur Sinn, solange in dem ersten Fach keine Zugrisse eintreten, ebenso wie oben in der Strecke x_0; denn nur solange kann man mit einer mittleren Haftspannung τ_1 im ersten Fache rechnen. Auch für die Formel (176) ist in den deutschen Bestimmungen der Grenzwert von τ_1 auf 4,5 kg/qcm festgesetzt.

In den schweizerischen Vorschriften für armierten Beton vom Jahre 1909 ist der Nachweis, daß die Haftspannungen gewisse zulässige Grenzen nicht überschreiten, überhaupt nicht gefordert, sondern lediglich angeordnet, daß die Endhaken nicht nach einem kleineren Radius als dem dreifachen Stangendurchmesser gekrümmt und an Eisen von 15 mm Durchmesser und darüber nicht kalt abgebogen werden dürfen.

Wäre wenigstens noch eine Begrenzung des Verhältnisses von $\dfrac{d}{l}$ (Eisendurchmesser : Stützweite) nach den oben gegebenen Erläuterungen gefordert, so könnte man vielleicht auf einen Nachweis der Haftspannungen verzichten. Aber ohne jede derartige Beschränkung sind Konstruktionen denkbar, wenn auch sehr schlechte, welche zwar den schweizerischen Vorschriften genügen, aber keine hinreichende Sicherheit für die Erhaltung des Verbundes zwischen Eisen und Beton haben.

Eine durch Versuche oder die Theorie noch nicht geklärte Frage ist die, ob die Eisen in der Druckzone und in der Zugzone die gleiche Haftfestigkeit und die gleiche Verankerung durch Haken erfahren. Nach der Überlegung scheint beides in der Druckzone günstiger als in der Zugzone zu sein. Deshalb sucht man die Eisen in der Druckzone endigen zu lassen und dort mit Haken zu verankern, soweit dies ohne Nachteil für andere Teile der Konstruktion möglich ist. Jedoch darf dieses Bestreben nicht so weit gehen, daß über die Auflager überhaupt keine geraden Eisen hinweggehen[1]).

Zahlenbeispiel für die Berechnung der Haftspannungen.

Es soll dasselbe Beispiel behandelt werden, für welches auf Seite 135 die schrägen Eisen und Bügel berechnet wurden.

1. Nach den deutschen Bestimmungen.

Da der Balken Abb. 144 mit schrägen Eisen, die nach dem Strebensystem abgebogen sind, versehen ist, muß zur Berechnung der Haftspannung τ_1 die Gleichung (176) angewendet werden. Von der Berechnung könnte zwar abgesehen werden, nachdem die Eisenstärke die Grenze, Durchmesser 26, unter der von dem Nachweis der Haftspannungen abgesehen werden darf, gerade noch nicht erreicht.

$$\tau_1 = \frac{\tau_0 \cdot b_1}{2 \cdot u},$$

$\tau_0 \cdot b_1 = 277,1$ kg/qcm nach der früheren Berechnung.

$$2 \cdot u = 2 \cdot 5 \cdot 2,5 \cdot \pi = 78,54 \text{ qcm}.$$

$$\tau_1 = \frac{277,1}{78,54} = 3,53 \text{ kg/qcm}.$$

Die Haftspannung erreicht also die nach den Bestimmungen zulässige Grenze von 4,5 kg/qcm nicht.

2. Nach den schweizerischen Bestimmungen.

Nach diesen Bestimmungen ist ein Nachweis der Haftspannungen nicht erforderlich.

3. Nach den österreichischen Bestimmungen.

In Abb. 146 und 147 ist angenommen worden, daß die unteren Eisen noch 5 cm über den Auflagerpunkt hinausragen. Für die Wirkung des Rundhakens darf dieser Länge noch der zwölffache Eisendurchmesser zugeschlagen werden, so daß der ganze Überstand c ist

$$c = 5,0 + 12 \cdot 2,5 = 35 \text{ cm}.$$

Zieht man nun von dem Endpunkt der Strecke c eine Tangente an die Momentenlinie (Abb. 147), so erhält man die Abszisse x_0 ihres Berührungspunktes

$$x_0 = 82 \text{ cm}.$$

Das Biegungsmoment $\mathfrak{M}_{x0}$ in diesem Punkt ist nach dem früher bereits berechneten Wert des Auflagerdruckes von 16875 kg

$$\mathfrak{M}_{x0} = 16875 \cdot 82 - 6250 \cdot \frac{82^2}{2} = 1\,174\,000 \text{ kgcm},$$

$$x_0 + c = 82 + 35 = 117 \text{ cm}.$$

---

[1]) Probst, »Betonbau«. Wien 1913. Heft 2.

Die Haftspannung τ_1 erhält man aus Gleichung (175)

$$\tau_1 = \frac{\mathfrak{M}_{x0}}{e} \cdot \frac{1}{u \cdot (x_0 + c)}; \quad e = h - a - x + y = 58 \text{ cm},$$

$$u = 6 \cdot 2{,}5 \cdot \pi = 47{,}1 \text{ qcm},$$

$$\tau_1 = \frac{1\,174\,000}{117 \cdot 58 \cdot 47{,}1} = 3{,}67 \text{ kg/qcm}.$$

Es bleibt also die Haftspannung unter dem Wert 4,0 kg/qcm, welcher für den gewählten Beton (280 kg Zement auf 1 cbm Zuschläge) noch zulässig wäre.

4. Mit Berücksichtigung der Bügel als Konsoleisen.

Nach Abb. 147 sind an der Stelle mit der Abszisse $x_0 = 82$ cm nur noch fünf Eisen im Untergurt, so daß u ist

$$u = 5 \cdot 2{,}5 \cdot \pi = 39{,}3 \text{ qcm},$$

$$\tau_1 = \frac{1\,174\,000}{117 \cdot 58 \cdot 39{,}3} = 4{,}4 \text{ kg/qcm}.$$

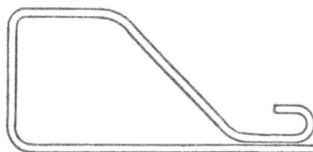

Abb. 160.

Wollte man die berechnete Haftspannung τ_1 ermäßigen, so gelingt dies schon durch eine mäßige Vergrößerung von c.

Hätte man aber zur Verminderung von τ_1 bei einer oder der anderen Rechnungsmethode ein Eisen mehr bis zum Auflager führen müssen, so wäre die letzte Aufbiegung nach Abb. 160 zu machen gewesen.

---

10. Kapitel. Biegung winkelförmiger Träger.
(Einseitige Plattenbalken.)

In den bisher behandelten Fällen wurde angenommen, daß die Biegungsebene (Kraftebene) gleichzeitig auch die Symmetriebene des Trägers ist. Es kommen aber im Bauwesen auch Träger vor, welche unsymmetrisch zur Biegungsebene ausgebildet sind. Von diesen werden die Plattenbalken mit nur einseitig an die Rippe anschließenden Platten (Abb. 161) ziemlich häufig angewendet. Die deutschen Bestimmungen schreiben vor, daß die Breite b der Druckplatte solcher einseitiger Plattenbalken nicht größer angenommen werden darf als die dreifache Rippenbreite b_1, die sechsfache Plattendicke d und $1\frac{1}{2}$fache Trägerhöhe. Wir werden aber bald sehen, daß die Plattenbreite b noch einer weiteren Bedingung genügen muß.

Der Einfachheit halber sei zunächst nur eine Eiseneinlage angenommen, welche allgemein in einer Entfernung $b_1{}'$ von der Trägeraußenfläche liegt (Abb. 161).

Da die Lasten- und Auflagerdrucke in einer lotrechten Ebene, der Biegungsebene, wirken, müssen auch die inneren Kräfte Z und D des Balkens in einer lotrechten Ebene wirken. Daher muß die innere Druckkraft D des betrachteten Querschnitts lotrecht über dem Zugeisen, also in der lotrechten Ebene A—A, liegen.

Diese innere Druckkraft D ist die Resultante aller in der Druckzone des Querschnittes auftretenden Druckkräfte. Da diese Resultante nicht in die lotrechte Mittelebene der Platte fällt, können auch diese Druckkräfte nicht symmetrisch zu dieser Mittelebene verteilt sein. Setzt man auch hier noch voraus, daß ebene Querschnitte bei der Biegung eben bleiben, und daß der Elastizitätsmodul des Betons auf Druck eine konstante Zahl ist, so kann man die inneren Druckkräfte durch den Inhalt einer Pyramide darstellen (Abb. 161), in deren Schwerpunkt S die Resultante D angreift. Es geht also der Druckkeil der symmetrischen Träger (Abb. 66) hier in eine Pyramide über. Die Nullinie des Träger-

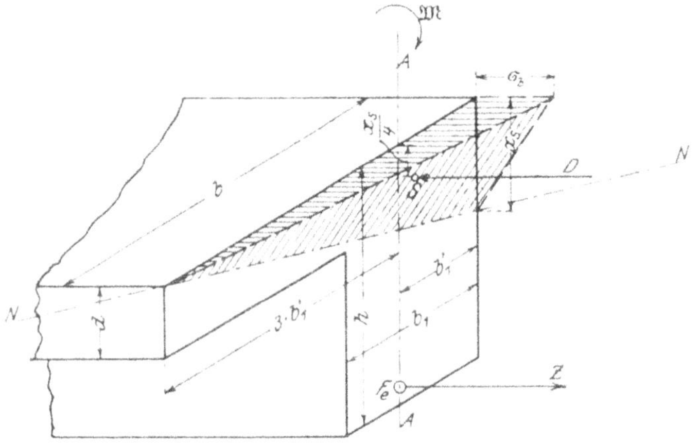

Abb. 161.

querschnittes ist NN, welche auf der Plattenoberfläche die äußerstenfalls zu rechnende Breite b abschneidet.[1]

Da der Pyramidenschwerpunkt in $\frac{1}{4}$ der Höhe liegt, ergibt sich

$$b = 4 \cdot b_1' \quad \ldots \ldots \ldots \ldots \quad (177)$$

Man erkennt aus der Druckpyramide, daß die größte Betondruckspannung σ_b an dem Scheitel des Winkels auftreten muß. Zur Berechnung des Abschnittes x_s der Nullinie auf dem Winkelschenkel benutzt man die Gleichgewichtsbedingung

$$Z = D = F_e \cdot \sigma_e = \frac{\sigma_b \cdot x_s}{2} \cdot \frac{b}{3} \quad \ldots \ldots \ldots \quad (178)$$

Da sich die Betonspannungen verhalten wie ihre senkrechten Abstände von der Nullinie, kann man, wie früher bereits öfters geschehen, σ_b durch σ_e ausdrücken, wobei $\frac{\sigma_e}{n}$ die Betonspannung am Eisen ist (Abb. 162).

$$\sigma_b = \frac{\sigma_e}{n} \cdot \frac{r}{s'} = \frac{\sigma_e}{n} \cdot \frac{x_s}{CN},$$

$$CN = h - a - BN; \quad BN = x_s \cdot \frac{3 \cdot b_1'}{4 \cdot b_1'},$$

$$CN = h - a - \frac{3}{4} x_s,$$

$$\sigma_b = \frac{\sigma_e}{n} \cdot \frac{x_s}{h - a - \frac{3}{4} x_s} \quad \ldots \ldots \ldots \ldots \quad (179)$$

Eingesetzt in Gleichung (178)

$$F_e = \frac{x_s^2 \cdot b}{6 \cdot n} \cdot \frac{1}{\left(h - a - \frac{3}{4} x_s \right)},$$

---

[1] H a g e r , Deutsche Bauzeitung, Betonbeilage 1914, Nr. 15.

$$x_s{}^2 + \frac{3}{4}\, x_s \cdot \frac{6 \cdot n \cdot F_e}{b} = \frac{6 \cdot n \cdot F_e}{b}\,(h-a) \quad \ldots \quad (179)$$

$$x_s = \frac{9}{4} \cdot \frac{n \cdot F_e}{b}\left(-1 + \sqrt{1 + \frac{32}{27} \cdot \frac{b\,(h-a)}{n \cdot F_e}}\right) \quad \ldots \quad (180)$$

Man erkennt die übereinstimmende Form dieser Gleichung mit der Gleichung (22) für den Nullinienabstand x in rechteckigen Balken.

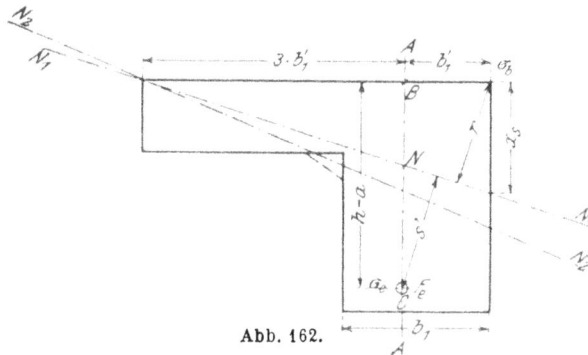

Abb. 162.

Fällt die Nullinie in die Lage $N_2 N_2$ (Abb. 162), so daß sie den inneren Winkelscheitel unterschneidet, so kann man entweder diesen kleinen ungedeckten Zwickel der Pyramide vernachlässigen oder, wie in Abb. 162 punktiert angedeutet, eine Voute anbringen.

Nach Abb. 161 ist

$$\sigma_e = \frac{\mathfrak{M}}{F_e\left(h - a - \dfrac{x_s}{4}\right)}; \quad \sigma_b = \frac{\mathfrak{M} \cdot x_s}{n \cdot F_e\left(h - a - \dfrac{x_s}{4}\right)\left(h - a - \dfrac{3}{4}\,x_s\right)} \quad (181)$$

Der Einfachheit der Entwickelung wegen ist seither angenommen worden, daß nur ein Eisen vorhanden ist. Sind mehrere Eisen nötig, so müssen diese nur so verteilt werden, daß ihre Resultante die im Punkte C angreifende Zugkraft $\sigma_e \cdot F_e$ ist.

Hierzu müssen die Summen der einzelnen Eisenzugkräfte gleich $\sigma_e \cdot F_e$ und die Summe ihrer Momente um irgendeinen Punkt ihrer Ebene gleich dem Moment dieser einen in C gedachten Zugkraft $\sigma_e \cdot F_e$ um diesen Punkt sein.

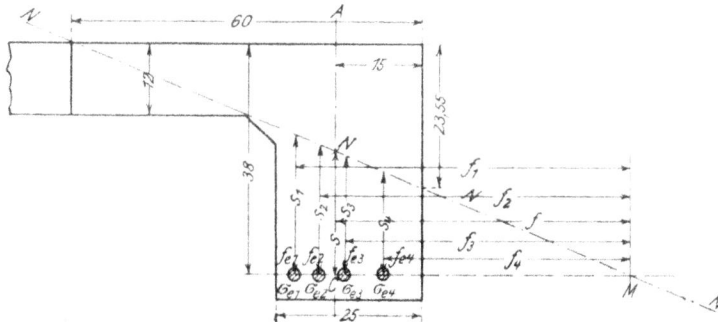

Abb. 163.

Nach der Abb. 163 ist der Abstand $MC = f$

$$f = s \cdot \frac{b}{x_s} = \frac{b}{x_s}\left(h - a - \frac{3}{4}\,x_s\right) \quad \ldots \ldots \quad (182)$$

Es soll nun versucht werden, den Querschnitt F_e des einen in C gedachten Eisens in m gleiche Querschnitte f_e zu zerlegen, somit $m \cdot f_e = F_e$ zu machen.

Aus der ersten Gleichgewichtsbedingung erhält man

$$f_e \left(\sigma_{e1} + \sigma_{e2} + \cdots + \sigma_{em} \right) = F_e \cdot \sigma_e = m \cdot f_e \cdot \sigma_e.$$

Ersetzt man in dieser Gleichung die Spannungen der einzelnen Eisen durch die Ausdrücke

$$\sigma_{e1} = \frac{\sigma_e}{f} \cdot f_1, \ \cdots\cdots \ \sigma_{em} = \frac{\sigma_e}{f} \cdot f_m,$$

so kann man auch schreiben

$$\frac{f_1 + f_2 + \cdots\cdots f_m}{m} = f \quad \cdot \quad \cdot \quad \cdot \quad \cdot \quad \cdot \quad \cdot \quad \cdot \quad (183)$$

Die zweite Gleichgewichtsbedingung gibt

$$f_{e1} \cdot \sigma_{e1} f_1 + f_{e2} \cdot \sigma_{e2} \cdot f_2 + \cdots\cdots + f_{em} \cdot \sigma_{em} \cdot f_m = \sigma_e \cdot F_e \cdot f = m \, \sigma_e \cdot f_e \cdot f$$

oder

$$\frac{f_1^2 + f_2^2 + \cdots\cdots f_m^2}{m} = f^2 \quad \cdot \quad \cdot \quad \cdot \quad \cdot \quad \cdot \quad \cdot \quad (184)$$

Die Gleichungen (183) und (184) sind aber nicht zugleich möglich, da die Länge f nicht das arithmetische Mittel einiger Größen und zugleich f^2 das arithmetische Mittel der Quadrate derselben Größen sein kann.

Man kann somit die für den Punkt C berechnete einzige Eisenfläche F_e im winkelförmigen Träger nicht in m gleiche Querschnitte f_e so zerlegen, daß $m \cdot f_e = F_e$ und die einzelnen Eisenzugkräfte im Punkte C ihre Resultante $\sigma_e \cdot F_e$ haben.

Das Eisen im Punkte C mit dem Querschnitte F_e kann demnach nur durch mehrere verschiedene Querschnitte f_{e1}, f_{e2} usw. oder durch mehrere gleiche Eisen f_e ersetzt werden, deren Summe aber verschieden von F_e sein muß.

Die Zugkräfte der einzelnen Eisen müssen lediglich die beiden Gleichgewichtsbedingungen erfüllen

$$\left. \begin{aligned} \sigma_{e1} \cdot f_{e1} + \sigma_{e2} \cdot f_{e2} + \cdots\cdots \sigma_{em} \cdot f_{em} &= \sigma_e \cdot F_e \\ \sigma_{e1} \cdot f_{e1} f_1 + \sigma_{e2} \cdot f_{e2} \cdot f_2 + \cdots\cdots \sigma_{em} \cdot f_{em} \cdot f_m &= \sigma_e \cdot F_e \cdot f \end{aligned} \right\} \quad \cdot \ (185)$$

Man kann somit von den m Eisenabständen f_m und den m Querschnitten f_{em} alle bis auf zwei willkürlich wählen, während dann diese beiden durch die Gleichungen (185) bestimmt sind.

Für die praktische Rechnung ist es zweckmäßiger, die Abstände f_m zu wählen, damit man keine für die Konstruktion unbrauchbaren Werte erhält, und nur zwei Eisenflächen f_{em} zu berechnen. Jedoch müssen bei verschiedenen Querschnitten die Eisen in der Regel so gewählt werden, daß die Eisen, welche die größeren Spannungen haben, mit den kleineren Querschnitten bedacht werden. Beachtet man diese Regel nicht, so können die beiden zu berechnenden Eisenquerschnitte f_{em} negativ ausfallen.

Früher wurden die einseitigen Plattenbalken meist nach den Formeln des symmetrischen Plattenbalkens berechnet. Aber die Berechnungsmethode unterschätzt die größte Betondruckspannung σ_b in ganz unzulässiger Weise, wie in dem folgenden Beispiel gezeigt werden wird.

Zu ähnlichen Ergebnissen gelangt auf Grund eines Versuches v. Bach[1], welcher die Zusammendrückungen in den beiden Plattenkanten der Versuchs-

---

[1] v. Bach, Mitteilungen über Forschungsarbeiten, Heft 90 u. 91. Berlin 1910. S. 39.

balken gemessen hat. Diese Zusammendrückungen sowie die beobachteten langen Risse auf der einen Balkenseite und die kurzen Risse auf der anderen Seite lassen gleichfalls auf die schräge Lage der Nullinie schließen. Dagegen ist durch den Versuch noch nicht festgestellt, ob das Ebenbleiben der Querschnitte tatsächlich mit hinreichender Genauigkeit noch angenommen werden darf und ob nicht merkliche Verwindungen der unsymmetrischen Träger unter der Belastung eintreten.

Zahlenbeispiel.

Ein unsymmetrischer Träger nach Abb. 161 soll ein Biegungsmoment von 562 000 cmkg aufzunehmen und hierfür die folgenden Abmessungen erhalten: $b = 60$ cm, $d = 12$ cm, $b_1 = 25$ cm, $h = 42$ cm, $a = 4$ cm, $F_e = 4 \, \phi \, 24 = 18{,}1$ qcm.

1. Als symmetrischer Träger gerechnet.

$$x = \frac{\dfrac{60 \cdot 144}{2} + 15 \cdot 18{,}1 \cdot 38}{60 \cdot 12 + 15 \cdot 18{,}1} = 14{,}75 \text{ cm,}$$

$$y = 14{,}75 - \frac{12}{2} + \frac{144}{6\,(2 \cdot 14{,}75 - 12)} = 10{,}1 \text{ cm,}$$

$$h - a - x + y = 38 - 14{,}75 + 10{,}1 = 33{,}4 \text{ cm,}$$

$$\sigma_e = \frac{562\,000}{33{,}4 \cdot 18{,}1} = 930 \text{ kg/qcm,}$$

$$\sigma_b = \frac{930 \cdot 14{,}75}{15 \cdot (38 - 14{,}75)} = 39{,}4 \text{ kg/qcm.}$$

Gegen diese Spannungswerte wäre nichts einzuwenden.

2. Als unsymmetrischer Träger berechnet.

Die Kraftebene liegt in $\frac{1}{4}$ der Plattenbreite, daher

$$b_1' = \frac{b}{4} = \frac{60}{4} = 15 \text{ cm.}$$

Nach Gleichung (180) ist

$$x_s = \frac{9}{4} \cdot \frac{15 \cdot 18{,}1}{60} \left(-1 + \sqrt{\frac{32}{27} \cdot \frac{60 \cdot 38}{15 \cdot 18{,}1}} \right) = 23{,}60 \text{ cm.}$$

Nach den Gleichungen (181)

$$\sigma_e = \frac{562\,000}{18{,}1 \cdot \left(38 - \dfrac{23{,}6}{4}\right)} = 968 \text{ kg/qcm,}$$

$$\sigma_b = \frac{562\,000 \cdot 23{,}60}{15 \cdot 18{,}1 \left(38 - \dfrac{23{,}6}{4}\right)\left(38 - \dfrac{3}{4} \cdot 23{,}60\right)} = 75 \text{ kg/qcm.}$$

Es ergibt sich also eine ganz unzulässige Betondruckspannung σ_b, während bei der Berechnung nach den Formeln des symmterischen Trägers eine viel kleinere, noch zulässige Spannung gefunden worden war.

σ_e ist erst die Spannung im Punkt C. Das äußerste Eisen links hat eine größere Spannung.

Die Rechnungsergebnisse zeigen deutlich, daß mit Rücksicht auf die Beton-druckspannungen die winkelförmigen Träger nicht als symmetrische Platten-balken berechnet werden dürfen.

Es soll nun noch gezeigt werden, wie die oben entwickelten Formeln zum Entwurf winkelförmiger Eisenbetonträger verwendet werden können.

Es sei die Plattenstärke $d = 12$ cm bereits gegeben, und es soll nun für das Biegungsmoment $\mathfrak{M} = 562\,000$ cmkg ein geeigneter winkelförmiger Träger ge-sucht werden.

Da die Betonspannungen der winkelförmigen Träger bis ungefähr zu dem doppelten Betrage des entsprechenden symmetrischen Plattenbalkens anwachsen, kann man zur vorläufigen Bestimmung der Trägerhöhe die Dimensionierungs-formel (37) des rechteckigen Trägers benutzen, wenn man für σ_b beiläufig die Hälfte der zulässigen Betonspannung wählt. Die vorläufig anzunehmende Breite b erhält man am besten durch eine vorläufige Wahl des Punktes C.

Es sei beispielsweise $b_1 = 25$ cm, $b'_1 = 17$ cm sowie $\sigma_b = 22$ kg/qcm gewählt.

$$b = 4 \cdot 17 = 68 \text{ cm},$$

$$h - a = C_1 \cdot \sqrt{\frac{\mathfrak{M}}{b}} = 0{,}632 \cdot \sqrt{\frac{562\,000}{68}} = 57{,}4 \text{ cm}.$$

Im ungünstigsten Falle wird $x_s = h - a$ werden, so daß nach Gleichung (181) der größte zu erwartende Wert F_e ist

$$F_e = \frac{\mathfrak{M}}{\sigma_e \frac{3}{4}(h-a)} = \frac{562\,000 \cdot 4}{1000 \cdot 3 \cdot 57{,}4} = 13 \text{ qcm}.$$

Da tatsächlich F_e kleiner sein wird, seien hierfür vier gleiche Eisen Durch-messer 20 gewählt.

$$f_{e1} + f_{e2} + f_{e3} + f_{e4} = 4 \, \varnothing \, 20 = 12{,}57 \text{ qcm}.$$

Nimmt man nun endgültig den Punkt C unmittelbar rechts vom zweiten inneren Eisen und den lichten Eisenabstand zu 2 cm an, so ist

$$b_1 - b_1' = 2 \cdot 2 + 2{,}0 + 2{,}0 = 8 \text{ cm}; \quad b_1' = 25 - 8 = 17 \text{ cm},$$
$$b = 4 \cdot b_1' = 4 \cdot 17 = 68 \text{ cm}.$$

Diese durch Schätzung gefundenen Werte sind nun in Gleichung (180) ein-zusetzen und durch die Berechnung der Spannungen ihre Brauchbarkeit nach-zuweisen.

$$x_s = \frac{9}{4} \cdot \frac{15 \cdot 12{,}57}{68} \left(-1 + \sqrt{1 + \frac{32}{27} \cdot \frac{68 \cdot 57{,}4}{15 \cdot 12{,}57}} \right) = 25{,}3 \text{ cm}.$$

$$h - a - \frac{x_s}{4} = 57{,}4 - \frac{25{,}3}{4} = 51{,}1; \quad h - a - \frac{3}{4} x_s = 57{,}4 - \frac{3}{4} 25{,}3 = 38{,}4 \text{ cm}.$$

$$\sigma_b = \frac{562\,000 \cdot 25{,}3}{15 \cdot 12{,}57 \cdot 51{,}1 \cdot 38{,}4} = 38{,}5 \text{ kg/qcm},$$

$$\sigma_e = \frac{562\,000}{12{,}57 \cdot 51{,}1} = 877 \text{ kg/qcm}.$$

Nach Gleichung (182) ist

$$f = \frac{68}{25{,}3} \cdot 38{,}4 = 103{,}1 \text{ cm}.$$

Für die Eisen Durchmesser 20 bei 2 cm lichtem Abstand erhält man

$$f_1 = f + b_1 - b_1' - 2 - \frac{2}{2} = 103,1 + 8 - 3 = 108,1 \text{ cm},$$
$$f_2 = f_1 - 2 - 2 \qquad\qquad = 104,1 \text{ »}$$
$$f_3 = f_2 - 2 - 2 \qquad\qquad = 100,1 \text{ »}$$
$$f_4 = f_3 - 2 - 2 \qquad\qquad = 96,1 \text{ »}$$

$$\sigma_{e1} = \frac{\sigma_e}{f} \cdot f_1 = \frac{877}{103,1} \cdot 108,1 = 919 \text{ kg/qcm}, \quad \sigma_{e2} = \frac{\sigma_e}{f} f_2 = 885,$$

$$\sigma_{e3} = \frac{\sigma_e}{f} f_3 = 851, \quad \sigma_{e4} = \frac{\sigma_e}{f} \cdot f_4 = 817 \text{ kg/qcm}.$$

Behält man endgültig für die beiden ersten Eisen den Durchmesser 20 mm bei

$$f_{e1} = f_{e2} = 3,14 \text{ qcm},$$

so sind nunmehr f_{e3} und f_{e4} nach den Gleichungen (185) zu berechnen.

$$\sigma_{e1} f_{e1} = 919 \cdot 3,14 = 2885; \qquad\qquad \sigma_{e2} f_{e2} = 2780;$$
$$\sigma_{e1} \cdot f_{e1} \cdot f_1 = 919 \cdot 108,1 \cdot 3,14 = 312\,100; \qquad \sigma_{e2} f_{e2} \cdot f_2 = 289\,500;$$
$$\sigma_{e3} f_3 = 851 \cdot 100,1 = 85\,200; \qquad\qquad \sigma_{e4} \cdot f_4 = 78\,500;$$
$$\sigma_e \cdot F_e = 877 \cdot 12,57 = 11\,030; \qquad \sigma_e \cdot F_e \cdot f = 877 \cdot 12,57 \cdot 103,1 = 1\,137\,000.$$

Mit diesen Werten ergeben die Gleichungen (185)

$$\left.\begin{array}{l} 2885 + 2780 + 851 \cdot f_{e3} + 817 \cdot f_{e4} = 11\,030 \\ 312\,100 + 289\,500 + 85\,200\,f_{e3} + 78\,450\,f_{e4} = 1\,137\,000 \end{array}\right\}$$

$$f_{e3} = 5,80 \text{ qcm}, \text{ hierfür gewählt } 1 \oslash 28 = 6,16 \text{ qcm},$$
$$f_{e4} = 0,52 \text{ qcm}, \text{ hierfür gewählt } 1 \oslash 8 = 0,50 \text{ qcm}.$$

Der gesamte Eisenquerschnitt ist somit

$$f_{e1} + f_{e2} + f_{e3} + f_{e4} = 3,14 + 3,14 + 6,16 + 0,50 = 12,94 \text{ qcm}.$$

Es ist also praktisch nicht möglich, die Eisenquerschnitte f_{e3} und f_{e4} so durch übliche Rundeisen zu ersetzen, daß die Abstände f_3 und f_4 eingehalten und die Resultante der Zugeisen genau in den Punkt C fällt. Es wäre deshalb noch zu prüfen, welcher Fehler begangen worden wäre, wenn man gemäß der ersten Annahme vier gleiche Eisen Durchmesser 20 einseitig mit 2 cm lichtem Abstand eingelegt hätte. Hierzu ist nur $f_{e3} = f_{e4} = 3,14$ qcm in die Gleichungen (185) einzusetzen.

$$3,14\,(851 + 817) = 5237,52 \text{ kg statt } 5365 \text{ Unterschied} = 2,4\,^0/_0,$$
$$3,14\,(85\,200 + 78\,450) = 513\,861 \text{ cmkg statt } 535\,400 \text{ Unterschied} = 4\,^0/_0.$$

Man erkennt hieraus, daß die Resultante der vier gleichen Eisen von der richtigen Zugkraft im Punkte C in diesem Beispiel nur wenig abweicht, so daß auch die ursprünglich angenommene Eisenverteilung (vier Durchmesser 20) hätte beibehalten werden können, ohne die berechneten Spannungen merklich zu ändern.

Man wird daher in manchen Fällen die Rechnung mit der Spannungsrechnung nach den Gleichungen (181) beschließen können und nur dann noch mit den Gleichungen (185) den Nachweis erbringen, daß mit den gewählten Eisen und den gewählten Abständen die Resultante im Punkte C ohne großen Fehler ersetzt werden kann.

11. Kapitel. Biegung von Trägern dreieckigen Querschnitts.

Träger, deren Querschnitte die Form eines gleichschenkeligen Dreiecks haben, kommen sowohl bei Dächern als Firstpfette und Gratsparren als auch bei den Trichtern der Silos vor. Dabei können die Zugeisen nahe der Symmetrieachse des Dreiecks in einem Steg oder an der Basis des Dreiecks oder auch in zwei gleichen Gruppen in den schrägen Platten liegen (vgl. Abb. 164, 165 und 166).

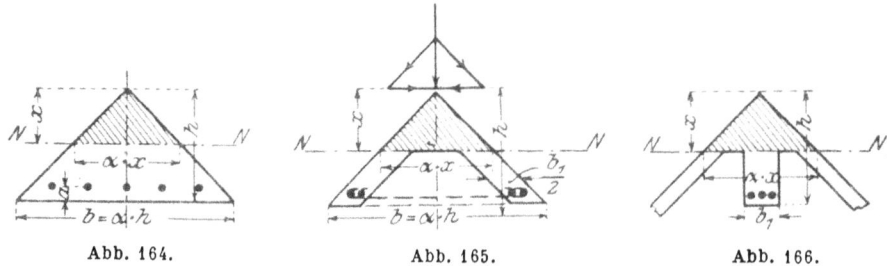

Abb. 164.   Abb. 165.   Abb. 166.

Die Anordnung nach Abb. 165 setzt voraus, daß die beiden Platten durch hinreichende, auf Zug beanspruchte Querverbindungen miteinander verbunden sind, weil durch die Zerlegung der lotrechten Last in zwei Komponenten in Richtung der schrägen Platten noch je eine wagerechte Komponente entsteht, welche diese Querverbindung auf Zug beansprucht.

Zur Berechnung sei angenommen, daß nach den Anordnungen Abb. 165 und 166 die Nullinie in die Dreiecksbasis oder darüber fällt, denn praktisch wird der Druckgurt stets so groß als möglich gemacht werden.

Aus der Gleichung (33) erhält man für die zulässigen Beton- und Eisenspannungen den Nullinienabstand

$$x = \sigma(h - a) \quad \ldots \ldots \ldots \ldots \quad (33)$$

Die Resultante D der inneren Druckkräfte, welche durch den Inhalt einer Pyramide dargestellt werden[1] (Abb. 167), greift im Abstande $\frac{x}{2}$ unter der Spitze des Dreiecks an.

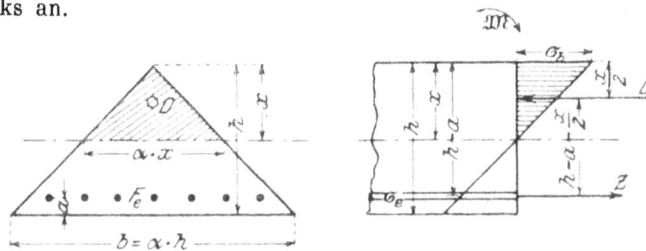

Abb. 167.

Deshalb kann man schreiben, wenn $b = a \cdot h$ ist,

$$D = \frac{a \cdot x^2}{2} \cdot \frac{\sigma_b}{3} = \frac{a \cdot x^2 \cdot \sigma_b}{6},$$

$$\mathfrak{M} = D \cdot \left(h - a - \frac{x}{2}\right) = \frac{a \cdot x^2 \cdot \sigma_b}{6}\left(h - a - \frac{x}{2}\right).$$

---

[1] Lampl, Berechnung von Balken mit Dreiecksquerschnitt. Zeitschrift für Betonbau. Wien 1915. Heft 5.

In dieser Gleichung kann man x aus (33) einführen

$$\mathfrak{M} = \frac{1}{6} \cdot a \cdot \sigma^2 (h-a)^3 \cdot \sigma_b \left(1 - \frac{\sigma}{2}\right),$$

$$h - a = \sqrt[3]{\frac{6}{\sigma^2 \left(1 - \frac{\sigma}{2}\right) \cdot \sigma_b}} \cdot \sqrt[3]{\frac{\mathfrak{M}}{a}} \quad \ldots \quad \ldots \quad (186)$$

Diese Formel entspricht in ihrem Bau vollkommen der entsprechenden Gleichung (34) des rechteckigen Trägers.

$$\mathfrak{M} = F_e \cdot \sigma_e \left(h - a - \frac{x}{2}\right)$$

$$F_e = \frac{1}{\sigma_e \left(1 - \frac{\sigma}{2}\right)} \cdot \frac{\mathfrak{M}}{h - a} \quad \ldots \quad \ldots \quad (187)$$

In den Gleichungen (186) und (187) sind die ersten Faktoren konstante Zahlen, welche nur von n und den Spannungen σ_b und σ_e abhängig sind, so daß man auch schreiben kann

$$C_4 = \sqrt[3]{\frac{6}{\sigma^2 \left(1 - \frac{\sigma}{2}\right) \cdot \sigma_b}} \quad \ldots \quad \ldots \quad (188)$$

$$C_5 = \frac{1}{\sigma_e \left(1 - \frac{\sigma}{2}\right)} \quad \ldots \quad \ldots \quad (189)$$

$$h - a = C_4 \sqrt[3]{\frac{\mathfrak{M}}{a}} \quad \ldots \quad \ldots \quad \mathbf{(190)}$$

$$F_e = C_5 \cdot \frac{\mathfrak{M}}{h - a} \quad \ldots \quad \ldots \quad \mathbf{(191)}$$

Für die gebräuchlichsten Spannungen nehmen die Konstanten C_4 und C_5 folgende Werte an:

$$\sigma_b = 30, \qquad \sigma_e = 1200 . \qquad C_4 = 1,460, \qquad C_5 = 0,000965,$$
$$\sigma_b = 35, \qquad \sigma_e = 1200, \qquad C_4 = 1,296, \qquad C_5 = 0,000984,$$
$$\sigma_b = 40, \qquad \sigma_e = 1000, \qquad C_4 = 1,095, \qquad C_5 = 0,00123,$$
$$\sigma_b = 40, \qquad \sigma_e = 1200, \qquad C_4 = 1,175, \qquad C_5 = 0,00100.$$

Weitere Werte dieser Konstanten für $\sigma_e = 1200$ finden sich in der oben angegebenen Quelle.

Es ist nun noch der Fall zu betrachten, daß sich die Druckzone des Balkens an der Basis des gleichschenkeligen Dreiecks befindet, wie dies bei negativen Biegungsmomenten eintreten muß. Die Balken nach Abb. 165 und 166 sind in diesem Falle als rechteckige Balken von der Breite b_1 und der Höhe h zu berechnen.

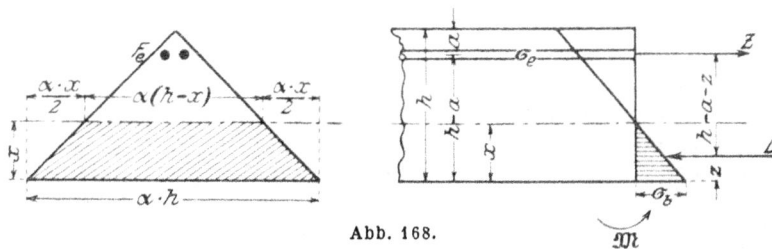

Abb. 168.

Im vollen Dreiecksquerschnitt erhält man für negative Biegungsmomente die in Abb. 168 dargestellte Verteilung der inneren Kräfte.

Die Betondruckfläche ist ein gleichschenkeliges Trapez und die Druckkraft D wird durch den Inhalt eines Keiles weniger dem zweier Pyramiden dargestellt.

$$D = a \cdot h \cdot x \cdot \frac{\sigma_b}{2} - 2 \cdot \frac{a \cdot x}{2} \cdot \frac{x}{2} \cdot \frac{\sigma_b}{3} = a \cdot x \cdot \frac{\sigma_b}{2} \left(h - \frac{x}{3} \right).$$

Das statische Moment der Teilkörper um die Basis liefert den Abstand z der Kraft D von der Druckkante.

$$z \cdot D = a \cdot h \cdot x \cdot \frac{\sigma_b}{2} \cdot \frac{x}{3} - 2 \cdot \frac{a \cdot x}{2} \cdot \frac{x}{2} \cdot \frac{\sigma_b}{3} \cdot \frac{x}{2} = a \cdot x^2 \cdot \frac{\sigma_b}{6} \left(h - \frac{x}{2} \right),$$

$$z \cdot a \cdot x \cdot \frac{\sigma_b}{2} \left(h - \frac{x}{3} \right) = a \cdot x^2 \cdot \frac{\sigma_b}{6} \left(h - \frac{x}{2} \right),$$

$$z = \frac{x}{3} \cdot \frac{h - \dfrac{x}{2}}{h - \dfrac{x}{3}} \quad \cdots \cdots \cdots \quad (192)$$

Damit könnte man für gegebenes h und F_e eine Gleichung für x entwickeln, welche aber vom 4. Grade ist, so daß sie für die praktische Rechnung nicht in Betracht kommt. Es genügt festzustellen, daß nach Gleichung (192) z nur wenig kleiner als $\frac{x}{3}$ ist und somit die Gleichung

$$\frac{\mathfrak{M}}{h - a - \dfrac{x}{3}} = D = Z$$

für D und Z ein wenig zu große Werte ergibt.

Man darf daher mit hinreichender Genauigkeit auch in diesem Falle die Formeln des rechteckigen Trägers anwenden.

12. Kapitel. Biegungsversuche.

Bei dem Vergleich der Rechnungsergebnisse mit den Versuchsergebnissen (Seite 105) wurde bereits von Biegungsversuchen gesprochen. Hier sollen deshalb nur die bei Biegung zu beobachtenden Formänderungen und die Zerstörungserscheinungen behandelt werden.

Rissebildung.

Werden die Versuchsbalken feucht gelagert, so entstehen vor dem Auftreten der Risse auf der Zugseite der Balken Wasserflecke, auf welchen nach weiterer Steigerung der Belastung Risse eintreten. Abb. 169[1]) zeigt die Unterfläche eines Balkens, auf welcher sich solche Wasserflecke befinden und auf der auch schon einige Risse in den Flecken sichtbar sind.

Diese Flecke wurden zuerst von Turneaure[2]), später von Feret[3]) und v. Bach[4]) beobachtet. Turneaure stellte bereits fest, daß ein an einem Flecken aus dem Balken gesägtes Betonstück zerfiel. Jedenfalls zeigen die Flecke an, daß bereits eine Lockerung des Gefüges eingetreten ist und der Bruch unmittelbar bevorsteht.

---

[1]) und [4]) v. Bach, Mitteilungen über Forschungsarbeiten, Heft 39. Berlin 1907. S. 13. Heft 45 bis 47. Berlin 1907. S. 99 u. 158.

[2]) Turneaure, Engineering News 1904, Bd. 52, S. 214.

[3]) Feret, Étude Experimentale. Paris 1906. S. 49.

An Balken, die trocken gelagert wurden, scheinen solche Flecke nicht ein-
zutreten; denn bei den Versuchen des österreichischen Eisenbetonausschusses[1])
konnten sie nicht festgestellt werden.

Abb. 169.

[1]) Mitteilungen über Versuche vom Eisenbetonausschuß des österr. Architekten-
und Ingenieur-Vereins, Heft 2. Leipzig und Wien 1912. S. 44.

11*

Die Art der Lagerung ist für die Größe der Belastung, unter welcher die ersten Risse entstehen, von großem Einfluß. Wie bereits gezeigt worden ist (Seite 5), entstehen durch die Raumänderungen des Betons im Eisen und in dem umgebenden Beton »Anfangsspannungen«. Erhärtet der Beton an der Luft, so schwindet er und erzeugt damit in den Eisen Druck- und im Beton Zugspannungen. Solcher gespannter Beton wird in der Zugzone der Balken unter Belastungen schneller seine Zugfestigkeitsgrenze erreicht haben als nicht oder wenig gespannter Beton, wie er bei feuchter Lagerung zu erreichen ist. Die Versuche zeigen daher, daß bei gleichartigen Balken nach Luftlagerung die Zugrisse erheblich früher eintreten als nach feuchter Lagerung, wobei die Dauer der Luftlagerung noch von großem Einfluß ist.

v. Bach stellte für einen Beton 1:2:3 mit einem Wasserzusatz, der im Eisenbetonbau wohl nicht unterschritten werden darf, an einem rechteckigen Balken von 2,00 m Stützweite und mit zwei Einzellasten in je 0,50 m Abstand von den Auflagern folgende Rißbelastungen fest:

		Gesamtlast beim ersten Riß
45 Tage feucht gelagert		$P = 5687$ kg,
38 » » » 7 Tage trocken		$P = 4500$ »
7 » » » 38 » »		$P = 3583$ » [1]
6 Monate » »		$P = 7167$ »
1 Jahr » »		$P = 7500$ »
1 » trocken gelagert		$P = 4250$ « [2]

Durch Versuche hat sich auch ergeben, daß die Rißbildung zunächst an denjenigen Stellen der Zugzone eintritt, welche von den Zugeisen am weitesten abliegen. In Abb. 3 sind in einem Querschnitt eines Versuchsbalkens die Grenzen der Risse für zwei Belastungsstufen eingezeichnet[3]. Sie lassen erkennen, daß die Risse von den Balkenkanten nach der Mitte fortschreiten. Daraus folgt, daß die Eisen in der untersten Zugzone auch gut verteilt sein sollen. Die deutschen Bestimmungen schreiben auch vor, daß in vollen Deckenplatten der Eisenabstand den Betrag von 15 cm in der Gegend der größten Momente nicht überschreiten soll.

Da die Risse anfangs sehr fein sind, werden sie von den Beobachtern leicht übersehen. An glatten Balkenoberflächen, die mit einem dünnen Schlemmkreideanstrich versehen sind, kann man mit starken Lupen die Risse von ungefähr $1/200$ mm Breite an erkennen. Unter steigender Belastung wachsen sodann die anfangs kurzen Risse rasch, bis sie über die ganze Balkenbreite sich erstrecken und auch auf den Seitenflächen hinaufreichen, um dann wieder langsamer an Breite zuzunehmen.

Nimmt die Rißbreite rasch erheblich zu, so ist dies ein Zeichen dafür, daß entweder die Streckgrenze in den Zugeisen erreicht worden ist oder daß das Gleiten der Eisen eingetreten ist[4].

Die Belastung, unter welcher die ersten Risse eintreten, läßt sich am sichersten durch Beobachtung der Einbiegung eines Balkens finden, weil die Schaulinie

---

[1] Deutscher Ausschuß für Eisenbeton, berichtet von Bach und Graf, Mitteilungen über Forschungsarbeiten, Heft 72 bis 74. Berlin 1909. S. 63.

[2] Desgleichen Heft 95. Berlin 1910. S. 13.

[3] v. Bach, Mitteilungen über Forschungsarbeiten, Heft 39. Berlin 1907. S. 16.

[4] v. Bach und Graf, Mitteilungen über Forschungsarbeiten, Heft 72 u. 74. Berlin 1909. (Deutscher Ausschuß für Eisenbeton.) S. 108. Umfangreiche Rißmessungen, Deutscher Ausschuß für Eisenbeton, Heft 12.

der Durchbiegungen bei dieser Belastung von der geraden Linie in eine Krümmung übergeht (Abb. 170)[1].

Man erkennt aus der folgenden Abbildung, daß bei der Biegung von Eisenbetonbalken die Gesamtdurchbiegung auch aus einer bleibenden und einer federnden Formänderung besteht. Die Abb. 171[1] und 172 sind Lichtbilder der Unterflächen und der Seitenflächen von drei Versuchsbalken. An den Rissen sind die Belastungen eingeschrieben, unter denen sie entstanden sind. Die in den Schaulinien Abb. 170 dargestellten Durchbiegungen sind bei dem Balken Nr. 86 gemessen worden[1].

Aber auch noch andere Umstände beeinflussen die Größe der Belastung, unter welcher die ersten Risse eintreten. v. Bach[2] fand, daß die ersten Risse

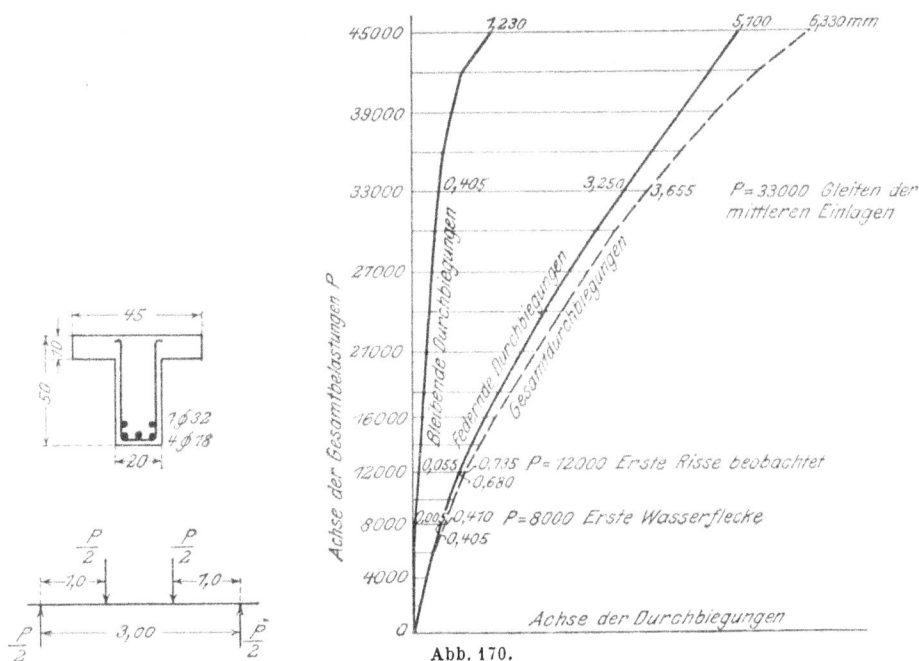

Abb. 170.

um so früher eintreten, je höher der Wasserzusatz des Betons für den betreffenden Balken gewählt war. Die Erscheinung ist ebenso zu erklären wie der Einfluß von trockener Lagerung: das überschüssige Wasser bedingt eine weitmaschige Ausdehnung des kolloiden Zementes, vielleicht auch der Tonteilchen des Sandes, so daß beim Erhärten und Trocknen ein starkes Schwinden eintreten muß, welches wiederum große Anfangsspannungen hervorruft.

Einen sehr erheblichen Einfluß auf die Rißbelastung der Balken übt das Mischungsverhältnis, wie nachstehendes Versuchsergebnis zeigt:

1 Zement,	3 Rheinsand,	4 Rheinkies,	Rißbelastung	4500 kg,
1 »	2 »	3 »	»	5687 »
1 »	1,5 »	2 »	»	7750 »

---

[1] v. Bach, Mitteilungen über Forschungsarbeiten, Heft 45 bis 47. Berlin 1907. S. 133 u. 136.

[2] Deutscher Ausschuß für Eisenbeton, Mitteilungen über Forschungsarbeiten, Heft 72 bis 74, berichtet von Bach und Graf. Berlin 1909. S. 21, 43, 55.

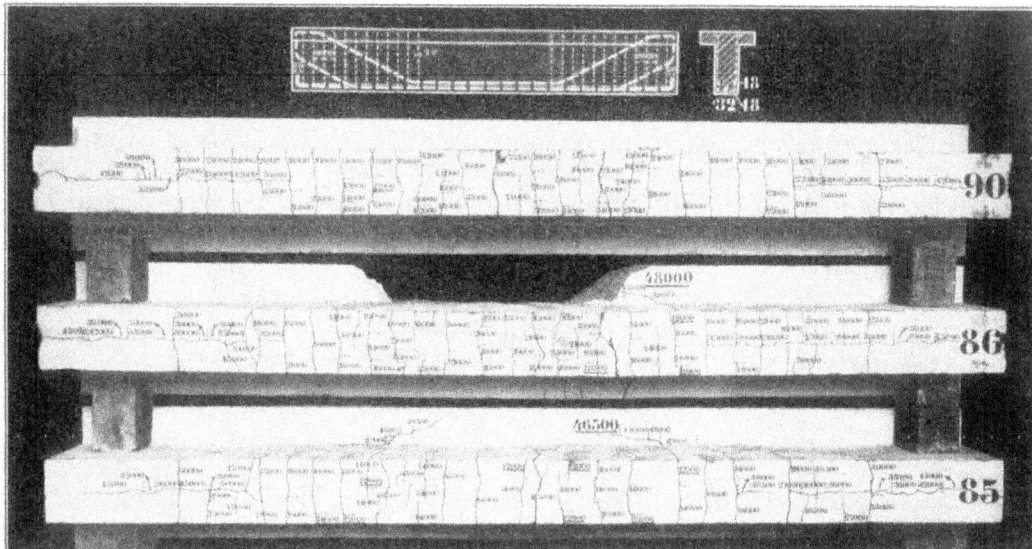

Abb. 171.

Die ersten Risse traten also bei fetteren Mischungen erheblich später ein als bei mageren.

Da mit dem Alter die Festigkeit des Betons zunimmt, treten auch die ersten Risse bei älteren Balken unter erheblich höheren Belastungen ein.

Alter: 28 Tage   45 Tage   6 Monate

Rißbelastung $P = 5417$ 5687   7467 kg.

Die nach dem Stadium 1 berechneten Biegungsspannungen σ_{bz}[1]) der Versuchsbalken sind in dem Heft 24 des Deutschen Ausschusses zusammengestellt.

Brucherscheinungen.

Der Bruch eines Balkens kann verschiedene Ursachen haben, welche aber meist an dem Bruchbild zu erkennen sind.

Balken mit den üblichen Zugbewehrungen, bei denen also der Eisenquerschnitt F_e 0,55 bis 1,0% des vollen Rechtecks b ($h-a$) beträgt, brechen in der Regel, sobald in den Zugeisen die Streckgrenze erreicht wird. Einer oder mehrere der vorher schmalen Risse öffnen sich weit, weil nach Erreichung der Streckgrenze eine geringe Vergrößerung der Zugkraft eine bedeutende Verlängerung des Eisens zur Folge hat. Infolge der großen Erweiterung des Zugrisses dringt dieser im Beton bis weit in die Druckzone vor und verkleinert den Druckquerschnitt, so daß dieser die Druckkraft nicht mehr aushalten kann und zerdrückt wird.

Das Bruchbild zeigt daher ein oder mehrere stark erweiterte Risse, an deren Spitze der Beton muschelige Ausbrüche hat, welche auf ein Zerdrücken des Betons an diesen Stellen schließen lassen.

Abb. 173[2]) ist das Lichtbild von drei durch zwei gleiche Einzellasten (Pfeile) zerbrochenen Balken. Beim Bruch hatten die Eisen eine mittlere rechnerische

[1]) Deutscher Ausschuß für Eisenbeton, Heft 24, berichtet von Bach und Graf. Berlin 1913.

[2]) Deutscher Ausschuß für Eisenbeton, Heft 10, berichtet von Bach und Graf. Berlin 1911. S. 4.

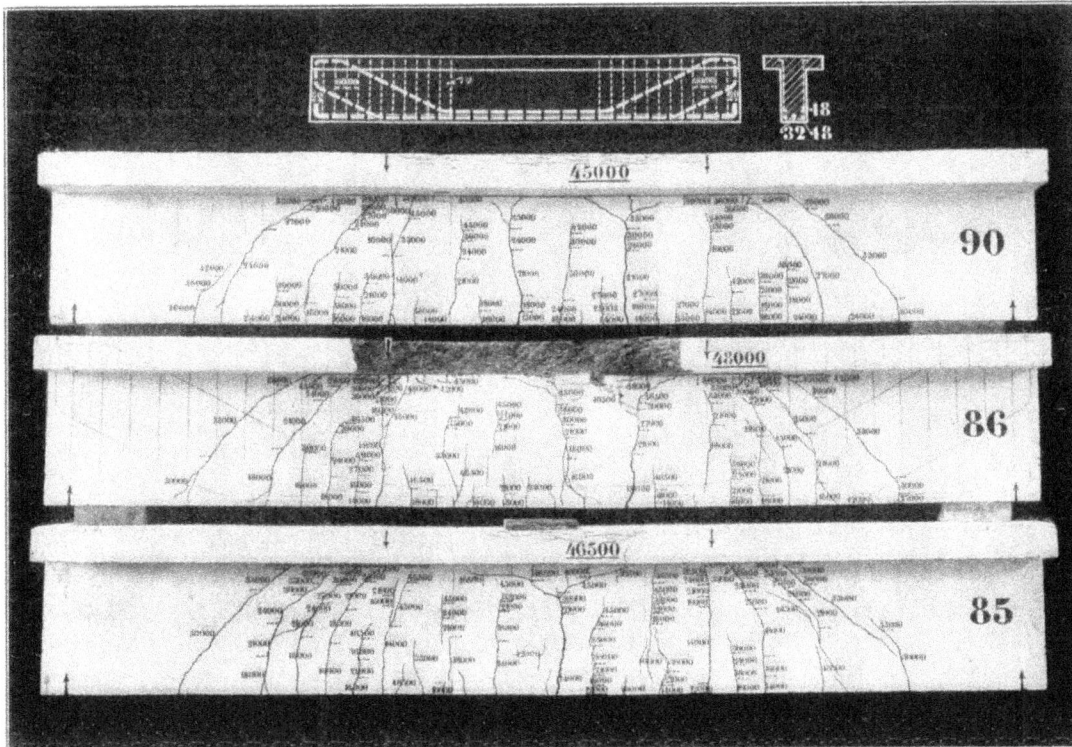

Abb. 172.

Eisenspannung von $\sigma_e = 2376$ kg/qcm, während für die Eisensorte zuvor die Streckgrenze zu 2262 kg/qcm gefunden worden war. Beim Bruch konnte an den Rissen r_1, r_2 und r_3 des Balkens Nr. 296 loser Zunder beobachtet werden, wodurch das Erreichen der Streckgrenze in den Eisen auch noch nachgewiesen ist. Man erkennt deutlich an den Spitzen dieser weit geöffneten Risse die muscheligen Ausbrüche des Betons an der Druckkante.

Diese durch den Versuch gefundene Bruchursache stimmt mit der Rechnung vollkommen überein. Denn bei den üblichen zulässigen Spannungen, $\sigma_b = 40$ kg/qcm und $\sigma_e = 1000$ bis 1200 kg/qcm, erhält man für das Eisen eine zwei- bis dreifache und für den Beton eine vier- bis sechsfache Sicherheit. Man kann daher solche Balken auch nicht dadurch verstärken, daß man einen druckfesteren Beton oder Druckeiseneinlagen verwendet. Die Sicherheit gegen Bruch beruht lediglich in der gewählten Spannung der Zugeisen.

In den schweizerischen Vorschriften ist hiervon Gebrauch gemacht und für die rechteckigen Druckquerschnitte der durchlaufenden Balken über den Stützen eine erheblich höhere Betondruckspannung zugelassen worden, wenn gleichzeitig eine Ermäßigung der Eisenspannung σ_e eintritt. Auch in den deutschen Bestimmungen ist für diese Balkenstelle eine größere Betondruckspannung zugelassen worden.

Die Sicherheit wird hierdurch nicht vermindert, und man könnte nur fragen, weshalb man nicht allgemein für geringere Eisenspannungen eine Erhöhung der Betondruckspannung zuläßt. Auf diese Fragen ist zu erwidern, daß bei reiner Biegung hierzu bei Plattenbalken kein Bedürfnis besteht, nachdem bei diesen σ_b aus anderen Erwägungen kleiner gewählt wird und bei Platten eine zu große

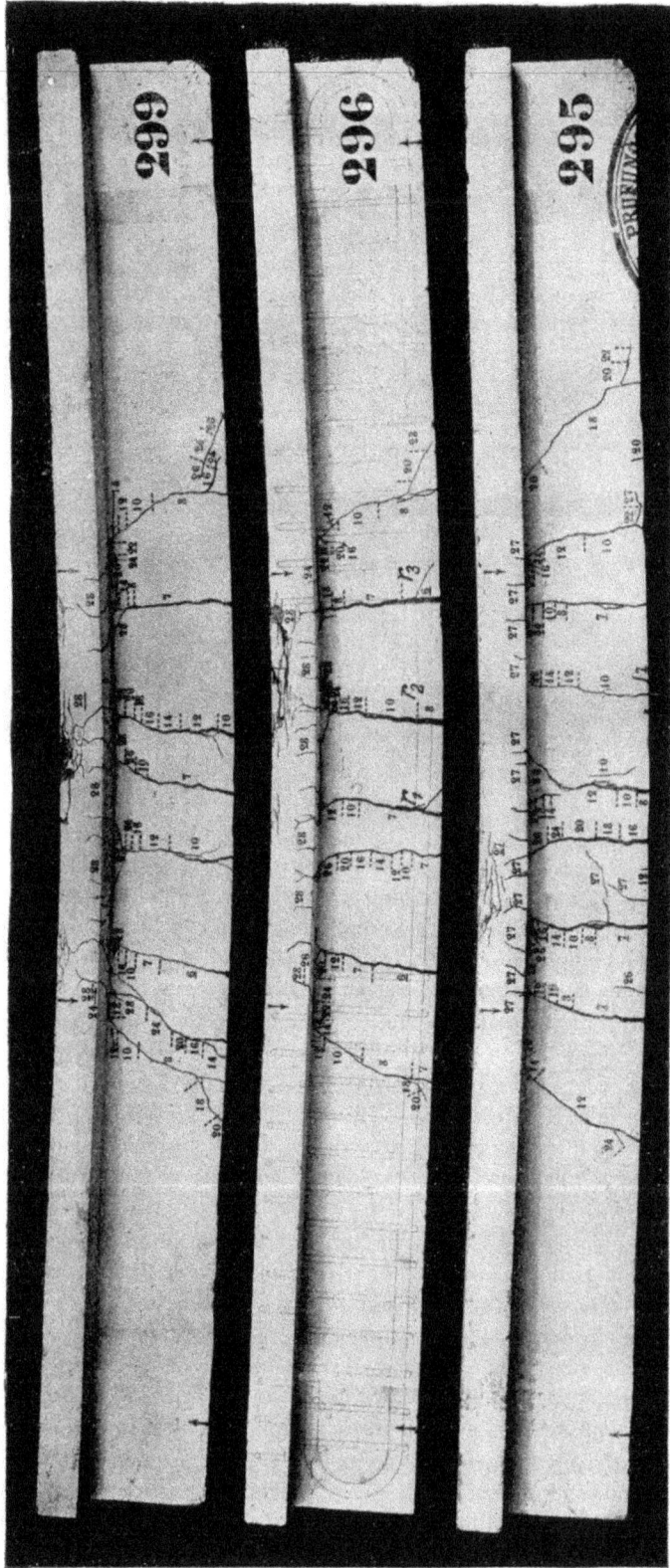

Abb. 173.

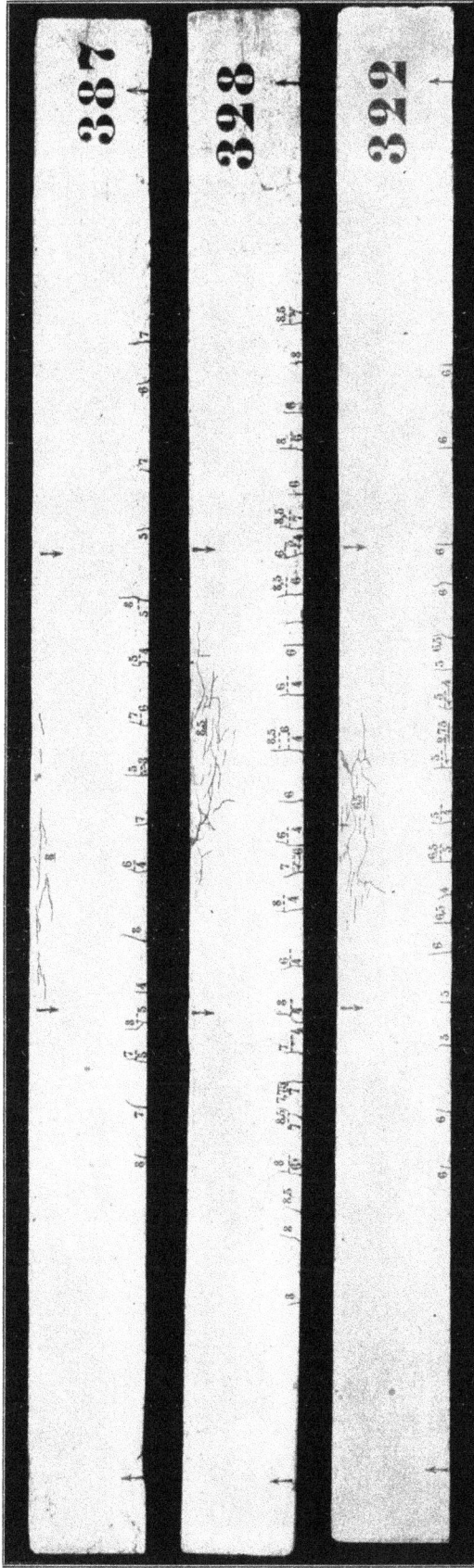

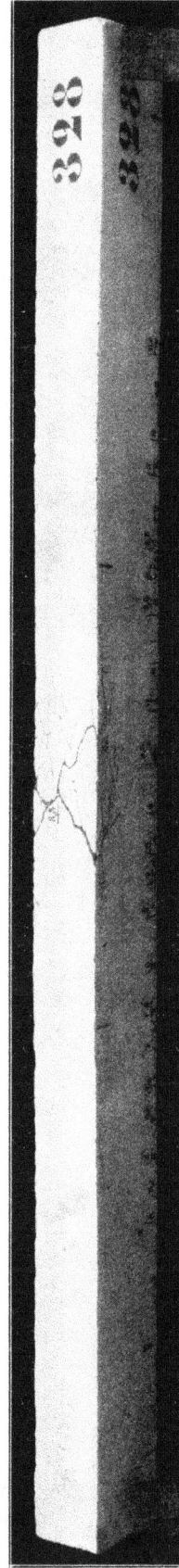

Abb. 174.

Abb. 175.

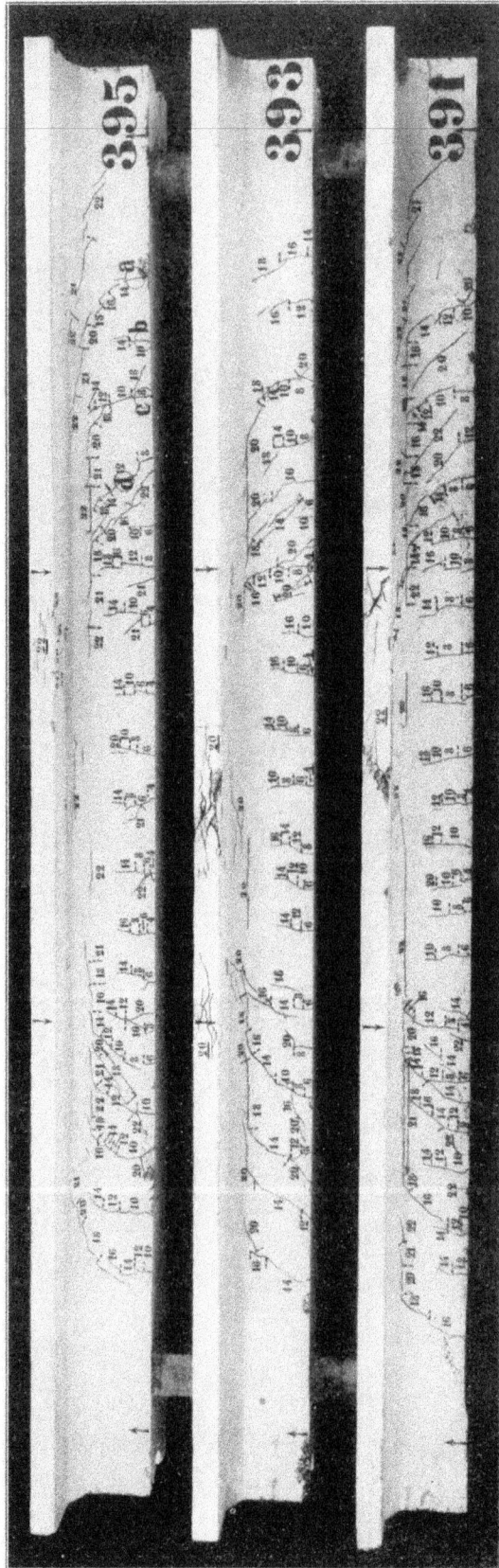

Abb. 176.

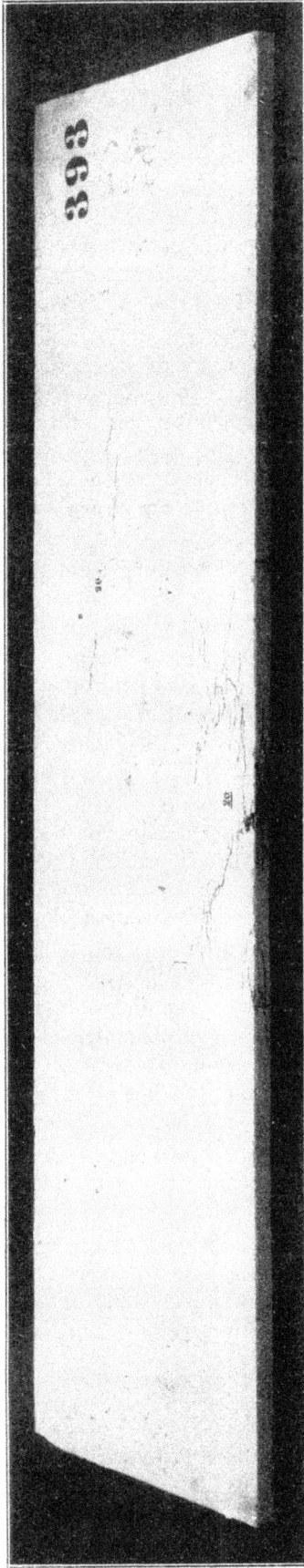

Abb. 177.

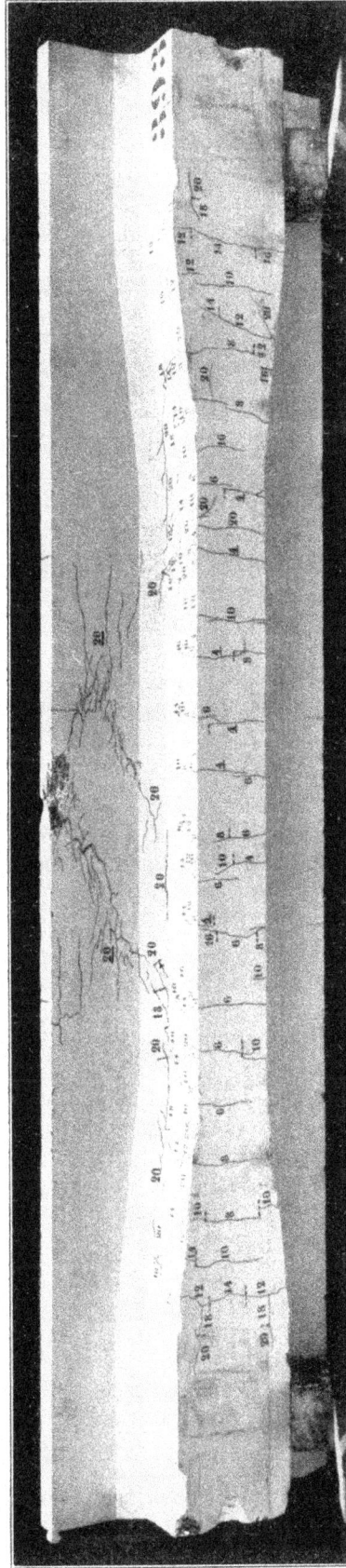

Abb. 178.

zulässige Betondruckspannung σ_b zu Plattenstärken führen würde, deren praktische Ausführung nur noch ungenau möglich ist und welche keine zuverlässigen Druckgurtungen der Balken bilden würden.

Mit Rücksicht auf die Art der Arbeit und ihrer schwierigeren Kontrolle wird es aber immer angezeigt erscheinen, für den Beton der Eisenbetonkonstruktionen einen höheren Sicherheitsgrad zu fordern als für die Eiseneinlagen. Daher kommt es nun auch, daß die Eisenbetonbalken sehr selten durch Überwindung der Betondruckfestigkeit zu Bruch gehen. Nur bei sehr schlechtem Beton oder bei starken Zugbewehrungen (über 2% des Querschnittes $b \cdot (h-a)$) wird der Balken durch Überwindung der Betondruckfestigkeit brechen[1]).

Abb. 174[2]) zeigt die Bruchbilder dreier Balken von rechteckigem Querschnitt 25/18, welche mit je vier Rundeisen Durchmesser 30 und zahlreichen Bügeln Durchmesser 7 bewehrt sind. Die Balken brachen bei den mittleren rechnerischen Spannungen $\sigma_e = 790$ kg/qcm, $\sigma_b = 156$ kg/qcm, $\tau_0 = 13,3$ kg/qcm, $\tau_1 = 6,2$ kg/qcm (nach den deutschen Bestimmungen berechnet). Da die Würfelfestigkeit des Betons im Mittel nur 113 kg/qcm betrug, mußte der Bruch durch Überwindung der Betondruckfestigkeit erfolgen.

Man erkennt deutlich zwischen den Lastpunkten die Zerstörung der Betondruckzone durch muschelige Ausbrüche der Betondruckkante, welche besonders an der Oberfläche des Balkens Nr. 328 (Abb. 175[2])) gut sichtbar sind.

Der Unterschied dieser Bruchbilder von denen in Abb. 173 ist dadurch gegeben, daß in den Bruchstellen mit Erreichung der Streckgrenze (Abb. 173) die Zugrisse bis in die zerdrückten Betonschichten ragen, während hier (Abb. 174) zwischen den Spitzen der Zugrisse und dem durch Druck zerstörten Beton eine noch unverletzte Schicht liegt.

In den Abb. 176[2]) bis 178[2]) sind die gleichen Brucherscheinungen eines Plattenbalkens dargestellt, welcher bei 25 cm Höhe eine Plattenbreite von 75 cm hatte und mit vier Durchmesser 30 bewehrt war. Der Bruch trat ein bei folgenden mittleren rechnerischen Spannungen: $\sigma_e = 1988$ kg/qcm, $\sigma_b = 156$ kg/qcm, $\tau_0 = 31,8$ kg/qcm, $\tau_1 = 15,0$ kg/qcm (nach den deutschen Bestimmungen berechnet).

Der Bruch, der durch Gleiten der Eisen eintritt, zeigt Risse, die von Balkenunterkante bis zur Oberkante reichen. An der Balkenoberkante tritt jedoch kein muscheliger Bruch des Betons ein, sondern der Riß verzweigt sich höchstens in mehrere feine Äste. Die Ursache dieses Verlaufes des Bruches dürfte darin zu finden sein, daß mit dem Beginn des raschen Gleitens (ohne Haken) der Widerstand der Zugeisen ganz plötzlich wesentlich nachläßt und hierdurch auch plötzlich ein glatter Bruch entsteht.

Zuweilen erkennt man das Gleiten der Eisen auch an einem Längsriß in der Unterfläche (Abb. 180) oder an den Seitenflächen, wenn nur eine kleine Betonüberdeckung der Eisen vorhanden ist.

Abb. 179[3]) und 180[3]) zeigen die Bruchbilder von drei rechteckigen Balken 30/30, welche mit einem Rundeisen Durchmesser 25 ohne Haken bewehrt waren. Der Bruch trat ein bei den mittleren rechnerischen Spannungen $\sigma_e = 1300$ kg/qcm, $\sigma_b = 46,2$, $\tau_0 = 4,4$ und $\tau_1 = 16,4$ kg/qcm. Das Rechnungsergebnis zeigt also

[1]) Saliger, Deutsche Bauzeitung 1912, Betonbeilage Nr. 19 u. 20.

[2]) v. Bach und Graf, Mitteilungen über Forschungsarbeiten, Heft 90 u. 91. Berlin 1910.

[3]) Deutscher Ausschuß für Eisenbeton, Mitteilungen über Forschungsarbeiten, Heft 72 bis 74, berichtet von Bach und Graf. Berlin 1909. S. 67.

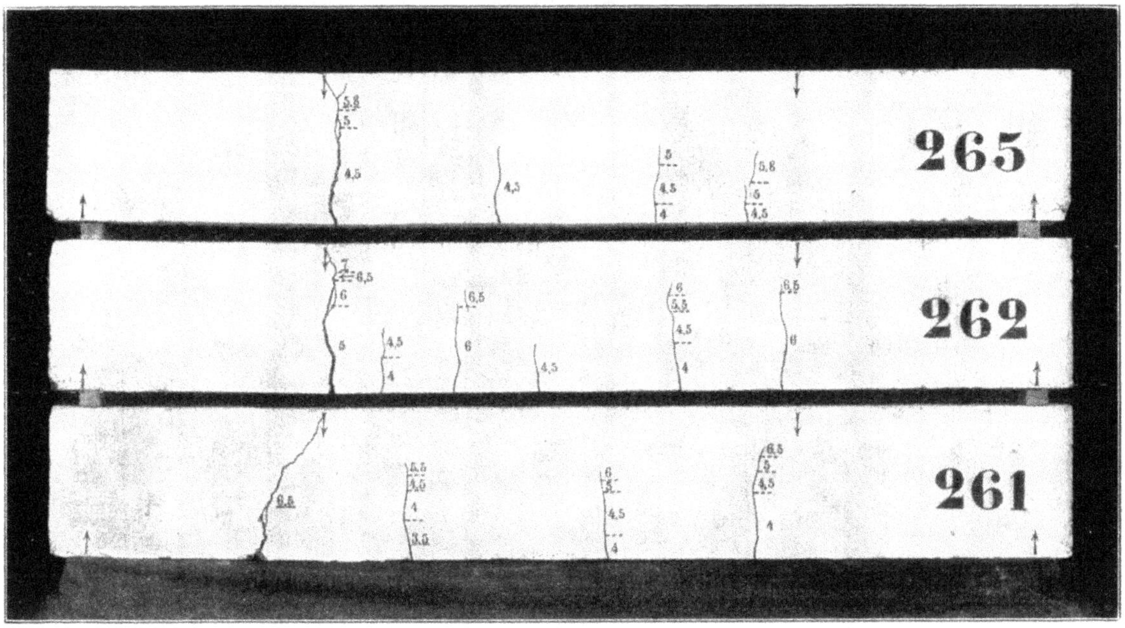

Abb. 179.

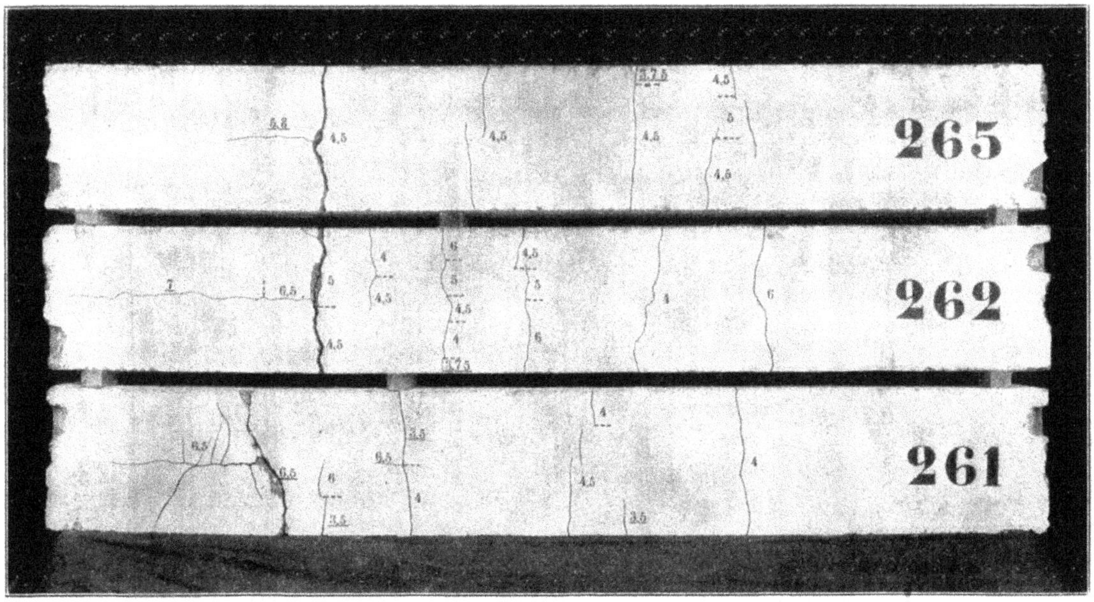

Abb. 180.

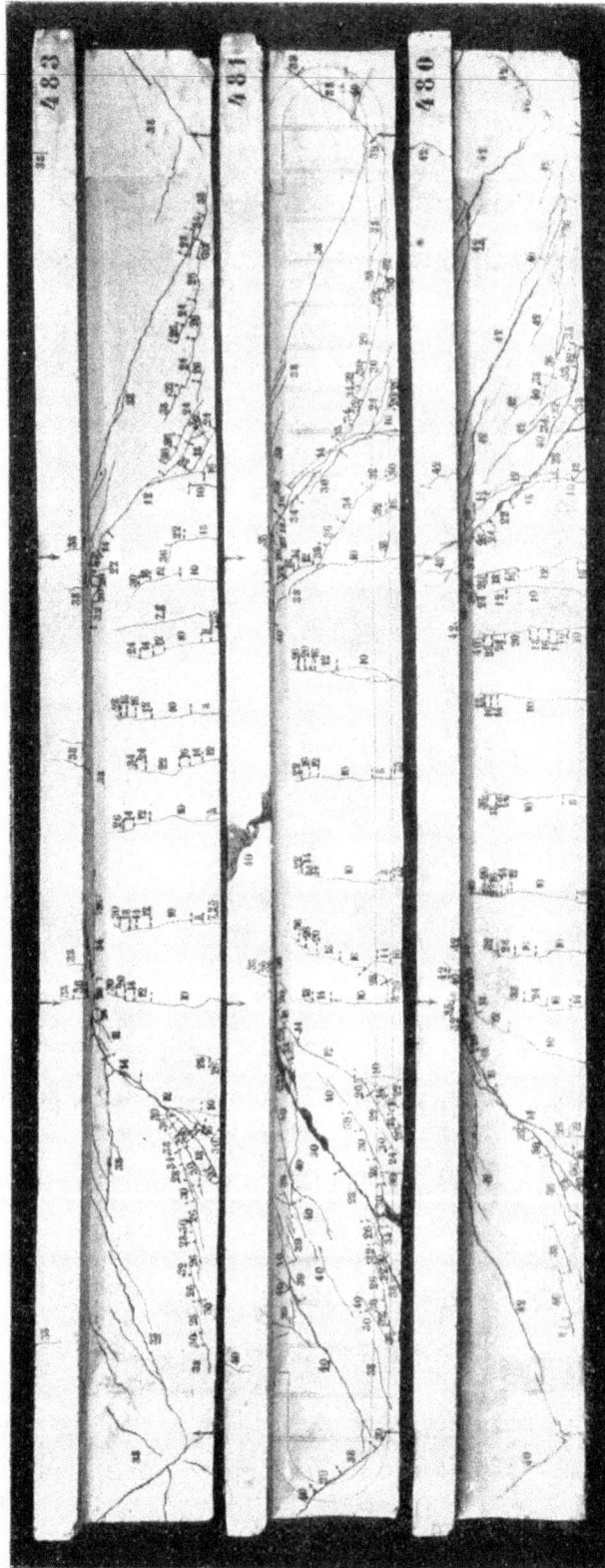

Abb. 181.

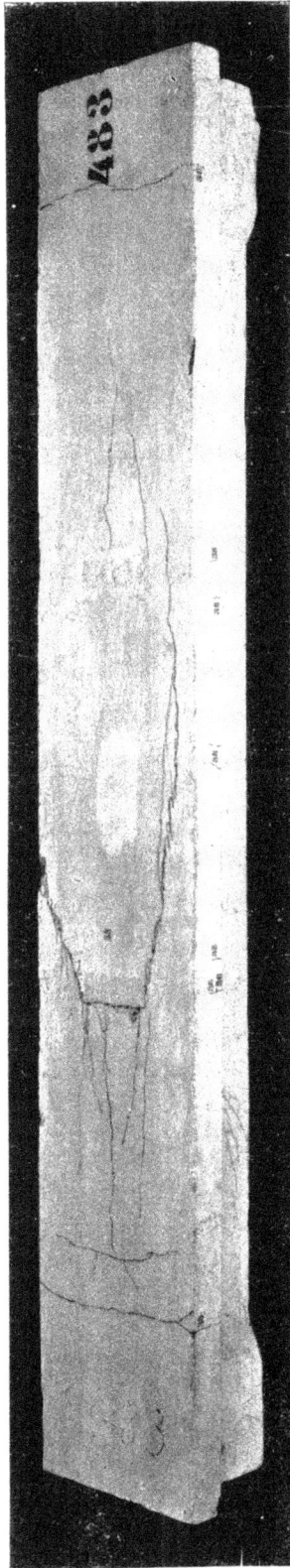

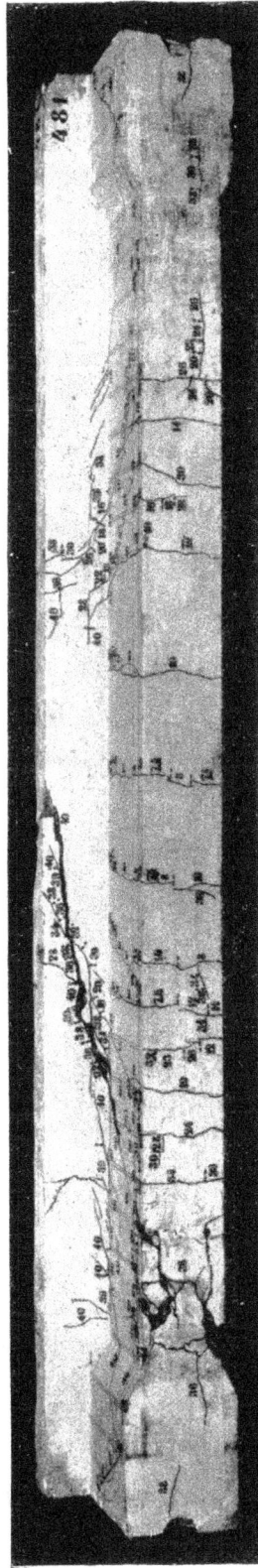

Abb. 182.

Abb. 183.

unzweifelhaft, daß der Bruch durch Gleiten des Eisens, welches keine Haken hatte, eingetreten ist.

Tritt der Bruch des Balkens durch Überwindung der Scherfestigkeit ein, so entstehen in der Nähe der Auflager schräge Risse, die aber nicht immer senkrecht zu den größten Hauptzugspannungen (unter 45° gegen die Nullinie) verlaufen (Abb. 181)[1]). Es zeigen sich aber auch Längsrisse, welche einen Teil der Platte von der Rippe lostrennen (Abb. 182[1]) und 183)[1]).

Da mit der Schubspannung τ_0 auch die Haftspannung τ_1 große Werte erreicht, beginnt mit dem Eintreten der schrägen Risse auch das Gleiten des Eisens im Beton, welches man an den parallelen kurzen Rissen gerade seitlich der Eiseneinlagen erkennen kann (Abb. 181).

Die in den Abb. 181 bis 183 dargestellten Versuchsbalken von 3,00 m Stützweite waren mit zwei Rundeisen Durchmesser 40 und mit Bügeln Durchmesser 7 in 15 cm Abstand in den beiden äußeren Balkendritteln bewehrt. Zwei gleiche konzentrierte Lasten in den Drittelspunkten erzeugten beim Bruch die mittleren, rechnerischen Spannungen:

$$\sigma_b = 171 \text{ kg/qcm}, \quad \sigma_e = 2541 \text{ kg/qcm}, \quad \tau_0 = 31,7 \text{ kg/qcm}, \quad \tau_1 = 25,4 \text{ kg/qcm}.$$

Da die Rundeisen Durchmesser 40 eine Streckgrenze von 3065 kg/qcm hatten, zeigen auch die rechnerischen Spannungen, daß der Bruch durch Überwindung der Scherfestigkeit eingetreten ist.

In Abb. 184[2]) sind drei Versuchsbalken gezeigt, welche mit acht gleichen Einzellasten, also nahezu gleichförmig verteilt, belastet und durch Überwindung der Scherfestigkeit gebrochen sind.

In der Unterfläche (Abb. 185)[2]) sieht man auch unter den Eisen nahe den Balkenenden Längsrisse, welche das Gleiten der Eisen andeuten.

Die größten schrägen Risse sind aber nicht, wie man vermuten sollte, an den Punkten der größten Querkräfte, sondern liegen in ungefähr $l/5$ von den Auflagerpunkten entfernt. Dies ist darauf zurückzuführen, daß gerade mit der Abnahme der Randspannungen die Veränderlichkeit der Verhältniszahl n mehr zur Geltung kommt[3]), welche aber bei allen vorausgegangenen Entwickelungen als konstante Zahl betrachtet wurde.

Früher hat man die Zahl n durch die aus Zug- und Druckversuchen gewonnenen Formänderungszahlen des Betons abzuleiten gesucht. Man kann aber der Zahl n in den Gleichungen zur Berechnung der Biegungsspannungen eine erweiterte Bedeutung geben und sie nicht lediglich als das Verhältnis zweier Elastizitätsmoduli auffassen sondern als einen Zahlenkoeffizienten, mit welchem das Rechnungsergebnis mit dem Versuchsergebnis unmittelbar vor dem Bruch in möglichst gute Übereinstimmung gebracht werden soll. Es muß daher für diese Bedeutung als Koeffizient die Zahl n gleichfalls an Biegungsversuchen geprüft werden.

Es ist bereits (Seite 106) gezeigt worden, daß die mit $n = 15$ berechnete Lage der Nullinie mit der durch Beobachtung gefundenen hinreichend übereinstimmt. Auch die mit $n = 15$ berechneten Biegungsspannungen sind nach den Versuchen innerhalb der üblichen Grenzen eher etwas zu groß als zu klein.

---

[1]) Deutscher Ausschuß für Eisenbeton, Heft 10, berichtet von Bach und Graf. Berlin 1911. S. 50 u. 52.

[2]) Deutscher Ausschuß für Eisenbeton, Heft 20, berichtet von Bach und Graf. Berlin 1912. S. 26.

[3]) Hager, Armierter Beton, 1914, Heft 4.

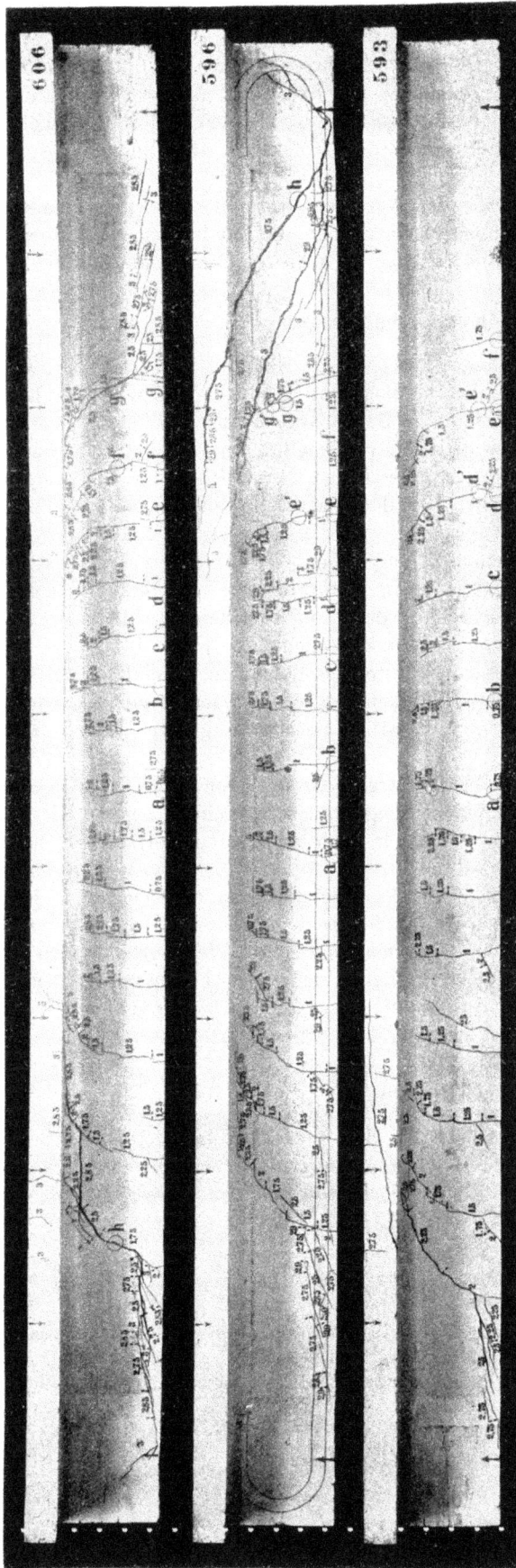

Abb. 184.

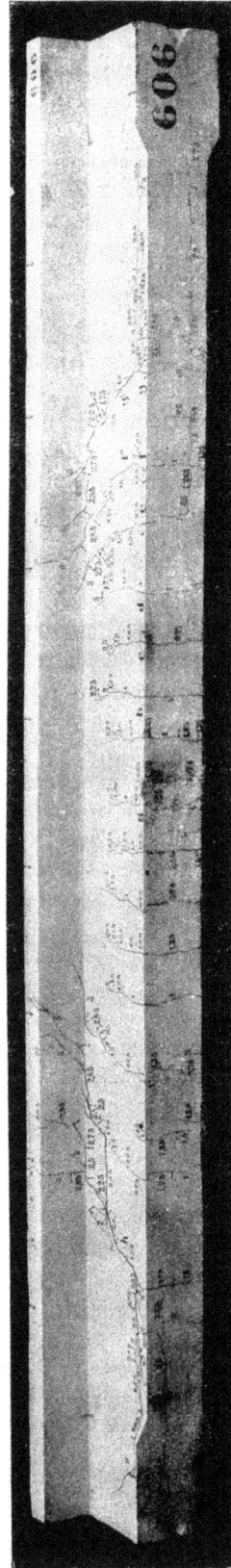

Abb. 185.

Dasselbe gilt auch von den doppelt bewehrten Balken. v. Bach kommt durch seine Versuche[1]) zu der Ansicht, daß die Rechnung mit $n = 15$ die tatsächliche Widerstandsfähigkeit der Materialien in der Druckzone um so mehr unterschätzt, je größer der Anteil der in der Druckzone vorhandenen Eiseneinlagen ist.

In denselben Versuchen wurde der Nachweis erbracht, daß Stahleinlagen in der Druckzone gegenüber Flußeisen nicht nur die bleibenden Zusammendrückungen der Druckzone vermindert, sondern auch die Bruchlasten gesteigert haben.

Gleitwiderstand bei Biegung.

Da die Erhaltung des Verbundes zwischen Eisen und Beton auch bei den auf Biegung beanspruchten Eisenbetonbalken von großer Wichtigkeit ist, hat der Deutsche Ausschuß für Eisenbeton[2]) die Umstände durch Versuche ermitteln lassen, welche auf den Gleitwiderstand von Einfluß sind. Dabei haben sich ähnliche Ergebnisse gezeigt als bei den Versuchen, bei welchen der Gleitwiderstand durch Herausziehen oder -drücken der Eisenstäbe aus Betonklötzen bestimmt worden ist (vgl. Kap. 6).

So wurde gefunden, daß auch bei Biegung mit der Abnahme des Wasserzusatzes und Zunahme der Zementmenge im Beton der Gleitwiderstand wächst. Er ist auch abhängig von der Sandart und der Zementmarke, aber für diese Abhängigkeiten kann man noch keine Regeln aufstellen.

Der Gleitwiderstand nimmt mit dem Alter des Betons zu, scheint aber ziemlich unabhängig davon zu sein, ob der Balken trocken oder feucht gelagert wird. Dagegen scheint der Gleitwiderstand bei Wasserlagerung der Balken zuzunehmen[3]).

Diese Erscheinung wurde mit der größeren Klemmwirkung des Betons gegen das Eisen erklärt. Jedoch ist die Erscheinung einfacher durch die bessere Klebewirkung des Zementes zu erklären, weil sie ja auch bei den reinen Haftversuchen (Seite 47) beobachtet werden konnte[4]).

Rostige Eisen haben einen höheren Gleitwiderstand als rostfreie. Von den prismatischen Profileisen scheint das Rundeisen den größten Gleitwiderstand zu besitzen, jedoch ergeben die amerikanischen Sondereisen (Johnson-, Diamand-, Lug- und Cup-Eisen) für Eisenbetonkonstruktionen einen bedeutend größeren Gleitwiderstand als Rundeisen. Die ersten Risse treten aber unabhängig von der Art der Bewehrungseisen bei gleichen Eisenquerschnitten unter denselben Belastungen ein.

Formänderungen.

Aus den Formänderungen, welche bei den Versuchen beobachtet wurden, konnte auch in vielen Fällen eine Bestätigung bzw. Berichtigung der angewendeten Berechnungsverfahren gefunden werden, wie noch an einigen Beispielen gezeigt werden soll.

---

[1]) v. Bach und Graf, Mitteilungen über Forschungsarbeiten, Heft 90 u. 91. Berlin 1910. S. 51.

[2]) Deutscher Ausschuß für Eisenbeton, Mitteilungen über Forschungsarbeiten, Heft 72 bis 74, berichtet von Bach und Graf. Berlin 1909.

[3]) v. Bach, Mitteilungen über Forschungsarbeiten, Heft 45 bis 47. Berlin 1907. S. 60.

[4]) Kleinlogel, Über das Wesen und die wahre Größe des Verbundes. Berlin 1911. S. 10.

Durch die Beobachtung der Dehnungen an Balken in mehreren Punkten desselben Querschnittes wurde festgestellt, daß ebene Querschnitte auch bei der Biegung eben bleiben. In Abb. 186 ist das Ergebnis einer Beobachtung von Schüle[1]) dargestellt.

Zu ähnlichem Ergebnis gelangt Probst[2]) für rechteckige Balken. Bei der Prüfung breiter Plattenbalken[3]) hat sich aber gezeigt, daß bei breiten Platten die Zusammendrückungen auf der Plattenoberfläche nach den Rändern zu deutlich abnehmen. In Abb. 187

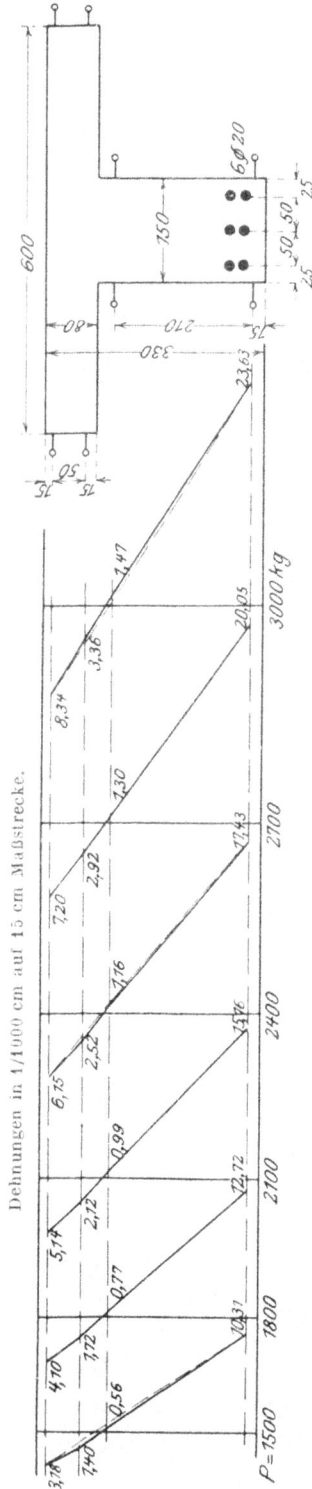

Abb. 186.

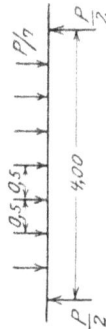

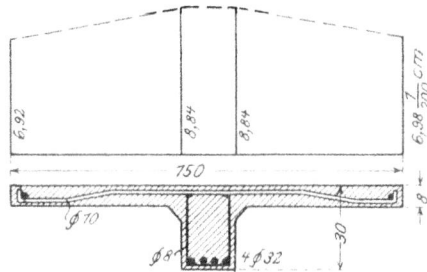

Abb. 187.

sind die beobachteten Zusammendrükkungen über der Platte eines Balkens eingezeichnet, welcher bei 3,00 m Stützweite mit zwei Einzellasten von zusammen 30000 kg in den Drittelspunkten belastet war.

Dagegen konnte bei ähnlichen Plattenbalken mit nur 1,00 m Plattenbreite ein merklicher Unterschied zwischen den Zusammendrückungen in der Plattenoberfläche, an den Rändern und in der Plattenmitte nicht festgestellt werden[3]).

Hieraus ergibt sich die Notwendigkeit, die in der Rechnung zu berücksichtigende Plattenbreite der Plattenbalken zu beschränken. Nach den deut-

[1]) Schüle, Mitteilungen aus der Eidgen. Materialprüfungsanstalt, 1907, Heft 12. Balken Nr. 14.

[2]) Mitteilungen aus dem Kgl. Materialprüfungsamt Großlichterfelde-West 1907, Ergänzungsheft I v. Probst.

[3]) v. Bach und Graf, Mitteilungen über Forschungsarbeiten, Heft 122 u. 123. Berlin 1912.

12*

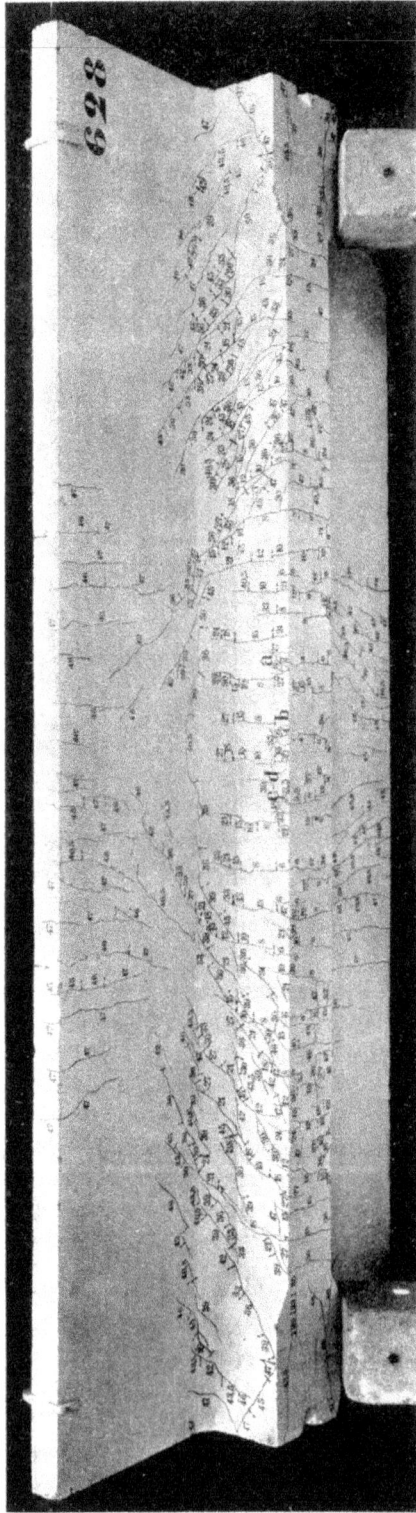

Abb. 188.

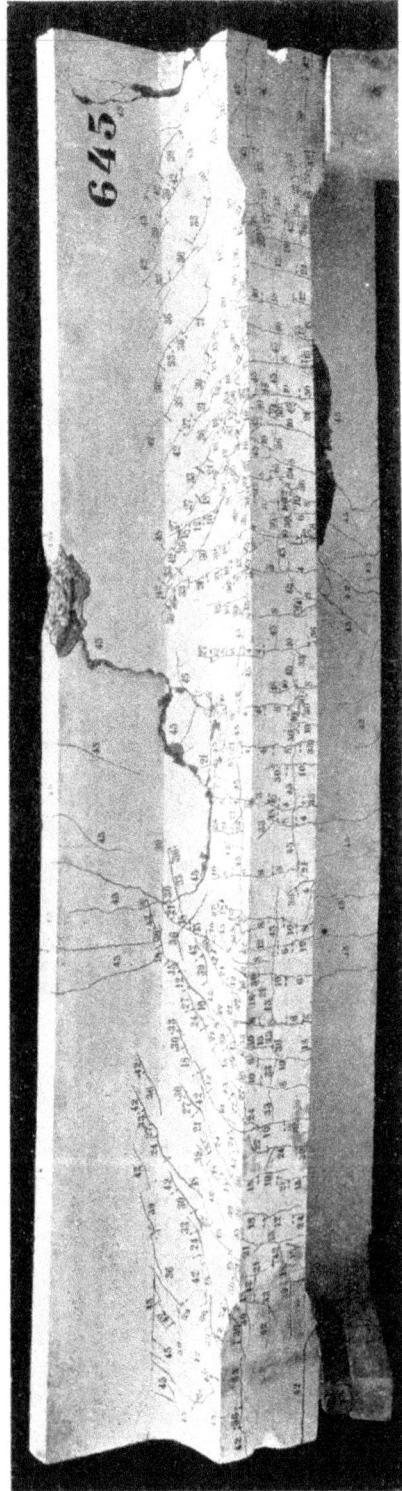

Abb. 189.

schen Bestimmungen wäre für den in Abb. 187 dargestellten Plattenbalken die rechnerische Breite b anzunehmen gewesen

$$b \leq \begin{cases} 8 \cdot b_1 = & 8 \cdot 20 = 160 \text{ cm}, \\ 16 \cdot d = 16 \cdot 8 = 128 \text{ »} \\ 4 \cdot h = 4 \cdot 30 = 120 \text{ »} \end{cases}$$

somit $b = 120$ cm.

Auf den Unterflächen der Platten konnten bei großer Plattenbreite Querrisse festgestellt werden. Daraus folgt, daß an der Unterkante der Platte Zugspannungen eingetreten waren, obgleich nach der Rechnung Druckspannungen zu vermuten gewesen wären. Jedoch auch hier zeigt sich, daß diese Erscheinung mit abnehmender Plattenbreite an Bedeutung wesentlich verliert. Vergleicht man Abb. 188[1]) (Plattenbreite 1,50 m) mit Abb. 189 (Plattenbreite 1,00 m)[1]), so findet man in der schmäleren Platte weit weniger Zugrisse, welche überdies erst bei den der Bruchlast nahen Belastungen entstanden sind.

Wie in dem vorigen Kapitel bereits gesagt ist, bereitet die Berechnung der Bügel einige Schwierigkeiten. Auch hierfür dürften die an Bügeln beobachteten Formänderungen wertvolle Anhaltspunkte liefern.

Abb. 190[2]) ist das Bild eines schrägen Risses, der in einem mit geraden Eisen und Bügeln bewehrten Plattenbalken entstanden ist. Man sieht deutlich, daß die Bügel nach rechts gezogen sind. Sie haben also tatsächlich gewirkt wie die

---

[1]) v. Bach und Graf, Mitteilungen über Forschungsarbeiten, Heft 122 u. 123. Berlin 1912.

[2]) Deutscher Ausschuß für Eisenbeton, Heft 20, berichtet von Bach und Graf. Berlin 1912. S. 25.

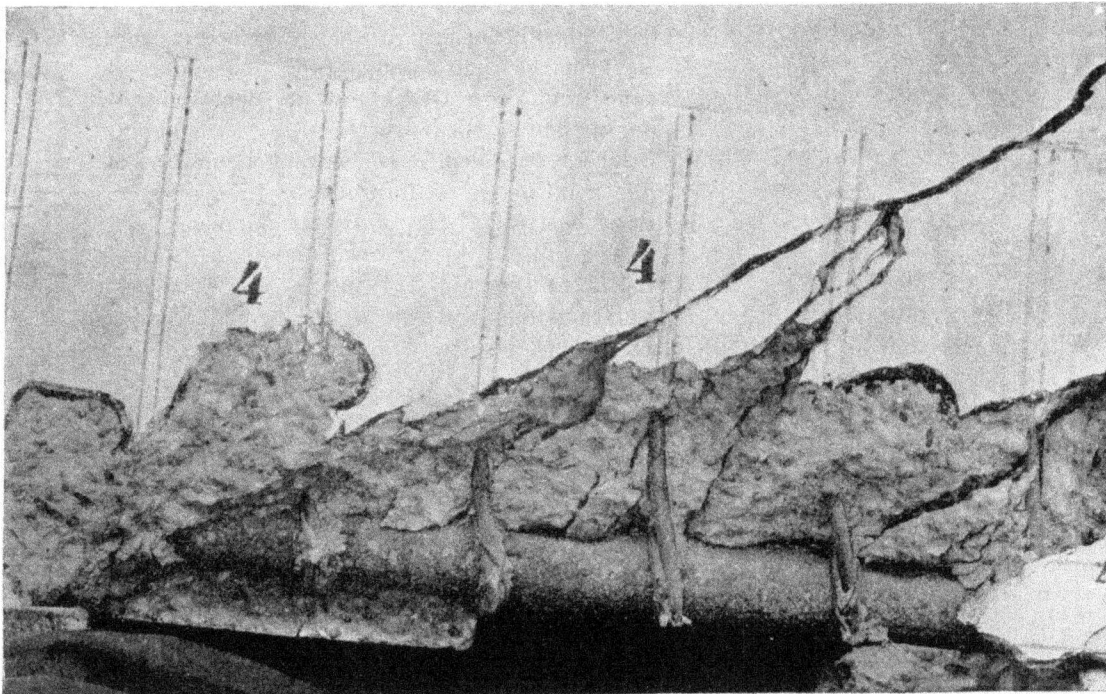

Abb. 190.

Zugeisen eines Eisenbetonkonsols nach Abb. 128. Hiermit dürfte ein weiterer Beweis für die Richtigkeit der Berechnung der Bügel als Konsoleisen gegeben sein.

Aus dieser Auslese von Versuchen kann wohl ersehen werden, daß die Fortbildung der Eisenbetontheorie sehr auf die durch Photographien und Messungen festgehaltenen Beobachtungen angewiesen ist. Wenn der Beobachter vielleicht auch selbst nicht in der Lage ist, seine Beobachtungen vollständig auszuwerten, kann dies bei guter Überlieferung der Beobachtungen anderen noch überlassen werden.

Die von den Bruchbildern hier gegebenen Photographien sind so ausgewählt, daß sie nur die charakteristischen Erscheinungen zeigen und somit als Schulbeispiele dienen können. Die in Bauwerken entstehenden Brüche sind meist nicht so einfach gestaltet, weil hier häufig noch sekundäre Wirkungen vorkommen, welche das Bruchbild wesentlich verwickelter erscheinen lassen. Deshalb muß der Anfänger die Brucherscheinungen an Versuchsobjekten kennen lernen.

13. Kapitel. Biegung mit Axialdruck oder Axialzug.

Allgemeines.

Für isotrope Baustoffe nimmt man an, daß sich die Wirkung einer im Schwerpunkte eines Querschnittes F angreifenden Kraft P gleichmäßig über den ganzen Querschnitt verteilt, d. h. daß die Spannung σ im ganzen Querschnitt denselben Wert $\sigma = \dfrac{P}{F}$ hat. Für die Querschnitte der Eisenbetonkörper darf die gleiche Voraussetzung gemacht werden, wenn eine Druckkraft in dem Schwerpunkt des ideellen Querschnittes F_i angreift, welcher aus dem Betonquerschnitt und dem n-fachen Eisenquerschnitt besteht (Gleichung 93). Bezeichnet man die statischen Momente der ideellen Fläche F_i auf zwei Achsen A—A und B—B bezogen (Abb. 191) mit $\mathfrak{S}_A$ und $\mathfrak{S}_B$, so erhält man die Abstände u und v des Schwerpunktes S von diesen Achsen nach Gleichung (94).

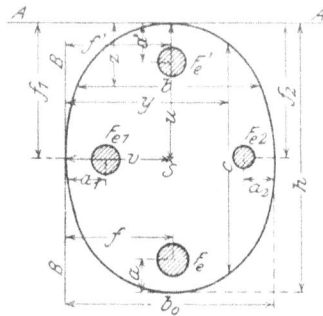

Abb. 191.

$$u = \frac{\mathfrak{S}_A}{F_i}; \quad v = \frac{\mathfrak{S}_B}{F_i} \quad \ldots \ldots \ldots \quad (193)$$

und

$$\mathfrak{S}_A = \int_0^h b \cdot z \cdot dz + n \cdot F_e' \cdot a' + n \cdot F_e (h-a) + n \cdot F_{e1} \cdot f_1 + n F_{e2} \cdot f_2$$

$$\mathfrak{S}_B = \int_0^{b_0} y \cdot c \cdot dy + n \cdot F_{e1} \cdot a_1 - n \cdot F_{e2} (b_0 - a_2) + n F_e \cdot f + n \cdot F_e' \cdot f'.$$

Die statischen Momente $\mathfrak{S}$ der häufigsten Querschnittsformen sind bereits auf Seite 96 bis 97 entwickelt worden.

Greift nun die Kraft P nicht in dem Schwerpunkt der Querschnittsfläche an, sondern seitlich von diesem, so kann man sich die Wirkung einer Kraft in zwei

Teilwirkungen zerlegt denken, in eine axiale Zug- oder Druckwirkung und in eine Biegungswirkung.

Der Querschnitt Abb. 192 ist durch die Kraft P gleichmäßig auf Druck beansprucht und außerdem durch das Kräftepaar mit dem Moment $P \cdot e$ auf Biegung.

Wenn man auch hier wiederum voraussetzt, daß der

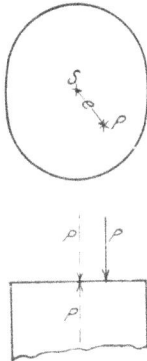

Abb. 192.

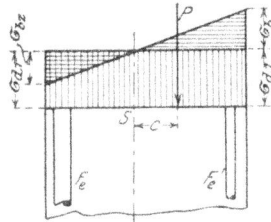

Abb. 193.

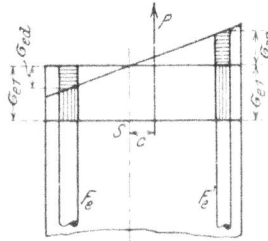

Abb. 194.

Beton keine Zugkräfte überträgt, sind für die Berechnung zwei Fälle zu unterscheiden:

1. Die Spannung, welche die im Schwerpunkt (zentral) angreifende Kraft erzeugt, ist größer als die von dem Biegungsmoment erzeugte Spannung.

In diesem Falle entstehen entweder nur Druckspannungen (Abb. 193) oder nur Zugspannungen (Abb. 194).

2. Die von dem Biegungsmoment erzeugten Spannungen sind teilweise größer als die von der zentral angreifenden Kraft hervorgerufenen Druck- oder Zugspannungen.

In diesem Falle entstehen in dem Querschnitt sowohl Zug- als auch Druckspannungen (Abb. 195).

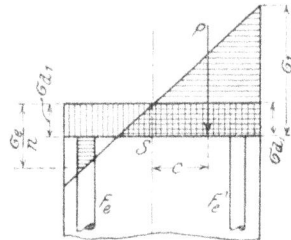

Abb. 195.

Nur Spannungen im gleichen Sinn.

In einem Eisenbetonquerschnitt mit einer oder mehreren Symmetrieachsen greife in einer der Symmetrieachsen[1] außerhalb des Schwerpunktes eine Druckkraft P an, welche in dem ganzen Querschnitt Druckspannungen erzeugt.

a) Gegeben seien: der Betonquerschnitt F_b und die Querschnitte F_e, F_e', die Abstände a und a', die Druckkraft P und ihre Lage oder das Biegungsmoment $\mathfrak{M} = P \cdot c$ (Abb. 196).

Gesucht seien: die Randspannungen σ_d und σ_d'.

Der ideelle Querschnitt F_i ist nach vorstehender Abbildung

$$F_i = F_b + n\,(F_e + F_e') \quad \ldots \ldots \ldots \quad (93)$$

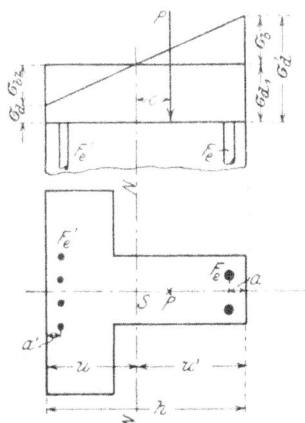

Abb. 196.

[1]) Für Lastangriffe außerhalb der Trägheitsachsen eines Rechteckes vgl. Marcus, Deutsche Bauzeitung, Betonbeilage Nr. 3, 1913.

Bezeichnet man nach Gleichung (96) mit Θ_v das Verbundträgheitsmoment des ganzen Eisenbetonquerschnittes, bezogen auf die Schwerpunktsachse $N—N$, so sind die Biegungsspannungen

$$\sigma_{bz} = \frac{\mathfrak{M} \cdot u}{\Theta_v} \; ; \quad \sigma_b = \frac{\mathfrak{M} \cdot u'}{\Theta_v} \quad \cdots \cdots \cdots \quad (194)$$

Die von der zentral angreifenden Kraft P herrührende Druckspannung ist

$$\sigma_{d1} = \frac{P}{F_i},$$

und daher nach Abb. 196 die resultierenden Randspannungen

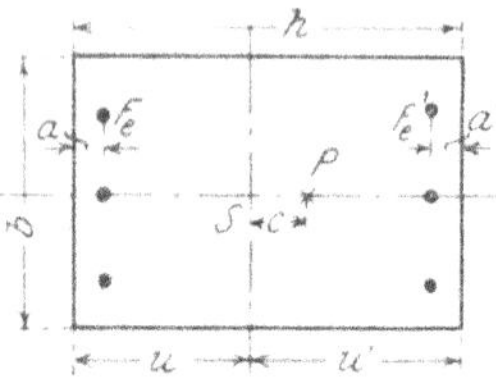

$$\left.\begin{aligned} \sigma_d = \sigma_{d1} - \sigma_{bz} = P\left(\frac{1}{F_i} - \frac{c \cdot u}{\Theta_v}\right) \\ \sigma_d' = \sigma_{d1} + \sigma_b = P\left(\frac{1}{F_i} + \frac{c \cdot u'}{\Theta_v}\right) \end{aligned}\right\} \quad \cdots \quad (195)$$

Sonderfälle.

Abb. 197.

Die Betonquerschnittsfläche sei ein Rechteck $F_b = b \cdot h$ und die Druckkraft P greife in einer Entfernung c vom Schwerpunkt S in der Längsachse des Rechteckes an (Abb. 197).

Es ist daher in den Gleichungen (195) einzusetzen für

$$F_i = b h + n (F_e + F_e')$$

$$u = \frac{\frac{b h^2}{2} + n \cdot F_e' (h - a') + n \cdot F_e \cdot a}{b h + n (F_e + F_e')} \quad \cdots \cdots \quad (98)$$

$$u' = h - u$$

$$\Theta_v = \frac{b \cdot u^3}{3} + \frac{b u'^3}{3} + n \cdot F_e \cdot (u - a)^2 + n \cdot F_e' (u' - a')^2 \quad \cdots \quad (99)$$

oder

$$\Theta_v = \frac{b h^3}{12} + b h \left(\frac{h}{2} - u\right)^2 + n \cdot F_e (u - a)^2 + n F_e' (u' - a')^2.$$

Für den Fall, daß $F_e = F_e'$ und $a = a'$ ist, fällt der Schwerpunkt in den Mittelpunkt des Rechteckes, und in Gleichung (195) sind dann einzusetzen

$$\left.\begin{aligned} F_i &= b h + 2 \cdot n \cdot F_e \\ u &= u' = \frac{h}{2} \\ \Theta_v &= \frac{b h^3}{12} + 2 \cdot n \cdot F_e \left(\frac{h}{2} - a\right)^2 \end{aligned}\right\} \quad \cdots \cdots \quad (196)$$

Für einen **T**-förmigen Querschnitt nach Abb. 196 ist $u = x$ aus Gleichung (102) zu entnehmen und $u' = h - x$.

Das erforderliche Verbundträgheitsmoment Θ_v erhält man aus Gleichung (103) zu

$$\Theta_v = \frac{b_1}{3} [x^3 + (h - x)^3] + \frac{b - b_1}{3} [x^3 - (x - d)^3]$$
$$+ n \cdot F_e (h - a - x)^2 + n \cdot F_e' (x - a')^2.$$

Der ideelle Querschnitt ist nach den Bezeichnungen der Abb. 93

$$F_i = b_1 \cdot h + (b - b_1)\, d + n\,(F_e + F_e').$$

Der regelmäßige achteckige Querschnitt mit acht gleichen Eisen von je f_e Querschnitt hat für Θ_v und F_i der Gleichungen (195) folgende Werte:

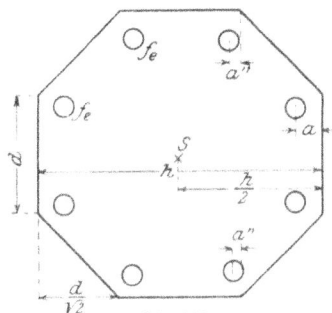

Abb. 198.

$$\Theta_v = \frac{5 \cdot \sqrt{3}}{16} \cdot d^4 + 4 \cdot n \cdot f_e \left(\frac{h}{2} - a\right)^2 + 4 \cdot n \cdot f_e \left(\frac{d}{2} - a''\right)^2$$

$$h = d + 2\,\frac{d}{\sqrt{2}} = d\,(1 + \sqrt{2}); \quad d = \frac{h}{1 + \sqrt{2}}$$

$$a'' = a\,\operatorname{tg} \cdot 22{,}5^0 = a \cdot 0{,}4142$$

$$F_i = \frac{8 \cdot d^2 \cdot \cot \frac{\pi}{8}}{4} + 8 \cdot n \cdot f_e$$

$$\Theta_v = 0{,}5413 \cdot d^4 + 4\,n \cdot f_e \left[\left(\frac{h}{2} - a\right)^2 + \left(\frac{d}{2} - a''\right)^2\right] \ \cdot \ \cdot \ \cdot \ \cdot \quad \textbf{(197)}$$

$$F_i = 4{,}8284 \cdot d^2 + 8\,n \cdot f_e \ \cdot \ \cdot \ \cdot \ \cdot \ \cdot \ \cdot \ \cdot \ \cdot \ \cdot \ \cdot \ \cdot \quad \textbf{(198)}$$

$$u = u' = \frac{h}{2}.$$

Kernweite.

Die Gleichungen (195) kann man auch zur Bestimmung der Kernpunkte des Verbundquerschnittes in den Symmetrielinien benutzen.

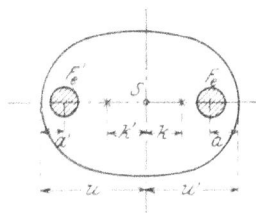

Abb. 199.

Versteht man unter der Kernweite (k bzw. k') das Maß des Hebelarmes c, für welches unabhängig von P die Randspannung σ_d (Abb. 196) zu Null wird, so liefern die Gleichungen (195) die Kernweiten k' und k, indem nur σ_d und σ_d' Null zu setzen sind.

$$\left.\begin{array}{l} \dfrac{1}{F_i} - \dfrac{k \cdot u}{\Theta_v} = 0; \quad k = \dfrac{\Theta_v}{u \cdot F_i} \\[2mm] \dfrac{1}{F_i} - \dfrac{k' \cdot u'}{\Theta_v} = 0; \quad k' = \dfrac{\Theta_v}{u' \cdot F_i} \end{array}\right\} \ \cdot \ \cdot \ \cdot \ \cdot \ \cdot \ \cdot \quad (199)$$

Die Kraft P sei eine Zugkraft.

Da vorausgesetzt worden ist, daß der Beton keine Zugspannungen aufzunehmen vermag, ist der Verbundquerschnitt so zu betrachten, als wenn kein Beton vorhanden wäre.

In den Ausdrücken für die statischen Momente $\mathfrak{S}_A$ und $\mathfrak{S}_B$ Gleichung (193), für F_i Gleichung (93) und für Θ_v Gleichung (96) und (195) sind deshalb bei Zugspannungen die auf die Betonflächen bezüglichen Glieder wegzulassen und somit nur die mit dem Faktor n behafteten Glieder in die Rechnung einzuführen.

b) Gegeben seien der Betonquerschnitt F_b durch seine Umriß-linie, die größte zulässige Betondruckspannung $\sigma_d{}'$, die in einer Symmetrielinie des Querschnittes angreifende Druckkraft P und ihr Abstand e von der Querschnittkante in der Symmetrielinie gemessen sowie die kleinen Abstände a und a' (Abb. 200).

Gesucht seien die Eisenquerschnitte F_e und $F_e{}'$.

Es ist einleuchtend, daß die Eiseneinlagen am besten ausgenutzt werden, welche der Querschnittskante mit der größten zulässigen Betondruckspannung $\sigma_d{}'$ am nächsten liegen, und ferner, daß am wenigsten Eisen nötig ist, wenn der ganze Betonquerschnitt mit dieser größten zulässigen Druckspannung beansprucht ist, d. h. P im Schwerpunkt des Verbundquerschnittes angreift. In diesem Falle müßte $s = e$ werden.

Es sollen nun zunächst die Eisenquerschnitte F_e und $F_e{}'$ so berechnet werden, daß $s = e$ wird[1]).

Bezeichnet man mit F_b die Betonfläche des Querschnittes und mit $\mathfrak{S}_{b_r}$ das statische Moment der Betonteilfläche rechts der Schwerlinie SS, bezogen auf diese Schwerlinie (Abb. 200), und mit $\mathfrak{S}_{bl}$ das statische Moment der links von SS gelegenen Betonteilfläche, so ist bei zentralem Angriff der Last P

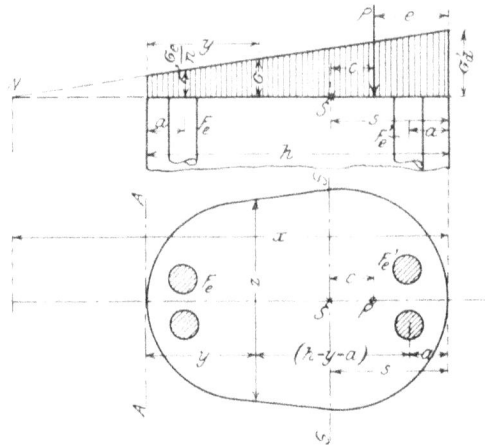

Abb. 200.

$$P = [F_b + n \cdot (F_e + F_e{}')] \, \sigma_b,$$
$$\mathfrak{S}_{bl} + n \cdot F_e \, (h - e - a) = \mathfrak{S}_{br} + n \cdot F_e{}' \, (e - a).$$

Aus diesen beiden Gleichungen erhält man die beiden Unbekannten

$$F_e = \frac{(e - a)\left(\dfrac{P}{\sigma_b} - F_b\right) - \mathfrak{S}_{bl} + \mathfrak{S}_{br}}{n \, (h - 2\,a)} \qquad \ldots \ldots (200)$$

$$F_e{}' = \frac{(h - e - a)\left(\dfrac{P}{\sigma_b} - F_b\right) + \mathfrak{S}_{bl} - \mathfrak{S}_{br}}{n \, (h - 2\,a)} \qquad \ldots \ldots (201)$$

---

[1]) Hager, Armierter Beton, 1911, 3. Heft.

Die Gleichung (200) zeigt, daß sich für F_e nur solange ein positiver Wert ergibt, als

$$\mathfrak{S}_{br} + \frac{P}{\sigma_b} \cdot e + a\,F_b \gtrless \frac{P}{\sigma_b} \cdot a + e \cdot F_b + \mathfrak{S}_{bl} \quad . \quad . \quad . \quad . \quad (202)$$

Wenn diese Ungleichung nicht mehr erfüllt wird, wird F_e negativ, d. h. es müßte, um $e = s$ zu machen, der Betonquerschnitt auf der linken Seite von SS verkleinert werden.

Daraus geht hervor, daß der Verbundquerschnitt nur solange in einen zentrisch belasteten verwandelt werden kann, als die Gleichung (200) für den Eisenquerschnitt F_e einen positiven Wert ergibt.

Sonderfall.

Für den rechteckigen Querschnitt von der Breite b und der Länge h lauten die Gleichungen (200) und (201)

$$\left.\begin{aligned} F_e &= \frac{P\,(e-a)}{\sigma_b \cdot n \cdot (h-2\,a)} - \frac{b\,h}{2\,n} \\[2mm] F_e' &= \frac{P\,(h-e-a)}{\sigma_b\,(h-2\,a)\cdot n} - \frac{b\,h}{2\,n} \end{aligned}\right\} \quad . \quad . \quad . \quad . \quad . \quad (203)$$

Wenn nun nicht mehr $s = e$ gemacht werden kann, stehen für die Berechnung der unbekannten Eisenquerschnitte F_e und F_e' sowie die des Abstandes x nur zwei Gleichgewichtsbedingungen zur Verfügung, so daß noch die wirtschaftliche Forderung gestellt werden kann, $F_e + F_e'$ zu einem Kleinstwert zu machen.

Da F_e' stets besser ausgenutzt werden kann als F_e, wird $F_e + F_e'$ ein Kleinstwert für $F_e = 0$. Häufig wird nun F_e aus konstruktiven Rücksichten oder wegen anderer Belastungsfälle nicht zu Null gemacht werden können. In solchen Fällen ist aber dann F_e als bekannt vorauszusetzen und nur mehr F_e' zu berechnen.

Bildet man das Moment um die Eiseneinlage F_e' (Abb. 200), so erhält man

$$P\,(e-a) = \int_0^h \sigma \cdot z\,(h-y-a)\,dy + \sigma_e \cdot F_e\,(h-2\,a),$$

$$\sigma = \frac{\sigma_d'}{x} \cdot (x-h+y),$$

$$\sigma_e = \frac{\sigma_d' \cdot n}{x}\,(x-h+a),$$

$$P\,(e-a) = \frac{\sigma_d'}{x} \left[\int_0^h z\,(h-y-a)\,(x-h+y)\,dy + n\,F_e\,(h-2\,a)\,(x-h+a) \right].$$

$$\int_0^h (h-y-a)\,(x-h+y)\cdot z\,dy$$

$$= (x-h)\,(h-a)\int_0^h z\,dy + (2\,h-x-a)\cdot\int_0^h y\cdot z\,dy - \int_0^h y^2\cdot z\,dy.$$

$$\int_0^h z\,dy = F_b \quad \text{(Betonquerschnittsfläche)},$$

$$\int_0^h y\cdot z\,dy = \mathfrak{S}_{bA} \quad \left\{ \begin{aligned} &\text{(Statisches Moment der Betonfläche } F_b \\ &\text{hinsichtlich der Geraden } AA), \end{aligned}\right.$$

$$\int_0^h y^2\cdot z\,dy = \Theta_{bA} \quad \left\{ \begin{aligned} &\text{(Trägheitsmoment der Betonfläche } F_b \\ &\text{hinsichtlich der Geraden } AA). \end{aligned}\right.$$

Nach Einführung dieser Bezeichnungen kann man die obenstehende Gleichung schreiben:

$$\frac{P(e-a)}{\sigma_d'} \cdot x = (x-h)(h-a)F_b + (2h-x-a)\cdot \mathfrak{S}_{bA} - \Theta_{bA} + n\cdot F_e(h-2a)(x-h+a).$$

Hieraus erhält man den Abstand x zu

$$x = \frac{(2h-a)\mathfrak{S}_{bA} - h(h-a)F_b - \Theta_{bA} - (h-a)(h-2a)n\cdot F_e}{\dfrac{P}{\sigma_d'}(e-a) + \mathfrak{S}_{bA} - (h-a)F_b - (h-2a)\cdot n\cdot F_e} \qquad (204)$$

Die Eisenquerschnittsfläche F_e' erhält man aus der Gleichgewichtsbedingung

$$P = \int_0^h \sigma z\cdot dy + \sigma_e'\cdot F_e' + \sigma_e\cdot F_e.$$

σ und σ_e sind oben bereits durch σ_d' ausgedrückt worden. In der Abb. 200 kann man die entsprechende Beziehung für σ_e' ablesen:

$$\sigma_e' = \frac{n\cdot \sigma_d'}{x}(x-a).$$

Führt man diese Werte von σ, σ_e' und σ_e in die Gleichung für P ein, so erhält man

$$P = \frac{\sigma_d'}{x}\cdot \int_0^h (x-h+y)\cdot z\cdot dy + \frac{n\cdot \sigma_d'}{x}(x-a)\cdot F_e' + \frac{n\cdot \sigma_d'}{x}(x-h+a)\cdot F_e,$$

$$\frac{P\cdot x}{\sigma_d'} = (x-h)\int_0^h z\cdot dy + \int_0^h z\,y\cdot dy + n\cdot(x-a)F_e' + (x-h+a)\cdot n\,F_e.$$

Mit der oben gegebenen Deutung der Integrale ergibt sich

$$F_e' = \frac{\dfrac{P}{\sigma_d'}\cdot x - (x-h)F_b - \mathfrak{S}_{bA} - (x-h+a)\cdot n\cdot F_e}{n(x-a)} \qquad . \quad (205)$$

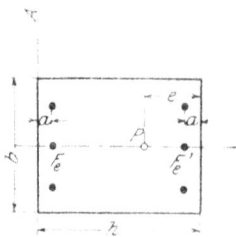

Abb. 201.

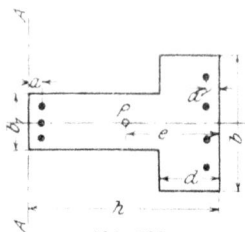

Abb. 202.

Sonderfälle.

Rechteckiger Querschnitt.

$$F_b = b\cdot h; \quad \mathfrak{S}_{bA} = \frac{b\,h^2}{2}; \quad \Theta_{bA} = \frac{b\,h^3}{3}.$$

Die Werte sind in die Gleichungen (204) u. (205) einzusetzen.

$$x = \frac{b\,h^2\left(\dfrac{h}{3} - \dfrac{a}{2}\right) + n\cdot F_e(h-a)(h-2a)}{b\cdot h\left(\dfrac{h}{2} - a\right) - \dfrac{P}{\sigma_d'}(e-a) + n\cdot F_e(h-2a)} \qquad (206)$$

$$F_e' = \frac{P\cdot \dfrac{x}{\sigma_d'} - b\,h\left(x-\dfrac{h}{2}\right) - (x-h+a)\cdot n\,F_e}{n(x-a)} \qquad (207)$$

T-förmiger Querschnitt.

$$\left.\begin{aligned} F_b &= h\cdot b - (b-b_1)(h-d) \\ \mathfrak{S}_{bA} &= \frac{b\,h^2}{2} - (b-b_1)\frac{(h-d)^2}{2} \\ \Theta_{bA} &= \frac{b\,h^3}{3} - (b-b_1)\frac{(h-d)^3}{3} \end{aligned}\right\} \quad . \quad (208)$$

Diese drei Werte sind in die Gleichungen (204) und (205) einzusetzen. Für die Zahlenrechnung ist es jedoch zweckmäßiger, F_b, $\mathfrak{S}_{bA}$ und Θ_{bA} nach den Gleichungen (208) auszurechnen und erst ihre Resultate in die Gleichungen (204) und (205) einzusetzen, weil durch die Einführung der allgemeinen Ausdrücke keine weiteren Vereinfachungen erzielt werden können.

In allen diesen Rechnungen ist vorausgesetzt, daß F_e entweder Null oder durch anderweitige Rücksichten (konstruktive z. B.) gegeben ist.

Zug- und Druckspannungen.

In einem Eisenbetonquerschnitt mit einer oder mehreren Symmetrieachsen greife in einer Symmetrieachse außerhalb des Kernes Gleichung (199) eine Druckkraft an. Diese Kraft erzeugt in dem Querschnitt sowohl Druck- als auch Zugspannungen.

a) Gegeben seien der Betonquerschnitt F_b, die Eisenquerschnitte F_e und F_e', die kleinen Abstände a und a', die Last P und ihr Abstand e von der Druckkante des Querschnittes (Abb. 203), gesucht der Abstand x und die Spannungen σ_b und σ_e.

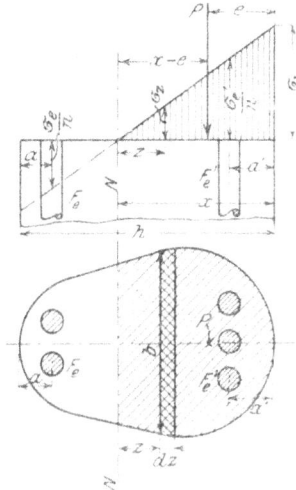

Abb. 203.

Um eine Gleichung für den Abstand x der Nullinie von der Druckkante zu erhalten, bilde man das Moment der Kräfte um eine Parallele zur Nullinie durch den Angriffspunkt der Druckkraft P. Der von den Betondruckkräften herrührende Teil dieses Momentes sei $\mathfrak{M}_{bP}$

$$\mathfrak{M}_{bP} = -\int\limits_{x-e}^{x} b \cdot (z - x + e)\, \sigma_z \cdot dz + \int\limits_{0}^{x-e} b\,(x - e - z)\,\sigma_z\, dz.$$

Das Moment aller inneren Kräfte ist daher, wenn P innerhalb der Eiseneinlagen angreift,

$$\mathfrak{M}_{bP} - F_e \cdot \sigma_e\,(h - a - e) - \sigma_e' \cdot F_e'\,(e - a') = 0.$$

In dieser Gleichung kann man die vorkommenden Spannungen zufolge Abb. 203 durch σ_b ausdrücken

$$\sigma_z = \frac{\sigma_b}{x} \cdot z; \quad \sigma_e = \frac{n \cdot \sigma_b}{x} \cdot (h - a - x); \quad \sigma_e' = \frac{n \cdot \sigma_b}{x}\,(x - a').$$

Setzt man diese Werte in die Momentengleichung ein und dividiert sie durch σ_b, so erhält man eine Gleichung für die Unbekannte x.

$$\int\limits_{0}^{x-e} b\,(x - e - z) \cdot \frac{z}{x} \cdot dz - \int\limits_{x-e}^{x} b\,(z - x + e) \cdot \frac{z}{x} \cdot dz - \frac{n \cdot F_e}{x}\,(h - a - e)\,(h - a - x)$$

$$- \frac{n \cdot F_e'}{x}\,(e - a')\,(x - a') = 0 \quad \ldots \ldots \ldots \quad (209)$$

Eine Gleichung für die gesuchten Spannungen erhält man aus der Gleichgewichtsbedingung, daß die Summe aller Vertikalkräfte Null sein muß.

$$P = \int\limits_{0}^{x} b \cdot \sigma_z \cdot dz + \sigma_e' F_e' - \sigma_e \cdot F_e.$$

Auch in dieser Gleichung drückt man die Spannungen durch σ_b aus und erhält

$$P = \int_0^x b \cdot \frac{\sigma_b}{x} \cdot z\,dz + \frac{n \cdot \sigma_b}{x}(x - a')\,F_e' - \frac{n \cdot \sigma_b}{x}(h - a - x)\cdot F_e.$$

$$\sigma_b = \frac{P \cdot x}{\int_0^x b \cdot z \cdot dz + n(x - a')\,F_e' - n(h - a - x)\,F_e} \quad \cdot \quad \cdot \quad (210)$$

$$\sigma_e = \frac{n \cdot \sigma_b}{x}(h - a - x).$$

Damit sind die gesuchten Spannungen σ_b und σ_e gleichfalls durch gegebene Werte ausgedrückt, nachdem zuvor der Wert x aus Gleichung (209) berechnet worden ist.

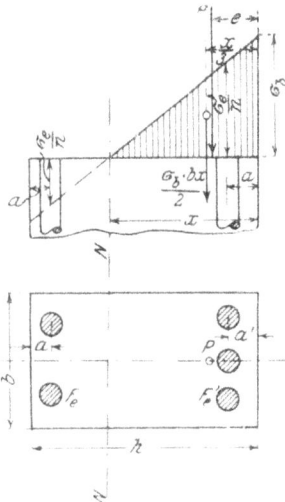

Abb. 204.

Die Gleichung (209) kann aber für die praktische Zahlenrechnung nur bei dem einfachsten Querschnitt dem Rechteck angewendet werden, weil sie schon in diesem einfachsten Falle zu einer kubischen Gleichung wird. Deshalb wird, wie wir später sehen werden, die Nullinie häufig auf graphischem Wege gesucht, um darauf die Gleichung (210) für die Spannungsberechnung anzuwenden.

Sonderfälle.

Rechteckiger Querschnitt.

Da die Spezialisierung der Gleichung (209) ziemlich umständlich ist, soll die Entwickelung dieser Gleichung für den rechteckigen Querschnitt hier wiederholt werden.

In diesem Falle ist das Moment $\mathfrak{M}_{bP}$ der inneren Betondruckkräfte um eine Parallele zur Nullinie NN durch P

$$\mathfrak{M}_{bP} = \frac{\sigma_b \cdot b \cdot x}{2} \cdot \left(\frac{x}{3} - e\right).$$

Daher ist das Moment aller Kräfte um diese Parallele

$$\frac{\sigma_b \cdot b \cdot x}{2}\left(\frac{x}{3} - e\right) - \sigma_e \cdot F_e(h - a - e) - \sigma_e' \cdot F_e'(e - a') = 0.$$

In dieser Gleichung werden σ_e und σ_e' mittels der oben gegebenen Werte durch σ_b ausgedrückt und sodann die Gleichung durch σ_b dividiert.

$$x^3 - 3 \cdot e \cdot x^2 + \frac{6 \cdot n}{b}[F_e(h - a - e) - F_e'(e - a')] \cdot x$$

$$- \frac{6 \cdot n}{b}[F_e(h - a)(h - a - e) - F_e' \cdot a'(e - a')] = 0 \quad \cdot \quad \cdot \quad (211)$$

Für den häufigen Fall, daß $F_e = F_e'$ und $a = a'$ wird, vereinfacht sich die Formel und nimmt folgende Form an:

$$x^3 - 3 \cdot e \cdot x^2 + \frac{6 \cdot n}{b}F_e(h - 2e) \cdot x - \frac{6 \cdot n}{b} \cdot F_e \cdot [(h - a)^2 - eh + a^2] = 0 \quad \textbf{(212)}$$

Zur Berechnung der Spannung setzt man die Summe der parallelen Kräfte Null und erhält für den Fall $F_e \neq F_e'$

$$P = \frac{\sigma_b \cdot b \cdot x}{2} + \sigma_e' F_e' - \sigma_e \cdot F_e$$

oder nach Ersatz von σ_e und σ_e' durch σ_b

$$P = \frac{\sigma_b \cdot b \cdot x}{2} + n \cdot F_e' \cdot \sigma_b \cdot \frac{x - a'}{x} - n \cdot F_e \cdot \sigma_b \cdot \frac{(h - a - x)}{x},$$

$$\sigma_b = \frac{2 \cdot P \cdot x}{b \cdot x^2 + 2\,n \cdot F_e'\,(x - a') - 2 \cdot n \cdot F_e\,(h - a - x)} \quad \cdot \quad (213)$$

Für den Fall $F_e = F_e'$ und $a = a'$ ergibt sich

$$\sigma_b = \frac{2 \cdot P \cdot x}{b \cdot x^2 + 2\,n \cdot F_e\,(2\,x - h)} \quad \cdot \cdot \cdot \cdot \cdot \quad \textbf{(214)}$$

$$\sigma_e = n \cdot \sigma_b \cdot \frac{h - a - x}{x}.$$

Die Wurzeln der kubischen Gleichung für x werden in der Zahlenrechnung am schnellsten durch Probieren gefunden, indem man Werte für x annimmt und versucht, ob sie die kubische Gleichung erfüllen.

Zur Ersparung dieser umständlichen Zahlenrechnung kann man für den einfachen Sonderfall der Gleichung (212) auch Tabellen aufstellen.

Bezeichnet man nämlich in dieser Gleichung

$$F_e' = F_e = \varphi \cdot b \cdot h; \quad a = \alpha\,h; \quad e = \varepsilon\,h; \quad x = \xi \cdot h,$$

so erhält man

$$\xi^3 - 3\,\varepsilon \cdot \xi^2 + 6 \cdot n \cdot \varphi\,(1 - 2\,\varepsilon) \cdot \xi - 6 \cdot n\,\varphi\,[(1 - \alpha)^2 - \varepsilon + \alpha^2] = 0,$$

$$\varphi = \frac{\xi^3 - 3 \cdot \varepsilon \cdot \xi^2}{6\,n\,[(1 - \alpha)^2 - \varepsilon + \alpha^2 - (1 - 2\,\varepsilon)\,\xi]} \quad \cdot \cdot \cdot \cdot \quad (215)$$

Da nun α genügend genau zu 0,08 angenommen werden darf, kann man nach dieser Gleichung für zusammengehörige Werte von ξ, ε und φ Tabellen aufstellen. Dabei ist noch zu beachten, daß nach Abb. 200 ist:

$$\frac{\mathfrak{M}}{P} = c \quad \text{und} \quad e = s - c.$$

Für $F_e = F_e'$ ist im Rechteck $b \cdot h$ $\quad s = \dfrac{h}{2}\quad$ und daher aus $\mathfrak{M} = P\left(\dfrac{h}{2} - e\right)$

$$\varepsilon = \frac{1}{2} - \frac{\mathfrak{M}}{P \cdot h}.$$

Zahlenbeispiel.

Eine Säule von 40/40 cm Querschnitt und vier Längseisen Durchmesser 22 ist mit einer Last $P = 24\,000$ kg belastet und gleichzeitig mit einem Moment $\mathfrak{M} = 384\,000$ cmkg auf Biegung beansprucht. Wie groß sind die auftretenden Spannungen?

$$F_e = 4\,\phi\,22 = 15{,}21 \text{ qcm},$$

$$b\,h = 40 \cdot 40 = 1600 \text{ qcm}, \quad \varphi = \frac{15{,}21}{1600} = 0{,}0095.$$

Die Exzentrizität c ist

$$c = \frac{\mathfrak{M}}{P} = \frac{384\,000}{24\,000} = 16 \text{ cm,}$$

$$\varepsilon \cdot h = e = s - c = \frac{40}{2} - 16 = 4 \text{ cm,}$$

$$\varepsilon = \frac{4,0}{40} = 0,10.$$

Aus der Tabelle 7 des Anhanges ergibt sich zu $\varepsilon = 0,10$ und $\varphi = 0,0095$ für ξ ein Mittelwert zwischen 0,676 und 0,688, daher $\xi = 0,682$ und $x = 40 \cdot 0,682 = 27,28$ cm.

Aus der Gleichung (214) erhält man

$$\sigma_b = \frac{2 \cdot 24\,000 \cdot 27.28}{40 \cdot 27,28^2 + 2 \cdot 15 \cdot 15,21\,(2 \cdot 27,28 - 40)} = 36,1 \text{ kg/qcm,}$$

$$\sigma_e = \frac{n \cdot \sigma_b}{x}\,(h - a - x) = \frac{36,1 \cdot 15\,(40 - 3 - 27,28)}{27,28} = 193 \text{ kg/qcm,}$$

$$\sigma_e' = \frac{n \cdot \sigma_b}{x}\,(x - a) = \frac{15 \cdot 36,1}{27,28} \cdot (27,28 - 3) = 482 \text{ kg/qcm.}$$

b) Gegeben seien die Gestalt des Betonquerschnittes, die Normalkraft N nach Größe und Lage und die zulässigen Spannungen σ_e und σ_b, gesucht die Eisenquerschnitte F_e und F_e'.

1. Die Normalkraft N sei eine Druckkraft.

Die Normalkraft N wird in zwei Teile N_1 und N_2 zerlegt.

$$N = N_1 + N_2.$$

N_1 soll so groß gewählt werden, daß bei den gegebenen Spannungen σ_b und σ_e ein einfach bewehrter Querschnitt mit einem Zugeisenquerschnitt F_{e1} und $F_e' = 0$ gerade noch ausreicht.

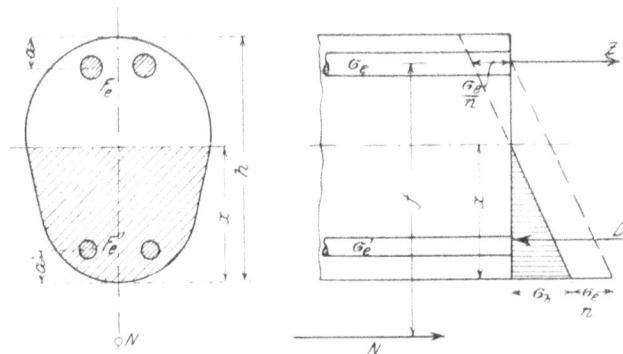

Abb. 205.

Aus der Abb. 205 kann man die Beziehung ablesen:

$$x = \frac{\sigma_b}{\sigma_b + \frac{\sigma_e}{n}} \cdot (h - a) = \sigma\,(h - a), \quad \ldots \quad \textbf{(33)}$$

welche auch schon auf Seite 84 gefunden worden war, wobei die Faktoren σ zu den gegebenen Spannungen σ_b und σ_e aus der Tabelle 1 des Anhanges entnommen werden können.

Aus der Abb. 206 erhält man für die Momente um die Zugeisen die Gleichung

$$N_1 \cdot f = D_b \cdot z_b,$$

$$N_1 = \frac{D_b \cdot z_b}{f} \quad . \quad . \quad . \quad . \quad . \quad . \quad . \quad (216)$$

Damit ist N_1 gegeben, denn wenn der Querschnitt und x bekannt sind, kann man D_b und z_b berechnen; z. B. ist in dem Kapitel 7 gefunden worden:

Für das Rechteck von der Breite b:

$$D_b = \frac{b \cdot x}{2} \sigma_b \quad \text{und} \quad z_b = h - a - \frac{x}{3};$$

für den Plattenbalken ohne Berücksichtigung des Steges:

$$D_b = \frac{\sigma_b \cdot b}{2} \left(x - \frac{(x-d)^2}{x} \right) \quad \text{und} \quad z_b = h - a - x + y;$$

mit Berücksichtigung des Steges:

$$D_b = \frac{\sigma_b}{2} \left(b \cdot x - (b - b_1) \frac{(x-d)^2}{x} \right).$$

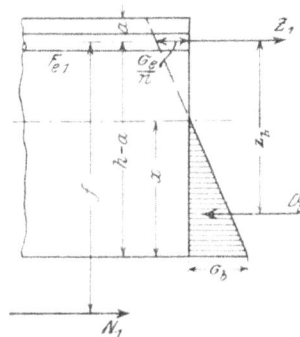 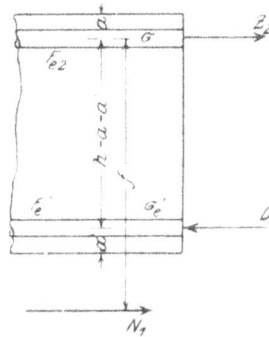

Abb. 206. Abb. 207.

Bildet man das Moment um die Kraft D_b, so erhält man

$$Z_1 = F_{e1} \cdot \sigma_e,$$

$$Z_1 \cdot z_b = F_{e1} \cdot \sigma_e \cdot z_b = P_1 (f - z_b),$$

$$F_{e1} = \frac{N_1}{\sigma_c} \left(\frac{f}{z_b} - 1 \right). \quad . \quad . \quad . \quad . \quad . \quad (217)$$

Damit ist der erste Teilbetrag F_{e1} des Querschnittes F_e gefunden.

Da N_1 aus der Gleichung (216) berechnet worden ist, ergibt sich

$$N_2 = N - N_1.[1]$$

Nachdem der Beton bis zur zulässigen Spannung σ_b bereits durch N_1 ausgenutzt ist, kann N_2 nur noch durch Eiseneinlagen aufgenommen werden, wie in Abb. 207 angedeutet ist. Aus der Proportionalität der Dehnungen ergibt sich

$$\sigma_e' = n \cdot \sigma_b \frac{(x - a')}{x}, \quad D_e = F_e' \cdot \sigma_e'.$$

---

[1] Ergibt sich für N_2 ein negativer Wert, so bedeutet dies, daß nur eine einfache Bewehrung nötig ist.

Das Moment um die Zugeisen ist

$$D_e (h - a - a') = F_e' \cdot \sigma_e' (h - a - a') = N_2 \cdot f,$$

$$F_e' = \frac{N_2 \cdot f}{\sigma_e' (h - a - a')} \quad \cdot \quad \cdot \quad \cdot \quad \cdot \quad \cdot \quad \cdot \quad \textbf{(218)}$$

Das Moment um die Druckeisen ergibt den zweiten Teilbetrag F_{e2} von F_e.

$$Z_2 (h - a - a') = F_{e2} \cdot \sigma_e (h - a - a') = N_2 [f - (h - a - a')],$$

$$F_{e2} = \frac{N_2 (f - h + a + a')}{\sigma_e (h - a - a')} \quad \cdot \quad \cdot \quad \cdot \quad \cdot \quad \cdot \quad \textbf{(219)}$$

$$F_e = F_{e1} + F_{e2} \quad \cdot \quad \cdot \quad \cdot \quad \cdot \quad \cdot \quad \cdot \quad \cdot \quad (220)$$

2. Die Normalkraft N sei eine Zugkraft.

Die Normalkraft N wird wie oben in zwei Teile zerlegt

$$N = N_1 + N_2.$$

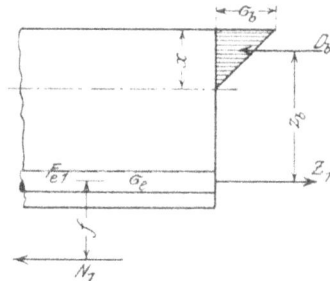

Abb. 208.

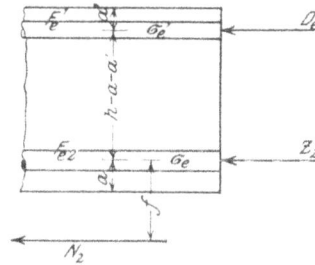

Abb. 209.

Jedoch ist nunmehr zu berücksichtigen, daß N mit D_b und D_e die gleiche Richtung hat, während es oben diesen Kräften entgegengerichtet war.

$$N_1 \cdot f = D_b \cdot z_b; \quad N_1 = \frac{D_b \cdot z_b}{f} \quad \cdot \quad \cdot \quad \cdot \quad \cdot \quad \cdot \quad (221)$$

$$Z_1 \cdot z_b = F_{e1} \cdot \sigma_e \cdot z_b = N_1 (f + z_b),$$

$$F_{e1} = \frac{N_1}{\sigma_e} \left(\frac{f}{z_b} + 1 \right) \quad \cdot \quad \cdot \quad \cdot \quad \cdot \quad \cdot \quad \cdot \quad (222)$$

Der Druckeisenquerschnitt F_e' ist wie oben

$$F_e' = \frac{N_2 \cdot f}{\sigma_e' (h - a - a')} \quad \cdot \quad \cdot \quad \cdot \quad \cdot \quad \cdot \quad \cdot \quad (223)$$

Aus dem Moment um die Druckeisen erhält man

$$F_{e2} = \frac{N_2 (f + h - a - a')}{\sigma_e (h - a - a')} \quad \cdot \quad \cdot \quad \cdot \quad \cdot \quad \cdot \quad (224)$$

$$F_e = F_{e1} + F_{e2} \quad \cdot \quad \cdot \quad \cdot \quad \cdot \quad \cdot \quad \cdot \quad (225)$$

Die Rechnung ist also zur Aufsuchung der erforderlichen Eisenquerschnitte wesentlich einfacher als die zur Berechnung der Spannungen. Jedoch dürfen für σ_b und σ_e nicht immer die äußersten Grenzen der zulässigen Spannungen gewählt werden, wenn die Konstruktionen auch wirtschaftlich sein sollen. Wenn eine Druckbewehrung F_e' überhaupt nötig ist, muß man für σ_b den größten zulässigen Wert, dagegen für σ_e einen kleineren Wert annehmen, welchen man durch Versuchsrechnung finden kann[1][2]) (vgl. auch Kap. 20).

Zahlenbeispiel.

Der in der Abb. 210 dargestellte Eisenbetonquerschnitt von 100 cm Breite und 55 cm Höhe ist durch eine in 10 cm Abstand von der Druckkante wirkende Normaldruckkraft $N = 60000$ kg belastet. Wie groß müssen die Eisenquerschnitte F_e und F_e' gewählt werden, wenn die Spannungen $\sigma_b = 40$, $\sigma_e = 1000$ kg/qcm nicht überschritten werden dürfen?

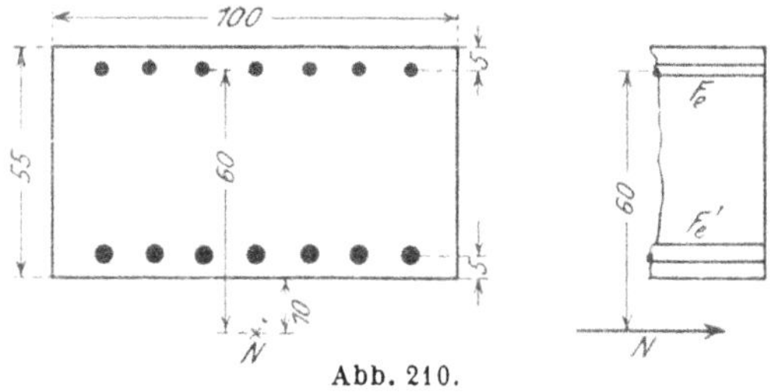

Abb. 210.

$$h = 55, \quad b = 100, \quad a = a' = 5, \quad f = 60 \text{ cm.}$$

1. Annahme $\sigma_b = 40$ und $\sigma_e = 1000$ kg/qcm.

Aus der Tabelle 1 des Anhanges ist $\sigma = 0{,}375$.

Nach (33)

$$x = \sigma (h - a) = 0{,}375 (55 - 5) = 18{,}75 \text{ cm}$$

$$\frac{x}{3} = 6{,}25, \quad z_b = h - a - \frac{x}{3} = 55 - 5 - 6{,}25 = 43{,}75 \text{ cm}$$

$$D_b = \frac{b \cdot x}{2} \cdot \sigma_b = \frac{100 \cdot 18{,}75}{2} \cdot 40 = 37\,500 \text{ kg,}$$

nach (216)

$$N_1 = \frac{37\,500}{60} \cdot 43{,}75 = 27\,400 \text{ kg}$$

$$N_2 = 60\,000 - 27\,400 = 32\,600 \text{ kg}$$

$$\sigma_e' = n \cdot \sigma_b \frac{x - a'}{x} = 15 \cdot 40 \frac{13{,}75}{18{,}75} = 440 \text{ kg/qcm,}$$

nach (218)

$$F_e' = \frac{32\,600 \cdot 60}{440 \cdot (55 - 5 - 5)} = 98{,}8 \text{ qcm,}$$

nach (217)

$$F_{e1} = \frac{27\,400}{1000} \left(\frac{60}{43{,}75} - 1 \right) = 10{,}2 \text{ qcm,}$$

nach (219)

$$F_{e2} = \frac{32\,600}{1000} \cdot \frac{(60 - 45)}{45} = 10{,}9 \text{ qcm,}$$

nach (220)

$$F_e = 10{,}2 + 10{,}9 = 21{,}1 \text{ qcm.}$$

---

[1] Max Mayer, Die Wirtschaftlichkeit als Konstruktionsprinzip im Eisenbeton-bau. Berlin 1913. S. 82. (Münchener Dissertation.)

[2] Engeßer, »Zeitschrift für Betonbau«. Wien und Leipzig 1914. Heft 4 u. 5.

Der im ganzen erforderliche Eisenquerschnitt ist somit für Zug- und Druckbewehrung zusammen $21,1 + 98,8 = 119,9$ qcm.

2. Annahme $\sigma_b = 40$ und $\sigma_e = 652$ kg/qcm.

$$\sigma = \frac{n\,\sigma_b}{\sigma_e + n\,\sigma_b} = \frac{15 \cdot 40}{652 + 15 \cdot 40} = 0,479.$$

Nach (33)

$$x = 0,479 \cdot (55 - 5) = 23,95 \text{ cm}$$

$$\frac{x}{3} = 7,98, \quad z_b = h - a - \frac{x}{3} = 55 - 5 - 7,98 = 42,02 \text{ cm}$$

$$D_b = \frac{b \cdot x}{2} \cdot \sigma_b = \frac{100 \cdot 23,95}{2} \cdot 40 = 47\,900 \text{ kg,}$$

nach (216)

$$N_1 = 47\,900 \cdot \frac{42,02}{60} = 33\,500 \text{ kg}$$

$$\sigma_e' = n \cdot \sigma_b \cdot \frac{x - a'}{x} = 15 \cdot 40 \cdot \frac{18,95}{23,95} = 475 \text{ kg/qcm}$$

$$N_2 = 60\,000 - 33\,500 = 26\,500 \text{ kg,}$$

nach (218)

$$F_e' = \frac{26\,500 \cdot 60}{475 \cdot 45} = 74,4 \text{ qcm,}$$

nach (217)

$$F_{e1} = \frac{33\,500}{1000}\left(\frac{60}{42,02} - 1\right) = 14,33 \text{ qcm,}$$

nach (219)

$$F_{e2} = \frac{26\,500}{1000} \cdot \frac{60 - 45}{45} = 8,83 \text{ qcm,}$$

nach (220)

$$F_e = 14,33 + 8,83 = 23,16 \text{ qcm.}$$

Bei dieser Annahme wird für Zug- und Druckbewehrung zusammen $74,4 + 23,16 = 97,56$ qcm benötigt, während oben $119,9$ qcm nötig waren. In dem Beispiel konnte also durch geeignete Wahl der Eisenzugspannung $18,6\%$ der Eisenbewehrung gespart werden.

Näherungsverfahren.

Zuweilen wird auch ein Annäherungsverfahren für die Bemessungen des Zugeisenquerschnittes benutzt, welches lediglich der Vollständigkeit wegen erwähnt werden soll. Da es stets zu große Eisenquerschnitte liefert, führt es zwar zu sicheren aber unwirtschaftlichen Konstruktionen.

Man sieht den Betonquerschnitt als isotropen, homogenen Querschnitt an, welcher eine Querschnittsfläche F und ein auf seine Nullinie bezogenes Widerstandsmoment $\mathfrak{W}$ hat. Eine Normalkraft N und ein Biegungsmoment $\mathfrak{M}$ bringen die Randspannungen σ_d und σ_z hervor:

Druckspannung: $\sigma_d = \dfrac{N}{F} + \dfrac{\mathfrak{M}}{\mathfrak{W}}$;

Zugspannung: $\sigma_z = \dfrac{N}{F} - \dfrac{\mathfrak{M}}{\mathfrak{W}}$.

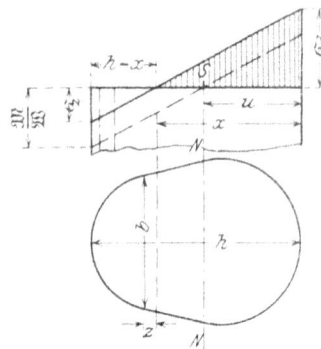

Abb. 211.

Die gesamte innere Zugkraft Z des Querschnittes ergibt sich nach Abb. 211 zu

$$Z = \int_0^{h-x} \sigma_z \cdot \frac{z \cdot b}{h-x} \cdot dz$$

$$(h-x) : \sigma_z = (h-u) : \frac{\mathfrak{M}}{\mathfrak{W}}$$

$$h - x = \frac{(h-u) \cdot \mathfrak{W} \cdot \sigma_z}{\mathfrak{M}}.$$

Durch diese beiden Gleichungen ist Z gegeben. Diese Zugkraft Z ist nun vollständig von den Zugeisen mit Querschnitt F_e aufzunehmen. Daher

$$F_e = \frac{Z}{\sigma_e}.$$

Für den rechteckigen Querschnitt ist:

$$u = h - u = \frac{h}{2}; \quad \mathfrak{W} = \frac{b\,h^2}{6}$$

$$h - x = \frac{h^3 \cdot b \cdot \sigma_z}{12 \cdot \mathfrak{M}}; \quad Z = \frac{\sigma_z^2 \cdot b^2 \cdot h^3}{24\,\mathfrak{M}}$$

Achteckige Säule.

Wenn die Randspannungen einer gegebenen, exzentrisch belasteten achteckigen Säule zu berechnen sind, bei welcher Zug- und Druckspannungen vorkommen, wird am zweckmäßigsten die Nullinie nach dem zeichnerischen Verfahren (Seite 198) bestimmt, nachdem schon für den einfachen rechteckigen Querschnitt zur Berechnung des Nullinienabstandes x eine gliederreiche kubische Gleichung aufgelöst werden muß. Dagegen kann man für die Berechnung der Eisenquerschnitte in achteckigen, exzentrisch gedrückten Säulen einfache Gleichungen aufstellen, weil in diesen Säulen die acht Längseisen wohl fast stets einander gleich sind.

a) Nur Druckspannungen.

Für den Fall, daß nur Druckspannungen vorkommen, gelten für die Randspannungen die Gleichungen (195)

$$\sigma_d' = P\left(\frac{1}{F_i} + \frac{c \cdot u'}{\Theta_v}\right), \quad \sigma_d = P\left(\frac{1}{F_i} - \frac{c \cdot u}{\Theta_v}\right).$$

Nach Abb. 212 ist für den achteckigen Querschnitt zu setzen

$$u = u' = \frac{h}{2}; \quad F_i = F_b + 8 \cdot n f_e,$$

mit Gleichung (197)

$$F_i = 4{,}8284 \cdot d^2 + 8 \cdot n f_e$$

und nach Gleichung (198)

$$\Theta_v = 0{,}5415 \cdot d^4 + 4\,n \cdot f_e \left[\left(\frac{h}{2} - a\right)^2 + (d - a'')^2\right]$$

oder zur Abkürzung

$$\Theta_v = \Theta_b + J \cdot f_e,$$

wobei

$$J = 4 \cdot n \cdot \left[\left(\frac{h}{2} - a\right)^2 + (d - a'')^2\right], \quad \Theta_b = 0{,}5415\,d^4.$$

Diese Werte in die Spannungsgleichung eingesetzt, ergibt

$$\frac{\sigma_d'}{P} = \frac{\Theta_v + F_i \cdot c \cdot u'}{F_i \cdot \Theta_v};$$

$$\frac{P}{\sigma_d'} \cdot \left(\Theta_b + J \cdot f_e + F_b \cdot c \cdot \frac{h}{2} + 4 \cdot n \cdot f_e \cdot c \cdot h\right) = F_i \cdot \Theta_v$$

$$= F_b \cdot \Theta_b + J \cdot F_b \cdot f_e + 8\,n \cdot f_e \cdot \Theta_b + 8\,n \cdot J \cdot f_e^2;$$

$$f_e^2 + f_e \frac{\left(J \cdot F_b + 8\,n \cdot \Theta_b - J\frac{P}{\sigma_d'} - 4\,n \cdot c \cdot h\frac{P}{\sigma_d'}\right)}{8\,n \cdot J}$$

$$= \frac{\dfrac{P}{\sigma_d'} \cdot \Theta_b + \dfrac{P}{\sigma_d'} \cdot F_b \cdot c \cdot \dfrac{h}{2} - F_b \cdot \Theta_b}{8\,n \cdot J} \quad \ldots \ldots \quad (226)$$

oder

$$f_e^2 + f_e \cdot K = L$$

$$f_e = -\frac{K}{2} \pm \sqrt{\frac{K^2}{4} + L} \quad \ldots \ldots \ldots \quad (227)$$

b) Zug- und Druckspannungen.

Wenn man die Randspannung des Betons σ_b und die größte Eisenzugspannung σ_e annimmt, könnte man, mathematisch betrachtet, aus den drei Gleichungen (33), (209), (210) die drei Unbekannten x, d und f_e berechnen. Dies führt jedoch zu sehr verwickelten Gleichungen (4. Grades), und möglicherweise würde deren Lösung noch für d und f_e Werte liefern, welche aus konstruktiven Rücksichten nicht zusammenpassen würden, so daß in einer zweiten Rechnung von anderen Spannungswerten ausgegangen werden müßte.

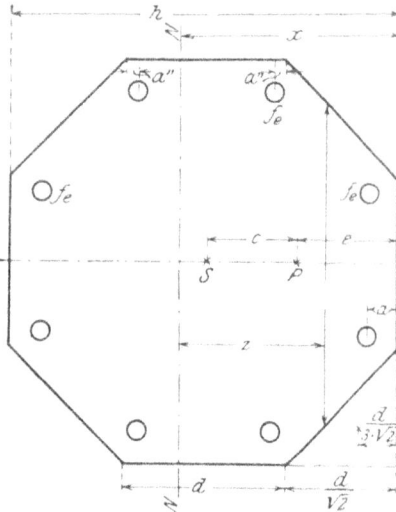

Abb. 212.

Für kleine Zugspannungen verwendet man deshalb zweckmäßig wie unter a) die Gleichungen (195). In den deutschen Bestimmungen ist auch vorgesehen, daß für Betonzugspannungen bis zu 5 kg/qcm nach diesen Gleichungen gerechnet werden darf, um die umständlichere Rechnung ersparen zu können. Treten größere Zugspannungen auf, so schätzt man den achteckigen Eisenbetonquerschnitt und berechnet ihn nach dem zeichnerischen Verfahren (vgl. Seite 199). Jedoch ist zu bemerken, daß für größere Exzentrizität der Druckkraft der achteckige Querschnitt überhaupt nicht geeignet ist, weil die wirksamsten Randteile des Querschnittes durch die Abschrägungen verkleinert sind.

Zeichnerisches Verfahren.

Wenn die Größen der Betondruckkraft D_b und ihr Abstand z_b von den Zugeisen nicht mehr so einfach anzugeben sind wie bei rechteckigem und **T**-förmigem Querschnitt, kann es einfacher sein, die Eisenquerschnitte F_e und F_e' zu schätzen und nachträglich die Spannungen zu berechnen. Hierbei kann man mit Vorteil zeichnerische Verfahren benutzen. Im folgenden soll das Verfahren von Guidi[1] vorgeführt werden, wobei die Kraft P exzentrisch in einer Symmetrielinie des Querschnittes angreifend gedacht ist.

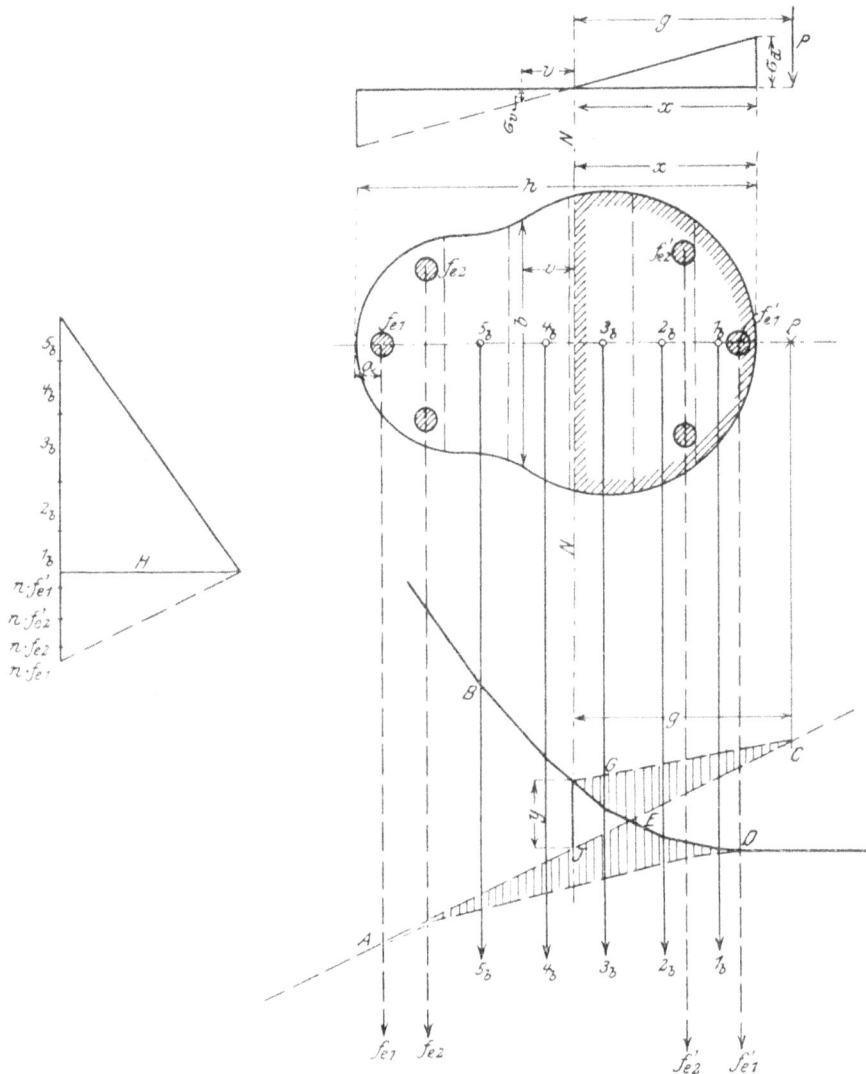

Abb. 213.

Betrachtet man zunächst den in Abb. 213 dargestellten Querschnitt als isotropen Querschnitt, so kann man die beiden Gleichgewichtsbedingungen aufstellen:

$$P = \int\limits_0^h \sigma_v \cdot b \cdot d v$$

$$P \cdot g = \int\limits_0^h \sigma_v \cdot b \cdot v \cdot d v.$$

Die Spannung σ_v im Abstande v von der Nullinie kann man durch die Randspannung σ_d ausdrücken.

---

[1] Guidi, Cemento. Mailand 1906. Nr. 1.

$$\sigma_v = \frac{\sigma_d}{x} \cdot v$$

$$P = \frac{\sigma_d}{x} \int_0^h b \cdot v \cdot dv = \frac{\sigma_d}{x} \cdot \mathfrak{S}_N; \quad P \cdot g = \frac{\sigma_d}{x} \int_0^h b \cdot v^2 \cdot dv = \frac{\sigma_d}{x} \cdot \Theta_N \qquad (228)$$

In diesen Gleichungen bedeuten $\mathfrak{S}_N$ das statische Moment und Θ_N das Trägheitsmoment des isotropen Querschnittes, beide bezogen auf die zunächst noch unbekannte Nullinie NN. Durch Division der beiden Gleichungen erhält man

$$g = \frac{\Theta_N}{\mathfrak{S}_N} \quad \cdot \quad \cdot \quad \cdot \quad \cdot \quad \cdot \quad \cdot \quad \cdot \quad (229)$$

Ist an Stelle des isotropen Querschnittes ein Eisenbetonquerschnitt gegeben, so ist das statische Moment $\mathfrak{S}_N$ und das Trägheitsmoment Θ_N von der dem Eisenbetonquerschnitt gleichwertigen ideellen Fläche zu bilden, indem die Betonzugflächen vernachlässigt und die Eisenquerschnitte mit ihrem n-fachen Betrage in die Rechnung eingeführt werden (vgl. Seite 87, Abb. 82).

In Abb. 213 ist durch gleichlaufende Teilungslinien der Betonquerschnitt in Teilflächen 1_b, 2_b, 3_b usw. zerlegt und die Eisenquerschnitte in die Teilflächen f_{e1}, f_{e2}, f_{e1}' und f_{e2}' geteilt worden. Diese Teilflächen können als parallele Kräfte aufgefaßt werden. Das Kraftpolygon wird mit einer willkürlich gewählten Poldistanz H so gezeichnet, daß unterhalb H in der Reihenfolge von rechts nach links die Eisenteilflächen als Kräfte aufgetragen werden und oberhalb H gleichfalls in der Reihenfolge von rechts nach links die Betonteilflächen. Sodann werden die zugehörigen Seilpolygone so gezeichnet, — in Abb. 213 für die n-fachen Eisenflächen gestrichelt $(A—D)$, für die Betonflächen ausgezogen $(D—B)$ — daß sie auf der horizontalen Seilpolygonseite den gemeinsamen Punkt D haben. Die Gerade AC ist die äußerste Seite des Seilpolygons der Eisenflächen.

Das statische Moment $\mathfrak{S}_N$ der Betonflächen rechts von NN und sämtlicher n-fachen Eisenflächen, bezogen auf die Gerade NN, ist

$$\mathfrak{S}_N = H \cdot y. \quad \text{(Vgl. Abb. 89.)}$$

Das Trägheitsmoment Θ_N der gleichen Flächen, bezogen auf die Gerade NN, ist nach Abb. 89

$$\Theta_N = 2\,H \times \text{Fläche } A\,D\,E\,G\,J.$$

Wenn NN die Nullinie des Querschnittes Abb. 213 ist, liegt rechts von NN die Betondruckfläche (am Rand schraffiert) und links die zu vernachlässigende Betonzugfläche und außerdem muß nach Gleichung (229) sein

$$g = \frac{\Theta_N}{\mathfrak{S}_N} = \frac{2 \cdot \text{Fläche } N\,D\,E\,G\,J}{y}.$$

$$\frac{g \cdot y}{2} = \text{Fläche } A\,D\,E\,G\,J.$$

$\frac{g \cdot y}{2}$ ist der Inhalt des Dreieckes JGC, somit muß sein

$$\Delta\,JGC = \text{Fläche } A\,D\,E\,G\,J.$$

Zieht man auf beiden Seiten der Gleichung die Fläche JGE ab, so erhält man die Flächengleichung

$$\text{Fläche } GEC = \text{Fläche } ADE.$$

Beide Flächen sind in der Abb. 213 lotrecht schraffiert. Zu dem gegebenen Eisenbetonquerschnitt können die beiden Seilpolygone gezeichnet und damit die Fläche ADE gezeichnet und berechnet werden. Durch Versuche wird man nun den Punkt G so wählen, daß die entstehende Fläche CEG der bekannten Fläche ADE gleich wird. Ist diese Bedingung erfüllt, so liegt G auf der Nulllinie NN.

Aus der Gleichung (228) ergibt sich die Randspannung σ_d

$$\sigma_d = \frac{P \cdot x}{\mathfrak{S}_N} = \frac{P \cdot x}{H \cdot y} \quad \ldots \ldots \ldots \quad (230)$$

Die größte Eisenzugspannung ist

$$\sigma_e = n \cdot \sigma_d \, \frac{h - a - x}{x}$$

In Abb. 213 ist der Querschnitt im Maßstab 1:10 gezeichnet. Im Kraftpolygon bedeutet 1 mm = 45 qcm. In diesem Maßstab ist auch H zu messen, daher $H = 25 \cdot 45 = 1125$ qcm. x und y werden im Längenmaßstab abgegriffen, somit ist $x = 25$ cm, $y = 9$ cm. Für $P = 16\,000$ kg würde man somit erhalten

$$\sigma_d = \frac{16\,000 \cdot 25}{1125 \cdot 9} = 39{,}5 \; \text{kg/qcm}$$

$$\sigma_e = 15 \cdot 39{,}5 \, \frac{55 - 4 - 25}{25} = 616 \; \text{kg/qcm}.$$

Aus dem Beispiel kann man erkennen, daß mit Hilfe des zeichnerischen Verfahrens die Berechnung der Spannungen auch bei solchen Eisenbetonquerschnitten noch leicht möglich ist, bei welchen die rechnerische Spannungsermittelung undurchführbar wird.

Versuche mit exzentrisch belasteten Eisenbetonsäulen.

Die Versuche mit exzentrisch belasteten Säulen sind noch nicht sehr zahlreich und zum Teil auch nicht einwandfrei. Sowohl den Abmessungen der Versuchskörper nach als auch nach den Versuchsanordnungen dürften die von v. Bach mit Mitteln der »Jubiläumsstiftung der deutschen Industrie« ausgeführten Versuche sich der in Bauwerken vorkommenden Vereinigung von Biegung mit Axialdruck so weit nähern, daß die Ergebnisse dieser Versuche unmittelbar als Grundlage für die Berechnung dienen können[1]). Von den Versuchssäulen, die in verschiedener Weise bewehrt wurden, sei eine Gattung herausgegriffen, deren Abmessungen und Bewehrung aus Abb. 214[1]) ersehen werden können.

Die Säule zeigte unter einer um 20 cm exzentrisch angreifenden Druckbelastung von 36\,000 kg den ersten Riß auf der Zugseite und brach bei 96\,000 kg Belastung. Zur Berechnung der Nullinie hat man in Gleichung (211) für diese Säule einzusetzen (vgl. Abb. 204)

$$e = 0, \quad b = h = 40 \text{ cm}, \quad F_e = 4 \, \Phi \, 16 = 8{,}04 \text{ qcm},$$
$$F_e' = 0, \quad a = 3{,}3 \text{ cm}.$$

Hieraus ergibt sich $x = 21{,}56$ cm.

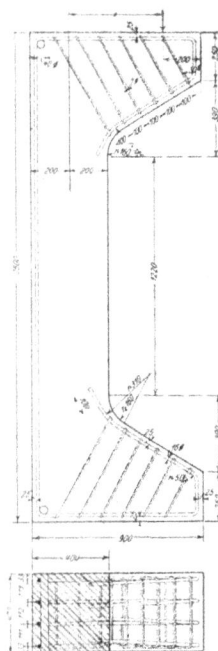

Abb. 214.

---

[1]) v. Bach, Versuche mit bewehrten und unbewehrten Betonkörpern, die durch zentrischen und exzentrischen Druck belastet werden. Deutsche Bauzeitung 1914, Betonbeilage Nr. 6. Forschungsarbeiten, herausgegeben vom Verein Deutscher Ingenieure, Heft 166 bis 169. Berlin 1914.

Nach den Gleichungen (214) erhält man für die Rißbelastung $P = 36000$ kg die Spannungen $\sigma_b = 43,1$ kg/qcm, $\sigma_e = 1092$ kg/qcm und für die Bruchlast $P = 96000$ kg die Spannungen $\sigma_b = 276$ kg/qcm, $\sigma_e = 2930$ kg/qcm.

Die Würfelfestigkeit des verwendeten Betons war bei gleichem Alter wie das der Säulen (45 Tage) zu 225 kg/qcm bestimmt worden. Nach diesem Rechnungsergebnis mußte somit die Säule in der Überwindung der Betondruckfestigkeit zu Bruch gegangen sein.

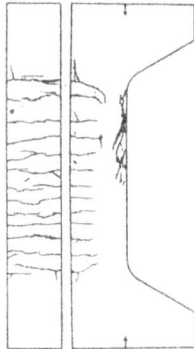

Abb. 215.

Die Abb. 215 zeigt die beim Bruch der Säule entstandenen Risse. Die Zugrisse reichen nicht bis zur Druckkante und an der Druckkante haben sich muschelige Ausbrüche gebildet, so daß zwischen diesen Brüchen und den Zugrissen noch eine rißfreie Zone verbleibt. Nach Seite 172 ist diese Brucherscheinung charakteristisch für die durch Überwindung der Betondruckfestigkeit entstandenen Biegungsbrüche. Das Rechnungsergebnis und das Versuchsergebnis stimmen also für das Bruchstadium nahezu überein. Da aber die errechnete Spannung noch etwas größer als die Würfelfestigkeit ist, so gibt das gewählte Rechnungsverfahren, wie schon nach den Ergebnissen der Biegungsversuche zu erwarten war, sichere und hinreichend genaue Spannungswerte.

Zu dem gleichen Ergebnis führen die Versuche mit Eisenbetonsäulen, welche der Eisenbetonausschuß des österreichischen Architekten-Vereins ausgeführt hat[1]). Bei diesen Versuchen wurden nur vergleichsweise kleine Exzentrizitäten untersucht, wobei Spitzenlagerung angewendet wurde. Die für den Bruch berechneten Betonrandspannungen waren auch hier größer als die für denselben Beton festgestellte Würfelfestigkeit.

---

14. Kapitel. Knickfestigkeit.

Rechnungsverfahren.

Zunächst ist hier die Frage zu entscheiden, welche von den in der Festigkeitslehre gebräuchlichen Knickformeln für die Berechnung der Eisenbetonsäulen auf Knickung der Vorzug zu geben ist. Hierzu muß man von der Betrachtung der Ursache des Ausknickens ausgehen. Das Ausknicken gedrückter Stäbe ist stets auf einen exzentrischen Angriff der drückenden Kräfte zurückzuführen, der entweder vom Beginne der Belastung an schon vorhanden war oder erst mit wachsender Belastung entstanden ist.

Es wird praktisch weder möglich sein, eine Druckkraft auf einen prismatischen Stab mit gerader Achse genau zentrisch aufzusetzen noch einen prismatischen Stab mit genau gerader Achse herzustellen. Vorausgesetzt nun, beides sei noch praktisch möglich, so wird man aber keinen Baustoff finden, welcher sich in allen Teilen jedes Querschnittes gleichmäßig unter der Last verkürzt. Ist nur an irgendeiner Stelle eine andere Verkürzung entstanden als in den übrigen Teilen des Stabes, so ist diese während der Belastung entstandene Ungleichmäßigkeit in ihrer Wirkung einem exzentrischen Angriff der Druckkraft gleich zu erachten.

---

[1]) Mitteilungen über Versuche, ausgeführt vom österr. Eisenbetonausschuß, Heft 3, berichtet von Spitzer. Leipzig und Wien 1912.

Die mathematische Betrachtung des Knickvorganges führt zu der nach Euler benannten Knickformel. Sie setzt voraus, daß der Baustoff dem Hookeschen Gesetze folgt, und daß das Maß der vor dem Ausknicken vorhandenen Exzentrizität sehr klein ist[1]).

Diese Voraussetzungen treffen bei Eisenbetonsäulen, die sich im Zustande des Ausknickens befinden, nicht zu, da in diesem Zustand das Hookesche Gesetz nicht mehr anwendbar ist und weil das Maß der Exzentrizität infolge der Herstellungsweise der Säulen ziemlich beträchtlich sein kann. Die Formel lautet für frei bewegliche Endpunkte der Säule:

$$P = \frac{\pi^2}{l^2} \cdot \varepsilon \cdot \Theta \quad \ldots \ldots \ldots \quad \textbf{(231)}$$

Es ist deshalb nicht auffallend, daß v. Bach[2]) die Ergebnisse seiner Knickversuche an Eisenbetonsäulen mit einer empirisch abgeleiteten Knickformel besser in Einklang bringen konnte als mit der Eulerschen, deren Voraussetzungen eben nicht gegeben sind.

v. Bach fand bei seinen Versuchen, daß die bald nach Navier bald nach Schwarz bald nach Rankine benannte Knickformel für seine Knickversuche mit Eisenbetonsäulen sehr brauchbare Werte liefert, wenn man in ihr den Zahlenwert $\varkappa = 0{,}00005$ setzt. Bezeichnet F den Querschnitt der Säule, Θ ihr kleinstes Trägheitsmoment, l die Säulenlänge und σ_b die zulässige Druckbeanspruchung, so darf nach der Navierschen Knickformel die Säule mit einer Last P belastet werden.

$$P = \frac{\sigma_b}{1 + \varkappa \dfrac{F\,l^2}{\Theta}} \cdot F \quad \ldots \ldots \ldots \quad (232)$$

Da $\sqrt{\dfrac{\Theta}{F}} = i$, dem Trägheitsradius, ist, kann man auch schreiben

$$P = \frac{\sigma_b \cdot F}{1 + \varkappa \left(\dfrac{l}{i}\right)^2} \quad \ldots \ldots \ldots \quad (233)$$

Bezeichnet s den Abstand der äußersten Faser des Querschnittes von seiner Schwerlinie, so kann man diese Formel als eine Gleichung für die Randspannung σ_b infolge einer um das Maß $c = \varkappa \dfrac{l^2}{s}$ exzentrisch angreifenden Kraft P auffassen[3]), wie folgende Gleichung beweist:

$$\sigma_b = \frac{P}{F} + \frac{P \cdot c}{\Theta} \cdot s = \frac{P}{F}\left(1 + \varkappa \frac{l^2}{i^2}\right).$$

Es wird somit nach dieser Formel eine Exzentrizität c angenommen, welche dem Quadrate der Länge l direkt und dem kleinsten Abstande s der Randfaser von der Schwerlinie indirekt proportional ist. Der Beiwert $\varkappa$ ist dem Baustoff und der Arbeitsweise entsprechend durch Versuche festzustellen.

---

[1]) Föppl, Vorlesungen über Technische Mechanik. III. Bd. Festigkeitslehre § 64. 5. Aufl. Leipzig-Berlin 1914.

[2]) v. Bach, Zeitschrift des Vereins deutscher Ingenieure 1913, S. 1969.

[3]) Föppl, Vorlesungen über Technische Mechanik. III. Bd. Festigkeitslehre § 69. 5. Aufl. Leipzig-Berlin 1914. Bach, Elastizität und Festigkeit, 6. Aufl., S. 278. Berlin 1911.

Diese empirische Formel ist für isotrope Baustoffe nicht ganz einwandfrei[1]), weil sich nachweisen läßt, daß die Konstante $\varkappa$ sich auch mit der Säulenbelastung ändert. Da wir aber oben bereits gezeigt haben, daß die bei isotropen Baustoffen für die Knickung gültigen Gesetze nicht auch auf Eisenbetonsäulen übertragen werden können, kann auch dieser nur für isotrope Baustoffe nachweisbare Einwand um so mehr unberücksichtigt bleiben, als auch die Euler-Formel zu der hier behandelten Schwarzschen Formel führt, sofern nur der Elastizitätsmodul ε nicht konstant, sondern hierfür das W. Rittersche Elastizitätsgesetz[2]) (vgl. Seite 33) in die Euler-Formel eingeführt wird.

Bezeichnet λ die Dehnung, K die Betondruckfestigkeit und m eine Stoffkonstante, so lautet das genannte Elastizitätsgesetz

$$\sigma = K\,(1 - e^{-m \cdot \lambda}).$$

der veränderliche Elastizitätsmodul ε_b des Betons ist

$$\varepsilon_b = \frac{d\sigma}{d\lambda} = m \cdot (K - \sigma) \quad . \quad . \quad . \quad . \quad . \quad . \quad . \quad (234)$$

Dieser veränderliche Elastizitätsmodul ist in die Euler-Formel einzusetzen.

$$P = \frac{\pi^2}{l^2} \cdot \varepsilon \cdot \Theta = \frac{\pi^2}{l^2} \cdot \Theta\, m\, (K - \sigma).$$

Bedeutet nun σ_k die Spannung, bei welcher das Knicken eben erst beginnt, so ist $\sigma_k F = P$. Außerdem ist $F \cdot i^2 = \Theta$

$$\sigma_k \cdot F = \frac{\pi^2}{l^2} \cdot F \cdot i^2 \cdot m\,(K - \sigma_k)$$

$$\sigma_k = \frac{K}{1 + \dfrac{l^2}{i^2} \cdot \dfrac{1}{m \cdot \pi^2}} \quad . \quad . \quad . \quad . \quad . \quad . \quad (235)$$

Aus der Gleichung (234) ist ersichtlich, daß für $\sigma = 0$

$$\varepsilon_{b0} = m \cdot K$$

ist. Aus Abb. 6 ist zu entnehmen, daß bei $\sigma = 0$ $\varepsilon_{b0} = 300\,000$ bis $400\,000$ kg/qcm angenommen werden darf für Beton, der ungefähr eine Würfelfestigkeit $K = 300$ bis 400 kg/qcm hat. Deshalb kann m annähernd 1000 gesetzt werden und

$$\sigma_k = \frac{K}{1 + 0{,}0001\,\dfrac{l^2}{i^2}} \quad . \quad . \quad . \quad . \quad . \quad . \quad . \quad (236)$$

Führt man für Knicken dieselbe Sicherheit ein wie für zentrischen Druck, so ist an Stelle von K die zulässige Betondruckspannung in Säulen σ_b zu setzen

$$\sigma_k = \frac{\sigma_b}{1 + 0{,}0001 \cdot \dfrac{l^2}{i^2}} \quad . \quad . \quad . \quad . \quad . \quad . \quad . \quad \mathbf{(237)}$$

Es wäre somit in der Schwarzschen Knickformel der Wert $\varkappa$ für Beton zu $0{,}0001$ zu setzen, während die Bachschen Versuche nur $0{,}00005$ ergeben haben. Der Sicherheit wegen wird man aber $\varkappa = 0{,}0001$ wählen.

---

[1]) Lorenz, Technische Physik, IV. Bd. Technische Elastizitätslehre. München-Berlin 1913. S. 327.

[2]) W. Ritter, Schweiz. Bauzeitung 1899, Bd. 33. Mörsch, Der Eisenbetonbau, 4. Aufl. Stuttgart 1912. S. 141.

Bezeichnet b die kleinste Querabmessung einer Eisenbetonsäule, so soll nach den deutschen Bestimmungen die Knickformel erst für Säulen mit $\frac{l}{b} > 15$ Anwendung finden.

Diese Grenze bietet eine große Sicherheit und dürfte auch schon den kleinen, unvermeidlichen Exzentrizitäten der Belastung hinreichend Rechnung tragen. Denn bei den Säulenversuchen des österreichischen Eisenbetonausschusses[1] war das Verhältnis $\frac{l}{b}$ der längsten Säulen $\frac{700}{25} = 28$, ohne daß an den zentrisch belasteten Säulen eine Knickerscheinung beim Bruch beobachtet werden konnte.

Durch die Einführung einer Grenze für die Anwendung der Knickformeln (232) oder (237) entsteht aber die Schwierigkeit, daß sich für die Grenze selbst zwei zulässige Werte der Spannung, nämlich σ_b und σ_k, ergeben bzw. an dieser Stelle ein Sprung in den zulässigen Spannungen entsteht.

Für eine unbewehrte quadratische Säule von der Seitenlänge a und der Länge $l = 15 \cdot a$ ist nach Gleichung (237), wenn für 0,0001 allgemein $\varkappa$ gesetzt wird,

$$\sigma_b = \sigma_k \left(1 + \varkappa \cdot (15\,a)^2 \cdot \frac{a^2}{\frac{1}{12} \cdot a^4} \right) = \sigma_k \,(1 + \varkappa \cdot 2700),$$

somit für

$$\varkappa = 0,0001, \qquad \sigma_k = \frac{\sigma_b}{1,27} \cdot$$

Da in dem größeren Teile Deutschlands im Bauwesen die Euler-Formel noch im Gebrauch ist, schreiben die deutschen Bestimmungen vor, daß bei Verwendung einer anderen Knickformel daneben auch noch die Knicksicherheit nach der Euler-Formel nachzuweisen ist, welcher hierzu eine besonders handliche Form gegeben wurde.

Setzt man in die Eulersche Formel die Belastung P in Tonnen ($P_{kg} = 1000 \cdot P_t$) die Knicklänge l in Meter ($l_{cm} = 100 \cdot l_m$), $\pi^2 = 10$, $\varepsilon = 140\,000$ kg/qcm und fordert eine zehnfache Sicherheit, so ist für Θ in cm⁴

$$10 \cdot P_t \cdot 1000 = \frac{10 \cdot 140\,000}{(100 \cdot l_m)^2} \cdot \Theta_{cm^4}.$$

$$\Theta_{cm^4} = 70 \cdot P_t \cdot l_m^2 \quad \ldots \quad \ldots \quad \ldots \quad \textbf{(238)}$$

Da die Eulersche Formel keinen Aufschluß über die unter der berechneten zulässigen Last P_t eintretenden Spannungen gibt, so sind stets auch noch neben dem Nachweis der Knicksicherheit der Säulen entweder die Betonspannungen für axialen Druck oder bei exzentrischer Belastung die Randspannungen zu berechnen.

Die deutschen Bestimmungen schreiben auch vor, daß Stützen, deren Länge mehr als das 20fache ihrer kleinsten Querschnittsabmessung beträgt, stets auch auf Biegung mit Axialdruck zu berechnen sind, weil bei solch schlanken Säulen stets ein exzentrischer Lastangriff gegeben sein wird. Das Biegungsmoment soll daher bei diesen Säulen um den Wert $P \cdot \frac{l}{200}$ vergrößert werden, so daß also für eine solche zentrisch belastete Säule gleichwohl noch ein Biegungsmoment $\mathfrak{M} = \frac{P \cdot l}{200}$ nach der ungünstigsten Richtung in Rechnung gezogen werden muß.

---

[1] Mitteilungen über Versuche ausgeführt vom Eisenbetonausschuß, Heft 3, berichtet von Spitzer. Leipzig und Wien 1912.

Für die Berechnung der Randspannungen sind die in Kapitel 13 entwickelten Formeln zu benutzen.

Die österreichischen Bestimmungen vom Jahre 1911 schreiben vor, daß bei allen zentrisch belasteten Säulen, bei denen das Verhältnis $\frac{l}{i}$ (Säulenlänge zum kleinsten Trägheitshalbmesser) größer als 60 ist, auf den erforderlichen Widerstand gegen Knickung Bedacht zu nehmen ist.

Vergleicht man diese Vorschrift mit der entsprechenden der deutschen Bestimmungen, so erkennt man, daß die österreichische die Knickung erst bei etwas größerer Knicklänge berücksichtigt. Für ein isotropes Rechteck ist $\Theta = \frac{b\,h^3}{12}$ und $F = bh$ somit $i = \frac{h}{\sqrt{12}}$. Die Stützenlänge l, von der an die Knickformel anzuwenden ist, ist daher $l = 60 \cdot i = 17{,}3\,h$, während nach den deutschen Bestimmungen schon bei einer Knicklänge von $l = 15\,h$ die Knicksicherheit nachgewiesen werden muß.

Die österreichischen Bestimmungen schreiben vor, daß zur Berücksichtigung der Knickung die für den zentrischen Druck zulässige Betondruckspannung σ_b durch Multiplikation mit einem Beiwert $a < 1$ entsprechend verkleinert wird $(\sigma_k = a \cdot \sigma_b)$. Dieser Beiwert a ist aus der Gleichung zu berechnen

$$a = 1{,}72 - 0{,}012 \cdot \frac{l}{i} \quad \ldots \ldots \ldots \ldots (239)$$

Man erkennt, daß für $\frac{l}{i} = 60$ $a = 1$ wird und daher die für Knickung zulässigen Spannungen $\sigma_k = a \cdot \sigma_b$ ohne Sprung bei $\frac{l}{i} = 60$ aus der zulässigen Spannung σ_b des gewöhnlichen zentrischen Druckes hervorgehen.

Nach den Vorschriften der schweizerischen Kommission vom Jahre 1909 ist die Knickungsgefahr nicht zu berücksichtigen, wenn das Verhältnis von Gesamtlänge zum kleinsten Durchmesser die Zahl 20 nicht überschreitet.

Für schlankere Säulen und Druckglieder ist die zulässige Druckspannung σ_k zu ermitteln aus der Formel

$$\sigma_k = \frac{\sigma_d}{1 + 0{,}0001 \left(\frac{l}{i}\right)^2} \quad \ldots \ldots \ldots (237)$$

Hierbei darf σ_d als Randspannung 45 kg/qcm betragen, während für zentrischen Druck 35 kg/qcm zugelassen ist. Es entsteht, wie man sich leicht überzeugen kann, in den zulässigen Beanspruchungen ebenfalls an der Grenze $l = 20 \cdot h$ ein Sprung. Für einen rechteckigen homogenen Querschnitt ist an der Grenze

$$\frac{l}{20} = h\,, \quad \left(\frac{l}{i}\right)^2 = 4800\,, \quad \sigma_k = \frac{45}{1{,}48} = 30{,}4$$

gegen 35 kg/qcm für zentrischen Druck.

$$\frac{\sigma_b}{\sigma_k} = \frac{35}{30{,}4} = 1{,}15.$$

Knickversuche.

Da zur Durchführung von Knickversuchen mit Eisenbetonsäulen schon sehr große Abmessungen gewählt werden müssen, wenn der Säulenquerschnitt auch nur annähernd den im Bauwesen wirklich vorkommenden Säulenquerschnitten entsprechen soll, liegt der Gedanke nahe, die Versuche in verkleinertem Maßstabe auszuführen, also eine Art von Modellversuchen auszuführen. Wenn man sich aber nochmals die inneren Ursachen der Knickung vor Augen hält, unvermeidliche Exzentrizität der Druckkräfte, Abweichungen der Stabachse von der Geraden, Ungleichartigkeit des Baustoffes, so wird man erkennen, daß Knickversuche nach Möglichkeit nicht in verkleinertem Maßstabe und diese am allerwenigsten mit Beton ausgeführt werden dürfen, da die Ungleichartigkeit des Stoffes (Beton) bei der verkleinerten Säule noch weit rascher wirksam in die Erscheinung treten wird als bei größeren Säulenquerschnitten. Es sollen deshalb auch die Ergebnisse nur solcher Versuche aufgeführt werden, welche mit Säulen üblicher Abmessungen ausgeführt worden sind.

v. Bach[1]) findet 1. für Säulen von 9,00 m Länge, 32/32 Querschnitt mit vier Längseisen Durchmesser 30 mm ($\varphi = 2,8\%$) und Spiralbewehrung von Durchmesser 5 mm bei 45 mm Ganghöhe für zwei verschiedene Betonmischungen, dann 2. für die gleichen Säulen mit vier Längseisen Durchmesser 20 mm ($\varphi = 1,2\%$) folgende Ergebnisse.

Zu den Säulen 1:

Würfelfestigkeit σ_w des Betons nach 45 Tagen:
a) Mischung 1:4 und 9,3% Wasser (nahezu Gußbeton) $\sigma_w = 360$ kg/qcm,
b) desgleichen Mischung 1:2:2, 11,3% Wasser (nahezu Gußbeton) $\sigma_w = 283$ kg/qcm.

Mit Beton a) Bruchlasten bewehrter Prismen 32/32/90 cm $P_1 = 385\,667$ kg,
» » b) desgleichen $P_2 = 310\,667$ kg,
» » a) Bruchlasten gleich starker und gleich bewehrter aber 900 cm langer Säulen $P_{s1} = 289\,667$ kg,
desgleichen mit Beton b) $P_{s2} = 232\,833$ kg.

$$\text{Verhältnis } \frac{P_{s1}}{P_1} = \frac{P_{s2}}{P_2} = 0,75:1.$$

Nach der Navierschen Knickformel:
Beton a) $\varkappa = 0,0000440,$
Beton b) $\varkappa = 0,0000446.$

Nach der Eulerschen Formel:
Beton a) $n = 9$ $\varepsilon_b = 199\,300$ kg/qcm,
Beton b) $n = 12$ $\varepsilon_b = 131\,400$ »

Zu den Säulen 2:

Würfelfestigkeit σ_w des Betons nach 45 Tagen:
Beton (1:4, 9,3% Wasser) $\sigma_w = 376$ kg/qcm.
Bruchlasten der bewehrten Prismen 32/32/90 cm $P_1 = 370\,000$ kg,
desgleichen der 9,00 m langen Säulen $P_{s1} = 270\,000$ kg.

$$\text{Verhältnis } \frac{P_{s1}}{P_1} = 0,73:1.$$

---

[1]) v. Bach, Knickversuche mit Eisenbetonsäulen, Zeitschrift des Vereins deutscher Ingenieure 1913, S. 1969.

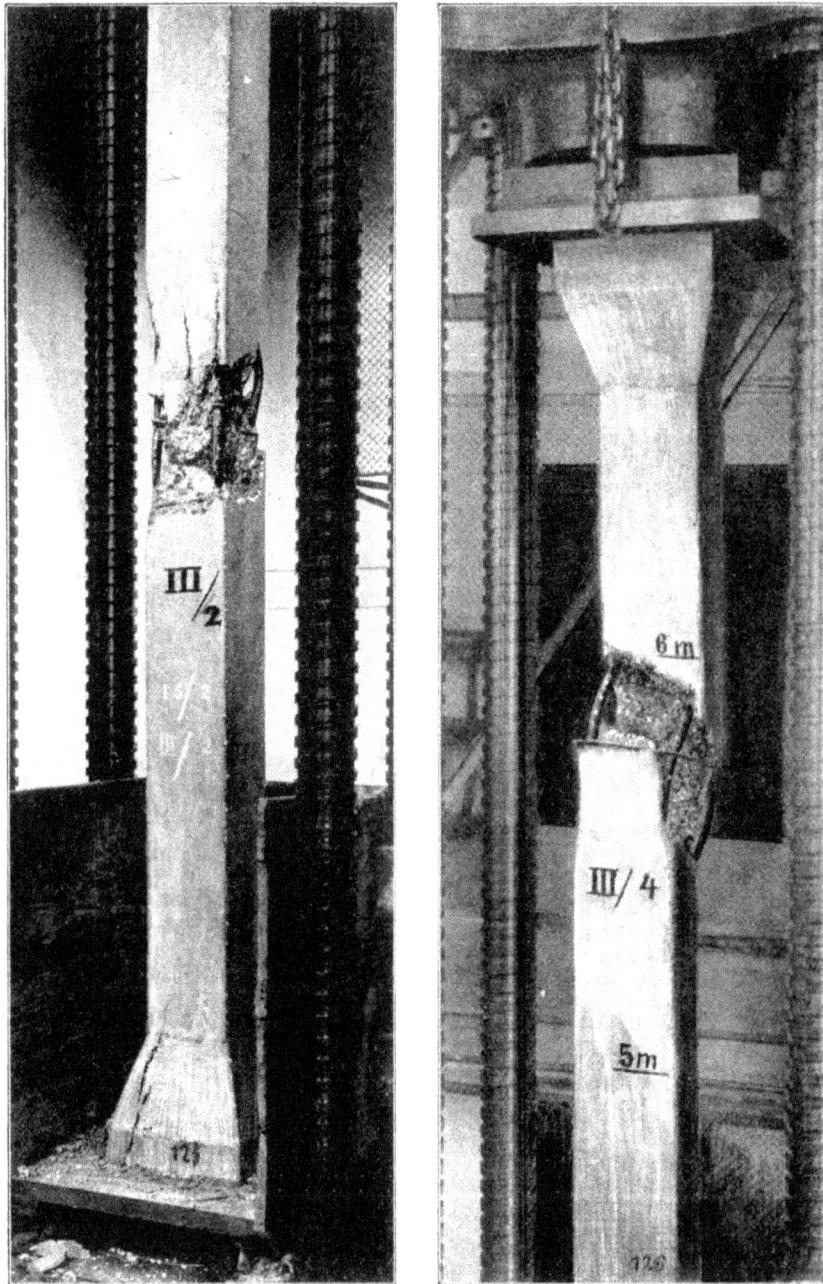

Abb. 216.

Nach der Navierschen Knickformel:

$$\varkappa = 0,0000459.$$

Nach der Eulerschen Knickformel:

$$n = 12, \quad \varepsilon_b = 131\,400.$$

Bei diesen Versuchsergebnissen ist aber zu berücksichtigen, daß zu den Versuchen ein ganz besonders druckfester Beton verwendet wurde. Der zu dem

Beton 1 a) verwendete Portlandzement ergab nach 28 Tagen kombinierter Lagerung 492 kg/qcm Normendruckfestigkeit, der zu 2) verwendete 404 kg/qcm, also beide erheblich mehr, als die Normen vorschreiben.

Solange deshalb keine ähnlichen Versuche mit geringwertigerem Beton vorliegen, wird daher mit Rücksicht auf die Sicherheit in der Navierschen Formel $\varkappa = 0{,}0001$ also größer, wie oben gefunden, einzusetzen sein, während in der weniger mit den Versuchsergebnissen übereinstimmenden Eulerschen Gleichung die Annahme $n = 15$ und $\varepsilon_b = 140000$ kg/qcm wenigstens hinsichtlich der Sicherheit ausreichend erscheint.

Um aus den Ergebnissen von Druckversuchen brauchbare Werte für die Knickformeln ableiten zu können, muß zunächst unzweifelhaft feststehen, daß der Bruch durch Knicken eingetreten ist. Es sollen hier zum Vergleich die Bruchbilder von schlanken zentrisch belasteten Säulen gegeben werden, von denen die eine Gruppe durch Zerdrücken (Abb. 216) zu Bruch ging, während die andere (Abb. 217) durch Knicken zerstört wurde.

Abb. 216 ist den Versuchen des österreichischen Eisenbetonausschusses (Säule III/2 und III/4) entnommen[1]).

Die Bruchstelle zeigt die deutlich ausgebildeten Druckpyramiden und das nach oder mit dem Bruch des Betons erfolgte Ausknicken der Längseisen. Die Säulen waren 7,00 m hoch, hatten vier Längseisen Durchmesser 25 ($\varphi = 3{,}14\%$), Bügel Durchmesser 7 in 125 mm Entfernung. Die Schlankheitsverhältnisse waren $\dfrac{l}{i} = 90{,}6$ und $\dfrac{l}{h} = \dfrac{700}{25} = 28$. Die Bruchlast wurde nach 69 Tagen zu 209500 kg gemessen, die Würfelfestigkeit 361 kg/qcm nach 65 Tagen.

Die Schlankheitsverhältnisse dieser Säule liegen also erheblich über den unteren Grenzen, bis zu welchen nach den amtlichen Bestimmungen die Stützen ausschließlich auf Druck zu berechnen sind (Deutschland $\dfrac{l}{h} = 15$, Schweiz $\dfrac{l}{h} = 20$, Österreich $\dfrac{l}{i} = 60$). Diese Grenzen bieten also die erforderliche Sicherheit.

Abb. 217[2]).

Die Abb. 217[2]) zeigt die Bruchstelle einer der oben erwähnten, von v. Bach geprüften Eisenbetonsäulen von 9,00 m Länge. Während an der rechten Säulenkante die durch die Zugspannungen erzeugten Betonrisse sichtbar sind, welche nicht tief eindringen, ist links die durch die Druckspannungen entstandene Ausbruchstelle zu erkennen. Das Bruchbild ist somit dasselbe wie bei den durch exzentrischen Druck zerstörten Säulen (vgl. Seite 202) und deshalb die Zerstörung sicherlich infolge von Knicken eingetreten. Das Schlankheitsverhältnis war $\dfrac{l}{h} = \dfrac{900}{32} = 28{,}2$.

---

[1]) Spitzer, Mitteilungen über Versuche ausgeführt vom Eisenbetonausschuß des österr. Ingen.- und Arch.-Vereins, Heft 3. Versuche mit Eisenbetonsäulen, S. 140.

[2]) v. Bach, Knickversuche mit Eisenbetonsäulen. Zeitschrift des Vereins deutscher Ingenieure 1913, S. 1969.

15. Kapitel. Verdrehungsfestigkeit.

Rechnungsverfahren.

Die Beanspruchung von Bauteilen aus Eisenbeton auf Verdrehung ist nicht gerade häufig, kommt aber vor, wenn Kragbauten in einem Eisenbetonbalken eingespannt sind.

Die Berechnung der Verdrehungsspannungen homogener, isotroper Baustoffe ist erst unvollkommen möglich und gerade für den rechteckigen Querschnitt, der im Bauwesen am häufigsten ist, nur nach einer Annäherungstheorie durchführbar[1]). Es würde demnach auch eine genaue Spannungsrechnung für Verbundkörper auf noch bedeutendere Schwierigkeiten stoßen müssen. Dies mag auch der Grund dafür sein, daß in den meisten Lehrbüchern des Eisenbetonbaus die

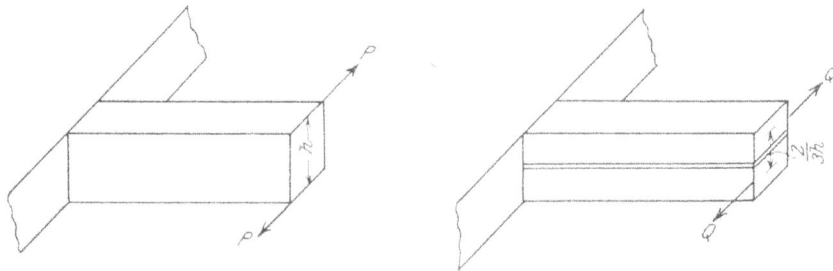

Abb. 218.

Verdrehungsfestigkeit überhaupt nicht behandelt wird und in den Zeitschriften kaum Beachtung findet.

Zuweilen werden auf Verdrehung beanspruchte Balken in zwei Teile zerlegt gedacht, deren jeder dann lediglich auf Biegung beansprucht ist[2]), wie in Abb. 218 dargestellt ist.

An Stelle des Drehmomentes $\mathfrak{M} = P \cdot h$ wäre beiläufig zu setzen $Q \cdot \frac{2}{3} h$, so daß

$$Q = \frac{3}{2} P = \frac{3 \cdot \mathfrak{M}}{2 h}$$

ist. Die beiden Balkenhälften wären somit in entgegengesetzter Richtung von den beiden Lasten Q auf Biegung beansprucht zu denken und der Balken wäre nach Abb. 219 mit Eisen zu bewehren.

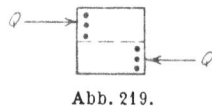

Abb. 219.

Gegen diese Berechnungsmethode wäre nichts einzuwenden, wenn der Balken vor dem Bruch sich tatsächlich in zwei Teile spalten würde, welche dann auf Biegung beansprucht wären.

Das Bruchbild eines auf Verdrehung beanspruchten Prismas ist aber ganz anders, wie Abb. 220 bis 222[3]) zeigen, welche durch Verdrehung zerstörte, rechteckige, unbewehrte Betonprismen darstellen.

---

[1]) Föppl, Vorlesungen über Technische Mechanik. III. Bd. Festigkeitslehre, 5. Aufl. Leipzig-Berlin 1914. § 61.

[2]) Kleinlogel, Eisenbeton und umschnürter Beton. Leipzig 1910. S. 180.

[3]) Deutscher Ausschuß für Eisenbeton, Heft 16, berichtet von Bach und Graf. Berlin 1912.

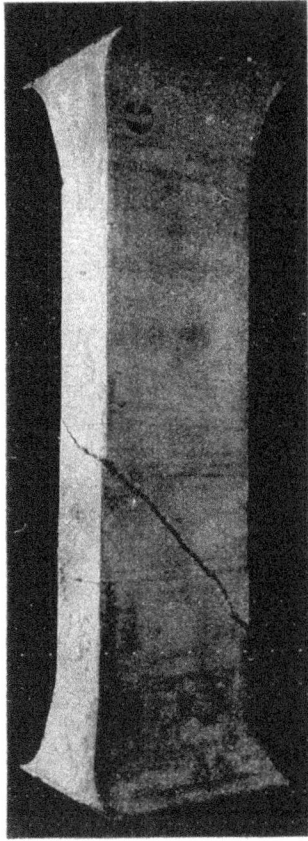

Abb. 220.

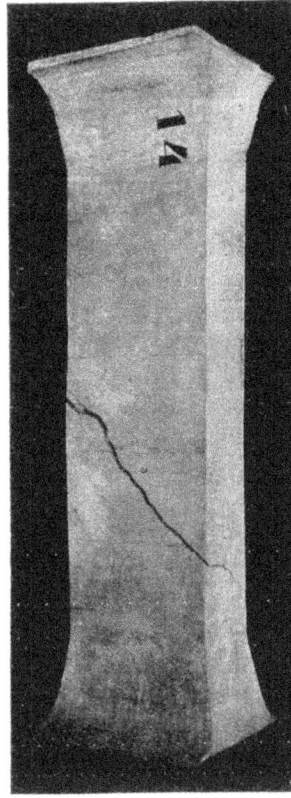

Abb. 221.

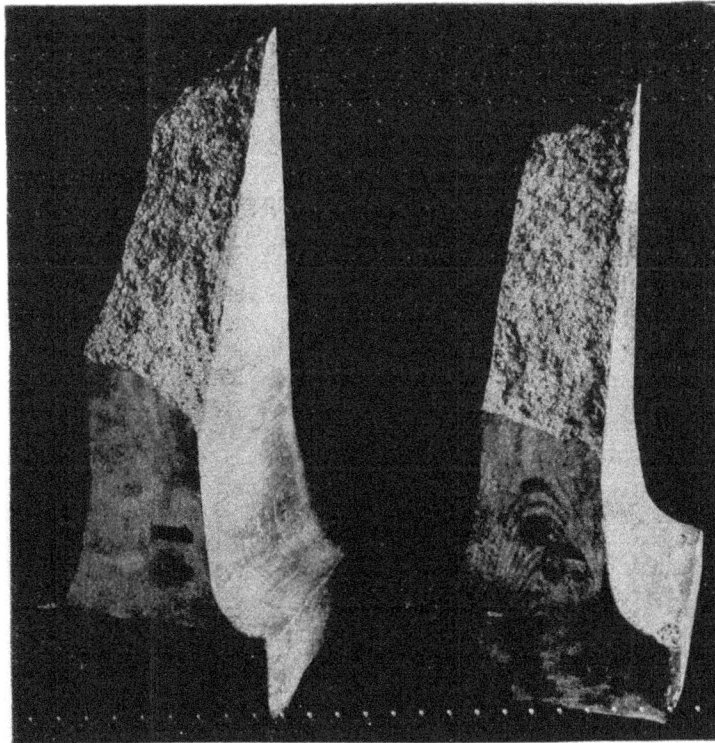

Abb. 222.

14*

Die Bilder zeigen, daß die Bruchlinien in den Seitenflächen des Prismas schräg laufen. Dieser Verlauf beweist, daß senkrecht zu diesen schrägen Linien Zugkräfte wirken, deren Auftreten man sich auf folgende Weise erklären kann[1]).

In Abb. 223 ist ein durch zwei gleiche, entgegengesetzt gerichtete Kräftepaare auf Verdrehung beanspruchtes Prisma dargestellt. Infolge der Formänderung wird ein ursprüngliches Quadrat $ABCD$ auf einer Außenfläche in ein Rhombus $EFCD$ übergehen, wobei die Quadratdiagonale DB zur Rhombusdiagonale DF verlängert wird. Ist hierbei die Dehnungsfähigkeit des Stoffes überschritten worden, so wird senkrecht zur Diagonale DF ein schräger Riß entstehen.

An den Versuchskörpern isotroper Stoffe konnte man die Rißbildung nur unvollkommen beobachten, da mit Eintreten der ersten Risse auch die Festigkeit erschöpft war und der Bruch eintrat. Die Bruchlinie stimmt aber nicht

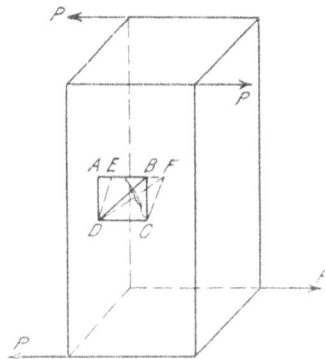

Abb. 223.

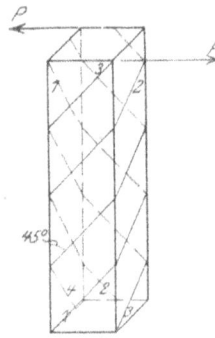

Abb. 224.

immer mit der Richtung der Risse überein, weil durch Eintreten der ersten Risse ein Körper von teilweise geänderten Abmessungen entsteht, in welchem die Bruchlinie einen anderen Verlauf nimmt als die Risse in dem ursprünglichen Körper. Die Versuche mit bewehrten Betonprismen zeigten erst deutlich den Verlauf der durch Verdrehung entstehenden Risse, weil bei ihnen nach dem Eintreten der Risse die Belastung bis zum Bruch noch erheblich gesteigert werden kann.

Der in Abb. 223 angedeutete Riß zeigt schon, wie man nahe der Oberfläche das Betonprisma bewehren muß, wenn die Bildung des Risses nicht unmittelbar zum Bruch führen soll. Es müssen parallel zur Diagonale DB Eiseneinlagen laufen, welche die Zugkräfte dieser Richtung aufnehmen können. Man wird also zweckmäßig das Prisma mit Spiralen umwickeln, welche im Sinne des drehenden Kräftepaares ansteigen (vgl. Abb. 224).

Die Abb. 225[2]), 226[2]), 227[2]) zeigen deutlich die Risse, welche durch Verdrehen eines Eisenbetonprismas von rechteckigem Querschnitt entstanden sind. Das Prisma war mit sechs Längseisen Durchmesser 18 und acht Spiralen Durchmesser 7 bewehrt. Seine Abmessungen können der Abb. 228 entnommen werden[2]).

In Abb. 229[2]) erkennt man deutlich die unter einem Winkel von 45° gegen die Prismaachse verlaufenden Risse eines verdrehten Prismas von quadratischem Querschnitt.

[1]) v. Bach, Elastizität und Festigkeit, 6. Aufl. Berlin 1911. S. 317.

[2]) Deutscher Ausschuß für Eisenbeton, Heft 16, berichtet von Bach und Graf. Berlin 1912.

 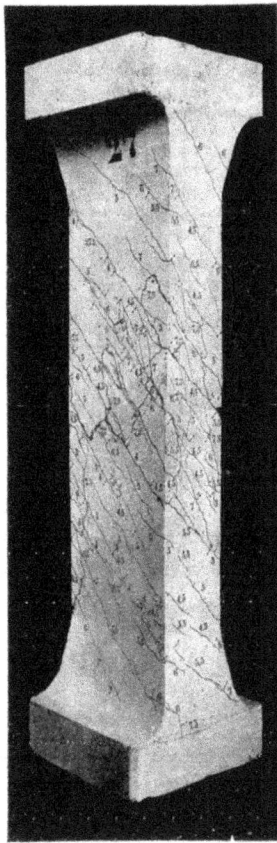 

Abb. 225.   Abb. 226.   Abb. 227.

Die Versuche zeigen also unzweifelhaft, daß auf allen Mantelflächen der verdrehten Prismen unter 45⁰ gegen die Prismenachse geneigte Risse entstehen
und die Eisen der senkrecht zu diesen Rissen verlaufenden Spiralen auf Zug beansprucht sind.

Kurz vor dem Eintritt des Bruches werden die Risse von den Außenflächen
des Prismas aus in das Innere so weit vorgedrungen sein, daß die die schrägen
Risse verursachenden Zugkräfte allein von den schrägen Eisen der Spirale auf-
genommen werden müssen. Auf diese Eisen wird sich nun im allgemeinen die
Zugkraft nicht gleichmäßig verteilen. Sobald aber in einem Teil der Eisen die
Streckgrenze erreicht worden ist, werden sich die Zugkräfte in den Ebenen der
Spirale nahezu gleichmäßig über die Eisen verteilen. Für diesen Spannungs-
zustand ist die Berechnung der Eisenspannungen möglich.

Wir betrachten ein Prisma von rechteckigem Querschnitt. Die Rechteckseiten
seien zwischen den Mittellinien der Spiralen gemessen a und b (Abb. 230)[1].

Das Verdrehungsmoment sei $\mathfrak{M}$, welches man sich aus zwei Kräftepaaren
zusammengesetzt denken darf. Je eine Kraft dieser Kräftepaare wirkt in einer
Ebene der Spirale.

$$\mathfrak{M} = D_a \cdot a + D_b \cdot b \quad . \quad . \quad . \quad . \quad . \quad . \quad . \quad . \quad (240)$$

---

[1] Hager, »Armierter Beton«, 1914, Heft 9/10.

Abb. 228.

Abb. 229.

Dieses Moment erzeugt beim Erreichen der Streckgrenze in den Spiralen die gleichen Zugkräfte Z_e, welche auf den unter 45^0 geneigten Rissen senkrecht stehen (Abb. 231).

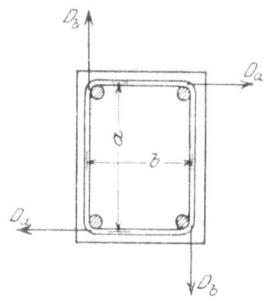

Abb. 230

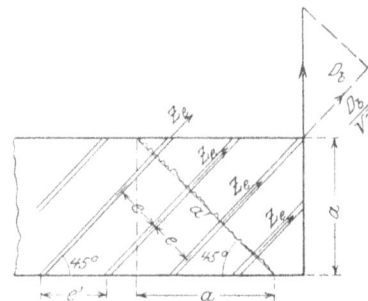

Abb. 231.

Die angreifenden Kräfte D_a und D_b haben in den Ebenen der Spirale je eine Komponente $\dfrac{D_a}{\sqrt{2}}$ bzw. $\dfrac{D_b}{\sqrt{2}}$, welche in die Richtung der Spiraleisen fallen (Abb. 231). Werden von den unter 45^0 geneigten Rissen in den a-Fächen je μ-Eisen und in den b-Flächen je ν-Eisen getroffen, so sind die angreifenden Kräfte mit den inneren Zugkräften im Gleichgewicht, wenn

$$\frac{D_a}{\sqrt{2}} = \mu \cdot Z_e \quad \text{und} \quad \frac{D_b}{\sqrt{2}} = \nu \cdot Z_e \quad . \quad . \quad . \quad . \quad . \quad . \quad (241)$$

Daraus folgt

$$D_b : D_a = \mu : \nu = a : b \quad . \quad . \quad . \quad . \quad . \quad . \quad . \quad (242)$$

$$D_b = \frac{a}{b} \cdot D_a.$$

Setzt man diese Gleichung in (240) ein, so erhält man

$$D_a = \frac{\mathfrak{M}}{2\,a}; \quad D_b = \frac{\mathfrak{M}}{2\,b} \quad . \quad . \quad . \quad . \quad . \quad . \quad (243)$$

Es soll das Prisma mit $\varkappa$ parallelen, in gleichem Abstande liegenden Spiralen bewehrt sein. In einer Windung ersteigt eine Spirale eine Höhe von $2\,(a+b)$, so daß die Spiralen, in der Richtung der Prismenkanten gemessen, einen Abstand e' haben (Abb. 231)

$$e' = \frac{2\,(a+b)}{\varkappa}$$

und einen kürzesten Abstand (senkrecht gemessen) e (vgl. Abb. 231)

$$e = \frac{e'}{\sqrt{2}} = \frac{\sqrt{2} \cdot (a+b)}{\varkappa} \quad . \quad . \quad . \quad . \quad . \quad . \quad (244)$$

Die Längen der unter 45^0 geneigten Risse sind

$$a' = a \cdot \sqrt{2} \quad \text{und} \quad b' = b \cdot \sqrt{2},$$

so daß die Anzahl der von je einem Riß getroffenen Eisen ist

$$\nu = \frac{a'}{e} = \frac{\varkappa \cdot a}{a+b} \quad \text{bzw.} \quad \mu = \frac{b'}{e} = \frac{\varkappa \cdot b}{a+b} \quad . \quad . \quad . \quad . \quad (245)$$

Setzt man die Gleichungen (245) und (243) in die Gleichung (241) ein, so erhält man

$$Z_e = \frac{\mathfrak{M}\,(a+b)}{2 \cdot \sqrt{2} \cdot \varkappa \cdot a \cdot b}$$

und für den Querschnitt F_e der Spiraleisen die Spannung

$$\sigma_e = \frac{\mathfrak{M}\,(a+b)}{2 \cdot \sqrt{2} \cdot F_e \cdot \varkappa \cdot a \cdot b} \quad . \quad . \quad . \quad . \quad . \quad . \quad \mathbf{(246)}$$

Welcher Bruchteil der Streckgrenze nun für σ_e gewählt werden muß, um hinreichende Sicherheit gegen Bruch zu haben, kann erst nach der später folgenden Anwendung dieser Gleichung auf Versuchsergebnisse gezeigt werden. Da aber das Bauwerk auch keine schiefen Risse erhalten soll, darf auch ohne Rücksicht auf die Eisenbewehrung die Verdrehungsspannung τ_d eine gewisse Grenze nicht überschreiten. Für $a > b$ ist τ_d im rechteckigen Querschnitt

$$\left. \begin{array}{l} \tau_d = \psi \cdot \dfrac{\mathfrak{M}}{a \cdot b^2} \\[2ex] \psi = 3 + \dfrac{2{,}6}{0{,}45 + \dfrac{a}{b}} \end{array} \right\} \quad . \quad . \quad . \quad . \quad . \quad \mathbf{(247)}^1)$$

---

1) B a c h, Elastizität und Festigkeit, 6. Aufl. Berlin 1911. S. 317.

Verdrehungsversuche und zulässige Spannungen.

v. Bach hat im Auftrag des Deutschen Ausschusses für Eisenbeton umfangreiche Verdrehungsversuche durchgeführt und dabei folgende, für die oben angeführte Rechnungsmethode wichtige Ergebnisse erzielt[1]):

Der Beton 1:2:3 und 9 Gewichtsprozente Wasser hatte nach 45 Tagen eine Würfelfestigkeit von 248 kg/qcm und eine Zugfestigkeit, an Prismen gemessen, von 18,6 kg/qcm. Derselbe Beton hatte im gleichen Alter nach der Formel (247) gerechnet:

quadratischer Querschnitt 30/30 $\tau_d = 30,4$ kg/qcm $= 1,63$ der Zugfestigkeit,
rechteckiger » 42/21 $\tau_d = 32,4$ » $= 1,75$ » »

Nimmt man für τ_d ohne Rücksicht auf die Eisen als obere Grenze 15 kg/qcm, so hat man auch noch bei minderwertigerem Beton eine hinreichende Sicherheit gegen Rissebildung.

Ergibt sich $\tau_d \leqq 4$ kg/qcm, kann man nach den deutschen Bestimmungen auf eine Spiralbewehrung verzichten; dagegen sollten an den Prismenkanten stets Längseisen zur Erhöhung der Sicherheit angeordnet werden.

Für ein Prisma von quadratischem Querschnitt 30/30, das mit acht Längseisen Durchmesser 18 und acht Spiralen Durchmesser 7 bewehrt war, ergab sich ein Bruchmoment

$$\mathfrak{M} = 406\,667 \text{ cmkg}, \quad a = 26,7 \text{ cm}, \quad \varkappa = 8, \quad F_e = 0,38 \text{ qcm}.$$

Nach Gleichung (246)

$$\sigma_e = \frac{406\,667 \cdot 2 \cdot 26,7}{2 \cdot \sqrt{2} \cdot 0,38 \cdot 8 \cdot 26,7^2} = 3540 \text{ kg/qcm},$$

Desgleichen für einen rechteckigen Querschnitt 42/21 mit sechs Längseisen Durchmesser 18 und acht Spiralen Durchmesser 7

$$\mathfrak{M} = 370\,833 \text{ cmkg}, \quad a = 38,7 \text{ cm}, \quad b = 17,7 \text{ cm}, \quad \varkappa = 8, \quad F_e = 0,38 \text{ qcm}.$$

$$\sigma_e = \frac{370\,833 \cdot 56,4}{2 \cdot \sqrt{2} \cdot 0,38 \cdot 8 \cdot 38,7 \cdot 17,7} = 3550 \text{ kg/qcm}.$$

Die gute Übereinstimmung der in beiden Fällen für den Bruch errechneten Zugspannungen in den Spiralen ist unverkennbar, sie erreichen jedoch nicht ganz die für die Spiraleisen festgestellte Streckgrenze von 4080 kg/qcm, sondern nur 87% hiervon.

Man kann sich dies wohl dadurch erklären, daß nach der völligen Zerstörung des Betons durch Risse, die Spiralen doch nicht mehr an allen Stellen gleichmäßig gezogen werden können, wenn an einigen Stellen die Streckgrenze erreicht ist.

Diesem Umstande kann man leicht dadurch Rechnung tragen, daß man von dem für Biegung zugelassenen Wert von σ_e (1000 oder 1200 kg/qcm) bei der Berechnung der auf Verdrehung beanspruchten Bauteile nur 80% zuläßt, somit $\sigma_e = 800$ oder 960 kg/qcm wählt.

Zahlenbeispiel.

Es soll ein zweistöckiger Erker von zwei Konsolträgern getragen werden, welche aus einem Eisenbetonbalken von 60 cm Höhe und 51 cm Breite auskragen. Das Gewicht des Erkers ist mit Nutzlast zu $P = 8410$ kg ermittelt worden, welches

---

[1]) Deutscher Ausschuß für Eisenbeton, Heft 16, berichtet von Bach und Graf. Berlin 1912.

einen Hebelarm $p = 48,2$ cm um die Außenkante der Mauer hat. Versuchsweise ist die Länge des Eisenbetonbalkens zu 6,50 m Länge angenommen worden. Die auf diesem Balken ruhende Mauerlast G ist ohne Dachlast zu $G = 58180$ kg berechnet worden und ihr Hebelarm um die Maueraußenfläche zu $g = 21,1$ cm (Abb. 233).

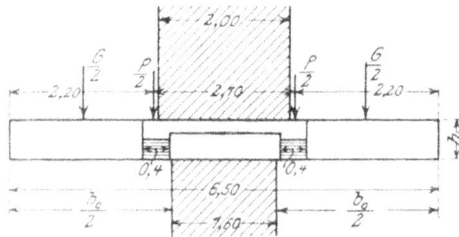

Abb. 232.

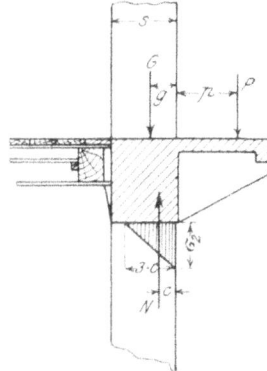

Abb. 233.

1. Auflagerdruck.

Die untere Auflagerlänge des Balkens ist

$$b_0 = 6,50 - 1,60 = 4,9 \text{ m.}$$

Gesamtdruck des Balkens auf die Mauer

$$N = G + P = 58180 + 8410 = 66590 \text{ kg.}$$

Den Kantendruck σ_2 ergibt folgende Rechnung:

$$N \cdot c = -P \cdot p + G \cdot g; \quad c = \frac{-P \cdot p + G \cdot g}{N},$$

$$c = \frac{-8410 \cdot 48,2 + 58180 \cdot 21,1}{8410 + 58180} = 12,32 \text{ cm,}$$

$$N = \frac{3 \cdot c \cdot b_0 \cdot \sigma_2}{2}; \quad \sigma_2 = \frac{2 \cdot N}{3 \cdot c \, b_0},$$

$$\sigma_2 = \frac{2 \cdot 66590}{3 \cdot 12,32 \cdot 490} = 7,35 \text{ kg/qcm.}$$

Der zulässige Druck für Kalkmörtelmauerwerk von 7 kg/qcm wird nur wenig überschritten. Die Balkenlänge ist somit mit 6,50 m genügend groß gewählt worden.

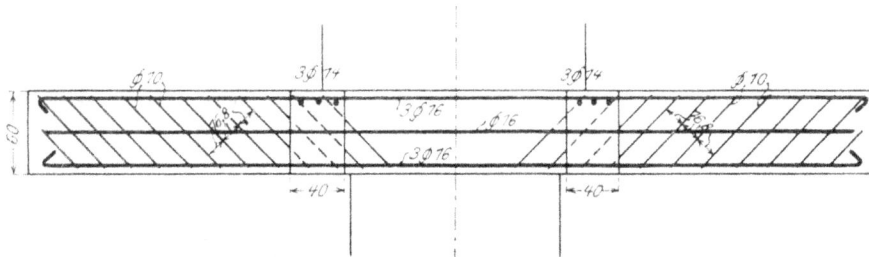

Abb. 234.

2. Verdrehung.

Zwischen den beiden Konsolträgern hat der Balken aus Gründen der Symmetrie keine Verdrehung aufzunehmen, so daß das gesamte Verdrehungsmoment $\mathfrak{M}_M$ sich

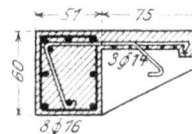

Abb. 235.

gleichmäßig auf die beiden Auflager verteilt. Es ist daher an jedem Auflager das Verdrehungsmoment $\mathfrak{M}_d$

$$\mathfrak{M}_M = P\,(p + c) = 8410\,(48,2 + 12,32) = 424873 \text{ cmkg,}$$

$$\mathfrak{M}_d = \frac{\mathfrak{M}_M}{2} = \frac{424\,873}{2} = 212\,436 \text{ cmkg.}$$

Nach den Gleichungen (247) ist

$$\psi = 3 + \frac{2,6}{0,45 + \dfrac{60}{51}} = 4,6,$$

$$\tau_d = 4,6 \cdot \frac{212\,436}{60 \cdot 51^2} = 6,27 \text{ kg/qcm} \left.\begin{array}{l} \\ \\ \end{array}\right\} \begin{array}{l} > 4 \text{ kg/qcm,} \\ < 15 \text{ kg/qcm.} \end{array}$$

Es sind somit keine Verdrehungsrisse zu befürchten, aber eine Spiralbewehrung ist notwendig.

Gleichung (246) kann man nach $\varkappa$ auflösen

$$\varkappa = \frac{\mathfrak{M}_d\,(a + b)}{\sigma_e \cdot 2\,\sqrt{2} \cdot F_e \cdot a \cdot b}.$$

Spiraledurchmesser 8 gewählt, $F_e = 0,50$ qcm

$$\sigma_e = 800 \text{ kg/qcm,} \quad a = 60 - 2 = 58, \quad b = 51 - 2 = 49,$$

$$\varkappa = \frac{212\,436 \cdot (58 + 49)}{800 \cdot 2 \cdot \sqrt{2 \cdot 58 \cdot 49} \cdot 0,50} = 7,08.$$

Also sind 7 Spiralen Durchmesser 8 nötig, welche statt mit 800 mit 822 kg/qcm beansprucht sind.

Nach Gleichung (244)

$$\text{Abstand } e = \frac{\sqrt{2}\,(58 + 49)}{7} = 21,65 \text{ cm.}$$

3. Balken.

Stützweite $l = 1,05 \cdot 1,60 \backsim 1,80$ m.

Verkehrslast mit Belag sei zu 300 kg/qm gerechnet.

$$\begin{aligned}
&\text{Eigenlast } {}^0p = 0,60 \cdot 0,51 \cdot 2400 = 734 \text{ kg/m,} \\
&\text{Nutzlast } {}'p = 300 \cdot 0,51 \qquad = 153 \text{ »} \\
&\overline{\text{Gesamtlast der Länge 1 } p = 887 \text{ kg/m.}}
\end{aligned}$$

Bei der langen Auflagerung muß vollkommene Einspannung vorausgesetzt werden; daher das Biegungsmoment

$$\mathfrak{M} = -\frac{p\,l^2}{12} = \frac{887 \cdot 1,8^2}{12} = 239 \text{ mkg} = 23\,900 \text{ cmkg,}$$

$$C_1 = \frac{h - a}{\sqrt{\dfrac{\mathfrak{M}}{b}}} = \frac{60 - 3}{\sqrt{\dfrac{23\,900}{51}}} = 2,6$$

nach der Tabelle 1 des Anhanges.

Daher $\sigma_b < 10$ und $C_2 < 0,0008$

$$F_e < 0,0008 \cdot \sqrt{23\,900 \cdot 51} = 0,88 \text{ qcm.}$$

Zur Anbringung der Spirale sind stärkere Eisen nötig. Deshalb oben und unten je drei Durchmesser $16 = 6{,}03$ qcm und auf den Seiten in halber Höhe je ein Durchmesser 16.

4. Konsole.

Größtes Biegungsmoment $\mathfrak{M} = \dfrac{P \cdot p}{2}$,

$$\mathfrak{M} = \frac{8410}{2} \cdot 48{,}2 = 203\,000 \text{ cmkg,}$$

$$C_1 = \frac{h - a}{\sqrt{\dfrac{\mathfrak{M}}{b}}} = \frac{60 - 4}{\sqrt{\dfrac{203\,000}{40}}} = 0{,}786.$$

Hierzu ist $C_2 = 0{,}00136$ und $\sigma_b = 17$ kg/qcm.

$$F_e = 0{,}00136 \cdot \sqrt{203\,000 \cdot 40} = 3{,}88 \text{ qcm.}$$

Hierfür zu wählen drei Durchmesser $14 = 4{,}62$ qcm.

5. Stabilität.

Die Sicherheit gegen Umkanten um die Gebäudefront ist so lange gegeben, als die Resultante N innerhalb der Mauer liegt und σ_2 die Bruchfestigkeit des Mauerwerkes nicht überschreitet. Ist ζ der Faktor, mit welchem P multipliziert werden darf, bis σ_2 die Bruchfestigkeit σ_f des Mauerwerkes erreicht, so kann man schreiben

$$\frac{\sigma_f \cdot 3 \cdot c \cdot b_0}{2} = \zeta \cdot P + G,$$

$$c = \frac{G \cdot g - \zeta \cdot P \cdot p}{G + \zeta \cdot P},$$

aus diesen beiden Gleichungen ist C zu eliminieren.

$$\sigma_f \cdot \frac{3\,b_0}{2}\,(G \cdot g - \zeta \cdot P \cdot p) = (G + \zeta \cdot P)^2,$$

$$\zeta^2 + 2 \cdot \zeta \left(\frac{G}{P} + \frac{3}{4}\,\sigma_f \cdot b_0 \cdot p \cdot \frac{1}{P} \right) = -\frac{G^2}{P^2} + \frac{3}{2} \cdot \sigma_f \cdot b_0 \cdot g \cdot \frac{G}{P^2}. \qquad (248)$$

Für $\sigma_f = 40$ kg/qcm erhält man

$$\zeta^2 + 2\,\zeta \cdot 91{,}11 = 463{,}4,$$

$$\zeta = 2{,}4.$$

Somit ist eine 2,4fache Sicherheit gegen Umkanten vorhanden. Eine zwei- bis dreifache Sicherheit reicht in solchen Fällen aus.

---

16. Kapitel. Berechnung der Formänderung und der statisch unbestimmten Größen der Eisenbetonkonstruktionen.

Bei den bisher betrachteten Berechnungen der Spannungen und den Berechnungen der Abmessungen wurde in der Regel ein Spannungszustand vorausgesetzt, wie er unmittelbar vor dem Bruch annähernd eintreten wird. Wenn es sich nun darum handelt, Formänderungen oder die Wirkung von Formänderungen zu bestimmen, welche lange vor dem Eintritt des Bruches schon innerhalb der durch die zulässigen Spannungen gezogenen Grenzen eintreten, so muß offenbar ein Spannungszustand der Rechnung zugrunde gelegt werden, wie er sich unterhalb dieser Spannungsgrenzen einstellt. Da nun, wie schon auf Seite 53 erläutert, die genaue Verteilung der Biegungsspannungen in einem Querschnitt nicht angegeben werden kann, muß man sich auch bei diesen Berechnungen mit einer angenäherten Spannungsverteilung behelfen und die Brauchbarkeit dieser Annäherung durch Vergleich der Rechnungsergebnisse mit Versuchsergebnissen nachweisen.

Durchbiegungen.

Die Messung und die Berechnung der Durchbiegungen begegnet bei Eisenbetonkonstruktionen infolge der Monolithät der Konstruktionen manchen Schwierigkeiten. Im allgemeinen werden sich durch den biegungsfesten Zusammenhang aller Konstruktionsteile mehr einzelne Bauteile an der Übertragung einer Last beteiligen, als in der Rechnung angenommen werden kann. Hierdurch wird die berechnete Durchbiegung kleiner als die richtig gemessene. Aber auch die Messung wird durch diesen Zusammenhang außerordentlich erschwert, weil die Durchbiegung der einzelnen Teile meist nicht unmittelbar gemessen werden kann, sondern erst aus dem Unterschied der in den Feldern und an den zugehörigen Auflagern gemessenen Einsenkungen berechnet werden muß.

Deshalb stimmen die berechneten und gemessenen Einsenkungen zusammengesetzter Eisenbetonkonstruktionen häufig auch bei sorgfältiger Rechnung und sorgfältiger Messung nicht gut überein. Längere Zeit hat man für die Berechnungen der Durchbiegungen den gleichen Spannungszustand II b ($\varepsilon_{bd} = \frac{1}{n} \cdot \varepsilon_e$, $\varepsilon_{bz} = 0$) vorausgesetzt, welchen man zur Berechnung der Abmessungen oder der Spannungen der Eisenbetonkonstruktionen verwendet, und hierbei natürlich viel zu große Werte für die Durchbiegung gefunden.

Wie aus den Darstellungen der Abb. 186 hervorgeht, entspricht die Spannungsverteilung unterhalb der zulässigen Spannungsgrenzen annähernd den Spannungszustand Stadium I (Seite 53, Abb. 53), also $\varepsilon_{bd} = \varepsilon_{bz} =$ const. Da der Elastizitätsmodul des Betons bei kleinerer Betonspannung größer ist als in der Nähe der Bruchspannungen, muß auch für n im Stadium I eine kleinere Zahl als 15 in die Rechnung eingeführt werden.

Auffälligerweise werden sowohl in den Schweizer wie auch in den österreichischen Vorschriften für die Zahl n zur Berechnung der Spannungen und der Formänderungen die gleichen Werte benutzt. In den deutschen Vorschriften ist für die Berechnung der Formänderung die Rechnung nach Spannungszustand I und dabei $n = 10$ vorgeschrieben.

In der Abb. 236 ist nach einem Versuch von v. Bach[1]) die an einem rechteckigen Balken in Balkenmitte gemessene, federnde Durchbiegung für zwei gleiche wachsende Einzellasten dargestellt. Die punktierte Linie zeigt die nach dem Stadium I und $n = 10$ berechneten Durchbiegungen. Dasselbe ist in Abb. 237[2]) für einen stark bewehrten, aus geringwertigem Beton hergestellten Plattenbalken mit schmalem Steg wiedergegeben.

---

[1]) v. Bach, Mitteilungen über Forschungsarbeiten, Heft 39. Berlin 1907.

[2]) v. Bach und Graf, Mitteilungen über Forschungsarbeiten, Heft 122 bis 123. Berlin 1912.

Bemerkung: Bei diesen Versuchen wurde absichtlich ein sehr minderwertiger Beton benutzt. Deshalb traten die ersten Risse schon sehr früh ein.

Man erkennt, daß die Rechnung für den rechteckigen Balken mit $n = 10$ unterhalb der üblichen Beanspruchung der Konstruktionen noch etwas größere Werte liefert, als beobachtet worden sind, so daß man also n noch ein wenig kleiner als 10 annehmen müßte (vgl. Seite 15), wenn man genauere Werte durch die Rechnung gewinnen wollte. Es ist aber ferner auch aus beiden Abbildungen

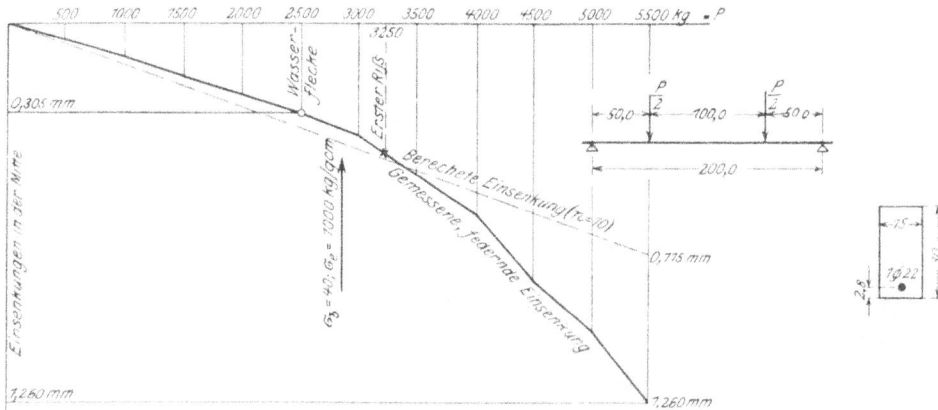

Abb. 236.

zu sehen, daß die Linie der gemessenen Durchbiegungen tatsächlich bis zu den ersten Zugrissen im Beton nahezu geradlinig verläuft und deshalb bei geeigneter Wahl von n recht wohl diese Formänderungen nach dem Spannungszustand I berechnet werden dürfen.

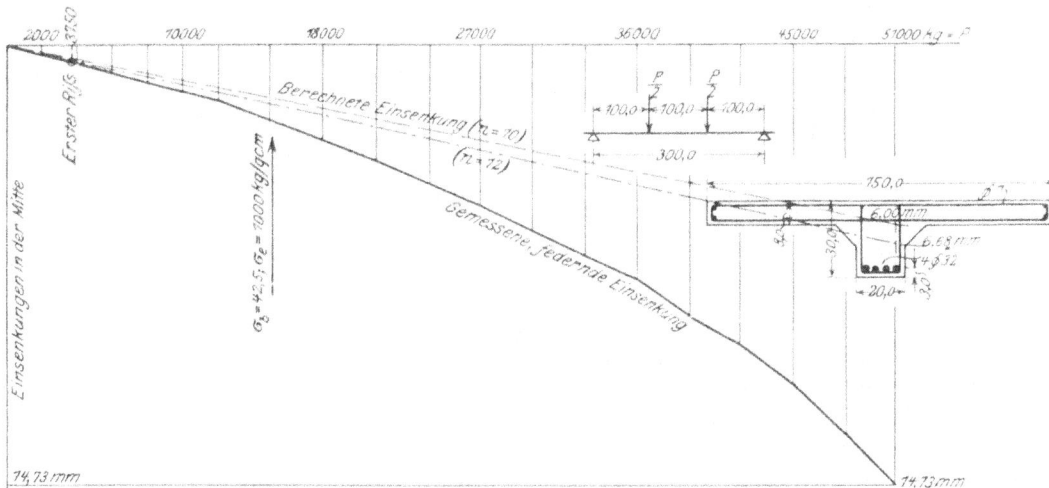

Abb. 237.

In der Nähe des Bruches erreichen selbstverständlich die für Stadium I und $n = 10$ berechneten Durchbiegungen nicht mehr die gemessenen, weil hier der Spannungszustand I nicht mehr annähernd mit der wirklichen Spannungsverteilung übereinstimmt.

Ebensowenig wie bei den Eisenkonstruktionen kann die Sicherheit der Eisenbetonkonstruktionen durch Probebelastungen mit Messung der Einsenkungen einwandfrei nachgewiesen werden, weil irgendeine Verbindungsstelle sehr schwach sein kann, ohne daß sie die Durchbiegung wesentlich vergrößert. Man soll deshalb auch nur ausnahmsweise Probebelastungen anordnen und dafür aber für eine strenge Überwachung der Betonbereitung und sorgfältige Prüfung des Eisengeflechtes an der Hand des Planes vor dem Einbetonieren Sorge tragen[1]).

Nur in einem Fall kann die Probebelastung den Beweis für die Unbrauchbarkeit der Konstruktion liefern. Sind nämlich die bleibenden Durchbiegungen unverhältnismäßig groß im Verhältnis zu den Gesamtdurchbiegungen, so ist dies ein Beweis dafür, daß die Konstruktion ihre elastischen Eigenschaften unter der Probelast verloren hat und somit teilweise zerstört sein muß. Die deutschen Bestimmungen schreiben deshalb vor, daß von der nach zwölfstündiger Belastung gemessenen Gesamtdurchbiegung nur $\frac{1}{4}$ 12 Stunden nach der Entlastung noch verbleiben darf.

Die österreichischen Vorschriften bringen die gemessenen Durchbiegungen zu den berechneten in Beziehung und verlangen, daß die beobachteten, elastischen Durchbiegungen nicht um mehr als 20% die für die Probelast berechneten überschreiten dürfen, und daß die bleibende nicht mehr als $\frac{1}{3}$ der berechneten betragen darf.

Statisch unbestimmte Größen.

Die äußeren, an einer Konstruktion angreifenden Kräfte sind die Lasten und die Stützenwiderstände (Auflagerkräfte). Im allgemeinen nennt man die gegebenen äußeren Kräfte die Lasten, die gesuchten die Stützenwiderstände. Alle Lasten müssen mit allen Stützenwiderständen zusammengesetzt im Gleichgewicht sein. Es müssen daher auch die Gleichgewichtsbedingungen der Ebene oder des Raumes zur Berechnung der Stützenwiderstände aus den gegebenen Lasten benutzt werden.

Ist nun die Zahl der unbekannten Stützenwiderstände größer als die Zahl der Gleichgewichtsbedingungen, so heißt die Konstruktion äußerlich statisch unbestimmt, und sind die Zahlen einander gleich, statisch bestimmt.

Bei den äußerlich statisch unbestimmten Konstruktionen reichen somit die Gleichgewichtsbedingungen zur Berechnung der unbekannten Stützenwiderstände nicht aus, und man muß berücksichtigen, daß die elastischen Konstruktionen unter den Lasten Formänderungen erleiden, aus welchen noch weitere Bedingungen für die unbekannten Stützenwiderstände abgeleitet werden können.

Denkt man sich eine Konstruktion mit einem ebenen oder gekrümmten Schnitt in zwei Teile zerlegt, so kann man ohne Störung des Gleichgewichtes den einen Teil wegnehmen, wenn man die an diesem Schnitt wirkenden inneren Kräfte ansetzt. Da hierbei dieser Konstruktionsteil in Ruhe bleibt, müssen diese angesetzten inneren Schnittkräfte mit den an diesem Teil angreifenden äußeren Kräften (Lasten und Stützenwiderständen) im Gleichgewicht sein. Es müssen somit auch die Schnittkräfte aus diesen äußeren Kräften nach den Gleichgewichtsbedingungen berechnet werden.

Können nun nacheinander die Schnitte so gelegt werden, daß die Gleichgewichtsbedingungen zur Berechnung aller Schnittkräfte ausreichen, so ist die Konstruktion statisch bestimmt. Wenn die Gleichgewichtsbedingungen hierzu nicht ausreichen, heißt die Konstruktion innerlich statisch unbestimmt.

---

[1]) Deutscher Ausschuß für Eisenbeton Heft 32; Probebelastungen von Decken, berichtet von G a r y und R u d e l o f f. Berlin 1915.

Auch bei den innerlich statisch unbestimmten Konstruktionen müssen weitere Bedingungen für die Berechnung der Schnittkräfte aus den elastischen Formänderungen abgeleitet werden.

Bezeichnet man mit X eine statisch unbestimmte Größe und mit L die virtuelle Arbeit der Auflagerkräfte für den Belastungszustand $X = 1$, bezeichnen ferner $\mathfrak{M}$ die Schnittmomente, N die Schnittnormalkräfte, a den Wärmeausdehnungskoeffizienten, t_0 die Temperaturänderung in der Stabachse, $\varDelta t$ den Unterschied der Temperaturänderungen in den äußersten Punkten des Querschnittes von der Höhe h, so kann man für die Berechnung der Größe X die Gleichung benutzen[1])

$$L = \int \frac{N}{\varepsilon F} \cdot \frac{\partial N}{\partial x} \cdot dx + \int \frac{\mathfrak{M}}{\varepsilon \Theta} \cdot \frac{\partial \mathfrak{M}}{\partial x} \cdot dx + \int a \cdot t_0 \cdot \frac{\partial N}{\partial x} \cdot dx$$
$$+ \int a \frac{\varDelta t}{h} \cdot \frac{\partial \mathfrak{M}}{\partial x} \cdot dx \quad \ldots \ldots \ldots \quad (249)$$

Diese Gleichung setzt voraus, daß der Baustoff sowohl dem Hookeschen Gesetz als auch dem Superpositionsgesetze gehorcht[2]).

Es sind nun die Fragen zu lösen; kann man auch für Konstruktionen aus Eisenbeton, welcher weder dem Hookeschen Gesetze noch dem Superpositionsgesetze unterworfen ist, statisch unbestimmte Größen nach demselben Verfahren berechnen, und wenn ja, welche Werte sind für die Stoffkonstanten ε und a sowie für die Formgrößen F und Θ in diese Arbeitsgleichung einzusetzen?

In den Abb. 236 und 237 des vorigen Abschnittes ist an zwei wesentlich voneinander verschiedenen Querschnitten gezeigt worden, daß man die Durchbiegungen der Eisenbetonbalken nach dem für isotrope Baustoffe gültigen Verfahren berechnen darf, wenn man für die Querschnittsflächen die ideellen Flächen (F_i) und für die Trägheitsmomente die über die ganzen Querschnitte erstreckten Verbundträgheitsmomente (vgl. Seite 94, Stadium I) mit $n = 10$ oder 8,0 bis 10 in die Rechnung einführt. Die Arbeitsgleichung stellt nun die Unbekannten X als eine Funktion der Lasten und der elastischen Formänderungen dar, wie aus folgenden Betrachtungen hervorgeht.

Der Ausdruck $\dfrac{N}{\varepsilon F}$ ist die Längenänderung eines Stabes von der Länge 1 und dem Querschnitt F infolge der Axialkraft N; $\dfrac{\mathfrak{M}}{\varepsilon \Theta}$ ist die Änderung des Winkels, den die Tangente an die elastische Linie mit der Stabachse bildet, auf die Längeneinheit[3]) infolge des Biegungsmomentes $\mathfrak{M}$. Wenn also die Formänderungen, wie gezeigt, nach den Gleichungen der isotropen Baustoffe innerhalb gewisser Grenzen berechnet werden dürfen, so können auch die Funktionen dieser Formänderungen, unsere statisch unbestimmten Größen X, innerhalb derselben Grenzen nach den für isotrope Baustoffe geltenden Regeln berechnet werden.

Man könnte nur die in Abb. 237 ersichtliche Abweichung der berechneten Einbiegung von der beobachteten für zu groß halten. Hierbei ist jedoch zu beachten, daß der Beton dieses, nach den deutschen Bestimmungen überhaupt

---

[1]) Müller, Breslau, Die neueren Methoden der Festigkeitslehre, III. Aufl., S. 93. Leipzig 1904.

[2]) Föppl, Vorlesungen über Technische Mechanik, III. Bd. Festigkeitslehre. 5. Aufl. Leipzig-Berlin 1914. § 10.

[3]) $\dfrac{\mathfrak{M}}{\varepsilon \Theta} = -\dfrac{d^2 y}{dx^2}$, $\dfrac{dy}{dx} = \operatorname{tg} \alpha$ bei sehr kleinem Winkel $\dfrac{dy}{dx} \propto \alpha$ und $\dfrac{d^2 y}{dx^2} = \dfrac{d\alpha}{dx}$.

nicht mehr zulässigen Plattenbalkens wegen der Beobachtung der Betondruck-erscheinungen absichtlich eine sehr geringe Würfelfestigkeit hatte, so daß die Risse in der Zugzone schon bei verhältnismäßig geringen Belastungen eintreten mußten. Es kann hier somit nur das Stück der Schaulinie bis zum Eintreten der ersten Risse berücksichtigt werden. Andere genaue Messungen der Durch-biegungen von Plattenbalken mit breiter Platte aus normalem Beton liegen meines Wissens zurzeit nicht vor.

Mörsch hat im Auftrage des Deutschen Ausschusses für Eisenbeton[1]) die Beziehung zwischen Formänderung und Biegungsmoment bei Eisenbetonbalken geprüft und hierbei den Formänderungswinkel $\frac{d\,a}{d\,x}$ der Längeneinheit aus den in der Druckzone und der Zugzone der Balken gemessenen Längenänderungen bestimmt $\left(d\,a = \frac{o+u}{h-a}\right)$.

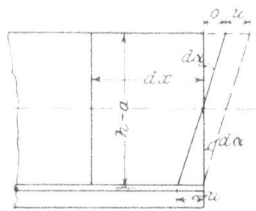

Abb. 238.

Da $\frac{\mathfrak{M}}{\varepsilon\,\Theta} = -\frac{d^2\,y}{d\,x^2} = -\frac{d\,a}{d\,x}$ ist, so ist das Biegungs-moment $\mathfrak{M}$ dem Formänderungswinkel auf die Länge eins $\frac{d\,a}{d\,x}$ proportional und kann somit auch aus diesen Formänderungswinkeln berechnet werden. Mörsch hat für einige einfache statisch unbestimmte Träger, ein-gespannte Balken, die Einspannungsmomente mit Hilfe der Formänderungswinkel bestimmt und dabei mit sehr guter Übereinstimmung dieselben Momente erhalten, welche die übliche Rechnung für isotrope Baustoffe liefert.

Man wird aus dieser Betrachtung aber erkennen, daß der gewünschte Beweis für die Anwendbarkeit der üblichen Theorien zur Berechnung statisch unbestimmter Größen ebensogut durch Vergleich einer beobachteten und einer berechneten Durchbiegungslinie eines Eisenbetonbalkens gebräuchlicher Abmessung und aus normalem Beton geliefert werden kann, als durch die Benutzung gemessener Formänderungswinkel.

Aus der Untersuchung von Mörsch sowie aus dem Vergleich der gemessenen und berechneten Durchbiegungen kann man sicherlich schließen, daß die Regeln für die Berechnung statisch unbestimmter Konstruktionen der isotropen Bau-stoffe auch auf Eisenbetonkonstruktionen angewendet werden dürfen.

Für die auf Biegung beanspruchten Teile ist hierbei der Spannungszustand I zugrunde zu legen.

Die deutschen Bestimmungen schreiben deshalb vor:

»Bei der Berechnung der unbekannten Größen statisch unbestimmter Tragwerke und der elastischen Formänderungen aller Tragwerke sind die aus dem vollen Beton-querschnitt einschließlich der Zugzone und aus der zehnfachen Fläche der Längs-eisen gebildeten ideellen Querschnittsflächen und die daraus errechneten Trägheits-momente ($n = 10$) sowie eine auf Druck und Zug im Beton gleich große Formände-rungszahl $\varepsilon = 210\,000$ kg/qcm in Rechnung zu stellen.«

Dieselben Bestimmungen schreiben ferner vor, daß für die Temperatur-änderung $t \pm 15^0$ C gegen die mittlere Herstellungstemperatur, und daß außer-dem der Einfluß des Schwindens des Betons an der Luft einem Wärmeabfall von 15^0 C gleichzuerachten ist. Die Zahl $\pm 15^0$ C kann auf $\pm 10^0$ C bei Trag-werken ermäßigt werden, deren geringste Abmessung 70 cm oder mehr beträgt, und bei solchen, die durch Überschüttung hinreichend geschützt sind.

---

[1]) Deutscher Ausschuß für Eisenbeton, Heft 18, berichtet von Mörsch. Berlin 1912.

Für die Wärmeausdehnungszahl ist $\alpha = 0{,}00001$ zu setzen.

Die österreichischen Vorschriften fordern für diese Rechnungen auch die Spannungsverteilung nach Stadium I, jedoch mit $n = 15$ für Zug und Druck. Ferner sind auch in diesen Vorschriften die Temperaturgrenzen wie oben zu $\pm 15^0$ C bzw. $\pm 10^0$ C angegeben, jedoch ist die Wärmeausdehnungszahl $\alpha = 0{,}000012$ gesetzt und der Einfluß des Schwindens ist nicht berücksichtigt.

Die schweizerischen Vorschriften enthalten keine besonderen Bestimmungen für die Berechnung der statisch unbestimmten Eisenbetonkonstruktionen. Nur für den Einfluß der Wärme ist $t = \pm 15^0$ C und für den Einfluß des Schwindens ein Temperaturabfall von 20^0 C vorgesehen, wobei $\alpha = 0{,}0000125$ sein soll.

'Wenn man den Einfluß der Temperaturänderung unberücksichtigt lassen will, wie dies für rahmen- und bogenförmige Tragwerke mit kleineren Stützweiten nach den deutschen Bestimmungen zulässig ist, entfallen die beiden letzten Glieder der Arbeitsgleichung (249). Der Einfluß der Normalkräfte N auf die Formänderungen und die Unbekannten X ist meist (Ausnahme sehr flache Gewölbe) gegenüber dem Einfluß der Biegungsmomente sehr gering, so daß in der Regel das erste Glied der Arbeitsgleichung unberücksichtigt gelassen werden kann, wenn auch das dritte Glied zur Berücksichtigung der Wärmewirkung in Rechnung gezogen wird. Der Einfluß der verschiedenen Erwärmung der Außenflächen wird nur in Ausnahmefällen zu beachten sein, so daß also in der Regel $\varDelta t = 0$ gesetzt werden darf.

Da nun in den meisten Fällen (reibungslose, bewegliche Auflager und starre Auflager) die Arbeit der Auflagerkräfte L Null ist, so bleibt häufig von der Arbeitsgleichung nur ein Glied übrig:

$$0 = \int \frac{\mathfrak{M}}{\varepsilon \cdot \Theta} \cdot \frac{\partial \mathfrak{M}}{\partial x} \cdot d x \quad \ldots \ldots \ldots \quad (250)$$

Diese Gleichung kann man durch ein beliebiges konstantes Trägheitsmoment Θ_1 dividieren

$$0 = \int \frac{\mathfrak{M}}{\varepsilon \dfrac{\Theta}{\Theta_1}} \cdot \frac{\partial \mathfrak{M}}{\partial x} \cdot d x.$$

Damit ist bewiesen, daß nicht die absoluten Werte der Trägheitsmomente von Einfluß auf die Unbekannten X sind, sondern die Verhältnisse der Trägheitsmomente zueinander.

Bei der Berechnung der Unbekannten X aus den Arbeitsgleichungen oder anderen Gleichungen müssen ebenso wie bei den statisch unbestimmten Eisenkonstruktionen die Querschnitte und ihre Trägheitsmomente der einzelnen Konstruktionsglieder bekannt sein. Sie müssen deshalb auch hier zunächst nach Schätzung eingesetzt und unter Umständen nach der ersten Berechnung verbessert und die Rechnung noch einmal durchgeführt werden.

Wie oben gezeigt, kommt es weniger auf die richtigen absoluten Werte der Trägheitsmomente als vielmehr auf die richtigen Verhältnisse der Trägheitsmomente zueinander an. Deshalb werden häufig die F_i und Θ_v der Arbeitsgleichungen zunächst ohne Berücksichtigung der Eisen nur über die schätzungsweise angenommenen Betonflächen erstreckt.

Nach der Berechnung der statisch unbestimmten Größen erfolgt die Spannungsrechnung nach den für den Spannungszustand IIb entwickelten Formeln, somit ohne Rücksicht auf die Betonzugflächen.

17. Kapitel. Teilweise Einspannung.

Allgemeines.

Man nennt einen Träger »frei aufgelagert«, wenn er sich unter der Einwirkung der Belastung bei seiner Einbiegung um seine Auflagerpunkte reibungslos drehen kann. Es würden also die Tangente an die Trägerachse und die Tangente an die elastische Linie im Auflagerpunkt einen Winkel α_0 einschließen (vgl. Abb. 239). In gleicher Weise ist eine exzentrisch belastete Säule »frei gestützt«, wenn sie sich unter der Einwirkung der Belastung um ihren Stützpunkt reibungslos drehen kann (Abb. 240).

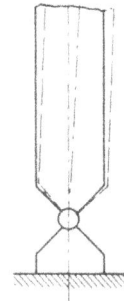

»Vollkommen eingespannt« ist ein Träger, der sich unter der Einwirkung der Belastung um seine Auflagerpunkte überhaupt nicht drehen kann. Es werden also hierbei die Tangente an die Trägerachse und die Tangente an die elastische Linie zusammenfallen (vgl. Abb. 241). Ebenso kann eine vollkommen eingespannte

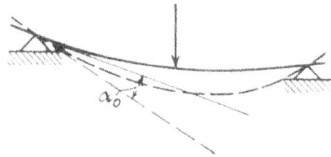

Abb. 239.

Abb. 240.

Stütze um ihren Stützpunkt unter der Einwirkung der Belastung keine Drehung ausführen.

Die vollkommene Einspannung setzt voraus, daß der Stoff an der Einspannungsstelle starr ist, und die freie Auflagerung setzt voraus, daß die Auflagergelenke reibungslos sind. Da beide Eigenschaften tatsächlich nicht vorkommen, gibt es auch keine völlig freie Auflagerung und keine vollkommene Einspannung, sondern dies sind nur die denkbaren Grenzfälle aller Auflagerungen. Zwischen diesen Grenzfällen liegen die Fälle der »teilweisen Einspannung«. Jedoch spricht

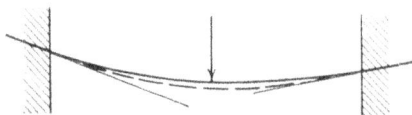

Abb. 241.

Abb. 242.

man praktisch im Eisenbetonbau von einer teilweisen Einspannung nur dann, wenn ein merklicher Einfluß der Einspannung auf die Größe der Biegungsmomente des Trägers oder der Stütze gegeben ist.

Die Tangente in dem Auflagerpunkte an die Trägerachse und die elastische Linie des teilweise eingespannten Trägers schließen einen Winkel α ein, der kleiner ist als der Winkel α_0 bei freier Auflagerung (vgl. Abb. 242).

Man spricht nun von $\frac{1}{\nu}$ Einspannung, wenn das Biegungsmoment $\mathfrak{M}_a$ des Trägers an der Einspannungsstelle $\frac{1}{\nu} \cdot \mathfrak{M}_A$ ist, wobei $\mathfrak{M}_A$ das bei vollkommener Einspannung an dieser Stelle auftretende Biegungsmoment ist.

Sind die Einspannungsmomente über zwei benachbarten Stützen A und B $\mathfrak{M}_a$ und $\mathfrak{M}_b$ und das Biegungsmoment in einem Punkt eines auf zwei Stützen

A und B frei gelagerten Trägers $\mathfrak{M}_{1x}$, so ist in demselben Trägerpunkt infolge der Einspannung das Moment bekanntlich (vgl. Abb. 243)

$$\mathfrak{M}_x = \mathfrak{M}_{1x} - \mathfrak{M}_b \frac{x}{l} - \mathfrak{M}_a \cdot \frac{l-x}{l} \quad \ldots \ldots \quad (251)$$

Es ist somit das positive Biegungsmoment $\mathfrak{M}_x$ eines teilweise eingespannten Trägers stets kleiner als das positive Biegungsmoment $\mathfrak{M}_{1x}$ desselben Trägers bei freier Auflagerung; dagegen entstehen an den Trägerenden des teilweise eingespann- ten Trägers negative Biegungsmomente.

Die teilweise Einspannung ist deshalb auch in zweierlei Hinsicht für den Eisen- betonbau von Bedeutung, einmal wegen der hierdurch entstehenden Verkleinerung der Biegungsmomente im Feld, das andere Mal wegen der auftretenden negativen Biegungsmomente an den Auflagern, für welche Zugeisen auf der anderen Seite (oben) des Trägers notwendig sind.

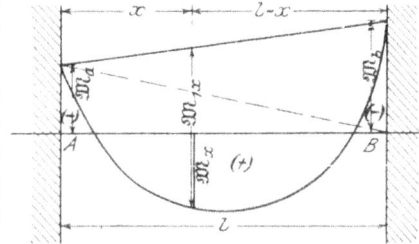

Abb. 243.

Die Träger aus Baustoffen, welche gegen Druck und Zug ziemlich gleich widerstandsfähig sind (z. B. Eisen, Holz), werden durch eine unerwartete teil- weise Einspannung infolge der Verkleinerung der Biegungsmomente nur günstig beeinflußt. Dagegen können Eisenbetonbalken infolge unerwarteter Einspannung trotz der Verkleinerung der Biegungsmomente brechen, wenn nicht für die Auf- nahme der durch die negativen Biegungsmomente entstehenden inneren Zug- kräfte entsprechende Eisen vorgesehen sind.

Es muß deshalb auf die etwa mögliche teilweise Einspannung der Eisenbeton- träger in der Anordnung der Eisen auch dann Rücksicht genommen werden,

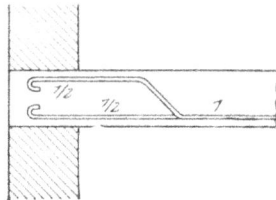

Abb. 244.

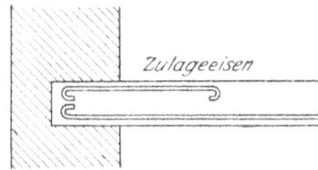

Abb. 245.

wenn die günstige Wirkung der Einspannung auf die Verkleinerung der positiven Biegungsmomente nicht berücksichtigt wird. Eingemauerte Balken oder Platten werden deshalb an der Einmauerungsstelle stets auch oben nach Abb. 244 oder Abb. 245 mit Eisen versehen.

Tatsächlich ist sogar bei Eisenbetonbalken, welche nur in Mauern mit Weiß- kalkmörtel eingemauert waren, ein Einspannungsmoment beobachtet worden[1]), so daß auch hier schon die negativen Biegungsmomente berücksichtigt werden müssen, wenn auch mit der günstigen Wirkung der Einspannung noch nicht gerechnet werden darf. Vouten an den Einmauerungsstellen scheinen unter sonst gleichen Verhältnissen die Wirkung der Einmauerung auf die Einspannung zu erhöhen[1]).

In der Regel kann der Grad der teilweisen Einspannung nur schwierig rechne- risch ermittelt werden, so daß der Entwerfende auf Schätzungen angewiesen ist.

_____

[1]) Mitteilungen des österr. Eisenbetonausschusses, Heft 4, berichtet von v. Em- perger. Leipzig und Wien 1913.

Es ist deshalb zweckmäßig, sich zunächst an den beiden einfachsten Belastungsfällen eines Trägers auf zwei Stützen den Einfluß der teilweisen Einspannung
auf das größte positive Moment vorzuführen. In den Abb. 246 und 247 ist die
Wirkung der teilweisen Einspannung an einem Träger mit gleichförmig verteilter
Belastung und an einem Träger mit einer Einzellast in der Mitte dargestellt.

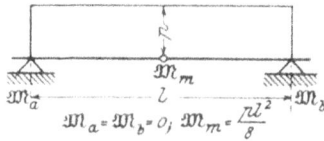

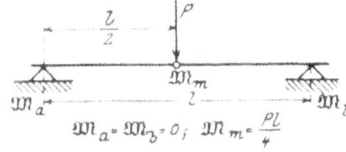

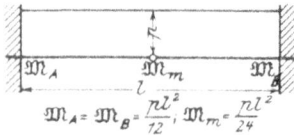

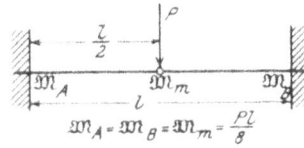

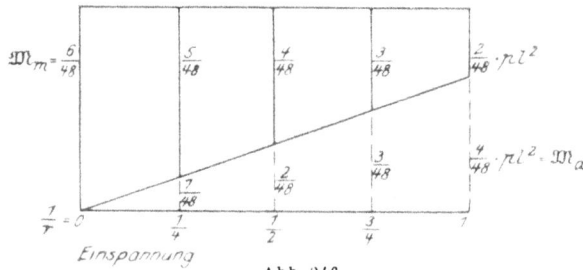

Abb. 246.

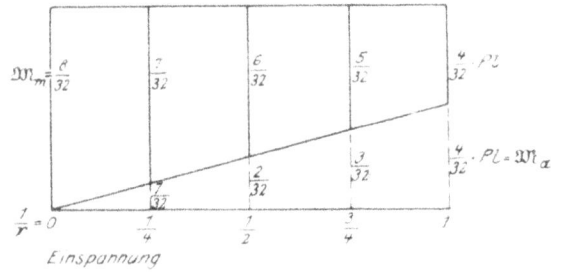

Abb. 247.

Aus Gleichung (251) geht hervor, daß für alle symmetrischen Belastungen
($\mathfrak{M}_a = \mathfrak{M}_b$) die Summe aus dem Einspannungsmoment und dem Feldmoment

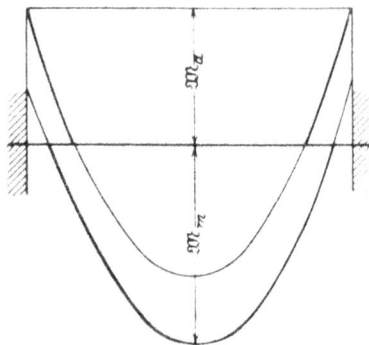

Abb. 248.

gleich dem Moment des frei aufgelagerten
Trägers an derselben Stelle sein muß. Es
würde demnach eine Überschätzung der Einspannungsmomente eine Unterschätzung der
positiven Feldmomente zur Folge haben.
Man kann dies dadurch vermeiden, daß
man sich gleichsam zwei verschiedene Belastungsfälle denkt, deren einer die Ein
spannungsmomente, deren anderer die positiven Momente ihre größten Werte annehmen läßt. Man hat also dann eigentlich
eine Maximal- und eine Minimalmomentenlinie zu unterscheiden (vgl. Abb. 248).

Berechnung der teilweisen Einspannung.

Balken, welche in Säulen eingespannt sind, bilden mit diesen zusammen
einen Rahmen. Die Berechnung des Rahmens als statisch unbestimmtes System
liefert in diesem Falle die richtigen Einspannungsmomente (Eckmomente) des
Balkens. Es kann also der Balken eines Rahmens als ein teilweise eingespannter

Träger betrachtet werden, wie beispielsweise aus der Formel für das Eckmoment des in Abb. 249 dargestellten Rahmens noch anschaulicher hervorgeht[1]).

Das Eckmoment $\mathfrak{M}_a$ ist für die konstanten Trägheitsmomente Θ_s der Stützen und Θ des Balkens und ohne Rücksicht auf die Wirkung der Normalkräfte (vgl. Seite 225) und der Wärmeänderung

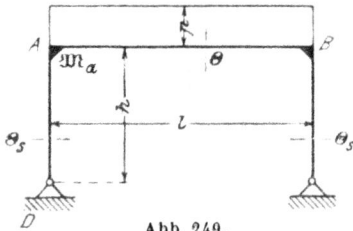

$$\mathfrak{M}_a = -\frac{p\,l^2}{12} \cdot \frac{1}{1 + \dfrac{2}{3}\dfrac{h}{l} \cdot \dfrac{\Theta}{\Theta_s}} \quad . \quad . \quad (252)$$

Würden die beiden Stützen infolge der Belastungen gar keine Verbiegungen erleiden, was eintreten würde, wenn $h = 0$ oder $\Theta_s = \infty$ wäre, so würde $\mathfrak{M}_a = -\dfrac{p\,l^2}{12}$ sein, d. h. der Balken des Rahmens wäre ein an beiden Enden vollkommen eingespannter Träger. Wären dagegen die beiden Stützen schlaff, also $\Theta_s = 0$, so würde dies die gleiche Wirkung haben, als wenn reibungslose Gelenke in den Endpunkten A und B des Balkens angebracht wären. $\mathfrak{M}_a = 0$ liefert für diesen Fall die obige Gleichung (252), und der Balken des Rahmens wäre ein auf den zwei Stücken A und B frei aufgelagerter Träger.

Man sieht, die Gleichung für die Eckmomente eines Rahmens liefert die Einspannungsmomente teilweise eingespannter Balken einschließlich der beiden Grenzfälle.

Schwieriger als die theoretische Betrachtung der Einspannungsmomente eines in Eisenbetonstützen oder auch in Zementmörtelmauern teilweise eingespannten Eisenbetonbalkens gestaltet sich die Berechnung der Einspannungsmomente der Eisenbetonplatten, welche einerseits oder beiderseits in Eisenbetonrippen eingespannt sind. Gerade solche eingespannte Eisenbetonplatten kommen aber im Eisenbetonbau sehr häufig vor.

Die Betonplatte der in der Abb. 250 im Schnitte dargestellten Eisenbetondecke ist ein durchlaufender Träger, welcher auf elastisch senkbaren und elastisch

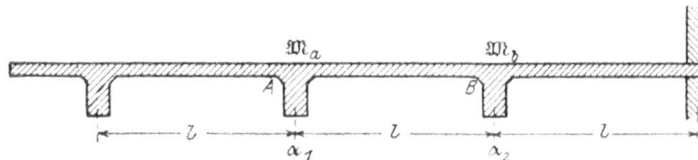

Abb. 250.

drehbaren Stützen gelagert ist. Es ist also nicht richtig, eine solche Platte als durchlaufenden Träger nach Regeln zu berechnen, welche reibungslos bewegliche Auflager auf starrer Unterlage voraussetzen. Dagegen kann man jedes Plattenfeld als teilweise eingespannten Träger betrachten, wenn man von der Wirkung der ungleichmäßigen Senkung der Einspannungsstellen absieht.

Zur Erleichterung der Momentenschätzung sei eine theoretische Betrachtung der Einspannungsmomente für Platten[2]) mit gleichförmig verteilter Belastung in nur je einem Plattenfeld vorausgeschickt.

---

[1]) Gehler, Beitrag zur Bemessung von Rahmen. Berlin 1912. (Dissertation.)

[2]) Dr. Otto Renezeder, »Über die Einspannung der Platte in den Rippen bei Plattenbalken.« Zeitschrift für Betonbau. Wien 1914. Heft 8. (Hier nur der Gedankengang benutzt.)

In einem Plattenfeld A—B der in Abb. 250 dargestellten Decke seien die Winkel zwischen den Tangenten der elastischen Linie und der Wagerechten in den Punkten A und B a_1 und a_2, die Einspannungsmomente $\mathfrak{M}_a$ und $\mathfrak{M}_b$. Für den durchlaufenden Träger mit dem konstanten Trägheitsmoment Θ ergeben sich bei gleichmäßiger Stützensenkung die Stützenmomente $\mathfrak{M}_a$ und $\mathfrak{M}_b$ aus den Gleichungen[1])

$$\left.\begin{aligned}
6 \cdot \varepsilon \cdot \Theta\, a_1 &= \quad \mathfrak{M}_b \cdot l + 2\,\mathfrak{M}_a \cdot l + \frac{2}{l} \cdot \int_0^l \mathfrak{M}_{1x} \cdot (2\,l - x)\, dx \\
6 \cdot \varepsilon \cdot \Theta\, a_2 &= -\mathfrak{M}_a \cdot l - 2\,\mathfrak{M}_b \cdot l - \frac{2}{l} \cdot \int_0^l \mathfrak{M}_{1x} \cdot (l + x)\, dx
\end{aligned}\right\} \quad . \quad (253)$$

wobei $\mathfrak{M}_{1x}$ wieder die Momente des Trägers auf zwei Stützen bedeuten. Daraus erhält man

$$\left.\begin{aligned}
\mathfrak{M}_b &= -\frac{2 \cdot \varepsilon \cdot \Theta}{l} (a_1 + 2\,a_2) - \frac{2}{l^2} \cdot \int_0^l \mathfrak{M}_{1x} \cdot x\, dx \\
\mathfrak{M}_a &= \quad \frac{2 \cdot \varepsilon \cdot \Theta}{l} (2\,a_1 + a_2) - \frac{2}{l^2} \cdot \int_0^l \mathfrak{M}_{1x} \cdot (l - x)\, dx
\end{aligned}\right\} \quad . \quad (254)$$

Für die Randfelder ist

$$\mathfrak{M}_b = 0; \quad \mathfrak{M}_{1x} = \frac{p \cdot x\,(l - x)}{2}$$

und daher aus (254)

$$\mathfrak{M}_a = \frac{3 \cdot \varepsilon\, \Theta}{l} \cdot a_1 - \frac{2}{l^2} \int_0^l \frac{p\,x\,(l - x)}{2} \cdot \left(l - \frac{x}{2}\right) dx = \frac{3 \cdot \varepsilon \cdot \Theta}{l} \cdot a_1 - \frac{p\,l^2}{8} \quad (255)$$

Für ein einzeln gleichförmig belastetes Mittelfeld ist

$$a_1 = -a_2$$

$$\mathfrak{M}_b = \mathfrak{M}_a = \frac{2 \cdot \varepsilon\, \Theta}{l} \cdot a_1 - \frac{2}{l^2} \int_0^l \frac{p\,x^2\,(l - x)}{2} \cdot dx = \frac{2 \cdot \varepsilon\, \Theta}{l} \cdot a_1 - \frac{p\,l^2}{12} \quad (256)$$

Infolge der Durchbiegung der Platte werden die Rippen (Deckenbalken) verdreht, und zwar um Drehwinkel, welche den hier betrachteten Tangentenwinkeln a_1 und a_2 gleich sind.

Bezeichnet man den Gleitmodul mit γ, das Drehmoment mit $\mathfrak{M}_d$, das polare Trägheitsmoment des durch $\mathfrak{M}_d$ auf Verdrehung beanspruchten Balkens mit Θ_p, seinen Querschnitt mit F und seine Länge mit s, so ist der Drehwinkel a nach Saint-Venant[2])

$$a = \int_0^s \mathfrak{M}_d \frac{40 \cdot \Theta_p}{\gamma \cdot F^4} \cdot ds \quad . \quad . \quad . \quad . \quad . \quad . \quad (257)$$

Die beiderseits eingemauerten Rippen B und A werden sich also infolge der Einbiegung der Deckenplatte im Abstande s vom Auflager um einen Winkel a

---

[1]) Dr. J. Weyrauch, Theorie und Berechnung der kontinuierlichen und einfachen Träger. Leipzig 1873.

[2]) Müller, Breslau, Die neueren Methoden der Festigkeitslehre. Leipzig. 3. Aufl. 1904. S. 227.

um ihre Längsachse drehen und das an dieser Stelle des Balkens ausgeübte Dreh-moment $\mathfrak{M}_d$ wird den Wert $\mathfrak{M}_s$ haben, welcher entgegengesetzt gleich dem Ein-spannungsmomente $\mathfrak{M}_a$ der Platte an dieser Stelle ist.

In den Gleichungen (255) und (256) können also die Winkel α_1 durch (257) ausgedrückt werden. Es soll zunächst das Randfeld, also Gleichung (255), be-handelt werden.

$$\mathfrak{M}_a = \frac{3 \cdot \varepsilon \, \Theta}{l} \cdot \int_0^s \mathfrak{M}_d \cdot \frac{40 \cdot \Theta_p}{\gamma \cdot F^4} \cdot ds - \frac{p \, l^2}{8} \cdot$$

Berücksichtigt man, daß der Gleitmodul γ ist

$$\gamma = \frac{m}{2 \, (m + 1)} \cdot \varepsilon$$

und daher für $m = 4$, $\gamma = \frac{4}{10} \cdot \varepsilon$ ist, so kann man vereinfachend schreiben

$$\frac{3 \cdot \varepsilon \cdot \Theta}{l} \cdot \frac{40 \cdot \Theta_p}{\gamma \cdot F^4} = K = \frac{300 \cdot \Theta \cdot \Theta_p}{l \cdot F^4} \quad \ldots \ldots \quad (258)$$

$$\mathfrak{M}_a = K \cdot \int_0^s \mathfrak{M}_d \cdot ds - \frac{p \, l^2}{8}$$

$$\frac{d \, \mathfrak{M}_a}{d \, s} = K \cdot \mathfrak{M}_s$$

Nach der oben gegebenen Erläuterung

$$\mathfrak{M}_s = - \mathfrak{M}_a$$

$$\frac{d \, \mathfrak{M}_a}{\mathfrak{M}_a} = - K \cdot d \, s$$

$$\lg n \cdot C \cdot \mathfrak{M}_a = - K \cdot s$$

$$\mathfrak{M}_a = \frac{1}{C} \cdot e^{- K \cdot s} \quad \ldots \ldots \ldots \quad (259)$$

Am Auflager der Rippe ist $s = 0$ und auch die Verdrehung $\alpha = 0$, so daß also hier die Tangente an die elastische Linie der Platte wagerecht bleiben muß; d. h. am Auflager der Rippe ist die Platte in der Rippe vollkommen eingespannt und deshalb für $s = 0$ $\mathfrak{M}_a = -\frac{p \, l^2}{8}$, daher nach (259)

$$\frac{1}{C} = - \frac{p \, l^2}{8},$$

somit im Randfeld

$$\mathfrak{M}_a = - \frac{p \, l^2}{8} \cdot e^{- K \cdot s} \quad \ldots \ldots \ldots \quad (260)$$

Behandelt man in der gleichen Weise ein Plattenmittelfeld, setzt also den Wert α aus Gleichung (257) in (256) ein und bezeichnet außerdem

$$K_1 = \frac{200 \cdot \Theta \cdot \Theta_p}{l \cdot F^4}, \quad \ldots \ldots \ldots \quad (261)$$

so erhält man für ein Mittelfeld der Platte

$$\mathfrak{M}_a = \mathfrak{M}_b = - \frac{p \, l^2}{12} \cdot e^{- K_1 \cdot s} \quad \ldots \ldots \quad (262)$$

Die Gleichungen (260) und (262) zeigen, daß die Deckenplatten an den Auflagern der Rippenbalken ($s = 0$) ihre größten Einspannungsmomente haben
und für den größten Wert von s, der wegen der Symmetrie in Balkenmitte mit
$s = \dfrac{l_1}{2}$ erreicht wird, ihren kleinsten Wert erreichen (l_1 Stützweite der Balken).
Demnach sind die kleinsten Einspannungsmomente der Platte

im Randfeld $\qquad \mathfrak{M}_a = - \dfrac{p\,l^2}{8} \cdot e^{-\frac{K\,l_1}{2}}$

in einem Mittelfeld $\quad \mathfrak{M}_a = \mathfrak{M}_b = - \dfrac{p\,l^2}{12} \cdot e^{-\frac{K_1 \cdot l_1}{2}}$ $\left.\begin{array}{c} \\ \\ \end{array}\right\}$ $\quad \cdots \quad$ **(263)**

Ferner sind die kleinsten Feldmomente der Platte an den Rippenauflagern,
die größten Feldmomente nächst der Rippenmitte zu suchen.

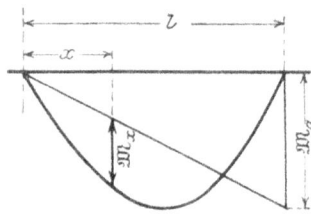
Abb. 251.

In den Randfeldern ist für gleichförmig verteilte Belastung nach Abb. 251 das Biegungsmoment

$$\mathfrak{M}_x = \frac{p}{2} \cdot x\,(l - x) - \mathfrak{M}_a \cdot \frac{x}{l}$$

$\dfrac{d\,\mathfrak{M}_x}{d\,x} = 0$ liefert die Abszisse des Maximal-
momentes

$$x_0 = \frac{l}{2} - \frac{\mathfrak{M}_a}{l\,p} \quad \cdots \quad (264)$$

und das Maximalmoment

$$\mathfrak{M}_m = \frac{p}{2} \cdot (l - x_0)\,x_0 - \frac{\mathfrak{M}_a \cdot x_0}{l} \quad \cdots \quad (265)$$

In den Plattenmittelfeldern erhält man das größte Feldmoment in der
Feldmitte zu

$$\mathfrak{M}_m = \frac{p\,l^2}{8} - \mathfrak{M}_a \quad \cdots \quad (266)$$

Zahlenbeispiel mit Erläuterungen.

Es sind die infolge teilweiser Einspannung entstehenden Plattenmomente
der in den Abb. 76 und 252 dargestellten Eisenbetondecke zu berechnen.

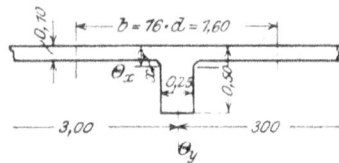
Abb. 252.

$b = 160$[1]), $h = 50$, $d = 10$, $b_1 = 25$,
$l_1 = 630$, $l = 300$ cm.

Nutzlast $'\pi = 400$ kg/qm, Eigengewicht
$^0\pi = 300$ kg/qm.

Die Trägheitsmomente und die Querschnittsfläche können für diese Rechnung wie
bei anderen statisch unbestimmten Systemen
ohne Rücksicht auf die Eisen berechnet werden.

$$F = 160 \cdot 10 + 40 \cdot 25 = 2600 \text{ qcm}$$

$$x = \frac{(160 - 25) \cdot \dfrac{10^2}{2} + 25 \cdot \dfrac{50^2}{2}}{2600} = 14{,}6 \text{ cm}$$

---

[1]) Man kann durch Versuchsrechnung zeigen, daß die Werte K und K_1 durch die
Vergrößerung von b sich nicht mehr erheblich ändern.

$$\Theta_x = \frac{135 \cdot 10^3}{3} + \frac{25 \cdot 50^3}{3} - F \cdot x^2 = 532\,000 \text{ cm}^4$$

$$\Theta_y = \frac{10 \cdot 160^3}{3} + \frac{40 \cdot 25^3}{3} = 3\,462\,100 \text{ cm}^4$$

$$\Theta_p = \Theta_x + \Theta_y = 3\,994\,100 \text{ cm}^4.$$

Das Trägheitsmoment Θ der Platte ist auf dieselbe Tiefe zu rechnen wie die gleichförmig verteilte Belastung p (vgl. die Gleichungen (255) und (256)), also in der Regel auf 100 cm.

$$\Theta = \frac{100 \cdot 10^3}{12} = 8330 \text{ cm}^4$$

$$K = \frac{300 \cdot 8330 \cdot 3\,994\,100}{300 \cdot 2600^4} = 0{,}000728; \quad \frac{K \cdot l_1}{2} = \frac{K \cdot 630}{2} = 0{,}229$$

$$K_1 = \frac{200 \cdot 8330 \cdot 3\,994\,100}{300 \cdot 2600^4} = 0{,}000486; \quad \frac{K_1 \cdot l_1}{2} = \frac{K_1 \cdot 630}{2} = 0{,}153$$

$$\lg e = 0{,}43429$$

$$0{,}229 \cdot \lg e = 0{,}0997; \quad e^{0{,}229} = 1{,}258$$

$$0{,}153 \, \lg e = 0{,}0665; \quad e^{0{,}153} = 1{,}166.$$

Im Randfeld nach (263)

$$\mathfrak{M}_a = -\frac{p\,l^2}{8 \cdot 1{,}258} = -\frac{p\,l^2}{10{,}06},$$

nach (264)

$$x_0 = \frac{300}{2} - \frac{300}{10{,}06} = 120{,}2 \text{ cm},$$

nach (265)

$$\mathfrak{M}_m = p \cdot 120{,}2 \left(\frac{179{,}8}{2} - \frac{300}{10{,}06} \right) = p \cdot 7230 = \frac{p\,l^2}{12{,}45}.$$

Im Mittelfeld ist nach (263)

$$\mathfrak{M}_a = \mathfrak{M}_b = -\frac{p\,l^2}{12 \cdot 1{,}166} = -\frac{p\,l^2}{14}$$

und nach (266)

$$\mathfrak{M}_m = \frac{p\,l^2}{8} - \frac{p\,l^2}{14} = \frac{p\,l^2}{18{,}55}.$$

Seither ist angenommen worden, daß nur je ein Feld belastet ist, während alle anderen Felder unbelastet und gewichtslos gedacht sind. Für die Durchführung der Rechnung ist aber zu berücksichtigen, daß alle Felder ständig mit dem Eigengewicht $^0\pi$ kg/qm belastet sind und sie wechselnd mit der Nutzlast $'\pi$ kg/qm belastet werden können. Wird in der Rechnung ein Plattenstreifen von 1,00 m Breite betrachtet, so kann man auch mit dem Eigengewicht ^0p kg/m $= {}^0\pi$ kg/qm und der Nutzlast $'p$ kg/m $= {}'\pi$ kg/qm rechnen.

Nennt man die Gesamtlast $^0p + {}'p = p$ kg/m, so kann man auch schreiben $'p = \eta \cdot p$ und $^0p = (1 - \eta)\,p$. Für die in diesem Zahlenbeispiel angegebenen Belastungen ist

$$\eta = \frac{4}{7} \quad \text{und} \quad 1 - \eta = \frac{3}{7}.$$

Randfeld.

Bei der gleichen Feldweite muß unter der ständigen Last allein die Tangente an die elastische Linie der Platte im Punkte A (Abb. 253) nahezu wagerecht bleiben. Somit ist die Platte für die ständige Last vollkommen eingespannt.

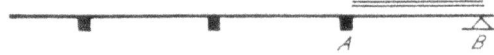

Abb. 253.

Unter der Nutzlast nach Abb. 253 dreht sich die Rippe A. Das Einspannungsmoment in Balkenmitte $'\mathfrak{M}_a$ ist daher für die Nutzlast nach Gleichung (263) zu berechnen

$$'\mathfrak{M}_a = -\frac{\eta \cdot p\,l^2}{8} \cdot e - \frac{K \cdot l_1}{2} = -\frac{4}{7} \cdot \frac{p\,l^2}{10,06}.$$

Das Moment für die ständige Last $^0\mathfrak{M}_a$ ist entsprechend der vollkommenen Einspannung

$$^0\mathfrak{M}_a = -(1-\eta) \cdot \frac{p\,l^2}{8} = -\frac{3}{7} \cdot \frac{p\,l^2}{8},$$

das gesamte Einspannungsmoment

$$\mathfrak{M}_a = {}^0\mathfrak{M}_a + {}'\mathfrak{M}_a = -p\,l^2\left(\frac{4}{7}\cdot\frac{1}{10,06} + \frac{3}{7}\cdot\frac{1}{8}\right) = -\frac{p\,l^2}{9,05}$$

gegen $\mathfrak{M}_a = -\dfrac{p\,l^2}{8}$ bei vollkommener Einspannung.

Da für die ständige Belastung vollkommene Einspannung zu rechnen ist, ist das größte Feldmoment $^0\mathfrak{M}_m$ der ständigen Last

$$^0\mathfrak{M}_m = \frac{9}{128} \cdot (1-\eta) \cdot p\,l^2 = \frac{9}{128} \cdot \frac{3}{7} \cdot p\,l^2.$$

Für die Nutzlast ist nach den vorstehenden Bemerkungen teilweise Einspannung anzunehmen, daher das Moment $'\mathfrak{M}_m$ der Nutzlast nach Gleichung (265) zu berechnen, wie oben bereits vorbereitet

$$'\mathfrak{M}_m = \eta \cdot \frac{p}{2}\,(l-x_0)\cdot x_0 - {}'\mathfrak{M}_a \cdot \frac{x_0}{l} = \frac{4}{7}\,\frac{p\,l^2}{12,45}.$$

das gesamte Feldmoment $\mathfrak{M}_m$

$$\mathfrak{M}_m = {}^0\mathfrak{M}_m + {}'\mathfrak{M}_m = p\,l^2\left(\frac{3}{7}\cdot\frac{9}{128} + \frac{4}{7}\cdot\frac{1}{12,45}\right) = \frac{p\,l^2}{13,16}$$

gegen $\dfrac{9}{128}\,p\,l^2 = \dfrac{1}{14,2}\cdot p\,l^2$ der vollkommenen Einspannung.

Abb. 254.

Sind die beiden an A angrenzenden Plattenfelder belastet (Abb. 254), so bleibt die Tangente der elastischen Linie der Platte im Punkte A nahezu wagerecht und das Randfeld AB ist für Eigengewicht und Nutzlast als einerseits vollkommen eingespannter Träger zu berechnen.

$$\mathfrak{M}_a = -\frac{p\,l^2}{8}; \quad \mathfrak{M}_m = +9\cdot\frac{p\,l^2}{128} = \frac{p\,l^2}{14,2}.$$

Mittelfeld.

Auch bei jedem Mittelfeld bleiben unter der ständigen Last die Tangenten der elastischen Linie über den Stützen A und B wagerecht, so daß für die stän-

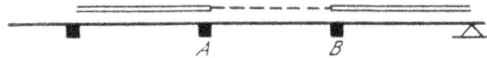

Abb. 255.

dige Last das Feld AB ein beiderseits vollkommen eingespannter Träger ist. Unter der ständigen Last ist das Einspannungsmoment

$$^{o}\mathfrak{M}_b = {}^{o}\mathfrak{M}_a = -(1-\eta)\cdot\frac{p\,l^2}{12} = -\frac{3}{7}\cdot\frac{p\,l^2}{12}.$$

Unter der in Abb. 255 gestrichelten Nutzlast ist nach (263)

$$'\mathfrak{M}_a = '\mathfrak{M}_b = -\eta\cdot\frac{p\,l^2}{12}\cdot e^{-\frac{K_1\,l_1}{2}} = -\frac{4}{7}\cdot\frac{p\,l^2}{14}$$

$$\mathfrak{M}_a = \mathfrak{M}_b = {}^{o}\mathfrak{M}_a + '\mathfrak{M}_a = -p\,l^2\left(\frac{3}{7}\cdot\frac{1}{12} + \frac{4}{7}\cdot\frac{1}{14}\right) = -\frac{p\,l^2}{13,05}$$

gegen $\dfrac{p\,l^2}{12}$ bei vollkommener Einspannung.

Das Feldmoment $\mathfrak{M}_m$ der ständigen Belastung ist ebenfalls mit Berücksichtigung vollkommener Einspannung

$$^{o}\mathfrak{M}_m = (1-\eta)\,p\,\frac{l^2}{24} = \frac{3}{7}\cdot\frac{p\,l^2}{24}.$$

Für die Nutzlast ist teilweise Einspannung gegeben und das Feldmoment nach Gleichung (266) zu berechnen

$$'\mathfrak{M}_m = \frac{\eta\cdot p\,l^2}{8} - '\mathfrak{M}_a = \frac{\eta\cdot p\,l^2}{18,55} = \frac{4}{7}\cdot\frac{p\,l^2}{18,55}$$

$$\mathfrak{M}_m = {}^{o}\mathfrak{M}_m + '\mathfrak{M}_m = p\,l^2\left(\frac{3}{7}\cdot\frac{1}{24} + \frac{4}{7}\cdot\frac{1}{18,55}\right) = \frac{p\,l^2}{20,54}$$

gegen $\dfrac{p\,l^2}{24}$ unter Voraussetzung vollkommener Einspannung.

Eine besondere Beachtung verdient noch der in Abb. 255 ausgezogen dargestellte Belastungsfall, bei welchem im Felde AB die kleinsten Feldmomente zu erwarten sind.

Durch die Nutzlasten der benachbarten Felder werden die Balken A und B um Winkel a_1 und a_2 gedreht, welche mit Hilfe der Gleichungen (255) und (256) berechnet werden können

$$3\cdot\frac{\varepsilon\cdot\Theta}{l}\cdot a_1 = \frac{p\,l^2}{8} - \mathfrak{M}_a = p\,l^2\left(\frac{1}{8} - \frac{1}{9,05}\right) = p\,l^2\cdot 0,0145$$

$$2\cdot\frac{\varepsilon\,\Theta}{l}\cdot a_2 = \frac{p\,l^2}{12} - \mathfrak{M}_b = p\,l^2\left(\frac{1}{12} - \frac{1}{13,05}\right) = p\,l^2\cdot 0,0066.$$

Sind nun a_1 und a_2 die Tangentenwinkel in A und B, so erhält man für das Feld AB, welches nur die ständige Last $(1-\eta)\,p$ trägt, die Einspannungsmomente aus denselben Gleichungen (255) und (256), wenn man berücksichtigt, daß in dem Feld AB diese Winkel negativ sind.

$$\mathfrak{M}_b = -p\,l^2 \cdot 0{,}0145 - (1-\eta) \cdot \frac{p\,l^2}{8} = -0{,}0681 \cdot p\,l^2$$

$$\mathfrak{M}_a = -p\,l^2 \cdot 0{,}0066 - (1-\eta)\,\frac{p\,l^2}{12} = -0{,}0423 \cdot p\,l^2.$$

Das Feldmoment in der Feldmitte ist

$$\mathfrak{M}_m = \frac{(1-\eta)\,p\,l^2}{8} - \frac{\mathfrak{M}_a + \mathfrak{M}_b}{2} = \frac{3}{7} \cdot \frac{p\,l^2}{8} - p\,l^2\,\frac{0{,}0681 + 0{,}0423}{2}$$

$$\mathfrak{M}_m = -0{,}0016 \cdot p\,l^2 = -\frac{p\,l^2}{625}.$$

Berechnet man dasselbe Moment für einen durchlaufenden Träger mit gleichen vier Feldern nach den Winklerschen Momententafeln (vgl. Anhang Tabelle 10), welche freie Beweglichkeit über den Stützpunkten voraussetzen, so erhält man

$$\mathfrak{M}_m = (1-\eta) \cdot p\,l^2 \cdot 0{,}03572 - \eta \cdot p\,l^2 \cdot 0{,}04464$$

$$\mathfrak{M}_m = p\,l^2\left(\frac{3}{7} \cdot 0{,}03572 - \frac{4}{7} \cdot 0{,}04464\right) = -0{,}0102 \cdot p\,l^2 = -\frac{p\,l^2}{98}.$$

Unter der Voraussetzung freier Beweglichkeit über den Stützen würden also im unbelasteten Felde $A\,B$ in allen Punkten größere negative Momente entstehen, als tatsächlich infolge der Einspannung der Platte in den Rippen auftreten.

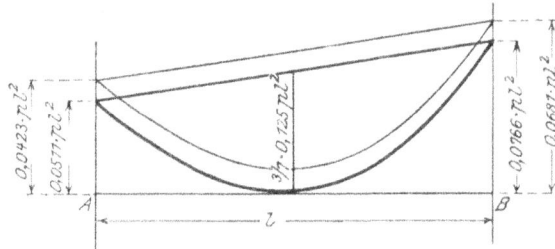

Abb. 256.

Um den Unterschied deutlich zu zeigen, sind in Abb. 256 die beiden Momentenlinien für das nur mit dem Eigengewicht belastete Plattenfeld $A\,B$ des vorliegenden Beispiels dargestellt. Die fein ausgezogene Parabel ist die Momentenlinie des Feldes eines über vier Felder durchlaufenden Trägers mit frei beweglichen Stützpunkten und Nutzlasten in den Nachbarfeldern, die stark ausgezogene Parabel die Momentenlinie desselben Feldes und unter der gleichen Belastung unter Voraussetzung teilweiser Einspannung in den elastisch drehbaren Balken.

Schließlich sei noch bemerkt, daß das hier gegebene Rechnungsverfahren auch zur Berechnung der bei einseitigen Belastungen in den Balken auftretenden Verdrehungsspannungen benutzt werden kann.

Teilweise Einspannung in den Vorschriften.

Praktisch wird man nun nicht, wie bereits oben angedeutet, für jeden Fall den Grad der teilweisen Einspannung berechnen, sondern sich mit Schätzungen begnügen, welche noch genügend Sicherheit gewähren.

In den deutschen Bestimmungen sind die Momentenwerte für teilweise eingespannte Platten von annähernd gleicher Feldweite angegeben. Die größten Feldmomente in den Mittelfeldern sollen hiernach mit $\dfrac{p\,l^2}{14}$ in den Endfeldern zu $\dfrac{p\,l^2}{11}$, dagegen die Einspannungsmomente für vollkommene Einspannung angenommen werden.

Vergleicht man diese Werte mit den Rechnungsergebnissen des obigen Beispiels, so findet man, daß die Einspannungsmomente tatsächlich gleich denen für vollkommene Einspannung werden, sobald die Tangente an die elastische Linie über der Stütze wagerecht bleibt (wie z. B. an den Rippenauflagern stets). Dagegen sind die hier geschätzten Feldmomente teils erheblich größer als die oben errechneten.

Nach den österreichischen Vorschriften müssen im allgemeinen die infolge der Wirkung der äußeren Kräfte auftretenden elastischen Formänderungen der Stützen berücksichtigt werden. Durchlaufende Platten der Plattenbalken können jedoch ohne Bedachtnahme auf die elastische Formänderungenn der Balken als auf diesen frei aufruhend berechnet werden. Es können also nach diesen Vorschriften die teilweisen Einspannungen der Platten auch nach dem oben gegebenen Rechnungsverfahren berücksichtigt werden. Geschätzte Momentenwerte wie in den deutschen Bestimmungen sind nicht angegeben.

Dagegen enthalten die schweizerischen Bestimmungen für Felder (Balken oder Platten) mit teilweiser oder vollständiger Einspannung der Enden, welche als Einzelfelder aufgefaßt werden können, die Vorschrift, daß die Biegungsmomente in Feldmitte aus denen des Trägers mit freier Auflagerung durch Abzug von nur $\frac{2}{3}$ der angenommenen Auflagermomente zu berechnen sind.

---

18. Kapitel. Berechnung der am Umfang unterstützten rechteckigen Platten.

Im Eisenbetonbau kommen nicht selten rechteckige Platten vor, welche an ihrem ganzen Umfang unterstützt oder sogar eingespannt sind. Solche Platten sind im Gegensatze zu den seither betrachteten ebenen Trägern als räumliche Tragwerke zu betrachten, bei denen an Stelle der elastischen Linie des ebenen Trägers eine elastische Fläche tritt. Wenn die Länge einer solchen Platte wesentlich größer ist als ihre Breite, so unterscheidet sich ein großer Teil der Platte zwischen den Langseiten kaum von einem ebenen Träger, dessen Stützweite die Schmalseite (Breite) ist. Nur in der Nähe der unterstützten Schmalseiten wird sich der Einfluß dieser Unterstützung bemerkbar machen, dem mit den in jeder Platte vorhandenen Verteilungseisen Rechnung getragen werden kann (vgl. Seite 287). Nähert sich jedoch die rechteckige Platte dem Quadrat, so unterscheidet sie sich wesentlich von einem ebenen Träger und sollte als räumliche Platte berechnet werden, welche in den beiden zu den Seiten parallelen Richtungen mit Zugbewehrung zu versehen ist (vgl. Abb. 257).

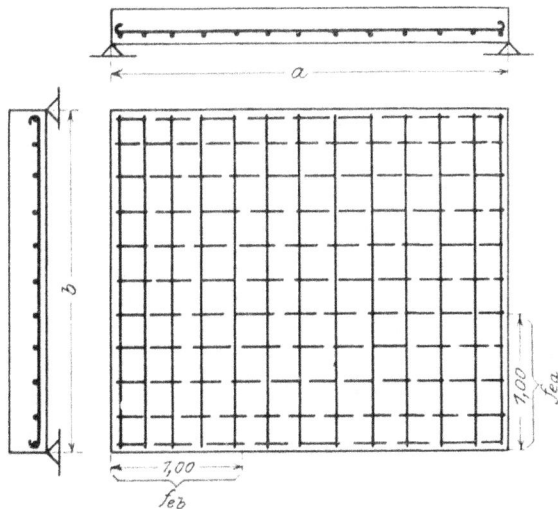

Abb. 257.

Da die Berechnung der räumlichen rechteckigen Platte nicht ganz einfach ist, lassen die staatlichen Vorschriften in der Regel Annäherungsverfahren zu.

Annäherungsrechnung.

Nach den deutschen Bestimmungen ist die auf eine rechteckige, ringsum aufliegende Platte treffende gleichmäßig verteilte Belastung π_x, »wenn nicht nach genaueren Verfahren gerechnet wird«, so zu verteilen, daß bei einer Länge a und Breite b der Platte treffen:

$$\left. \begin{array}{l} \text{auf die Stützweite } a \text{ die Belastung } \pi_a = \pi_x \cdot \dfrac{b^4}{a^4 + b^4} \\[2ex] \text{\guillemotright \quad \guillemotright \quad \guillemotright } \quad b \quad \text{\guillemotright} \quad \text{\guillemotright} \quad \pi_b = \pi_x \cdot \dfrac{a^4}{a^4 + b^4} \end{array} \right\} \quad . \quad . \quad (267)$$

Zu diesen gleichförmig verteilten Belastungen π_a und π_b kg/qm sind die Biegungsmomente $\mathfrak{M}_a$ und $\mathfrak{M}_b$ für die Stützweiten a und b nach den für freiaufliegende, eingespannte oder durchlaufende Platten gegebenen Regeln zu berechnen.

Zu diesem Verteilungsverhältnis der Belastung nach den 4. Potenzen der Stützweiten ist man durch folgende Erwägungen gekommen.

Man kann sich eine an den vier Seiten gelagerte rechteckige Platte in Streifen parallel zu den Seiten zerschnitten denken. Jeder dieser Streifen ist ein Träger auf zwei Stützen. Wenn nun die Belastung π_x auf die Streifen so verteilt würde, daß die Streifenträger an allen Kreuzungsstellen die gleiche Durchbiegung hätten, so wären, abgesehen von den Schubspannungen in den Trägerscharen, dieselben Spannungsverhältnisse zu erwarten als in der räumlichen Platte. Da aber π_x nicht in zwei gleichförmig verteilte Belastungen so verteilt werden kann, daß an allen Kreuzungsstellen dieselbe Durchbiegung entsteht, begnügt man sich damit, daß die beiden senkrecht zueinander stehenden, gleich starken mittleren Streifen von der Breite 1,00 dieselbe Durchbiegung haben.

$$\text{Für die Stützweite } a \text{ ist die Durchbiegung } f_a = \frac{3}{384} \cdot \frac{\pi_a \cdot a \cdot a^3}{\varepsilon \, \Theta},$$

$$\text{\guillemotright \quad \guillemotright \quad \guillemotright } \quad b \quad \text{\guillemotright} \quad \text{\guillemotright} \quad \quad f_b = \frac{3}{384} \cdot \frac{\pi_b \cdot b \cdot b^3}{\varepsilon \, \Theta}.$$

Daraus folgt, daß für $f_a = f_b$ die Beziehungen bestehen

$$\pi_a : \pi_b = b^4 : a^4; \quad \pi_x = \pi_a + \pi_b.$$

Durch Elimination von π_a erhält man

$$\pi_b = \pi_x \cdot \frac{a^4}{a^4 + b^4}.$$

Nach der Berechnung der Biegungsmomente $\mathfrak{M}_a$ und $\mathfrak{M}_b$ auf die Breite 1,00 m mit Hilfe der Belastungen π_a und π_b liefern die Gleichungen (37) und (39) die Plattenstärke h sowie die auf die Breite 1,00 m erforderlichen Eisenquerschnitte f_{ea} und f_{eb}.

Da zur kleineren Stützweite b das größere Biegungsmoment $\mathfrak{M}_b$ und somit auch die größere Plattendicke h gehört, beginnt man die Rechnung mit

$$h - a_1 = C_1 \cdot \sqrt{\frac{\mathfrak{M}_b}{100}} \quad \ldots \quad \ldots \quad \ldots \quad (268)$$

und entnimmt C_1 der Tabelle 1 des Anhanges zu den zulässigen Spannungen σ_b und σ_e.

In gleicher Weise erhält man den Querschnitt f_{eb} der zu b parallelen Eisen für die Breite 1,00 m zu

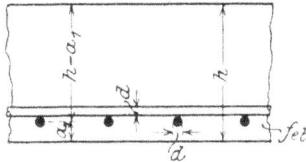

Abb. 258.

$$f_{eb} = C_2 \cdot \sqrt{\mathfrak{M}_b \cdot 100} \quad \ldots \quad (269\,\mathrm{a})$$

Hierzu wählt man einen Eisendurchmesser d, der meist auch für die Eiseneinlage der Richtung a (f_{ea}) beibehalten wird, so daß nun auch für die Stützweite a die statische Höhe ($h-a_1-d$) der Platte gegeben ist (vgl. Abb. 258).

Für die Richtung a ist somit

$$C_1 = \frac{h - a_1 - d}{\sqrt{\dfrac{\mathfrak{M}_a}{100}}}$$

zu C_1 und zu der zulässigen Eisenspannung σ_e entnimmt man der oben erwähnten Tabelle σ_b und C_2. Der Querschnitt f_{ea} der zu a parallelen Eisen ist daher für die Breite 1,00 m

$$f_{ea} = C_2 \cdot \sqrt{\mathfrak{M}_a \cdot 100} \quad \ldots \ldots \quad (269\,\mathrm{b})$$

Wenn die Platte nahezu quadratisch ist, sind die Biegungsmomente $\mathfrak{M}_a$ und $\mathfrak{M}_b$ nahezu einander gleich. Würde man bei solchen Platten den beschriebenen Rechnungsgang einhalten, so würde bei der Berechnung von f_{ea} die zugehörige Betonspannung σ_b den zulässigen Wert überschreiten. Daher setze man für solche Platten in Gleichung (268) für ($h-a_1$) den Wert ($h-a_1-d$).

Die Tragfähigkeit einer gekreuzt bewehrten Eisenbetonplatte hängt nun zunächst nicht von ihrer elastischen Durchbiegung in Plattenmitte ab, sondern von der Erreichung der Streckgrenze in den Bewehrungen und somit von den Biegungsmomenten, welche sich wie die Quadrate der Stützweiten verhalten[1]. Deshalb empfehlen die schweizerischen Vorschriften vom Jahre 1909 eine Lastverteilung auf die beiden Stützweiten nach den Gleichungen

$$\pi_a = \frac{b^2}{a^2 + b^2} \cdot \pi_x, \quad \pi_b = \frac{a^2}{a^2 + b^2} \cdot \pi_x \quad \ldots \ldots \quad (270)$$

Von einer ähnlichen Erwägung scheinen die österreichischen Vorschriften auszugehen, welche aber noch den Einfluß der verschiedenen Werte der beiden Eisenquerschnitte von f_{eb} und f_{ea} auf die Lastverteilung zu berücksichtigen trachten.

Bezeichnet f_{ea} den Querschnitt der zu a parallelen Eisen auf 1,00 m Tiefe in der Richtung b gemessen, f_{eb} dasselbe für die zu b parallelen Eisen, $\dfrac{f_{eb}}{f_{ea}} = k$ und Q die auf der Platte ruhende Last, welche sowohl als Einzellast oder auch gleichmäßig verteilt auftreten kann, so schreiben die österreichischen Vorschriften vom Jahre 1911 vor, daß die Platte als zwei ebene Träger von den Stützweiten a und b aufzufassen ist, welche

$$\left.\begin{array}{l} \text{in der Stützweite } a \text{ die Last } Q_a = \dfrac{b^2}{k \cdot a^2 + b^2} \cdot Q \\[2mm] \text{» » » } b \text{ » » } Q_b = \dfrac{k \cdot a^2}{k \cdot a^2 + b^2} \cdot Q \end{array}\right\} \quad \ldots \quad (271)$$

---

[1] Schüle, Vorschriften über Bauten in armiertem Beton. Verlag Materialprüfungsanstalt Zürich.

tragen. Hierbei darf aber k nur zwischen den Grenzen 0,3 und $\dfrac{1}{0,3} = 3,33$ liegen, andernfalls ist die Platte als ebener Träger nach der kleineren Stützweite zu berechnen. Letzteres ist auch für Platten vorgeschrieben, deren Länge a größer als das 1,5 fache ihrer Breite b ist.

Nachdem die beiden Biegungsmomente $\mathfrak{M}_a$ und $\mathfrak{M}_b$ nach der vorgeschriebenen Lastverteilung berechnet worden sind, erfolgt die weitere Berechnung der Platte nach dem bereits oben angegebenen Verfahren.

Theoretisch abgeleitete Plattenformeln.

Mit Hilfe des Diagonalmomentes.

Wenn man quadratische oder rechteckige Platten gleichförmig bis zum Bruch belastet, so zeigen sie die in den Abb. 259 und 260 dargestellten Bruchlinien[1]).

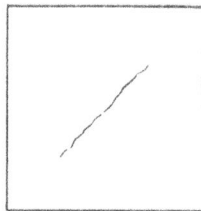

Abb. 259.

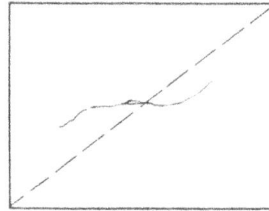

Abb. 260.

Hiernach ist in der quadratischen Platte in der Diagonale der gefährliche Querschnitt zu suchen, während nur in Rechtecken, welche noch nicht viel von dem Quadrat abweichen, die Diagonale noch als gefährlicher Schnitt der Platte betrachtet werden darf. Es wird daher in solchen Platten das größte Biegungsmoment das Moment um die Diagonale sein.

Die in der Abb. 261 dargestellte Platte sei gleichförmig mit π_x kg/qm belastet. Dann werden in den Kanten 1—2 und 1—3 Auflagerdrucke sich verteilen, deren

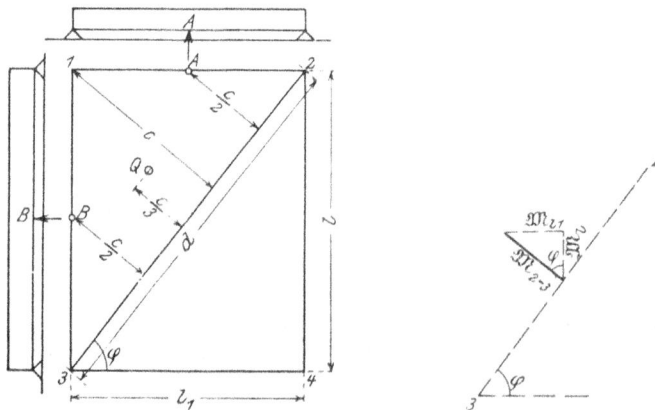

Abb. 261.

Resultanten aus Gründen der Symmetrie durch die Mittelpunkte A und B der beiden Kanten gehen.

---

[1]) v. Bach, Elastizität und Festigkeit, 6. Aufl. Berlin 1911. S. 582.

Bezeichnet man die Gesamtlast der Platte mit $2\,Q$, so ist

$$Q = \frac{l \cdot l_1}{2} \cdot \pi_x.$$

Die Resultanten der Auflagerdrucke in den Kanten 1—2 und 2—3 seien A und B, das Biegungsmoment um die Diagonale 2—3 ist somit nach Abb. 261

$$\mathfrak{M}_{2-3} = A \cdot \frac{c}{2} + B \cdot \frac{c}{2} - Q \cdot \frac{c}{3} = (A + B) \cdot \frac{c}{2} - Q \cdot \frac{c}{3} \quad . \quad . \quad (272)$$

Die Hälfte Q der Belastung muß gleich der Hälfte der Auflagerdrucke sein.

$$A + B = Q = \frac{l\,l_1}{2} \cdot \pi_x.$$

$$\mathfrak{M}_{2-3} = \frac{l\,l_1}{2}\,\pi_x \cdot \frac{c}{2} - \frac{l\,l_1}{2} \cdot \pi_x \cdot \frac{c}{3} = \frac{l\,l_1}{12} \cdot c \cdot \pi_x \quad . \quad . \quad . \quad . \quad (273)$$

Aus dem rechtwinkeligen Dreieck 1, 2, 3 erhält man

$$c = \frac{l \cdot l_1}{d} = \frac{l\,l_1}{\sqrt{l^2 + l_1^2}},$$

$$\mathfrak{M}_{2-3} = \frac{l^2 \cdot l_1^2}{12\,\sqrt{l^2 + l_1^2}} \cdot \pi_x \quad . \quad . \quad . \quad . \quad . \quad . \quad (274)$$

Da nun aus dem Biegungsmoment $\mathfrak{M}_{2-3}$ um die Diagonale die zu den Seiten parallelen Eisenbewehrungen berechnet werden sollen, muß zunächst $\mathfrak{M}_{2-3}$ in seine zu den Rechtecksseiten parallelen Komponenten $\mathfrak{M}_l$ und $\mathfrak{M}_{l1}$ zerlegt werden. Nach vorstehender Abb. 261 ist

$$\left.\begin{aligned}
\mathfrak{M}_l &= \mathfrak{M}_{2-3} \cdot \cos \varphi = \mathfrak{M}_{2-3} \cdot \frac{l_1}{\sqrt{l^2 + l_1^2}} = \frac{l^2 \cdot l_1^3}{l^2 + l_1^2} \cdot \frac{\pi_x}{12} \\
\mathfrak{M}_{l1} &= \mathfrak{M}_{2-3} \cdot \sin \varphi = \mathfrak{M}_{2-3} \cdot \frac{l}{\sqrt{l^2 + l_1^2}} = \frac{l^3 \cdot l_1^2}{l^2 + l_1^2} \cdot \frac{\pi_x}{12}
\end{aligned}\right\} \quad . \quad . \quad (275)$$

Für $l > l_1$ ist $\mathfrak{M}_{l1} > \mathfrak{M}_l$, d. h. für die kleinere Stützweite ergibt sich das größere Biegungsmoment.

Die weitere Berechnung der Platte erfolgt nun mit den Biegungsmomenten auf die Tiefe $1,00$ $\dfrac{\mathfrak{M}_l}{l_1}$ und $\dfrac{\mathfrak{M}_{l1}}{l}$ wie oben mit den Annäherungsmomenten $\mathfrak{M}_a$ und $\mathfrak{M}_b$ (vgl. Seite 238).

Zu diesem Rechnungsverfahren nach dem Diagonalmoment ist zu bemerken, daß es für Rechtecke, welche nicht mehr dem Quadrate nahe kommen, nicht anwendbar ist. Ferner ist aus der Rechnung nicht zu erkennen, in welcher Weise sich das Diagonalmoment $\mathfrak{M}_{2-3}$ auf die Länge d der Diagonale verteilt. Es ist jedoch sicher, daß auf die Längeneinheit in der Mitte der Diagonale größere Beträge des Biegungsmomentes $\mathfrak{M}_{2-3}$ treffen als an den Enden der Diagonale. Es werden somit auch in der Plattenmitte größere Betondruckspannungen σ_b auftreten, als in dem oben angeführten Rechnungsverfahren angenommen werden.

Bei den Eiseneinlagen trägt man diesem Umstand praktisch dadurch Rechnung, daß man die auf die Breiten l und l_1 erforderlichen Querschnitte berechnet und Rundeisen sodann auf die Breiten l und l_1 so verteilt, daß sie in dem mittleren Teile der Platte enger liegen als in der Nähe der Rechtecksseiten.

Mit Hilfe trigonometrischer Reihen.

Theoretisch befriedigendere Rechnungsverfahren wird man nur dann erwarten dürfen, wenn man die Theorie der rechteckigen an den Rändern gestützten räumlichen Platte zugrunde legt.

Im folgenden soll nun die Berechnung der Platte mittels trigonometrischer Reihen unter der Annahme benutzt werden, daß die Platten auch während der Belastung in geraden Auflagerlinien gehalten sind[1]). Diese Voraussetzung kann im Bauwesen stets gemacht werden, weil die Platten entweder in seitliche Rippen teilweise eingespannt oder durch Übermauerungen verhindert sind, sich an den Ecken von ihren Auflagerlinien abzuheben.

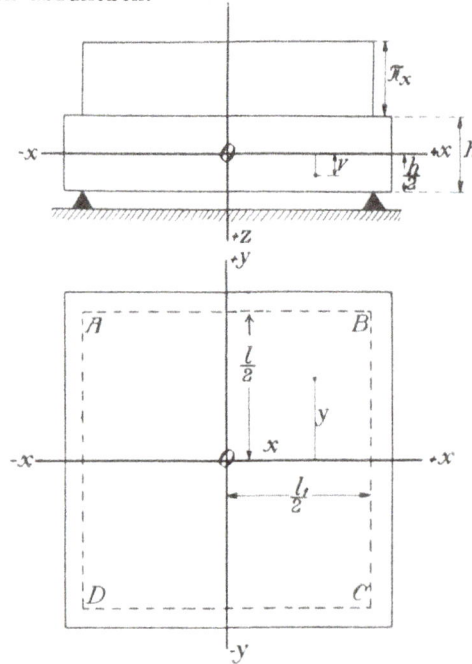

Abb. 262.

Die in Abb. 262 dargestellte rechteckige Platte aus einem isotropen Baustoff sei gleichförmig mit π_x kg/qm belastet. Bezeichnet man mit m' und n' die ganzen Zahlen von 1 bis ∞, mit m den Querkontraktionskoeffizienten, mit π die Ludolphsche Zahl, mit $\bar{A}_{m'm'}$ Festwerte, so erhält man nach den oben angegebenen Quellen für die Spannungen an den Plattenaußenflächen σ_{x0} parallel zur Stützweite l_1 und σ_{v0} parallel zur Stützweite l in einem Punkte mit den Koordinaten x und y

$$
\begin{aligned}
\sigma_{x0} &= \frac{-96 \cdot \pi_x \cdot l_1{}^2 \cdot l^2}{\pi^4 \cdot h^2} \\
&\cdot \left[\bar{A}_{11} \cdot \cos\frac{\pi x}{l_1} \cdot \cos\frac{\pi \cdot y}{l}\left(\frac{1}{l_1{}^2}+\frac{1}{m\,l^2}\right) + \bar{A}_{12} \cdot \cos\frac{\pi x}{l_1} \cdot \cos\frac{3\pi y}{l}\left(\frac{1}{l_1{}^2}+\frac{9}{m\,l^2}\right) \right. \\
&\left. + \bar{A}_{21}\cos\frac{3\pi x}{l_1}\cdot\cos\frac{\pi y}{l}\left(\frac{9}{l_1{}^2}+\frac{1}{m\,l^2}\right) + \bar{A}_{22}\cdot\cos\frac{3\pi x}{l_1}\cdot\cos\frac{3\pi y}{l}\left(\frac{9}{l_1{}^2}+\frac{9}{m\,l^2}\right)+\cdots \right] \\[2mm]
\sigma_{v0} &= \frac{-96 \cdot \pi_x \cdot l_1{}^2 \cdot l^2}{\pi^4 \cdot h^2} \\
&\cdot \left[\bar{A}_{11}\cdot\cos\frac{\pi x}{l_1}\cdot\cos\frac{\pi y}{l}\left(\frac{1}{l^2}+\frac{1}{m\,l_1{}^2}\right) + \bar{A}_{12}\cdot\cos\frac{\pi x}{l_1}\cdot\cos\frac{3\pi y}{l}\left(\frac{9}{l^2}+\frac{1}{m\,l_1{}^2}\right) \right. \\
&\left. + \bar{A}_{21}\cos\frac{3\pi x}{l_1}\cdot\cos\frac{\pi y}{l}\left(\frac{1}{l^2}+\frac{9}{m\,l_1{}^2}\right) + \bar{A}_{22}\cdot\cos\frac{3\pi x}{l_1}\cdot\cos\frac{3\pi y}{l}\left(\frac{9}{l^2}+\frac{9}{m\,l_1{}^2}\right)+\cdots \right]
\end{aligned}
\quad (276)
$$

---

[1]) H a g e r, Berechnung ebener, rechteckiger Platten mittels trigonometrischer Reihen. München und Berlin 1911. (Ohne Schubspannungen.) H a g e r, Deutsche Bauzeitung 1912, Betonbeilage Nr. 1. (Mit Berücksichtigung der Schubspannungen.)

In der Plattenmitte ergeben sich für $x = 0$, $y = 0$ die größten Oberflächenspannungen $\sigma_{x0\,\mathrm{max}}$ und $\sigma_{v0\,\mathrm{max}}$ zu

$$
\left.
\begin{aligned}
\sigma_{x0\,\mathrm{max}} &= \frac{-96 \cdot \pi_x \, l_1^2 \, l^2}{\pi^4 \cdot h^2} \cdot \left[\bar{A}_{11}\left(\frac{1}{l_1^2} + \frac{1}{m\,l^2} \right) + \bar{A}_{12}\left(\frac{1}{l_1^2} + \frac{9}{m\,l^2} \right) \right. \\
&\qquad \left. + \bar{A}_{21}\left(\frac{9}{l_1^2} + \frac{1}{m\,l^2} \right) + \bar{A}_{22}\left(\frac{9}{l_1^2} + \frac{9}{m\,l^2} \right) + \cdots \right] \\
\sigma_{v0\,\mathrm{max}} &= \frac{-96 \cdot \pi_x \cdot l_1^2 \, l^2}{\pi^4 \cdot h^2} \cdot \left[\bar{A}_{11}\left(\frac{1}{l^2} + \frac{1}{m\,l_1^2} \right) + A_{12}\left(\frac{9}{l^2} + \frac{1}{m\,l_1^2} \right) \right. \\
&\qquad \left. + \bar{A}_{21}\left(\frac{1}{l^2} + \frac{9}{m\,l_1^2} \right) + \bar{A}_{22}\left(\frac{9}{l^2} + \frac{9}{m\,l_1^2} \right) + \cdots \right]
\end{aligned}
\right\} \quad (277)
$$

Die Festwerte $\bar{A}_{m'n'}$ erhält man, wenn m' und n' die Zahlenreihe von 1 bis ∞ durchlaufen, mit Berücksichtigung der Schubspannungen in der Platte aus der Gleichung

$$
\begin{aligned}
\bar{A}_{m'n'} &= \frac{-(-1)^{m'+n'}}{(2\,m'-1)(2\,n'-1)} \\
&\qquad \cdot \frac{1}{\left[l_1^2 \, l^2 \cdot \left\{ \left(\frac{2\,m'-1}{l_1} \right)^4 + \left(\frac{2\,n'-1}{l} \right)^4 \right\} + 2 \cdot (2\,m'-1)^2 (2\,n'-1)^2 \right]}
\end{aligned}
\quad (278)^{[1]}
$$

Setzt man für das Verhältnis der Länge l der Platte zur Breite l_1 die Verhältniszahl μ (somit $\mu > 1$)

$$
\mu = \frac{l}{l_1}, \quad \ldots \ldots \ldots \ldots \quad (279)
$$

so lauten die Zahlenkoeffizienten $\bar{A}_{m'n'}$ der ersten vier Glieder der oben angegebenen Reihen, welche zur Zahlenrechnung für die zu erstrebende Genauigkeit vollkommen ausreichen:

$$
\left.
\begin{aligned}
\bar{A}_{11} &= \frac{-1}{\mu^2 \left[1 + \left(\frac{1}{\mu} \right)^4 \right] + 2} \\
\bar{A}_{21} &= \frac{1}{3\,\mu^2 \left[3^4 + \left(\frac{1}{\mu} \right)^4 \right] + 3 \cdot 2 \cdot 9} \\
\bar{A}_{12} &= \frac{1}{3\,\mu^2 \left[1 + \left(\frac{3}{\mu} \right)^4 \right] + 3 \cdot 2 \cdot 9} \\
A_{22} &= \frac{-1}{9\,\mu^2 \left[3^4 + \left(\frac{3}{\mu} \right)^4 \right] + 9 \cdot 2 \cdot 81}
\end{aligned}
\right\} \quad \ldots \ldots \quad (280)
$$

Durch Einführung der Verhältniszahl μ, Gleichung (279), in die Gleichungen (277) lassen sich diese in die Form bringen:

$$
\sigma_{x0\,\mathrm{max}} = \frac{-96 \cdot \pi_x \cdot l_1^2}{h^2}
$$

$$
\cdot \frac{\mu^2}{\pi^4} \left[\bar{A}_{11}\left(1 + \frac{1}{m \cdot \mu^2} \right) + \bar{A}_{12}\left(1 + \frac{9}{m \cdot \mu^2} \right) + \bar{A}_{21}\left(9 + \frac{1}{m \cdot \mu^2} \right) + \bar{A}_{22}\left(9 + \frac{9}{m \cdot \mu^2} \right) \right],
$$

[1]) Deutsche Bauzeitung, Betonbeilage 1912, Nr. 1.

zur Bezeichnung

$$- \Sigma f(A\,\mu) = \frac{\mu^2}{\pi^4} \cdot \left[\div\right] \quad \ldots \ldots \ldots \quad (281)$$

$$\sigma_{x0\,\text{max}} = \frac{96\,\pi_x \cdot l_1{}^2}{h^2} \cdot \Sigma f(A\,\mu) \quad \ldots \ldots \quad (282)$$

Desgleichen

$$\sigma_{v0\,\text{max}} = \frac{-96 \cdot \pi_x \cdot l^2}{h^2}$$

$$\cdot \frac{1}{\pi^4} \cdot \left[\overline{A}_{11}\left(\frac{1}{\mu^2} + \frac{1}{m}\right) + \overline{A}_{12}\left(\frac{9}{\mu^2} + \frac{1}{m}\right) + \overline{A}_{21}\left(\frac{1}{\mu^2} + \frac{9}{m}\right) + \overline{A}_{22}\left(\frac{9}{\mu^2} + \frac{9}{m}\right) \right],$$

$$- \Sigma f_1(A\,\mu) = \frac{1}{\pi^4} \cdot \left[\vdots\right] \quad \ldots \ldots \ldots \quad (283)$$

$$\sigma_{v0\,\text{max}} = \frac{96 \cdot \pi_x \cdot l^2}{h^2} \cdot \Sigma f_1(A,\mu) \quad \ldots \ldots \quad (284)$$

Die Werte $\overline{A}_{m'n'}$ sind nach den Gleichungen (280) und die Werte $\Sigma f(A\,\mu)$ bzw. $\Sigma f_1(A,\mu)$ nach den Gleichungen (281) und (283) nur von dem Längenverhältnis μ abhängig, so daß sie für die praktisch vorkommenden μ im voraus für alle Fälle berechnet und in einem Verzeichnis zusammengestellt werden können (vgl. Tabelle 8 des Anhanges).

Für die Tiefe 1,00 ist das Widerstandsmoment der isotropen Platte $\mathfrak{W}$

$$\mathfrak{W} = \frac{1}{6} \cdot h^2,$$

so daß man die Spannungen auch durch die Widerstandsmomente ausdrücken kann

$$\left.\begin{aligned}
\sigma_{x0\,\text{max}} &= \frac{16 \cdot \pi_x\,l_1{}^2}{\mathfrak{W}} \cdot \Sigma f(A,\mu) \\
\sigma_{v0\,\text{max}} &= \frac{16 \cdot \pi_x\,l^2}{\mathfrak{W}} \cdot \Sigma f_1(A,\mu)
\end{aligned}\right\} \quad \ldots \ldots \quad (285)$$

Diese beiden Formeln kann man nun auch auf Eisenbetonplatten anwenden, wenn man nur an Stelle von $\mathfrak{W}$ die hierbei voneinander verschiedenen Widerstandsmomente auf Druck ($\mathfrak{W}_d$) und auf Zug ($\mathfrak{W}_z$) der Eisenbetonplatte einführt.

Auf die Tiefe 1,00 ist nach den Gleichungen (30) und (31)

$$\mathfrak{W}_d = \frac{1}{2} \cdot x'\left(h - a_1 - \frac{x'}{3}\right) \quad \ldots \ldots \quad (30)$$

$$\mathfrak{W}_z = n \cdot f_{e1}\left(h - a_1 - \frac{x'}{3}\right) \quad \ldots \ldots \quad (31)$$

wobei x' den Abstand der Nullinie von der Oberkante und f_{e1} den Querschnitt der zur x-Richtung parallelen Eisen für die Tiefe 1,00 im Punkte $x = 0$; $y = 0$ bedeuten.

Setzt man für $x' = \sigma(h-a_1)$ (Gleichung 33) in $\mathfrak{W}_d$ ein, so kann man schreiben

$$\mathfrak{W}_d = (h - a_1)^2\left(\frac{\sigma}{2} - \frac{\sigma^2}{6}\right) = \frac{(h - a_1)^2}{2}\left(\sigma - \frac{\sigma^2}{3}\right).$$

Für die x-Richtung ist somit nach Gleichung (285) die größte Druckspannung

$$\sigma_{x0\,\text{max}} = \frac{16 \cdot \pi_x\,l_1{}^2}{\mathfrak{W}_d} \cdot \Sigma f(A\,\mu) = \frac{16 \cdot \pi_x \cdot l_1{}^2}{(h - a_1)^2\frac{\sigma}{2}\left(1 - \frac{\sigma}{3}\right)} \cdot \Sigma f(A,\mu).$$

Diese Gleichung kann man nach der Unbekannten $(h—a_1)$ auflösen

$$h — a_1 = \sqrt{\frac{2}{\sigma\left(1 - \frac{\sigma}{3}\right)\sigma_{x0\,max}}} \cdot 4 \cdot l_1 \cdot \sqrt{\pi_x} \cdot \sqrt{\Sigma f(A, \mu)}.$$

In der Zahlenrechnung führt man für $\sigma_{x0\,max}$ die zulässige Betonspannung σ_b ein, dann ist der erste Wurzelausdruck die Konstante C_1 der Tabelle 1 des Anhanges, während der letzte Wurzelausdruck für das Längenverhältnis μ der Tabelle 8 des Anhanges entnommen werden kann. Zur Berechnung der Stärke einer gekreuzt bewehrten Platte mit gleichförmig verteilter Belastung π_x erhält man somit die sehr einfache, der Gleichung (37) entsprechende Dimensionierungsformel

$$h — a_1 = 4 \cdot l_1 \cdot \sqrt{\pi_x} \cdot C_1 \cdot \sqrt{\Sigma f(A, \mu)} \quad . \quad . \quad . \quad . \quad . \quad \textbf{(286)}$$

Die Gleichungen (285) liefern die Zugspannung des Betons in der Höhe der Eisenbewehrung, wenn man für $\mathfrak{W}$ das Widerstandsmoment $\mathfrak{W}_z$ auf Zug aus der Gleichung (31) einführt. Die größte Eisenspannung der Eisen in der x-Richtung ist dann der n-fache Betrag dieser gedachten Betonzugspannung (vgl. Seite 60).

$$\sigma_e = n \cdot \frac{16 \cdot \pi_x \cdot l_1^2}{\mathfrak{W}_z} \cdot \Sigma f(A\,\mu) = n \cdot \frac{16 \cdot \pi_x \cdot l_1^2}{n \cdot f_{e1}\left(h - a_1 - \frac{x'}{3}\right)} \cdot \Sigma f(A, \mu) \quad . \quad (287)$$

$$f_{e1}\left(h - a_1 - \frac{x'}{3}\right) = f_{e1} \cdot \left(h - a_1 - \frac{\sigma}{3}(h - a_1)\right) = f_{e1} \cdot (h - a_1)\left(1 - \frac{\sigma}{3}\right)$$

$$\sigma_e = \frac{16 \cdot \pi_x \cdot l_1^2}{f_{e1}(h - a_1)\left(1 - \frac{\sigma}{3}\right)} \cdot \Sigma f(A, \mu).$$

In diese Gleichung kann man $(h—a_1)$ aus der Gleichung (286) einsetzen und erhält

$$\sigma_e = \frac{16 \cdot \pi_x \cdot l_1^2 \cdot \Sigma f(A\,\mu)}{f_{e1}\left(1 - \frac{\sigma}{3}\right) \cdot C_1 \cdot 4\, l_1 \sqrt{\pi_x} \cdot \sqrt{\Sigma f(A\,\mu)}} = \frac{4 \cdot l_1 \cdot \sqrt{\pi_x} \cdot \sqrt{\Sigma f(A\,\mu)}}{f_{e1}\left(1 - \frac{\sigma}{3}\right) \cdot C_1} .$$

Nach Gleichung (36) ist

$$\frac{1}{\left(1 - \frac{\sigma}{3}\right) C_1} = \frac{\sqrt{\left(1 - \frac{\sigma}{3} \cdot \sigma \cdot \sigma_b\right)}}{\left(1 - \frac{\sigma}{3}\right)\sqrt{2}} = \sqrt{\frac{\sigma \cdot \sigma_b}{2 \cdot \left(1 - \frac{\sigma}{3}\right)}} .$$

Setzt man dies in die obere Gleichung ein und löst sie nach f_{e1} auf, so ergibt sich der in der Richtung x auf die Tiefe 1,00 in der Plattenmitte erforderliche Eisenquerschnitt zu

$$f_{e1} = \frac{\sigma_b \cdot \sigma}{2\,\sigma_e} \cdot \sqrt{\frac{2}{\left(1 - \frac{\sigma}{3}\right)\sigma \cdot \sigma_b}} \cdot 4 \cdot l_1 \cdot \sqrt{\pi_x} \cdot \sqrt{\Sigma f(A, \mu)}$$

$$f_{e1} = 4 \cdot l_1 \cdot \sqrt{\pi_x} \cdot C_2 \cdot \sqrt{\Sigma f(A, \mu)} \quad . \quad . \quad . \quad . \quad . \quad \textbf{(288)}$$

Die Konstante C_2 ist also dieselbe wie in der Gleichung (38) und ist zu den gewählten σ_b und σ_e in der Tabelle 1 des Anhanges gegeben, während der letzte Faktor dem in Gleichung (286) gleich ist.

Für die y-Richtung ist nunmehr die Plattenstärke h und die statische Höhe $h-a = h-a_1-d_1$ (vgl. Abb. 258) gegeben und somit für die Konstante C_1 entsprechend der Gleichung (286) zu schreiben

$$C_1 = \frac{h-a}{4 \cdot l \cdot \sqrt{\pi_x} \cdot \sqrt{\Sigma f_1(A,\mu)}} \quad \ldots \ldots \ldots \quad (289)$$

wobei mit $\sqrt{\Sigma f_1(A,\mu)}$ der durch die Gleichung (283) definierte Wert bezeichnet wird. Auch dieser Wert kann für das Längenverhältnis μ der Platte der Tabelle 8 des Anhanges entnommen werden. Zu C_1 und σ_e liefert die Tabelle 1 die Konstante C_2, mit welcher nun auch entsprechend der Gleichung (288) der Querschnitt f_e der Eisen parallel der y-Richtung auf die Tiefe $1,00$ im Punkte $x = 0$, $y = 0$ berechnet werden kann.

$$f_e = 4 \cdot l \cdot \sqrt{\pi_x} \cdot C_2 \cdot \sqrt{\Sigma f_1(A\,\mu)} \quad \ldots \ldots \ldots \quad (290)$$

Nun können mit Hilfe der Gleichungen (288) und (290) die Eisen für die Tiefe $1,0$ parallel zu den Seiten l_1 und l für die Plattenmitte berechnet werden. Da aber die Spannungen σ_{x0} und σ_{y0} von der Plattenmitte nach den Plattenrändern zu abnehmen, können auch die Eisenquerschnitte f_{e1} und f_e von der Mitte nach den Rändern der Platte zu abnehmen.

Um in einem Punkte der y-Achse (mit der Ordinate y) den erforderlichen Querschnitt f_{e1y} der Eisen parallel zur x-Achse zu erhalten, muß man von der Gleichung (276) für σ_{x0} ausgehen. Diese lautet für $x=0$, $y=y$, $\mathfrak{W} = \dfrac{h^2}{6}$ und $\mu = \dfrac{l}{l_1}$

$$\sigma_{x0} = \frac{16 \cdot \pi_x \cdot l_1{}^2 \cdot \mu^2}{\mathfrak{W} \cdot \pi^4} \left[\bar{A}_{11} \cos \frac{\pi y}{l}\left(1 + \frac{1}{m \cdot \mu^2}\right) + \bar{A}_{12} \cdot \cos \frac{3\pi y}{l}\left(1 + \frac{9}{m \cdot \mu^2}\right) \right.$$
$$\left. + \bar{A}_{21} \cdot \cos \frac{\pi y}{l}\left(9 + \frac{1}{m \cdot \mu^2}\right) + \bar{A}_{22} \cos \frac{3\pi y}{l}\left(9 + \frac{9}{m\,\mu^2}\right) \right] \quad \cdot \; \cdot \quad (291)$$

Für die Druckseite ist

$$\sigma_b = \sigma_{x0}, \quad \mathfrak{W}_d = \frac{1}{2} x'\left(h - a_1 - \frac{x'}{3}\right) = \frac{(h-a_1)^2}{2} \cdot \sigma\left(1 - \frac{\sigma}{3}\right)$$

$$\sigma_b = \frac{16 \cdot \pi_x \cdot l_1{}^2 \cdot \mu^2}{(h-a_1)^2 \cdot \frac{\sigma}{2}\left(1 - \frac{\sigma}{3}\right) \cdot \pi^4} \left[\bar{A}_{11} \cos \frac{\pi y}{l}\left(1 + \frac{1}{m\,\mu^2}\right) \right.$$
$$\left. + \bar{A}_{12} \cos \frac{3\pi y}{l}\left(1 + \frac{9}{m\,\mu^2}\right) + \bar{A}_{21} \cos \frac{\pi y}{l}\left(9 + \frac{1}{m\,\mu^2}\right) + \bar{A}_{22}\left(9 + \frac{9}{m\,\mu^2}\right) \right].$$

Da nun $h-a_1$ durch die Gleichung (286) bereits gegeben ist, kann man, wie nach Gleichung (289), die für diesen Punkt gegebene Konstante C_1 schreiben

$$C_1 = \frac{h-a_1}{4 \cdot l_1 \cdot \sqrt{\pi_x} \cdot \dfrac{\mu}{\pi^2} \cdot \sqrt{\begin{array}{l} \bar{A}_{11} \cos \frac{\pi y}{l}\left(1 + \frac{1}{m\,\mu^2}\right) + \bar{A}_{12} \cdot \cos \frac{3\pi y}{l}\left(1 + \frac{9}{m\,\mu^2}\right) \\[6pt] + \bar{A}_{21} \cdot \cos \frac{\pi y}{l}\left(9 + \frac{1}{m\,\mu^2}\right) + \bar{A}_{22} \cdot \cos \frac{3\pi y}{l}\left(9 + \frac{8}{m\,\mu^2}\right) \end{array}}} \quad (292)$$

Aus der Tabelle 1 findet man nun zu σ_e und C_1 die Betonspannung σ_b und die Konstante C_2, mit welcher ebenso (wie oben f_e berechnet wurde) nunmehr auch f_{e1y} gefunden werden kann.

$$f_{e\,1\,v} = 4 \cdot l_1 \cdot \sqrt{\pi_x} \cdot C_2 \cdot \frac{\mu}{\pi^2} \cdot \sqrt{\begin{array}{l} \overline{A}_{11} \cdot \cos \dfrac{\pi\,y}{l}\left(1 + \dfrac{1}{m\,\mu^2}\right) + \overline{A}_{12} \cdot \cos \dfrac{3\,\pi\,y}{l}\left(1 + \dfrac{9}{m\,\mu^2}\right) \\ + \overline{A}_{21} \cdot \cos \dfrac{\pi\,y}{l}\left(9 + \dfrac{1}{m\,\mu^2}\right) + \overline{A}_{22} \cdot \cos \dfrac{3\,\pi\,y}{l}\left(9 + \dfrac{9}{m\,\mu^2}\right) \end{array}} \quad (293)$$

In gleicher Weise kann für jeden Punkt der x-Achse (mit der Abszisse x) der erforderliche Querschnitt f_{ex} der Eisen parallel zur y-Achse gefunden werden, wenn man von der Gleichung (276) für σ_{y0} ausgeht und $y = 0$ setzt.

Entsprechend der Gleichung (292) erhält man hier

$$C_1 = \frac{h - a}{4 \cdot l \cdot \sqrt{\pi_x} \cdot \dfrac{1}{\pi^2} \sqrt{\begin{array}{l} \overline{A}_{11} \cdot \cos \dfrac{\pi\,x}{l_1}\left(\dfrac{1}{\mu^2} + \dfrac{1}{m}\right) + \overline{A}_{12} \cdot \cos \dfrac{\pi\,x}{l_1}\left(\dfrac{9}{\mu^2} + \dfrac{1}{m}\right) \\ + \overline{A}_{21} \cdot \cos \dfrac{3\,\pi\,x}{l_1}\left(\dfrac{1}{\mu^2} + \dfrac{9}{m}\right) + \overline{A}_{22} \cdot \cos \dfrac{3\,\pi\,x}{l_1}\left(\dfrac{9}{\mu^2} + \dfrac{9}{m}\right) \end{array}}} \quad (294)$$

Zu diesem C_1 und σ_e liefert die Tabelle 1 σ_b und C_2

$$f_{ex} = 4 \cdot l \cdot \sqrt{\pi_x} \cdot C_2 \cdot \frac{1}{\pi^2} \cdot \sqrt{\begin{array}{l} \overline{A}_{11} \cdot \cos \dfrac{\pi\,x}{l_1}\left(\dfrac{1}{\mu^2} + \dfrac{1}{m}\right) + \overline{A}_{12} \cdot \cos \dfrac{\pi\,x}{l_1}\left(\dfrac{9}{\mu^2} + \dfrac{1}{m}\right) \\ + \overline{A}_{21} \cdot \cos \dfrac{3\,\pi\,x}{l_1}\left(\dfrac{1}{\mu^2} + \dfrac{9}{m}\right) + \overline{A}_{22} \cdot \cos \dfrac{3\,\pi\,x}{l_1}\left(\dfrac{9}{\mu^2} + \dfrac{9}{m}\right) \end{array}} \quad (295)$$

Wenn auch die Berechnung der Eisenquerschnitte f_{e1v} und f_{ex} nach den Gleichungen (292) und (293) bzw. (294) und (295) oder nach der Wahl des Eisendurchmessers auch die Berechnung der Eisenabstände $t_{1v} = \dfrac{F_{e1}}{f_{e1v}}$ bzw. $t_x = \dfrac{F_e}{f_{ex}}$ keine Schwierigkeiten bereitet, wobei F_{e1} und F_e die Querschnitte je eines Eisens parallel zur x- bzw. y-Achse bedeuten, so ist diese Rechnung doch für die meisten praktischen Fälle zu umständlich.

Die Betonspannung an der Oberfläche der Platte nimmt nach den Plattenrändern zu ab, während die Eisenspannung durch Vergrößerung der Eisenabstände ziemlich gleichbleibend gehalten werden kann. Hierbei muß die neutrale Fläche der Platte gegen die Plattenränder zu nach oben rücken (vgl. Abb. 58), d. h. ihr Abstand x' von der Oberfläche kleiner werden. Es werden somit die Hebelarme der inneren Kräfte $h - a_1 - \dfrac{x'}{3}$ und $h - a - \dfrac{x'}{3}$ nach den Plattenrändern zu größer.

Wenn man nun gleichwohl annimmt, daß diese Hebelarme $h - a_1 - \dfrac{x'}{3}$ und $h - a - \dfrac{x'}{3}$ konstant seien und den Wert, wie in Plattenmitte, beibehielten, so würde man nach Gleichung (287) zu große Werte für die Eisenspannungen erhalten und somit jedenfalls sicher rechnen. Mit Rücksicht auf die Sicherheit ist also diese Annahme erlaubt.

Setzt man in Gleichung (291) für das Widerstandsmoment

$$\mathfrak{W} = \mathfrak{W}_z = n\,f_{e1v} \cdot \left(h - a_1 - \frac{x'}{3}\right) \quad \ldots \ldots \quad (31)$$

und für

$$\sigma_{x0} = \sigma_e : n,$$

so erhält man

$$f_{e1v} = \frac{16 \cdot \pi_x \cdot l_1{}^2 \cdot \mu^2}{\sigma_e \left(h - a_1 - \dfrac{x'}{3} \right) \cdot \pi^4} \left[\bar{A}_{11} \cdot \cos \frac{\pi y}{l} \left(1 + \frac{1}{m \pi^2} \right) \right.$$

$$\left. + \bar{A}_{12} \cos \frac{3 \pi y}{l} \left(1 + \frac{9}{m \mu^2} \right) + \bar{A}_{21} \cos \frac{\pi y}{l} \left(9 + \frac{1}{m \mu^2} \right) + \bar{A}_{22} \cdot \cos \frac{3 \pi y}{l} \left(9 + \frac{9}{m \mu^2} \right) \right].$$

Aus Gleichung (287) kann man ableiten

$$f_{e1} = \frac{16 \cdot \pi_x \cdot l_1{}^2}{\sigma_e \left(h - a_1 - \dfrac{x'}{3} \right)} \cdot \Sigma f(A, \mu).$$

Die beiden letzten Gleichungen ergeben für konstantes $\sigma_e \left(h - a_1 - \dfrac{x'}{3} \right)$

$$f_{e1v} = \frac{f_{e1}}{\Sigma f(A \mu)} \cdot \frac{\mu^2}{\pi^4} \left[\bar{A}_{11} \cos \frac{\pi y}{l} \left(1 + \frac{1}{m \mu^2} \right) + \bar{A}_{12} \cdot \cos \frac{3 \pi y}{l} \left(1 + \frac{9}{m \mu^2} \right) \right.$$

$$\left. + \bar{A}_{21} \cdot \cos \frac{\pi y}{l} \left(9 + \frac{1}{m \mu^2} \right) + \bar{A}_{22} \cdot \cos \frac{3 \pi y}{l} \left(9 + \frac{9}{m \mu^2} \right) \right] \quad \cdots \quad (296)$$

In derselben Weise kann man f_{ex} ableiten.

$$f_{ex} = \frac{f_e}{\Sigma f_1(A \mu)} \cdot \frac{1}{\pi^4} \left[\bar{A}_{11} \cdot \cos \frac{\pi x}{l_1} \left(\frac{1}{\mu^2} + \frac{1}{m} \right) + \bar{A}_{12} \cdot \cos \frac{\pi x}{l_1} \left(\frac{9}{\mu^2} + \frac{1}{m} \right) \right.$$

$$\left. + \bar{A}_{21} \cdot \cos \frac{3 \pi x}{l_1} \left(\frac{1}{\mu^2} + \frac{9}{m} \right) + \bar{A}_{22} \cdot \cos \frac{3 \pi x}{l_1} \left(\frac{9}{\mu^2} + \frac{9}{m} \right) \right] \quad \cdots \quad (297)$$

Für die Querschnitte F_{e1} und F_e je eines Eisens parallel zur x- bzw. y-Achse erhält man daher die Eisenabstände in der y-Achse bzw. in der x-Achse gemessen zu

$$\left. \begin{aligned} t_{1v} &= \frac{F_{e1}}{f_{e1v}} \\ t_x &= \frac{F_e}{f_{ex}} \end{aligned} \right\} \quad \cdots \cdots \cdots \cdots \quad (298)$$

In der Plattenmitte ist

$$\left. \begin{aligned} t_1 &= \frac{F_{e1}}{f_{e1}} \\ t &= \frac{F_e}{f_e} \end{aligned} \right\} \quad \cdots \cdots \cdots \cdots \quad (299)$$

daher auch

$$\left. \begin{aligned} t_{1v} &= t_1 \cdot \frac{f_{e1}}{f_{e1v}} \\ t_x &= t \cdot \frac{f_e}{f_{ex}} \end{aligned} \right\} \quad \cdots \cdots \cdots \cdots \quad (300)$$

Für einige Werte von x und y sind in der Tabelle 8 des Anhanges die Ausdrücke der Gleichungen (296), (297) und (298) berechnet worden, so daß nach Berechnung der Werte f_{e1} und f_e im Plattenmittel für einige weitere Punkte der Platte f_{e1v} und f_{ex} bzw. die Abstände t_{1v} und t_x bequem zu berechnen sind. Zwischen diesen durch die Tabelle gegebenen Punkten werden die Eisenquerschnitte f_{e1v} und f_{ex} sowie bei Verwendung gleicher Eisenstärken auch die Eisenabstände t_{1v} und t_x durch geradlinige Interpolation gefunden.

In den Spannungsgleichungen (276) und in den aus ihnen abgeleiteten Dimensionierungsgleichungen (in den Ausdrücken $\Sigma f(A, \mu)$ und $\Sigma f_1(A, \mu)$ kommt die Querdehnungsziffer m vor. Diese Ziffer m ist für Beton keine konstante Zahl. Sie scheint mit der Spannung zu wachsen und ist wohl auch für verschiedene Betonarten verschieden und vielleicht auch mit dem Wassergehalt bei gleichem Beton und gleicher Spannung veränderlich.

Auf verschiedenen Wegen und von verschiedenen Beobachtern wurde m zwischen 1,5 und 8,4 gemessen[1]). Für die Berechnung der Formänderungen macht der Wert m wenig aus und wird hierzu wohl mit $m = 4$ am richtigsten gewählt werden. Aus den Gleichungen (276) ist zu entnehmen, daß die Spannungen größer ausfallen, wenn m klein angenommen wird. Für die Spannungsrechnung und die Dimensionierung dürfte daher $m = 2$ mit Rücksicht auf die größere Sicherheit zu empfehlen sein.

Zahlenbeispiel.

Eine rechteckige, vierseitig gelagerte Eisenbetonplatte von den Stützweiten $l_1 = 4$ m und $l = 6$ m ist mit 800 kg/m² Nutzlast belastet. Welche Abmessungen sind dieser Platte zu geben, wenn die Spannungen $\sigma_e = 1000$ kg/cm² und $\sigma_b = 40$ kg/cm² nicht überschreiten sollen?

Dieses Zahlenbeispiel soll nach den drei oben gegebenen Rechnungsverfahren behandelt werden, dabei aber für alle Berechnungen das sich nicht wesentlich ändernde Eigengewicht zu $^0\pi = 400$ kg/m² entsprechend einer Plattenstärke $h = 16,8$ cm angenommen werden.

1. Annäherungsrechnung.

Die Belastung ist $\pi_x = 400 + 800 = 1200$ kg/m²

$$\pi_b = \frac{a^4}{a^4 + b^4} \cdot \pi_x = \frac{6^4}{6^4 + 4^4} \cdot 1200 = 1001 \text{ kg/qm}.$$

$$\pi_a = 1200 - 1001 = 199 \text{ kg/qm}.$$

Auf 1 m Tiefe ist das Biegungsmoment für die Stützweite l_1

$$\mathfrak{M}_1 = \frac{1001 \cdot 4^2}{8} = 2002 \text{ mkg} = 200\,200 \text{ cmkg}.$$

Für die Stützweite l ist das Biegungsmoment

$$\mathfrak{M} = \frac{199 \cdot 6^2}{8} = 896 \text{ mkg} = 89\,600 \text{ cmkg}.$$

$\sigma_b = 40$ kg/qcm; $\sigma_e = 1000$ kg/qcm; $C_1 = 0,390$; $C_2 = 0,00293$.

$$h - a_1 = 0,390 \cdot \sqrt{\frac{200\,200}{100}} = 17,44 \text{ cm}.$$

Werden Eisen, Durchmesser 12, in der Richtung l_1 angewendet, so ist

$$a_1 = 1,0 + \frac{1,2}{2} = 1,6; \quad h = 17,44 + 1,6 = 19 \text{ cm},$$

$$F_{e1} = 0,00293 \sqrt{200\,200 \cdot 100} = 13,1 \text{ qcm, für } 6,00 \text{ m } 13,1 \cdot 6,0 = 78,6 \text{ qcm}.$$

$$71 \oslash 12 = 78,4 \text{ qcm, Eisenabstand } t_1 = \frac{600}{71} = 8,46 \text{ cm}.$$

---

[1]) Deutscher Ausschuß für Eisenbeton, Heft 16, berichtet von Bach und Graf, Berlin 1912. S. 26 und S. 54, m wächst mit der Spannung von 3,4 bis 7,0. Deutscher Ausschuß für Eisenbeton, Heft 5, berichtet von Rudeloff. Berlin 1910. S. 46. $m = 3,7$ bis 8,2, S. 96, $m = 1,5$ bis 3,1 mit der Spannung wachsend.

In der Richtung l sollen Eisen ϕ 10 verwendet werden. Es ist daher für diese Richtung die statische Höhe

$$h - a = h - a_1 - \frac{1,2}{2} - \frac{1,0}{2} = 19 - 1,6 - 0,6 - 0,5 = 16,3 \text{ cm}$$

$$C_1 - \frac{h - a}{\sqrt{\dfrac{\mathfrak{M}}{100}}} = \frac{16,3}{\sqrt{\dfrac{89\,600}{100}}} = 0,512.$$

Hierzu liefert bei $\sigma_e = 1000$ kg/qcm die Tabelle $\sigma_b = 28$ kg/qcm, $C_2 = 0,00214$.

$$F_e = 0,00214 \cdot \sqrt{89\,600 \cdot 100} = 6,4 \text{ qcm; für } 4,00 \text{ m } 6,4 \cdot 4,0 = 25,6 \text{ qcm.}$$

$$33 \; \phi \; 10 = 25,9 \text{ qcm; Eisenabstand } t = \frac{400}{33} = 12,11 \text{ cm.}$$

2. Mit Hilfe des Diagonalmomentes.

Das Seitenverhältnis $\mu = \dfrac{l}{l_1} = \dfrac{6,0}{4,0} = 1,5$ ist von $1,0$ schon sehr verschieden, so daß die Bruchlinie nicht mehr in der Diagonale angenommen werden darf. Es wird deshalb auch dieses Verfahren im vorliegenden Falle keine sehr befriedigenden Ergebnisse mehr erwarten lassen.

Das Diagonalmoment

$$\mathfrak{M}_{2-3} = \frac{l^2 \cdot l_1{}^2}{12 \cdot \sqrt{l^2 + l_1{}^2}} \cdot \pi_x = \frac{4^2 \cdot 6^2}{12 \cdot \sqrt{4^2 + 6^2}} \cdot 1200 = 7980 \text{ mkg,}$$

$$\mathfrak{M}_l = \mathfrak{M}_{2-3} \cdot \frac{l_1}{\sqrt{l^2 + l_1{}^2}} = 7980 \cdot \frac{4}{\sqrt{4^2 + 6^2}} = 4420 \text{ mkg} = 442\,000 \text{ cmkg,}$$

$$\mathfrak{M}_{l1} = \mathfrak{M}_{2-3} \cdot \frac{l}{\sqrt{l^2 + l_1{}^2}} = 7980 \cdot \frac{6}{\sqrt{4^2 + 6^2}} = 6630 \text{ mkg} = 663\,000 \text{ cmkg,}$$

$$h - a_1 = C_1 \cdot \sqrt{\frac{\mathfrak{M}_{l1}}{l}} = 0,390 \cdot \sqrt{\frac{663\,000}{600}} = 13,02 \text{ cm,}$$

$$F_{e1} = C_2 \cdot \sqrt{\mathfrak{M}_{l1} \cdot l} = 0,00293 \cdot \sqrt{663\,000 \cdot 600} = 58,4 \text{ qcm,}$$

$$52 \; \phi \; 12 = 58,1 \text{ qcm, Eisenabstand } t_1 = \frac{600}{52} = 11,55 \text{ cm,}$$

$$h = 13,02 + 1,0 + \frac{1,2}{2} = 14,6 \text{ cm.}$$

Werden in der Richtung l Eisendurchmesser 10 verwendet, so ist für diese Richtung die statische Höhe

$$h - a = 14,6 - 1,0 - 1,2 - \frac{1,0}{2} = 11,9 \text{ cm,}$$

$$C_1 = \frac{h - a}{\sqrt{\dfrac{\mathfrak{M}_l}{l_1}}} = \frac{11,9}{\sqrt{\dfrac{442\,000}{400}}} = 0,358.$$

Hierzu erhält man bei $\sigma_e = 1000$ aus der Tabelle 1 $\sigma_b = 45$ kg/cm².

Da nur $\sigma_b = 40$ zugelassen ist, muß hier, wie oben bereits angedeutet, von der Stützweite l ausgegangen werden.

$$h - a = 0{,}390 \cdot \sqrt{\frac{442\,000}{400}} = 12{,}95 \text{ cm,}$$

$$F_e = 0{,}00293 \cdot \sqrt{442\,000 \cdot 400} = 37{,}8 \text{ qcm.}$$

$$48 \ \phi \ 10 = 37{,}70 \text{ qcm, Eisenabstand } t = \frac{400}{48} = 8{,}33 \text{ cm.}$$

$$h = 12{,}95 + 1{,}0 + 1{,}2 + \frac{1{,}0}{2} = 15{,}7 \text{ cm,}$$

$$h - a_1 = 15{,}7 - 1{,}0 - \frac{1{,}2}{2} = 14{,}1 \text{ cm,}$$

$$C_1 = \frac{h - a_1}{\sqrt{\dfrac{\mathfrak{M}_{l1}}{l}}} = \frac{14{,}1}{\sqrt{\dfrac{663\,000}{600}}} = 0{,}421,$$

Zu $\sigma_e = 1000$ ist $\sigma_b = 36$ kg/qcm, $C_2 = 0{,}00267$,

$$F_{e1} = 0{,}00267 \cdot \sqrt{663\,000 \cdot 600} = 53{,}3 \text{ qcm.}$$

$$47 \ \phi \ 12 = 53{,}1 \text{ qcm, Eisenabstand } t_1 = \frac{400}{47} = 8{,}52 \text{ cm.}$$

3. Mit Hilfe der trigonometrischen Reihen.

Das Seitenverhältnis ist $\mu = \dfrac{l}{l_1} = \dfrac{6{,}0}{4{,}0} = 1{,}5$, die Belastung $\pi_x = 1200$ kg/qm $= 0{,}1200$ kg/qcm.

Aus der Tabelle 8 des Anhanges erhält man für $\mu = 1{,}5$

$$\sqrt{\Sigma f(A, \mu)} = 0{,}0730, \quad \sqrt{\Sigma f_1(A, \mu)} = 0{,}0416.$$

Nach Gleichung (286) und (288) ist daher

$$h - a_1 = 4 \cdot l_1 \cdot \sqrt{\pi_x} \cdot C_1 \cdot \sqrt{\Sigma f(A, \mu)} = 4 \cdot 400 \cdot \sqrt{0{,}1200} \cdot 0{,}39 \cdot 0{,}0730 = 15{,}8 \text{ cm,}$$

$$\begin{aligned} f_{e1} &= 4 \cdot l_1 \cdot \sqrt{\pi_x} \cdot C_2 \cdot \sqrt{\Sigma f(A, \mu)} \\ &= 4 \cdot 400 \cdot \sqrt{0{,}1200} \cdot 0{,}00293 \cdot 0{,}0730 = 0{,}1185 \text{ qcm/cm.} \end{aligned}$$

Für ein Eisen ϕ 12 ist $F_e = 1{,}13$ qcm, somit $t_1 = \dfrac{1{,}13}{0{,}1185} = 9{,}54$ cm,

$$h = 15{,}8 + 1{,}0 + \frac{1{,}2}{2} = 17{,}4 \text{ cm.}$$

Werden in der Richtung l wieder Eisendurchmesser 10 gewählt, so ist für diese Richtung die statische Höhe

$$h - a = 17{,}4 - 1{,}0 - 1{,}2 - \frac{1{,}0}{2} = 14{,}7 \text{ cm.}$$

Nach Gleichung (289) ist deshalb

$$C_1 = \frac{h - a}{4 \cdot l \cdot \sqrt{\pi_x} \cdot \sqrt{\Sigma f_1(A, \mu)}} = \frac{14{,}7}{4 \cdot 600 \cdot \sqrt{0{,}12} \cdot 0{,}0416} = 0{,}425.$$

Hierzu liefert die Tabelle 1 bei $\sigma_e = 1000$ kg/qcm, $\sigma_b = 36$ kg/qcm, $C_2 = 0{,}00273$.

Aus Gleichung (290) erhält man

$$f_e = 4 \cdot l \cdot \sqrt{\pi_x} \cdot C_2 \cdot \sqrt{\Sigma f_1 (\overline{A, \mu})} = 4 \cdot 600 \cdot \sqrt{0,12} \cdot 0,00273 \cdot 0,0416 = 0,0945 \text{ qcm/cm.}$$

Für einen Eisendurchmesser 10 ist $F_e = 0,785$, daher $t = \dfrac{0,785}{0,0945} = 8,31$ cm.

Damit sind die Plattenstärke und die in der Plattenmitte erforderlichen Eisenquerschnitte f_{e1} und f_e berechnet. Die in anderen Plattenpunkten erforderlichen Eisen erhält man nach den Gleichungen (296) und (297) und mit Hilfe der Verhältniszahlen der Tabelle 8.

Richtung l_1.

$x = 0$; von $y = 0$ bis $y = \dfrac{l}{8}$, $1 \oslash 12 = 1,13$ qcm $\dfrac{l}{8} = \dfrac{600}{8} = 75$ cm.

$t_1 = 9,54$ cm, $t_{1v} = 9,54 \cdot 1,040 = 9,93$ cm, im Mittel 9,74 cm,

$$\dfrac{75}{9,74} = 7,7 \sim 8 \text{ Stück Eisen.}$$

$x = 0$, von $y = \dfrac{l}{8}$ bis $y = \dfrac{1}{4} l$, $\oslash 12$,

$t_{1v} = 9,93$ cm, $t_{1v} = 9,54 \cdot 1,250 = 11,92$ cm, im Mittel 10,92 cm,

$$\dfrac{75}{10,92} = 6,8 \sim 7 \text{ Stück Eisen.}$$

$x = 0$; von $y = \dfrac{l}{4}$ bis $y = \dfrac{3}{8} l$, $\oslash 10 = 0,785$ qcm,

$f_{e1v} = f_{e1} \cdot 0,802 = 0,1185 \cdot 0,802 = 0,0952$ qcm/cm;

$f_{e1v} = f_{e1} \cdot 0,471 = 0,1185 \cdot 0,471 = 0,0552$ qcm/cm,

$t_{1v} = \dfrac{0,785}{0,0952} = 8,25$ cm, $t_{1v} = \dfrac{0,785}{0,0552} = 14,25$ cm, im Mittel 11,25 cm,

$$\dfrac{75}{11,25} = 6,6 \sim 6 \text{ Stück Eisen.}$$

$x = 0$; von $y = \dfrac{3}{8} l$ bis $y = \dfrac{l}{2}$,

$t_{1v} = 14,25$; $t_{1v} = 15$ cm (größter Abstand), im Mittel 14,62 cm,

$$\dfrac{75}{14,6} = 5,1 \sim 5 \text{ Stück Eisen.}$$

Richtung l.

$y = 0$; von $x = 0$ bis $x = \dfrac{l_1}{8}$, $1 \oslash 10 = 0,785$ qcm, $\dfrac{l_1}{8} = \dfrac{400}{8} = 50$ cm.

$t = 8,31$ cm, $t_x = 8,31 \cdot 1,056 = 8,78$, im Mittel 8,53 cm,

$$\dfrac{50}{8,53} = 5,8 \sim 6 \text{ Stück Eisen.}$$

$y = 0$; von $x = \dfrac{l_1}{8}$ bis $x = \dfrac{l_1}{4}$, $\oslash 10$,

$t_x = 8,78$, $t_x = 8,31 \cdot 1,318 = 10,45$ cm, im Mittel 9,60 cm,

$$\dfrac{50}{9,6} = 5,2 \sim 5 \text{ Stück Eisen.}$$

$$y = 0; \text{ von } x = \frac{l_1}{4} \text{ bis } x = \frac{3\,l_1}{8}, \ 1 \ \Phi \ 8 = 0{,}50 \text{ qcm.}$$

$$f_{ex} = 0{,}0945 \cdot 0{,}759 = 0{,}0718 \text{ qcm/cm}; \ f_{ex} = 0{,}0945 \cdot 0{,}432 = 0{,}0408 \text{ qcm/cm,}$$

$$t_x = \frac{0{,}50}{0{,}0718} = 6{,}96 \text{ cm}, \ t_x = \frac{0{,}50}{0{,}0408} = 12{,}5 \text{ cm, im Mittel } 9{,}73 \text{ cm,}$$

$$\frac{50}{9{,}73} = 5{,}14 \backsim 5 \text{ Stück Eisen.}$$

$$y = 0; \text{ von } x = \frac{3}{8}\,l_1 \text{ bis } x = \frac{l_1}{2}, \ \Phi \ 8 = 0{,}50 \text{ qcm,}$$

$$t_x = 12{,}5 \text{ cm}, \ t_x = 15 \text{ cm (größter Abstand), im Mittel } 13{,}8 \text{ cm,}$$

$$\frac{50}{13{,}8} = 3{,}6 \backsim 4 \text{ Stück Eisen.}$$

Vergleich der Rechnungsergebnisse.

Vergleicht man die Ergebnisse der 3 Rechnungsverfahren mit dem der auf 2 Stützen gelagerten Platte, welche in 30 cm-Abständen mit Verteilungseisendurchmesser 8 versehen ist, und setzt gleiche Konstruktionsgrundsätze voraus, so ergibt sich das folgende Verzeichnis.

	Plattenhöhe h cm	Beton cbm	Eisen kg
Träger auf 2 Stützen	20,7	0,534	332,2
Deutsches Annäherungsverfahren . . .	19,0	0,490	297,8
Mit Hilfe des Diagonalmomentes . . .	15,7	0,405	370,0
Mit Hilfe der trigonometrischen Reihe .	17,4	0,449	304,8

Für die an den Rändern eingespannte Platte, die an drei Seiten gelagerte, rechteckige Platte und die an den vier Eckpunkten gelagerte Platte können in ähnlicher Weise, wie hier gezeigt ist, die in meinem oben erwähnten Buche, Berechnung ebener, rechteckiger Platten mittels trigonometrischer Reihen, entwickelten Reihen benutzt werden. Jedoch sind bei diesen Reihen die Schubkräfte unberücksichtigt geblieben, so daß die berechneten Oberflächenspannungen etwas zu groß sind.

Kassettendecke.

Die rechteckige Kassettendecke kann als vierseitig gelagerte Eisenbetonplatte aufgefaßt werden, wenn nur die Nullfläche noch ganz in die volle Platte fällt, so daß die Rippen ganz in der Zugzone liegen. Man kann sich dann die in zwei benachbarten Kassettenhälften auftretenden inneren Zugkräfte aufgenommen denken durch die in der dazwischen liegenden Rippe vorhandenen Zugeisen. Da die Decke aus zwei Scharen sich kreuzender Plattenbalken besteht, wird ebenso wie bei den Plattenbalken aus wirtschaftlichen Rücksichten σ_b meist kleiner als die zulässige Betonspannung zu wählen sein. Hierdurch werden gleichzeitig die Deckenhöhe vergrößert und die Einbiegungen verkleinert.

Nachdem das Annäherungsverfahren nicht die in den einzelnen Plattenpunkten eintretenden Oberflächenspannungen bzw. erforderlichen Eisenquerschnitte liefert, kann dieses Verfahren hier keine Anwendung finden. Es empfiehlt sich daher das oben erläuterte Verfahren mit Hilfe der trigonometrischen Reihen zu benutzen.

Zahlenbeispiel.

Ein rechteckiger Raum von 8,00/7,30 m soll mit einer Kassettendecke überdeckt werden, welche eine Nutzlast von $'\pi = 400$ kg/qm zu tragen hat. Die Rippen
sollen 1 m Abstand und 0,20 m Breite erhalten.

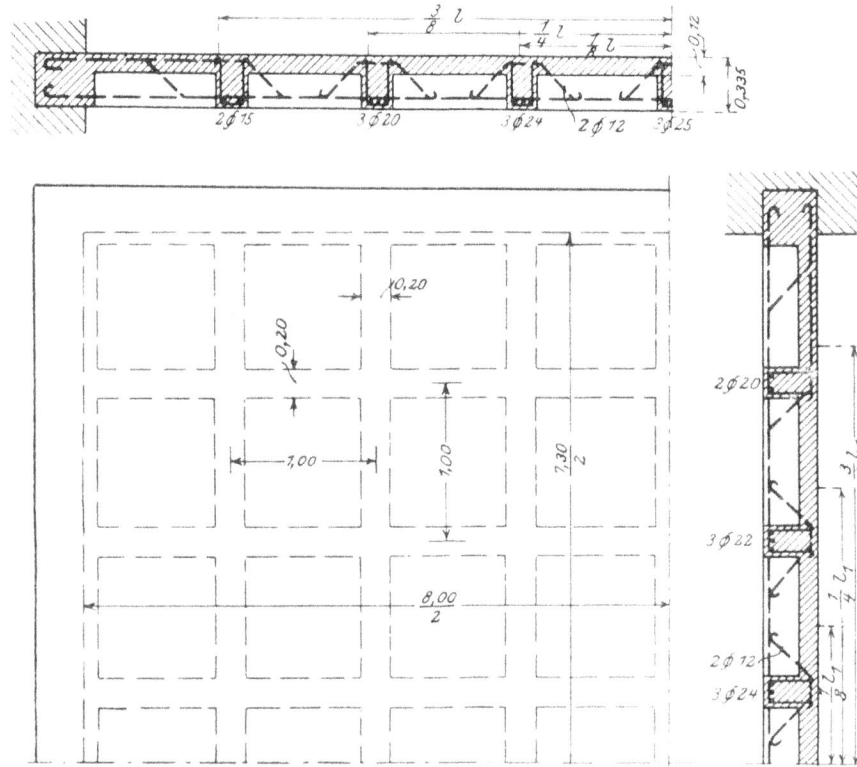

Abb. 263.

Zur Berechnung des Eigengewichtes wird die Plattenstärke zu 0,12 m, die
Deckenhöhe zu 0,35 m geschätzt.

Eigengewicht für 1 qm Decke:

Platte	$0,12 \cdot 2400 =$	288 kg/qm
Rippen	$2 \cdot 0,20 \cdot 0,23 \cdot 2400 =$	221 »
Belag und Putz .	$0,06 \cdot 2000 =$	120 »
Eigengewicht	$^0\pi \sim$	630 kg/qm
Nutzlast	$'\pi =$	400 »
Gesamtlast	$\pi_x =$	1030 kg/qm = 0,1030 kg/qcm

Stützweiten $l = 8,00 + 0,35 = 8,35$ m; $l_1 = 7,30 + 0,35 = 7,65$ m; $\frac{l}{l_1} = \mu = 1,1$.

Für $\sigma_b = 30$ kg/qcm und $\sigma_e = 1000$ kg/qcm ist $C_1 = 0,490, C_2 = 0,00228, \sigma = 0,310$.

Nach der Tabelle 8 des Anhanges ist

$$\sqrt{\Sigma f (A, \mu)} = 0,0620; \quad \sqrt{\Sigma f_1 (A, \mu)} = 0,0542.$$

$$h — a_1 = 4 \cdot 765 \cdot \sqrt{0,1030} \cdot 0,490 \cdot 0,0620 = 30,0 \text{ cm}.$$

$$f_{e1} = 4 \cdot 765 \cdot \sqrt{0,1030} \cdot 0,00228 \cdot 0,0620 = 0,1385 \text{ qcm/cm}.$$

Eisendurchmesser 25, Bügeldurchmesser 8, Bügelüberdeckung 1,5 cm, daher

$$a_1 = 1,5 + 0,8 + \frac{2,5}{2} = 3,5; \quad h = 30,0 + 3,5 = 33,5; \quad x' = 0,310 \cdot 30,0 = 9,30 \text{ cm}.$$

Die Nullfläche fällt also, wie vorausgesetzt, in die Platte.

$$a = 3,5 + 2,5 = 6; \quad h - a = 33,5 - 6 = 27,5.$$

$$C_1 = \frac{27,5}{4 \cdot 835 \cdot \sqrt{0,1030 \cdot 0,0542}} = 0,474, \quad \sigma_b = 31 \text{ kg/qcm}, \quad C_2 = 0,00235,$$

$$f_e = 4 \cdot 835 \cdot \sqrt{0,1030} \cdot 0,00235 \cdot 0,0542 = 0,1365 \text{ qcm/cm}.$$

Mit Hilfe der Tabelle 8 erhält man nun die Eisenquerschnitte für die einzelnen Rippen.

In $y = 0$ ist $f_{e1} = = 0,1358$ } Mittel $0,1354 \cdot \frac{l}{8} = 14,14$ qcm — 3 ϕ 25,

» $y = \frac{l}{8}$ » $f_{e1y} = 0,1385 \cdot 0,954 = 0,1322$ }

» $y = \frac{l}{4}$ » $f_{e1y} = 0,1385 \cdot 0,774 = 0,1070$ } $0,1196 \cdot \frac{l}{8} = 12,48$ » — 3 ϕ 24,

» $y = \frac{3}{8}l$ » $f_{e1y} = 0,1385 \cdot 0,445 = 0,0617$ } $0,844 \cdot \frac{l}{8} = 8,81$ » — 3 ϕ 20,

» $y = \frac{l}{2}$ » $f_{e1y} = 0$ } $0,0309 \cdot \frac{l}{8} = 3,23$ » — 2 ϕ 15.

In $x = 0$ ist $f_e = = 0,1365$ } Mittel $0,1331 \cdot \frac{l_1}{8} = 12,24$ qcm — 3 ϕ 24,

» $x = \frac{l_1}{8}$ » $f_{ex} = 0,1365 \cdot 0,951 = 0,1296$ }

» $x = \frac{l_1}{4}$ » $f_{ex} = 0,1365 \cdot 0,765 = 0,1044$ } $0,1170 \cdot \frac{l_1}{8} = 10,75$ » — 3 ϕ 22,

» $x = \frac{3}{8}l_1$ » $f_{ex} = 0,1365 \cdot 0,437 = 0,0596$ } $0,596 \cdot \frac{l_1}{8} = 5,48$ » — 2 ϕ 20.

» $x = \frac{l_1}{2}$ » $f_{ex} = 0$

Die Kassettenplatte ist gleichfalls eine vierseitig gelagerte Platte für sich allein betrachtet, welche als teilweise eingespannt betrachtet werden muß. Da die Zugkräfte aber nur klein sein können legt man am besten die Plattenbewehrung in die Mitte, so daß sie sowohl für negative als auch positive Biegungsmomente wirksam werden kann. Die statische Höhe ist deshalb die halbe Plattenstärke

$$l = l_1 = 1,00 \text{ m}; \quad h - a_1 = \frac{12}{2} = 6 \text{ cm}; \quad \mu = 1,0; \quad \sqrt{\Sigma f (A, \mu)} = 0,0582,$$

$$\pi_x = 288 + 120 + 400 = 808 \text{ kg/qm} = 0,0808 \text{ kg/qcm}.$$

$$C_1 = \frac{h - a_1}{4 \cdot l_1 \cdot \sqrt{\pi_x} \cdot \sqrt{\Sigma f \cdot (A, \mu)}} = \frac{6}{4 \cdot 100 \cdot \sqrt{0,0808 \cdot 0,0582}} = 0,924.$$

Hierzu gehört bei $\sigma_e = 1000$ kg/qcm, $\sigma_b = 14$ kg/qcm $C_2 = 0,0011$

$$f_{e1} = 4 \cdot 100 \cdot \sqrt{0,0808} \cdot 0,0582 \cdot 0,0011 = 0,0073,$$

$$F_e = F_{e1} = 100 \cdot 0,0073 = 0,73 \text{ qcm}.$$

Hierfür werden je 7 Durchmesser 5 = 1,37 qcm verwendet.

Da an den Kreuzungsstellen der Rippen größere Querkräfte auftreten werden, wird es zweckmäßig sein, die in der Abb. 263 angedeuteten schrägen Bügeldurchmesser 12 anzubringen.

Randträger kreuzweise bewehrter Eisenbetonplatten.

Die kreuzweise bewehrten Eisenbetonplatten ruhen häufig auf Trägern auf, deren Druckgurte teilweise von den Platten gebildet werden. Das größte Biegungsmoment solcher Träger ist von der Verteilung des Auflagerdruckes der Platten auf die Träger abhängig. Es liegt nun nahe, zur Bestimmung dieser Lastverteilung auch die oben zur Berechnung der Biegungsspannung benutzten trigonometrischen Reihen zu verwenden. Jedoch konvergieren die den Stützdruck darstellenden Reihen langsamer als diejenigen, welche die Spannung liefern, so daß sie hier nicht benutzt werden sollen. Versuchsrechnungen mit Hilfe der trigonometrischen Reihen zeigen aber die ungefähre Form der Lastverteilung. Hiernach scheinen die Winkelhalbierenden durch die Ecken der rechteckigen Platte als die Belastungsscheiden für die Randträger betrachtet werden zu dürfen. (Vgl. Abb. 264.) Für eine über die Platte gleichförmig verteilte Belastung π kg/qm stellen daher die Ordinaten der an die Randträger anstoßenden Teilflächen mit π multipliziert die Belastung auf die Längeneinheit der Randträger dar.

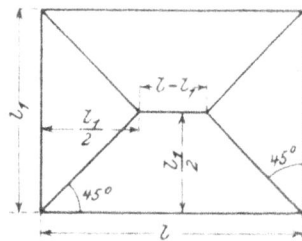

Abb. 264.

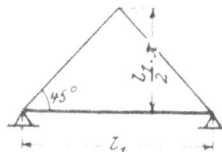

Abb. 265.

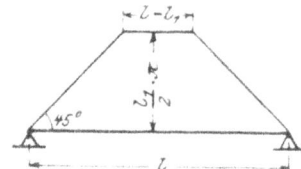

Abb. 266.

In den Abb. 265 und 266 sind nach dieser Lastverteilung die Belastungsflächen der Randträger mit den Stützweiten l_1 und l eingezeichnet worden. Diese Belastungen ergeben bei freier Auflagerung der Träger die größten Biegungsmomente in der Trägermitte, und zwar

für die Schmalseite $$\mathfrak{M}_{m1} = \frac{\pi \, l_1^3}{24} \quad \dots \dots \dots \dots \dots \quad (301)$$

für die Langseite $$\mathfrak{M}_m = \frac{2\,l - l_1}{16} \cdot l\,l_1\,\pi - \frac{l_1^3\,\pi}{48} - \frac{(l-l_1)}{16} \cdot \pi\,l\cdot l_1 \quad . \quad (302)$$

Ruhen auf einem Träger von zwei Seiten her Platten auf, so sind die Belastungen, welche von beiden Platten herrühren, zu addieren.

Nach Einteilung der Platten in Streifen parallel zu den Rechteckseiten mithin unter Vernachlässigung der inneren Schubkräfte gelangt Dr. Bosch[1]) dazu, für die Randträger äquivalente gleichförmig verteilte Belastungen q_1 und q kg/m vorzuschlagen. Bezeichnet $\lambda = \dfrac{l}{l_1}$ das Seitenverhältnis und π (kg/qm) die gleichförmig über die rechteckige Platte verteilte Belastung der Flächeneinheit, so soll nach Bosch für die äquivalenten Trägerbelastungen geschrieben werden

für die Schmalseiten $$q_1 = \left(0{,}5 - \frac{0{,}4\,\lambda^2}{1 + \lambda^2}\right) l \cdot \pi \; (\text{kg/m}) \quad \dots \dots \quad (303)$$

für die Langseiten $$q = \frac{0{,}49\,(1{,}35\,\lambda + \lambda^2)}{1{,}6 + \lambda + \lambda^2} \cdot l_1\,\pi \; (\text{kg/m}) \quad \dots \dots \quad (304)$$

---

[1]) Dr. Bosch, Forschungsarbeiten aus dem Gebiete des Eisenbetons, Heft IX. Berlin 1908. (Darmstädter Dissertation.)

Diese Belastungen geben ein wenig kleinere Biegungsmomente als die oben angegebenen Formeln, dagegen geben sie nicht für $\lambda = 1$ auch $q = q_1$, wie zu erwarten wäre.

Plattenversuche.

Aus den Betrachtungen der vorhergehenden Abschnitte dieses Kapitels kann entnommen werden, daß sowohl zur Prüfung der theoretisch abgeleiteten Plattenformeln als auch zur Entscheidung der Frage, welcher der Annäherungsformeln der Vorzug zu geben sei, Versuche dringend notwendig waren. Da Modellversuche keine einwandfreien Ergebnisse erwarten lassen, müssen die Versuche in praktisch vorkommenden Abmessungen ausgeführt werden, wodurch aber nicht nur die Ausführung sehr schwierig, sondern auch die Kosten der Versuche sehr hoch werden. Es liegen deshalb bis jetzt auch nur die im Auftrag des Deutschen Ausschusses für Eisenbeton von Staatsrat von Bach[1]) ausgeführten Plattenversuche vor.

Bei diesen Versuchen sind quadratische und rechteckige Platten mit Einzellasten und nahezu gleichförmig verteilter Belastung geprüft und die Formänderungen gemessen worden, wobei gleichzeitig ähnliche Platten auf zwei Stützen aus demselben Beton beobachtet wurden, um einen unmittelbaren Vergleich bezüglich des Einflusses der Auflagerung ziehen zu können.

Die Versuche haben die aus früheren Versuchen schon bekannte Erscheinung wieder bestätigt, daß die an den vier Rändern gelagerte Platte sich unter der Belastung an den Ecken von den Auflagern abhebt. Das Maß dieser Hebung ist aber bei der praktisch vorkommenden Verformung gegenüber der Einsenkung in Plattenmitte beispielsweise gering und würde sicherlich noch kleiner ausfallen unter einer wirklich gleichförmig verteilten, bis an die Plattenränder reichenden Belastung. Außerdem ist es nicht möglich, vollkommen starre Auflager zu schaffen, so daß in den Mitten der Plattenauflagern Einsenkungen beobachtet wurden, welche teilweise größer waren als die Hebungen an den Ecken, somit sicherlich zur Hebung der Ecken noch beigetragen haben.

In Abb. 267[2]) sind die Linien gleicher Einsenkung dargestellt, welche von Bach an einer 12 cm starken Eisenbetonplatte mit zwei sich rechtwinklig überkreuzenden Eisenbewehrungen Durchm. 7 in 10 cm Eisenabstand bei 2,00/4,00 m Stützweite unter einer in 32 Punkten angreifenden Nutzlast von 12000 kg beobachtet hat.

Aus dem Verlauf der Linie mit der Einsenkung 0 kann man schon erkennen, daß man sicherlich einen unbedeutenden Fehler begeht, wenn man die Auflager der Platte auch während der Verformung als gerade Linien annimmt, wie dies bei der Berechnung mit Hilfe der trigonometrischen Reihen (vgl. S. 241) notwendig ist.

Dieses Rechnungsverfahren liefert nach den oben angegebenen Quellen die Einbiegung z eines Punktes mit den Koordinaten x und y (vgl. Abb. 262) unter einer gleichförmig verteilten Belastung π_x zu

$$z = \frac{192 \cdot \pi_x \cdot (m^2 - 1) \cdot l_1{}^2 \cdot l^2}{\pi^6 \cdot h^3 \cdot m^2 \cdot \varepsilon} \cdot \sum_{m'=1}^{m'=\infty} \sum_{n'=1}^{n'=\infty} A_{m'n'} \cdot \cos \frac{2m'-1}{l_1} \pi x \cdot \cos \frac{2n'-1}{l} \pi y.$$

[1]) Deutscher Ausschuß für Eisenbeton, Heft 30, berichtet von v. Bach und Graf, Berlin 1915.

[2]) Deutscher Ausschuß für Eisenbeton, Heft 30, S. 231.

Die Werte $\overline{A}_{m'n'}$ für das Seitenverhältnis $\mu = \dfrac{l}{l_1}$ erhält man aus Gleichung (280) oder aus der Tabelle 8 des Anhanges.

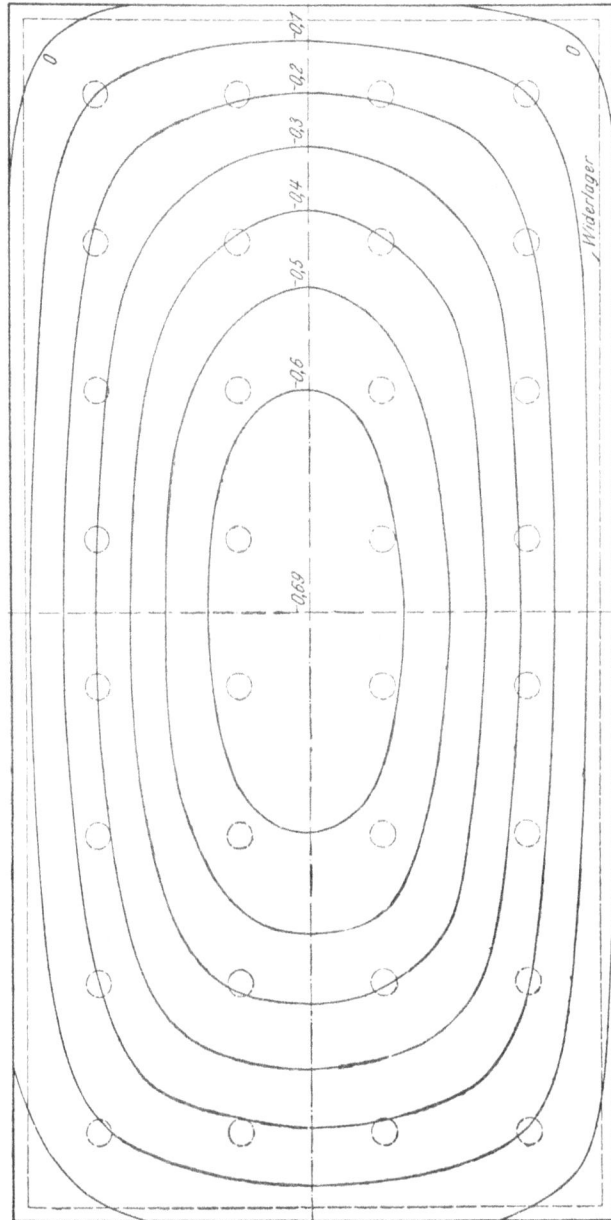

Abb. 267.

Auf die Breite 1,00 ist

$$\frac{h^3}{12} = \Theta,$$

dem Trägheitsmoment des Plattenquerschnittes für die Breite 1,00. Damit erhält man die Einbiegung des Plattenmittelpunktes ($x = 0$, $y = 0$) unter Benutzung von vier Reihengliedern

$$z = \frac{16 \cdot \pi_x \left(1 - \frac{1}{m^2}\right) \cdot l^2 \cdot l_1^2}{\pi^6 \cdot \varepsilon \cdot \Theta} (\overline{A}_{11} + \overline{A}_{21} + \overline{A}_{12} + \overline{A}_{22}).$$

Die nach dieser Formel berechneten Einbiegungen stimmen nun mit den von Bach bei kleineren Belastungen vor Eintritt der ersten Risse gemessenen Einbiegungen überein, wenn man die für diesen Beton und für geringe Spannungen zu $n = 7{,}3$ ermittelte Elastizitätsverhältniszahl und die Querdehnungsziffer $m = 1{,}44$ bis $2{,}79$ wählt. Ferner hat sich ergeben, daß auch hier die Zahl m mit wachsender Spannung größer wird (vgl. S. 249). Für $m = 4$ ergeben sich die berechneten Einsenkungen ein wenig **größer** als die gemessenen, aber das Verhältnis zwischen Rechnung und Beobachtung ist ungefähr dasselbe als bei den gleichzeitig angefertigten Balken auf zwei Stützen. Hieraus geht unzweifelhaft hervor, daß die Berechnung der vierseitig gelagerten Platte mit gleichförmig verteilter Belastung mit Hilfe der trigonometrischen Reihen berechtigt ist.

Zum Beweis seien die Rechnungs- und Messungsergebnisse folgender Platten zusammengestellt.

Platte Nr. 822 quadratisch, 2,00 m Stützweite, 8 cm stark, Eisen Durchm. 7, Eisenabstand $t = 10$ cm.

Platte Nr. 826 quadratisch, 2,00 m Stützweite, 12 cm stark, Eisen Durchm. 7, Eisenabstand $t = 10$ cm.

Platte Nr. 846 quadratisch, 2,00 m Stützweite, 12 cm stark, Eisen Durchm. 7, Eisenabstand veränderlich ($t = 10$ bis 14,3; $t_1 = 9{,}3$ bis 14,0).

Platte Nr. 866 rechteckig, 2,00/3,00 m Stützweite ($\mu = 1{,}5$), 12 cm stark, Eisen Durchm. 7, Eisenabstand $t = 10$ cm.

Platte Nr. 861 rechteckig, 2,00/4,00 m Stützweite ($\mu = 2{,}0$), 12 cm stark, Eisen Durchm. 7, Eisenabstand $t = 10$ cm.

Balken, Stützweite 2,00 m zwei Einzellasten, 12 cm stark, Eisen Durchm. 7, Eisenabstand $t = 10$ cm.

Einbiegungen in Plattenmitte.

Versuchsstück	Berechnet cm		Gemessen cm	Rechnung und Messung stimmen überein bei	
	$m = 2$	$m = 4$		Belastung kg/qm	m Querdehnung
Nr. 822	0,0315	0,0400	0,034	876	2,24
Nr. 826	0,0104	0,0130	0,009	970	1,69
Nr. 846	0,0104	0,0129	0,012	963	2,79
Nr. 866 . . . . . {	0,0152	0,0192	0,019	744	1,48
	0,0246	0,0307	0,028	1200	2,63
Nr. 861 . . . . . {	0,0202	0,0254	0,014	754	1,44
	0,0415	0,0522	0,033	2130	2,31
Balken . . . . . {	0,0142		0,0106	$P = 250$ kg }	Summe der
	0,0284		0,0279	$P = 500$ kg }	Einzellasten

Die Einbiegungen in der Mitte der quadratischen Platten waren erheblich **größer** für eine Einzellast in Plattenmitte als für dieselbe Belastung auf 16 Laststellen gleichmäßig verteilt. Ein unmittelbarer Vergleich ist nicht möglich, weil unter der Einzellast bereits früher Risse eintraten als für die verteilte Belastung Einsenkungen gemessen wurden. Schätzungsweise scheinen die Einbiegungen

17*

unter einer Einzellast in der Plattenmitte rd. dreimal so groß zu sein als bei gleicher aber verteilter Belastung. Bei dem Balken auf zwei Stützen ist rechnerisch das entsprechende Verhältnis $\frac{5}{384} : \frac{1}{48} = 1,6 : 1$.

Die Bildung der ersten Risse kann am besten durch Vergleich der Betonzugspannungen σ_{bz} unmittelbar vor Eintritt der Risse beurteilt werden. Ein

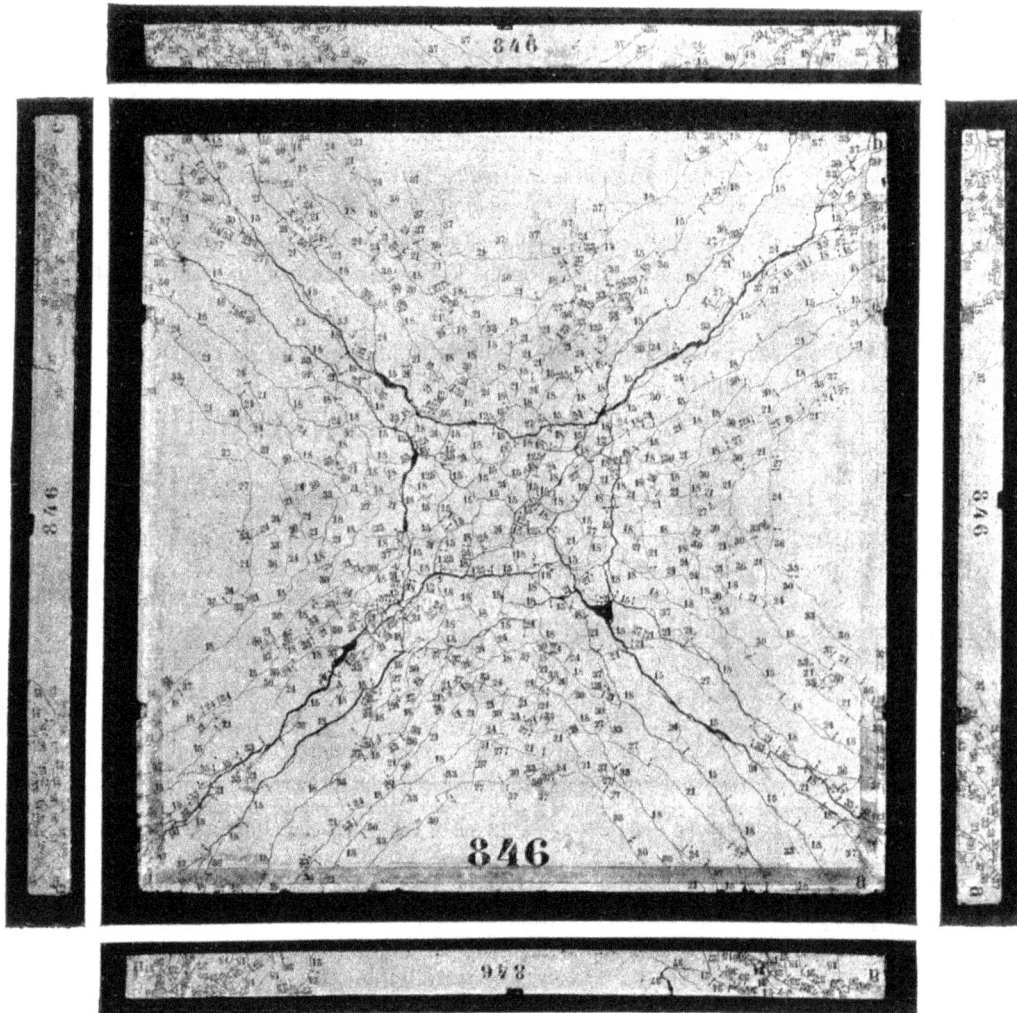

Abb. 268 a.

solcher Vergleich wurde von Bach zunächst für die Balken auf zwei Stützen gezogen, welche aus demselben Beton, wie die Platten, und mit derselben Bewehrung hergestellt worden waren. Dabei ergab sich σ_{bz} für die Balken ohne Quereisen erheblich größer als für die Balken mit Quereisen[1]; ferner entstanden die ersten Risse der Balken mit Quereisen an den Stellen, an welchen Quereisen lagen. Daraus ist zu schließen, daß der Beton unter einem engmaschigen Netz von Eisenstäben weniger widerstandsfähig ist als unter Eisen einer Richtung.

---

[1] Deutscher Ausschuß für Eisenbeton, Heft 30, berichtet von Bach und Graf, S. 51.

Diese Erscheinung ist nicht auffallend, weil durch das engmaschige Stabnetz die Verdichtung der durchdringenden Betonmasse beeinträchtigt wird. Auch bei einer anderen Gelegenheit konnte festgestellt werden, daß durch die engmaschige Bewehrung zunächst eine Verminderung der Betonfestigkeit eintritt. Rudeloff konnte nämlich auch bei Säulen feststellen, daß die Betonfestigkeit in der bewehrten Säule geringer ist als in der unbewehrten[1]).

Man darf aus diesen Beobachtungen den Schluß ziehen, daß in den gekreuzt bewehrten Platten die Eisenabstände nicht zu klein (10 cm) gewählt werden sollten.

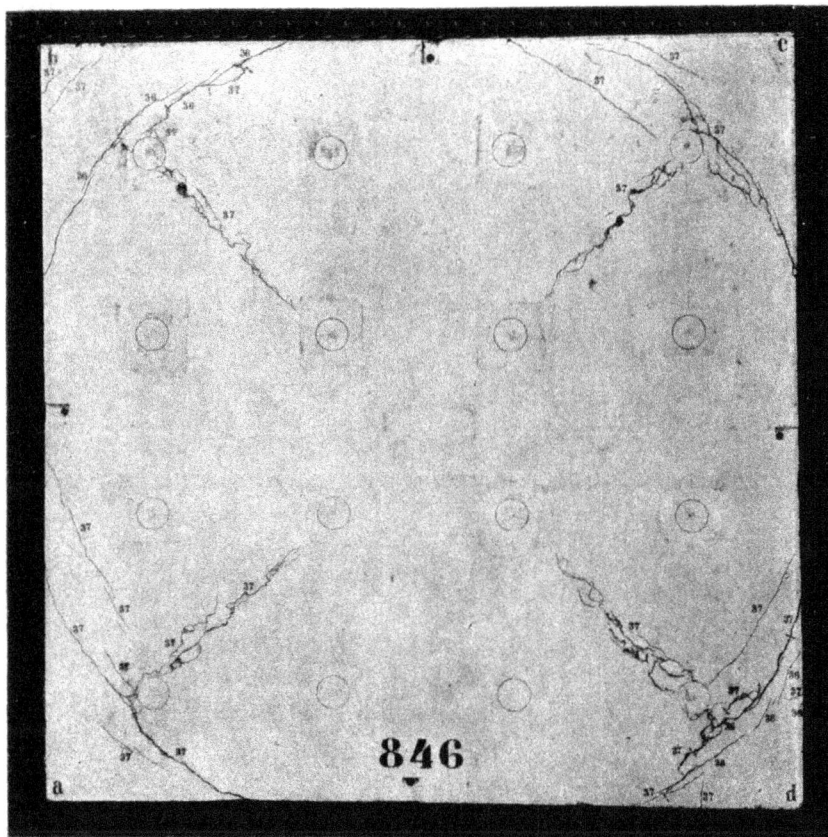

Abb. 268 b.

In den Abb. 268 a[2]) bis d[2]) sind die Photographien einer quadratischen und einer rechteckigen Platte wiedergegeben, welche unter einer nahezu gleichförmig verteilten Belastung zu Bruch gingen. Die kleinen Kreise auf den oberen Plattenflächen bezeichnen die Lastangriffe. Die Risse wurden vor der Lichtbildaufnahme mit schwarzer Farbe, um sie auch in der Verkleinerung sichtbar zu machen, nachgezogen und die Belastungen, unter denen sie entstanden sind, in Tonnen beigeschrieben.

Die Abb. 268 a zeigt die Unterfläche einer 12 cm starken mit Eisen Durchm. 7 in Abstand $t = 10$ bis 14,3 und $t_1 = 9,3$ bis 14,0 cm bewehrten quadratischen

---

[1]) Deutscher Ausschuß für Eisenbeton, Heft 34, berichtet von Rudeloff, Berlin 1915, S. 1.

[2]) Wie [1]) S. 124 und 125, 216 und 217.

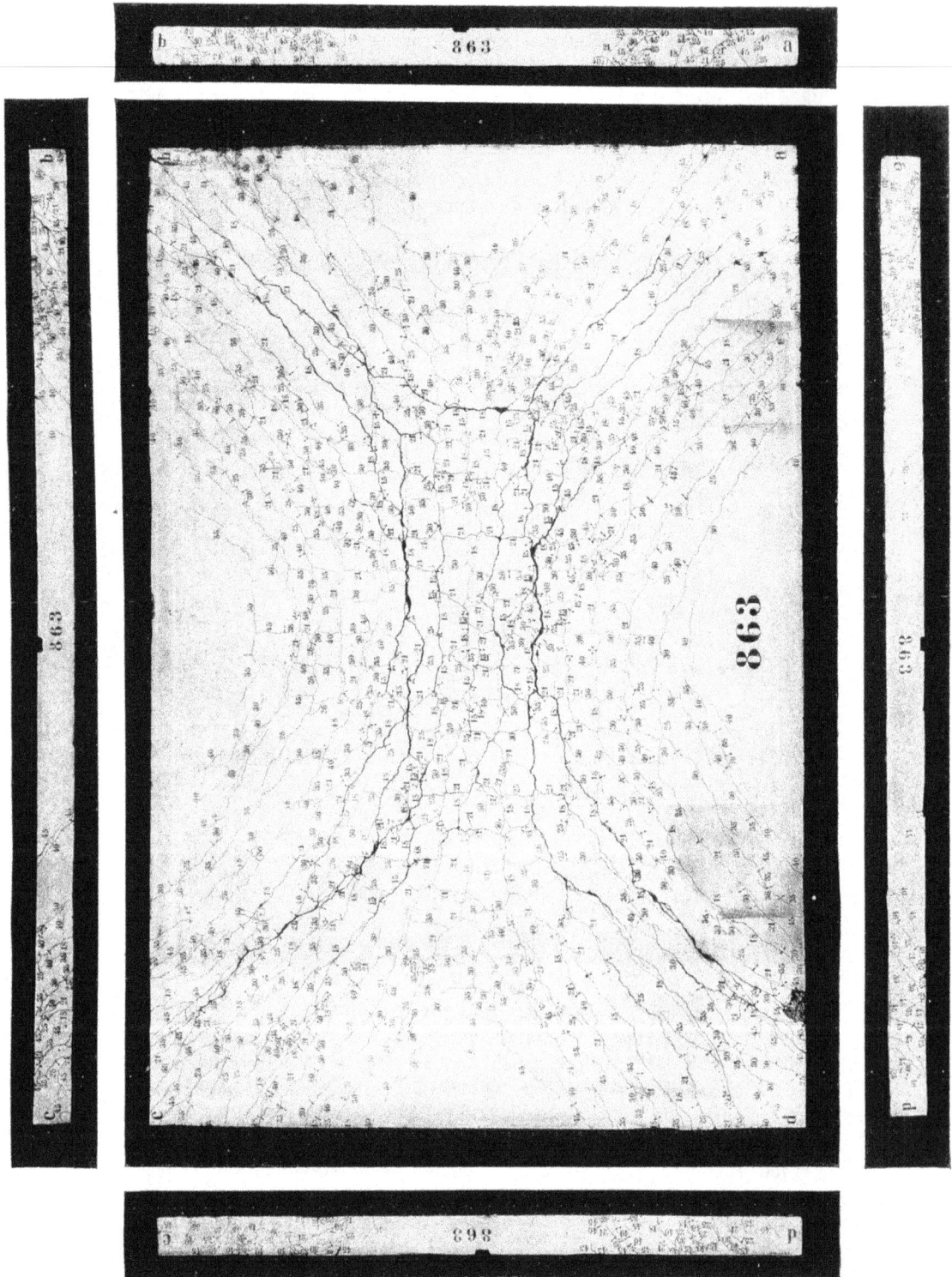

Abb. 268 c.

Eisenbetonplatte. Man erkennt deutlich, daß die Diagonalen die gefährlichen Querschnitte sind, wenn auch in der Plattenmitte die Wirkung der vier Einzellasten bemerkbar ist, welche noch nicht ganz der Wirkung einer gleichförmig verteilten Belastung entspricht.

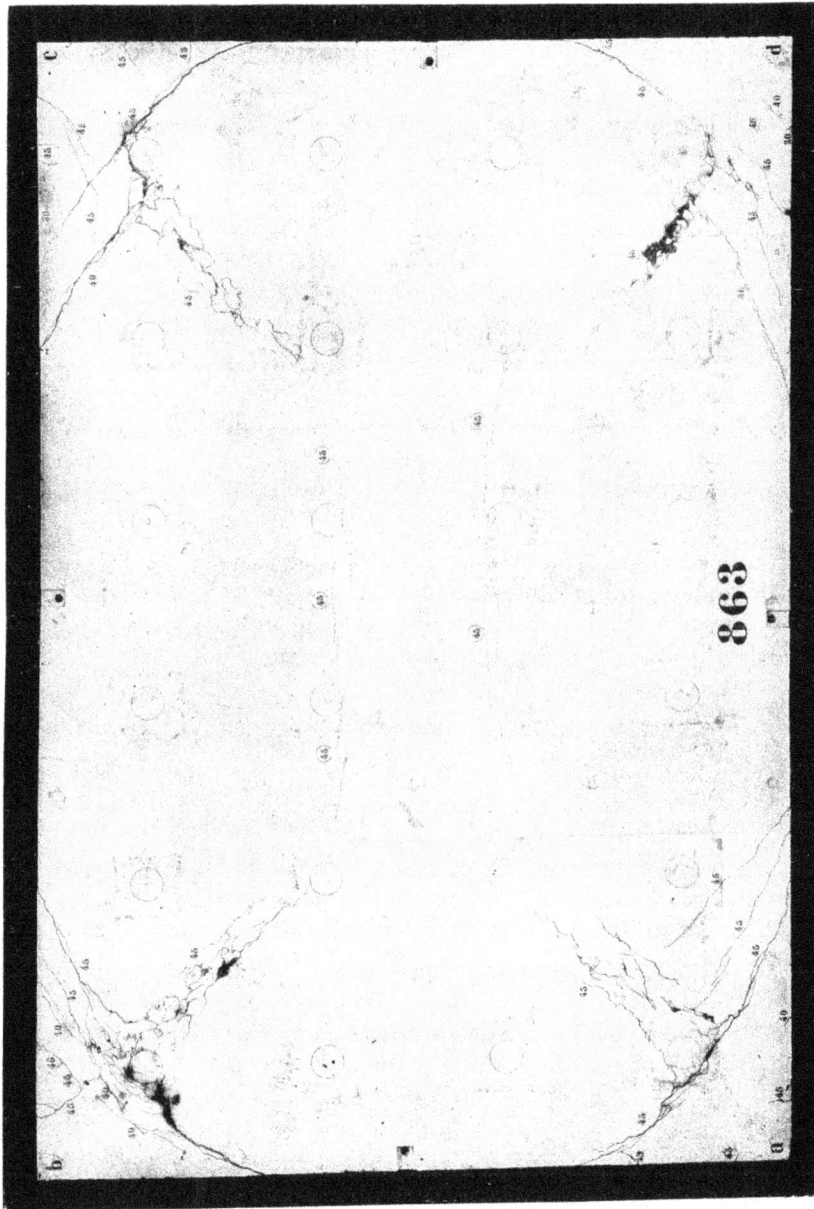

Abb. 268 d.

In Abb. 268 b·ist die obere Fläche derselben Platte dargestellt. Man sieht die unter höheren Belastungen entstandenen über Eck und längs der Diagonale verlaufenden Risse, welche teilweise (in der Diagonale) Zerstörungen durch Druckspannungen teilweise aber auch unter dem Einfluß schiefer Zugkräfte (vgl. S. 275) entstanden zu sein scheinen.

Die Abb. 268c gibt die untere Fläche einer rechteckigen (2,00/3,00 m), 12 cm starken Eisenbetonplatte wieder, welche in zwei Lagen mit Eisen Durchmesser 7 parallel zu den Seiten in $t = t_1 = 10$ cm Eisenabstand bewehrt ist. Die ersten Risse sind in der Plattenmitte parallel zu den Langseiten entstanden, und erst bei fortschreitender Belastung verlängern sie sich gleichlaufend mit den Winkelhalbierenden. Es ist also die Diagonale nicht mehr als gefährlicher Querschnitt zu betrachten. Auch hier ist noch die Wirkung der beiden mittleren Lastreihen als die von Einzellasten zu erkennen.

Die Abb. 268d, welche die obere Fläche derselben Platte nach dem Belastungsversuch darstellt, zeigt, wie die quadratische Platte Zerstörungen in den Winkelhalbierenden, welche wohl von Druckkräften herrühren können, und über Eck laufende Sprünge, welche auf schiefe Zugkräfte hindeuten.

Für die oben beschriebenen fünf Versuchsplatten hat bei annähernd gleichmäßig verteilter Nutzlast P in kg von Bach folgende Belastungen, unter denen die ersten Risse eintraten, und folgende Höchstlasten (ohne Eigengewicht) beobachtet:

Belastung kg	Platte Nr. 822	Platte Nr. 826	Platte Nr. 846	Platte Nr. 866	Platte Nr. 861
Rißlast	7 167	13 167	11 000	11 000	12 333 kg
Höchstlast . . .	25 517	40 333	37 500	44 333	50 667 kg

Man kann nun die gleichförmig verteilte Belastung π_x kg/qm ausrechnen, unter welcher an der ungünstigsten Stelle in den Eisen gerade die Spannung $\sigma_e = 1000$ kg/qcm erreicht wird, während die größte Betondruckspannung $\sigma_b < 40$ kg/qcm bleibt. Vergleicht man diese Belastung mit den oben beobachteten Lasten, so erhält man die Sicherheit gegen Risse bzw. gegen Bruch.

Diese Rechnung denke man sich nun durchgeführt nach den drei Rechnungsverfahren, mit trigonometrischen Reihen, mit der Lastverteilung $\pi_b = \pi_x \cdot \dfrac{a^2}{a^2 + b^2}$ und mit der Lastverteilung $\pi_b = \pi_x \cdot \dfrac{a^4}{a^4 + b^4}$. Dabei soll in der Rechnung die Betonzugfläche vernachlässigt, $n = 15$ und $m = 2$ gesetzt werden. Die Ergebnisse dieser Rechnungen sind in der Zusammenstellung auf S. 265 für die fünf betrachteten Versuchsplatten und zwei Versuchsbalken enthalten.

Die Berechnung nach den trigonometrischen Reihen liefert mit Ausnahme der Platte 861 ähnliche Werte als die Berechnungen der gleich starken Balken auf zwei Stützen, so daß also auch hierdurch ein Beweis für die Richtigkeit des Rechnungsverfahrens mit trigonometrischen Reihen gegeben ist.

Beide Annäherungsrechnungen liefern für quadratische Platten dieselben Werte, dagegen stimmen die Sicherheitswerte, welche sich aus der Verteilungsgleichung für rechteckige Platten $\pi_b = \pi_x \cdot \dfrac{a^2}{a^2 + b^2}$ ergeben, auffallend gut mit denen der trigonometrischen Rechnung überein, während die Annäherungsgleichung mit den vierten Potenzen der Stützweiten zu große Sicherheitsziffern ergibt. Daraus kann man den Schluß ziehen, daß die Rechnung nach der quadratischen Annäherungsgleichung hinreichend richtige Werte für Platte mit gleichförmig verteilten Bewehrungen liefert.

Die auffallend große Sicherheit der langen, rechteckigen Platte (Nr. 861) ist damit zu erklären, daß sie auch gleichlaufend zur langen Seite mit derselben

Vergleich der Sicherheit

für $n = 15$, $m = 2$ bei $\sigma_e = 1000$ kg/qcm und $\sigma_b < 40$ kg/qcm.

	Sicherheit gegen Risse	Sicherheit gegen Bruch	
Nr. 822 $h = 8$ cm trigonometrisch, $\sigma_b = 35,8$	1,91	6,62	
$\sigma_b = \sigma_x \cdot \dfrac{a^2}{a^2 + b^2}$	2,06	7,15	
$\sigma_b = \sigma_x \cdot \dfrac{a^4}{a^4 + b^4}$	2,06	7,15	
Nr. 826 $h = 12$ cm trigonometrisch, $\sigma_b = 26,9$	1,90	5,45	
$\sigma_b = \sigma_x \cdot \dfrac{a^2}{a^2 + b^2}$	2,16	6,22	quadratisch
$\sigma_b = \sigma_x \cdot \dfrac{a^4}{a^4 + b^4}$	2,16	6,22	
Nr. 846 $h = 12$ cm trigonometrisch, $\sigma_b = 27,8$	1,634	5,15	
$\sigma_b = \sigma_x \cdot \dfrac{a^2}{a^2 + b^2}$	1,90	5,89	
$\sigma_b = \sigma_x \cdot \dfrac{a^4}{a^4 + b^4}$	1,90	5,89	
Nr. 866 $h = 12$ cm trigonometrisch, $\sigma_b = 25,6$	1,825	6,55	
$\sigma_b = \sigma_x \cdot \dfrac{a^2}{a^2 + b^2}$	1,842	6,62	
$\sigma_b = \sigma_x \cdot \dfrac{a^4}{a^4 + b^4}$	2,22	7,98	rechteckig
Nr. 861 $h = 12$ cm trigonometrisch, $\sigma_b = 25,9$	2,42	8,70	
$\sigma_b = \sigma_x \cdot \dfrac{a^2}{a^2 + b^2}$	2,35	8,46	
$\sigma_b = \sigma_x \cdot \dfrac{a^4}{a^4 + b^4}$	2,78	10,00	
Balken 12 cm stark, $\sigma_b = 25,75$	1,637	5,82	Balken
8 cm stark, $\sigma_b = 33,5$	1,269	6,50	

Bewehrung versehen ist als gleichlaufend zur schmalen Seite. Wird in den kurzen Eisen die Streckgrenze erreicht, so tritt noch nicht der Bruch ein, sondern dies führt, wie bei allen statisch unbestimmten Systemen, zunächst nur zu einer anderen Verteilung der inneren Kräfte. Der Versuch lehrt also, daß die Bewehrung gleichlaufend zur langen Seite schwächer gemacht werden kann, wie dies auch die Rechnung mit trigonometrischen Reihen ergibt.

Aus diesem Grunde hat man auch in den deutschen Bestimmungen die Verteilung der Last nach den 4. Potenzen der Stützweiten angenommen. Denn die Verteilung nach den Quadraten (schweizerische Formel) führt zu gleichen Biegungsmomenten im Mittelpunkte der Platte nach beiden Richtungen und somit auch zu gleichen Eisenquerschnitten für beide Richtungen.

19. Kapitel. Die trägerlose Decke oder Pilz-Decke.

Normalspannungen.

In dem vorigen Kapitel würden rechteckige Platten betrachtet, welche an ihrem ganzen Umfange aufgelagert sind. Es kommen aber auch Platten vor, welche nur an ihren Eckpunkten aufgelagert sind. Zuerst hat man solche Platten in Amerika zu einer Deckenkonstruktion, der Pilz-Decke, verwendet. Hierbei ist eine Eisenbetonplatte unmittelbar und ohne Benutzung von Trägern auf Eisenbetonsäulen gelagert. Betrachtet man von dieser Decke je ein Feld zwischen vier Säulen für sich, so kann man sich die Decke aus einer größeren Zahl rechteckiger Platten zusammengesetzt denken, welche an ihren Eckpunkten frei oder eingespannt gelagert sind. (Vgl. Abb. 269.)

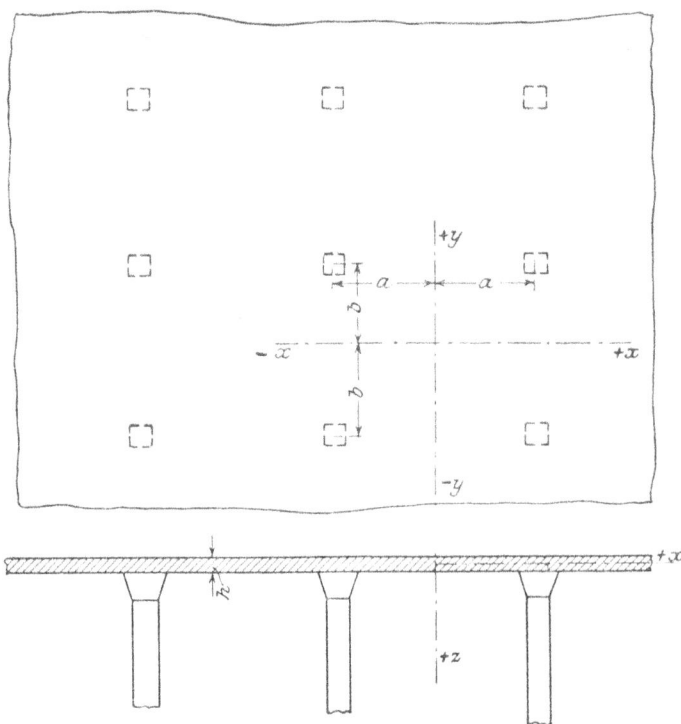

Abb. 269.

Da bei diesen Decken die Träger entfallen und deshalb an Schalungskosten sicherlich gespart werden kann sowie auch die Flechtarbeit und die Bewehrung der Träger gespart wird, kann selbst bei größerer Plattenstärke und schwerer Plattenbewehrung die Pilz-Decke einer Trägerdecke noch wirtschaftlich überlegen sein. Aber auch aus ästhetischen Rücksichten wird der Architekt zuweilen der trägerlosen Decke den Vorzug geben, so daß diese Decken dann öfters ausgeführt werden dürften, wenn ihre Berechnung klargelegt ist.

Zuerst hat Dr. Max Mayer[1]) ein Berechnungsverfahren angegeben, welches auf der schon von Grashof[2]) gegebenen Lösung der Aufgabe beruht. Grashof

---

[1]) Mayer, Trägerlose Eisenbetondecke. Deutsche Bauzeitung, Betonbeilage 1912, Nr. 21, S. 162.

[2]) Grashof, Theorie der Elastizität und Festigkeit, 2. Aufl. Berlin 1878. S. 358.

benutzt ein besonderes Integral der partiellen Differentialgleichung der Platte, welches aber die wenig wahrscheinliche Eigenschaft hat, daß $\frac{\partial z}{\partial x}$ nur von x abhängig ist und für $x = a$ und alle Werte von y in allen Belastungsfällen Null wird. D. h. die elastische Fläche hat in den Verbindungslinien der Stützpunkte stets eine zur x-Achse parallele wagerechte Tangente. (Vgl. Abb. 269.)

Da dies nur bei Vollbelastung möglich ist, liefert das von Grashof gewählte besondere Integral bei manchen Belastungsfällen zu kleine Werte für die Normalspannungen bzw. für die ihnen entsprechenden Biegungsmomente.

Hierauf hat zuerst Dr. Lewe[1]) aufmerksam gemacht, welcher bei seinem Rechnungsverfahren von der Berechnung einer kreisförmigen eingespannten Platte ausgeht, welche in dem Mittelpunkte mit einer Einzellast belastet ist.

Hier soll ein besonderes Verfahren mit Verwendung der trigonometrischen Reihen abgeleitet werden, von welchen zur Vereinfachung aber nur das erste Glied zur Rechnung verwendet werden wird. Da nur ein Mittelfeld betrachtet werden soll, müssen zwei Fälle unterschieden werden. Im ersten Falle sind alle Felder mit gleichmäßig verteilter Belastung versehen, im zweiten Falle ist nur ein Feld gleichförmig belastet, alle übrigen Felder werden gewichtslos und unbelastet vorausgesetzt. Der erste Fall tritt unter der Eigenlast und unter der Vollbelastung ein, der zweite Fall unter der Nutzlast eines Feldes ohne Eigengewicht.

Im ersten Falle müssen die zu den Achsen parallelen Tangenten der elastischen Fläche in den Auflagerpunkten und in den Verbindungslinien der Stützen sowie in den Symmetrieachsen der Felder wagerecht sein.

Bezeichnet daher $z = f(x, y)$ die Gleichung der elastischen Fläche, so ist in diesem Falle

$$\frac{\partial z}{\partial x} = 0 \text{ für } x = 0, \ x = +a, \ x = -a \text{ und alle Werte von } y,$$

$$\frac{\partial z}{\partial y} = 0 \text{ für } y = 0, \ y = +b, \ y = -b \text{ und alle Werte von } x.$$

Da über den Verbindungslinien der Stützen negative Biegungsmomente eintreten müssen, dürfen in diesen Linien $\frac{\partial^2 z}{\partial x^2}$ und $\frac{\partial^2 z}{\partial y^2}$ nicht Null werden, und schließlich müssen die Einsenkungen (z) über den Stützen ($x = \pm a; \ y = \pm b$) Null werden.

Diesen Anforderungen entspricht die trigonometrische Reihe

$$z = \sum_{m=1}^{m=\infty} \sum_{n=1}^{n=\infty} A_{mn} \left(-\cos\frac{m\pi x}{a} \cdot \cos\frac{n\pi y}{b} + 3\cos\frac{m\pi x}{a} + 3\cos\frac{n\pi y}{b} + 5 \right) \cdot$$

Wird nun das erste Glied dieser Reihe berücksichtigt, so ergeben sich folgende Ableitungen:

$$z = A \left(-\cos\frac{\pi x}{a} \cdot \cos\frac{\pi y}{b} + 3\cos\frac{\pi x}{a} + 3\cos\frac{\pi y}{b} + 5 \right) \quad . \quad . \quad (305)$$

$$\left. \begin{aligned}
\frac{\partial z}{\partial x} &= -A \cdot \frac{\pi}{a} \cdot \left(-\sin\frac{\pi x}{a} \cdot \cos\frac{\pi y}{b} + 3\sin\frac{\pi x}{a} \right) \\
\frac{\partial^2 z}{\partial x^2} &= -A \left(\frac{\pi}{a} \right)^2 \left(-\cos\frac{\pi x}{a} \cdot \cos\frac{\pi y}{b} + 3\cos\frac{\pi x}{a} \right) \\
\frac{\partial^2 z}{\partial y^2} &= -A \cdot \left(\frac{\pi}{b} \right)^2 \left(-\cos\frac{\pi x}{a} \cdot \cos\frac{\pi y}{b} + 3\cos\frac{\pi y}{b} \right) \\
\frac{\partial^2 z}{\partial x \partial y} &= -A \cdot \frac{\pi}{a} \cdot \frac{\pi}{b} \cdot \sin\frac{\pi x}{a} \cdot \sin\frac{\pi y}{b}
\end{aligned} \right\} \quad . \quad . \quad (306)$$

---

[1]) Dr. Lewe, Berechnung trägerloser Eisenbetondecken. Beton und Eisen 1915, S. 121.

Bezeichnet man mit m die Poissonsche Zahl, so kann man die Deformations-arbeit (elastische Energie) eines Plattenfeldes schreiben[1]):

$$\mathfrak{A} = 2 \cdot \frac{m^2}{m^2 - 1} \cdot \varepsilon \cdot \frac{h^3}{12} \cdot \int_0^a \int_0^b \left[\left(\frac{\partial^2 z}{\partial x^2} \right)^2 + \left(\frac{\partial^2 z}{\partial y^2} \right)^2 + \frac{2}{m} \cdot \frac{\partial^2 z}{\partial x^2} \cdot \frac{\partial^2 z}{\partial y^2} \right. $$
$$\left. + \left(2 - \frac{2}{m} \right) \left(\frac{\partial^2 z}{\partial x \partial y} \right)^2 \right] dx\, dy \quad \ldots \ldots \ldots \quad (307)$$

Es sind daher zunächst folgende Integrale zu bilden:

$$\int_0^a \int_0^b \left(\frac{\partial^2 z}{\partial x^2} \right)^2 dx \cdot dy = A^2 \cdot \left(\frac{\pi}{a} \right)^4 \cdot \int_0^a \int_0^b \left(\cos^2 \frac{\pi x}{a} \cdot \cos^2 \frac{\pi y}{b} \right.$$
$$\left. - 6 \cdot \cos^2 \frac{\pi x}{a} \cos \frac{\pi y}{b} + 9 \cos^2 \frac{\pi x}{a} \right) dx \cdot dy$$

$$\int_0^a \int_0^b \left(\frac{\partial^2 z}{\partial x^2} \right)^2 \cdot dx \cdot dy = A^2 \cdot \left(\frac{\pi}{a} \right)^4 \cdot \frac{19}{4} \cdot ab \quad \ldots \ldots \quad (308)$$

$$\int_0^a \int_0^b \left(\frac{\partial^2 z}{\partial y^2} \right)^2 dx \cdot dy = A^2 \cdot \left(\frac{\pi}{b} \right)^4 \cdot \frac{19}{4} \cdot ab \quad \ldots \ldots \quad (309)$$

$$\int_0^a \int_0^b \frac{\partial^2 z}{\partial x^2} \cdot \frac{\partial^2 z}{\partial y^2} \cdot dx \cdot dy = A^2 \cdot \left(\frac{\pi}{a} \right)^2 \cdot \left(\frac{\pi}{b} \right)^2 \int_0^a \int_0^b \left(\cos^2 \frac{\pi x}{a} \cdot \cos^2 \frac{\pi y}{b} \right.$$
$$\left. - 3 \cos^2 \frac{\pi x}{a} \cdot \cos \frac{\pi y}{b} - 3 \cos \frac{\pi x}{a} \cdot \cos^2 \frac{\pi y}{b} + 9 \cos \frac{\pi x}{b} \cdot \cos \frac{\pi y}{b} \right) dx\, dy$$

$$\int_0^a \int_0^b \frac{\partial^2 z}{\partial x^2} \cdot \frac{\partial^2 z}{\partial y^2} \cdot dx \cdot dy = A^2 \cdot \left(\frac{\pi}{a} \right)^2 \cdot \left(\frac{\pi}{b} \right)^2 \cdot \frac{ab}{4} \quad \ldots \ldots \quad (310)$$

$$\int_0^a \int_0^b \left(\frac{\partial^2 z}{\partial x \partial y} \right)^2 dx \cdot dy = A^2 \cdot \left(\frac{\pi}{a} \right)^2 \cdot \left(\frac{\pi}{b} \right)^2 \cdot \int_0^a \int_0^b \cdot \sin^2 \frac{\pi x}{a} \cdot \sin^2 \frac{\pi y}{b} \cdot dx \, dy$$

$$\int_0^a \int_0^b \left(\frac{\partial^2 z}{\partial x \partial y} \right)^2 \cdot dx\, dy = A^2 \cdot \left(\frac{\pi}{a} \right)^2 \cdot \left(\frac{\pi}{b} \right)^2 \cdot \frac{ab}{4} \quad \ldots \ldots \quad (311)$$

Die Integrale (308) bis (311) sind nun in (307) einzusetzen

$$\mathfrak{A} = 2 \cdot \frac{m^2 \cdot \varepsilon}{m^2 - 1} \cdot \frac{h^3}{12} \cdot \frac{A^2 \cdot \pi^4}{4 \cdot a^3 b^3} (19\, b^4 + 19\, a^4 + 2\, a^2 b^2) \quad \ldots \quad (312)$$

Nimmt man die Auflagerpunkte als unverschieblich an, so beschränkt sich die Arbeit $\mathfrak{T}$ der äußeren Kräfte auf die Arbeit der Lasten (π_x kg/qm)

[1]) Hager, Berechnung ebener rechteckiger Platten. Deutsche Bauzeitung, Beton-beilage 1912, Nr. 1, S. 6.

$$\mathfrak{T} = 2\,\pi_x \cdot \int\limits_{0}^{a}\int\limits_{0}^{b} z\,d\,x\,d\,y \quad \ldots \ldots \ldots \quad (313)$$

$$\int\limits_{0}^{a}\int\limits_{0}^{b} z\,d\,x\,d\,y = \int\limits_{0}^{a}\int\limits_{0}^{b} A\left(-\cos\frac{\pi x}{a}\cdot\cos\frac{\pi y}{b} + 3\cos\frac{\pi x}{a} + 3\cos\frac{\pi y}{b} + 5\right) d\,x\,d\,y$$

$$\int\limits_{0}^{a}\int\limits_{0}^{b} z\,d\,x\,d\,y = A\cdot 5\cdot ab \quad \ldots \ldots \ldots \quad (314)$$

$$\mathfrak{T} = 2\cdot\pi_x\cdot A\cdot 5\cdot ab \quad \ldots \ldots \ldots \quad (315)$$

Da die Arbeit $\mathfrak{A}$ der inneren Kräfte gleich der Arbeit $\mathfrak{T}$ der äußeren Kräfte sein muß, ergibt die Gleichung $\mathfrak{A} = \mathfrak{T}$ mit Hilfe der Gleichungen (312) und (315) für die Konstante A den Ausdruck

$$A = -\frac{\pi_x\cdot 20\cdot a^4\,b^4\cdot 12\cdot (m^2-1)}{m^2\cdot\varepsilon\cdot h^3\cdot\pi^4\,(19\,b^4 + 19\,a^4 + 2\,a^2 b^2)}.$$

Mit Einführung der Seitenverhältniszahl λ, $a = \lambda\cdot b$, erhält man

$$A = \frac{20\cdot\pi_x\cdot\lambda^4\cdot b^4\cdot (m^2-1)\cdot 12}{m^2\cdot\varepsilon\cdot\pi^4\,(19 + 19\,\lambda^4 + 2\,\lambda^2)\cdot h^3} \quad \ldots \ldots \quad (316)$$

Für die Spannungen an den Plattenaußenflächen, parallel zu den Koordinatenachsen x und y bestehen die Gleichungen

$$\left.\begin{aligned}
\sigma_{x0} &= -\frac{m^2}{m^2-1}\cdot\varepsilon\cdot\frac{h}{2}\left(\frac{\partial^2 z}{\partial x^2} + \frac{1}{m}\cdot\frac{\partial^2 z}{\partial y^2}\right)\\
\sigma_{y0} &= -\frac{m^2}{m^2-1}\cdot\varepsilon\cdot\frac{h}{2}\left(\frac{\partial^2 z}{\partial y^2} + \frac{1}{m}\cdot\frac{\partial^2 z}{\partial x^2}\right)
\end{aligned}\right\} \quad \ldots \quad (317)[1]$$

Diese Spannungen können somit mit Hilfe der Gleichungen (306) und der Konstante A berechnet werden. Es soll hier nur σ_{x0} weiter behandelt werden, weil dann auch durch die Vertauschung entsprechender Größen σ_{y0} gebildet werden kann.

$$\sigma_{x0} = \frac{20\,\pi_x\cdot\lambda^4\cdot b^4}{\pi^4\,(19 + 19\,\lambda^4 + 2\,\lambda^2)}\cdot\frac{6}{h^2}$$

$$\cdot\left\{-\cos\frac{\pi x}{a}\cos\frac{\pi y}{b}\left[\left(\frac{\pi}{a}\right)^2 + \frac{1}{m}\left(\frac{\pi}{b}\right)^2\right] + 3\cos\frac{\pi x}{a}\cdot\left(\frac{\pi}{a}\right)^2 + \frac{3}{m}\cos\frac{\pi y}{b}\cdot\left(\frac{\pi}{b}\right)^2\right\}$$

$$\sigma_{x0} = \frac{20\cdot\pi_x\cdot\lambda^4\cdot b^2}{\pi^2\,(19 + 19\,\lambda^4 + 2\,\lambda^2)}\cdot\frac{6}{h^2}$$

$$\cdot\left\{-\cos\frac{\pi x}{a}\cdot\cos\frac{\pi y}{b}\left[\left(\frac{1}{\lambda}\right)^2 + \frac{1}{m}\right] + 3\cos\frac{\pi x}{a}\cdot\left(\frac{1}{\lambda}\right)^2 + \frac{3}{m}\cdot\cos\frac{\pi y}{b}\right\} \quad (318)$$

Da für die Eisenspannungen der Eisenbetonkonstruktionen nicht zwischen Normalspannungen und reduzierten Spannungen unterschieden werden kann, soll hier allgemein von diesem Unterschiede abgesehen werden.

Der Faktor $\frac{h^2}{6}$ kann in der Gleichung (318) als Widerstandsmoment eines Streifens der Platte von der Breite 1,0 aufgefaßt werden, so daß man sich die Spannung σ_{x0} durch ein Moment $\mathfrak{M}_x$ hervorgebracht denken kann.

---

[1] Vgl. die oben angezogenen Quellen.

$$\mathfrak{M}_x = \sigma_{x0} \cdot \frac{h^2}{6},$$

$$\mathfrak{M}_x = \frac{20\,\pi_x \cdot \lambda^4 \cdot b^2}{\pi^2\,(19 + 19\,\lambda^4 + 2\,\lambda^2)}$$

$$\cdot \left\{ - \cos\frac{\pi x}{a} \cdot \cos\frac{\pi y}{b}\left[\left(\frac{1}{\lambda^2}\right) + \frac{1}{m}\right] + 3\cos\frac{\pi x}{a}\cdot\left(\frac{1}{\lambda}\right)^2 + \frac{3}{m}\cdot\cos\frac{\pi y}{b} \right\} \quad (319)$$

In gleicher Weise erhält man für die Spannungen parallel zur y-Achse zugehörige Biegungsmomente $\mathfrak{M}_y$

$$\mathfrak{M}_y = \frac{20\,\pi_x \cdot \lambda^4 \cdot b^2}{\pi^2\,(19 + 19\,\lambda^4 + 2\,\lambda^2)}$$

$$\cdot \left\{ - \cos\frac{\pi x}{a} \cdot \cos\frac{\pi y}{b}\left[1 + \frac{1}{m}\cdot\left(\frac{1}{\lambda}\right)^2\right] + \frac{3}{m}\cdot\cos\frac{\pi x}{a}\cdot\left(\frac{1}{\lambda}\right)^2 + 3\cos\frac{\pi y}{b} \right\} \quad (320)$$

Diese Biegungsmomente für die Breite 1 sind für die Berechnung maßgebend, soferne an der betrachteten Plattenstelle die größten Spannungen unter einer über alle Felder reichenden, gleichförmig verteilten Belastung π_x zu erwarten sind. Außerdem ergeben sie die durch die ständige Last hervorgerufenen Spannungen. Für m soll der wahrscheinliche Wert $m = 4$ gewählt werden. Es sind nun die Biegungsmomente in folgenden wichtigen Plattenpunkten zu bilden:

$$x = 0, \quad y = 0.$$

$$\left.\begin{aligned}
\mathfrak{M}_x &= \frac{+\,40\,\pi_x \cdot \lambda^4 \cdot b^2}{\pi^2\,(19 + 19\,\lambda^4 + 2\,\lambda^2)}\left[\left(\frac{1}{\lambda}\right)^2 + \frac{1}{4}\right]\\
\mathfrak{M}_y &= \frac{+\,40\,\cdot\pi_x \cdot \lambda^4 \cdot b^2}{\pi^2\,(19 + 19\,\lambda^4 + 2\,\lambda^2)}\left[1 + \frac{1}{4}\left(\frac{1}{\lambda}\right)^2\right]
\end{aligned}\right\} \quad \cdots \cdots (321)$$

$$x = \pm\,a, \quad y = 0.$$

$$\left.\begin{aligned}
\mathfrak{M}_x &= \frac{-\,40\,\cdot\pi_x \cdot \lambda^4 \cdot b^2}{\pi^2\,(19 + 19\,\lambda^4 + 2\,\lambda^2)}\left[\left(\frac{1}{\lambda}\right)^2 - \frac{1}{2}\right]\\
\mathfrak{M}_y &= \frac{+\,40\,\cdot\pi_x \cdot \lambda^4 \cdot b^2}{\pi^2\,(19 + 19\,\lambda^4 + 2\,\lambda^2)}\left[2 - \frac{1}{4}\left(\frac{1}{\lambda}\right)^2\right]
\end{aligned}\right\} \quad \cdots \cdots (322)$$

$$x = 0, \quad y = \pm\,b.$$

$$\left.\begin{aligned}
\mathfrak{M}_x &= \frac{+\,40\,\cdot\pi_x \cdot \lambda^4 \cdot b^2}{\pi^2\,(19 + 19\,\lambda^4 + 2\,\lambda^2)}\cdot\left[2\left(\frac{1}{\lambda}\right)^2 - \frac{1}{4}\right]\\
\mathfrak{M}_y &= \frac{-\,40\,\cdot\pi_x \cdot \lambda^4 \cdot b^2}{\pi^2\,(19 + 19\,\lambda^4 + 2\,\lambda^2)}\left[1 - \frac{1}{2}\cdot\left(\frac{1}{\lambda}\right)^2\right]
\end{aligned}\right\} \quad \cdots \cdots (323)$$

$$x = \pm\,a, \quad y = \pm\,b.$$

$$\left.\begin{aligned}
\mathfrak{M}_x &= \frac{-\,40\,\cdot\pi_x \cdot \lambda^4 \cdot b^2}{\pi^2\,(19 + 19\,\lambda^4 + 2\,\lambda^2)}\cdot\left[2\left(\frac{1}{\lambda}\right)^2 + \frac{1}{2}\right]\\
\mathfrak{M}_y &= \frac{-\,40\,\pi_x \cdot \lambda^4 \cdot b^2}{\pi^2\,(19 + 19\,\lambda^4 + 2\,\lambda^2)}\cdot\left[2 + \frac{1}{2}\cdot\left(\frac{1}{\lambda}\right)^2\right]
\end{aligned}\right\} \quad \cdots \cdots (324)$$

Um diese auf die Breite 1,00 bezogenen Momente mit den Biegungsmomenten der Träger vergleichen zu können, sei noch der Sonderfall behandelt: $\lambda = 1$ ($a = b$) und die Stützweite $l = 2\cdot b$ eingeführt. Dabei darf $\pi^2 = 10$ gesetzt werden

$$x = 0; \quad y = 0; \quad \mathfrak{M}_x = \mathfrak{M}_y = + \frac{\pi_x \cdot l^2}{32}$$

$$x = \pm\, a; \quad y = 0; \quad \mathfrak{M}_x = - \frac{\pi_x \cdot l^2}{80}; \quad \mathfrak{M}_y = + \frac{\pi_x \cdot l^2}{23}$$

$$x = 0; \quad y = \pm\, b; \quad \mathfrak{M}_x = + \frac{\pi_x \cdot l^2}{23}; \quad \mathfrak{M}_y = - \frac{\pi_x\, l^2}{80}$$

$$x = \pm\, a; \quad y = \pm\, b; \quad \mathfrak{M}_x = - \frac{\pi_x\, l^2}{16}; \quad \mathfrak{M}_y = - \frac{\pi_x\, l^2}{16}$$

$$\cdot\ \cdot\ (325)$$

Es ist nun noch der zweite Fall zu betrachten, in welchem nur ein Feld belastet und alle übrigen gewichtslos und unbelastet vorausgesetzt sind.

In diesem Belastungsfall können die parallel zu den Koordinatenachsen verlaufenden Tangenten an die elastische Fläche, welche an den Verbindungslinien der Stützen berühren, nicht wagerecht sein. Bezeichnet daher wieder $z = f\,(x, y)$ die elastische Fläche, so sind

$$\frac{\partial z}{\partial x} \neq 0 \text{ für } x = \pm\, a \text{ und alle Werte von } y,$$

$$\frac{\partial z}{\partial y} \neq 0 \text{ für } y = \pm\, b \text{ und alle Werte von } x.$$

Dagegen werden wegen doppelseitiger Symmetrie

$$\frac{\partial z}{\partial x} = 0 \text{ für } x = 0 \text{ und alle Werte von } y,$$

$$\frac{\partial z}{\partial y} = 0 \text{ für } y = 0 \text{ und alle Werte von } x.$$

Da die Normalspannungen an den Plattenrändern Null werden müssen, müssen auch sein

$$\frac{\partial^2 z}{\partial x^2} = 0 \text{ für } x = \pm\, a \text{ und alle Werte von } y,$$

$$\frac{\partial^2 z}{\partial y^2} = 0 \text{ für } y = \pm\, b \text{ und alle Werte von } x.$$

Diese Bedingungen werden erfüllt von der trigonometrischen Reihe

$$z = \sum_{m=1}^{m=\infty} \sum_{n=1}^{n=\infty} A_{mn} \left(\cos \frac{2m-1}{2a} \pi x \cdot \cos \frac{2n-1}{2b} \pi y + \cos \frac{2m-1}{2a} \pi x + \cos \frac{2n-1}{2b} \pi y \right).$$

Berücksichtigt man nur das erste Reihenglied, so erhält man für die Funktion und ihre Ableitungen:

$$z = A \left(\cos \frac{\pi x}{2a} \cdot \cos \frac{\pi y}{2b} + \cos \frac{\pi x}{2a} + \cos \frac{\pi y}{2b} \right)$$

$$\frac{\partial z}{\partial x} = - A \left(\frac{\pi}{2a} \right) \left(\sin \frac{\pi x}{2a} \cdot \cos \frac{\pi y}{2b} + \sin \frac{\pi x}{2a} \right)$$

$$\frac{\partial^2 z}{\partial x^2} = - A \left(\frac{\pi}{2a} \right)^2 \left(\cos \frac{\pi x}{2a} \cdot \cos \frac{\pi y}{2b} + \cos \frac{\pi x}{2a} \right)$$

$$\frac{\partial^2 z}{\partial y^2} = - A \left(\frac{\pi}{2b} \right)^2 \left(\cos \frac{\pi x}{2a} \cdot \cos \frac{\pi y}{2b} + \cos \frac{\pi y}{2b} \right)$$

$$\frac{\partial^2 z}{\partial x \partial y} = + A \left(\frac{\pi}{2a} \right) \left(\frac{\pi}{2b} \right) \cdot \sin \frac{\pi x}{2a} \cdot \sin \frac{\pi y}{2b}$$

$$\cdot\ \cdot\ \cdot\ (326)$$

Mit Hilfe dieser Ableitungen ist nun ebenso wie im ersten Falle die Arbeit $\mathfrak{A}$ der inneren und die Arbeit $\mathfrak{T}$ der äußeren Kräfte zu bilden. Hierzu werden folgende Integrale benötigt

$$
\left.\begin{aligned}
&\int_0^a\int_0^b \left(\frac{\partial^2 z}{\partial x^2}\right)^2 dx\,dy = A^2 \cdot \left(\frac{\pi}{2a}\right)^4 \cdot ab\left(\frac{3}{4}+\frac{2}{\pi}\right) \\
&\int_0^a\int_0^b \left(\frac{\partial^2 z}{\partial y^2}\right)^2 dx\,dy = A^2 \cdot \left(\frac{\pi}{2b}\right)^4 \cdot ab\left(\frac{3}{4}+\frac{2}{\pi}\right) \\
&\int_0^a\int_0^b \left(\frac{\partial^2 z}{\partial x^2}\right)\cdot\left(\frac{\partial^2 z}{\partial y^2}\right)\cdot dx\,dy = A^2 \cdot \left(\frac{\pi}{2a}\right)^2\cdot\left(\frac{\pi}{2b}\right)^2\cdot ab\left(\frac{1}{4}+\frac{2}{\pi}+\frac{4}{\pi^2}\right) \\
&\int_0^a\int_0^b \left(\frac{\partial^2 z}{\partial x\,\partial y}\right)^2 dx\,dy = A^2 \cdot \left(\frac{\pi}{2a}\right)^2\left(\frac{\pi}{2b}\right)^2\cdot\frac{ab}{4} \\
&\int_0^a\int_0^b z\,dx\,dy = A\cdot 4\cdot ab\left(\frac{1}{\pi^2}+\frac{1}{\pi}\right)
\end{aligned}\right\} \quad (327)
$$

Die Integralwerte sind nun in die Gleichungen (307) und (315) einzusetzen.

$$\mathfrak{A} = 2\cdot\frac{m^2\cdot\varepsilon}{m^2-1}\cdot\frac{h^3}{12} A^2$$

$$\cdot ab\left\{\left(\frac{3}{4}+\frac{2}{\pi}\right)\cdot\left[\left(\frac{\pi}{2a}\right)^4+\left(\frac{\pi}{2b}\right)^4\right]+\left(\frac{\pi}{2a}\right)^2\cdot\left(\frac{\pi}{2b}\right)^2\left(\frac{4}{m\pi}+\frac{8}{m\pi^2}+\frac{1}{2}\right)\right\},$$

$$\mathfrak{A} = 2\cdot\frac{m^2\cdot\varepsilon}{m^2-1}\cdot\frac{h^3}{12}\cdot A^2$$

$$\cdot ab\cdot\pi^4\left\{\left(\frac{3}{4}+\frac{2}{\pi}\right)\left[\left(\frac{1}{2a}\right)^4+\left(\frac{1}{2b}\right)^4\right]+\left(\frac{1}{2a}\right)^2\left(\frac{1}{2b}\right)^2\cdot\left(\frac{4}{m\pi}+\frac{8}{m\pi^2}=\frac{1}{2}\right)\right\}.$$

$$\mathfrak{T} = 2\cdot\pi_x\cdot A\cdot 4\cdot ab\left(\frac{1}{\pi^2}+\frac{1}{\pi}\right).$$

Aus der Beziehung $\mathfrak{A}=\mathfrak{T}$ erhält man die Konstante A.

$$A = \frac{4\cdot\pi_x\cdot 12\cdot(m^2-1)\left(\frac{1}{\pi^2}+\frac{1}{\pi}\right)}{m^2\cdot\varepsilon\cdot h^3\,\pi^4}$$

$$\cdot\frac{1}{\left(\frac{3}{4}+\frac{2}{\pi}\right)\left[\left(\frac{1}{2a}\right)^4+\left(\frac{1}{2b}\right)^4\right]+\left(\frac{1}{2a}\right)^2\cdot\left(\frac{1}{2b}\right)^2\cdot\left(\frac{4}{m\pi}+\frac{8}{m\pi^2}+\frac{1}{2}\right)}$$

mit $a=\lambda\cdot b$ ist

$$A = \frac{4\,\pi_x\cdot(m^2-1)\left(\frac{1}{\pi}+1\right)\cdot b^4}{m^2\cdot\varepsilon\cdot\pi^5}\cdot\frac{12}{h^3}$$

$$\cdot\frac{1}{\left(\frac{3}{4}+\frac{2}{\pi}\right)\cdot\left[\left(\frac{1}{2\cdot\lambda}\right)^4+\left(\frac{1}{2}\right)^4\right]+\left(\frac{1}{2\lambda}\right)^2\cdot\left(\frac{1}{2}\right)^2\left(\frac{4}{m\pi}+\frac{8}{m\pi^2}+\frac{1}{2}\right)} \quad . \quad . \quad (328)$$

Mit Hilfe der Gleichungen (317) erhält man die zu den Koordinatenachsen parallelen Spannungen an den Plattenaußenflächen für $m = 4$

$$\sigma_{x0} = \frac{4 \cdot \pi_x \cdot \left(\frac{1}{\pi} + 1\right) \cdot b^4}{\pi^5 \cdot \left\{1{,}386 \cdot \left[\left(\frac{1}{2\lambda}\right)^4 + \left(\frac{1}{2}\right)^4\right] + \left(\frac{1}{2\lambda}\right)^2 \left(\frac{1}{2}\right)^2 \cdot 1{,}021\right\}} \cdot \frac{6}{h^2}$$

$$\cdot \left\{\cos\frac{\pi x}{2a} \cdot \cos\frac{\pi y}{2b}\left[\left(\frac{\pi}{2a}\right)^2 + \frac{1}{m} \cdot \left(\frac{\pi}{2b}\right)^2\right] + \cos\frac{\pi x}{2a} \cdot \left(\frac{\pi}{2a}\right)^2 + \frac{1}{m} \cdot \cos\frac{\pi y}{2b} \cdot \left(\frac{\pi}{2b}\right)^2\right\},$$

$$\sigma_{x0} = \frac{16 \cdot \pi_x \left(\frac{1}{\pi} + 1\right) \cdot b^2}{\pi^3 \cdot \left\{1{,}386\left[\left(\frac{1}{\lambda}\right)^4 + 1\right] + \left(\frac{1}{\lambda}\right)^2 \cdot 1{,}021\right\}} \cdot \frac{6}{h^2}$$

$$\cdot \left\{\cos\frac{\pi x}{2a} \cdot \cos\frac{\pi y}{2b}\left[\left(\frac{1}{\lambda}\right)^2 + \frac{1}{m}\right] + \cos\frac{\pi x}{2a} \cdot \left(\frac{1}{\lambda}\right)^2 + \frac{1}{m} \cdot \cos\frac{\pi y}{2b}\right\} \ . \quad (329)$$

Multipliziert man diese Spannung, wie oben, mit dem Widerstandsmoment $\frac{h^2}{6}$ für die Breite 1,0, so erhält man das in einer zur x-z-Ebene parallelen Ebene wirkende Biegungsmoment $\mathfrak{M}_x$, welches die Spannung σ_{x0} hervorruft.

$$\mathfrak{M}_x = \frac{16 \cdot \pi_x \cdot 1{,}318 \cdot b^2}{31 \cdot \left\{1{,}386\left[\left(\frac{1}{\lambda}\right)^4 + 1\right] + \left(\frac{1}{\lambda}\right)^2 \cdot 1{,}021\right\}}$$

$$\cdot \left\{\cos\frac{\pi x}{2a} \cdot \cos\frac{\pi y}{2b}\left[\left(\frac{1}{\lambda}\right)^2 + \frac{1}{m}\right] + \left(\frac{1}{\lambda}\right)^2 \cdot \cos\frac{\pi x}{2a} + \frac{1}{m} \cdot \cos\frac{\pi y}{2b}\right\}$$

$$\mathfrak{M}_y = \frac{16 \cdot \pi_x \cdot 1{,}318 \cdot b^2}{31 \cdot \left\{1{,}386\left[\left(\frac{1}{\lambda}\right)^4 + 1\right] + \left(\frac{1}{\lambda}\right)^2 \cdot 1{,}021\right\}}$$

$$\cdot \left\{\cos\frac{\pi x}{2a} \cdot \cos\frac{\pi y}{2b}\left[1 + \frac{1}{m} \cdot \left(\frac{1}{\lambda}\right)^2\right] + \cos\frac{\pi y}{2b} + \frac{1}{m} \cdot \left(\frac{1}{\lambda}\right)^2 \cdot \cos\frac{\pi x}{2a}\right\} \quad (330)$$

Diese auf die Breite 1,0 genommenen Biegungsmomente sind maßgebend für den Fall, daß die Belastung des einen Feldes, während alle übrigen Felder gewichtslos und unbelastet sind, die größten Spannungen an der betrachteten Plattenstelle ergibt.

Die Biegungsmomente an den wichtigsten Plattenpunkten sind für $m = 4$ folgende:

$$x = 0, \quad y = 0$$

$$\mathfrak{M}_x = \frac{0{,}681 \cdot \pi_x \cdot b^2}{1{,}386\left[\left(\frac{1}{\lambda}\right)^4 + 1\right] + 1{,}021 \cdot \left(\frac{1}{\lambda}\right)^2} \cdot 2\left[\left(\frac{1}{\lambda}\right)^2 + \frac{1}{4}\right]$$

$$\mathfrak{M}_y = \frac{0{,}681 \cdot \pi_x \cdot b^2}{1{,}386\left[\left(\frac{1}{\lambda}\right)^4 + 1\right] + 1{,}021 \cdot \left(\frac{1}{\lambda}\right)^2} \cdot 2 \cdot \left[1 + \frac{1}{4}\left(\frac{1}{\lambda}\right)^2\right] \quad (331)$$

$$x = \pm a, \quad y = 0,$$

$$\mathfrak{M}_y = \frac{0{,}681 \cdot \pi_x \cdot b^2}{1{,}386\left[\left(\frac{1}{\lambda}\right)^4 + 1\right] + 1{,}021 \cdot \left(\frac{1}{\lambda}\right)^2} \quad \cdots \cdots \cdots \quad (332)$$

$$x = 0, \quad y = \pm b,$$

$$\mathfrak{M}_x = \frac{0{,}681 \cdot \pi_x \cdot b^2}{1{,}386 \cdot \left[\left(\frac{1}{\lambda}\right)^4 + 1\right] + 1{,}021 \cdot \left(\frac{1}{\lambda}\right)^2} \cdot \left(\frac{1}{\lambda}\right)^2 \quad \ldots \ldots \quad (333)$$

$$x = \pm a, \quad y = \pm b,$$

$$\mathfrak{M}_x = \mathfrak{M}_y = 0 \quad \ldots \ldots \ldots \ldots \ldots \ldots \quad (334)$$

Für den Fall quadratischer Stützenstellung $\lambda = 1$ ($a = b$) erhält man bei $l = 2\,b$ Stützweite.

$$\left.\begin{array}{lll} x = 0, & y = 0; & \mathfrak{M}_x = \mathfrak{M}_y = + \dfrac{\pi_x \cdot l^2}{8{,}914} \\[2mm] x = \pm a, & y = 0; & \mathfrak{M}_y = + \dfrac{\pi_x l^2}{22{,}279} \\[2mm] x = 0, & y = \pm b; & \mathfrak{M}_x = + \dfrac{\pi_x \cdot l^2}{22{,}279} \end{array}\right\} \quad \ldots \ldots \quad (335)$$

Es sei nun die Aufgabe gestellt, für eine Pilzdecke mit quadratischer Säulenstellung ($\lambda = 1$), welche mit einer ständigen Last $^0\pi$ kg/qm und mit einer veränderlichen Belastung $'\pi$ kg/qm belastet ist, die Maximal- und die Minimalmomente für die wichtigsten Punkte zu berechnen. Für die Biegungsmomente der ständigen Belastung sind die Gleichungen (325) zu verwenden, während für die veränderliche Belastung die Gleichungen (325) oder (335) so zu wählen sind, daß ziffermäßig die größeren Werte entstehen.

$$x = 0, \quad y = 0; \quad \mathfrak{M}_{x\,max} = \mathfrak{M}_{y\,max} = \frac{^0\pi\,l^2}{32} + \frac{'\pi\,l^2}{8{,}914}$$

$$x = \pm a, \quad y = 0; \quad \mathfrak{M}_{x\,min} = - \frac{(^0\pi + '\pi)\,l^2}{80}, \qquad \mathfrak{M}_{y\,max} = + \left(\frac{^0\pi}{23} + \frac{'\pi}{22{,}28}\right) l^2$$

$$x = 0, \quad y = \pm b; \quad \mathfrak{M}_{x\,max} = + \left(\frac{^0\pi}{23} + \frac{'\pi}{22{,}28}\right) l^2, \quad \mathfrak{M}_{y\,min} = - \frac{(^0\pi + '\pi)\,l^2}{80}$$

$$x = \pm a, \quad y = \pm b; \quad \mathfrak{M}_{x\,min} = \mathfrak{M}_{y\,min} = - \frac{(^0\pi + '\pi)\,l^2}{16}.$$

In gleicher Weise kann man für jeden beliebigen Punkt der Platte mit Hilfe der Gleichungen (319) und (320) (eingespannte Platte) bzw. (330) (freigelagerte Platte) die größten und kleinsten Biegungsmomente in den Ebenen parallel x—z und y—z berechnen.

Es ist nun noch die Frage zu prüfen, ob die oben berechneten Oberflächenspannungen σ_{x0} und σ_{y0} auch die größten Spannungen sind und nicht etwa eine schräg gerichtete Spannung σ_s größere Werte annimmt. Für die größte und kleinste schräge Spannung ergibt das ebene Problem [vgl. (142)]

$$\sigma_{s\,\substack{max \\ min}} = \frac{\sigma_{x0} + \sigma_{y0}}{2} \pm \frac{1}{2}\sqrt{4\,\tau^2 + (\sigma_{x0} - \sigma_{y0})^2} \quad \ldots \ldots \quad (142)$$

Bei einem Gleitmodul γ kann man τ durch eine Ableitung der elastischen Fläche ausdrücken

$$\tau_{xy} = \tau_{yx} = \tau = - 2 \cdot \gamma \cdot \frac{h}{2} \cdot \frac{\partial^2 z}{\partial x\,\partial y}\,[1] \quad \ldots \ldots \quad (336)$$

---

[1] Föppl, Vorlesungen über Technische Mechanik, V. Bd. Leipzig 1907. S. 103.

Wird nun $\tau = 0$, so zeigt obige Gleichung $\sigma_{s\,\max}_{\min} = \begin{cases} \sigma_{x0} \\ \sigma_{y0} \end{cases}$. Nach den Gleichungen (306) wird $\dfrac{\partial^2 z}{\partial x \partial y}$ für $x = 0$, $y = 0$, $x = \pm a$ und $y = \pm b$ Null[1]). Für die eingespannte Platte sind also die σ_{x0} und σ_{y0} nach Gleichung (318) die größten Oberflächenspannungen, wie auch schon die Symmetrie erwarten läßt. Von der frei gelagerten Platte kommt nur der Punkt $x = 0$, $y = 0$ in Betracht, für welchen nach (326) ebenfalls $\dfrac{\partial^2 z}{\partial x \partial y} = 0$ ist.

Wenn nun auch mit Hilfe des oben gegebenen Verfahrens die Biegungsmomente berechnet und daraus die Eiseneinlagen parallel zu den Achsen bestimmt werden können, so können doch auch außerdem noch Bewehrung zur Aufnahme der Schubkräfte notwendig werden.

Schubspannungen.

Seither hat man der Betrachtung der Schubkräfte in den Pilzdecken nur wenig Beachtung geschenkt und ihrer ungünstigen Wirkung lediglich durch starke Säulenköpfe zu begegnen gesucht. Aber gerade die Schubspannungen können den Pilzdecken gefährlich werden.

Die größten Vertikalkräfte sind in der Nähe der Stützpunkte zu suchen, also auch die größten Schubspannungen. Jede Stütze wird von jedem Feld eine Vertikalkraft $\pi_x \cdot ab$ erhalten.

Zur Berechnung der größten äußersten wagrechten Schubspannungen, welche in Vertikalschnitten wirken, kann die Gleichung (336) im Zusammenhalte mit der letzten der Gleichungen (326) benutzt werden.

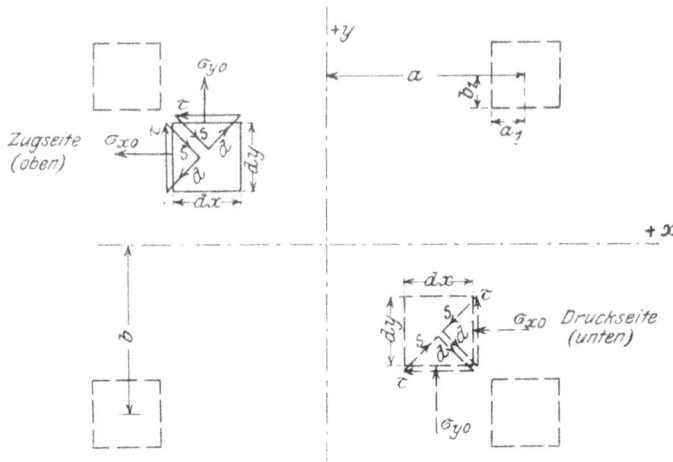

Abb. 270.   Abb. 271.

$$\tau = \tau_{xy} = \tau_{yx} = -2 \cdot \gamma \cdot \frac{h}{2} A \cdot \frac{\pi}{2a} \cdot \frac{\pi}{2b} \sin \frac{\pi \cdot x}{2a} \cdot \sin \frac{\pi y}{2b} .$$

Der Gleitmodul γ ist gegeben durch

$$\gamma = \frac{m \cdot \varepsilon}{2 (m + 1)}$$

[1]) Bemerkung: Für $x = \pm a$, $y = \pm b$ ist die trigonometrische Reihe nicht beweiskräftig, da sie auch an Stelle der Spitzen Abrundungen hat. Später wird die Stelle nochmals betrachtet werden.

18*

und die Konstante A durch Gleichung (328)

$$\tau_{xy} = \tau_{yx} = \frac{15{,}816 \cdot \pi_x \cdot b^2}{\pi^3\left[1{,}386\left(\frac{1}{\lambda^3}+\lambda\right)+\frac{1}{\lambda}\,1{,}021\right]} \cdot \frac{6}{h^2} \cdot \sin\frac{\pi x}{2a} \cdot \sin\frac{\pi y}{2b} \ . \quad (337)$$

Da $\frac{h^2}{6}$ das Widerstandsmoment der homogenen Platte auf die Breite 1,00 ist, so muß bei der Berechnung von Eisenbetonplatten hierfür das Widerstandsmoment $\mathfrak{W}_z$ oder $\mathfrak{W}_d$ (vgl. Gleichung 30 und 31), genommen auf die Breite 1,00, gewählt werden, je nachdem die äußerste Schubspannung auf der Zugseite oder auf der Druckseite der Platte gerechnet werden soll. Die τ_{xy} und τ_{yx} sind proportional ihrem Abstand von der Nullfläche (Abb. 271) und bilden auf die Längen dx bzw. dy einerseits der Nullfläche die Kräfte t_x bzw. t_y. Nach Abb. 271 ist

$$t_x = \tau_{yx} \cdot \frac{dx \cdot h}{4}; \quad t_y = \tau_{xy} \cdot \frac{dy \cdot h}{4} \quad \ldots \ldots \quad (338)$$

Diesen Schubkräften kann auch durch je eine Zugkraft s und je eine Druckkraft d das Gleichgewicht gehalten werden. Abb. 270 zeigt, daß auf der Zugseite der Platte diese Zugkräfte der Quadratdiagonale parallel sind, während sie auf der Druckseite senkrecht zur Quadratdiagonale stehen.

Überschreitet die nach Gleichung (337) berechnete Schubspannung die zulässige Schubspannung des Betons, so müssen von dem Punkte x, y an, an welchem diese zulässige Spannung überschritten wird, bis zu den Stützpunkten $x = a$, $y = b$ zur Aufnahme der schrägen Zugkräfte s Eiseneinlagen auf der Zugseite parallel zur Quadratdiagonale aus der Druckseite senkrecht hierzu eingelegt werden. Die Zugkraft S dieser Eisen ergibt sich in folgender Weise:

$$S = \sum_{x,y}^{a,b} s = \sum\left(\frac{\sqrt{2}}{2}\,t_x + \frac{\sqrt{2}}{2} \cdot t_y\right).$$

Bezeichnet man die Widerstandsmomente auf die Breite 1,00 mit $\mathfrak{w}_z$ und $\mathfrak{w}_d$, so ergibt die Gleichung (337) für $x = a$, $y = b$

oder

$$\left.\begin{aligned}
\tau_{abz} &= \frac{15{,}816 \cdot \pi_x \cdot b^2}{\pi^3\left[1{,}386\left(\frac{1}{\lambda^3}+\lambda\right)+\frac{1}{\lambda}\,1{,}021\right] \cdot \mathfrak{w}_z}\\[2ex]
\tau_{abd} &= \frac{15{,}816 \cdot \pi_x \cdot b^2}{\pi^3\left[1{,}386\left(\frac{1}{\lambda^3}+\lambda\right)+\frac{1}{\lambda}\,1{,}021\right]\mathfrak{w}_d}
\end{aligned}\right\} \quad \ldots \ldots \quad (339)$$

$$S = \frac{\sqrt{2}}{2} \cdot \left(\frac{h}{2}\int_a^x \frac{\tau_{yx} \cdot dx}{2} + \frac{h}{2}\int_b^y \frac{\tau_{xy} \cdot dy}{2}\right).$$

In der Betonplatte ist x' der Abstand der Nullfläche von der Druckkante und daher in dieser Gleichung $\frac{h}{2}$ für die Druckseite durch x', für die Zugseite durch $(h-x')$ zu ersetzen. Ferner ist in die Gleichung τ_{xy} bzw. τ_{yx} aus (337) einzuführen.

Für die Eisen der Zugseite (parallel zur Quadratdiagonale) erhält man hierauf die Zugkraft

$$S_z = \frac{\sqrt{2}}{2}\,(h-x') \cdot \tau_{abz} \cdot \frac{1}{\pi}\left(a \cdot \cos\frac{\pi x}{2a} \cdot \sin\frac{\pi y}{2b} + b \cdot \sin\frac{\pi x}{2a} \cdot \cos\frac{\pi y}{2b}\right) \quad (340)$$

Desgleichen für die Eisen der Druckseite (senkrecht zur Quadratdiagonale)

$$S_d = \frac{\sqrt{2}}{2} \cdot x' \cdot \tau_{abd} \cdot \frac{1}{\pi} \left(a \cdot \cos\frac{\pi x}{2a} \cdot \sin\frac{\pi y}{2b} + b \cdot \sin\frac{\pi x}{2a} \cdot \cos\frac{\pi y}{2b} \right) \quad . \text{(341)}$$

Nun sind noch die in den Vertikalschnitten wirkenden lotrechten Schubspannungen τ_{xz} und τ_{yz} zu betrachten. Da die Art der Verteilung dieser Schubkräfte in der räumlichen Platte nicht bekannt ist, so wird die Annahme, daß sie sich wie im ebenen Balken nach einer Parabel verteilen, den Anforderungen der Sicherheit genügen. An den Rändern a_1 und b_1 eines Säulenkopfes (Abb. 270) ist die Vertikalkraft $V = (a \cdot b - a_1 \cdot b_1)\,\pi_x$ aufzunehmen. Würde sich die Schubspannung τ_m (Abb. 272) gleichmäßig über die Scherfläche verteilen, so wäre

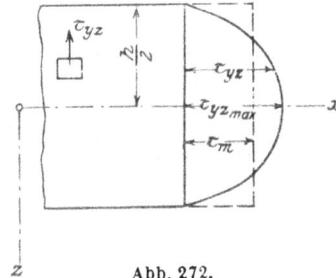

Abb. 272.

$$\tau_m = \frac{V}{h(a_1 + b_1)} = \frac{a \cdot b - a_1 \cdot b_1}{a_1 + b_1} \cdot \frac{\pi_x}{h}.$$

Erfolgt aber die Spannungsverteilung nach einer Parabel, deren Segment $\tau_{yz\,\text{max}} \cdot \frac{2}{3} h$ gleich dem Rechteck $\tau_m \cdot h$ ist, so ist

$$\tau_{xz\,\text{max}} = \tau_{yz\,\text{max}} = \frac{3}{2}\,\tau_m = \frac{3}{2} \cdot \frac{\pi_x}{h} \cdot \frac{ab - a_1 b_1}{a_1 + b_1}. \quad . \quad . \quad . \text{(342)}$$

Überschreitet diese Schubspannung den zulässigen Wert, so ist entweder der Säulenkopf zu vergrößern oder es sind, wie beim ebenen Träger, Eisen schräg hoch zu ziehen.

Auf Seite 275 ist angegeben, daß $\frac{\partial^2 z}{\partial x\,\partial y}$ der Gleichungsfolge (306) für $x = \pm a$, $y = \pm b$ Null wird, ohne daß deshalb auch $\tau_{xy} = \tau_{yx} = 0$ sein muß. Da diese Schubspannungen nur am Rande des Säulenkopfes von Interesse sind, ist $\frac{\partial^2 z}{\partial x\,\partial y}$ nach Gleichung (306) für die Säulenkopfränder zu bilden und in Gleichung (336) einzusetzen. Mit den so gewonnenen Werten von $\tau_{xy} = \tau_{yx}$ sind in gleicher Weise, wie oben, die schiefen Zugkräfte S_z und S_d zu berechnen, und zwar für die Belastungen $\pi_x = {}^0\pi$ (Eigengewicht) und $\pi_x = ({}^0\pi + {}'\pi)$ (Gesamtlast), während in den Gleichungen (337) bis (341) $\pi_x = {}'\pi$ (Nutzlast) zu setzen ist. Diejenige Lastenzusammenstellung ist zu wählen, welche in Gleichung (336) den größten Wert τ liefert.

In Gleichung (342) ist $\pi_x = {}^0\pi + {}'\pi$ zu setzen.

20. Kapitel. Wirtschaftliche Dimensionierung.[1]

Die Konstruktionen homogener Baustoffe erfordern den geringsten Aufwand an Stoff, wenn man sie nach den höchsten für die Stoffe zulässigen Spannungen berechnet. In der Regel ist im Bauwesen auch die mit dem geringsten Stoffaufwand hergestellte Konstruktion die wirtschaftlichste.

---

[1] Dr. Max Mayer, Die Wirtschaftlichkeit als Konstruktionsprinzip im Eisenbetonbau. Berlin 1913. (Münchener Dissertation.)

Im Eisenbetonbau sind zwei Stoffe zu verwenden, deren Einheitspreise nicht immer und nicht an allen Baustellen in demselben Verhältnis zueinander stehen und welche sehr verschiedene zulässige Höchstspannungen haben. Daraus geht hervor, daß weder der geringste Aufwand von jedem der beiden Stoffe noch die größten zulässigen Spannungen beider Stoffe zu den wirtschaftlichsten Konstruktionen führen müssen. Es müssen deshalb die Bedingungen besonders aufgestellt werden, unter welchen man zu den wirtschaftlichsten Konstruktionen gelangt, zumal auch noch die Kosten für die unvermeidliche Hilfskonstruktion, die Schalung, auf die wirtschaftlichste Gestaltung der Eisenbetonkonstruktionen von Einfluß sind.

Die Kosten einer Eisenbetonkonstruktion setzen sich zusammen aus den Kosten des Betons, des Eisens und der Schalung. Bezeichnet man die Einheitspreise des Betons, des Eisens und der Schalung bzw. mit $\mathfrak{B}$, $\mathfrak{E}$ und $\mathfrak{S}$ sowie die aufgewendeten Massen mit bzw. B, E und S, so ergeben sich die Kosten zu

$$K = \mathfrak{B} \cdot B + \mathfrak{E} \cdot E + \mathfrak{S} \cdot S \quad \ldots \ldots \quad (343)$$

Die Eisenmenge kann bei Säulen direkt proportional der Säulenlänge gesetzt werden, so daß aus dem Eisenquerschnitt F_e und den Bügeln auf die Längeneinheit der Säule die für die Säule erforderliche Eisenmenge berechnet werden kann.

Auch bei den auf Biegung beanspruchten Eisenbetonkonstruktionen kann man die erforderlichen Eisenmengen aus dem für das größte Feldmoment nötigen Eisenquerschnitt F_e berechnen. Nach den Untersuchungen der oben angegebenen Quelle darf man die für 1 lfd. m erforderliche Eisenmenge E in kg setzen

$$E_{\text{kg/m}} = r \cdot F_{e \text{ qcm}},$$

wobei für frei aufliegende Platten und Balken $r = 1,00$ und für durchlaufende Platten und Balken $r = 1,35$ zu setzen ist, um damit alle Aufbiegungen, Bügel und Haken zu berücksichtigen.

Platten.

Sieht man zunächst von der für die Überdeckung der Eisen erforderlichen Betonmenge und von der Schalung ab, welche beide auch bei verschiedenen Plattenstärken sich ziemlich gleich bleiben, so kann man die Kosten für 1 qm Eisenbetonplatte ausdrücken

$$K = \mathfrak{B} \cdot (h - a) + \mathfrak{E} \cdot r \cdot F_e.$$

Die veränderlichen Größen sind $(h - a)$ und F_e. Aber anstatt h oder F_e als unabhängige Veränderliche zu wählen, kann man auch den veränderlichen Nullinienabstand x als unabhängige Veränderliche einführen und zur Bestimmung des Kostenminimums schreiben

$$\frac{dK}{dx} = 0 = \mathfrak{B} \cdot \frac{d(h - a)}{dx} + \mathfrak{E} \cdot r \cdot \frac{dF_e}{dx}.$$

Will man $(h - a)$ in cm und F_e in qcm in die Rechnung einführen, so ist $\mathfrak{B}$ der Preis für $^1/_{100}$ cbm Beton und $\mathfrak{E}$ der für 1 kg fertig verlegtes Eisen.

$$\frac{d(h - a)}{dx} + \frac{\mathfrak{E}}{\mathfrak{B}} \cdot r \cdot \frac{dF_e}{dx} = 0 \quad \ldots \ldots \quad (344)$$

Aus den Gleichungen (24) und (27) kann man F_e eliminieren und erhält

$$\mathfrak{M} = F_e \cdot \sigma_e \left(h - a - \frac{x}{3} \right) \quad \ldots \ldots \ldots \quad (24)$$

$$\frac{b\,x^2}{2} = n \cdot F_e\,(h - a - x) \quad \ldots \ldots \ldots \quad (27)$$

$$h - a = \frac{6 \cdot \mathfrak{M} \cdot n \cdot x - b\,x^3 \cdot \sigma_e}{6\,\mathfrak{M} \cdot n - 3\,b\,x^2 \cdot \sigma_e}$$

$$\frac{d\,(h-a)}{d\,x} = 1 + \frac{2}{3}\,b \cdot x^2 \cdot \sigma_e \cdot \frac{6\,\mathfrak{M} \cdot n - b\,x^2 \cdot \sigma_e}{(2\,\mathfrak{M} \cdot n - b\,x^2\,\sigma_e)^2} \quad \ldots \quad (345)$$

In gleicher Weise kann man zur Entwicklung von $\dfrac{d\,F_e}{d\,x}$ aus den Gleichungen (24) und (27) $(h-a)$ eliminieren.

$$F_e = \frac{3 \cdot \mathfrak{M}}{2\,x \cdot \sigma_e} - \frac{3\,b \cdot x}{4 \cdot n}$$

$$\frac{d\,F_e}{d\,x} = -\frac{3 \cdot \mathfrak{M}}{2\,x^2 \cdot \sigma_e} - \frac{3\,b}{4\,n} \quad \ldots \ldots \ldots \quad (346)$$

Setzt man nun noch nach den Gleichungen (33) und (37) $\mathfrak{M} = \dfrac{b\,x^2}{\sigma^2 \cdot C_1{}^2}$ und (345) und (346) in Gleichung (344) ein, so ergibt sich für $b = 1$:

$$\frac{4}{9} \cdot n \cdot \sigma_e \left(12 \cdot \frac{n^2}{\sigma^4 \cdot C_1{}^4} + \sigma_e{}^2 \right) - \frac{\mathfrak{E} \cdot r}{\mathfrak{B}} \left(2 \cdot \frac{n}{\sigma^2 \cdot C_1{}^2} - \sigma_e \right)^2 \cdot \left(\frac{2 \cdot a}{\sigma^2 \cdot C_1{}^2} + \sigma_e \right) = 0 \quad (347)$$

In dieser Gleichung sind noch zwei Veränderliche σ_e und σ_b (in σ und C_1). Es ist deshalb noch zu entscheiden, ob eine von diesen beiden gewählt werden darf.

In der oben angeführten Quelle ist mathematisch der Beweis erbracht, daß bei den üblichen Betondruckspannungen die möglichste Ausnutzung des Eisens immer wirtschaftlich ist.

Berücksichtigt man, daß 1 qcm Eisen theoretisch gleichwertig mit 15 qcm Beton gesetzt wurde, und daß ein ccm Eisen immer wesentlich teuerer als 15 ccm Beton ist, so kann man sich wenigstens eine Vorstellung von der Richtigkeit dieses Satzes machen, wenn diese Überlegung auch noch nicht als schlüssiger Beweis betrachtet werden darf.

Es würde also in die Gleichung (347) das Verhältnis der Einheitspreise des Betons und des Eisens $\left(\dfrac{\mathfrak{E}}{\mathfrak{B}} \right)$ und die zulässige Eisenspannung σ_e einzusetzen sein, um den wirtschaftlichsten Wert $\sigma \cdot C_1$ zu erhalten, aus welchem dann wiederum σ_b und C_1 berechnet werden könnten. Um diese umständlichen Rechnungen ersparen zu können, hat Dr. Max Mayer Tabellen gerechnet, von welchen im Anhang ein kleiner Auszug gegeben ist (vgl. Tabelle 9 des Anhanges).

Für die kreuzweise bewehrten Platten gelten dieselben Betrachtungen, jedoch ist der Massenkoeffizient $r = 1{,}8$ zu setzen.

Doppelt bewehrte Platten, bei welchen $F_e = F_e{}'$ ist (Behälterzwischenwände) erhalten dadurch wirtschaftliche Abmessungen, daß man die Plattenstärke ohne Rücksicht auf die Druckeisen $F_e{}'$ nach den zulässigen Eisenzug- und Betondruckspannungen berechnet.

Plattenbalken.

Die Kosten des Plattenbalkens setzen sich zusammen aus den Kosten der Platte und den Kosten der Rippe. Da die Plattenabmessungen bei der Berechnung des Plattenbalkens bereits gegeben sind, sind hier nur noch die wirtschaftlichsten Maße der Betonrippe und ihrer Eisenbewehrung zu bestimmen.

Die Kosten für einen laufenden Meter Rippe kann man nach der Gleichung (343) und den Bezeichnungen der Abb. 73 schreiben, wenn man den Beton unter den Eisen wieder vernachlässigt.

$$K = b_1 (h - a) \cdot \mathfrak{B} + [2 \cdot (h - a - d) + b_1] \cdot \mathfrak{S} + r \cdot F_e \cdot \mathfrak{E}.$$

Für F_e kann man den bekannten [Gleichung (72)] Annäherungswert

$$F_e = \frac{\mathfrak{M}}{\sigma_e \left(h - a - \dfrac{d}{2} \right)}$$

einführen.

$$K = b_1 (h - a) \mathfrak{B} \cdot + [2 (h - a - d) + b_1] \cdot \mathfrak{S} + \frac{r \cdot \mathfrak{E} \cdot \mathfrak{M}}{\sigma_e \left(h - a - \dfrac{d}{2} \right)} \quad . \ (348)$$

Hierzu ist zu bemerken, daß das Biegungsmoment $\mathfrak{M}$ auch von dem Eigengewicht der Rippe, somit von ihren Abmessungen abhängig ist. Da aber die Änderungen der Rippe praktisch nur einen geringen Einfluß auf das Gesamtmoment $\mathfrak{M}$ ausüben, darf man $\mathfrak{M}$ als konstante Zahl betrachten.

Für σ_e ist auch hier nach den oben für die Platte gegebenen Erläuterungen der größte zulässige Wert zu setzen, um zu den wirtschaftlichsten Abmessungen zu gelangen.

Die Rippenbreite b_1 ist nach früheren Erörterungen abhängig von der Schubspannung τ_0 und von der Aufteilung des Eisenquerschnittes F_e. Beide Bedingungen lassen sich aber kaum in einem mathematischen Ausdruck zusammenfassen, zumal auch konstruktive Rücksichten für die Wahl der Rippenbreite b_1 maßgebend sind, so daß die Benutzung einer empirischen Beziehung zwischen F_e und b_1 einen gangbaren Ausweg bietet. Dr. Max Mayer schlägt in seinem erwähnten Buche vor,

$$b_1 = A + B \cdot F_e \quad . \ . \ . \ . \ . \ . \ . \ . \ . \ (349)$$

zu setzen.

Setzt man in diese Gleichung ebenfalls den bereits oben benutzten Näherungswert für F_e ein, so ergibt sich

$$b_1 = A + B \cdot \frac{\mathfrak{M}}{\sigma_e \left(h - a - \dfrac{d}{2} \right)},$$

welcher Wert nunmehr in den Ausdruck (348) der Rippenkosten einzusetzen ist.

$$K = \mathfrak{B} \cdot \left(A + \frac{B \cdot \mathfrak{M}}{\sigma_e \left(h - a - \dfrac{d}{2} \right)} \right) (h - a)$$

$$+ \mathfrak{S} \cdot \left(2 (h - a - d) + A + \frac{B \cdot \mathfrak{M}}{\sigma_e \left(h - a - \dfrac{d}{2} \right)} \right) + \frac{r \cdot \mathfrak{E} \cdot \mathfrak{M}}{\sigma_e \left(h - a - \dfrac{d}{2} \right)}.$$

In dieser Gleichung kommt von den Abmessungen nur noch die veränderliche statische Höhe $(h - a)$ vor, welche nun so zu wählen ist, daß die Kosten K ein Minimum werden; somit ist

$$\frac{dK}{d(h-a)} = 0$$

$$\frac{dK}{d(h-a)} = 0 = A \cdot \mathfrak{B} + \mathfrak{S} \cdot \left(2 - \frac{B \cdot \mathfrak{M}}{\sigma_e \left(h - a - \frac{d}{2}\right)^2}\right) - \frac{r \cdot \mathfrak{C} \cdot \mathfrak{M}}{\sigma_e \left(h - a - \frac{d}{2}\right)^2}.$$

Daraus erhält man die wirtschaftlichste statische Höhe zu

$$h - a = \sqrt{\frac{\mathfrak{M}}{\sigma_e}} \cdot \sqrt{\frac{B \cdot \mathfrak{S} + r \cdot \mathfrak{C}}{A \cdot \mathfrak{B} + 2 \cdot \mathfrak{S}}} + \frac{d}{2} \quad \ldots \ldots \quad (350)$$

. Für die Rechnung in Zentimetern darf bei Balkendecken $A = 15$ und $B = 0,4$ gesetzt werden, während bei stark bewehrten Balkenbrücken $A = 12$ ausreichend ist.

Mit solchen Werten liefert die Gleichung (350) einen Wert für h, dessen Richtigkeit nur noch durch den Nachweis zu ergänzen ist, daß die zulässige Druckspannung σ_b nicht überschritten wird, und daß zur Aufnahme der Schubkräfte schräge Eisen und Bügel ausreichen. Für die Rechnung betrachtet man die Kosten für 100 cm Balken, so daß die Preise $\mathfrak{S}$ und $\mathfrak{B}$ in Pfg. für 1 qcm oder 1 ccm noch mit 100 zu multiplizieren sind.

Rechnet man mit mittleren Preisen, etwa 30 M. für 1 cbm Beton (somit $\mathfrak{B} = 0,30$ M.), 20 Pf. für 1 kg Eisen (somit $\mathfrak{C} = 20$) und 2,50 M. für 1 qm Trägerschalung, so wird der zweite Wurzelausdruck der Gleichung (350)

für Träger auf zwei Stützen $r = 1,00$

$$\sqrt{\frac{0,4 \cdot 2,5 + 1,0 \cdot 20}{15 \cdot 0,30 + 2 \cdot 2,5}} = 1,485 \quad \text{und} \quad h = 1,485 \cdot \sqrt{\frac{\mathfrak{M}}{\sigma_e}} \quad \ldots \quad (351)$$

für durchlaufende Träger $r = 1,35$

$$\sqrt{\frac{0,4 \cdot 2,5 + 1,35 \cdot 20}{15 \cdot 0,30 + 2 \cdot 2,5}} = 1,765 \quad \text{und} \quad h = 1,765 \cdot \sqrt{\frac{\mathfrak{M}}{\sigma_e}} \quad \ldots \quad (352)$$

Säulen.

Da die Druckübertragung im Betonquerschnitt stets billiger ist wie im Eisenquerschnitt, wird man die Druckbewehrung so weit beschränken, als dies ohne Schaden für die Konstruktion (siehe Kap. 3) oder ohne Schädigung des Raumes möglich ist. Man wird deshalb auch die Druckbewehrung der auf Biegung mit Axialdruck beanspruchten Säulen möglichst klein zu machen suchen.

Wird eine Druck- und eine Zugbewehrung benötigt, so ist nach der mehrfach angegebenen Quelle (vgl. Zahlenbeispiel Seite 195) die Betondruckspannung σ_b bis zur zulässigen Grenze auszunutzen, während eine Ermäßigung von σ_e zu einer Verminderung des gesamten Eisenaufwandes führt.

Selbstverständlich sind die vom Standpunkte der Wirtschaftlichkeit aus zu stellenden Forderungen nicht damit erfüllt, daß die einzelnen Konstruktionsglieder, Balken, Platten und Säulen nach wirtschaftlichen Gesichtspunkten bemessen werden, sondern die gesamte Anordnung des Entwurfes muß, soweit der

Zweck des Bauwerkes oder billige ästhetische Anforderungen es zulassen, so gewählt sein, daß die Summe aus Baukosten und kapitalisierten Unterhaltungskosten zu einem Kleinstwert wird.

Die Vielgestaltigkeit der Bauwerke und die vielseitige Anwendung des Eisenbetons gestattet jedoch nicht, für die Anordnung der Entwürfe allgemeine Regeln zu geben. Wohl aber können für bestimmte Gattungen von Bauwerken solche Regeln abgeleitet werden, welche aber hier nicht weiter betrachtet werden können[1]).

21. Kapitel. Konstruktionselemente.

Die Platte.

Die Biegungsmomente der beiderseits frei gelagerten Platte nehmen von dem Maximalmomentenpunkt nach den Auflagern zu ab, so daß auch der Querschnitt der Zugeisen nach den Auflagern zu scheinbar abnehmen könnte. Gleichwohl werden alle Zugeisen bis über das Auflager durchgeführt und dort durch spitzwinklige Haken verankert. Diese Konstruktionsregel entspricht der Theorie, welche von der Übertragung von Zugspannungen durch den Beton absieht, wie ein Blick auf Abb. 273 zeigt, in welcher die Zugrisse eingetragen sind.

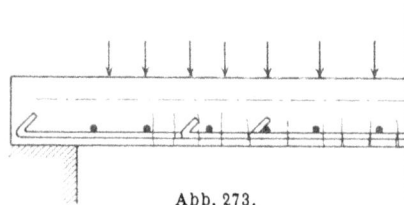

Abb. 273.

Würden die Eisen nicht sämtlich bis zum Auflager durchgeführt werden, so müßten die längeren Eisen außer den sie von den Biegungsmomenten her treffenden Zugkräften auch noch die Zugkräfte der verkürzten Eisen bis zu dem nicht gerissenen Beton übertragen, so daß sie überlastet wären.

Nach den deutschen Bestimmungen soll der größte Abstand der Eisen in den Platten in der Gegend der größten Momente das Maß von 15 cm nicht überschreiten.

Ungleichförmig verteilte Belastungen und Einzellasten rufen Einbiegungen hervor, welche nicht in allen Punkten einer zur Stützweiten senkrechten Plattlinie gleich sind. Es müssen deshalb unter solchen Lasten auch Biegungsmomente in den zur Stützweite senkrechten Ebenen wirken. Um die inneren Zugkräfte, welche von diesen meist nicht berechenbaren Biegungsmomenten herrühren, aufzunehmen, legt man senkrecht zu den Zugeisen und unmittelbar darüber die sog. Verteilungseisen. Die Verteilungseisen werden je nach dem Durchmesser der Zugeisen 5, 6, 7, 8 oder auch 10 mm stark gewählt (für Brücken in Österreich mindestens 7 mm Durchm.), ihr Abstand soll auch dort, wo ungleichförmige Belastungen kaum eintreten können, nicht über 30 cm betragen und soll entsprechend der Größe der auftretenden Einzellasten kleiner gemacht werden.

---

[1]) Gehler, Handbuch für Eisenbetonbau, II. Aufl., 6. Bd., S. 199. Berlin 1911. (Stützweite der Endfelder durchlaufender Träger soll 0,80 der der Mittelfelder sein.) Elwitz, Günstigste Balkenabstände und Stützenstellungen bei Eisenbetonbauten. Armierter Beton 1911.

Für Behälter: Wuczkowski, Handbuch für Eisenbetonbau von v. Emperger, 2. Aufl., V. Bd. Berlin 1910. S. 320.

Für die frei aufliegende Platte soll nach den deutschen Bestimmungen die rechnerische Stützweite gleich der um die Plattenstärke in Feldmitte vergrößerten Lichtweite gewählt werden.

Daraus geht hervor, daß die Resultante des Auflagerflächendruckes um $\frac{d}{2}$ von der Auflagerkante entfernt gedacht werden soll. Die Verteilung des Auflagerdruckes kann man sich zwischen den beiden in Abb. 274 und 275 dargestellten

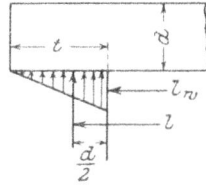 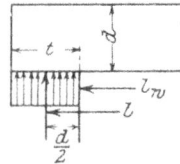

Abb. 274.　　　　　Abb. 275.

Grenzfällen liegend vorstellen, so daß die Auflagerlänge t der Platte mindestens gleich d sein muß, aber auch nicht größer als $t = \frac{3}{2} d$ zu sein braucht.

Diese Auflagerlänge t, welche lediglich nach praktischen Gesichtspunkten gewählt ist, ist erheblich größer als die theoretischen Auflagerlänge t', welche für homogene, dem Hookeschen Gesetze gehorchende Stoffe berechnet werden kann, wobei der Ort des Abhebens von der Unterlage um t' von der Auflagerkante entfernt ist[1]).

Dementsprechend sind aber auch die Kantenpressungen der Auflager erheblich größer, als nach den praktischen Auflagerlängen t erwartet werden sollte.

Die vollständig freigelagerte Platte ist im Bauwesen selten. Gewöhnlich muß damit gerechnet werden, daß auch Einspannungsmomente auftreten können, wenn auch mit ihrer günstigen Wirkung auf die Verkleinerung der positiven Feldmomente noch nicht gerechnet werden darf.

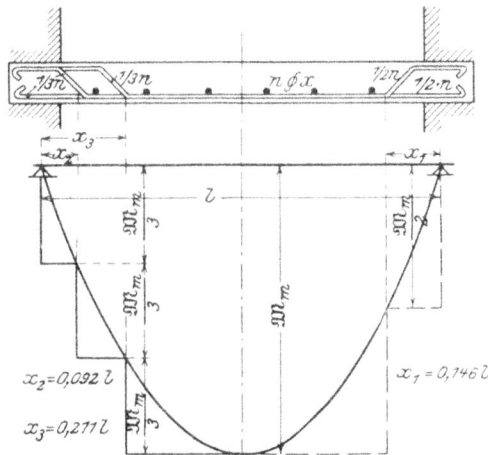

Abb. 276.

In Abb. 276 ist eine mit gleichförmig verteilter Belastung belastete Platte dargestellt, in welcher die Zugeisen durch das größte Biegungsmoment bei freier

---

[1]) Dr. v. Posch, Zeitschrift für Betonbau, Heft 6 bis 10. Wien 1914.

Auflagerung, $\mathfrak{M}_m = \dfrac{p\,l^2}{8}$, bis zur zulässigen Eisenspannung voll ausgenutzt sind.

Die Eisen sind auf zwei verschiedene Arten in die Höhe gezogen, um etwaige Zugspannungen infolge von Einspannungsmomenten aufnehmen zu können. Die Abszissen x der Aufbiegungspunkte sind so gewählt, daß die Eisen gerade erst dann die untere Zugzone verlassen, wenn sie unter Einhaltung der zulässigen Eisenspannung σ_e dort entbehrlich geworden sind. (Vgl. Seite 135.)

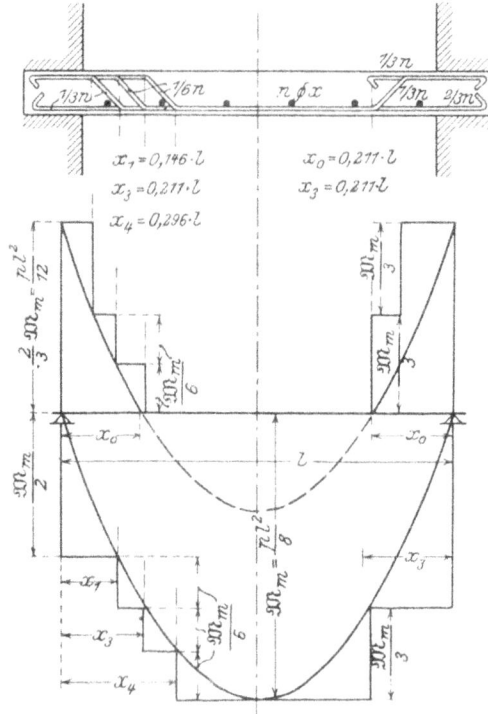

Abb. 277.

Die Abb. 277 zeigt dieselbe Platte unter der Voraussetzung, daß die Einspannungsmomente bis zum Werte bei vollkommener Einspannung anwachsen können. Infolgedessen sind die Biegungsmomente einer Maximal- und die einer Minimalmomentenlinie zu berücksichtigen. Da für die Minimalmomentenlinie die oberen für die Maximalmomentenlinie die unteren Abbiegepunkte zu berücksichtigen sind, ist die Art der Aufbiegung auch von der Plattenstärke abhängig. In dem Beispiel der Abb. 277 ist der Deutlichkeit wegen eine außergewöhnlich starke Platte gewählt worden, so daß die dort eingeschriebenen Abszissen x der unteren Abbiegepunkte für alle praktisch vorkommenden Platten mit zweifelhafter Einspannung Anwendung finden dürfen. Auf der rechten Seite der Abbildung sind besondere Zulageeisen verwendet, wodurch eine etwas größere Eisenmenge benötigt, dagegen an Arbeit gespart wird.

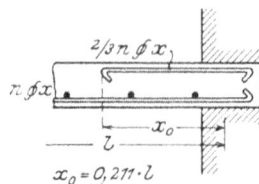

Abb. 278.

Man kann die Aufbiegungen auch ganz ersparen, da in Platten die für Beton zulässige Schubspannung kaum erreicht wird, wenn man für die Einspannungsmomente nur Zulageeisen verwendet, wie in Abb. 278 dargestellt ist.

Die durchlaufende Platte ist im Eisenbetonbau in der Regel auf Eisenbetonrippen aufgelagert, mit welchen sie fest verbunden ist, so daß ein Träger auf elastisch senkbaren und elastisch drehbaren Stützen entsteht. Da die Drehbarkeit des Plattenauflagers mit dem Abstand des betrachteten Plattenstreifens vom Auflager der Rippe wächst und somit bei derselben Platte veränderlich ist, wählt man zur Berechnung solcher Platten Biegungsmomente, bei welchen der Grad der Einspannung geschätzt ist. (Vgl. Kap. 17.)

Die deutschen Bestimmungen gestatten für durchlaufende Platten gleicher Feldweiten mit gleichförmig verteilter Belastung an den Stützen die Einspan-

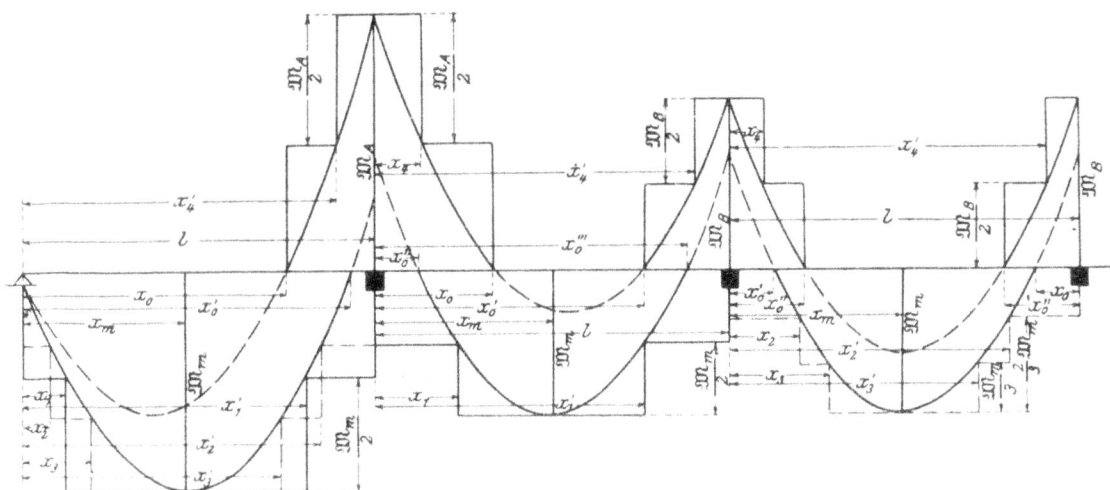

$$\mathfrak{M}_m = \frac{p\,l^2}{11}; \quad \mathfrak{M}_A = -\frac{p\,l^2}{8}.$$

$$x_0 = 0{,}75 \cdot l \qquad x_0' = 0{,}932 \cdot l$$
$$x_m = 0{,}466\, l$$
$$x_1 = 0{,}111 \cdot l \qquad x_1' = 0{,}821 \cdot l$$
$$x_2 = 0{,}086 \cdot l \qquad x_2' = 0{,}846 \cdot l$$
$$x_3 = 0{,}197 \cdot l \qquad x_3' = 0{,}735 \cdot l$$
$$x_4' = 0{,}891 \cdot l$$

$$\mathfrak{M}_m = \frac{p\,l^2}{14}; \quad \mathfrak{M}_A = -\frac{p\,l^2}{8};$$
$$\mathfrak{M}_B = -\frac{p\,l^2}{12}$$
$$x_0 = 0{,}328\, l; \qquad x_0' = 0{,}756 \cdot l$$
$$x_4 = 0{,}128\, l; \qquad x_4' = 0{,}901 \cdot l$$
$$x_m = \frac{l}{2}$$
$$x_0'' = 0{,}122\, l; \qquad x_0''' = 0{,}878 \cdot l$$
$$x_1 = 0{,}232\, l; \qquad x_1' = 0{,}768$$

$$\mathfrak{M}_m = \frac{p\,l^2}{14}; \quad \mathfrak{M}_B = -\frac{p\,l^2}{12}$$
$$x_0 = 0{,}211\, l; \qquad x_0'' = 0{,}122\, l$$
$$x_m = \frac{l}{2}$$
$$x_2 = 0{,}192\, l; \qquad x_2' = 0{,}808\, l$$
$$x_3 = 0{,}291\, l; \qquad x_3' = 0{,}719\, l$$
$$x_4 = 0{,}091\, l; \qquad x_4' = 0{,}909\, l$$

Abb. 279.

nungsmomente der vollkommenen Einspannung und die positiven Biegungsmomente in den Randfeldern zu $+\dfrac{p\,l^2}{11}$, in den Mittelfeldern zu $+\dfrac{p\,l^2}{14}$ zu wählen.

In der Abb. 279 sind die dieser Momentenschätzung entsprechenden Maximal- und Minimalmomentenlinien eingezeichnet und außerdem für gleichbleibende Plattenhöhe die zulässigen Auf- bzw. Abbiegungsstellen angegeben.

Durchlaufende Platten, welche große wechselnde Lasten zu tragen haben und auf langen, daher stark verdrehbaren Rippen aufruhen, berechnet man am besten als durchlaufende Träger mit frei beweglichen Stützpunkten. Die Berechnung der Biegungsmomente kann bei annähernd gleichen Feldweiten am leichtesten mit Hilfe der Winklerschen Momententabellen erfolgen (vgl. Anhang Tabelle 10).

Für ungleiche Feldweiten können die im Anhang (vgl. Anhang Tabelle 12) gegebenen Formeln zur Berechnung der Stützenmomente und Auflagerdrucke benutzt werden, mittels derer dann auch die übrigen Biegungsmomente leicht berechnet werden können.

Da die Stützenmomente und Einspannungsmomente größer sind als die positiven Feldmomente, werden die Platten über den Stützen in der Regel mit einer größeren Plattenstärke ausgeführt als in den Feldern. Diese Verstärkung kann entweder durch Abschrägung der Seitenteile der Balkenschalungen oder auch durch entsprechende Gestaltung (Voute oder Absätze) der Plattenschalung gemacht werden (Abb. 280 bis 283).

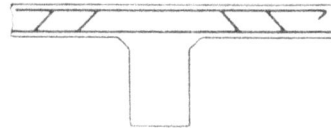

Abb. 280.

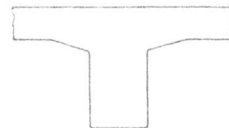

Abb. 281.

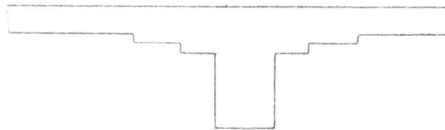

Abb. 282.

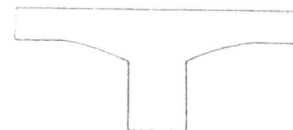

Abb. 283.

Die erforderlichen Eisen über den Stützen werden durch Aufbiegungen aus dem Untergurt gewonnen, wobei zweckmäßig meist ein Teil der Eisen hier gestoßen werden kann. Hierdurch werden genügend Zugeisen für die negativen Biegungsmomente im oberen Zuggurt zusammentreffen, so daß auch noch ein kleinerer Teil der Zugeisen unten gerade durchgeführt werden kann, welche eine gute Querverbindung der Balken untereinander oder zuweilen auch der Außenwände der Gebäude abgeben.

Für die Berechnung des Eisenquerschnittes im oberen Zuggurt über der Stütze ist somit konstruktiv die Querschnittshöhe $h - a$ aus Plattendicke und Voutenhöhe gegeben, so daß hierdurch die Konstante C_1 berechnet werden kann.

$$C_1 = \frac{h - a}{\sqrt{\dfrac{\mathfrak{M}}{b}}}.$$

Zu C_1 und dem zulässigen σ_e erhält man aus der Tabelle 1 des Anhanges σ_b und C_2, also auch $F_e = C_2 \cdot \sqrt{\mathfrak{M} \cdot b}$.

Eine zweiseitig gelagerte, mit einer Einzellast belastete Platte ist ein räumliches Tragwerk, da bei ihr nicht von einer elastischen Linie, sondern von einer elastischen Fläche, welche keine Zylinderfläche ist, gesprochen werden muß. Dieses räumliche Tragwerk ist z. Z. noch nicht berechenbar, so daß man sich an seine Stelle eine Platte als ebenes Tragwerk gesetzt denkt, welche nach der Erfahrung die gleiche Sicherheit gegen Bruch bietet.

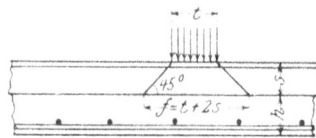

Abb. 284.

Hat die Platte einen Belag oder eine Überschüttung, so darf man annehmen, daß die gedrückte Strecke t durch die verteilende Wirkung des s starken Belages auf der Plattenoberfläche $(t + 2s)$ beträgt (Abb. 284).

Zur Berechnung der Plattenstärke und des Eisenquerschnittes denkt man sich eine Platte als ebenes Tragwerk von der Breite b (senkrecht zu den Zugeisen gemessen) (Abb. 285).

Nach den deutschen Bestimmungen darf $b = \frac{2}{3} l$ angenommen werden, wobei l die Plattenstützweite ist, während die schweizerischen Vorschriften b etwas größer, nämlich $b = \frac{2}{3} l + 1{,}5 \cdot s + t$ anzunehmen gestatten.

Die österreichischen Vorschriften unterscheiden bei der Wirkung von Einzellasten auf Platten zwischen gekreuzt bewehrten, vierseitig gelagerten Platten und einfach bewehrten, zweiseitig gelagerten Platten. Hiernach ist an Stelle einer Einzellast bei gekreuzter Bewehrung zu setzen (vgl. Abb. 284 und 285).

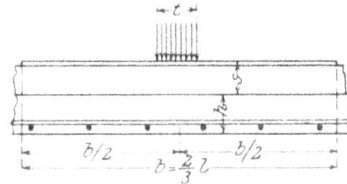

Abb. 285.

$$f = t + 2\,(h + s); \quad b = t + 2\,(h + s)$$

bei einfachen Bewehrungen

$$f = t + 2\,(h + s); \quad b = t + 2\,h + s.$$

(Vgl. den Wortlaut der Vorschriften im Anhang.)

Platten kleiner Feldweiten, welche auf elastischen Trägern gelagert sind (Balkenbrücken ohne Querverspannung), können in den Feldern und über den Stützen infolge der ungleichförmigen Einbiegung der Träger großen, nicht berechenbaren Biegungsmomenten ausgesetzt sein, auch wenn das betrachtete Plattenfeld nicht belastet ist. Es empfiehlt sich daher, für die gleichförmig verteilte ständige Last in den Feldern $^0\mathfrak{M} = \dfrac{^0p\,l^2}{10}$ und für die veränderliche Last das Biegungsmoment gleich dem des Trägers auf zwei Stützen zu setzen. Über den Stützen sind dieselben Biegungsmomente jedoch negativ anzunehmen[1].

Die Platten der Decken sind häufig vierseitig gelagert (auf Haupt- und Nebenträgern), wenn sie auch nur für zweiseitige Lagerung nach der kürzeren Stützweite berechnet sind. Im allgemeinen wird diese Lagerung ja günstig wirken, aber an der schmalen Plattenseite werden Einspannungsmomente auftreten, für welche Vorsorge getroffen werden muß, damit sich die Platte nicht von dem Hauptträger löst und dadurch dieser seinen Druckgurt verliert.

Die deutschen Bestimmungen schreiben deshalb vor:

»Liegen die Deckeneisen gleichlaufend mit den Hauptbalken, so sind rechtwinkelig zu ihnen besondere Eiseneinlagen anzuordnen, die die Mitwirkung der anschließenden Deckenplatte auf die gerechnete Breite sichern, und zwar wenigstens 8 Eisen von 7 mm Durchmesser auf 1,00 m Balkenlänge.«

Wenn hierzu nicht besondere Eisen verwendet werden wollen, können auch die Verteilungseisen hochgezogen werden.

Die Betonüberdeckung der Eisen soll so bemessen sein, daß die Eisen durch dichten Beton geschützt sind. Die deutschen Bestimmungen und die

---

[1] Genauere Betrachtungen dieses Falles siehe Gehler, Handbuch für Eisenbetonbau von Emperger, 2. Aufl., 6. Bd., S. 152. Berlin 1911.

österreichischen Vorschriften verlangen in den Platten eine Betonüberdeckung der Eisen von wenigstens 1 cm Stärke.

Da in dünnen Platten die Eisen während der Ausführung schwer in ihrer richtigen Lage erhalten werden können, sind zu dünne Platten zu vermeiden. Die deutschen Bestimmungen schreiben deshalb für die eine Nutzlast tragenden Platten eine Mindeststärke von 8 cm vor, während die österreichischen Vorschriften nur die zu dünnen Platten als Druckgurt der Plattenbalken ausschließen. Die deutschen Bestimmungen geben auch über die Plattenstärke noch einige weitere, mehr auf die Einzelheiten der Anwendung sich erstreckende Vorschriften.

Die wirksame Trägerhöhe ($h - a$) darf bei massiven Eisenbetonplatten und Hohlsteindeckenplatten (Steindecken mit auf Druck beanspruchten Steinen) nicht weniger als $^1/_{27}$ der Stützweite betragen. Bei durchlaufenden Platten gilt in diesem Falle als Stützweite die größte Entfernung der Momentennullpunkte.

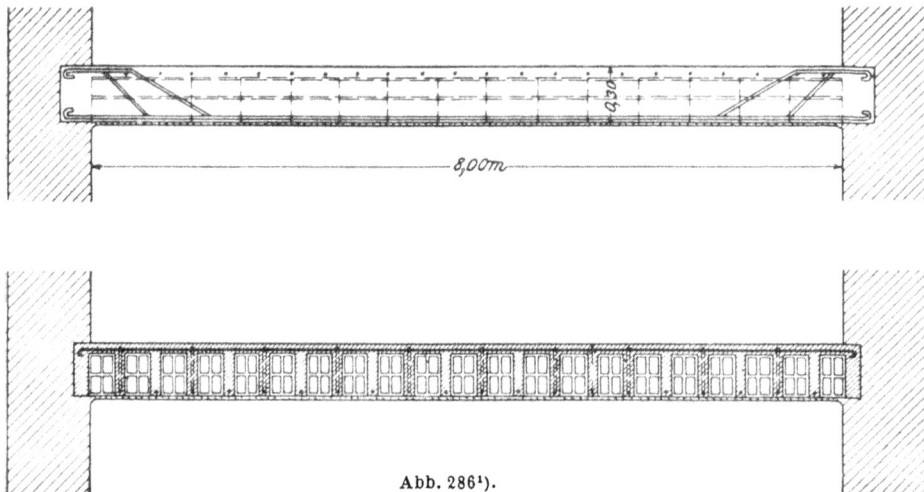

Abb. 286[1]).

Die Druckplatten von Rippendecken mit oder ohne Ausfüllung der Zwischenräume müssen bis zu 0,60 m Rippenabstand mindestens 5 cm stark sein. Da bei solchen Rippendecken die Lastverteilung auf mehrere Rippen nur unvollkommen ist, muß auf je 4 bis 6 m der Stützweite eine Querrippe eingelegt werden.

In Abb. 286 ist als Beispiel für die zahllosen Hohlsteindecken-konstruktionen zwei Schnitte durch eine Zöllnersche Zellendecke dargestellt. Bei manchen dieser Deckenarten sollen auch die Steine an der Druckübertragung im Druckgurt teilnehmen, bei anderen sollen sie lediglich ein billiges Einschalungsmittel der vielen schmalen Rippen bilden und eine Rippendecke mit ebener Untersicht liefern.

Die Hohlsteindecke ist wesentlich leichter als die massive Platte gleicher Tragfähigkeit, so daß erstere insbesondere bei größeren Stützweiten, für welche der ebenen Untersicht wegen oder auch aus anderen Gründen von der Herstellung einer Balkendecke abgesehen wird, der massiven Platte vorzuziehen ist. Wird die Hohlsteindecke zwischen Eisenbetonrippenträger gespannt, so ist zu beachten, daß auf die Druckgurtbreite b des Rippenträgers die Platte massiv ausgeführt werden muß.

___

[1]) Katalog der Firma Wayß & Freytag, A.-G., Neustadt a. d. Haardt.

In der Regel fällt bei den Rippendecken die Nullinie in die Platte, so daß für die Rechnung die Regeln des rechteckigen Balkens anzuwenden sind. Fällt die Nullinie in die Rippe, so ist jeder einzelne Rippenträger als Plattenbalken zu behandeln.

Die Wand.

Wände, welche große lotrechte Lasten zu tragen haben, löst man im Eisenbetonbau in Pfeiler und Felder auf. Die Pfeiler sind Eisenbetonsäulen, die unter den Fußböden der Stockwerke mit Eisenbetonbalken verbunden sind. Die Felder

Abb. 287[1]).

werden bei Gebäuden in der Regel nicht aus Eisenbeton hergestellt, sondern, soweit sie nicht zu Fenster- oder Türöffnungen benötigt werden, ein Stein stark mit Ziegeln ausgemauert. Diese Bauweise heißt auch Eisenbetonfachwerk. Da sie in den Feldern große Flächen zur Aufnahme sehr großer Fensteröffnungen bietet, können solche Gebäude in großer Tiefe hergestellt und dabei dennoch gut belichtete Räume geschaffen werden. Das Eisenbetonfachwerk eignet sich deshalb insbesondere für Fabrikbauten, in welchen große, gut belichtete Arbeitsräume benötigt werden (vgl. Abb. 287).

Die Auflösung der Wand in Pfeiler und Felder bietet aber auch den Vorteil, daß die lotrechten Lasten in den Wänden durch Säulen desselben Baustoffes übertragen werden können, wie im Innern der Gebäude, so daß an allen Stellen der Decken nur gleichmäßige und somit unschädliche Senkungen eintreten können.

[1]) Katalog der Firma Wayß & Freytag, A.-G., Neustadt a. d. Haardt.

Das Eisenbetonfachwerk ist deshalb auch für Lagerhäuser geeignet, deren schwer belastete Decken aus Eisenbeton, welche auf Eisenbetonsäulen ruhen, hergestellt werden.

Die durch die Gebäude durchlaufenden Säulen sind akustisch gute Leiter, durch welche Geräusche von einem Stockwerk zu allen übrigen geleitet werden. Für Gebäude, in welchen möglichste Schalldämpfung anzustreben ist, eignet sich somit das Eisenbetonfachwerk, wie alle Bauweisen mit durchlaufenden Säulen, nicht.

Umschließungswände und Scheidewände, welche keine lotrechten Drucke zu übertragen haben, können in Eisenbeton hergestellt werden, soferne dünne Betonwände mit Rücksicht auf ihre gute Wärmeleitung und ihren Widerstand gegen einzuschlagende Nägel für den Zweck des Gebäudes überhaupt in Betracht kommen können.

Sind nur kleine seitliche Kräfte aufzunehmen, so kann die Monierwand (Abb. 288), welche bei einer geringen Stärke von 5 bis 10 cm ein Netz sich rechtwinkelig überkreuzender Rundeisenstäbe in der Wandmitte enthält, Anwendung finden. Die wagerechten Stäbe greifen in das Mauerwerk der Nachbarmauern ein, so daß ihr Abstand gleich einem Vielfachen der Entfernung der Lagerfugen sein muß. Die Wand ist gegen seitliche Drucke von beiden Seiten gleich widerstandsfähig. Da $a = \dfrac{h}{2}$ ist, ist die statische Höhe $h - a = \dfrac{h}{2}$ zu rechnen.

Für größeren einseitigen Druck muß das Eisennetz nahe an die gegenüberliegende Wandseite gelegt und die Wandstärke und der Eisenquerschnitt nach den für den rechteckigen Trägerquerschnitt entwickelten Regeln berechnet werden. Wechselt die Druckrichtung (Behälterzwischenwände), so ist eine doppelte Bewehrung (Abb. 289) nach den Regeln für den doppelt bewehrten rechteckigen Querschnitt vorzusehen.

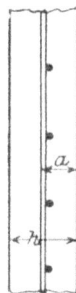

Abb. 288.

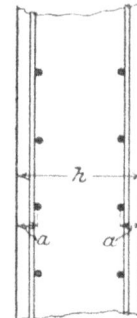

Abb. 289.

Es ist daraus ersichtlich, daß die Eisenbetonwände besonders zur Aufnahme großer seitlicher Drucke geeignet sind, welche durch Mauern nur bei entsprechender Dicke und großem Eigengewicht aufgenommen werden können. Daher wird die Eisenbetonwand im Behälterbau (Flüssigkeitsbehälter und Silos) sowie im eigentlichen Ingenieurbau für Stützmauern, Wehre, Brückenstirnen und -flügel hauptsächlich angewendet. Auf Biegung beanspruchte Wände können wohl überhaupt in keiner anderen Bauweise so zweckentsprechend ausgebildet werden als in Eisenbeton, so daß die Bauwerke, welche solche Wände mit großen Seitendrucken enthalten (Silos), erst durch die Eisenbetonbauweise in den jetzt üblichen Abmessungen möglich geworden sind.

Außer den Biegungsmomenten sind bei gekrümmten Behälterwänden stets und bei ebenen Behälterwänden meist noch Axialkräfte zu berücksichtigen. In der Regel sind diese Axialkräfte Zugkräfte (Ringkräfte), so daß bei Flüssigkeitsbehältern mit Rücksicht auf die Dichtigkeit auch die Dehnung des Betons dadurch geachtet werden muß, daß nur mit einer mäßigeren Eisenspannung ($\sigma_e = 800 - 900$ kg/qcm) gerechnet und unter ein gewisses Bewehrungsverhältnis (rd. 1,2%) nicht heruntergegangen werden darf. [Vgl. Kap. 4, Gleichung (15).]

Der obere Teil der Wände eines nicht vollständig gefüllten Behälters wirkt wie ein Kopfring, so daß die Wände als beiderseits (unten im Boden, oben im

Kopfring) eingespannte Platten zu betrachten sind, in denen in der Nähe der Einspannungsstellen negative und im mittleren Teil positive Biegungsmomente wirksam sind. Mit der jeweiligen Füllhöhe ändern sich in diesen Wänden auch die Momentennullpunkte (Abb. 290), so daß mit einer doppelten Bewehrung diesem Momentenwechsel am einfachsten Rechnung getragen werden kann. Dementsprechend wird man auch die Ringbewehrung in zwei Gruppen teilen und eine unmittelbar an der äußeren und die andere an der inneren Biegungsbewehrung vorsehen.

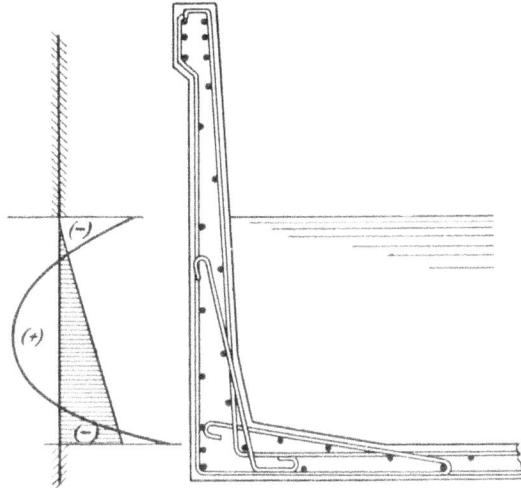

Abb. 290.

Mörsch[1]) empfiehlt für die Ringkräfte doppelt zu rechnen, einmal die Ringkraft ohne Rücksicht auf die Eisenbewehrung dem Beton mit einer Zugspannung von 12 bis 15 kg/qcm zuzuweisen und das andere Mal ohne Rücksicht auf den Beton der Ringbewehrung mit $\sigma_e = 750$ bis 900 kg/qcm. Das oben angegebene, in Kap. 4 näher behandelte Verfahren erscheint richtiger, zumal wenn man $n = 10$ in die Rechnung einführt. Jedoch gelangt man in beiden Fällen zu ähnlichen Abmessungen.

An dieser Stelle sind auch noch die Eisensteinwände zu erwähnen, bei denen der Beton der Eisenbetonwand durch Mauerwerk ersetzt ist. Die wagerechten Eiseneinlagen liegen in den Lagerfugen, die senkrechten in den Stoßfugen oder gehen durch die Lochungen der Steine, um einen Mauerwerksverband zu ermöglichen. Durch verschiedenartige Gestaltung der verwendeten Formziegel und besonders geeigneten Eisen sind eine große Anzahl von Bauarten solcher »freitragender Wände«[2]) entstanden.

Die Säule.

Da die Säulen sehr wichtige Glieder der Bauwerke sind, durch deren Bruch besonders folgenschwere Bauunfälle entstehen können, werden sie im Bauwesen fast allgemein mit einem größeren Sicherheitsgrad berechnet als andere Bauglieder. Die amtlichen Bestimmungen für die Berechnung und Ausführung der

[1]) Mörsch, Der Eisenbetonbau, 4. Aufl., S. 580. Stuttgart 1912.
[2]) Vgl. Süddeutsche Bauzeitung 1911, S. 13. Wendt, »Freitragende und feuerfeste Wände.« Bastine, Handbuch für Eisenbetonbau, 2. Aufl., IX. Bd., herausgeg. v. Emperger. Berlin 1913.

Eisenbetonbauten behandeln daher auch stets die Eisenbetonsäulen mit besonderer Vorsicht.

Soweit möglich wird man die Säulen zentrisch zu belasten suchen, ohne aber die dem Eisenbeton eigene feste (monolithische) Verbindung der Säulen mit dem getragenen Gebälk aufzugeben. Bei symmetrischer oder auch nur annähernd symmetrischer Anordnung des Gebälks hinsichtlich der Achsen des Säulenquerschnitts wird der Säulenquerschnitt quadratisch oder achteckig gemacht, kreisförmig nur, wenn ästhetische Forderungen die höheren Kosten für runde Säulen mit Schwellung gerechtfertigt erscheinen lassen. Für nur einseitige Symmetrie und für Säulen, welche auch erheblich auf Biegung beansprucht sind, sind der rechteckige und auch der T-förmige Querschnitt geeigneter, wobei die Platte der T-Form auf die Druckseite zu legen ist.

Infolge besonderer Anforderungen des Raumes, in welchem die Säulen Platz finden müssen, können aber beliebige unregelmäßige Vieleckformen zu Säulenquerschnitten gewählt werden. Gerade hierin zeigt sich die Anpassungsfähigkeit des Eisenbetons an die örtlichen räumlichen Bedürfnisse, worin er den meisten anderen Bauweisen überlegen ist. Die Ecken des quadratischen und des rechteckigen Säulenquerschnittes werden abgefast. Die Fase schützt gegen Beschädigung der Kanten, sie bietet aber auch in der Schalung Raum für eine dreikantige Anschlagsleiste, welche den richtigen Abstand der Schalungswände sichert.

Die Längseisen werden durch die Bügel quer verbunden, deren größter Abstand nicht mehr als ungefähr das 12fache des Durchmessers der Längseisen betragen darf, um das Ausknicken der Längseisen zu verhindern.

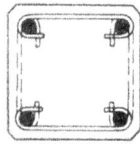 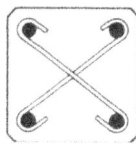 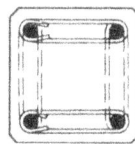 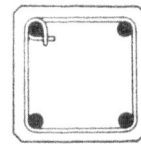

Abb. 291.　　　　Abb. 292.　　　　Abb. 293.　　　　Abb. 294.

Von den jetzt noch gebräuchlichen Bügelformen, Umfangsbügel Abb. 291, Diagonalbügel Abb. 292, Schleifenbügel Abb. 293 und Umschließungsbügel Abb. 294, scheint der letztere den Vorzug zu verdienen, weil er eine gute Umschnürung (Ringbewehrung) bildet und das Eisengeflecht der Säule gut versteift, so daß es vor dem Betonieren im ganzen bequem aufgestellt werden kann.

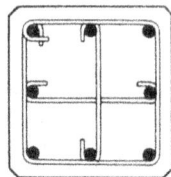 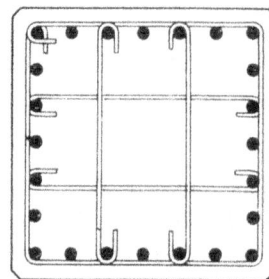

Abb. 295.　　　　　　　Abb. 296.

Wenn mehr als vier Längseisen verwendet werden müssen, sind noch Querverbindungen außer den Umschließungsbügeln zur Verhinderung des Ausknickens der Längseisen notwendig (Abb. 295 u. 296).

Soweit möglich sollen die Längseisen ohne Stoß durchgeführt werden. Sind aber Stöße mit Rücksicht auf die Ausführung nicht zu vermeiden, so werden sie am besten in die Höhe der Deckenplatte gelegt, wo der Betonquerschnitt der Säule durch die anstoßenden Balken seitlich vergrößert ist. Die zu stoßenden Eisen, die Endhaken erhalten müssen, übergreifen sich und werden auf die übergreifende Länge durch eine Wickelung von Bindedraht miteinander verbunden (Abb. 297).

Diese Wickelung soll nicht etwa eine Druckkraft übertragen, sondern die freien Stabenden nur während des Betonierens festhalten, damit nicht ihre Schwingungen im Beton einen Hohlraum aussparen. Die Verlaschung der gestoßenen Eisen muß der Beton bewirken.

Die Stoßverbindung der Längseisen mittels übergeschobenen Rohrstücks ist nicht zu empfehlen, weil eine unmittelbare Druckübertragung von Stab zu Stab an ihren rauhen, unregelmäßigen Endflächen nur in ganz unerheblichem Umfang eintreten kann. Ferner wird der Beton in das Rohr nur ganz unvollkommen eindringen, so daß die Eisenenden in Hohlräumen liegen, welche zur Rostbildung Anlaß geben können.

Die mit Ringen oder Spiralen umschnürten Säulen werden am besten in achteckigem Querschnitt ausgeführt, wobei jeder Kante ein Längseisen entspricht. Die Verhältnisse der Bewehrungen sind bereits bei der Berechnung solcher Säulen (vgl. Seite 31) behandelt worden. Die Schalungen des Achteckquerschnittes sind denen des Quadrates ähnlich. An Stelle der dreikantigen Fasenleiste tritt ein übereck stehendes Schalbrett.

Abb. 297.

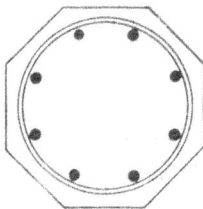

Abb. 298.

Die Spiralbewehrungen, welche auf besonderen Wickelmaschinen gebogen werden, werden in der Regel an den Stoßstellen durch Schweißung verbunden, so daß für wenigstens eine Stockwerkhöhe eine ununterbrochene Spirale entsteht. Die Ringe können geschweißt oder an ihren Enden mit Haken versehen werden, welche ein Längseisen umgreifen. Beide Arten von Ringen sind ziemlich gleichwertig. Jedoch dürfen die Haken der Ringe, wie die der Umschließungsbügel, nicht stets an dasselbe Längseisen angeschlossen werden, sondern diese Hakenstelle soll einer Spirallinie folgend, von Längseisen zu Längseisen wechseln.

Zu erwähnen sind hier noch die einbetonierten Eisensäulen, welche eher zu den Eisenkonstruktionen als zu den Eisenbetonkonstruktionen zu rechnen sind. Versuche haben ergeben, daß die Bruchlast der einbetonierten Eisensäule höher ist als die der reinen Eisensäule. Bei einigen Bauarten war der Unterschied in den Bruchlasten groß, bei anderen kleiner, so daß also die Bauart der Eisensäule einen wesentlichen Einfluß auf die Mitwirkung des Betons auszuüben scheint.

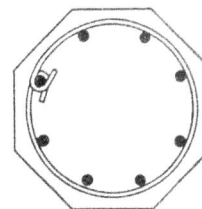

Abb. 299.

Der Fuß der Säule, in welchem die Längseisen beginnen, wird durch Vergrößerung des Betonquerschnittes mittels Absatz und Anlauf gebildet. In Abb. 300 sind die für eine quadratische Säule zweckmäßigen Maßverhältnisse, auf die Quadratseite bezogen, eingeschrieben.

Der Säulenfuß stützt sich entweder auf eine Betongrundplatte ohne Bewehrung, wenn ihre Stärke wenigstens das 1,5 fache ihrer Ausladung beträgt, oder andernfalls mit Bewehrung, welche dann nach Abb. 301 oder 302 eingelegt werden

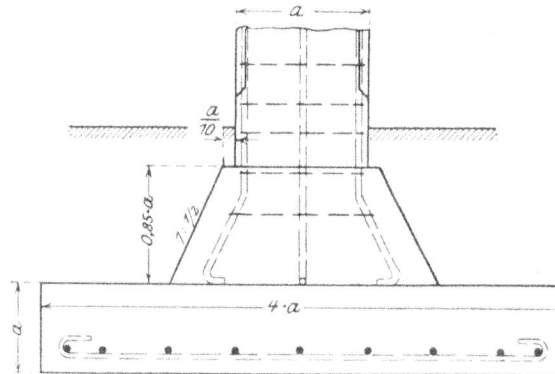

Abb. 300.

kann. Hierbei sind die Bewehrungsquerschnitte für eine Kragplatte zu berechnen, welche den gleichmäßig verteilt angenommenen Bodendruck aufzunehmen hat.

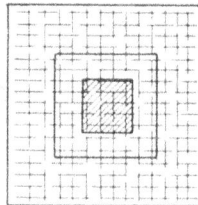

Abb. 301.

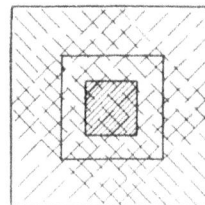

Abb. 302.

Zuweilen kann es auch zweckmäßig sein, nur einen einseitig ausgebildeten Säulenfuß auf rechteckiger Grundplatte anzuwenden, wie Abb. 303 zeigt.

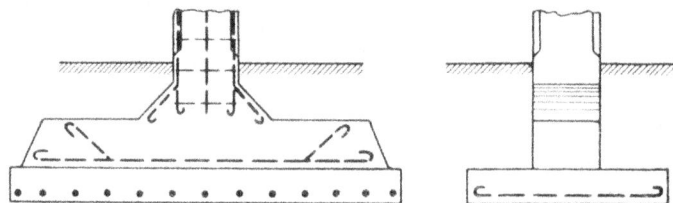

Abb. 303.

Der Balken.

Die Balken enthalten außer den Längseisen, welche Normalkräfte (Zug oder Druck) und schiefe Hauptkräfte (Zug) übertragen, auch noch Bügel, deren Wirkungsweise im Kap. 8 erläutert ist.

Der Querschnitt der Balken kann den Bedürfnissen entsprechend beliebig gestaltet, sollte jedoch möglichst zur Biegungsebene symmetrisch sein (Ausnahme, winkelförmige Träger). Am häufigsten ist der Balkenquerschnitt rechteckig oder T-förmig. Die deutschen Bestimmungen fordern jedoch für die wirksame Höhe ($h — a$) der Balken, Unterzüge und Rippendecken (mit oder ohne Ausfüllung der Zwischenräume) wenigstens $\frac{1}{20}$ der Stützweite.

Balken von wechselnder Höhe können meist noch wie Träger von gleichbleibender Höhe berechnet werden. Jedoch kann auch der Fall eintreten, daß die wechselnde Höhe berücksichtigt werden muß. Nach den Bezeichnungen der Abb. 304 würde sich z. B. für einen Konsolträger die Eisenspannung

$$\sigma_e = \frac{Z}{\cos \alpha\, F_e} = \frac{\mathfrak{M}}{\cos \alpha \left(h — a — \frac{x}{3}\right) F_e}$$

ergeben.

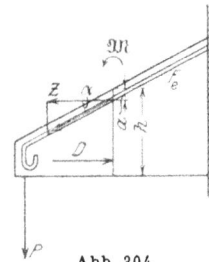

Abb. 304.

Aus dieser Gleichung ist zu ersehen, daß die wechselnde Höhe solange unberücksichtigt bleiben kann, als der Winkel α klein ist.

Ausgenutzte Längseisen der Balken dürfen, wie bei den Platten, nicht in einem Betonteil endigen, der infolge von Zugspannungen noch Risse erhalten kann. Es müssen deshalb diese Eisen entweder bis zu einem spannungslosen Betonkörper (über den Auflagern) oder bis zu einem Betonteil fortgesetzt werden, welche nur Druckspannungen aufzunehmen hat, wo sie mittels eines spitzwinkeligen Hakens oder eines Rundhakens, deren lichter Durchmesser mindestens gleich dem 2,5 fachen des Eisendurchmessers ist, sicher verankert werden können. Der lichte Krümmungshalbmesser der abgebogenen Längseisen muß das 10- bis 15 fache des Eisendurchmessers betragen.

Die Bügel werden aus Rundeisen von 5 bis 12 mm Durchmesser in verschiedenen Formen hergestellt. (Vgl. Abb. 120, 121, 122.) Sollte in einem Balkenquerschnitt ein stärkerer Bügelquerschnitt benötigt werden, als der Doppelschnitt der gewählten Bügeleisen, so können mehrere Λ-Bügel oder Λ- und U-Bügel gleichzeitig in demselben Balkenquerschnitt angeordnet werden.

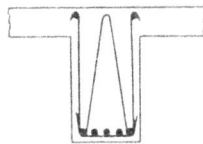

Abb. 305.

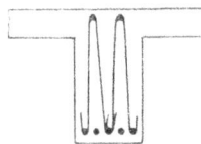

Abb. 306.

Der Abstand der Bügel soll nicht zu groß gewählt werden. In denjenigen Teilen der Balken, in welchen auch in der Nullinie die zulässige Betonschubspannung noch nicht erreicht wird, kann die größte Bügelentfernung gleich der Breite der rechteckigen Balken oder der Rippenbreite b_1 der Plattenbalken angenommen werden, dagegen in denjenigen Teilen der Balken, in welchen die zulässige Betonschubspannung überschritten wird, sollte der größte Bügelabstand nur etwa ¾ dieser Maße betragen. Bügel, welche Druckbewehrungen umschließen, dürfen, wie bei Säulen, keinen größeren Abstand als den 12 fachen Längseisendurchmesser haben.

Da die großen Haken vor dem Bruch zu einer Sprengung des Balkens in der Längsrichtung Anlaß geben können, sind schon bei Abb. 147 Quereisen in der Nähe der Haken empfohlen worden.

Für den Abstand der Längseisen in den Reihen und wenn die Eisen in mehreren Reihen übereinander angeordnet werden müssen, kann für den Abstand der Reihen das Maß des größten Eisendurchmessers angenommen werden, wobei an Knotenpunkten auf kurze Strecken auch kleinere Abstände vorkommen dürfen.

Die deutschen Bestimmungen enthalten diese Regel und geben außerdem mit Rücksicht auf die gute Umhüllung der Eisen als kleinsten lichten Abstand der Eisen 2 cm an.

Dieselben Bestimmungen setzen den kleinsten Abstand der Längseisen von den Außenflächen der Rippen dadurch fest, daß sie eine Betonüberdeckung der Bügel von mindestens 1,5 cm Stärke und bei Bauteilen im Freien von mindestens 2 cm vorschreiben.

Die österreichischen Vorschriften verlangen als kleinsten Eisenabstand 2 cm, bei Brücken 2,5 cm sofern der Eisendurchmesser größer als 1,6 cm ist. Beschränkend ist jedoch beigefügt: »Sofern nicht mit Rücksicht auf Scher- und Haftspannungen größere Maße erforderlich sind«. Die geringste Betonüberdeckung in allen Tragwerken muß nach diesen Vorschriften 2 cm betragen mit Ausnahme bei Platten, in denen 1 cm genügt.

In denjenigen Balken, in denen die Eisen in mehreren Reihen anzuordnen sind, sollen nach den österreichischen Vorschriften, die Eisenspannungen in der äußersten Reihe nachgewiesen werden.

Als rechnerische Stützweite der beiderseits frei aufliegenden Balken ist in den deutschen Bestimmungen die Entfernung der Auflagermitten angegeben. Nach Abb. 274 ist somit

$$l = l_w + t.$$

Jedoch soll bei außergewöhnlich großen Auflagerlängen die Stützweite gleich der um 5% vergrößerten Lichtweite gewählt werden, also

$$l = 1,05 \cdot l_w.$$

Für durchlaufende Balken sind die Stützweite zwischen den Mitten der Stützen zu messen.

Die österreichischen Vorschriften fordern für Brücken, deren Stützweite nicht schon durch die Konstruktion gegeben ist,

$$l = l_w + t,$$

für andere Tragwerke $l = 1,05 l_w$, jedoch mindestens $t = 10$ cm. Durchlaufende Träger werden wie oben angegeben behandelt.

Nach der Wahl einer geeigneten Auflagerlänge t ist auch zu untersuchen, ob an der Auflagerungsfläche der zulässige Druck des Mauerwerks nicht überschritten wird. Sollte dieser zulässige Druck überschritten werden, so muß die Auflagerfläche durch seitliche Verbreiterung des Balkens mit entsprechender Bewehrung über dem Auflager vergrößert werden, wie in Abb. 307 dargestellt ist.

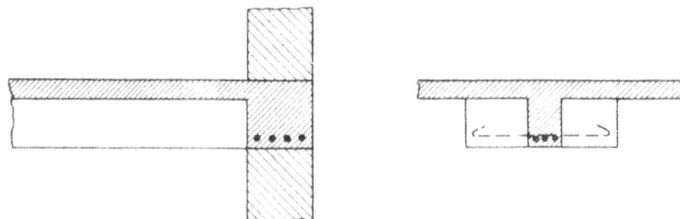

Abb. 307.

Die Bewehrung der seitlichen Verbreiterungen sind als die Zugeisen von Konsolen zu berechnen, deren Belastung der gleichmäßig über die Auflagerfläche verteilte Auflagerdruck ist.

Da die Eisenbetonkonstruktionen sehr steif sind, muß auch danach gestrebt werden, daß alle unvermeidlichen Auflagersenkungen gleichmäßig bleiben. Es ist deshalb nicht zulässig, ein Auflager teils aus Beton, teils aus Kalkmörtelmauerwerk zu bilden, wenn dadurch eine ungleichmäßige Senkung der Auflagerfläche entstehen könnte. Die durchlaufenden Träger sind insbesondere so zu lagern, daß alle Stützen sich gleichmäßig senken. Sind daher solche Träger teils auf Eisenbetonstützen teils auf gemauerte Stützen zu lagern, so muß das Mauerwerk in Zementmörtel oder in Zement-Kalkmörtel mit reichlichem Zementgehalt gemauert werden, weil das Kalkmörtelmauerwerk sich stark zusammenpreßt, während die Eisenbetonstützen sich nur unerheblich unter der Belastung verkürzen.

Sehr lange schwer belastete Eisenbetonbalken, wie sie im Brückenbau angewendet werden müssen, werden in der Regel auf Auflagerplatten gelagert, welche denen der Eisenbrücken ähnlich aber der Eisenbetonbauweise angepaßt sind. Die österreichischen Vorschriften für Eisenbetonstraßenbrücken verlangen, daß Tragwerke schon von 4 m Stützweite an auf Auflagerplatten oder -vorrichtungen zu lagern sind, welche die durch Temperatur- und Spannungsänderungen entstehenden Bewegungen ermöglichen.

Außer bei Brückenträgern ist die vollkommen freie Auflagerung der Eisenbetonbalken im Bauwesen selten. In der Regel sind die Balkenenden einbetoniert oder eingemauert, so daß auf die Möglichkeit einer teilweisen Einspannung Rücksicht genommen werden muß, wenn auch der günstige Einfluß der Einspannung auf die Verkleinerung der Feldmomente noch nicht in Rechnung gezogen werden darf. Deshalb müssen an den Enden der eingemauerten Balken ebenso wie bei Platten die Eisen teilweise hochgezogen werden, um die durch die Einspannungsmomente verursachten oberen inneren Zugkräfte aufnehmen zu können. Für gleichmäßig verteilte Belastungen gelten somit auch hier die in den Abb. 276 und 277 angegebenen Abbiegepunkte, sofern zur Aufnahme der schiefen Zugkräfte nicht eine andere Einteilung der Eisen notwendig erscheint.

Im Eisenbetonbau werden wegen der günstigeren Momentenverteilung und infolge der einfachen Herstellung langer Balken durchlaufende Balken weit mehr als bei anderen Bauweisen angewendet. Die Balken sind mit den Eisenbetonstützen fest verbunden, so daß solche Balken mit ihren Stützen zusammen mehrfach gestützte Rahmen bilden. Gleichwohl aber werden diese Balken meist nach den Regeln der durchlaufenden Balken auf nicht senkbaren, frei beweglichen Stützpunkten berechnet.

Für gleichförmig verteilte ständige und veränderliche Belastungen können somit auch zur Berechnung der Biegungsmomente die für die durchlaufenden Platten empfohlenen Tabellen benutzt werden (vgl. Anhang Tabelle 10 und 13), für andere Belastungen die Momentengleichungen der Stützenmomente (vgl. Tabelle 12).

Außer den zeichnerischen Verfahren zur Bestimmung der Biegungsmomente bei beliebiger Belastung, welche in allen Büchern über Statik zu finden sind, können auch die Griotschen[1] Tabellen zum Auftragen der Einflußlinien für Biegungsmomente und Querkräfte benutzt werden.

Wird nun auch der Einfluß der festen Verbindung von Stütze und Balken auf die Biegungsmomente des Balkens nicht berücksichtigt, so sollte doch dieser Einfluß auf die Stützen wenigstens bei den Endsäulen berücksichtigt werden, zu dessen Schätzung die deutschen Bestimmungen und die österreichischen Vorschriften Anleitungen enthalten. Die genaue Berechnung mehrfach gestützter

---

[1] Griot, Interpolierbare Tabellen zum Auftragen der Einflußlinien usw. Zürich 1904.

Rahmen und insbesondere der Stockwerkrahmen bereitet eine große Rechenarbeit[1]) und auch theoretische Schwierigkeiten, wenn die feste Verbindung aller Säulen mit den Balken berücksichtigt wird.

Da die Stützenmomente meist größer sind als die Feldmomente und auch bei den Plattenbalken über der Stütze die wirksame Balkenbreite nur gleich der Rippenbreite b_1 ist, sucht man die Balkenhöhe an den Zwischenstützen durch Schrägen (Vouten) zu vergrößern. Nach den deutschen Bestimmungen kann in der Stützenmitte die durch die Verlängerung der flachen Balkenschrägen abgeschnittene Balkenhöhe h (Abb. 308) als wirksam angenommen werden. Jedoch darf die in Rechnung zu stellende Schräge nicht steiler als 1 : 3 sein.

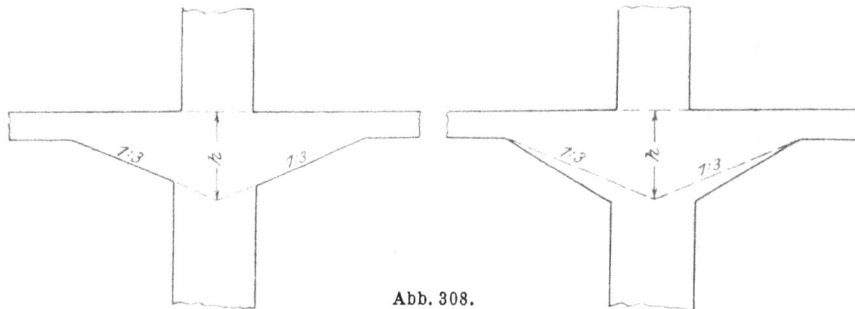

Abb. 308.

Auch die Möglichkeit, daß die steife Verbindung von durchlaufenden Balken mit ihren Stützen eine vollkommene Einspannung der Balken bewirkt, ist in den deutschen Bestimmungen noch durch folgende Vorschrift berücksichtigt: »Wenn nur ständige Belastung vorkommt, darf das Feldmoment bei gleichen Stützweiten in den Mittelfeldern nicht unter $\dfrac{p\,l^2}{24}$ angenommen werden«.

Zur Aufnahme der inneren Scherkräfte werden die Bügel der Balken in der Regel nicht ausreichen, sondern noch schräg hochzuziehende Eisen notwendig sein. Für die Berechnung der schrägen Zugkräfte werden bei den Trägern auf zwei Stützen gewöhnlich die Kurven der maximalen Querkräfte (bei Brückenträgern das A-Polygon) verwendet, während man sich bei durchlaufenden Trägern meist mit den Zustandskurven der Querkräfte begnügt, welche die größten Stützdrucke der benachbarten Stützen ergeben. Jedoch können bei annähernd gleichen Feldweiten und gleichmäßig verteilter Belastung auch die Kurven der größten Querkräfte auf ähnliche einfache Weise berechnet werden wie die größten Biegungsmomente mit Hilfe der Winklerschen Momentenwerte (vgl. Tabelle 11 des Anhanges).

Abb. 309.

An den Kreuzungsstellen der Balken (Nebenträger mit Hauptträgern) sind große Scherkräfte an den Berührungsflächen aufzunehmen. Es empfiehlt sich daher besondere Aufhängebügel (Abb. 309) zu verwenden, welche je nach den

---

[1]) Dr. Marcus, Studien über mehrfach gestützte Rahmen und Bogenträger. Berlin 1911. Ostenfeld, Der zweistielige Stockwerkrahmen. Zeitschrift für Betonbau. Wien und Leipzig 1914. Handbuch für Eisenbetonbau, herausgegeben v. Emperger, 2. Aufl., VI. Bd. Berlin 1911. S. 222.

Konstruktionsverhältnissen nach oben oder nach unten geöffnet sein können. Im ersteren Falle müssen sie die Zugeisen unten umfassen.

Die Rippenbreite b_1 der Plattenbalken muß im allgemeinen so gewählt werden, daß erstens die erforderlichen Zugeisenstäbe in den richtigen Abständen in der Rippe untergebracht werden können und zweitens die größte Schubspannung τ_0 eine obere Grenze nicht überschreitet. In den deutschen Bestimmungen ist die obere Grenze von τ_0 ohne Berücksichtigung von schrägen Eisen und Bügeln auf 14 kg/qcm festgesetzt worden. Hierdurch wird erreicht werden, daß sowohl die Rippenbreite b_1 als auch insbesondere die nutzbare Balkenhöhe $(h-a)$ nicht zu klein gewählt werden.

Solange für die Rippenbreite noch keine Anhaltspunkte gegeben sind, kann vorerst zur Berechnung des Rippengewichts $b_1 = \dfrac{h}{2}$ geschätzt werden, wobei auch für kleinere Träger b_1 noch größer gewählt werden darf. Sodann sind die beiden Annäherungsgleichungen zu benutzen.

$$F_e \sim \frac{\mathfrak{M}}{\sigma_e \left(h - a - \dfrac{d}{2}\right)} \quad \ldots \ldots \ldots \quad (72)$$

und

$$\tau_0 \sim \frac{V}{b_1 \left(h - a - \dfrac{d}{2}\right)} \quad \ldots \ldots \ldots \quad (136)$$

Diese beiden Gleichungen lassen erkennen, ob die gewählte Rippenbreite b_1 genügt oder ob sie einer Verbesserung bedarf. Im Zweifelsfalle kann man auch die im Kap. 20 für die Rechnung in Zentimetern angegebene empirische Formel benutzen

$$b_1 = 15 + 0{,}4 \cdot F_e.$$

In besonderen Fällen wird darauf zu achten sein, daß Risse möglichst dadurch hintangehalten werden, daß die rechnerische Betonzugspannung nicht zu groß wird. Die Betonzugspannung der Rippe kann aber durch geeignete Wahl von b_1 beschränkt werden, wie in Kap. 7 ausführlich behandelt ist.

Wenn Schrägen (Vouten) an den Rippen aus irgendwelchen Gründen nicht angebracht werden sollen, muß an den Stützpunkten durchlaufender Balken oder an den Einspannungsstellen eingespannter Balken die Rippenbreite b_1 vergrößert werden (vgl. Abb. 310). Da aber die Randspannungen der Balken umgekehrt proportional dem Quadrate der Balkenhöhe und nur umgekehrt proportional der Balkenbreite sind, ist die Vergrößerung der Balkenhöhe weit wirksamer als die Vergrößerung der Rippenbreite.

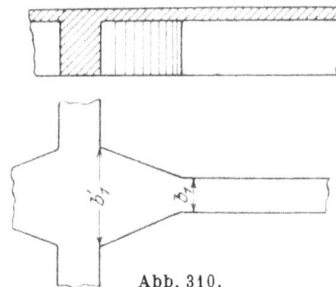

Abb. 310.

Es wird deshalb auch nur in Ausnahmefällen eine ungleich breite Balkenrippe angewendet, zumal auch die Schalungskosten solcher Rippenverbreiterungen viel größer sind als die der Balkenschrägen.

Der Eisenbetonbalken wird auch als Fachwerkbalken konstruiert. Die Strebenfachwerke werden berechnet wie Eisenfachwerke, wenn auch die Knotenpunkte noch steifer sind als die der Eisenfachwerke, so daß auch größere Nebenspannungen zu erwarten sind. Der schwache Punkt der Strebenfachwerke ist die bis jetzt noch nicht allgemein befriedigend gelöste Konstruktion der Knotenpunkte. Ein Versuch, die Knotenpunkte rechnerisch zu prüfen, dürfte noch größeren Schwierigkeiten begegnen als der Versuch, das Kräftespiel in dem Knotenbleche der Eisenfachwerke zu verfolgen, so daß befriedigende Lösungen für die Konstruktion der Knotenpunkte nur durch umfangreiche Versuche zu finden sein werden.

Wegen der einfacheren Schalung wird im Eisenbetonbau vielfach der Rahmenträger (Vierendeelträger), auch Pfostenfachwerk (ohne Streben) genannt, angewendet, über dessen Berechnung bereits eine umfangreiche Literatur[1]) angewachsen ist.

Schließlich ist noch zu erwähnen, daß für den Deckenbau seltener für kleinere Brücken auch Eisenbetonbalken als Zementwaren fabrikmäßig angefertigt und auf der Baustelle als fertige Träger in Decken eingebaut werden. Auf die vielerlei derartigen Balken, die in den Handel gebracht werden, kann hier nicht näher eingegangen werden. Zu ihrer Berechnung und Beurteilung genügen die gegebenen Unterlagen.

Der Bogen.

Da die Eisen der Eisenbetonbögen Zugkräfte aufnehmen können, dürfen auch in diesen Bögen neben der axialen Druckkraft größere Biegungsmomente Zugspannungen erzeugen, d. h. es ist bei dem Eisenbetonbogen nicht nötig, zu fordern, daß die Drucklinie stets im mittleren Drittel des Bogens verläuft. Daraus ergibt sich, daß die Eisenbetonbögen auch in geringerer Stärke ausgeführt werden können als Beton- und Mauerwerkbogen unter denselben Verhältnissen.

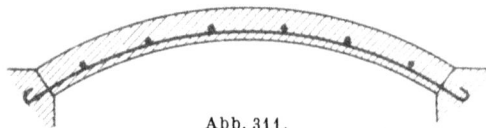

Abb. 311.

Schwach belastete Eisenbetonbögen erhalten nur eine Eiseneinlage an der inneren Gewölbeleibung (Abb. 311). Jedoch dürfen solchen Eiseneinlagen keine großen Zugspannungen zugemutet werden, damit sie nicht unter Absprengung einer Betonschale aus dem Bogen heraustreten. Solche Bögen können meist als Zweigelenkkreis- oder Parabelbogen berechnet werden, solange sie nur eine geringe ziemlich gleichbleibende Stärke erhalten.

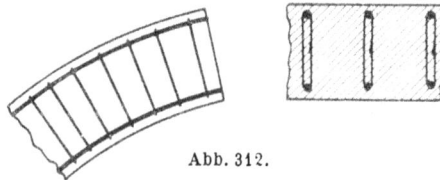

Abb. 312.

Müssen die Eiseneinlagen größere Kräfte übertragen, so müssen sowohl die Zug- als auch die Druckeisen mit zahlreichen Bügeln gehalten werden und ihre Betonüberdeckung sollte nicht zu klein bemessen werden (Abb. 312).

In Brückenbögen werden häufig an der inneren und äußeren Leibung gleiche Bewehrungen eingelegt, welche nur die durch die Störungen des normalen Zustandes in den Brückengewölben[2]) auftretenden Zugspannungen aufnehmen sollen.

---

[1]) Engeßer, Die Berechnung der Rahmenträger. Berlin 1913. (Sonderdruck aus der »Zeitschrift für Bauwesen« 1913.)

[2]) Gilbrin, Störungen des normalen Zustandes in Brückengewölben. Berlin 1913. (Münchener Dissertation.)

Trennungsfugen und Gelenke.

Unter der Monolithät der Eisenbetonbauten versteht man den biegungs-festen Zusammenhang aller einzelnen Bauteile untereinander. Infolge der steifen Eckverbindungen des Eisenbetonbaus ist die größte Zahl der Eisenbetonbauten mehrfach statisch unbestimmt, gleichwohl werden zur Vereinfachung der Rech-nung im Eisenbetonbau zahlreiche Verbindungsstellen als gelenkartig angesehen und nur in der Konstruktion auf die tatsächlich vorhandene Einspannung und die hierdurch bedingten Biegungsmomente Rücksicht genommen. (Vgl. Kap. 17.) Dieses Verfahren ist der statischen Klärung durch Einschaltung von tatsächlich frei beweglichen Verbindungsstellen vorzuziehen, weil gerade auf der Monolithät ein erheblicher, wenn auch in der Berechnung nicht erscheinender Teil der Sicher-heit der Eisenbetonbauten beruht.

Ein vielfach statisch unbestimmtes System wird durch das Nachlassen irgendeines Bauteiles oder einer Verbindungsstelle noch nicht zum Einsturz kommen, sondern es wird zunächst noch eine andere dem Nachlassen entsprechende Kräfteverteilung eintreten, während dem Nachlassen eines Baugliedes der statisch bestimmten Systeme in der Regel der Bruch der ganzen Konstruktion folgen muß. Auch den dynamischen Wirkungen wechselnder oder bewegter Lasten wird durch die Monolithät, durch welche große widerstehende Massen vereinigt sind, besser Widerstand geleistet.

Aber die Monolithät kann praktisch über gewisse Grenzen hinaus nicht aus-gedehnt werden, weil der Beton durch das Austrocknen und Erhärten schwindet und sich bei Wärme- und Feuchtigkeitszufuhr ausdehnt. Wenn deshalb großen zusammenhängenden Eisenbetonmassen keine Möglichkeit gegeben ist, diese Raumänderungen auszuführen, müssen in dem Bauwerk Risse entstehen (wilde Risse), an welchen die nunmehr getrennten Bauwerksteile ihre Bewegungen aus-führen können. Solche Risse können nur durch Teilung der großen Bauwerke in einzelne Monolithe mittels Trennungsfugen (Schwindfugen) vermieden werden.

Die zulässige Länge eines Monolithes d. h. der notwendige Abstand der Trennungsfugen hängt von vielerlei Umständen ab und läßt sich deshalb durch Rechnung ˙kaum verlässig bestimmen. Die folgenden Rechnungen sollen deshalb mehr zur Klärung des Vorganges als zur sicheren Bestimmung der Fugenabstände dienen.

Die Mauer eines Gebäudes von der Länge l (Abb. 313) verkürzt sich bei der Abkühlung um t Grad und durch Austrocknen um Δl

$$\Delta l = l\,(at + \beta),$$

wobei $a = 0{,}00001$ und $\beta = 0{,}004$ gesetzt werden darf.

Es sei nun zunächst angenommen, daß die Abkühlung und Austrocknung in allen Teilen der Mauer gleichmäßig erfolgt. Der Mauerverkürzung wird in diesem Falle lediglich die Reibungskraft R auf der Fundamentsohle entgegen-wirken, welche bei einer Reibungsziffer f ist

$$R = \frac{G}{2} \cdot f.$$

Ist Θ_m das Trägheitsmoment des Mauerquerschnittes F, bezogen auf seine Schwerachse SS (Abb. 313), so erzeugt die exzentrisch angreifende Kraft R an der unteren Mauerkante eine Zugspannung σ_{bz}

$$\sigma_{bz} = \frac{R}{F} + \frac{R \cdot u^2}{\Theta_m} = f \cdot \frac{G}{2}\left(\frac{1}{F} + \frac{u^2}{\Theta_m}\right).$$

Aus dem Gewicht g des Gebäudes auf 1,00 m Grundmauerlänge ist $G = g \cdot l$ und dies oben eingesetzt liefert

$$l = \frac{2 \cdot \sigma_{bz}}{f \cdot g \left(\frac{1}{F} + \frac{u^2}{\Theta_m} \right)} \quad \ldots \ldots \ldots \quad (353)$$

Für f kann man 0,80 für $\sigma_{bz} = 10$ bis 12 kg/qcm setzen.

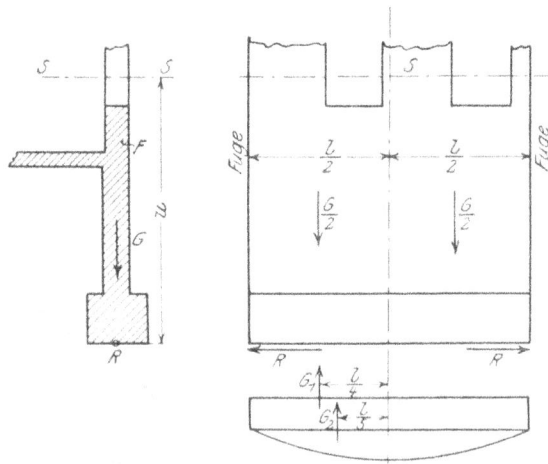

Abb. 313.

Man kann sich aber die Wirkung der Abkühlung und Austrocknung auch anders vorstellen. Es sei angenommen, daß sich die Länge der Grundmauer gar nicht oder nur sehr wenig ändert, während der frei stehende Teil der Mauer abgekühlt und ausgetrocknet wird. Die Wirkung des Austrocknens kann man sich gleichfalls durch einen Temperaturabfall hervorgebracht denken, so daß man annehmen darf, die Temperatur an der oberen Mauerkante sei um t_1, die an der unteren nur um t_2 gefallen, während die Temperaturen der übrigen Mauerteile sich geradlinig von t_1 bis t_2 ändern. Hierdurch wird sich die Mauer in der Lotebene durchbiegen, wie unter dem Einfluß eines über die ganze Mauerlänge gleichbleibenden Biegungsmomentes $\mathfrak{M}$[1])

$$\frac{\mathfrak{M}}{\varepsilon \cdot \Theta_m} = \frac{a \cdot (t_1 - t_2)}{h} \cdot$$

Die Durchbiegungslinie unter dem Einflusse eines konstanten Biegungsmomentes ist bei konstantem Trägheitsmoment eine Parabel. Man wird deshalb auch zur Annahme berechtigt sein, daß die vorher gleichmäßig verteilte Fundamentpressung nunmehr nach einer Parabel verteilt ist, wie in Abb. 313 unten dargestellt ist, so daß jede Pressung aus der Randpressung plus einer Parabelordinate besteht. Der Fundamentdruck ist gleich dem Gebäudegewicht, daher

$$G_1 + G_2 = \frac{G}{2} \cdot$$

Das Biegungsmoment in der Mauermitte ist

$$\mathfrak{M} = \frac{G}{2} \cdot \frac{l}{4} - G_1 \cdot \frac{l}{4} - G_2 \cdot \frac{l}{5} = G_2 \cdot \frac{l}{20} \cdot$$

[1]) Müller Breslau, Neuere Methoden der Festigkeitslehre, 3. Aufl. Leipzig 1904. S. 90.

Dieses Moment erzeugt in der Oberkante der h hohen Mauer eine Zugspannung

$$\sigma_{bz} = \frac{\mathfrak{M} \cdot (h-u)}{\Theta_m} = G_2 \cdot \frac{l}{20} \cdot \frac{(h-u)}{\Theta_m}$$

$$l = \frac{20 \cdot \sigma_{bz} \cdot \Theta_m}{G_2 (h-u)}.$$

Hieraus geht hervor, daß der Fugenabstand l klein wird, wenn G_2 groß wird. Man wird also G_2 mit einem möglichen Höchstwert einsetzen müssen. G_2 wird am größten, wenn $G_1 = 0$, d. h. die Fundamentwandpressung Null wird. (Es darf angenommen werden, daß sich die Mauer nicht vollständig von der Fundamentsohle abhebt)

$$G_2 = \frac{G}{2} = \frac{g \cdot l}{2}$$

$$l = \sqrt{\frac{40 \cdot \sigma_{bz} \cdot \Theta_m}{g\,(h-u)}} \quad \ldots \ldots \ldots \ldots \quad (354)$$

Gerade aus dieser letzten Betrachtung ist zu erkennen, daß Risse zunächst an allen den Stellen entstehen werden, an welche die Mauer geschwächt oder ihre geradlinige Fortsetzung in irgendeiner Weise unterbrochen ist. Man kann deshalb auch daraus die Konstruktionsregel ableiten, daß gerade an solchen Stellen die Trennungsfugen anzuordnen sind.

Da die Berechnung des Fugenabstandes bis jetzt kaum versucht wurde und die Rechnung keineswegs alle Umstände erfassen kann, welche für den Fugenabstand maßgebend sind, sind in den amtlichen Berechnungsvorschriften Größtwerte angegeben. Die deutschen Bestimmungen besagen: »Bei gewöhnlichen Hochbauten können die Wärmeschwankungen außer Rechnung bleiben; es genügt im allgemeinen, Schwindfugen in Abständen von 30 und 40 m anzuordnen. Die österreichischen Vorschriften fordern in Hochbauten Dilatationsfugen in höchstens 20 m Abstand, wenn bei der Berechnung der Spannungen die Wärmeschwankungen unberücksichtigt bleiben.

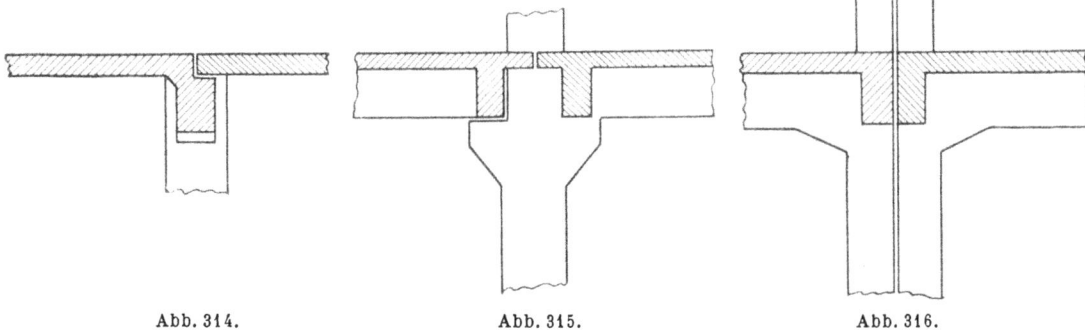

Abb. 314. Abb. 315. Abb. 316.

In den vorstehenden Abbildungen sind die im Hochbau üblichen Konstruktionen der Trennungsfugen dargestellt, welche je nach Lage der Verhältnisse angeordnet werden. Zuweilen ist es zweckmäßig, insbesondere bei Ingenieurbauwerken, die getrennten Monolithe gleichwohl durch schwache Eisen noch zu verbinden, damit hierdurch bei Erwärmungen die Fuge auch wieder sich schließt und der Längenausgleich nicht an einer anderen unerwünschten Stelle stattfindet.

Abb. 317 zeigt eine Fugenabdeckung, durch welche ein Verfüllen der Fuge verhindert werden soll. Für einen wasserdichten Abschluß der Trennungsfugen werden nach Abb. 318 Kupferblechschleifen eingelegt.

Abb. 317.   Abb. 318.

Die Gelenke müssen in zwei Arten unterschieden werden: erstens solche, welche tatsächlich eine möglichst freie Beweglichkeit der beiden sich berührenden Bauteile gegeneinander gestatten, und zweitens solche, durch welche lediglich ein Momentennullpunkt geschaffen werden soll. Im letzteren Falle dürfen also schon Biegungsmomente bei der Bewegung zu überwinden sein, wenn sie nur gegenüber den sonst auftretenden Biegungsmomenten so klein sind, daß ihre Wirkung sicherlich vernachlässigt werden kann.

Zu der ersteren Art (frei bewegliche) können nur die Zapfen- und Wälzgelenke gezählt werden. Die Zapfengelenke werden ausschließlich im Brückenbau angewendet. Die Gelenkkörper sind einem Wellenlager nachgebildet. Die Zapfen oder Wellen sind sorgfältig abgedreht und sollen mit Paraffin geschmiert werden.

Die Wälzgelenke werden im Eisenbetonbau für Brücken- und Säulenfußgelenke benutzt. Sie können aus Stahl, Hartgestein oder Beton hergestellt werden. Ihre Berechnung erfolgt in der Regel nach der Hertzschen Formel[1]). Zwei Kreiszylinder von der Länge l und den Halbmessern r_1 und r_2, welche mit der Kraft P längs einer Mantellinie zusammengedrückt werden, berühren sich nach Hertz auf eine Breite b

$$b = 4 \cdot \sqrt{\frac{2 \cdot P \left(1 - \frac{1}{m^2}\right)}{\pi \cdot l \cdot \varepsilon \left(\frac{1}{r_1} \pm \frac{1}{r_2}\right)}} \quad \ldots \ldots \ldots \quad (355)$$

und die größte hierbei entstehende Druckspannung ist

$$\sigma_{max} = \frac{4}{\pi} \cdot \frac{P}{b\,l}.$$

Das Minuszeichen gilt für hohle Wölbung (Abb. 320).

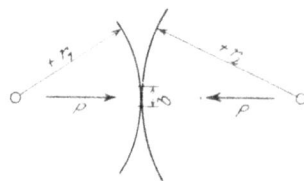 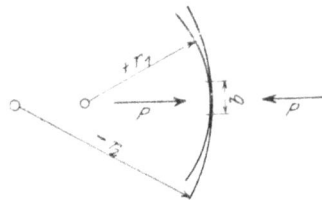

Abb. 319.   Abb. 320.

Nach dieser größten Druckspannung darf aber der zulässige Druck nicht beurteilt werden, weil die Zerstörung nicht durch Druckspannungen, sondern durch Zugkräfte erfolgt.

---

[1]) Bach, Elastizität und Festigkeit, 6. Aufl. Berlin 1911. S. 183.

Es ist deshalb auch ohne Bedeutung, ob die größte Druckspannung nach der Formel von Hertz oder nach denen von Köpke oder Barkhausen berechnet wird, welche sehr verschiedene Ergebnisse liefern[1]).

Zur Beurteilung der Sicherheit, mit welcher auf dem Streifen $b \cdot l$ der Gelenksteine die Spannung σ_{max} aufgenommen werden kann, ist man daher auf Versuche angewiesen. Die unter der Leitung von Geh. Baurat Krüger anläßlich des Baues

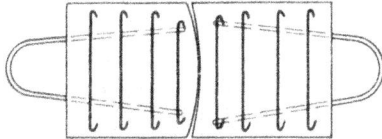

Abb. 321.

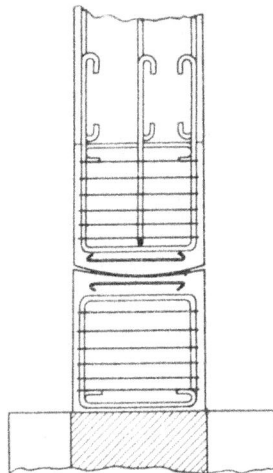

Abb. 322.

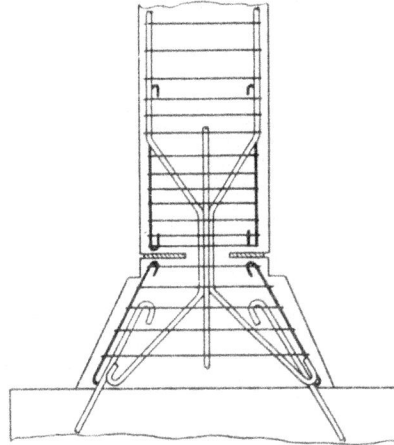

Abb. 323.

des Inundationsviaduktes in Dresden angestellten Versuche haben für die dortigen Versuchsstücke ergeben, daß die Zugkraft Z, welche senkrecht zur Druckkraft P steht, zu $Z = 0{,}28 \cdot P$ angenommen werden durfte[2]). Diese Zugkraft ist nach den Querdehnungsmessungen auch nicht gleichmäßig über den Längenschnitt des Gelenksteines verteilt, so daß die größte Zugspannung vielleicht das 1,5 fache der mittleren beträgt.

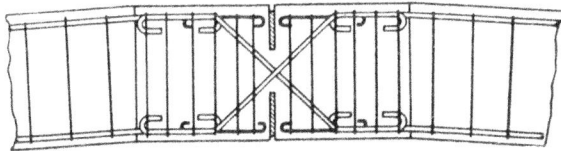

Abb. 324.

Um diese Zugkräfte aufnehmen zu können, werden die Eisenbetongelenke senkrecht zur Druckebene bewehrt.

In Abb. 321 ist ein Eisenbetonscheitelgelenk eines Dreigelenkbogens dargestellt. Die Längsbewehrung gestattet eine gute Verbindung mit dem anschließenden Bogen. Abb. 322 zeigt das Wälzgelenk eines Säulenfußes.

Die beiden Abbildungen 323 und 324 zeigen zwei Beispiele für Eisenbetongelenke, welche zwar nur eine sehr unvollkommene Bewegung ermöglichen, aber

---

[1]) Gesteschi, Handbuch für Eisenbetonbau, herausgegeben von v. Emperger, 2. Aufl., VI. Bd. Berlin 1911. S. 400.

[2]) Colberg, Deutsche Bauzeitung 1906, S. 262.

sicherlich als Momentennullpunkte zu betrachten sind, weil schon durch die Zusammenlegung des ganzen Eisenquerschnittes nach dem Gelenkpunkt die Axialkraft in der unmittelbaren Nähe dieses Punktes übertragen werden muß. Die äußeren Drittel des Betonquerschnittes sind durch eine Asphaltfilzeinlage unterbrochen. Abb. 323 stellt das Fußgelenk einer Säule dar, Abb. 324 das Scheitelgelenk einer gewölbten Brücke, welches auch zur Übertragung größerer Querkräfte geeignet ist.

Da die Betondruckfläche im Gelenk wesentlich verkleinert ist, muß für den Gelenkpunkt eine druckfestere Betonmischung verwendet werden, als für die übrigen Bauglieder. Dabei ist aber zu beachten, daß unter der Voraussetzung gleicher Sicherheit die Druckspannung einer Streifenbelastung viel höher angenommen werden darf, als die einer über die ganze Fläche verteilten Druckkraft. Bauschinger stellte für die Bruchspannung von Sandstein die Gleichung auf[1]

$$\sigma_s = \sigma_p \cdot \sqrt[3]{\frac{a_1 \cdot b_1}{a_1' \cdot b_1'}} \quad \ldots \ldots \quad (356)$$

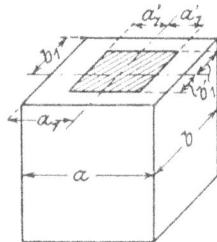

Abb. 325.

wobei σ_s die Bruchspannung der Streifenbelastung auf der Fläche $a_1' \cdot b_1'$ und σ_p die Prismenfestigkeit der Belastung auf der Fläche $a \cdot b$ bezeichnen (vgl. Abb. 325).

In den Beispielen Abb. 323 und 324 ist zu setzen

$$a_1 = \frac{a}{2}, \quad b_1 = \frac{b}{2}, \quad a_1' = \frac{a}{6}, \quad b_1' = \frac{b}{2},$$

daher

$$\sigma_s = \sigma_p \sqrt[3]{3} = 1{,}44 \cdot \sigma_p \quad \ldots \ldots \ldots \quad (357)$$

Man sieht daraus, daß die zulässige Spannung in dem mittleren Drittel sehr wesentlich ohne Beeinträchtigung des Sicherheitsgrades gesteigert werden darf. Jedoch sollte die Asphaltfilzfuge möglichst dünn gemacht werden.

---

[1] B a c h , Elastizität und Festigkeit, 6. Aufl. Berlin 1911. S. 180.

ANHANG.

Tabelle 1.

Dimensionierungstabelle $(n = 15)$.

Werte in kg/cm² von		Zugehörige Werte von			
σ_e	σ_b	$h-a = C_1 \sqrt{\dfrac{\mathfrak{M}}{b}}$	$F_e = C_2 \sqrt{\mathfrak{M} \cdot b}$	$x = \sigma \cdot C_1 \sqrt{\dfrac{\mathfrak{M}}{b}}$	$x = \sigma(h-a)$
750	30	$0{,}451 \sqrt{\dfrac{\mathfrak{M}}{b}}$	$0{,}00338 \sqrt{\mathfrak{M} \cdot b}$	$0{,}169 \sqrt{\dfrac{\mathfrak{M}}{b}}$	$0{,}375 (h-a)$
750	35	0,401 »	0,00385 »	0,165 »	0,412 »
750	40	0,363 »	0,00430 »	0,161 »	0,444 »
750	45	0,334 »	0,00474 »	0,158 »	0,474 »
750	50	0,310 »	0,00517 »	0,155 »	0,500 »
800	20	0,635 »	0,00217 »	0,173 »	0,273 »
800	25	0,530 »	0,00264 »	0,169 »	0,319 »
800	30	0,459 »	0,00309 »	0,165 »	0,360 »
800	35	0,408 »	0,00353 »	0,161 »	0,396 »
800	40	0,367 »	0,00397 »	0,157 »	0,429 »
800	45	0,339 »	0,00436 »	0,155 »	0,458 »
800	50	0,314 »	0,00475 »	0,152 »	0,484 »
900	20	0,660 »	0,00184 »	0,165 »	0,250 »
900	25	0,549 »	0,00224 »	0,161 »	0,294 »
900	30	0,474 »	0,00264 »	0,158 »	0,333 »
900	35	0,420 »	0,00301 »	0,155 »	0,368 »
900	40	0,380 »	0,00337 »	0,152 »	0,400 »
900	45	0,348 »	0,00373 »	0,149 »	0,429 »
900	50	0,322 »	0,00407 »	0,147 »	0,455 »
1000	5	2,425 »	0,00042 »	0,170 »	0,070 »
1000	8	1,550 »	0,00067 »	0,166. »	0,107 »
1000	10	1,267 »	0,00083 »	0,165 »	0,130 »
1000	12	1,071 »	0,00099 »	0,163 »	0,152 »
1000	15	0,878 »	0,00121 »	0,162 »	0,184 »
1000	16	0,828 »	0,00129 »	0,161 »	0,194 »
1000	17	0,785 »	0,00137 »	0,160 »	0,203 »
1000	18	0,748 »	0,00144 »	0,159 »	0,213 »
1000	19	0,715 »	0,00151 »	0,159 »	0,222 »
1000	20	0,686 »	0,00159 »	0,158 »	0,230 »
1000	21	0,657 »	0,00166 »	0,157 »	0,239 »
1000	22	0,632 »	0,00173 »	0,157 »	0,248 »
1000	23	0,608 »	0,00179 »	0,156 »	0,257 »
1000	24	0,588 »	0,00187 »	0,156 »	0,265 »
1000	25	0,568 »	0,00193 »	0,155 »	0,273 »
1000	26	0,550 »	0,00200 »	0,154 »	0,280 »
1000	27	0,534 »	0,00208 »	0,154 »	0,288 »
1000	28	0,518 »	0,00214 »	0,153 »	0,296 »
1000	29	0,503 »	0,00222 »	0,153 »	0,303 »
1000	30	0,490 »	0,00228 »	0,152 »	0,310 »
1000	31	0,477 »	0,00235 »	0,151 »	0,317 »
1000	32	0,464 »	0,00242 »	0,151 »	0,325 »
1000	33	0,453 »	0,00247 »	0,150 »	0,331 »

Tabelle 1 (Fortsetzung).

Dimensionierungstabelle $(n = 15)$.

Werte in kg/cm² von		Zugehörige Werte von			
σ_e	σ_b	$h-a = C_1 \sqrt{\dfrac{\mathfrak{M}}{b}}$	$F_e = C_2 \sqrt{\mathfrak{M} \cdot b}$	$z = \sigma \cdot C_1 \sqrt{\dfrac{\mathfrak{M}}{b}}$	$x = \sigma(h-a)$
1000	34	$0{,}443 \sqrt{\dfrac{\mathfrak{M}}{b}}$	$0{,}00254 \sqrt{\mathfrak{M} \cdot b}$	$0{,}150 \sqrt{\dfrac{\mathfrak{M}}{b}}$	$0{,}338 \ (h{-}a)$
1000	35	0,433 »	0,00261 »	0,149 »	0,344 »
1000	36	0,423 »	0,00267 »	0,149 »	0,351 »
1000	37	0,415 »	0,00273 »	0,148 »	0,357 »
1000	38	0,406 »	0,00280 »	0,147 »	0,363 »
1000	39	0,398 »	0,00287 »	0,147 »	0,369 »
1000	40	0,390 »	0,00293 »	0,146 »	0,375 »
1000	41	0,383 »	0,00300 »	0,146 »	0,381 »
1000	42	0,376 »	0,00306 »	0,146 »	0,387 »
1000	43	0,369 »	0,00311 »	0,145 »	0,392 »
1000	44	0,363 »	0,00317 »	0,145 »	0,398 »
1000	45	0,357 »	0,00324 »	0,144 »	0,403 »
1000	46	0,351 »	0,00330 »	0,144 »	0,409 »
1000	47	0,345 »	0,00336 »	0,143 »	0,415 »
1000	48	0,340 »	0,00342 »	0,143 »	0,419 »
1000	49	0,335 »	0,00348 »	0,142 »	0,424 »
1000	50	0,330 »	0,00354 »	0,142 »	0,429 »
1100	20	0,710 »	0,00138 »	0,152 »	0,214 »
1100	25	0,586 »	0,00169 »	0,149 »	0,254 »
1100	30	0,504 »	0,00199 »	0,146 »	0,290 »
1100	35	0,445 »	0,00229 »	0,144 »	0,323 »
1100	40	0,400 »	0,00258 »	0,141 »	0,353 »
1100	45	0,366 »	0,00285 »	0,139 »	0,380 »
1100	50	0,339 »	0,00311 »	0,137 »	0,405 »
1200	20	0,731 »	0,00120 »	0,146 »	0,200 »
1200	25	0,602 »	0,00149 »	0,143 »	0,238 »
1200	30	0,518 »	0,00177 »	0,142 »	0,273 »
1200	35	0,458 »	0,00203 »	0,140 »	0,304 »
1200	40	0,410 »	0,00228 »	0,137 »	0,333 »
1200	45	0,375 »	0,00253 »	0,135 »	0,360 »
1200	50	0,345 »	0,00277 »	0,133 »	0,385 »
2800	95	0,267 »	0,00138 »		0,337 »
2800	100	0,260 »	0,00140 »		0,349 »
2800	120	0,221 »	0,00179 »		0,392 »
2800	130	0,208 »	0,00198 »		0,411 »
2800	140	0,197 »	0,00211 »		0,428 »
2800	150	0,187 »	0,00223 »		0,446 »
2800	180	0,164 »	0,00259 »		0,490 »
2800	200	0,153 »	0,00283 »		0,518 »
2800	220	0,143 »	0,00301 »		0,541 »
3000	180	0,167 »	0,00237 »		0,475 »
3000	200	0,155 »	0,00258 »		0,500 »

Tabelle 2.

Tabelle für Rundeisen.

Durch-messer	Gewicht pro lf. m	Fläche	Fläche von								
			2 St.	3 St.	4 St	5 St.	6 St.	7 St.	8 St.	9 St.	10 St.
mm	kg	qcm	qcm	qcm	qcm	qcm	qcm	qcm	qcm	qcm	qcm
1	0,006	0,0079	0,016	0,024	0,031	0,039	0,047	0,055	0,063	0,071	0,079
2	0,024	0,031	0,063	0,094	0,128	0,157	0,188	0,22	0,25	0,28	0,31
3	0,055	0,07	0,14	0,21	0,28	0,35	0,42	0,49	0,56	0,63	0,71
4	0,098	0,13	0,25	0,38	0,50	0,63	0,76	0,88	1,00	1,13	1,26
5	0,153	0,20	0,39	0,59	0,78	0,98	1,18	1,37	1,57	1,77	1,96
6	0,220	0,28	0,56	0,85	1,13	1,41	1,70	1,98	2,26	2,54	2,83
7	0,300	0,38	0,77	1,15	1,54	1,92	2,31	2,69	3,08	3,46	3,85
8	0,392	0,50	1,00	1,51	2,01	2,51	3,01	3,52	4,02	4,52	5,03
9	0,496	0,64	1,27	1,91	2,54	3,18	3,82	4,45	5,09	5,73	6,36
10	0,612	0,79	1,57	2,36	3,14	3,93	4,71	5,50	6,28	7,07	7,85
11	0,740	0,95	1,90	2,85	3,80	4,75	5,70	6,65	7,60	8,55	9,50
12	0,881	1,13	2,26	3,39	4,52	5,65	6,79	7,91	9,05	10,18	11,31
13	1,034	1,33	2,65	3,98	5,31	6,64	7,96	9,29	10,62	11,95	13,27
14	1,199	1,54	3,08	4,62	6,16	7,70	9,24	10,77	12,32	13,86	15,39
15	1,377	1,77	3,53	5,30	7,07	8,84	10,60	12,37	14,14	15,91	17,67
16	1,568	2,01	4,02	6,03	8,04	10 05	12,06	14,07	16,08	18,09	20,11
17	1,768	2,27	4,54	6,81	9,08	11,35	13,62	15,89	18,16	20,43	22,70
18	1,983	2,54	5,09	7,63	10,18	12,72	15,26	17,81	20,36	22,90	25,45
19	2,209	2,84	5,67	8,51	11,34	14,18	17,02	19,85	22,68	25,52	28,35
20	2,488	3,14	6,28	9,42	12,57	15,71	18,84	21,99	25,14	28,28	31,42
21	2,698	3,46	6,93	10,39	13,85	17,32	20,78	24,24	27,70	31,17	34,64
22	2,962	3,80	7,60	11,40	15,21	19,01	22,81	26,61	30,41	34,21	38,01
23	3,257	4,15	8,31	12,46	16,62	20,77	24,93	29,08	33,24	37,40	41,55
24	3,525	4,52	9,05	13,57	18,10	22,62	27,14	31,67	36,19	40,71	45,24
25	3,824	4,91	9,82	14,73	19,63	24,54	29,45	34,36	39,27	44,18	49,09
26	4,136	5,31	10,62	15,93	21,24	26,55	31,86	37,17	42,47	47,78	53,09
27	4,461	5,73	11,45	17,18	22,90	28,63	34,35	40,08	45,80	51,53	57,26
28	4,797	6,16	12,31	18,47	24,63	30,79	36,94	43,10	49,26	55,42	61,58
29	5,146	6,60	13,21	19,81	26,42	33,02	39,62	46,23	52,84	59,44	66,05
30	5,507	7,07	14,14	21,21	28,27	35,34	42,41	49,48	56,55	63,62	70,68
31	5,878	7,55	15,09	22,64	30,19	37,74	45,29	52,83	60,38	67,93	75,48
32	6,266	8,04	16,08	24,13	32,17	40,21	48,26	56,30	64,34	72,38	80,42
33	6,644	8,55	17,11	25,66	34,21	42,76	51,32	59,87	68,42	76,97	85,53
34	7,074	9,08	18,16	27,24	36,32	45,40	54,48	63,56	72,63	81,71	90,79
35	7,496	9,62	19,24	28,86	38,48	48,11	57,73	67,34	76,97	86,59	96,21
36	7,930	10,18	20,36	30,54	40,72	50,90	61,07	71,26	81,43	91,61	101,79
37	8,377	10,75	21,50	32,26	43,01	53,76	64,51	75,27	86,02	96,77	107,52
38	8,836	11,34	22,68	34,02	45,36	56,70	68,04	79,38	90,73	102,07	113,41
39	9,307	11,94	23,89	35,84	47,78	59,73	71,68	83,62	95,57	107,51	119,46
40	9,791	12,56	25,13	37,70	50,26	62,83	75,40	87,96	100,53	113,09	125,66

Tabelle 3.

Eisenquerschnitt in qcm auf 1,00 m Plattenbreite bei t cm Eisenabstand.

t cm	Eisendurchmesser in mm						
	6	7	8	10	12	14	15
6,0	4,71	6,41	8,38	13,09	18,85	25,66	29,45
6,2	4,56	6,21	8,11	12,67	18,24	24,83	28,50
6,4	4,42	6,01	7,85	12,27	17,67	24,05	27,61
6,6	4,28	5,83	7,62	11,90	17,14	23,32	26,78
6,8	4,16	5,66	7,39	11,55	16,63	22,64	25,99
7,0	4,04	5,50	7,18	11,22	16,16	21,99	25,25
7,2	3,93	5,35	6,98	10,91	15,71	21,38	24,54
7,4	3,82	5,20	6,79	10,61	15,28	20,80	23,88
7,6	3,72	5,06	6,61	10,33	14,88	20,26	23,25
7,8	3,63	4,93	6,44	10,06	14,50	19,74	22,66
8,0	3,53	4,81	6,28	9,82	14,14	19,24	22,09
8,2	3,45	4,69	6,13	9,58	13,79	18,77	21,55
8,4	3,37	4,58	5,98	9,35	13,46	18,33	21,04
8,6	3,29	4,48	5,84	9,13	13,15	17,90	20,55
8,8	3,21	4,37	5,71	8,93	12,85	17,49	20,08
9,0	3,14	4,28	5,59	8,73	12,57	17,10	19,64
9,2	3,07	4,18	5,46	8,54	12,29	16,73	19,21
9,4	3,01	4,09	5,35	8,36	12,03	16,38	18,80
9,6	2,95	4,01	5,24	8,18	11,78	16,04	18,41
9,8	2,89	3,93	5,13	8,01	11,54	15,71	18,03
10,0	2,83	3,85	5,03	7,85	11,31	15,39	17,67
10,3	2,75	3,74	4,88	7,63	10,98	14,95	17,16
10,6	2,67	3,63	4,74	7,41	10,67	14,52	16,67
11,0	2,57	3,50	4,57	7,14	10,28	13,99	16,07
11,3	2,50	3,41	4,45	6,95	10,01	13,62	15,64
11,6	2,44	3,32	4,33	6,77	9,75	13,27	15,24
12,0	2,36	3,21	4,19	6,54	9,42	12,83	14,73
12,3	2,30	3,13	4,09	6,39	9,20	12,52	14,37
12,6	2,24	3,05	3,99	6,23	8,98	12,22	14,03
13,0	2,17	2,96	3,87	6,04	8,70	11,84	13,59
13,5	2,09	2,85	3,72	5,82	8,38	11,40	13,09
14,0	2,02	2,75	3,59	5,61	8,08	11,00	12,62
14,5	1,95	2,65	3,47	5,42	7,80	10,62	12,19
15,0	1,89	2,57	3,35	5,24	7,54	10,26	11,78
15,5	1,82	2,48	3,24	5,07	7,30	9,93	11,40
16,0	1,77	2,41	3,14	4,91	7,07	9,62	11,05
16,5	1,71	2,33	3,05	4,76	6,86	9,33	10,71
17,0	1,66	2,26	2,96	4,62	6,65	9,05	10,39
17,5	1,62	2,20	2,87	4,49	6,46	8,80	10,10
18,0	1,57	2,14	2,79	4,36	6,28	8,55	9,82
18,5	1,53	2,08	2,72	4,25	6,11	8,32	9,55
19,0	1,49	2,03	2,65	4,13	5,95	8,10	9,30

Tabelle 4.

Abmessungen von Eisenbetonplatten.

Moment $\mathfrak{M}$ cmkg	$\sigma_e = 1000$ kg/qcm						$\sigma_e = 1200$ kg/qcm	
	$\sigma_b = 40$		$\sigma_b = 34$		$\sigma_b = 30$		$\sigma_b = 40$	
	$h - a$ cm	F_e qcm	$h - a$ cm	F_e qcm	$h - a$ cm	F_e qcm	$h - a$ cm	F_e qcm
20 000	5,52	4,14	6,27	3,59	6,93	3,22	5,81	3,22
22 000	5,78	4,35	6,57	3,77	7,27	3,38	6,09	3,38
24 000	6,04	4,54	6,86	3,94	7,59	3,53	6,36	3,53
26 000	6,29	4,72	7,14	4,10	7,90	3,68	6,62	3,68
28 000	6,52	4,90	7,41	4,25	8,20	3,82	6,87	3,82
30 000	6,75	5,08	7,68	4,40	8,49	3,95	7,11	3,95
32 000	6,98	5,24	7,92	4,54	8,77	4,08	7,35	4,08
34 000	7,19	5,40	8,17	4,68	9,04	4,20	7,58	4,20
36 000	7,40	5,56	8,40	4,82	9,30	4,33	7,80	4,32
38 000	7,60	5,71	8,64	4,95	9,55	4,44	8,01	4,44
40 000	7,80	5,86	8,86	5,08	9,80	4,56	8,22	4,56
50 000	8,72	6,55	9,91	5,68	10,69	5,10	9,18	5,10
60 000	9,55	7,18	10,85	6,22	12,00	5,58	10,06	5,58
70 000	10,32	7,75	11,72	6,72	12,97	6,03	10,87	6,04
80 000	11,03	8,29	12,53	7,18	13,87	6,45	11,63	6,45
90 000	11,70	8,79	13,29	7,62	14,70	6,84	12,33	6,84
100 000	12,33	9,26	14,01	8,03	15,49	7,21	13,00	7,21
110 000	12,93	9,72	14,70	8,42	16,25	7,56	13,63	7,56
120 000	13,52	10,15	15,35	8,80	16,98	7,90	14,24	7,90
130 000	14,07	10,57	15,98	9,16	17,67	8,22	14,82	8,22
140 000	14,60	10,97	16,58	9,51	18,34	8,53	15,38	8,53
150 000	15,11	11,35	17,17	9,84	18,98	8,83	15,92	8,84
160 000	15,60	11,70					16,40	9,13
170 000	16,10	12,07					16,90	9,41
200 000	17,45	13,09					18,36	10,21
250 000	19,50	14,65					20,50	11,40
300 000	21,36	16,05					22,46	12,49
400 000	24,67	18,54					25,93	14,42
500 000	27,58	20,72					28,99	16,12
600 000	30,21	22,70					31,76	17,66
700 000	32,64	24,52					34,30	19,08
800 000	34,88	26,20					36,67	20,39
900 000	37,01	27,79					38,90	21,63
1 000 000	39,00	29,30					41,00	22,80
1 100 000	40,90	30,62					43,00	23,91
1 200 000	42,72	32,10					44,91	24,98
1 300 000	44,46	33,39					46,75	26,00
1 400 000	46,14	34,65					48,51	26,98
1 500 000	47,77	35,86					50,21	27,92

Tabelle 5.

		Spannungszustand II b				Spannungszustand I	
σ_e kg/qcm	σ_b kg/qcm	$h - a$ cm	F_e qcm	q	x cm	x_1 cm	σ_{bz} kg/qcm
1000	40	$0{,}390 \cdot \sqrt{\dfrac{\mathfrak{M}}{b}}$	$0{,}00293 \sqrt{\mathfrak{M} \cdot b}$	0,00675	$0{,}375(h-a)$	$0{,}537 \cdot h$	25,1
1000	35	0,433 »	0,00261 »	0,00542	0,344 »	0,530 »	21,2
900	35	0,420 »	0,00301 »	0,00645	0,368 »	0,535 »	21,9
900	30	0,474 »	0,00264 »	0,00500	0,333 »	0,528 »	17,7
800	35	0,408 »	0,00353 »	0,00780	0,396 »	0,540 »	22,3
800	30	0,459 »	0,00309 »	0,00606	0,360 »	0,533 »	18,6
750	35	0,401 »	0,00385 »	0,00864	0,412 »	0,546 »	22,5
750	30	0,451 »	0,00338 »	0,00675	0,375 »	0,537 »	18,8

Tabelle 6.

	$\alpha = 5$					$\alpha = 4$				
q	$\beta = 0{,}1$	$\beta = 0{,}2$	$\beta = 0{,}3$	$\beta = 0{,}4$	$\beta = 0{,}5$	$\beta = 0{,}1$	$\beta = 0{,}2$	$\beta = 0{,}3$	$\beta = 0{,}4$	$\beta = 0{,}5$
	$\sigma_{bz} : \sigma_e =$					$\sigma_{bz} : \sigma_e =$				
0,010	0,0248	0,0224	0,0209	0,0198	0,0189	0,0254	0,0230	0,0214	0,0202	0,0193
0,015	0,0326	0,0297	0,0278	0,0264	0,0253	0,0334	0,0304	0,0284	0,0270	0,0256
0,020	0,0388	0,0354	0,0333	0,0317	0,0305	0,0397	0,0362	0,0341	0,0324	0,0311
0,025	0,0437	0,0400	0,0377	0,0361	0,0347	0,0447	0,0410	0,0386	0,0368	0,0356
0,030	0,0478	0,0439	0,0415	0,0397	0,0383	0,0488	0,0450	0,0424	0,0405	0,0392
	$\sigma_b : \sigma_e =$					$\sigma_b : \sigma_e =$				
0,010	0,0245	0,0175	0,0170	0,0178	0,0191	0,0297	0,0203	0,0188	0,0193	0,0203
0,015	0,0350	0,0230	0,0208	0,0207	0,0215	0,0429	0,0271	0,0236	0,0230	0,0233
0,020	0,0455	0,0285	0,0246	0,0237	0,0240	0,0560	0,0340	0,0283	0,0266	0,0264
0,025	0,0560	0,0340	0,0284	0,0266	0,0264	0,0692	0,0409	0,0331	0,0303	0,0294
0,030	0,0665	0,0395	0,0322	0,0296	0,0288	0,0823	0,0477	0,0379	0,0340	0,0325

	$\alpha = 3$					$\alpha = 2$				
q	$\beta = 0{,}1$	$\beta = 0{,}2$	$\beta = 0{,}3$	$\beta = 0{,}4$	$\beta = 0{,}5$	$\beta = 0{,}1$	$\beta = 0{,}2$	$\beta = 0{,}3$	$\beta = 0{,}4$	$\beta = 0{,}5$
	$\sigma_{bz} : \sigma_e =$					$\sigma_{bz} : \sigma_e =$				
0,010	0,0262	0,0238	0,0222	0,0209	0,0199	0,0272	0,0250	0,0234	0,0220	0,0209
0,015	0,0344	0,0314	0,0294	0,0279	0,0266	0,0354	0,0329	0,0309	0,0293	0,0279
0,020	0,0407	0,0374	0,0352	0,0334	0,0320	0,0421	0,0391	0,0369	0,0350	0,0335
0,025	0,0459	0,0423	0,0396	0,0380	0,0364	0,0474	0,0441	0,0417	0,0398	0,0382
0,030	0,0501	0,0463	0,0437	0,0417	0,0401	0,0517	0,0484	0,0457	0,0437	0,0420
	$\sigma_b : \sigma_e =$					$\sigma_b : \sigma_e =$				
0,010	0,0385	0,0248	0,0220	0,0217	0,0223	0,0560	0,0340	0,0284	0,0266	0,0264
0,015	0,0560	0,0340	0,0284	0,0266	0,0264	0,0823	0,0477	0,0379	0,0340	0,0325
0,020	0,0735	0,0431	0,0347	0,0316	0,0304	0,1086	0,0614	0,0474	0,0414	0,0385
0,025	0,0911	0,0523	0,0410	0,0365	0,0345	0,1349	0,0752	0,0569	0,0487	0,0446
0,030	0,1086	0,0614	0,0474	0,0414	0,0385	0,1612	0,0889	0,0664	0,0561	0,0507

Tafel 1.

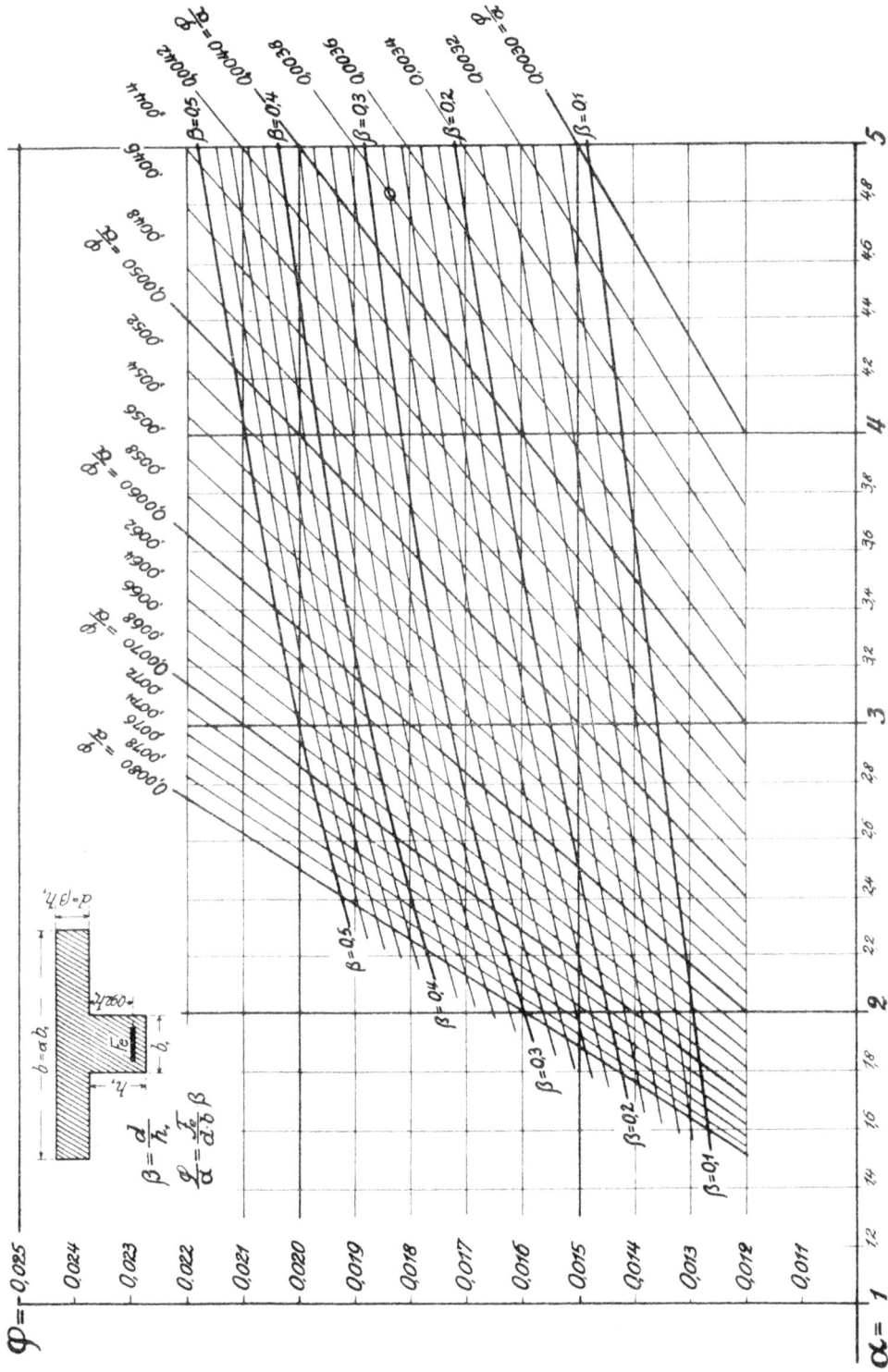

Tabelle 7.

Biegung mit Axialdruck in symmetrisch bewehrtem, rechteckigem Querschnitt.

$$F_e = F_e' = q \cdot b\,h\,; \quad a = 0,08\,h\,; \quad e = \varepsilon\,h\,; \quad x = \xi \cdot h.$$

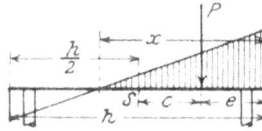

Abb. 326.

ε	$q =$						
	0,008	0,009	0,010	0,015	0,020	0,030	0,040
$+$				$\xi =$			
0,30	—	—	—	—	—	—	—
0,28	0,960	0,970	0,980	—	—	—	—
0,26	0,915	0,925	0,935	0,970	0,995	—	—
0,24	0,872	0,883	0,893	0,930	0,953	0,990	—
0,22	0,834	0,845	0,856	0,892	0,918	0,955	0,980
0,20	0,798	0,810	0,820	0,860	0,882	0,922	0,948
0,18	0,767	0,778	0,790	0,827	0,851	0,890	0,917
0,16	0,738	0,749	0,760	0,799	0,825	0,863	0,888
0,14	0,710	0,721	0,732	0,771	0,801	0,839	0,862
0,12	0,687	0,698	0,710	0,750	0,780	0,816	0,840
0,10	0,664	0,676	0,688	0,730	0,760	0,795	0,819
0,08	0,643	0,657	0,668	0,710	0,740	0,777	0,800
0,06	0,627	0,640	0,650	0,695	0,723	0,760	0,782
0,04	0,609	0,622	0,633	0,678	0,707	0,745	0,767
0,02	0,594	0,608	0,620	0,663	0,693	0,730	0,752
0	0,580	0,595	0,607	0,650	0,680	0,717	0,740
— 0,10	0,527	0,541	0,553	0,597	0,626	0,664	0,688
0,20	0,490	0,505	0,518	0,560	0,590	0,628	0,649
0,30	0,465	0,478	0,490	0,532	0,563	0,599	0,620
0,40	0,445	0,459	0,470	0,511	0,540	0,577	0,598
0,50	0,420	0,442	0,455	0,544	0,523	0,559	0,580
0,60	0,418	0,430	0,441	0,481	0,510	0,545	0,565
0,70	0,407	0,419	0,430	0,470	0,498	0,533	0,553
0,80	0,399	0,410	0,421	0,462	0,489	0,523	0,543
0,90	0,391	0,403	0,415	0,455	0,481	0,515	0,535
1,0	0,385	0,397	0,408	0,448	0,474	0,508	0,528
1,2	0,375	0,385	0,398	0,437	0,462	0,495	0,516
1,4	0,368	0,378	0,389	0,428	0,453	0,485	0,505
1,6	0,360	0,370	0,381	0,420	0,445	0,477	0,497
1,8	0,355	0,366	0,377	0,415	0,438	0,470	0,490
2,0	0,350	0,361	0,372	0,410	0,432	0,464	0,485
2,5	0,342	0,353	0,364	0,401	0,423	0,454	0,476

Tabelle 8.

$$m = 2,0.$$

$\mu = \dfrac{l}{l_1}$	1	1,1	1,2	1,3	1,4	1,5	1,6	1,7	1,8	1,9	2,0
$\sqrt{\Sigma f(A,\mu)}$	0,0582	0,0620	0,0653	0,0683	0,0707	0,0730	0,0749	0,0764	0,0780	0,0792	0,0803
$\sqrt{\Sigma f_1(A,\mu)}$	0,0582	0,0542	0,0507	0,0473	0,0444	0,0416	0,0391	0,0369	0,0348	0,0330	0,0313
$\Sigma f(A,\mu)$	0,00338	0,00385	0,00427	0,00466	0,00500	0,00533	0,00561	0,00584	0,00608	0,00627	0,00644
$\Sigma f_1(A,\mu)$	0,00338	0,00294	0,00257	0,00224	0,00197	0,00173	0,00153	0,00136	0,00121	0,00109	0,00098
$y=\frac{l}{8}; x=0 \{ f_{e1v}=f_{e1}\cdot$	0,952	0,954	0,956	0,958	0,960	0,962	0,964	0,966	0,968	0,970	0,972
$\qquad\qquad\ t_{1v}=t_1\cdot$	1,050	1,048	1,046	1,044	1,042	1,040	1,038	1,036	1,034	1,032	1,030
$x=\frac{l_1}{8}; y=0 \{ f_{ex}=f_e\cdot$	0,952	0,951	0,950	0,949	0,948	0,946	0,945	0,944	0,943	0,942	0,941
$\qquad\qquad\ t_x=t\cdot$	1,050	1,051	1,052	1,054	1,055	1,056	1,057	1,058	1,060	1,061	1,062
$y=\frac{l}{4}; x=0 \{ f_{e1v}=f_{e1}\cdot$	0,767	0,774	0,781	0,788	0,795	0,802	0,809	0,816	0,823	0,830	0,837
$\qquad\qquad\ t_{1v}=t_1\cdot$	1,305	1,294	1,282	1,272	1,261	1,250	1,239	1,228	1,217	1,206	1,195
$x=\frac{l_1}{4}; y=0 \{ f_{ex}=f_e\cdot$	0,767	0,765	0,764	0,762	0,761	0,759	0,758	0,756	0,755	0,753	0,752
$\qquad\qquad\ t_x=t\cdot$	1,305	1,308	1,310	1,313	1,315	1,318	1,320	1,323	1,325	1,328	1,330
$y=\frac{3l}{8}; x=0 \{ f_{e1v}=f_{e1}\cdot$	0,438	0,445	0,451	0,458	0,464	0,471	0,477	0,484	0,490	0,497	0,503
$\qquad\qquad\ t_{1v}=t_1\cdot$	2,233	2,209	2,184	2,160	2,136	2,111	2,087	2,063	2,038	2,014	1,990
$x=\frac{3}{8}l_1; y=0 \{ f_{ex}=f_e\cdot$	0,438	0,437	0,436	0,434	0,433	0,432	0,431	0,430	0,428	0,427	0,426
$\qquad\qquad\ t_x=t\cdot$	2,233	2,245	2,256	2,268	2,280	2,292	2,303	2,315	2,327	2,338	2,350
$\overline{A}_{11}$	−0,2500	−0,2480	−0,2418	−0,2333	−0,2240	−0,2130	−0,2020	−0,1910	−0,1801	−0,1698	−0,1600
$\overline{A}_{21}$	+0,00333	+0,00295	+0,00247	+0,00214	+0,00188	+0,00166	+0,00148	+0,00132	+0,00119	+0,00107	+0,00097
$\overline{A}_{12}$	+0,00333	+0,00387	+0,00441	+0,00494	+0,00544	+0,00594	+0,00639	+0,00685	+0,00721	+0,00758	+0,00779
$\overline{A}_{22}$	−0,000343	−0,000329	−0,000321	−0,000311	−0,000298	−0,000284	−0,000270	−0,000255	−0,000242	−0,000228	−0,000215

Tabelle 9.

σ_e kg/qcm	Preisverhältnis $\dfrac{\mathfrak{B}\ (^1/_{100}\ \text{cbm})}{\mathfrak{E}\ (1\ \text{kg})}$			σ_b kg/qcm	C_1	C_2
	auf zwei Stützen $r = 1,0$	durchlaufend $r = 1,35$	vierseitig gelagert $r = 1,8$		Rechnung in kg und cm	
$\sigma_e = 1000$	0,40	0,53	0,71	26,0	0,551	0,00200
	0,52	0,70	0,94	30,4	0,485	0,00230
	0,66	0,90	1,19	34,9	0,434	0,00260
	0,82	1,11	1,48	39,6	0,394	0,00290
	1,00	1,34	1,79	44,5	0,361	0,00320
$\sigma_e = 1200$	0,38	0,52	0,69	30,6	0,510	0,00180
	0,57	0,77	1,03	38,4	0,425	0,00220
	0,73	0,99	1,32	44,5	0,379	0,00250

Tabelle 10.

Winklersche Momententabellen für durchlaufende Träger mit gleichen Feldweiten.

Zwei Öffnungen

$\frac{x}{l}$	Ständige Last $°\mathfrak{M} = °pl^2\cdot$	Veränderliche Last $+'\mathfrak{M}_{max} = 'pl^2\cdot$	$-'\mathfrak{M}_{min} = 'pl^2\cdot$
		Erste Öffnung	
0	0	+ 0	—
0,1	+ 0,0325	0,0388	0,0063
0,2	+ 0,0550	0,0675	0,0125
0,3	+ 0,0675	0,0863	0,0188
0,4	+ 0,0700	0,0950	0,0250
0,5	+ 0,0625	0,0937	0,0313
0,6	+ 0,0450	0,0825	0,0375
0,7	+ 0,0175	0,0613	0,0438
0,75	0	0,0469	0,0469
0,8	− 0,0200	0,0300	0,0500
0,9	− 0,0675	0,0061	0,0736
1,0	− 0,1250	0	0,1250

Drei Öffnungen

$\frac{x}{l}$	Ständige Last $°\mathfrak{M} = °pl^2\cdot$	Veränderliche Last $+'\mathfrak{M}_{max} = 'pl^2\cdot$	$-'\mathfrak{M}_{min} = 'pl^2\cdot$
		Erste Öffnung	
0	0	+ 0	—
0,1	+ 0,0350	0,0400	0,0050
0,2	+ 0,0600	0,0700	0,0100
0,3	+ 0,0750	0,0900	0,0150
0,4	+ 0,0800	0,1000	0,0200
0,5	+ 0,0750	0,1000	0,0250
0,6	+ 0,0600	0,0900	0,0300
0,7	+ 0,0350	0,0700	0,0350
0,8	0	0,0402	0,0402
0,9	− 0,0450	0,0204	0,0654
1,0	− 0,1000	0,0167	0,1167
		Zweite Öffnung	
0	− 0,1000	0,0167	0,1167
0,1	− 0,0550	0,0151	0,0701
0,2	− 0,0200	0,0300	0,0500
0,276	0	0,0500	0,0500
0,3	+ 0,0050	0,0550	0,0500
0,4	+ 0,0200	0,0700	0,0500
0,5	+ 0,0250	0,0750	0,0500

Vier Öffnungen

$\frac{x}{l}$	Ständige Last $°\mathfrak{M} = °pl^2\cdot$	Veränderliche Last $+'\mathfrak{M}_{max} = 'pl^2\cdot$	$-'\mathfrak{M}_{min} = 'pl^2\cdot$
		Erste Öffnung	
0	0	+ 0	—
0,1	+ 0,0343	0,0396	0,0054
0,2	+ 0,0586	0,0693	0,0107
0,3	+ 0,0729	0,0889	0,0161
0,4	+ 0,0771	0,0986	0,0214
0,5	+ 0,0714	0,0982	0,0268
0,6	+ 0,0557	0,0878	0,0321
0,7	+ 0,0300	0,0675	0,0375
0,786	0	0,0421	0,0421
0,8	− 0,0571	0,0374	0,0431
0,9	− 0,0514	0,0163	0,0677
1,0	− 0,1071	0,0134	0,1205
		Zweite Öffnung	
0	− 0,1071	0,0134	0,1205
0,1	− 0,0586	0,0145	0,0721
0,2	− 0,0200	0,0300	0,0500
0,266	0	0,0488	0,0488
0,3	+ 0,0086	0,0568	0,0482
0,4	+ 0,0271	0,0736	0,0464
0,5	+ 0,0357	0,0804	0,0446
0,6	+ 0,0343	0,0772	0,0429
0,7	+ 0,0229	0,0639	0,0411
0,8	+ 0,0014	0,0417	0,0403
0,805	0	0,0409	0,0409
0,9	− 0,0300	0,0311	0,0611
1,0	− 0,0714	0,0357	0,1071

Die größten Stützdrucke durchlaufender Träger gleicher Feldweiten für $°p$ kg/m ständige und $'p$ kg/m veränderliche Belastung.

Zwei Öffnungen.
Randstütze: $J_1\,\text{max}$
$= 0{,}3750\cdot°p\cdot l + 0{,}4375\cdot'p\cdot l$
Mittelstütze: $J_2\,\text{max}$
$= 1{,}25\cdot l\,(°p + 'p)$

Drei Öffnungen.
Randstütze: $J_1\,\text{max}$
$= 0{,}400\,°p\cdot l + 0{,}450\cdot'p\cdot l$
Mittelstütze: $J_2\,\text{max}$
$= 1{,}100\cdot°p\cdot l + 1{,}200\cdot'p\cdot l$

Vier Öffnungen.
Randstütze: $J_1\,\text{max}$
$= 0{,}3929\cdot°p\cdot l + 0{,}4464\cdot'p\cdot l$
Zweite Stütze: $J_2\,\text{max}$
$= 1{,}1428\cdot°p\cdot l + 1{,}2232\cdot'p\cdot l$
Dritte Stütze: $J_3\,\text{max}$
$= 0{,}9286\cdot°p\cdot l + 1{,}1428\cdot'p\cdot l$

Tabelle 11.

Tabelle für die Querkräfte durchlaufender Träger mit gleichen Feldweiten.

Zwei Öffnungen

$\frac{x}{l}$	Ständige Last $^\circ V = ^\circ pl.$	Veränderliche Last $V_{max} = +'pl.$	Veränderliche Last $V_{min} = -^\circ pl.$
0,0	+ 0,375	0,4375	0,0625
0,1	+ 0,275	0,3437	0,0687
0,2	+ 0,175	0,2624	0,0874
0,3	+ 0,075	0,1932	0,1182
0,375	0	0,1491	0,1491
0,4	− 0,025	0,1359	0,1609
0,5	− 0,125	0,0898	0,2148
0,6	− 0,225	0,0544	0,2794
0,7	− 0,325	0,0287	0,3537
0,75	− 0,375	0,0193	0,3943
0,8	− 0,425	0,0119	0,4369
0,85	− 0,475	0,0064	0,4814
0,9	− 0,525	0,0027	0,5277
0,95	− 0,575	0,0007	0,5757
1,0	− 0,625	0	0,6250

Drei Öffnungen

Erste Öffnung

$\frac{x}{l}$	Ständige Last $^\circ V = ^\circ pl.$	Veränderliche Last $^\circ V_{max} = +'pl.$	Veränderliche Last $'V_{min} = -'pl.$
0,0	+ 0,400	0,4500	0,0500
0,1	+ 0,300	0,3560	0,0560
0,2	+ 0,200	0,2752	0,0752
0,3	0,100	0,2065	0,1065
0,4	0	0,1496	0,1496
0,5	− 0,100	0,1042	0,2042
0,6	− 0,200	0,0694	0,2694
0,7	− 0,300	0,0443	0,3443
0,8	− 0,400	0,0280	0,4280
0,9	− 0,500	0,0193	0,5191
1,0	− 0,600	0,0167	0,6167

Zweite Öffnung

$\frac{x}{l}$	Ständige Last $^\circ V = ^\circ pl.$	Veränderliche Last $^\circ V_{max} = +'pl.$	Veränderliche Last $'V_{min} = -'pl.$
0,0	+ 0,500	0,5833	0,0833
0,1	+ 0,400	0,4870	0,0870
0,2	+ 0,300	0,3991	0,0991
0,3	+ 0,200	0,3210	0,1210
0,4	0,100	0,2537	0,1537
0,5	0	0,1979	0,1979

Vier Öffnungen

Erste Öffnung

$\frac{x}{l}$	Ständige Last $^\circ V = ^\circ pl.$	Veränderliche Last $'V_{max} = +'pl.$	Veränderliche Last $'V_{min} = -'pl.$
0,0	+ 0,393	0,4464	0,0535
0,1	+ 0,293	0,3528	0,0599
0,2	+ 0,193	0,2717	0,0788
0,3	+ 0,093	0,2029	0,1101
0,393	0,0	0,1498	0,1498
0,4	− 0,007	0,1461	0,1533
0,5	− 0,107	0,1007	0,2079
0,6	− 0,207	0,0660	0,2731
0,7	− 0,307	0,0410	0,3481
0,8	− 0,407	0,0247	0,4319
0,9	− 0,507	0,0160	0,5231
1,0	− 0,607	0,0134	0,6205

Zweite Öffnung

$\frac{x}{l}$	Ständige Last $^\circ V = ^\circ pl.$	Veränderliche Last $'V_{max} = +'pl.$	Veränderliche Last $'V_{min} = -'pl.$
0,0	+ 0,536	0,5627	0,0670
0,1	+ 0,436	0,5064	0,0707
0,2	+ 0,336	0,4187	0,0830
0,3	+ 0,236	0,3410	0,1153
0,4	+ 0,136	0,2742	0,1385
0,5	+ 0,036	0,2190	0,1833
0,536	0,0	0,2028	0,2028
0,6	− 0,064	0,1755	0,2398
0,7	− 0,164	0,1435	0,3078
0,8	− 0,264	0,1222	0,3865
0,9	− 0,364	0,1106	0,4749
1,0	− 0,464	0,1071	0,5714

Durchlaufende Träger ungleicher Feldweiten mit gleichförmig verteilter, ständiger (^0p) und veränderlicher ($'p$) Belastung.[1]

Zwei Öffnungen.

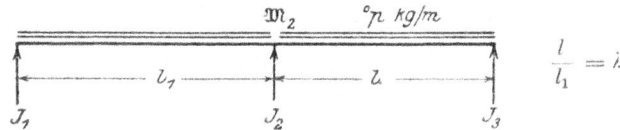

Abb. 327.

$$\mathfrak{M}_1 = -\frac{1 + \lambda^3}{8\,(1+\lambda)} \cdot {}^0p \cdot l_1{}^2$$

$$J_1 = \frac{3 + 4\,\lambda^2 - \lambda^3}{8 \cdot (\lambda + 1)} \cdot {}^0p \cdot l_1\,; \qquad J_2 = \frac{\lambda^3 + 4\,\lambda^2 + 4\,\lambda + 1}{8\,\lambda} \cdot {}^0p \cdot l_1\,;$$

$$J_3 = \frac{3\,\lambda^3 + 4\,\lambda^2 - 1}{8\,\lambda\,(\lambda + 1)} \cdot {}^0p\,l_1.$$

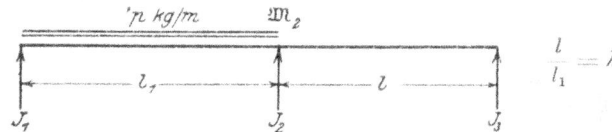

Abb. 328.

$$\mathfrak{M}_1 = -\frac{1}{8\,(1+\lambda)} \cdot {}'p \cdot l_1{}^2$$

$$J_1 = \frac{3 + 4 \cdot \lambda}{8\,(1 + \lambda)} \cdot {}'p\,l_1\,; \qquad J_2 = \frac{1 + 4\,\lambda}{8 \cdot \lambda} \cdot {}'p \cdot l_1\,; \qquad J_3 = -\frac{1}{8\,\lambda\,(\lambda + 1)} \cdot {}'p \cdot l_1.$$

Drei Öffnungen.

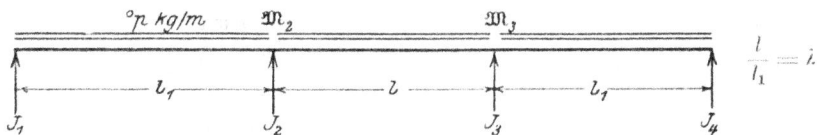

Abb. 329.

$$\mathfrak{M}_1 = \mathfrak{M}_2 = -\frac{1 + \lambda^3}{4\,(2 + 3 \cdot \lambda)} \cdot {}^0p \cdot l_1{}^2$$

$$J_1 = J_4 = \frac{3 + 6\,\lambda - \lambda^3}{4\,(2 + 3\,\lambda)} \cdot {}^0p\,l_1\,; \qquad J_2 = J_3 = \frac{5 + 10\,\lambda + 6\,\lambda^2 + \lambda^3}{4\,(2 + 3\,\lambda)} \cdot {}^0p \cdot l_1$$

---

[1] Ausführliche Tabellen hiezu siehe:

Herndl, Formelsammlung und Anleitung für die Berechnung von Massivkonstruktionen aus Eisenbeton, München und Leipzig 1914.

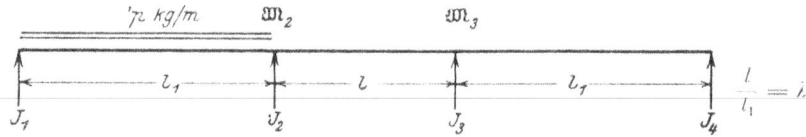

Abb. 330.

$$\mathfrak{M}_2 = -\frac{1+\lambda}{2\,(4+8\cdot\lambda+3\,\lambda^2)}\cdot{'p\,l_1}^2; \qquad \mathfrak{M}_3 = +\frac{\lambda}{4\,(4+8\,\lambda+3\,\lambda^2)}\cdot{'p\cdot l_1}^2$$

$$J_1 = \frac{3+7\cdot\lambda+3\cdot\lambda^2}{2\,(4+8\cdot\lambda+3\cdot\lambda^2)}\cdot{'p\,l_1}^2; \qquad J_2 = -\frac{6\,\lambda^3+18\,\lambda^2+13\,\lambda+2}{4\,\lambda\,(4+8\,\lambda+3\,\lambda^2)}\cdot{'p\,l_1}$$

$$J_3 = -\frac{2+3\,\lambda+\lambda^2}{4\,\lambda\,(4+8\cdot\lambda+3\,\lambda^2)}\cdot{'p\,l_1}; \qquad J_4 = \frac{\lambda}{4\,(4+8\,\lambda+3\,\lambda^2)}\cdot{'p\cdot l_1}.$$

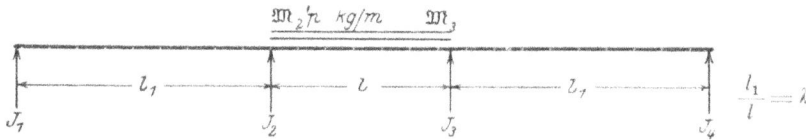

Abb. 331.

$$\mathfrak{M}_2 = \mathfrak{M}_3 = -\frac{\lambda^3}{4\,(2+3\,\lambda)}\cdot{'p\,l_1}^2$$

$$J_1 = J_4 = -\frac{\lambda^3}{4\,(2+3\,\lambda)}\cdot{'p\,l_1}; \qquad J_2 = J_3 = +\frac{\lambda^3+6\,\lambda^2+4\,\lambda}{4\,(2+3\,\lambda)}\cdot{'p\cdot l_1}.$$

Formeln für durchlaufende Träger von konstantem Trägheitsmoment (Θ) mit beliebiger Belastung.

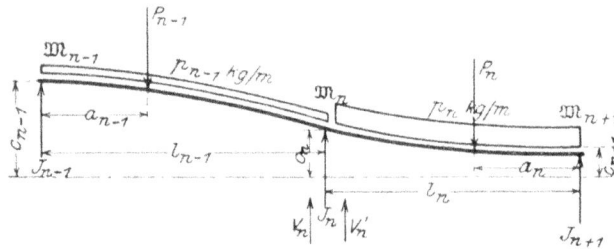

Abb. 332.

Für je zwei aufeinander folgende Felder gilt die Gleichung

$$\mathfrak{M}_{n-1}\cdot l_{n-1} + 2\,\mathfrak{M}_n\,(l_{n-1}+l_n) + \mathfrak{M}_{n+1}\cdot l_n = -\frac{\Sigma\,P_{n-1}\cdot a_{n-1}\,(l_{n-1}{}^2 - a_{n-1}{}^2)}{l_{n-1}}$$

$$-\frac{\Sigma\,P_n\cdot a_n\,(l_n{}^2 - a_n{}^2)}{l_n} - \frac{1}{4}\,(p_{n-1}\cdot l_{n-1}{}^3 + p_n\cdot l_n{}^3) + 6\cdot\varepsilon\cdot\Theta\left(\frac{c_n - c_{n-1}}{l_{n-1}} + \frac{c_n - c_{n+1}}{l_n}\right).$$

Bei gleich hohen Stützen und ohne Einzellasten ergibt sich daraus die Clapeyronsche Gleichung

$$\mathfrak{M}_{n-1}\cdot l_{n-1} + 2\,\mathfrak{M}_n\,(l_{n-1}+l_n) + \mathfrak{M}_{n+1}\cdot l_n = -\frac{1}{4}\,(p_{n-1}\cdot l_{n-1}{}^3 + p_n\cdot l_n{}^3).$$

Stützdruck: $J_n = V_n + V_n'$

$$V_n = \frac{\mathfrak{M}_{n-1} - \mathfrak{M}_n}{l_{n-1}} + \frac{p_{n-1}\cdot l_{n-1}}{2} + \frac{\Sigma\,P_{n-1}\cdot a_{n-1}}{l_{n-1}}$$

$$V_n' = \frac{\mathfrak{M}_{n+1} - \mathfrak{M}_n}{l_n} + \frac{p_n\cdot l_n}{2} + \frac{\Sigma\,P_n\cdot a_n}{l_n}.$$

Momententabelle[1]) für gleichmäßig verteilte Streckenlasten auf durchlaufenden Trägern gleicher Feldweite.   Tabelle 13.

Träger mit zwei gleichen Öffnungen:

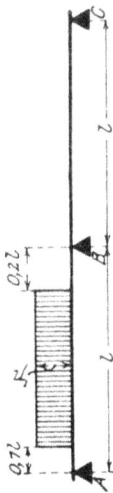

Abb. 333.

$\frac{x}{l}$	Feld 1 auf eine Strecke x von A aus belastet		
	$'\mathfrak{M}_B = 'pl^2$.	$'\mathfrak{M}_1 = 'pl^2$.	$'\mathfrak{M}_2 = 'pl^2$.
0,0	—0,0000	—0,0000	—0,0000
0,1	—0,0012	—0,0018	—0,0006
0,2	—0,0049	—0,0075	—0,0024
0,3	—0,0107	—0,0171	—0,0054
0,4	—0,0184	—0,0308	—0,0092
0,5	—0,0273	—0,0488	—0,0137
0,6	—0,0369	—0,0665	—0,0184
0,7	—0,0462	—0,0794	—0,0231
0,8	—0,0544	—0,0878	—0,0272
0,9	—0,6024	—0,0924	—0,0301
1,0	—0,0625	—0,0937	—0,0312

Träger mit drei gleichen Öffnungen:

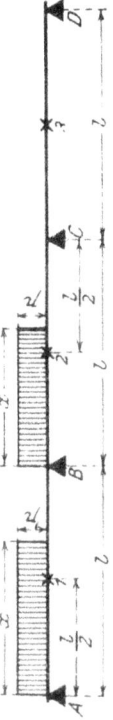

Abb. 334.

$\frac{x}{l}$	Feld 1 auf eine Strecke x von A aus belastet				
	$\mathfrak{M}_B = 'pl^2$.	$\mathfrak{M}_c = 'pl^2$.	$\mathfrak{M}_1 = 'pl^2$.	$\mathfrak{M}_2 = 'pl^2$.	$\mathfrak{M}_3 = 'pl^2$.
0,0	—0,0000	0,0000	0,0000	—0,0000	0,0000
0,1	—0,0013	0,0003	0,0018	—0,0004	0,0001
0,2	—0,0052	0,0013	0,0074	—0,0019	0,0006
0,3	—0,0114	0,0028	0,0167	—0,0042	0,0014
0,4	—0,0196	0,0049	0,0301	—0,0073	0,0024
0,5	—0,0291	0,0073	0,0479	—0,0107	0,0036
0,6	—0,0393	0,0098	0,0653	—0,0147	0,0049
0,7	—0,0493	0,0123	0,0778	—0,0185	0,0061
0,8	—0,0580	0,0145	0,0859	—0,0217	0,0072
0,9	—0,0642	0,0160	0,0903	—0,0241	0,0080
1,0	—0,0666	0,0166	0,0916	—0,0250	0,0083

$\frac{x}{l}$	Feld 2 auf eine Strecke x von B aus belastet				
	$\mathfrak{M}_B = 'pl^2$.	$\mathfrak{M}_c = 'pl^2$.	$\mathfrak{M}_1 = 'pl^2$.	$\mathfrak{M}_2 = 'pl^2$.	$\mathfrak{M}_3 = 'pl^2$.
0,0	—0,0000	0,0000	—0,0000	—0,0000	—0,0000
0,1	—0,0020	0,0011	—0,0010	—0,0007	—0,0003
0,2	—0,0073	0,0048	—0,0036	—0,0030	—0,0015
0,3	—0,0144	0,0116	—0,0072	—0,0071	—0,0035
0,4	—0,0224	0,0225	—0,0112	—0,0126	—0,0063
0,5	—0,0302	0,0375	—0,0151	—0,0198	—0,0099
0,6	—0,0372	0,0528	—0,0186	—0,0276	—0,0136
0,7	—0,0428	0,0633	—0,0214	—0,0355	—0,0177
0,8	—0,0469	0,0702	—0,0234	—0,0426	—0,0213
0,9	—0,0492	0,0738	—0,0246	—0,0479	—0,0239
1,0	—0,0500	0,0750	—0,0250	—0,0500	—0,0250

Für eine Streckenlast, welche nicht an den Stützen beginnt, erhält man das gewünschte Biegungsmoment, in dem man die Tabellenwerte für den Anfang und das Ende der Laststrecke voneinander abzieht.

Beispiel:

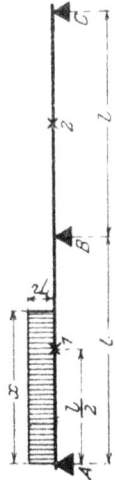

Abb. 335.

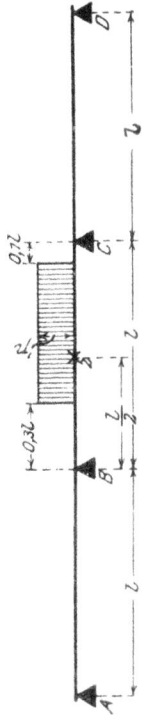

Abb. 336.

$$'\mathfrak{M}_B = -(0,0544 - 0,0012) \cdot 'p\,l^2 = -0,0532 \cdot 'p\,l^2.$$

$$'\mathfrak{M}_2 = +(0,0738 - 0,0116) \cdot p\,l^2 = +0,0622 \cdot 'p\,l^2.$$

---

[1]) Dr. Lewe, »Winklersche Zahlen« für Streckenlasten. Deutsche Bauzeitung 1912, Betonbeilage Nr. 20.

21*

Bestimmungen

für

Ausführung von Bauwerken aus Eisenbeton

Aufgestellt

vom

Deutschen Ausschuß für Eisenbeton

1915

Mit Auslegungen des Verfassers

Inhaltsverzeichnis.

Bestimmungen

für Ausführung von Bauwerken aus Eisenbeton.

Vorbemerkung.

Bauleitung und Ausführung von Eisenbetonbauten fordern eine gründliche Kenntnis dieser Bauweise. Daher darf der Bauherr[1] nur solche Unternehmer damit betrauen, die diese Kenntnis und eine sorgfältige Ausführung gewährleisten. Den Nachweis dafür fordere man[2]. (Vgl. BGB. § 831.)[3] Ebenso darf der Unternehmer als verantwortliche Bauleiter von Eisenbetonbauten nur solche Persönlichkeiten heranziehen, die diese Bauart gründlich kennen; zur Aufsicht der Arbeiten sind nur geschulte Poliere oder zuverlässige Vorarbeiter zu verwenden, die bei Eisenbetonbauten schon mit Erfolg tätig gewesen sind[4].

Es empfiehlt sich, Teil I dieser Bestimmungen und den Anhang auf jeder Baustelle auszuhängen.

1) Eine Vorschrift, welche sich an den Bauherrn wendet, kannten die seitherigen amtlichen Bestimmungen nicht.

2) Der Nachweis kann erbracht werden durch Bestätigungen über die Ausführung von Eisenbetonbauten oder von Anfängern dadurch, daß der Unternehmer seineBeschäftigung mit Eisenbetonbauten im Dienste anderer Unternehmer nachweist oder beweisen kann, daß er über hinreichendes im Eisenbetonbau praktisch und theoretisch geschultes Personal verfügt.

3) § 831. »Wer einen anderen zu einer Verrichtung bestellt, ist zum Ersatze des Schadens verpflichtet, den der andere in Ausführung der Verrichtung einem Dritten widerrechtlich zufügt. Die Ersatzpflicht tritt nicht ein, wenn der Geschäftsführer bei der Auswahl der bestellten Person und, sofern er Vorrichtungen oder Gerätschaften zu beschaffen oder die Ausführung der Verrichtung zu leiten hat, bei der Beschaffung oder der Leitung die im Verkehr erforderliche Sorgfalt beobachtet oder wenn der Schaden auch bei Anwendung dieser Sorgfalt entstanden sein würde.

Die gleiche Verantwortlichkeit trifft denjenigen, welcher für den Geschäftsherrn die Besorgung eines der im Abs. 1 Satz 2 bezeichneten Geschäfte durch Vertrag übernimmt.«

Der § 330 des Reichsstrafgesetzbuches ist auf den Bauherrn im allgemeinen nicht anwendbar, weil er in der Regel nicht mit der »Leitung oder Ausführung« des Baues beschäftigt ist.

4) Eine nachweisliche Verfehlung des Unternehmers gegen diese Vorschrift kann zur Anwendung des § 330 des Reichsstrafgesetzbuches führen, weil er mit »der Leitung und Ausführung« des Baues beschäftigt ist. Wenn der Unternehmer nur die Oberleitung hatte und seinen Bauleiter in der Auswahl des Personals, der Baustoffe und Geräte hinreichend frei verfügen ließ, dürfte er nur mit Rücksicht auf die Auswahl seines Bauleiters zur Verantwortung gezogen werden können.

Teil I. Allgemeine Vorschriften.

§ 1. Geltungsbereich.

Die Bestimmungen sind für alle Bauausführungen maßgebend, bei denen Beton in Verbindung mit Eisen derart verwendet wird, daß beide Elemente in gemeinsamer Wirkung zur Übertragung der äußern Kräfte nötig sind[1]).

1) Die preußischen Bestimmungen vom Jahre 1907 enthielten keine Begriffserklärung für die Eisenbetonbauwerke, auf welche sich die Bestimmungen beziehen sollten. Da jedoch Eisen in Verbindung mit Beton im Bauwesen vorkommt, ohne daß dadurch eine Eisenbetonkonstruktion im Sinne des Ingenieurs entsteht, ist eine solche Begriffserklärung notwendig. Sie war in ähnlicher Weise in den »vorläufigen Leitsätzen« vom Jahre 1904 und ist gegenwärtig auch in den österreichischen und schweizerischen Vorschriften enthalten.

§ 2. Bauvorlagen.

1. Für ein Bauwerk, das ganz oder zum Teil aus Eisenbeton hergestellt werden soll, sind zur baupolizeilichen Prüfung Zeichnungen, statische Berechnungen und Beschreibungen beizubringen[1]), woraus zu ersehen sind: die Gesamtanordnung, die Belastungsannahmen, die Querschnitte der einzelnen Teile, die genaue Gestalt und Lage der Eiseneinlagen, der Bewegungsfugen u. dgl., ferner Art, Ursprung und Beschaffenheit der Baustoffe, die zum Beton verwendet werden sollen, ihr Mischungsverhältnis (vgl. § 6) und die gewährleistete Druckfestigkeit*) des Betons nach 28- oder 45-tägiger Erhärtung (vgl. § 18, Ziff. 1 u. 2).

2. Die statischen Berechnungen müssen die Sicherheit des Bauwerks nach diesen Bestimmungen in übersichtlicher und prüfbarer Form[2]) nachweisen.

3. Bei noch unerprobter Bauweise[3]) kann die Baupolizeibehörde die Zulassung abhängig machen vom Ausfall von Probeausführungen und Belastungsversuchen. Diese Belastungsversuche sind bis zum Bruche durchzuführen.

4. Auf Anfordern sind Proben der Baustoffe beizufügen[4]).

5. Die Vorlagen haben zu unterschreiben der Bauherr, der Entwurfsverfasser und vor dem Beginn der Arbeiten auch der ausführende Unternehmer. Wird die Ausführung einem anderen Unternehmer übertragen, so ist dies der Baupolizeibehörde sofort mitzuteilen.

---

*) Siehe § 3.

1) Maßstab und Ausführung der Zeichnungen hat sich im allgemeinen nach den Bestimmungen der jeweils gültigen Bauordnung zu richten.

2) Mit den Worten »prüfbare Form« soll nicht die Anwendung als richtig anerkannter und selbst rechnerisch prüfbarer Tabellen ausgeschlossen werden. Dagegen können hierbei nicht etwa Tabellen über Tragfähigkeit verwendet werden, welche nach früheren Versuchsergebnissen aufgestellt und nicht ausdrücklich von der zuständigen Baupolizeibehörde anerkannt worden sind.

3) Unter einer »unerprobten Bauweise« sind nicht allgemein seither nicht angewendete Bauweisen zu verstehen. Eine Bauweise, welche sich rechnerisch genau prüfen läßt und dabei die vorliegenden Bestimmungen befriedigt, kann nicht im Sinne dieses Satzes als unerprobte Bauweise gelten, wenn sie auch noch nicht praktisch angewendet worden ist.

4) Diese Forderung sollte nur dann gestellt werden, wenn es sich um die Verwendung fremder oder seither am Orte nicht verwendeter Baustoffe oder um Baustoffe von sehr wechselnder Beschaffenheit handelt.

§ 3. Vorläufiger Festigkeitsnachweis.

Der Unternehmer ist verpflichtet, auf Anfordern der Baupolizeibehörde vor Baubeginn den Nachweis[1]) zu bringen, daß die Mischungen mit den Baustoffen und bei der für den Bau in Aussicht genommenen Verarbeitungsweise die gewährleistete Druckfestigkeit*) ergeben.

*) Unter Druckfestigkeit ist hier und im folgenden die Druckfestigkeit von Würfeln zu verstehen, die nach den »Bestimmungen für Druckversuche an Würfeln bei Ausführung von Bauwerken aus Eisenbeton vom Jahre 1915« angefertigt und geprüft worden sind (s. Anhang S. 349).

1) Die Baupolizeibehörden werden von diesem Nachweis absehen können, wenn sie sich durch Versuche einen Überblick über die mit ihren am Orte üblichen Baustoffen in verschiedenen Mischungsverhältnissen und Verarbeitungsweisen zu erzielende Würfelfestigkeiten verschafft haben.

§ 4. Bauleitung.

Der Name des verantwortlichen Bauleiters und seines für die betreffende Baustelle zu bestimmenden örtlichen Vertreters ist der Baupolizeibehörde bei Beginn der Bauarbeiten anzugeben; ein Wechsel ist sofort mitzuteilen.

Während der ganzen Dauer der Bauausführung muß entweder der verantwortliche Bauleiter oder sein Vertreter auf der Baustelle anwesend sein[1]).

1) Aus diesem Satze geht hervor, daß derselbe Bauleiter mehrere örtlich getrennte Bauleitungen gleichzeitig übernehmen darf, wenn er nur so häufig an den einzelnen Baustellen anwesend sein kann, daß keine Mißbräuche einreißen können und alle besonders wichtigen Geschäfte wie z. B. Prüfung der Rüstungen und Baustoffe, Prüfung der fertigen Eiseneinlagen, Anordnung der Ausschalungen von ihm persönlich sorgfältig vorgenommen werden können. Die für seine Anwesenheit notwendige Zeit hängt vom Umfang und der Schwierigkeit der Arbeiten, aber auch von der Brauchbarkeit seines Stellvertreters und der Verlässigkeit des übrigen Personals ab, so daß hiefür keine allgemein gültigen Regeln aufgestellt werden können.

§ 5. Die Baustoffe.

Die Eigenschaften der Baustoffe, die verwendet werden, sind auf Anfordern der Baupolizeibehörde durch Zeugnisse nachzuweisen[1]). Im Streitfalle entscheidet eine amtliche Prüfungsanstalt.

1. Zement. Verwendet werden darf nur normalbindender Portland- oder Eisenportlandzement*), der den jeweils gültigen deutschen Normen für Lieferung und Prüfung von Portlandzement und Eisenportlandzement entspricht.

Die Zeugnisse über die Beschaffenheit müssen Angaben über Raumbeständigkeit, Bindezeit, Mahlfeinheit, Zug- und Druckfestigkeit enthalten.

Da erfahrungsgemäß die Abbindezeit eines Zementes wechseln kann, muß der Unternehmer durch wiederholte Abbindeproben auf der Baustelle feststellen, daß kein rasch bindender Zement verwendet wird.

Der Zement ist in der Ursprungspackung (Fabrikpackung) auf der Verwendungsstelle anzuliefern.

2. Sand, Kies, Grus und Steinschlag**) sollen möglichst gemischtkörnig sein und dürfen keine schädlichen Beimengungen enthalten. In Zweifels-

*) Für das Königreich Preußen gelten die Runderlasse des Ministers der öffentlichen Arbeiten vom 26. März 1913 (Z. d. B.-V. 1913, S. 177) und vom 18. Januar 1915 (Z. d. B.-V. 1915, S. 50).
**) Sollen zerkleinerte Hochofenschlacken als Zuschlag verwendet werden, so ist vorher zu prüfen, ob sie sich dazu eignen.

fällen ist der Einfluß von Beimengungen durch Druckversuche festzustellen*). Steine sollen wetterbeständig sein. Für Bauteile, die laut polizeilicher Vorschrift feuerfest[2]) sein müssen, dürfen nur solche Zuschlagstoffe verwandt werden, die im Beton dem Feuer widerstehen.

Zweckmäßig wird das Korn der Zuschläge so gehalten, daß die Hohlräume des Gemisches möglichst gering werden. Die gröbsten Körner der Zuschläge müssen sich noch zwischen die Eiseneinlagen sowie Schalung und Eiseneinlagen ohne Verschiebung der Eisen einbringen lassen[3]).

3. Wasser. Das Wasser darf keine Bestandteile enthalten, die die Erhärtung des Betons beeinträchtigen. Bei Zweifeln ist die Brauchbarkeit des Wassers vorher durch Versuche festzustellen.

4. Eisen. Das Eisen muß den Mindestforderungen genügen, die fürs Bauwerkseisen enthalten sind in den Vorschriften für die Lieferung von Eisen und Stahl, aufgestellt vom Verein Deutscher Eisenhüttenleute 1911[4]). Das Eisen darf zum Zwecke der Prüfung weder abgedreht noch ausgeschmiedet oder ausgewalzt werden; es ist also stets in der Dicke zu prüfen, wie es angeliefert wird.

Anzahl und Durchführung der Proben richten sich ebenfalls nach den genannten Vorschriften.

Die Kaltbiegeprobe soll in der Regel auf jeder Baustelle durchgeführt werden[5]); dabei muß der lichte Durchmesser der Schleife an der Biegestelle gleich dem Durchmesser des zu prüfenden Rundeisens sein (bei Flacheisen gleich der Dicke). Auf der Zugseite dürfen dabei keine Risse entstehen.

Für Bauteile, die besonders ungünstigen, rechnerisch nicht faßbaren Beanspruchungen ausgesetzt sind, kann die Baupolizeibehörde bei Prüfung der Bauvorlagen ausnahmsweise die Prüfung auf Zug verlangen, wobei die Mindestzahlen der oben genannten Vorschriften, 3700 kg/qcm Bruchspannung und 20 v. H. Bruchdehnung, eingehalten werden müssen.

---

*) Es läßt sich keine erschöpfende, allgemeine Bestimmung treffen, wie die Baustoffe beschaffen sein müssen, aus denen der Beton hergestellt wird. Lehm, Ton und ähnliche Beimischungen wirken schädlich auf die Festigkeit des Betons, wenn sie am Sand und Kies festhaften. Sind sie im Sand fein verteilt, ohne an den Körnern zu haften, so schaden sie in der Regel nichts, sie können sogar unter Umständen die Festigkeit erhöhen. Im ersten Falle können die Baustoffe zuweilen durch Waschen zum Betonieren brauchbar werden, im andern Falle wäre Waschen verfehlt.

Die in verschiedenen Fluß-Kiessanden vorkommenden Braunkohlenteile können schädlich wirken, wenn sie in größeren Mengen vorhanden sind.

1) Vgl. § 2 Auslegung 4) und § 3 Auslegung 1).

2) Unter feuerfest sind hier nicht die sonst im Bauwesen bekannten »feuerfesten Baustoffe« (z. B. Schamotte) zu verstehen, sondern feuersichere Baustoffe, welche im allgemeinen auch bei anderen Bauweisen zu Brandmauern Verwendung finden dürften. Dabei ist zu beachten, daß manche Zuschlagstoffe im Beton feuersicher sind, welche ohne Umhüllung vom Feuer angegriffen werden.

3) Eine größte zulässige Korngröße ist nicht angegeben, wie in den österreichischen Vorschriften, welche für die Steinstücke eine größte noch zulässige Abmessung von 30 mm vorschreiben. Im allgemeinen muß aber der zu Eisenbeton verwendete Beton zur guten Umhüllung der Eisen feinkörniger sein als der des reinen Betonbaues.

4) Vgl. S. 15 dieses Buches.

5) Durch diese Bestimmung soll die Verwendung von sprödem Eisen verhindert werden, welches durch die kalte Bearbeitung unbemerkte Beschädigungen erfahren könnte.

§ 6. Zubereitung der Betonmasse.

1. Betongemenge. Sand, Kies, Grus und Steinschlag werden für den Beton nach Raumteilen, Zement nach Gewicht bemessen[1]).

2. Zur Umrechnung von Gewichtsteilen auf Raumteile ist das Gewicht des Zements nach losem Einfüllen in ein Hektolitergefäß zu bestimmen.

3. Das Betongemenge soll so viel Sand, Kies oder Kiessand, Grus oder Steinschlag und Zement enthalten, daß ein dichter Beton entsteht, der eine rostsichere Umhüllung der Eiseneinlagen gewährleistet; erfahrungsgemäß wird dies erreicht, wenn in 1 cbm Betonmischung wenigstens ½ cbm Mörtel enthalten ist.

4. Die in § 18 Ziff. 1 geforderte Druckfestigkeit des Betons von 150 oder 180 kg/qcm ist nachzuweisen*). Solange dieser Nachweis nicht geführt ist, kann die Baupolizeibehörde unter Berücksichtigung der Güte der Baustoffe und der Bauweise die Verwendung einer Mindestmenge von Zement auf 1 cbm Zuschlagsstoffe vorschreiben[2]).

5. Betonmasse. Die Festigkeit des Betons nimmt mit steigendem Wasserzusatz ab[3]); erdfeuchter Beton erreicht eine höhere Festigkeit als weicher und dieser wiederum eine höhere Festigkeit als flüssiger Beton. Zur Erreichung der vorgesehenen Festigkeiten muß somit die Menge des Zementes um so größer sein, je höher der Wasserzusatz ist; das Mischungsverhältnis von Zement zu Sand und Zuschlägen ist deshalb je nach dem Wassergehalt des Betons zu bestimmen. Außerdem ist die Art und Zusammensetzung der Zuschläge von Einfluß auf die Festigkeit des Betons. Zement, Sand und Wasser bilden den Mörtel, das Bindemittel des Betons; je größer der Sandgehalt der Betonmasse, desto größer muß der Zementgehalt zur Erzielung gleicher Festigkeit sein.

6. Mischweise. Die Betonmasse kann von Hand, muß aber bei größeren Bauausführungen durch geeignete Mischmaschinen gemischt werden. Die Zusammensetzung der Mischung muß an der Mischstelle mit deutlich lesbarer Schrift angeschlagen sein und muß sich beim Arbeitsvorgang leicht feststellen lassen[4]).

a) Bei Handmischung ist die Betonmasse auf einer gut gelagerten, kräftigen, dichtschließenden Pritsche oder auf sonst ebener, schwer absaugender und fester Unterlage herzustellen. Zunächst sind Sand, Kiessand oder Grus mit dem Zement trocken zu mischen, bis sie ein gleichfarbiges Gemenge ergeben; dann ist das Wasser zuzusetzen, hierauf gröbere Zuschläge (vgl. § 5, Ziff. 2), die vorher genäßt und wenn nötig gereinigt werden müssen. Das Ganze ist noch so lange zu mischen, bis eine gleichmäßige Betonmasse entstanden ist.

b) Bei Maschinenmischung wird das gesamte Gemenge zunächst trocken und hierauf unter allmählichem Wasserzusatz so lange noch weiter gemischt, bis eine innig gemischte, gleichmäßige Betonmasse entstanden ist.

Die Mischdauer kann als ausreichend angesehen werden, wenn die Steine allseitig von innig gemischtem, gleichfarbigem Mörtel umgeben sind.

---

*) Vgl. die »Bestimmungen für Druckversuche von Würfeln bei Ausführung von Bauwerken ans Eisenbeton vom Jahre 1915« (Anhang S. 349).

1) Z. B. 300 kg Zement auf 400 l Sand und 800 l Schotter. 400 l Sand und 800 l Schotter geben nicht 1,2 cbm Zuschlagsstoffe, sondern weniger, weil der Sand teils die Hohlräume des Schotters einnimmt.

2) Vgl. § 3, Auslegung 1). 1 cbm Zuschlagsstoffe ist weniger als 1 cbm Sandmenge + Kiesmenge (vgl. vorstehende Auslegung).

3) Es darf jedoch nicht unbeachtet bleiben, daß zur rostsicheren Umhüllung der Eisen außer einer ausreichenden Zementmenge auch ein nicht zu geringer Wasserzusatz gewählt werden muß, damit sich die zementreiche Haut an der Eisenoberfläche bildet und ein möglichst dichter Beton entsteht. Anderseits ist zu beachten, daß sehr nasser zementreicher Beton mehr schwindet als trockener und magerer.

Die in § 18 Ziff. 1 geforderten Festigkeiten sind bei den meisten Sandarten mit 300 kg gutem Zement auf 1 cbm Zuschlagstoffe auch bei flüssig angemachter Betonmasse zu erreichen. Jedoch können bei besonderer Sorgfalt in der Auswahl der Sandmenge und der Sandkörnung auch mit einem geringeren Zementgehalt diese Festigkeiten noch erzielt werden.

4) Dies wird im allgemeinen bei den satzweise mischenden Maschinen leichter sein als bei denen mit ununterbrochenem Betrieb.

§ 7. Verarbeitung der Betonmasse.

1. Die Betonmasse soll alsbald nach dem Mischen und ohne Unterbrechung verarbeitet werden. In Ausnahmefällen darf die Betonmasse einige Zeit unverarbeitet liegen bleiben; bei trockner und warmer Witterung aber nicht über eine Stunde, bei nasser und kühler nicht über zwei Stunden. Nicht sofort verarbeitete Betonmasse ist vor Witterungseinflüssen, wie Sonne, Wind, starkem Regen usw., zu schützen und unmittelbar vor Verwendung umzuschaufeln. In allen Fällen muß die Betonmasse vor Beginn des Abbindens verarbeitet sein.

2. Bei dem Einbringen der Betonmasse ist darauf zu achten, daß die Gleichmäßigkeit der Mischung erhalten bleibt. Gröbere Zuschlagteile, die sich abgesondert haben, sind mit dem Mörtel wieder zu vermengen[1]).

3. Die Massen sind nacheinander so zeitig (frisch auf frisch) einzubringen, daß sie untereinander ausreichend fest binden. Bei Plattenbalken sind Steg und Platte in einem Arbeitsvorgang zu betonieren, soweit es die Abmessungen der Bauteile zulassen. Die Betonierungsabschnitte sind an die wenigst beanspruchten Stellen zu legen.

4. Die Betonmasse ist in einem dem Wasserzusatz entsprechenden Maße mit passend geformten Geräten zu verdichten und so durchzuarbeiten, daß Luftblasen entweichen und der Beton die für ihn bestimmten Räume vollständig ausfüllt[2]). Zur guten und dichten Umhüllung des Eisens ist weicher oder flüssiger Beton der geeignetere.

Wird für einzelne Bauteile mit geringer Eisenbewehrung ausnahmsweise erdfeuchter Beton verwendet, so ist in Schichten von höchstens 15 cm Stärke zu stampfen; dabei darf der erdfeuchte Beton nicht zu trocken angemacht werden.

5. Die Oberfläche abgebundener Schichten ist vor dem Fortsetzen des Betonierens aufzurauhen, von losen Bestandteilen zu reinigen und anzunässen. Sodann ist ein dem Mörtel[3]) der Betonmasse entsprechender Zementmörtelbrei aufzubringen, wobei streng darauf zu achten ist, daß dieser Mörtelbrei nicht schon abgetrocknet ist oder abgebunden hat, bevor die neue Betonschicht hergestellt wird.

1) Diese Bestimmung verdient besondere Beachtung, wenn die Betonmasse in längeren Rinnen an die Verwendungsstelle gelangen oder wenn lange Säulen von oben geschüttet werden, bei welchen hiezu die eine Seite der Schalung allmählich zu schließen ist.

2) Durch übermäßiges Rühren tritt bei sehr flüssigem Beton eine Entmischung dergestalt ein, daß die gröberen Zuschlagstoffe nach unten sinken und oben eine an solchen Stoffen ärmere Betonmasse entsteht.

3) Zu zementreicher Mörtel schwindet stärker, infolgedessen entstehen dann größere Schubspannungen in der Berührungsfläche zwischen altem und frischem Beton.

§ 8. Betonieren bei Frost.

Bei stärkerem Frost als — 3⁰ C an der Arbeitsstelle darf nur betoniert werden, wenn in geeigneter Weise[1]) gesorgt wird, daß der Frost keinen Schaden bringt. Die Baustoffe dürfen nicht gefroren sein. An gefrorene Bauteile darf nicht anbetoniert werden. Beton, der im Abbinden ist, ist besonders sorgfältig vor Kälteeinwirkung zu schützen.

1) Die Verwendung von gewissen Zusätzen, wie Kochsalz oder Soda, zu dem Beton dürften nicht geeignet sein, weil sie die Rostbildung fördern. Das wirksamste Mittel ist neben der Verwendung von warmem Wasser eine gute Umhüllung der Schalung und des eingebrachten Betons, damit die durch den Abbindeprozeß entstehende Wärme nicht zu rasch abgeleitet wird.

§ 9. Einbringen des Eisens.

1. Das Eisen ist vor Verwendung von Schmutz, Fett und losem Rost zu befreien.

2. Die Bewehrung muß den Plänen entsprechen[1]).

3. Besondere Sorgfalt ist zu verwenden auf die vorgeschriebene Form und die richtige Lage der Eisen sowie auf eine gute Verknüpfung der durchlaufenden Zug- oder Druckeisen mit Verteilungseisen und Bügeln.

4. In Plattenbalken sind stets Bügel anzuordnen, um den Zusammenhang zwischen Platte und Balken zu gewährleisten[2]).

5. Die Zugeiseneinlagen sind an ihren Enden mit runden oder spitzwinkligen Haken zu versehen, deren lichter Durchmesser mindestens gleich dem 2,5fachen des Eisendurchmessers ist. Der lichte Krümmungshalbmesser von abgebogenen Eisen muß das 10- bis 15fache des Eisendurchmessers betragen.

6. In Balken soll der lichte Abstand der Eiseneinlagen voneinander nach jeder Richtung in der Regel mindestens gleich dem Eisendurchmesser, aber nicht kleiner als 2 cm sein[3]). Wenn sich geringere Abstände nicht vermeiden lassen, so muß durch einen feinen und fetten Mörtel für eine dichte Umhüllung der einzelnen Eisen gesorgt werden.

7. Die Betondeckung der Eiseneinlagen an der Unterseite von Platten soll mindestens 1 cm stark sein; die Überdeckung der Bügel an den Rippen und bei Säulen muß überall mindestens 1,5 cm, bei Bauten im Freien 2 cm betragen*)[4]).

8. Während des Betonierens sind die Eisen in der richtigen Lage festzuhalten und mit der Betonmasse dicht zu umkleiden.

9. Die Eisen dürfen mit Zementbrei nur unmittelbar vorm Einbetonieren eingeschlämmt[5]) werden, da ein angetrockneter Zementmantel den Verbund zwischen Eisen und Beton stört.

---

*) Bei nicht reinen Eisenbetonbauten, besonders bei Verwendung von Formeisen, sind besondere Maßnahmen zu treffen.

1) Für die planmäßige Bewehrung ist der Bauleiter verantwortlich zu machen (§ 12 Ziff. 3). Er hat daher die Bewehrung vor dem Einbetonieren mit den genehmigten Plänen und Eisenauszügen zu vergleichen. Von dieser Verantwortlichkeit wird der Bauleiter auch nicht durch eine von der Baupolizei vollzogene Prüfung (vgl. § 13 Ziff. 1) entbunden.

2) Da nach diesem Satze die Bügel in allen Plattenbalken angewendet werden müssen, auch wenn sie rechnungsmäßig nicht erforderlich sein sollten, müssen sie auch auf der ganzen Balkenlänge und nicht etwa nur an denjenigen Stellen eingelegt werden, an welchen sie rechnerisch notwendig sind; jedoch kann dort der Bügelabstand entsprechend vergrößert und der Durchmesser der Bügel vermindert werden. (Bei größeren Abmessungen in der Regel nicht unter Durchm. 5.)

3) Der kleinste zulässige Eisenabstand läßt sich z. Z. noch nicht einwandfrei rechnerisch bestimmen, weil die Verteilung der Haftkräfte über die Eisenoberfläche bei Biegung noch nicht bekannt ist. Bei den Versuchen mit einer Lage Eisen haben kleinere Eisenabstände bis jetzt noch keine Nachteile gezeigt.

4) Versuche haben ergeben, daß durch Vergrößerung der Betondeckungen der Eisen der Widerstand der Eisenbetonbauten gegen Schadenfeuer nicht erhöht wird. Es ist daher auch bei der Bemessung der Betondeckungen auf den Einfluß von Feuer nicht besonders Rücksicht zu nehmen.

5) Das richtige Einschlämmen unmittelbar vor dem Einbetonieren der Eisen erhöht die Haftfestigkeit und wohl auch die Rostsicherheit.

§ 10. Herstellung der Schalungen.[1])

1. Alle Rüstungen und Einschalungen sind tragfähig herzustellen; sie müssen ausreichend widerstandsfähig gegen Durchbiegung und genügend fest sein gegen die Einwirkung des Stampfens. Sie müssen auch leicht und gefahrlos wieder entfernt werden können (wegen der Notstützen vgl. Ziff. 7). Die Stützen oder Lehrbögen sind auf Keile, Sandkästen oder Schrauben zu stellen, damit durch deren allmähliches Lüften das Lehrgerüst langsam gesenkt werden kann.

2. Lehrgerüsteisen als alleinige Unterstützung von Deckenschalungen sind nur bis zu einer Spannweite von 2,5 m zulässig; bei größerer Spannweite sind End- und Zwischenstützen anzuwenden. Das Abstürzen und Aufstapeln von Baustoffen auf solchen Einschalungen ist verboten.

3. Bei allen unterstützten Lehrgerüsten dürfen gestoßene, d. h. aufeinandergesetzte Unterstützungshölzer nur bis zu zwei Drittel der Gesamtheit der Stützen verwendet werden. Gestoßene Stützen dürfen nur abwechselnd mit aus einem Stück geschnittenen Stützen gesetzt werden. Die Schnittflächen der gestoßenen Stützen müssen wagerecht glatt aufeinander passen. An der Stoßstelle sind sie durch aufgenagelte, mindestens 0,70 m lange, hölzerne Laschen gegen Ausbiegen und Knicken zu sichern. Bei Stützen aus Rundholz sind drei, bei solchen aus Vierkantholz vier Laschen für jeden Stoß zu verwenden. Mehr als einmal gestoßene Stützen sind unzulässig. Wegen der Knickgefahr ist der Stoß nicht ins mittlere Drittel der Stützen zu legen. Stützen unter 7 cm Zopfstärke sind unzulässig.

4. Stützen mit Ausziehvorrichtung oder eiserner Verlängerung gelten als nicht gestoßen, wenn der Stoß haltbar durch Schrauben gesichert ist.

5. Die Stützen müssen eine unverrückbare Unterlage aus Holz (Bohlen, Kanthölzern) erhalten. Bei nicht tragfähigem Untergrunde sind besondere Sicherungen anzuwenden.

6. Bei Schalungsgerüsten für Ingenieurbauten sowie für Hochbauten in Räumen von mehr als 5 m Höhe kann ein rechnerischer Festigkeitsnachweis verlangt werden.

Stützen von 5 m Länge und darüber sind nach der Längen- und Tiefenrichtung untereinander abzuschwerten und knicksicher auszubilden.

Bei Herstellung von Decken und Gewölben, die mehr als 8 m vom Fußboden entfernt sind, oder bei schwer lastenden Bauteilen sind, soweit nicht abgebundene Lehrgerüste verwendet werden, die Stützen aus besonders starken oder gekuppelten Hölzern zu fertigen, die wagerecht miteinander zu verbinden und durch doppelte Kreuzstreben besonders zu sichern sind.

7. Bei Herstellung der Schalungen ist darauf Rücksicht zu nehmen, daß bei der Ausschalung einige Stützen (sog. Notstützen) weiter stehen bleiben können, ohne daß daran und an den darüber liegenden Schalbrettern gerührt zu werden braucht. In mehrgeschossigen Gebäuden sind die Notstützen derart übereinander anzuordnen, daß alle Lastdrucke in gerader Fortsetzung weitergeführt werden. Bei den üblichen Spannweiten genügt eine Notstütze unter der Mitte jedes Balkens und der Mitte von Deckenfeldern, die mehr als 3 m Spannweite haben. Bei Unterzügen und langen Balken können noch weitere Notstützen verlangt werden.

8. Vorm Einbringen des Betons sind die Schalungen zu reinigen; Fremdkörper im Innern der Schalungen sind zu beseitigen. Bei Schalungen von Säulen sind am Fuß und Ansatz der Auskragungen, bei Schalungen von tiefen Trägern an der Unterseite Reinigungsöffnungen anzubringen.

9. Während des Betonierens einer Decke sind im Geschoß darunter die Keile zu prüfen und, wenn erforderlich, nachzutreiben.

1) §§ 10 und 11 sind nahezu gleichlautend mit den Normal-Unfallverhütungsvorschriften für die Deutschen Baugewerks-Berufsgenossenschaften und daher nicht allein für Eisenbetonbauten gültig. Sie sollen deshalb auch hier keine weitere Auslegung erfahren.

§ 11. Schalungsfristen und Ausschalen.[1])

1. Die Ausschalung eines Bauteils, d h. die Beseitigung der Schalung und Stützung mit Ausnahme der Notstützen (s. § 10, Ziff. 7), darf nicht eher vorgenommen werden, als bis der verantwortliche Bauleiter durch die Untersuchung des Bauteils sich von der ausreichenden Erhärtung des Betons und Tragfähigkeit des Bauteils überzeugt und die Ausschalung angeordnet hat.

2. Bis zur genügenden Erhärtung des Betons sind die Bauteile gegen die Einwirkung des Frostes und gegen vorzeitiges Austrocknen zu schützen sowie vor Erschütterung und Belastung zu bewahren.

3. Die Fristen zwischen der Beendigung des Betonierens und der Ausschalung sind abhängig von der Witterung, der Stützweite und dem Eigengewicht der Bauteile.

Bei günstiger Witterung darf die seitliche Schalung der Balken und die Einschalung der Stützen oder Pfeiler nicht vor drei Tagen, die Schalung von Deckenplatten nicht vor Ablauf von acht Tagen, die Stützung der Balken und weitgespannter Deckenplatten nicht vor Ablauf von drei Wochen beseitigt werden. Bei großen Stützweiten und Abmessungen sind die Fristen unter Umständen bis zu sechs Wochen zu verlängern.

Besondere Vorsicht ist bei Bauteilen (z. B. Dächern und Dachdecken) geboten, die beim Ausschalen nahezu schon die volle rechnungsmäßige Last haben.

4. Die Notstützen (s. § 10, Ziff. 7) sollen nach der Ausschalung überall noch wenigstens 14 Tage erhalten bleiben.

5. Beim Ausschalen sind die Stützen und Lehrbögen zunächst abzusenken; das ruckweise Wegschlagen und Abzwängen ist verboten. Auch sonst ist jede Erschütterung dabei zu vermeiden.

6. Tritt während der Erhärtung Frost ein, so sind die in Ziff. 3 und 4 vorgeschriebenen Fristen mindestens um die Dauer der Frostzeit zu verlängern.

Bei Wiederaufnahme der Arbeiten nach dem Frost und vor jeder weiteren Ausschalung ist der Beton darauf zu untersuchen, ob er abgebunden hat und genügend erhärtet, nicht nur hart gefroren ist.

7. Über den Gang der Arbeiten ist ein Tagebuch zu führen, woraus die Zeitabschnitte für die Ausführung der einzelnen Arbeiten stets nachgewiesen werden können. Frosttage sind darin unter Angabe der Grade und der Stunde ihrer Messung besonders zu vermerken.

Das Tagebuch ist den Aufsichtsbeamten auf Verlangen vorzuzeigen.

8. Im Baubetriebe dürfen Decken während der ersten drei Tage nach der Herstellung überhaupt nicht und vom 4. bis 14. Tage nur dann benutzt werden, wenn sie durch einen Bretterbelag geschützt sind.

Es ist verboten, Lasten (Steine, Balken, Bretter, Träger usw.) auf frisch hergestellte Decken abzuwerfen oder abzukippen, oder Baustoffe, die nicht sofort verwendet werden, auf noch nicht ausgeschalte Decken aufzustapeln.

1) Vgl. Auslegung § 10.

§ 12. Prüfung während der Ausführung. Probebelastungen.

1. Die Baupolizeibehörde kann[1]) während der Bauausführung Anfertigung und Prüfung von Probekörpern verlangen*). Die Probekörper hat der Unternehmer auf der Baustelle herzustellen, auf Verlangen der Baupolizeibehörde in Gegenwart des Baupolizeibeamten. Sie sind anzufertigen und zu prüfen nach den »Bestimmungen für Druckversuche an Würfeln bei Ausführung von Bauwerken aus Eisenbeton vom Jahre 1915« (s. Anhang S. 349).

2. Die Festigkeitsprüfung kann auf der Baustelle oder an anderer Prüfungsstelle mittels einer Betonpresse, deren Zuverlässigkeit von einer staatlichen Versuchsanstalt bescheinigt ist, oder in einer staatlichen Prüfungsanstalt vorgenommen werden.

3. Wegen der Schwierigkeit einer nachträglichen Prüfung muß vorm Betonieren der verantwortliche Bauleiter die plangemäße Anordnung und die Querschnitte der Eisen prüfen. Nachträgliches Aufstemmen des Betons ist möglichst zu vermeiden[2]).

4. Probebelastungen sollen auf den unbedingt notwendigen Umfang beschränkt werden. Sie sind nicht vor 45 tägiger Erhärtung des Betons vorzunehmen und nur in ganz besondern Fällen bis zum Bruch durchzuführen, wenn es ohne Schädigung des Bauwerks möglich ist[3]).

5. Bei Deckenplatten und Balken ist die Probebelastung folgendermaßen vorzunehmen:

Die Belastung ist so anzubringen, daß sie in sich beweglich ist und der Durchbiegung der Decke folgen kann.

Bei Belastung eines Deckenfeldes soll, wenn mit p die gleichmäßig verteilte Nutzlast bezeichnet wird, die Probelast den Wert von $1,5\,p$ nicht übersteigen[4]).

Bei Nutzlasten über 1000 kg/qm kann die Probelast bis zur einfachen Nutzlast ermäßigt werden.

---

*) Wegen der durch die baupolizeiliche Überwachung entstehenden Kosten wird für den Bereich des Königreiches Preußen auf den Runderlaß des Ministers der öffentlichen Arbeiten vom 16. April 1904 (Z. d. B. V. 1904, S. 253) verwiesen.

Bei Probebelastungen von Brückenbauten und andern Bauwerken, wobei sichtbare Zugrisse im Beton vermieden werden sollen, sind die wirklichen, der Berechnung zugrunde gelegten Verkehrslasten aufzubringen, z. B. Menschengedränge (oder eine diesem gleichwertige Belastung), Eisenbahnzug, auch in Bewegung, Dampfwalze usw.

6. Die Probelast muß mindestens 12 Stunden liegen bleiben; danach erst ist die größte Durchbiegung zu messen. Die bleibende Durchbiegung ist frühestens 12 Stunden nach Beseitigung der Probelast festzustellen[5]).

Unter Ausschaltung des Einflusses etwaiger Auflagersenkungen darf die bleibende Durchbiegung höchstens $\frac{1}{4}$ der gemessenen Gesamtdurchbiegung betragen.

1) Wenn auch die Anfertigung und Prüfung von Probekörpern nicht allgemein vorgeschrieben ist, liegt es doch im Interesse des Unternehmers, solche bei größeren Bauten anzufertigen. Hierdurch kann er nicht nur zuverlässig die Betonarbeit kontrollieren sondern auch bei schwierig aufzuklärenden Bauunfällen den Beweis erbringen, daß seine Betonbereitung einwandfrei war.

2) Vergleiche § 9, Ziffer 2.

3) Die Probebelastung gibt nur dann ein einwandfreies Ergebnis für die Unbrauchbarkeit des Bauwerkes, wenn große bleibende Durchbiegungen entstehen (vgl. Ziffer 6). Der hinreichende Sicherheitsgrad einer Konstruktion kann im allgemeinen auch nicht durch eine günstig verlaufene Probebelastung nachgewiesen werden.[1*])

4) Unter einer bedeutend größeren Probelast als die der Rechnung zugrunde liegende Nutzlast können in dem Bauwerk Risse entstehen, welche eine dauernde Schädigung des Bauwerks zur Folge haben können und unter der Nutzlast sich vielleicht gar nicht oder nur unerheblich geöffnet hätten. Es ist deshalb eine zu weitgehende Steigerung der Probelast bei Eisenbetonbauten nicht angängig.

5) Durch die hier vorgeschriebenen Zeiten soll den elastischen Nachwirkungen Rechnung getragen werden.

§ 13. Anzeigen an die Baupolizeibehörde.

Der Baupolizeibehörde ist Anzeige zu machen:

1. vom beabsichtigten Beginn der Betonarbeiten, bei Hochbauten in jedem einzelnen Geschoß;
2. von der beabsichtigten Entfernung der Schalungen und Stützen;
3. vom Wiederbeginn der Betonarbeiten nach längeren Frostzeiten nach Eintritt milderer Witterung.

Die Anzeigen müssen, sofern die Baupolizeibehörde nicht ausdrücklich anders bestimmt[1]), spätestens 48 Stunden vor dem Beginn der Arbeiten oder vor der beabsichtigten Entfernung der Schalungen und Stützen der Baupolizeibehörde vorliegen.

1) Von dieser Bestimmung wird dann Gebrauch zu machen sein, wenn die Entfernung der Baupolizeibehörde oder des von ihr zur Aufsicht beauftragten Ingenieurs von der Baustelle eine größere Reisezeit notwendig macht. Im allgemeinen sollen aber keine Bauverzögerungen durch die Baukontrollen entstehen.

1*) Deutscher Ausschuß für Eisenbeton, Heft 32, »Probebelastung von Decken«, berichtet von Gary und Rudeloff. Berlin 1915.

Teil II. Leitsätze für die statische Berechnung.

§ 14. Belastungsannahmen.

1. Bei Hochbauten sind die in den einzelnen Bundesstaaten jeweils gültigen amtlichen Vorschriften zu beachten. Sind solche nicht erlassen, so gelten die vom preußischen Minister der öffentlichen Arbeiten herausgegebenen Bestimmungen*) über die bei Hochbauten anzunehmenden Belastungen vom 31. Januar 1910 sowie die später dazu herausgegebenen Ergänzungen[1].

2. Für Ingenieurbauten ist die Belastung durch Eigengewicht ebenfalls nach den in Ziff. 1 genannten amtlichen Vorschriften zu berechnen. Die Nutzlasten sind nach den in den einzelnen Bundesstaaten von den zuständigen Stellen (Provinzial-, Kommunalbehörden usw.) erlassenen Vorschriften zu bemessen[2].

---

*) Diese Bestimmungen sind (mit einer geringen Änderung) auch im Königreich Württemberg eingeführt.

1) Allgemein gültige Belastungsvorschriften für Hochbauten können mit Rücksicht auf die verschiedenartigen Bedürfnisse nicht gegeben werden. Eine zu weitgehende Verallgemeinerung würde nur die Bauausführung in vielen Fällen ungebührlich verteuern. Wo für Kleinwohnungen noch keine besonderen Vorschriften bestehen, könnten die Grundlagen durch Nachrechnung der praktisch bewerten Holzkonstruktionen gewonnen werden.

2) Hier ist vorzugsweise an Brückenbelastungen gedacht. Bei anderen Ingenieurbauten müssen die Nutzlasten von Fall zu Fall ermittelt werden.

§ 15. Einfluß der Wärmeschwankungen und des Schwindens.

1. Bei gewöhnlichen Hochbauten können die Wärmeschwankungen außer Berechnung bleiben; es genügt im allgemeinen, Schwindfugen in Abständen von 30 bis 40 m anzuordnen. In besondern Fällen[1] sowie bei Ingenieurbauten empfiehlt es sich, diese Abstände zu verkleinern.

2. Bei rahmen- und bogenförmigen Tragwerken von großen Spannweiten sowie allgemein bei Ingenieurbauten muß der Einfluß der Wärme berücksichtigt werden, wenn dadurch innere Spannungen entstehen[2]. Soll bei mittlerer Jahreswärme betoniert werden, so ist mit einem Wärmeunterschied von $\pm 15^0$ C zu rechnen. Wird bei anderer Wärme betoniert, so ist zu beachten, daß die statischen Verhältnisse dadurch eine Änderung erfahren[3].

Der außerdem zu ermittelnde Einfluß des Schwindens des Betons an der Luft ist dem eines Wärmeabfalls von 15^0 C gleich zu achten.

Als Wärmeausdehnungszahl von Beton ist $1 : 10^5$ einzusetzen.

3. Bei Tragwerken, deren geringste Abmessung 70 cm oder mehr beträgt, und solchen, die durch Überschüttung oder sonst hinreichend geschützt sind, dürfen die Wärmeschwankungen geringer, mit $\pm 10^0$ C, in die Rechnung eingestellt werden[4].

1) Hiezu sind auch die Bauten auf nicht ganz gleichmäßig preßbarem Baugrund zu rechnen. Anhaltspunkte können auch aus den Betrachtungen des letzten Abschnittes dieses Buches gewonnen werden.

2) Also bei den Konstruktionen, welche als statisch unbestimmte Systeme berechnet werden.

3) Mit dieser Bemerkung kann nicht gemeint sein, daß für verschiedene Mitteltemperaturen die statische Berechnung durchgeführt und die Abmessungen jeweils nach der ungünstigsten gewählt werden müssen. Vielmehr wird nur an die zu wählende Stärke der Schwindfugen, an die Bemessung des Wasserzusatzes und andere Ausführungsmaßnahmen zu denken sein.

4) In denjenigen Fällen, in welchen eine nahezu gleichbleibende Wärme durch die Verhältnisse gegeben ist (ständig unter der Erde oder unter Wasser) wird von den Einflüssen der Wärmeänderung wohl ganz abgesehen werden können.

§ 16. Ermittelung der äußern Kräfte.

1. Bei statisch bestimmten Tragwerken sind Auflagerkräfte, Querkräfte und Biegungsmomente nach den Regeln der Statik zu ermitteln.

Bei der Berechnung der unbekannten Größen statisch unbestimmter Tragwerke und der elastischen Formänderung aller Tragwerke sind die aus dem vollen Betonquerschnitt einschließlich der Zugzone und aus der zehnfachen Fläche der Längseisen gebildeten ideellen Querschnittsflächen und die daraus errechneten Trägheitsmomente ($n = 10$)*) sowie eine für Druck und Zug im Beton gleich große Formänderungszahl $E = 210000$ kg/qcm in Rechnung zu stellen[1]. Für die Ermittelung der äußeren Kräfte (Einspannungsmomente und Auflagerkräfte) kann in der Regel unter Vernachlässigung der Eiseneinlagen mit unveränderlichem Trägheitsmoment gerechnet werden[2].

2. Bei beiderseits frei aufliegenden Platten ist die Lichtweite zuzüglich der Deckenstärke in Feldmitte, bei frei aufliegenden Balken die Entfernung der Auflagermitten als Stützweite in die Berechnung einzuführen. Bei außergewöhnlich großen Auflagerlängen ist die Stützweite gleich der um 5 v. H. vergrößerten Lichtweite zu wählen[3].

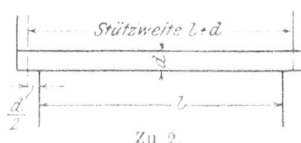
Zu 2.

3. Bei durchgehenden Platten und Balken gilt als Stützweite die Entfernung zwischen den Mitten der Stützen. Ist bei Hochbauten die Stützenbreite D gleich oder größer als der fünfte Teil der Stockwerkshöhe, so sind durchgehend aus-

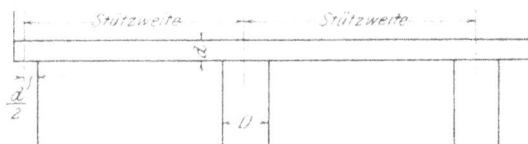
Zu 3.

gebildete Balken nicht mehr als durchgehend[4], sondern als an der Stütze voll eingespannt zu berechnen. Hierbei ist vorausgesetzt, daß die Balken entweder mit der Stütze biegungsfest verbunden sind, oder daß eine entsprechende Auflast über den Stützen vorhanden ist, wobei als Stützweite die um 5 v. H. vergrößerte Lichtweite zu rechnen ist.

4. Bei durchgehenden Balken kann zur Aufnahme des Stützenmomentes die durch Verlängerung der flachen Balkenschrägen bis zur Stützenmitte sich ergebende Balkenhöhe h als wirksam angenommen werden; dabei ist zu beachten, daß der am stärksten beanspruchte Querschnitt nicht immer über der Stützenmitte liegt[5].

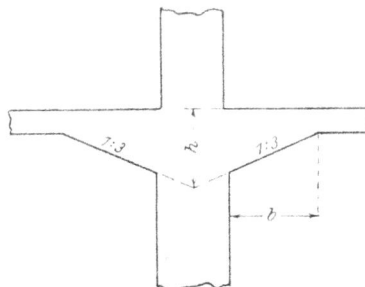
Zu 4.

Die in Rechnung zu stellende Neigung der Schrägen soll nicht steiler als 1 : 3 sein[6], das Maß b (s. Abb.) ist so zu wählen, daß der Momentennullpunkt außerhalb der Schräge zu liegen kommt[7].

---
*) Vgl. § 17 Ziff. 2.

22*

5. Eisenbetonstützen in fester Verbindung mit Balken sind ausnahmsweise[8], auf Verlangen der Baupolizeibehörde, auf Biegung zu untersuchen, insbesondere bei Brücken und ähnlichen Ingenieurbauten. Bei Endstützen ist, wenn eine genaue Berechnung auf Rahmenwirkung nicht angestellt wird, wenigstens ein solches Biegungsmoment zu berücksichtigen, das ein Drittel des Momentes im Endfelde bei freier Auflagerung des Balkens über der Endstütze ist.

6. Bei Berechnung des Momentes in den Feldmitten darf eine Einspannung an den Balken- und Plattenenden nur soweit berücksichtigt werden, als sie durch bauliche Maßnahmen gesichert und rechnerisch nachweisbar ist[9].

Wenn freie Auflagerung im Mauerwerk angenommen wird, muß gleichwohl durch obere Eiseneinlagen und einen ausreichenden Betonquerschnitt an der Unterseite einer doch vorhandenen, unbeabsichtigten Einspannung Rechnung getragen werden; dies ist namentlich bei Rippendecken mit oder ohne Ausfüllung der Zwischenräume zu beachten.

Mit Rücksicht auf die Querkräfte sind bei Balken — auch bei freier Auflagerung — einige abgebogene Eisen bis über das Auflager hinweg zu führen[10].

7. Die Berechnung durchgehender Tragwerke (vgl. Ziff. 1 Abs. 2) ist stets für die ungünstigste Stellung der Nutzlast[11] durchzuführen; aufwärts biegende Momente in Feldmitte sind zu berücksichtigen.

Wenn nur ständige Belastung vorkommt, darf das Feldmoment bei gleichen Stützweiten in den Mittelfeldern nicht unter $\frac{p\,l^2}{24}$ angenommen werden[12].

8. Platten in Hochbauten, die einerseits oder beiderseits mit Eisenbetonrippen starr verbunden sind, können bei annähernd gleicher Feldweite und gleichmäßiger Belastung zur Vereinfachung der Rechnung derart als eingespannt berechnet werden, daß die größten Feldmomente der Mittelfelder zu $\frac{p\,l^2}{14}$, der Endfelder zu $\frac{p\,l^2}{11}$ angenommen werden; dabei ist l der Achsabstand der Rippen. An den Rippen ist vollkommene Einspannung anzunehmen[13].

Bei wesentlich verschiedenen Feldweiten sind die Feldmomente bei ungünstigster Laststellung unter Annahme eines durchgehenden Trägers nachzuweisen; aufwärts biegende Momente in den Feldmitten sind zu berücksichtigen.

Die Verstärkung von Deckenplatten durch Kehlen oder Schrägen darf nur so weit in Rechnung gestellt werden, als die Neigung nicht steiler als 1 : 3 ist[14].

9. Die Breite der Druckplatte eines Plattenbalkens darf, von der Rippenachse aus nach jeder Seite gemessen, nicht größer angenommen werden als die 4fache Rippenbreite, die 8fache Plattendicke, die 2fache Trägerhöhe einschl. Plattendicke oder die halbe zugehörige Plattenfeldweite. Bei einseitigen Plattenbalken ist die 3fache Rippenbreite, die 6fache Plattendicke und die 1½fache Trägerhöhe maßgebend. Das kleinste dieser Maße ist zu wählen.

Liegen die Deckeneisen gleichlaufend mit den Hauptbalken, so sind rechtwinklig zu ihnen besondere Eiseneinlagen anzuordnen, die die Mitwirkung der anschließenden Deckenplatte auf die gerechnete Breite sichern, und zwar wenigstens 8 Eisen von 7 mm Durchmesser auf 1 m Balkenlänge[15].

10. Die wirksame Balkenhöhe, d. h. der Abstand der äußern Beton-Druckkante vom Schwerpunkt der Eiseneinlagen muß mindestens betragen:

Bei Balken, Unterzügen und Rippendecken mit oder ohne Ausfüllung der Zwischenräume $^1/_{20}$ der Stützweite (vgl. Ziff. 2 u. 3)[16].

Bei massiven Eisenbetonplatten und Hohlsteindecken platten (Steindecken mit auf Druck beanspruchten Steinen) $1/_{27}$ der Stützweite. Bei durchlaufenden Platten gilt als Stützweite die größte Entfernung der Momentennullpunkte.

11. Bei ringsum aufliegenden rechteckigen Platten mit gekreuzten Eiseneinlagen ist, wenn nicht nach genauerem Verfahren[17]) gerechnet wird, bei gleichmäßig verteilter Belastung p, wenn die Länge a und die Breite b beträgt, die Belastung wie folgt zu verteilen:

$$\text{für die Stützweite } a \text{ wird } p_a = p \cdot \frac{b^4}{a^4 + b^4}$$

$$\text{für die Stützweite } b \text{ wird } p_b = p \cdot \frac{a^4}{a^4 + b^4}.$$

Mit diesen Belastungswerten ist die Berechnung nach den Regeln durchzuführen, die für frei aufliegende, eingespannte oder durchgehende Platten gelten (vgl. Ziff. 7 u. 8).

12. Die sich rechnungsmäßig ergebende Dicke der Platten und der plattenförmigen Teile der Plattenbalken ist überall auf mindestens 8 cm zu bringen. Ausgenommen von dieser Vorschrift sind Dachplatten[18]) und untergehängte Decken, die nur zum Abschluß dienen oder nur zwecks Reinigung u. dgl. begangen werden, sowie fabrikmäßig hergestellte fertig verlegte Eisenbetonplatten.

Die Druckplatten von Rippendecken mit oder ohne Ausfüllung der Zwischenräume (vgl. Ziff. 10) bis zu 0,6 m Achsabstand müssen mindestens 5 cm stark sein. Solche Decken müssen zur Lastverteilung Querrippen von der Stärke und Bewehrung der Tragrippen erhalten, und zwar bei Deckenspannweiten von 4 bis 6 m eine Querrippe, bei Spannweiten über 6 m mindestens zwei[19]). Bei starken Einzellasten ist ein besonderer Festigkeitsnachweis erforderlich.

Bei vollen Deckenplatten darf in der Gegend der größten Momente der Eisenabstand 15 cm nicht überschreiten[20]).

13. Platten mit oder ohne verteilende Deckschicht von der Stützweite l, die Einzellasten (z. B. Raddrucke oder Drucke von Maschinenfüßen) aufzunehmen haben, sind auf Biegung zu berechnen wie plattenförmige Balken von der Breite $2/_3\, l$. In der Richtung der Zugeisen kann bei Berechnung von Brückenplatten und Decken, die mit schweren Maschinen belastet werden, eine Lastverteilung auf die Länge $t + 2\,s$ angenommen werden.

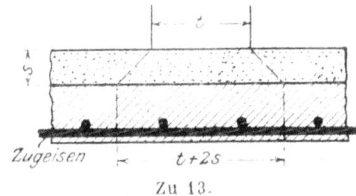
Zu 13.

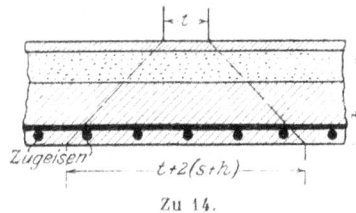
Zu 14.

14. Für die Berechnung der Schubspannungen kann in der Plattenmitte ebenfalls eine Plattenbreite von $2/_3\, l$ angenommen werden; am Auflager ist dagegen nur $t + 2\,(s + h)$ in Rechnung zu stellen. Zwischenwerte sind angemessen einzuschalten[21]).

1) Damit soll, wie aus dem nächsten Satz zu ersehen ist, nicht verboten sein, in denjenigen Fällen, in welchen es lediglich auf das Verhältnis der Trägheitsmomente der einzelnen Teile zueinander und nicht auf ihre absoluten Werte ankommt, diese Verhältniszahlen aus den Trägheitsmomenten der ganzen Betonquerschnitte unter Vernachlässigung der Eisenquerschnitte zu bilden.

2) Diese Bemerkung bezieht sich auf den Wechsel des Trägheitsmomentes infolge Änderung des Eisenquerschnittes bei gleichbleibendem Betonquerschnitt. Aber auch bei wechselndem Betonquerschnitt wird häufig mit einem mittleren, konstanten Trägheitsmomente gerechnet werden können.

3) Bei außergewöhnlich großen Auflagerlängen wird in der Regel auch auf die Einspannung Rücksicht zu nehmen sein und auf die hierdurch entstehenden oberen Zugkräfte in der ganzen Auflagerlänge.

4) Diese Bestimmung bezieht sich auf die üblichen Deckenkonstruktionen auf Eisenbetonstützen und kann nicht zu einer Umgehung der Rahmenberechnung bei anderen Konstruktionen herangezogen werden.

5) Es soll mit dieser Bemerkung darauf aufmerksam gemacht werden, daß in der Nähe des Schrägenanfangs größere Beanspruchungen auftreten können als über der Stütze.

6) Die Neigung der Schräge kann beliebig steil sein, jedoch wird dann h über der Stütze so gerechnet, wie es eine vom Schrägenanfang an unter $1/3$ Neigung verlaufende Schräge ergeben würde.

7) Durch diese Bestimmung soll vermieden werden, daß am Schrägenanfang unten noch Zugspannungen auftreten, welche die nach abwärts gebogenen Eisen strecken und damit den Beton beschädigen können. Solche Beschädigungen können auch durch die Geradführung wenigstens eines Zugeisens hintangehalten werden.

8) Durch diese Bestimmung soll vermieden werden, daß jedes mehrgeschossige Eisenbetongebäude mit Eisenbetonstützen als mehr geschossiger, mehrfach gestützter Rahmen zu berechnen ist. Die in dem zweiten Satz angegebene Momentenschätzung führt zusammen mit den als zulässig erachteten Spannungen zu hinreichend sicheren Konstruktionen, wenn auch die mit den Stützen fest verbundenen Balken als durchlaufende, auf den Stützen frei bewegliche Träger berechnet werden.

9) Dies wird von Fall zu Fall zu prüfen sein. In der Regel wird eine feste Verbindung der oberen Zugeisen des Balkens mit den Widerlagern als eine solche Maßnahme zu betrachten sein.

10) Vgl. S. 283 dieses Buches.

11) In den alten preußischen Bestimmungen nur bei Nutzlasten über 1000 kg/qm.

12) Damit soll der Fall berücksichtigt werden, daß das Feld wie ein beiderseits vollkommen eingespannter Balken wirkt.

13) Vgl. die Berechnung dieses Buches S. 228.

14) Vgl. oben Auslegung Ziff. 6).

15) Die auf Haupt- und Nebenträgern gelagerte Platte ist tatsächlich eine an den Rändern teilweise eingespannte Platte, so daß also auch auf die zwischen Hauptträger und Platte entstehenden Einspannungsmomente Rücksicht genommen werden muß.

16) Die zu niedrigen Balken werden in der Regel eine Schubspannung $\tau_0 > 14$ kg/qcm haben, also nach § 17 Ziff. 3 unzulässig sein.

17) Z. B. das Rechnungsverfahren mit Hilfe der trigonometrischen Reihen (vgl. S. 241) oder mit Hilfe der Ersatzmomente von Leitz (vgl. Forscherarbeiten auf dem Gebiete des Eisenbetons Heft XXIII).[1*]

18) Diese Dachplatten dürfen Schneelast und Winddruck aufzunehmen haben.

19) Dieser Satz ist als einheitliche Vorschrift zu betrachten. Werden erheblich mehr Querrippen angeordnet, als die Bestimmung fordert, so brauchen sie auch nicht mit der Stärke und der Bewehrung der Tragrippen ausgeführt werden.

20) Bei eingespannten und durchlaufenden Platten sind sowohl die zahlenmäßig größten positiven und negativen Momente als größte Momente im Sinne dieser Vorschrift zu betrachten.

[1*] Leitz, Berechnung der frei aufliegenden Platte (Dissertation), Forscherarbeiten, Berlin 1914. Die Ergebnisse stimmen mit denen des Verfassers sehr gut überein.

21) Die Bestimmungen 13) und 14) sind in Ermangelung geeigneter theoretischer oder durch den Versuch gewonnener Grundlagen noch unvollständig. Es ist zu empfehlen, Maschinenfüße auf Eisenbetondecken so zu konstruieren oder mit Unterlagen zu versehen, daß der Druck sich auf eine nicht zu klein bemessene Fläche verteilt.

§ 17. Ermittelung der innern Kräfte.

1. Die Spannungen im Querschnitt des auf Biegung oder des auf Biegung mit Achsdruck beanspruchten Körpers sind unter der Annahme zu berechnen, daß sich die Dehnungen wie die Abstände von der Nullinie verhalten. Die zulässigen Beanspruchungen des Betons auf Druck und des Eisens auf Zug sowie die zulässigen Schub- und Haftspannungen haben zur Voraussetzung, daß das Eisen alle Zugspannungen im Querschnitt aufnimmt, daß also von einer Mitwirkung des Betons auf Zug ganz abgesehen wird[1]).

2. Für die Bemessung der Bauteile ist das Verhältnis der Elastizitätsmaße von Eisen und Beton zu $n = 15$ anzunehmen (vgl. § 16, Ziff. 1)[2]).

3. In Balken sind die Schubspannungen τ_0 nachzuweisen (vgl. § 18, Ziff. 10)[3]).

Geht der ohne Rücksicht auf abgebogene Eisen oder Bügel errechnete Wert der Schubspannung über 14 kg/qcm hinaus[4]), so ist zunächst die Rippenstärke[5]) zu vergrößern, bis dieser Wert erreicht oder unterschritten wird. Sodann sind die Anordnungen so zu treffen, daß die Schubspannungen in denjenigen Balkenteilen, wo der für Beton zulässige Wert von 4 kg/qcm überschritten wird, durch aufgebogene Eisen, durch die Bügel (vgl. § 9, Ziff. 4) oder durch beide zusammen vollkommen aufgenommen werden[6]).

4. Die Haftspannungen brauchen nicht berechnet zu werden, wenn die Enden der Eisen mit runden oder spitzwinkligen Haken versehen und dabei die Eisen nicht stärker als 26 mm sind[7]).

5. Bei Brücken unter Gleisen, die von Hauptbahn-Lokomotiven befahren werden, soll zur Vermeidung von Rissen nachstehende Regel befolgt werden:

Unter Festhaltung des Wertes $\sigma_e < 750$ kg/qcm und $\sigma_{b\iota} < 24$ kg/qcm darf für nur auf Biegung beanspruchte Rippenbalken, deren in Rechnung gestellte Plattenbreite $b = a \cdot b_1$ ist, das aus der nebenstehenden Zeichnung und der Tafel auf S. 315 hervorgehende Bewehrungsverhältnis $\mu = \dfrac{F_e}{b_1 \cdot h_1}$ (d. h. Eisenquerschnitt geteilt durch Rippenhöhe [nur bis Plattenunterkante] mal Rippenbreite)[8]) nicht überschritten werden*).

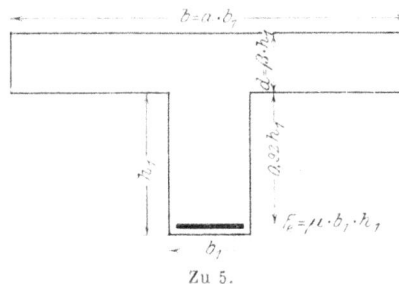

Zu 5.

---

*) Zu diesem Zweck wählt man zunächst eine bestimmte Rippenhöhe h_1 und ermittelt angenähert $F_e = \dfrac{M}{\left(0{,}92\,h_1 + \dfrac{d}{2}\right)\sigma_s}$. Da die Plattenstärke d schon vorher bekannt ist, so kann auch $\beta = \dfrac{d}{h_1}$ und $\dfrac{\mu}{\alpha} = \dfrac{F_e}{d \cdot b} \cdot \beta$ berechnet werden. In der Tafel sucht man nun den Schnittpunkt der β-Linie mit der $\dfrac{\beta}{\alpha}$-Linie und liest die Abszisse α und die Ordinate μ ab. Die gesuchte Rippenbreite ist $b_1 = \dfrac{b}{\alpha}$. Die Ordinate μ gibt zur Kontrolle $\mu = \dfrac{F_e}{b_1 \cdot h_1}$. (Vgl. Zentralbl. der Bauverw. 1914, S. 204 und 1915, S. 391.)

Bei Bogen-, Rahmen- und sonstigen statisch unbestimmten Brücken, die von Hauptbahnlokomotiven befahren werden, müssen auch die auftretenden Betonzugspannungen unter Berücksichtigung der Achskräfte nachgewiesen werden. Auch dabei ist $n = 15$ anzunehmen; die so errechnete Betonzugspannung darf nicht den Wert von 24 kg/qcm übersteigen. Dabei ist die Wirkung der Wärmeschwankungen und das Schwinden des Betons nach § 15 zu berücksichtigen.

Vorausgesetzt wird, daß die betreffenden Bauteile nach dem Einstampfen mindestens sechs Wochen lang feucht gehalten und vor Einwirkung der Sonnenstrahlen geschützt werden[9]). Bei Brücken über Bahnanlagen wird ein besonderer Schutz (z. B. durch Schutzanstrich oder aufgehängte Schutztafeln) gegen die Einwirkung der schwefligen Rauchgase empfohlen; seine Ausführung ist den besondern Verhältnissen anzupassen[10]).

6.*) Bei Stützen ohne Knickgefahr und mit gewöhnlicher Bügelbewehrung berechnet sich die zulässige zentrische Belastung aus der Formel

$$P = \sigma_b \, (F_b + 15 \, F_e),$$

worin σ_b die zulässige Druckspannung des Betons für Stützen (vgl. § 18, Ziff. 3), F_b die Durchschnittsfläche des Betons und F_e diejenige der Längseisen bedeutet.

Die Anwendung dieser Formel ist nur gestattet, wenn die Längseisen zusammen mindestens 0,8 v. H.[11]) und nicht mehr als 3 v. H. des Betonquerschnitts ausmachen und durch Bügel verbunden sind (vgl. Fußnote *) zu § 9). Der Abstand der Bügel (von Mitte zu Mitte gemessen) darf nicht größer sein als die kleinste Abmessung des Stützenquerschnittes und nicht über das Zwölffache der Stärke der Längsstäbe hinausgehen.

7.*) Bei umschnürten Säulen und andern umschnürten Druckgliedern mit kreisförmigem Kernquerschnitt soll die zulässige zentrische Last aus der Formel

$$P = \sigma_b \, (F_k + 15 \, F_e + 45 \, F_s) \ {}^{12})$$

berechnet werden. Hierin bedeutet F_k den Querschnitt des umschnürten Kerns (durch die Mitte der Querbewehrungseisen begrenzt), $F_s = \dfrac{\pi \cdot D}{s} \cdot f$, wenn D den mittleren Krümmungsdurchmesser der Querbewehrungseisen, f den Querschnitt der letzteren und s den Abstand derselben in Richtung der Säulenachse (von Mitte bis Mitte) bezeichnet.

Dabei muß sein $(F_k + 15 \, F_e + 45 \, F_s) < 2 \, F_b$.

Als umschnürte Säulen sind solche mit Querbewehrung nach der Schraubenlinie (Spiralbewehrung) und gleichwertigen Wicklungen**) oder mit Ringbewehrung versehene Säulen mit kreisförmigem Kernquerschnitt anzusehen, bei denen das Verhältnis der Ganghöhe der Schraubenlinie oder des Abstandes der Ringe zum Durchmesser des Kernquerschnittes kleiner als $1/5$ ist. Der Abstand der Schraubenwindungen oder der Ringe soll nicht über 8 cm hinausgehen. Die Längebewehrung (F_e) soll mindestens $1/3$ der Querbewehrung[13]) (F_s) sein.

8.*) Quadratischen oder rechteckigen Umschnürungen wird eine Erhöhung der Tragfähigkeit nicht zuerkannt; nach dieser Art bewehrte Stützen und Druckglieder sind daher nach den Vorschriften in Ziff. 6 zu berechnen[14]).

9. Beträgt die Höhe einer zentrisch belasteten Stütze mehr als das 15fache der kleinsten Querschnittsabmessung, so ist die Stütze auch auf Knicken zu

---

*) Änderungen in diesen Einzelbestimmungen bleiben vorbehalten bis zum Abschluß der weiteren im Gange befindlichen Versuche.

**) Die Gleichwertigkeit ist nachzuweisen.[18])

berechnen[15]). Hierbei ist die Eulersche Formel anzuwenden unter Voraussetzung einer zehnfachen Sicherheit. Das Elastizitätsmaß des Betons ist zu 140000 kg/qcm anzunehmen. Das erforderliche Trägheitsmoment berechnet sich dann zu

$$J \text{ (in cm}^4) = 70 \, P \cdot l^2,$$

worin P die Belastung der Stütze in t und l die volle Stablänge (Stockwerkshöhe) in m ist.

Die Benutzung anderer Knickformeln soll nicht ausgeschlossen sein; doch bedarf es daneben des Nachweises der Knicksicherheit nach der Eulerschen Formel[16]).

10. Ist eine Stütze ex zentrisch belastet oder ist die Möglichkeit vorhanden, daß sie seitliche Drucke erhält (z. B. in Fabriken und Lagerhäusern)[17]), so sind neben dem Nachweis der Knicksicherheit (vgl. Ziff. 9) die größten Kantenpressungen aus der Gleichung

$$\sigma = \frac{P}{F} \pm \frac{M}{W}$$

zu ermitteln (vgl. § 16, Ziff. 5).

Beträgt die Höhe der Stütze mehr als das 20 fache der kleinsten Querschnittsabmessung, so ist M noch um den Wert $P \cdot \dfrac{l}{200}$, der der Wirkung der Knickkraft am Hebelarm der Durchbiegung Rechnung tragen soll, zu vermehren.

1) Diese Grundsätze sind dieselben, wie sie in den Leitsätzen von 1904 und den preußischen Bestimmungen von 1907 angenommen waren.

2) Für die Berechnung der Formänderungen und der statisch unbestimmten Größen ist nach § 16 Ziff. 1 $n = 10$ zu wählen. Zu der Bemessung der Bauteile sind auch die Berechnungen der Spannungen zu zählen, durch welche die Abmessungen auf ihre Brauchbarkeit geprüft werden, so daß also auch für die Spannungsberechnung $n = 15$ zu wählen ist.

3) Die Berechnung erfolgt nach Ziff. 1 unter Vernachlässigung der Betonzugspannungen.

4) Durch diese Vorschrift sollen nicht nur schräge Risse vermieden sondern auch die Anwendung zu niederer und zu schmaler Rippen verhindert werden.

5) Rippenstärke soll hier nicht allein Rippenbreite, sondern allgemein Rippenquerschnitt bedeuten. Die Vergrößerung der Rippenhöhe ist wirksamer als die der Rippenbreite.

6) Ein bestimmtes Verfahren für die Bügelberechnung ist nicht vorgeschrieben.

7) Die Haftkraft der Verankerung durch den Haken ist bei den schwächeren Eisen ungefähr gleich der von dem Eisen vor dem Bruch übertragenen Zugkraft.
Diese erleichternde Bestimmung darf aber nicht so aufgefaßt werden, daß nunmehr ein berechneter Eisenquerschnitt durch möglichst wenig dicke Eisen, welche nicht stärker als 26 mm sind, ersetzt werden soll. Dies würde den gesunden Konstruktionsgrundsätzen, welche auch auf die nicht berechenbaren Haftspannungen in der Nähe der größten Momente, also meist in größerer Entfernung von den Haken, Rücksicht nehmen, widersprechen. Vielmehr soll die zu wählende Eisenstärke eine Funktion Stützweite sein. Vgl. S. 144 dieses Buches.

8) Auf der Tafel S. 315 dieses Buches ist an Stelle des Buchstabens μ der Buchstabe φ gesetzt. Wegen Berechnung der Platten vgl. Tabelle 5 und S. 102.

9) Durch diese Vorschrift soll das Schwinden des Betons und damit die Anfangszugspannungen vermindert werden (vgl. § 6 Auslegung 3).

10) Die Rauchgase scheinen ohne gleichzeitiges Einwirken von Feuchtigkeit oder Wasserdampf nicht erheblich schädigend auf Beton und Eisenbeton einzuwirken. Als Schutz kann auch in einfachen Fällen ein wiederholter Anstrich mit Zementschlempe betrachtet werden.

11) Säulen mit geringerer Eisenbewehrung werden als Betonpfeiler betrachtet.

12) Es ist nicht zulässig, für die Berechnung umschnürter Säulen eine andere Formel zu benützen. Nach dieser Formel gestatten erst starke Umschnürungen eine höhere Säulenbelastung als die Rechnung nach der Gleichung Ziff. 6. Die Versuche haben aber auch ergeben, daß erst starke Umschnürungen die Tragfähigkeit der Säulen erhöhen.

13) Die Längseisen sollen wegen etwa auftretender und in der Rechnung nicht beachteter Biegungsmomente nicht zu schwach sein.

14) Diese Vorschrift gründet sich außer auf logische Betrachtungen auch auf Versuchsergebnisse.

15) An dieser Grenze macht die zulässige Spannung einen Sprung, wenn eine andere Knickformel als die Eulersche oder die österreichische angewendet wird.

16) Es steht selbstverständlich den Baupolizeibehörden, welche nach anderen Knickformeln zu rechnen pflegen, frei, auf diesen Nachweis nach der Eulerformel zu verzichten.

17) Statisch ausgedrückt: Stützen, welche Biegungsmomente aufzunehmen haben.

18) Dieser Nachweis kann nur durch vergleichende Versuche mit den vorgeschlagenen Wicklungen und den in Ziff. 7 letzter Absatz genau beschriebenen Umschnürungen nach der Schraubenlinie oder mittels Ringen erbracht werden.

§ 18. Zulässige Spannungen.

1. Die nachstehend für Beton angegebenen Spannungen sind unter der Voraussetzung zulässig, daß der Beton, auch wenn flüssig angemacht und entsprechend der Verarbeitung im Bauwerk behandelt, nach 28 Tagen Erhärtung eine Würfelfestigkeit (s. Anhang S. 349) von mindestens 150 kg/qcm und nach 45 Tagen von mindestens 180 kg/qcm hat. Ist der Beton für Säulen oder Stützen bestimmt, so muß die Würfelfestigkeit nach 28 Tagen mindestens 180 kg/qcm und nach 45 Tagen mindestens 210 kg/qcm betragen. Im Streitfall entscheidet die Prüfung nach 45 Tagen[1]).

2. Wird bei Beton, auch wenn flüssig angemacht, nach 45 Tagen eine Würfelfestigkeit von mehr als 245 kg/qcm nachgewiesen, so darf bei Hochbauten der Beton in Säulen und Stützen (Ziff. 3, a) anstatt mit 35 kg/qcm mit $\frac{1}{6}$, in Rahmen und Bögen (Ziff. 4, b) anstatt mit 40 kg/qcm mit $\frac{1}{7}$ der nachgewiesenen Würfelfestigkeit, jedoch nicht mit über 50 kg/qcm beansprucht werden.

3. Zentrischer Druck. Als zulässige Druckspannung des Betons σ_b gelten folgende Werte:

    a) bei Hochbauten allgemein . . . . 35 kg/qcm

    b) bei Säulen mehrgeschossiger Gebäude

        im Dachgeschoß*) 25   »   [2])

        im darunter liegenden Geschoß 30   »

        in den folgenden Geschossen 35   »

        Die nach Ziff. 2 u. U. zulässige Spannungserhöhung ist für die höheren Geschosse in gleichem Verhältnis wie vorstehend zu ermäßigen.

    c) bei Stützen von Brücken . . . . 30 kg/qcm

      (vgl. Ziff. 5).

---

*) Empfohlen wird, die Seitenlänge des Querschnitts bei Mittelstützen zu mindestens 25 cm anzunehmen.

4. Biegung und exzentrischer Druck. Nach dem Grad der Erschütterungen wird die zulässige Druckspannung des Betons σ_b und die Zugspannung des Eisens σ_e wie nachstehend festgesetzt:

Art des Bauwerks oder des Bauteils	σ_b kg/qcm	σ_e kg/qcm
a) Hochbauten (einschließlich Fabriken) mit vorwiegend ruhender Last[3]	40	1200
b) Rahmen und Bögen	40	1200
Wegen Erhöhung der Betonspannung bei Rahmen und Bögen vgl. Ziff. 2.		
c) Platten von weniger als 10 cm Stärke[4] sowie Bauteile, die der unmittelbaren Einwirkung von Stößen und Erschütterungen durch Maschinen usw. ausgesetzt sind, Haupttreppen[5], Tanzsäle, Fabriken[6] usw.	35	1000
d) Die Teile[7] von Straßenbrücken, die der unmittelbaren Erschütterung durch Lastwagen und Dampfwalzen ausgesetzt sind, sehr stark (z. B. durch schwere Maschinen) erschütterte sonstige Tragwerke und Durchfahrten . . .	35	900
e) Die übrigen Teile von Straßenbrücken	40	1000
f) Brücken unter Eisenbahngleisen bei einem Schotterbett[8] von mindestens 0,30 m Stärke (vgl. auch § 17, Ziff. 5) .	30	750

5. Auf Verlangen der Baupolizei ist in den Gruppen c, d und e (Ziff. 4) die veränderliche Last mit dem 1,5fachen in die Rechnung einzusetzen; dann sind aber die Werte $\sigma_b = 40$ kg/qcm und $\sigma_e = 1200$ kg/qcm der Rechnung zugrunde zu legen[9]. Ausnahmsweise kann in Gruppe c für Bauteile, die besonders starken Erschütterungen (z. B. durch Rotationsmaschinen) ausgesetzt sind, eine Erhöhung des Beiwertes über 1,5[10] (bis höchstens 2) gefordert werden.

Wird mit dem Beiwert 1,5 gerechnet, so kann bei Berechnung von Brückenstützen (vgl. Ziff. 3, c) von der Druckspannung $\sigma_b = 40$ kg/qcm ausgegangen werden.

6. An den Unterseiten der Schrägen oder Kehlen von Plattenbalken, wo diese an die Mittelstützen anschließen, kann die Druckspannung um $\frac{1}{3}$[11], jedoch nicht über 50 kg/qcm erhöht werden.

7. Bei Bauteilen, die auf exzentrischen Druck beansprucht werden, darf der Wert $\frac{P}{F}$ die in Ziff. 3 für zentrischen Druck genannten Werte nicht überschreiten. Wenn zur Vereinfachung der Rechnung die Formel $\sigma = \frac{P}{F} \pm \frac{M}{W}$ zugrunde gelegt wird, so darf der Beton am Rande bis zu 5 kg/qcm auf Zug beansprucht werden[12].

8. Werden in der statischen Berechnung außer der ständigen Last und der ungünstigsten Nutzlast (einschl. der Fliehkraft bei Bahnbrücken) auch noch Schneelast, die größten Winddrucke, die Brems- und Reibungskräfte und bei statisch unbestimmten Tragwerken der Einfluß der Wärmeschwankung und des Schwindens (vgl. § 15, Ziff. 2), ferner in Hochbauten bei Stützen die von den Unterzügen auf sie übertragene Biegung, also sämtliche möglichen Einwirkungen

berücksichtigt, so dürfen bei ungünstigster Zusammenzählung dieser Spannungen die in Ziff. 3 und 4 angegebenen Betondruck- und Eisenspannungen um 30% überschritten werden, wobei als äußerste Grenzen der Eisenspannung 1200 kg/qcm und der Betondruckspannung 60 kg/qcm einzuhalten sind. Maßgebend ist der ungünstigste Belastungsfall.

9. Ausnahmsweise können bei Gelenken und andern besonderen Bauteilen höhere Beanspruchungen zugelassen werden[13]).

10. Schubspannung. Die Schubspannung τ_0 des Betons darf 4 kg/qcm nicht überschreiten. Sie ist zu berechnen aus der Gleichung $\tau_0 = \dfrac{Q}{b_0 \cdot z}$, worin b_0 bei Plattenbalken die Stegbreite und z den Abstand des Eisenschwerpunkts vom Druckmittelpunkt bedeutet[14]).

11. Haftspannung. Die zulässige Haftspannung τ_1 (Gleitwiderstand) beträgt 4,5 kg/qcm. Dabei ist für die auf Biegung beanspruchten Platten und Balken vorausgesetzt, daß sie, wenn nur gerade Eisen mit oder ohne Bügel vorhanden sind, aus der Gleichung $\tau_1 = \dfrac{b_0 \tau_0}{u}$ berechnet wird.

Sind dagegen Eisen nach der einfachen oder mehrfachen Strebenanordnung abgebogen, so daß sie imstande sind, die gesamten schrägen Zugspannungen allein aufzunehmen, so ist für die Berechnung der Haftspannung an den untern gerade geführten Eisen nur die halbe Querkraft in Ansatz zu bringen[15]).

12. Drehungsspannung. Die zulässige Drehungsspannung des Betons beträgt für rechteckige Querschnitte $\tau = 4$ kg/qcm*).

---

*) Bezüglich einer zweckmäßigen Bewehrung vgl. Heft 16 der Veröffentlichungen des Deutschen Ausschusses für Eisenbeton.[16])

1) Es ist zu beachten, daß ein hoher Wasserzusatz gerade bei kurzer Erhärtungsdauer die Würfelfestigkeit sehr beeinträchtigt.

2) Durch diese Abstufung der zulässigen Spannung nach Geschossen soll den in der Rechnung vernachlässigten Biegungsmomenten der Säulen Rechnung getragen werden, welche in den oberen Geschossen größer sind als in den unteren (vgl. § 16 Ziff. 5).

3) Hauptsächlich in Wohn-, Lagerräumen und Fabriken ohne Erschütterung (z. B. Zigarettenfabriken). Selbstverständlich kann in demselben Gebäude die Bestimmung a für gewisse Bauteile zugelassen und für andere die Bestimmung c angewendet werden.

4) In dünneren Platten ist die richtige Lage der Eisen schwieriger zu erreichen, deshalb sind nur die geringeren Spannungen zulässig.

5) Damit ist gesagt, daß untergeordnetere Treppen nach a berechnet werden können. Unter Haupttreppen sind hier alle solche Treppen zu verstehen, welche regelmäßig einen größeren Verkehr aufzunehmen haben.

6) Vgl. Ziff. 5 mit Auslegungen.

7) In Zweifelsfällen, welche Teile hiebei unter d fallen, kann nach der Bestimmung Ziff. 5 gerechnet werden.

8) Eisenbahngleise ohne Schotterbett sollten nur bei Straßenbahnen Anwendung finden. Für solche Fälle erhält man auch nach Ziff. 5 am einfachsten die zulässigen Spannungen.

9) Durch dieses Rechnungsverfahren wird erreicht, daß die Bauteile mit kleiner ständiger Belastung und großer veränderlicher Last (Nutzlast) mit geringen Spannungen sowie die mit großer ständiger Last und kleiner Nutzlast mit größeren Spannungen beansprucht werden. Damit werden auch die den

Stößen unmittelbarer ausgesetzten Teile geringer, die übrigen stärker statisch beansprucht, ohne daß bei der Durchführung der Rechnung die zulässige Spannung abgestuft werden muß.

10) Für Brücken ist der Beiwert 1,5 ausreichend bemessen.

11) Vgl. die Ausführungen auf S. 167.

12) Diese Vorschrift soll lediglich zur Vereinfachung der Berechnung solcher Säulen und anderer Bauteile dienen, welche auf einer Seite nur kleine Zugkräfte aufzunehmen haben.

13) Vgl. S. 304 und 306.

14) Dieses Rechnungsverfahren ist nur bei den auf Biegung beanspruchten Bauteilen anwendbar.

15) Die Erklärung dieses Rechnungsverfahrens s. S. 151.

16) Vgl. Kapitel 15.

Anhang.

Bestimmungen

für Druckversuche an Würfeln bei Ausführung von Bauwerken aus Eisenbeton.

Aufgestellt vom Deutschen Ausschuß für Eisenbeton 1915.

§ 1. Betonmasse.

Die zur Prüfung der Bauausführung bestimmten Probekörper müssen aus Betonmassen gleicher Art, gleicher Aufbereitung und gleichen Feuchtigkeitsgehalts angefertigt werden, wie sie für den Beton des Bauwerks oder Bauteils verwendet werden. Demnach muß der zur Herstellung der Probekörper erforderliche Beton der für den Bau bestimmten Betonmasse an derjenigen Stelle entnommen werden, wo diese Betonmasse in den Bauteil eingebracht wird.

§ 2. Arbeitsstelle.

Die Probekörper sind an einem vor Regen, Zugluft, Kälte und strahlender Wärme geschützten Orte herzustellen.

§ 3. Anzahl der Probekörper.

Für jede Versuchsreihe sind in der Regel drei Körper in unmittelbarer Arbeitsfolge herzustellen.

§ 4. Formen und sonstiges Arbeitsgerät.

Zur Herstellung der Probekörper sind eiserne Würfelformen von 20 cm Seitenlänge zu verwenden*).

---

*) Während einer Übergangszeit sollen neben den Würfelformen von 20 cm Seitenlänge noch die alten Formen von 30 cm Seitenlänge gestattet sein. Es bleibt vorbehalten, Formen einzuführen, bei denen das überflüssige Wasser aus der weichen und flüssigen Betonmasse entfernt wird. In diesem Falle müssen die Werte der in § 18, Ziff. 1 der Bestimmungen für Ausführung von Bauwerken aus Eisenbeton vorgeschriebenen Würfelfestigkeiten den Versuchsergebnissen entsprechend erhöht werden.

Zum Durcharbeiten der Betonmasse in der Form sind Arbeitsgeräte zu benutzen, wie sie auch zum Durcharbeiten des Betons an der Verwendungsstelle am Bau gebraucht werden.

Zur Führung dieser Geräte an den Wandungen der Form sowie zum Halten der überstehenden Betonmasse dient ein eiserner, 20 cm hoher Rahmen, der auf die Form mit ihren Innenflächen bündig aufgesetzt wird.

§ 5. Einlegen und Durcharbeiten der Betonmasse.

Die Probekörper sind an einem Platz anzufertigen, der von der Lagerstelle der bereits fertigen Körper getrennt ist, damit etwaige Erschütterungen nicht auf die frisch hergestellten Körper einwirken können; die Form ist auf eine etwa 3 cm hohe Sandunterlage zu stellen.

Weiche Betonmasse ist in zwei Schichten von gleicher Höhe einzulegen, flüssige Betonmasse hintereinander einzufüllen.

Die Betonmasse ist möglichst in der gleichen Art durchzuarbeiten wie beim Bau.

Nach dem Durcharbeiten der Masse muß bei weichem Beton der Aufsatzrahmen sofort abgenommen und die überstehende Betonmasse, die nicht mehr für Anfertigung weiterer Probekörper verwendet werden darf, beseitigt werden. Auf die absackende Masse ist Betonmasse nachzufüllen, damit das überflüssige Wasser abfließen kann. Alsdann muß die Oberfläche der Masse mit den Formrändern bündig abgezogen werden. Hohlräume, die hierbei entstehen, sind mit Mörtel aus der übrigen Betonmasse auszufüllen.

Bei flüssigem Beton ist ohne Aufsatzrahmen zu arbeiten und so lange Betonmasse nachzufüllen, bis kein Absacken mehr eintritt und das an der Oberfläche auftretende Wasser abgelaufen ist. Alsdann ist die Oberfläche der Masse mit den Formrändern bündig abzuziehen; die hierbei entstehenden Hohlräume sind mit Mörtel aus der übrigen Betonmasse auszufüllen.

§ 6. Behandlung und Aufbewahrung der Probekörper.

An jedem Probekörper ist in deutlicher und dauerhafter Weise der Anfertigungstag und das Mischungsverhältnis zu bezeichnen und eine Erkennungsmarke anzubringen.

Die Probekörper sollen mindestens 24 Stunden in der Form bleiben. Sind dann vier Formwände entfernt, so sollen die Körper weitere 24 Stunden auf der Formplatte ruhen. Danach sind sie bis zum Tage der Prüfung oder des Versandes in einem geschlossenen frostfreien Raum auf einem Lattenrost so zu lagern, daß die Luft allseitig Zutritt hat. Die Probekörper müssen vom zweiten Tage an bis zum Tage der Prüfung oder des Versandes mit Tüchern bedeckt sein. Diese Tücher sind vom zweiten bis zum siebenten Tage feucht zu halten.

Bei Platzmangel können auf derart abgelagerte Reihen von Betonkörpern bis zu vier weitere Schichten aufgesetzt werden.

Beim Versand müssen die Probekörper in trockenes Sägemehl o. dgl. verpackt werden.

In die Niederschrift über die Anfertigung und Prüfung der Probekörper sind Angaben über Luftwärme*), Witterung und Art der Lagerung einzutragen.

§ 7. Druckprobe.

1. Die Prüfungen sind 28 oder 45 Tage nach Herstellung der Probekörper auszuführen.

2. Um durch Druckversuche den Nachweis mit 28 Tage alten Probekörpern aus den vorgesehenen Baustoffen zu erbringen, bedarf es in der Regel mindestens 5 Wochen. Wenn diese Zeit nicht zur Verfügung steht, wird unter Umständen schon ein Druckversuch mit 7 Tage alten Probekörpern einen Schluß auf die nach 28 Tagen zu erwartende Festigkeit gestatten; außerdem muß aber der Nachweis mit 28 (oder 45) Tage alten Probekörpern erbracht werden.

3. Vor der Prüfung ist festzustellen, ob die Druckflächen eben und gleichlaufend sind. Unebene und nicht gleichlaufende Flächen sind durch Abgleichung eben und gleichlaufend herzustellen. Die aufgebrachte Abgleichschicht soll bei der Prüfung annähernd die Festigkeit des Betonkörpers haben.

Vor der Prüfung sind Gewicht und Abmessungen der Körper festzustellen.

4. Die Druckfestigkeiten sind auf Maschinen zu ermitteln, die zuverlässig auf ihre Richtigkeit geprüft sind. Zwischenlagen von Blei, Pappe, Filz u. dgl. sind unzulässig.

Wird der Druck durch Federdruckmesser gemessen, so sind deren zwei anzubringen. Von ihnen ist nur der eine (der Gebrauchsdruckmesser) dauernd zu benutzen. Der zweite muß abstellbar sein; er dient zur Prüfung des Gebrauchsdruckmessers und ist nur zu diesem Zweck anzustellen und dann gleichzeitig mit abzulesen. Ergeben sich hierbei in den Anzeigen beider Druckmesser andere Unterschiede als bei der ursprünglichen Prüfung der Maschine, so ist der Gebrauchs-

---

*) Die Luftwärme ist von Einfluß auf die Erhärtung des Betons; warme Witterung beschleunigt, kalte verlangsamt die Erhärtung.

druckmesser nachzuprüfen und nötigenfalls eine neue Krafttafel (Tafel für die Beziehungen zwischen Druckmesseranzeigen und Druckkraft) aufzustellen.

Der Druck kann in der Richtung, in der die Betonmasse eingebracht worden ist, oder senkrecht dazu ausgeübt werden.

Der Druck ist langsam und stetig zu steigern, ungefähr derart, daß die Belastung in der Sekunde um 1 kg/qcm wächst.

5. Als Druckfestigkeit gilt nicht etwa die Belastung beim Auftreten von Rissen, sondern die höchste erreichte Belastung.

6. Maßgebend ist der Mittelwert aus den Festigkeitszahlen einer Versuchsreihe (in der Regel drei Probekörper).

Vorschrift[1)

vom 15. Juni 1911

über

die Herstellung von Tragwerken aus Eisenbeton oder Stampfbeton bei Hochbauten.

Herausgegeben mit Erlaß des k. k. Ministeriums für öffentliche Arbeiten,
Z. 42/30-IX d ex 1911.

———

Tragwerke aus Eisenbeton.

§ 1. Begriffsbestimmung.

Tragwerke oder Tragwerksteile aus Eisenbeton sind solche, bei denen Eisen mit Stampfbeton in eine derartige Verbindung gebracht ist, daß beide Baustoffe hinsichtlich der Lastaufnahme zu gemeinsamer statischer Wirkung gelangen.

§ 2. Allgemeines.

Die Bestimmungen dieser Vorschrift gelten nur insofern, als die bestehenden örtlichen Bauvorschriften (Bauordnungen) nicht weitergehende Anforderungen enthalten. Für den Bau hoher Schornsteine hat überdies der Erlaß des k. k. Ministeriums des Innern vom 24. Mai 1902, Z. 38290 ex 1901, sinngemäß Anwendung zu finden.

A. Entwurf.

§ 3. Inhalt des Entwurfes.

1. Der Bauentwurf hat folgende Vorlagen zu umfassen:

a) Zeichnungen, welche das Tragwerk im ganzen und in allen Einzelheiten — insbesondere hinsichtlich der Verteilung und des Verlaufes aller Eiseneinlagen — klar zur Darstellung bringen, sowie die Angabe des Mischungsverhältnisses für den Beton, und zwar hinsichtlich des Zement nach Gewichtsmengen, hinsichtlich der anderen Baustoffe nach Raummengen, enthalten;

b) eine statische Berechnung, welche sich auf alle Teile des Tragwerks zu erstrecken hat, unter Zugrundelegung der Bestimmungen der §§ 4, 5 und 6 verfaßt ist und übersichtlich und leicht prüfbar sein muß;

c) eine Beschreibung, mit welcher außergewöhnliche Tragwerksanordnungen besonders erläutert werden.

[1) Diese Vorschrift hat nur in Österreich Gültigkeit nicht auch in Ungarn. Der II. Abschnitt, Tragwerke aus Stampfbeton, dieser Vorschrift ist hier nicht abgedruckt.

2. Die Vorlagen sind vom Verfasser des Entwurfes und vom Bauherrn zu fertigen, der genehmigte Entwurf ist auch vom Unternehmer, der die Ausführung bewirkt, zu unterzeichnen.

§ 4. Berechnungsgrundlagen.

1. Für die Berechnung sind zu berücksichtigen:

Die bleibende Last, das ist das Eigengewicht des Tragwerks samt der sonstigen ständigen Belastung;

die Nutzlast, das ist die durch den Zweck des Bauwerkes bedingte veränderliche Last, ferner allfällig

die Einflüsse des Schneedruckes, Winddruckes und der Wärmeschwankungen sowie des Erddruckes und des Wasserdruckes.

Bleibende Last.

2. Als Grundlage für den Nachweis des Eigengewichtes des Tragwerks und der sonstigen ständigen Belastung haben die folgenden Einheitsgewichte, und zwar in kg für 1 m³, zu gelten:

Schweißeisen	7 800
Flußeisen	7 850
Roheisenguß	7 300
Stahl	7 900
Blei	11 400
Kupfer, gewalzt	9 000
Eichenholz ⎫	800
Buchenholz ⎪	750
Lärchenholz ⎬ lufttrocken	650
Kiefern-, Tannen- oder Fichtenholz ⎭	600
Holzstöckelpflaster	1 100
Steinholzbelag	1 400
Glas	2 600
Erde, trocken	1 350
Erde, feucht	1 800
Lehm, trocken	1 600
Lehm, feucht	2 000
Schotter, Kies	1 900
Sand	1 600
Mauerschutt	1 400
Granulierte Hochofenschlacke	850
Steinkohlenasche und Kohlenlösche	750
Gußasphalt	1 200
Gußasphalt mit Rieselschotter	2 100
Stampfasphalt	2 040
Terrazzo	2 200
Feinklinkerplatten	2 300
Steinpflaster aus Kalkstein, Sandstein o. dgl. je nach der Steingattung	2 000 bis 2 500
Steinpflaster aus Granit, Basalt, Porphyr o. dgl.	2 700
Gipsdielen	1 000
Gips in Verbindung mit Schlacke	1 250
Füllungsbeton aus Zement und Schlacke	1 000 bis 1 300

Korkstein 330
Trockener Weißkalkmörtel 1 520
Trockener Roman- oder Portlandzementmörtel 1 700
Ziegelmauerwerk samt Mörtelputz, und zwar:

Aus gewöhnlichen Vollziegeln

a) mit Weißkalkmörtel 1 600
b) mit Roman- oder Portlandzementmörtel 1 700

Aus geschlämmten oder Maschinziegeln

a) mit Weißkalkmörtel 1 700
b) mit Roman- oder Portlandzementmörtel 1 800
Aus Klinkerziegeln mit Portlandzementmörtel 1 950
Aus Hohl(Loch)ziegeln mit Weißkalkmörtel 1 400
Aus porösen Vollziegeln mit Weißkalkmörtel 1 300
Aus porösen Hohl(Loch)ziegeln mit Weißkalkmörtel . . . 1 200
Bruchsteinmauerwerk aus Kalkstein, Sandstein od. dgl. je
    nach der Steingattung . . . . 2 000 bis 2 500
Bruchsteinmauerwerk aus Granit, Basalt, Porphyr od. dgl. 2 700
Quadermauerwerk aus Kalkstein, Sandstein od. dgl. je nach
    der Steingattung . . . . 2 100 bis 2 600
Quadermauerwerk aus Granit, Basalt, Porphyr od. dgl. . 2 800

3. Das Einheitsgewicht von Stampfbeton ist mit mindestens 2200 kg für 1 m³, jenes von Eisenbeton mit 2400 kg für 1 m³ anzunehmen, sofern bei letzterem nicht ein gesonderter Nachweis mit Rücksicht auf die Ausmaße der Eiseneinlagen geliefert wird.

4. Bei Anwendung außergewöhnlicher, im vorstehenden nicht angeführter Baustoffe ist deren Einheitsgewicht besonders nachzuweisen.

5. Das Eigengewicht von Dacheindeckungen, einschließlich Schalung oder Lattung und Sparren, jedoch ohne Tragwerk, ist für das m² geneigter Dachfläche in kg wie folgt anzunehmen:

Einfaches Ziegeldach 100
Doppeltes Ziegeldach 125
Falzziegeldach 64
Einfaches Schieferdach 73
Doppeltes Schieferdach 82
Schieferdach aus Kunstschieferplatten mit Dachpappen-
    unterlage 41
Einfaches Pappendach mit nicht besandeter Dachpappe 32
Doppeltes Teerpappendach 35
Holzzementdach mit 8 cm hoher Schotterlage 200

Für andere Dacheindeckungen (zum Beispiel aus Metall, Glas usw.) sind die Eigengewichte jeweils besonders nachzuweisen.

Nutzlast.

6. Für die Nutzlast sind nachstehende Werte in kg auf 1 m³ anzunehmen:

Gewöhnliche Dachräume 150
Gewöhnliche Wohnräume 250
Schulräume 300

Gänge und Stiegen in gewöhnlichen Wohnhäusern, Massen-
    unterkünfte, Turn- und Fechtsäle, Futterkammern . 400
In Stockwerken gelegene Werkstätten, Geschäfts- und
    Lagerräume 450
Gänge und Stiegen in öffentlichen Gebäuden, Konzert-
    und Tanzsäle, Versammlungsräume, ferner im Erd-
    geschoß gelegene Werkstätten, Geschäfts- und Lager-
    räume 550
Eiskeller (bei 1 m Eishöhe) 750

7. Die Größe der Nutzlast für Theater, Büchereien, Speicher, Lagerräume, ferner für Arbeitsräume mit schweren Maschinen ist von Fall zu Fall zu bestimmen.

8. Tragwerke, welche Erschütterungen erleiden, müssen mit dem 1,3fachen, jene, welche starken Stößen (zum Beispiel durch schwere Arbeitsmaschinen) ausgesetzt sind, mit dem 1,5fachen Betrage der unter Punkt 6 angegebenen oder nach Punkt 7 ermittelten Nutzlast berechnet werden.

Schneedruck.

9. Der Schneedruck ist in kg auf 1 m² Grundrißfläche, wie folgt, anzunehmen:

  bei Dachneigungen unter 40° 75
  bei Dachneigungen zwischen 40 Grad und 60 Grad . . 40

Bei Dachneigungen über 60 Grad ist der Schneedruck nicht zu berücksichtigen.

Für südlich gelegene, nachweisbar schneearme Gegenden kann fallweise eine Ermäßigung der vorstehenden Schneelasten zugestanden werden. Für Gegenden mit nachweisbar sehr bedeutenden Schneefällen ist der Schneedruck je nach der örtlichen Lage entsprechend höher, und zwar bei Dachneigungen unter 40 Grad bis zu 200 kg, bei solchen zwischen 40 und 60 Grad bis zu 110 kg auf 1 m² Grundrißfläche, anzunehmen. Die Schneelast ist entweder auf sämtliche oder, wenn dies ungünstigere Belastungsverhältnisse ergibt, nur auf einzelne Dachflächen wirkend in Rechnung zu stellen.

Winddruck.

10. Der Winddruck ist auf 1 m² einer zur Windrichtung senkrechten Ebene im allgemeinen mit $p = 150$ kg, in außergewöhnlichen Fällen je nach der örtlichen Lage bis zu 250 kg anzunehmen.

11. Die Windrichtung ist als wagrecht vorauszusetzen; für Flächen, welche mit der Windrichtung einen Winkel α einschließen, ist der Winddruck senkrecht zu dieser Fläche mit $p_1 = p \sin^2\alpha$ auf 1 m² zu rechnen.

12. Bei offenen Hallen, Vordächern usw. ist gegebenenfalls ein von innen nach außen senkrecht zur Dachfläche wirkender Winddruck von 60 kg, in außergewöhnlichen Fällen je nach der örtlichen Lage bis zu 100 kg auf 1 m² anzunehmen.

13. Bei Bauwerken, welche sich in dauernd windgeschützter Lage befinden, kann eine Ermäßigung des Winddruckes bis auf $p = 75$ kg auf 1 m² zugelassen werden.

Wärmeschwankungen.

14. Die Wärmeschwankungen sind, sofern durch sie Spannungen verursacht werden — von Ausnahmefällen, wie Trockenkammern, Schornsteinen, Kühlräumen usw. abgesehen —, nur dann zu berücksichtigen, wenn das Tragwerk dem Temperaturwechsel der Außenluft ausgesetzt ist; hierbei sind Änderungen der

Temperatur desselben von $\pm 15^0$ C gegenüber dem spannungslosen Zustande und ein Wärmeausdehnungskoeffizient des Betons $a = 0{,}000012$ für 1^0 C anzunehmen. In den vorerwähnten Ausnahmefällen sind die betreffenden größten Temperaturunterschiede gegenüber einer mittleren Temperatur von $+ 10^0$ C zu berücksichtigen.

15. Zur Ermöglichung der durch Wärmeschwankungen verursachten Längenänderungen von Tragwerken sind, wenn erstere bei der Berechnung der Spannungen nicht berücksichtigt werden und wenn größere Längen in Betracht kommen, Dilatationsfugen in Abständen von höchstens 20 m anzuordnen; die Lage derselben ist in den Plänen ersichtlich zu machen.

§ 5. Statische Berechnung.

1. Als rechnungsmäßige Stützweite ist, sofern sie nicht durch die Art der Auflagerung unzweifelhaft festgestellt erscheint, bei frei aufliegenden Tragwerken mit nur einem Felde die mindestens um 5%, wenigstens jedoch um 10 cm vergrößerte Lichtweite, bei durchlaufenden Tragwerken in den Mittelfeldern die Entfernung von Mitte zu Mitte der Stützen anzunehmen; in den Endfeldern der letzteren Trägergattung ist die Stützweite hiernach sinngemäß zu bemessen.

2. Bei der Ermittelung der äußeren Kräfte und Angriffsmomente darf an einer Stütze nur jenes Maß von Einspannung angenommen werden, welches durch geeignete bauliche Anordnungen tatsächlich und ohne Überschreitung der festgesetzten zulässigen Spannungen der in Betracht kommenden Bauteile erzielt wird. Bei einer Auflagerung auf Mauerwerk aus gewöhnlichen Ziegeln und Weißkalkmörtel darf an der betreffenden Stütze für die Bestimmung der positiven Feldmomente keinerlei Einspannung in Rechnung gestellt werden. Eine Auflagerung von Platten auf mehr als zwei Seiten darf rechnerisch nur dann angenommen werden, wenn sie durch die Art der Bauausführung tatsächlich gewährleistet ist.

3. Tragwerke, welche über mehrere Felder durchgehen und auf den Stützen frei aufruhen, sind nach den Regeln für durchlaufende Träger unter Berücksichtigung der jeweils ungünstigsten Laststellung zu berechnen.

4. Bei der Berechnung von Trägern, welche mit elastischen Stützen entsprechend steif verbunden sind, müssen im allgemeinen die infolge der Wirkung der äußeren Kräfte auftretenden elastischen Formänderungen des Tragwerks berücksichtigt werden. Durchlaufende Platten von Plattenbalken können jedoch ohne Bedachtnahme auf die elastischen Formänderungen der Balken als auf diesen frei aufruhend berechnet werden.

5. Durchlaufende, mit ein- oder mehrgeschossigen Stützen aus Eisenbeton entsprechend steif verbundene Träger (»rahmenartige« Tragwerke) sind — sofern nicht der Nachweis der auftretenden Kräfte und Biegungsmomente im Sinne der Absätze 3 und 4 erbracht wird — für lotrechte Trägerbelastungen in nachstehender Art näherungsweise zu berechnen: Die negativen Feldmomente sind den bei gedachter vollständiger Einspannung des betreffenden Feldes entstehenden gleich zu halten. Die positiven Feldmomente sind gleich jenen bei gedachter freier Auflagerung des betreffenden Feldes, jedoch vermindert mit Rücksicht auf die der gleichen Laststellung und einer vollständigen Einspannung entsprechenden Stützenmomente anzunehmen, wobei von diesen letzteren nur zwei Drittel in Rechnung zu ziehen sind; für die positiven Feldmomente in den Endfeldern ist an den Endstützen eine Einspannung nicht zu berücksichtigen. Für die Ermittlung der Biegungsmomente in den Stützen sind die oben bezeichneten vollen

Einspannungsmomente der anschließenden Felder unter Annahme der jeweils ungünstigsten Felderbelastungen zugrunde zu legen und das Fußmoment einer Stütze mit der Hälfte des Kopfmomentes derselben Stütze, jedoch mit entgegengesetzten Vorzeichen zu bemessen. Querkräfte und Stützendrücke sind wie für durchlaufende Träger zu berechnen.

6. Rechteckige Platten, ringsum frei aufruhend oder eingespannt, mit den Seitenlängen (Stützweiten) a und b und sich kreuzenden Eiseneinlagen sind in nachstehender Weise zu berechnen: Die auf die Platten einwirkenden Lasten sind auf zwei, je nur zweiseitig aufgelagerte Platten gleicher Art (frei aufruhend oder eingespannt), die eine Platte mit der Stützweite a, die andere mit der Stützweite b, in der Weise verteilt wirkend anzunehmen, daß auf die erstere nur die im Verhältnisse $b^2 : (ka^2 + b^2)$ und auf die letztere nur die im Verhältnisse $ka^2 : (ka^2 + b^2)$ verminderten Lasten bei sonst gleichbleibender Lastanordnung entfallen; hierbei bedeutet k das Verhältnis der Querschnittsfläche der zu b parallelen Schar der Eiseneinlagen zur Querschnittsfläche der zu a parallelen Schar der Eiseneinlagen, beide Querschnittsflächen bezogen auf das laufende Meter. Dieser Lastverteilung entsprechend sind die Querkräfte, Stützendrücke und Biegungsmomente zu ermitteln. Die vorbezeichnete Berechnungsweise ist nicht zulässig, wenn die eine Stützweite b mehr als das Einundeinhalbfache der anderen Stützweite a oder die Querschnittsfläche der einen Schar der Eiseneinlagen weniger als 30% der Querschnittsfläche der anderen Schar der Eiseneinlagen, beide bezogen auf das laufende Meter, beträgt; ist diesen Fällen ist die rechteckige Platte nur für die kleinere der beiden Stützweiten zu berechnen. Bei durchlaufenden Platten mit sich kreuzenden Eiseneinlagen ist hinsichtlich der Berechnungsweise sinngemäß vorzugehen. Bei derlei durchlaufenden oder eingespannten Platten dürfen jedoch die positiven Feldmomente nicht kleiner als mit zwei Drittel der betreffenden, für die frei aufruhende, einfelderige Platte nach obigem sich ergebenden positiven Feldmomente angenommen werden.

7. Die statische Untersuchung hat sich auch auf die Pfeiler, Widerlager und Fundamente unter Berücksichtigung eines allfällig wirkenden hydrostatischen Auftriebes, sowie auf den Nachweis der Bodenpressungen zu erstrecken.

8. Die Berechnung der Spannungen in Tragwerken aus Eisenbeton ist nach folgenden Annahmen durchzuführen:

a) Ursprünglich ebene Querschnitte bleiben bei einer Formänderung des Körpers eben;

b) die Formänderungszahl (Elastizitätsmodul) des Betons für Druck ist mit 140000 kg auf 1 cm², gleich dem fünfzehnten Teile von jener des Eisens für Zug und Druck (2100000 kg auf 1 cm²) anzunehmen;

c) die Spannungen des Betons auf Druck und des Eisens auf Zug sind unter der Voraussetzung zu ermitteln, daß der Beton keine Normalzugspannungen aufnehme;

d) bei der Berechnung der äußeren Kräfte und elastischen Formänderungen äußerlich statisch unbestimmter Tragwerke ist die aus dem vollen Betonquerschnitte und aus der fünfzehnfachen Fläche der Längseisen gebildete ideelle Querschnittsfläche, sowie eine für Druck und Zug im Beton gleich große Formänderungszahl gemäß Absatz 8b in Rechnung zu stellen;

e) die Schub- und Hauptzugspannungen sind unter der im Absatz 8c bestimmten Annahme zu ermitteln.

9. Bei solchen auf Biegung beanspruchten Tragwerken, welche dem Einflusse der Witterung, von Nässe, Dämpfen, Rauch oder dem Eisen schädlichen

Gasen ausgesetzt erscheinen, sind auch die größten Zugspannungen des Betons nachzuweisen, welche sich für eine Formänderungszahl des Betons für Zug von 56000 kg auf 1 cm² und im übrigen unter den im Absatze 8a und b festgesetzten Annahmen ergeben.

10. Sind schlaffe Eiseneinlagen in zwei oder mehreren Reihen angeordnet, so ist die Spannung für die betreffende äußerste Reihe nachzuweisen; bei steifen Eiseneinlagen (Formeisen) ist dieser Nachweis für die betreffende äußerste Schichte durchzuführen.

11. Bei nur auf Zug beanspruchten Tragwerksteilen ist die Mitwirkung des Betons nicht zu berücksichtigen.

12. Die bei Plattenbalken als mitwirkend in Rechnung zu ziehende Breite der Platte darf nach jeder Seite, von der Rippenachse aus gemessen, nicht größer als die vierfache Rippenbreite oder als die achtfache Plattendicke oder als die halbe zugehörige Achsenentfernung der Rippen angenommen werden; das kleinste dieser Maße ist zu wählen. Platten mit weniger als 6 cm kleinster Dicke dürfen bei Plattenbalken nicht als mitwirkend in Rechnung gestellt werden.

13. Einzellasten sind, wenn zwischen ihrer Aufstandsfläche und einer tragenden Eisenbetonplatte eine Deckschichte vorhanden ist, als gleichförmig verteilt auf eine Fläche wirkend anzunehmen, deren Ausmaße gegenüber den betreffenden Maßen der Aufstandsfläche bei rechteckiger Form der letzteren zu vergrößern sind: a) bei sich kreuzenden Eiseneinlagen, bei welchen das Verhältnis der Querschnittflächen dem Absatz 6 entspricht, um die doppelte Höhe der Deckschichte und die doppelte Plattendicke; b) bei sich kreuzenden Eiseneinlagen, bei denen dies nicht zutrifft, in der Richtung der stärkeren Eiseneinlage, ferner bei nur in einer Richtung angeordneten Eiseneinlagen in der Richtung derselben wie bei a), in der dazu senkrechten Richtung um die doppelte Höhe der Deckschichte und die einfache Plattendicke. Bei Aufstandsflächen anderer als rechteckiger Form ist hinsichtlich ihrer Vergrößerung sinngemäß vorzugehen. Als für die Lastaufnahme statisch wirksame Plattenbreite ist die betreffende, gemäß vorstehendem vergrößerte Breite der Aufstandsfläche in Rechnung zu ziehen. Eine allfällig vorhandene Pflasterung ist für die Druckverteilung nicht zu berücksichtigen.

14. Bei Druckgliedern, das sind auf zentrischen oder exzentrischen Druck beanspruchte Tragwerke oder Tragwerksteile, muß auf den erforderlichen Widerstand gegen Knickung Bedacht genommen werden, wenn das Verhältnis der freien Knicklänge L zum betreffenden Trägheitshalbmesser i der gemäß Absatz 8d zu bestimmenden Querschnittsfläche den Wert $\frac{L}{i} = 60$ überschreitet.

15. Als freie Knicklänge L ist die Länge des Druckgliedes zwischen zwei gegen Ausweichen gesicherten Punkten der Längsachse anzunehmen.

16. In Druckgliedern sind die Eiseneinlagen auch für sich allein hinsichtlich ihres Widerstandes gegen Knickung unter Annahme einer freien Knicklänge gleich dem Abstand der Querverbände zu untersuchen; letztere sind in Abständen höchstens gleich dem kleinsten, durch den Schwerpunkt des Querschnittes gezogenen Durchmesser des Druckgliedes anzuordnen.

17. Bei Druckgliedern sind allfällig exzentrische Lastangriffe zu berücksichtigen.

18. Druckglieder — mit Ausnahme von Gewölben — dürfen nur dann im Sinne der §§ 5 und 6 berechnet werden, wenn die Fläche der Längseisen in jedem Querschnitte mindestens 0,8% der ganzen Querschnittsfläche beträgt; macht die genannte Eisenfläche mehr als 2% dieser ganzen Querschnittsfläche aus, so darf

der Mehrbetrag an Fläche der Längseisen über 2% nur mit dem dritten Teile in Rechnung gebracht werden. Beträgt die Fläche der Längseisen weniger als 0,8% der ganzen Querschnittsfläche, so entfällt die Berücksichtigung der Eiseneinlagen bei der Bemessung der Tragfähigkeit und ist das Druckglied als solches aus Stampfbeton zu berechnen. Für Gewölbe gilt als bezügliches Mindestausmaß der Fläche der Längseisen 0,4% der ganzen Querschnittsfläche.

19. Bei Druckgliedern, in welchen außer Längseinlagen auch schraubenförmig gewundene, durchlaufende Quereinlagen angeordnet sind (»umschnürter Beton«), ist zur Bestimmung der Druckspannung infolge zentrischen Druckes eine ideelle Querschnittsfläche $F_i = F_b + 15\,F_e + 30\,F_s$ einzuführen, wobei F_b den Betonquerschnitt, F_e die Querschnittsfläche der Längseisen unter Berücksichtigung des vorstehenden Absatzes 18 und F_s die Querschnittsfläche eines gedachten Längseisens bedeutet, dessen Gewicht gleich jenem der schraubenförmigen Quereinlage ist, beide Gewichte auf die Längeneinheit des Druckgliedes bezogen. Macht hierbei die so gebildete ideelle Fläche F_i mehr als $1,5\,(F_b + 15\,F_e)$ oder mehr als $2,0\,F_b$ aus, so darf für F_i nur der kleinere dieser beiden Grenzwerte in Rechnung gestellt werden. Bei exzentrischem Lastangriffe sind die schraubenförmigen Quereinlagen zur Ermittlung der vom Biegungsmomente herrührenden Spannungen nicht zu berücksichtigen. Die Ganghöhe der Schraubenwindungen darf höchstens ein Fünftel des kleinsten, durch den Schwerpunkt des Querschnittes gezogenen Durchmessers betragen.

20. Druckglieder mit Längseinlagen und solchen Quereinlagen oder Anordnungen, welche nach ihrer Wirkungsweise einer schraubenförmig gewundenen, durchlaufenden Quereinlage gleichkommen, sind im Sinne des Absatzes 19 zu berechnen.

21. Bei allen Druckgliedern darf für die Kraftaufnahme als Betonquerschnittsfläche höchstens das 1,8fache des von den Quereinlagen eingeschlossenen Teiles dieser Querschnittsfläche in Rechnung gezogen werden.

22. Druckglieder mit selbständig tragfähigem Eisengerippe, bei welchen der Beton nur als ausfüllendes oder umhüllendes Material dient, dürfen nicht als Tragwerke aus Eisenbeton im Sinne des § 5 berechnet werden.

23. Hinsichtlich des Verbundes von Eisen und Beton ist nachzuweisen, daß die in irgendeinem Querschnitte wirkende, gemäß Absatz 8c berechnete Zug- oder Druckkraft einer Eiseneinlage bereits vor diesem Querschnitte durch »mittlere Haftspannungen« von zulässiger Größe in das Eisen übertragen werden kann; zur Berechnung dieser »mittleren Haftspannungen« ist die genannte Zug- oder Druckkraft gleichmäßig verteilt über die betreffende Haftfläche (Umfang der Eiseneinlage mal Haftlänge) anzunehmen. Für die Wirkung von recht- oder spitzwinkeligen Haken ist die vierfache, für jene von halbkreisförmigen Haken die zwölffache, in die Biegungsebene fallende Querschnittsabmessung der Eiseneinlage (bei Rundeisen das bezügliche Vielfache des Durchmessers) zur anschließenden geraden Haftstrecke zuzuschlagen.

24. Die geringsten Abstände der Oberfläche der Längseisen von der Oberfläche des Betons, sowie die Zwischenräume zwischen den einzelnen Eiseneinlagen müssen, sofern nicht mit Rücksicht auf Scher- und Haftspannungen größere Maße erforderlich sind, mindestens betragen: erstere bei Platten 1 cm, bei anderen Tragwerken 2 cm; letztere 2 cm, bei Rundeisen von größerem Durchmesser als 2 cm den Durchmesser. Durchlaufende schlaffe Eiseneinlagen müssen, wenn ihre statische Wirkung berücksichtigt werden soll, bei allen Tragwerken — mit Ausnahme von Stützen — in Abständen von höchstens 20 cm angeordnet sein.

25. Die kleinste Stärke von Längs- und Verteilungseisen, Bügeln und Quer-verbindungen muß mindestens 5 mm betragen.

26. Zur Sicherung des Verbundes von Eisen und Beton sind Bügel oder Querverbindungen in ausreichender Zahl anzuordnen und die Enden der Eisen-einlagen hakenförmig oder in anderer entsprechender Weise auszubilden, falls nicht schon deren Oberflächengestaltung einer Verschiebung im Beton entgegen-wirkt.

27. Dem möglichen Auftreten von Einspannungsmomenten über den Stützen ist, auch wenn sie rechnerisch nicht besonders nachgewiesen werden, durch ent-sprechende Anordnung von Eiseneinlagen Rechnung zu tragen.

§ 6. Zulässige Spannungen.

1. Unter Zugrundelegung der gemäß § 4 bestimmten Lastwirkungen und Ein-flüsse dürfen die größten rechnungsmäßigen Spannungen des Betons und Eisens die in der nachstehenden Tabelle angegebenen Grenzwerte nicht überschreiten.

Materialgattung und Art der Beanspruchung	Zulässige Spannung in kg auf 1 cm²				
	Im Falle der Biegung und bei exzentrischem Druck		bei zentrischem Druck	Schub-, Scher- und Hauptzug-spannung	Mittlere Haft-spannung
	Druck-spannung	Zug-spannung	Druck-spannung		
I. Beton. Bei einem Mischungsverhältnis auf 1 m³ Gemenge von Sand und Steinmaterial:					
a) 470 kg Portlandzement .	42	25	28	4,5	5,5
b) 350 » » .	37	24	25	4,0	5,0
c) 280 » » .	32	22	22	3,5	4,5

	Schweißeisen	Flußeisen
II. Eisen.		
1. Beanspruchung auf Zug und Druck . , . .	900	1000
2. Beanspruchung auf Abscherung, ausgenommen bei Nieten	500	600
3. Beanspruchung der Niete auf Abscherung . .	600	700
4. Beanspruchnng der Lochleibung auf Druck . .	1400	1600

	Roheisenguß
5. Beanspruchung von Lagerteilen aus Roheisenguß:	
a) auf Druck. . . . . , ...	700
b) auf zentrischen Zug.	200
c) auf Zug im Falle der Biegung	250

	Flußstahl
6. Beanspruchung von Lagerteilen aus Flußstahl auf Zug oder Druck	1200

2. Bei Anwendung anderer als der im Absatz 1 angegebenen Mischungsver-hältnisse sind die zulässigen Betonspannungen durch geradlinige Einschaltung nach der betreffenden, auf 1 m³ Gemenge von Sand und Steinmaterial entfallenden

Gewichtsmenge von Portlandzement zwischen die bezüglichen, im Absatz 1 genannten Werte zu bestimmen.

3. Mischungsverhältnisse entsprechend einer geringeren Menge von Portlandzement als 280 kg auf 1 m³ Gemenge von Sand und Steinmaterial dürfen für Tragwerke aus Eisenbeton nicht angewendet werden.

4. Ist auf Knickung gemäß § 5, Absatz 14, Rücksicht zu nehmen, so gelten als zulässige Spannungen:

a) bei zentrisch belasteten Druckgliedern die laut Absatz 1 für zentrischen Druck zulässigen Betonspannungen, multipliziert mit der Abminderungszahl

$$a = \left(1{,}72 - 0{,}12\,\frac{L}{i}\right);$$

b) bei exzentrisch belasteten Druckgliedern die laut Absatz 1 für exzentrischen Druck zulässigen Betondruckspannungen, vermindert um die $\frac{1-a}{a}$-fache einer gedachten, zentrischen Belastung entsprechende Druckspannung.

Kommt bei Eiseneinlagen Knickung in Betracht, so sind die laut Tabelle im Absatz 1 zulässigen Eisendruckspannungen s_e auf den Wert s_k nach folgenden Formeln abzumindern:

a) für Längenverhältnisse $\frac{L}{i} = 10$ bis 105: $s_k = \left(0{,}816 - 0{,}003\,\frac{L}{i}\right) s_e$;

b) für Längenverhältnisse $\frac{L}{i} > 105$: $s_k = 5580 \left(\frac{i}{L}\right)^2 s_e.$

5. Die Belastung exzentrisch beanspruchter Druckglieder darf nicht größer angenommen werden als die bei gedachter zentrischer Kraftwirkung mit der zulässigen Betonspannung für zentrischen Druck gemäß Absatz 1 und 4 sich ergebende Tragkraft desselben Druckgliedes.

6. Überschreiten die gemäß § 5, Absatz 8, berechneten Schub- und Hauptzugspannungen im Beton die im § 6, Absatz 1 festgesetzten Werte, so sind Bügel oder andere entsprechende Eiseneinlagen anzuordnen und so zu bemessen, daß sie jenen Teil der Schub- und Hauptzugkräfte, welcher vom Beton ohne Überschreitung der festgesetzten zulässigen Spannungen nicht aufgenommen werden kann, mindestens aber 60% der gesamten Schub- und Hauptzugkräfte aufzunehmen vermögen. Der Beton muß für sich allein imstande sein, mindestens 30% der Schubkräfte durch Schubspannungen von zulässiger Größe aufzunehmen.

7. Die Ausführung von Tragwerken ungewöhnlicher oder noch unerprobter Bauweise sowie die Verwendung von Baustoffen außergewöhnlicher Beschaffenheit bedarf einer besonderen Genehmigung. Die Festsetzung der Berechnungsart für solche Tragwerke sowie der zulässigen Spannungen für Baustoffe außergewöhnlicher Beschaffenheit oder besonderer Güte erfolgt von Fall zu Fall und kann vom Ergebnisse anzustellender Baustoff-, Belastungs- und Bruchproben abhängig gemacht werden.

B. Ausführung der Tragwerke.

§ 7. Beschaffenheit und Prüfung des Zements.

1. Zu Tragwerken aus Eisenbeton ist nur Portlandzement zu verwenden, das ist ein Zement, der aus natürlichen Kalkmergeln oder künstlichen Mischungen ton- und kalkhaltiger Stoffe durch Brennen bis zur Sinterung und darauf folgende Zerkleinerung bis zur Mehlfeinheit gewonnen wird und auf einen Gewichtsteil hydraulischer Bestandteile mindestens 1,7 Gewichtsteile Kalkerde (CaO) enthält.

2. Der Gehalt des Zements an Magnesia (MgO) darf nicht mehr als 5% betragen.

3. Der Zement muß sowohl an der Luft als auch unter Wasser raumbeständig und langsam bindend sein. Als langsam bindend gilt ein Zement, wenn ein aus demselben mit 25 bis 30% Wasserzusatz hergestellter Zementbrei nicht vor 30 Minuten nach dem Anmachen zu erhärten beginnt und mindestens 3½ Stunden von der Wasserzugabe an zur Abbindung benötigt.

4. Der Zement muß so fein gemahlen sein, daß die Rückstände beim Sieben durch ein Sieb von 4900 Maschen auf 1 cm² und 0,05 mm Drahtstärke 30% und von 900 Maschen auf 1 cm² und 0,1 mm Drahtstärke 5% nicht überschreiten.

5. Die Bindekraft des Zements ist durch Prüfung der Festigkeitsverhältnisse an einer Mischung mit Sand zu ermitteln. Als normale Mischung gilt das Gemenge von einem Gewichtsteile Zement mit drei Gewichtsteilen Normalsand.

6. Als Normalsand gilt ein in der Natur vorkommender, gewaschener, reiner Quarzsand, dessen Korngröße dadurch bestimmt ist, daß das kleinste Korn nicht mehr durch ein Sieb von 144 Maschen auf 1 cm² und 0,3 mm Drahtstärke und das größte Korn noch durch ein Sieb von 64 Maschen auf 1 cm² und 0,4 mm Drahtstärke durchgeht.

7. In der normalen Mörtelmischung muß der Zement nach einer Erhärtungsdauer von 7 Tagen mindestens 12 kg Zugfestigkeit und nach einer solchen von 28 Tagen mindestens 220 kg Druckfestigkeit und 22 kg Zugfestigkeit auf 1 cm² aufweisen.

8. Die Proben auf Zugfestigkeit sind an Probekörpern von 5 cm² Querschnitt, jene auf Druckfestigkeit an Würfeln von 50 cm² Querschnitt vorzunehmen; sämtliche Probekörper sind während der ersten 24 Stunden nach ihrer Anfertigung an der Luft, geschützt vor rascher Austrocknung, und hierauf unter Wasser von + 15 bis 18° C bis zur Vornahme der Probe aufzubewahren.

9. Den zuständigen Kontrollorganen bleibt das Recht gewahrt, jederzeit bei der Erzeugung, Verpackung und Absendung des Zements, sowie bei dessen Verarbeitung zu den Proben und der Durchführung der letzteren gegenwärtig zu sein und in beliebiger Weise die erforderlichen Mengen Zement behufs Erprobung zu entnehmen.

10. Die Prüfung des Zements ist in der Regel am Erzeugungsorte oder am Bauplatze durchzuführen; der behufs Prüfung entnommene Zement kann jedoch auch ganz oder teilweise in einer, zur Ausstellung von Zeugnissen über Materialprüfungen im Sinne des Gesetzes vom 9. September 1910, R. G. Bl. Nr. 185, befugten Prüfungsanstalt erprobt werden.

11. In der Regel ist bis zu 100 q und von je 100 q Zement mindestens eine Erprobung auf Raumbeständigkeit, Mahlfeinheit, Erhärtungsbeginn und Abbindezeit, ferner bis zu 200 q und von je 200 q Zement mindestens eine Erprobung auf Zug- oder Druckfestigkeit anzustellen.

12. Bei Tragwerken geringeren Umfanges oder in Fällen besonderer Dringlichkeit kann der Nachweis der Beschaffenheit des Zements, dessen Erzeugungsstelle vom Bauunternehmer anzugeben ist, ausnahmsweise über jeweils einzuholende besondere Genehmigung auch durch Beibringung von Zeugnissen einer der im Absatze 10 genannten Prüfungsanstalten erbracht werden; solche Zeugnisse dürfen nicht über 6 Monate alt sein. In solchen Fällen ist aber stets mindestens die Prüfung auf Erhärtungsbeginn und Abbindezeit an der Baustelle vorzunehmen.

13. Der Zement ist in der Ursprungsverpackung, auf der in deutlicher Weise seine Bestimmung für Tragwerke aus Eisenbeton zu kennzeichnen ist, an die Baustelle zu liefern.

§ 8. Beschaffenheit des Sandes und Steinmaterials.

1. Der zur Betonbereitung dienende Sand muß rein, scharfkörnig, von ungleicher Korngröße und frei von lehmigen, tonigen oder erdigen Bestandteilen oder sonstigen Verunreinigungen, ferner so beschaffen sein, daß er durch ein Sieb von 7 mm lichter Maschenweite durchgeht und auf einem Siebe von 900 Maschen auf 1 cm² und 0,1 mm Drahtstärke wenigstens 95% Rückstand ergibt.

2. Das Steinmaterial (Kies, Rundschotter oder Steinschlag) muß von ungleicher Korngröße, rein, wetterbeständig und von solcher Beschaffenheit sein, daß die Druckfestigkeit desselben mindestens 300 kg auf 1 cm² und die Wasseraufnahme nicht mehr als 10% des Gewichtes beträgt; die letztgenannten Eigenschaften sind erforderlichenfalls durch entsprechende Proben festzustellen.

3. Die Korngröße des Steinmaterials muß im allgemeinen kleiner als der Raum zwischen den Eiseneinlagen unter sich oder zwischen diesen und der nächstliegenden Außenfläche der Tragwerke sein; in jedem Falle müssen die größten Stücke in jeder Lage durch ein Gitter von 30 mm lichter Maschenweite durchgehen und die kleinsten auf einem Siebe von 7 mm lichter Maschenweite liegen bleiben.

4. Die Korngrößen des Sandes und Steinmaterials sind mittels einzelner Sieb- und Wurfproben zu ermitteln.

5. Das anzuwendende Mischungsverhältnis zwischen Sand und Steinmaterial ist in Hinsicht auf die Erzielung eines möglichst dichten Gemenges jeweils durch Versuche zu bestimmen.

6. Die aus Zement und Sand bestehende Kittmasse (der Mörtel) muß mindestens das 1,2fache der Hohlräume des Steinmaterials betragen; überdies muß der Mörtel soviel Zement, daß seine Raummenge die Hohlräume des Sandes wenigstens um 5% übersteigt, mindestens aber 500 kg Zement auf 1 m³ Sand enthalten.

7. Ein vorhandenes natürliches Gemenge von Sand und Steinmaterial kann ohne Trennung in seine Bestandteile zur Betonbereitung Verwendung finden, wenn die Beschaffenheit desselben den Bestimmungen der Absätze 1 bis 5 entspricht und die Zusammensetzung des Gemenges durch eine entsprechende Anzahl von Sieb- oder Wurfproben als geeignet nachgewiesen oder durch besondere Zusätze von Sand oder Steinmaterial geeignet gemacht wurde.

§ 9. Beschaffenheit, Erprobung und Bearbeitung des Eisens und Stahles.

1. Die Bestimmungen der Vorschrift des k. k. Ministerium des Innern vom 16. März 1906, Z. 49898 ex 1905, über die Herstellung der Straßenbrücken mit eisernen oder hölzernen Tragwerken, beziehungsweise die Bestimmungen der Verordnung des k. k. Eisenbahnministeriums vom 28. August 1904, R. G. Bl. Nr. 97, betreffend die Eisenbahnbrücken, Bahnüberbrückungen und Zufahrtsstraßenbrücken mit eisernen oder hölzernen Tragwerken, haben hinsichtlich der Beschaffenheit des Eisens und Stahles vollinhaltlich, hinsichtlich der Bearbeitung, Zusammensetzung und Aufstellung von eisernen Tragwerken sinngemäß auf die Eisenbestandteile von Tragwerken aus Eisenbeton Anwendung zu finden.

2. Der Nachweis der bedungenen Eigenschaften des Eisens und Stahles ist in der Regel durch Vornahme entsprechender Erprobungen am Bauplatze oder durch Beibringung eines Zeugnisses einer der im § 7, Absatz 10 genannten Prüfungsanstalten zu liefern, wobei die betreffenden Probestücke in sinngemäßer Anwendung der im § 9, Absatz 1 genannten Bestimmungen auszuwählen sind. Über besonderes Verlangen ist die Erprobung des Eisens und Stahles bereits am Erzeugungsorte und gemäß den genannten Bestimmungen durchzuführen.

3. Bei der Vornahme von Zerreißproben ist Stabeisen von rundem, quadratischem oder rechteckigem Querschnitte bis höchstens 6 cm² Fläche mit der Walzhaut und in nicht weiter bearbeitetem Zustande der Prüfung zu unterziehen; bei größerer Querschnittsfläche ist zur Entnahme von Probestäben im Sinne der im Absatze 1 genannten Bestimmungen vorzugehen, wobei zu beachten ist, daß der Probestab sowohl Kern- als Randmaterial enthalte.

4. Eisenteile, welche gemäß dem Entwurfe aus einem Stücke bestehen sollen, dürfen ohne besondere Genehmigung weder durch Zusammenschweißen noch durch Zusammennieten mehrerer Stücke gebildet werden.

5. An Stoßstellen müssen die zu stoßenden Teile in geeigneter Weise derart miteinander verbunden werden oder müssen einander derart übergreifen, daß daselbst die Spannungen die im § 6 festgesetzten Werte nicht übersteigen. Schweißungen müssen mit aller Sorgfalt, ohne Überhitzung, ausgeführt und dürfen in der Regel nur an solchen Stellen angeordnet werden, an welchen die betreffende Eiseneinlage im Tragwerke nicht voll beansprucht wird.

6. Bei Rundeisen dürfen Rundhaken nicht mit einem kleineren lichten Halbmesser als dem zweiundeinhalbfachen Durchmesser der Rundeisen und Abbiegungen nicht mit einem kleineren lichten Halbmesser als dem fünffachen Durchmesser der Rundeisen hergestellt werden; recht- und spitzwinkelige Haken müssen eine Mindestlänge gleich dem dreifachen Durchmesser des Rundeisens aufweisen. Für andere Formeisen gilt eine analoge Bestimmung, wobei an Stelle des Durchmessers die in die Biegungsebene fallende Querschnittsabmessung des Formeisens zu treten hat.

7. Haken dürfen nur bis 15 mm Stärke, Abbiegungen nur bis 25 mm Stärke der Formeisen in kaltem Zustande hergestellt werden.

8. Eisenteile, welche ganz in Beton eingehüllt werden sollen, sind mit der Walzhaut zu belassen und müssen vor der Einbetonierung mit geeigneten Mitteln sorgfältig von Schmutz, Fett, Anstrich, grobem oder losem Rost, etwa anhaftendem Eis usw. befreit werden.

9. Genietete oder verschraubte Tragwerksteile aus Eisen oder Stahl sind nach der Fertigstellung in der Werkstätte und nach der im Sinne des Absatzes 8 erfolgten Reinigung an jenen Stellen, an welchen sie im fertigen Tragwerke von Beton umgeben sind; mit dünnflüssigem Zementmörtel anzustreichen.

10. Teile aus Eisen oder Stahl, welche im Bauwerke nicht durchgehends von Beton eingehüllt werden, sind an den freibleibenden Stellen mit Anstrichen gemäß der einschlägigen Bestimmungen der im Absatz 1 genannten Vorschriften zu versehen.

§ 10. Bereitung, Beschaffenheit und Prüfung des Betons.

1. Der Zement ist bei der Bereitung des Betons in der Regel nach Gewichtsmengen beizumischen. Die Zumessung kann auch mit Hohlmaßen erfolgen, wobei der Zement lose und ohne Fall einzuschütten ist, die Gefäße vollzufüllen und glatt abzustreichen sind und zur Umrechnung von Gewichtsmengen auf Raummengen das Gewicht von 1 m³ lose eingeschütteten Portlandzements mit 1400 kg anzunehmen ist.

2. Das zur Betonbereitung zu benutzende Wasser muß rein sein und darf keine die Erhärtung des Betons beeinträchtigenden Bestandteile enthalten. Moorwasser darf nicht verwendet werden.

3. Zu Tragwerken aus Eisenbeton ist sogenannter weicher (plastischer) Beton zu verwenden; der Wasserzusatz ist den betreffenden Witterungs- und Temperaturverhältnissen sowie der natürlichen Feuchtigkeit des Sandes und Stein-

materials entsprechend, jedenfalls aber so zu bemessen, daß der Beton noch gestampft werden kann und dabei weich wird; unter der Wirkung der Schwere darf sich aber der Mörtel vom Steinmaterial nicht loslösen.

4. Die Mischung der Bestandteile soll in der Regel maschinell erfolgen; für Arbeiten geringeren Umfanges ist Handmischung zulässig.

5. Die Mischung der Bestandteile ist zunächst in trockenem Zustande vorzunehmen und dann unter allmählicher Wasserbeigabe so lange fortzusetzen, bis alles Steinmaterial gleichmäßig in der Masse verteilt und an allen Stellen von Zementmörtel umhüllt ist.

6. Der Beton darf nur innerhalb einer Stunde nach Vollendung der Mischung verwendet werden.

7. Der Beton muß nach sechswöchiger Erhärtung an der Luft mindestens folgende Werte der Druckfestigkeit (Würfelfestigkeit) in kg auf 1 cm², und zwar senkrecht zur Stampfrichtung aufweisen:

Bei einem Mischungsverhältnisse:

Auf 1 m³ Gemenge von Sand und Steinmaterial

    a) 470 kg Portlandzement 170
    b) 350 »   »   150
    c) 280 »   »   130

8. Bei Anwendung anderer als der im Absatz 7 angegebenen Mischungsverhältnisse ist die geforderte Würfelfestigkeit durch geradlinige Einschaltung nach der betreffenden, auf 1 m³ Gemenge von Sand und Steinmaterial entfallenden Gewichtsmenge von Portlandzement zwischen die bezüglichen, im Absatz 7 genannten Werte zu bestimmen.

9. Zur Prüfung des Betons hinsichtlich der geforderten Würfelfestigkeit sind in der Regel Probekörper, und zwar in Würfelform von 20 cm Seitenlänge am Bauplatze anzufertigen und einer der im § 7, Absatz 10 genannten Prüfungsanstalten zur Erprobung zu überweisen oder an der Baustelle mittels einer geeigneten Presse zu prüfen.

10. Die Anfertigung der Probekörper hat mit den gleichen Baustoffen, demselben Mischungsverhältnisse und unter genau gleicher Art der Stampfung wie jene des Betons für das Tragwerk in zerlegbaren, eisernen Formen zu erfolgen.

11. Die Probekörper sind mit der Benennung des Bauwerkes, der Angabe des Mischungsverhältnisses, der Anfertigungszeit und der Stampfrichtung, sowie mit einer entsprechenden Bezeichnung zu versehen und bis zur Erprobung in einem vor Frost, Hitze und Wind geschützten Raume unter erdfeuchtem Sande aufzubewahren.

12. Die Zahl der Probekörper ist in der Regel so zu bemessen, daß bis zu 200 m³ Betonmasse eines Mischungsverhältnisses 6 Probekörper entfallen; als Würfelfestigkeit gilt das arithmetische Mittel der bezüglichen Werte; ist dieses Mittel kleiner als die im Absatz 7 geforderte Würfelfestigkeit oder bleibt einer der bezüglichen Werte um mehr als 20% unter dieser Würfelfestigkeit, so darf Beton dieser Beschaffenheit nicht verwendet werden.

§ 11. Herstellung der Tragwerke.

1. Die Herstellung von Tragwerken aus Eisenbeton darf nur durch geschulte Arbeiter und unter beständiger Aufsicht von Personen geschehen, die nachweisbar mit dieser Bauweise gründlich vertraut sind.

2. Die Schalungen und Rüstungen müssen so angeordnet und mindestens so stark sein, daß sie die schichtenweise Einbringung und Stampfung des Betons gestatten, hinreichenden Widerstand gegen Durchbiegungen beim Stampfen leisten und ohne Erschütterungen entfernt werden können; vor dem Einbringen des Betons sind sie entsprechend den betreffenden Witterungs- und Temperaturverhältnissen anzunässen.

3. Bei der Herstellung der Schalungen und Rüstungen ist auf eine entsprechende Überhöhung derselben zum Ausgleiche der unter der Betonlast eintretenden Einsenkungen Bedacht zu nehmen.

4. Mit der Herstellung der Tragwerke darf in der Regel erst dann begonnen werden, wenn der Nachweis der bedungenen Beschaffenheit der Baustoffe im Sinne der §§ 7, 8, 9 und 10 erbracht ist. Die Prüfung derselben hat daher zu einer solchen Zeit zu erfolgen, daß die Ergebnisse dieser Prüfung bei Beginn der Verwendung der Baustoffe bereits vorliegen und demnach mit Sicherheit die Eignung derselben zur weiteren Verarbeitung beurteilt werden kann.

5. Der Beton ist in höchstens 20 cm starken Schichten einzubringen, welche je für sich in einem, dem jeweiligen Wasserzusatze entsprechenden Maße zu stampfen sind. Der Beton darf zum Verwendungsorte nur bis zu einer Tiefe von 3 m geworfen und muß bei größeren Tiefen mittels Gefäßen oder Vorrichtungen, welche eine Entmischung des Betons verhindern, eingebracht werden.

6. Die Eisenteile sind in der plangemäßen Lage einzubringen und in dieser stets so zu befestigen, daß sie beim Stampfen ihren Ort und ihre Form nicht verändern können; die auf Zug beanspruchten Eisenteile müssen dicht mit entsprechend feinerer Betonmasse (unter Ausschluß von gröberem Steinmaterial) umkleidet werden.

7. Tragwerke oder selbständige Tragwerksteile sind im allgemeinen in einem Zuge, das heißt ohne Unterbrechung, zu betonieren; in Ausnahmefällen darf mit der Betonierung nur an solchen Stellen ausgesetzt werden, an welchen der Beton im fertigen Tragwerke verhältnismäßig kleine Spannungen erfährt.

8. Beim Aufbringen neuer Betonschichten auf früher eingebrachte, noch nicht erhärtete, sind letztere anzunässen; beim Weiterbetonieren auf bereits abgebundenen Lagen sind diese anzukerben oder aufzurauhen, sodann abzukehren und mit dünnflüssigem Zementmörtel im Mischungsverhältnisse von gleichen Teilen Zement und Sand oder mit Zementmilch anzunässen.

9. Bei Temperaturen unter 0° C darf nur dann betoniert werden, wenn durch entsprechende Vorkehrungen eine schädliche Einwirkung des Frostes ausgeschlossen ist; gefrorener Sand, Schotter oder Beton dürfen keinesfalls verwendet werden. Nach einer Frostperiode dürfen auf fertigen Beton neue Schichten erst dann aufgebracht werden, wenn die Betonoberfläche genügend erwärmt ist.

10. Die Tragwerke sind nach vollendeter Betonierung bis zur genügenden Erhärtung entsprechend feucht zu erhalten und vor Erschütterungen, Beschädigungen, starker Zugluft sowie vor Sonnenbestrahlung oder vor der Einwirkung des Frostes zu schützen.

11. Eingerüstete Tragwerke dürfen ausnahmslos vor Ablauf von vier Tagen nach Beendigung des Einstampfens keinerlei Belastung erfahren. Nach dieser Zeit und innerhalb der im Absatz 12 bzw. 13 bestimmten Fristen dürfen eingerüstete Tragwerke nur dann aus dem Baubetriebe oder dem Baufortschritte allfällig sich ergebende Lasten aufnehmen, sowie bei mehrgeschossigen Gebäuden durch Wände, Pfeiler oder Säulen belastet werden, wenn die unterstützenden Gerüste und Schalungen hinreichend stark und die eingerüsteten Tragwerke derart erhärtet sind,

daß sie außer ihrem Eigengewichte auch die vorgenannten Belastungen mit genügender Sicherheit und ohne schädliche Formänderungen der Tragwerke aufnehmen können.

12. Die unterstützenden Gerüste dürfen erst nach einer, genügende Tragfähigkeit verbürgenden Erhärtung des Betons, und zwar in der Regel nicht früher als vier Wochen nach Beendigung des Einstampfens entfernt werden. Schalungen und Rüstungen von Deckenplatten unter 8 cm Stärke können in der Regel in 10 Tagen, seitliche Schalungen ohne stützende Wirkung dürfen in der Regel nicht vor Ablauf von 4 Tagen nach Beendigung des Einstampfens abgenommen werden. Bei größeren Stützweiten und Querschnittsabmessungen sowie bei Verhältnissen, welche die Erhärtung ungünstig beeinflussen, ist die Frist bis zur Ausrüstung entsprechend zu verlängern.

13. In die im Absatz 12 genannten Fristen dürfen nur frostfreie, das sind solche Tage eingerechnet werden, an denen die Lufttemperatur, im Schatten gemessen, innerhalb 24 Stunden nicht unter 0^0 C gesunken ist; beim Eintritt einer oder mehrerer Frostperioden sind diese Fristen daher noch mindestens um die Anzahl der Frosttage zu verlängern.

14. Beim Wegnehmen von Schalungen und Rüstungen sind Erschütterungen der Tragwerke zu vermeiden.

15. Von der Rüstung befreite Tragwerke dürfen innerhalb der im § 12, Absatz 2 festgesetzten Fristen außer durch die bleibende Last nicht durch irgendeine nennenswerte Belastung beansprucht werden.

16. Die Tragwerke sind erforderlichenfalls in geeigneter Weise vor dem Eindringen von Niederschlagswasser zu schützen.

17. Die Verwendung von Tragwerksteilen aus Eisenbeton, wie Balken, Platten, Säulen, Stiegenstufen usw., welche auf gesonderten Werksplätzen erzeugt und in fertigem Zustande auf die Baustelle gebracht werden, bedarf in jedem einzelnen Falle einer besonderen Genehmigung. Dieselben müssen sinngemäß den Bestimmungen der §§ 4 bis 11 entsprechen und bis zur Verwendung eine Erhärtungsdauer von mindestens 6 Wochen aufweisen.

C. Prüfung der Tragwerke.

§ 12. Belastungs- und Bruchproben.

1. Außer der Prüfung des Betons (§ 10) sind über Verlangen auch Belastungsproben des ganzen Tragwerkes sowie Belastungs- und stichprobenweise Bruchproben einzelner Tragwerksteile vorzunehmen.

2. Belastungs- und Bruchproben dürfen nicht vor Ablauf von 6 Wochen nach Beendigung des Einstampfens bzw. einer gemäß § 11, Absatz 12 und 13 zu bemessenden längeren Frist als 6 Wochen vorgenommen werden.

3. Die bei der Belastungsprobe aufzubringende Last ist bei selbständigen, mit anderen nicht in Verbindung stehenden Tragwerken oder Tragwerksteilen so zu bemessen, daß diese der Einwirkung der bleibenden Last, das ist des Eigengewichtes des Tragwerkes und der sonstigen ständigen Belastung (§ 4, Absatz 2 bis 5), und der Nutzlast (§ 4, Absatz 6 bis 8) ausgesetzt werden. Bei solchen Tragwerken oder Tragwerksteilen, welche mit anderen derart in Verbindung stehen, daß eine teilweise Mitwirkung der letzteren bei der Lastaufnahme zu erwarten steht, ist in dem Falle, wenn nur ein Tragwerk oder ein Tragwerksteil der Probebelastung unterzogen wird, die Nutzlast mit dem einundeinhalbfachen Betrage (§ 4, Absatz 6 bis 8) aufzubringen. Kommt für ein Tragwerk oder einen Tragwerks-

teil auch Schneedruck (§ 4, Absatz 9) in Betracht, so ist dieser in gleicher Weise wie die Nutzlast bei der Belastungsprobe zu berücksichtigen.

4. Die Probelast ist in der Regel in jener Verteilung und Anordnung aufzubringen, wie sie der statischen Berechnung zugrunde gelegt wurde, und mindestens so lange auf dem Tragwerke zu belassen, bis Zunahmen der Formänderungen nicht mehr wahrzunehmen sind.

5. Unter der Einwirkung der Probelast dürfen die Tragfähigkeit beeinträchtigende Rißbildungen, ein Ausweichen gedrückter Teile oder sonstige bedenkliche Erscheinungen nicht eintreten; ferner dürfen die beobachteten elastischen Durchbiegungen die für die Einwirkung der Probelast berechneten nicht um mehr als 20% überschreiten. Bleibende Durchbiegungen dürfen nicht mehr als ein Drittel der berechneten elastischen betragen. Bei Beurteilung der Probeergebnisse ist auf den allfälligen Einfluß von Temperaturunterschieden Rücksicht zu nehmen.

6. Bei der Ermittelung der elastischen Formänderungen sind der Querschnitt und die Formänderungszahl des Betons gemäß § 5, Absatz 8d in Rechnung zu stellen.

7. Bei Bruchproben sind die zu prüfenden Tragwerksteile mit allmählich gesteigerter Last bis zum Bruche zu belasten. Die auf den Tragwerksteil aufgebrachte, den Bruch erzeugende Last muß mindestens der dreifachen Nutzlast mehr dem doppelten Eigengewichte des Tragwerksteiles mehr der dreifachen sonstigen ständigen Belastung (§ 4) entsprechen. Ein allfällig in Betracht kommender Schneedruck ist in gleicher Weise wie die Nutzlast zu berücksichtigen.

8. Vor der Verwendung der im § 11, Absatz 17 genannten Tragwerksteile sind über Verlangen bis 100 und von je 100 dieser Teile drei Stück auszuwählen und gemäß den Bestimmungen der Absätze 2 und 7 bis zum Bruche zu erproben. Entspricht von den ausgewählten Stücken eines diesen Bestimmungen nicht, so sind als Ergänzung dieser Proben von derselben Menge weitere 5 Stück auszuwählen und in gleicher Weise zu erproben. Sollte von den Ergänzungsproben auch nur eine nicht genügen, so sind die betreffenden 100 Stück von der Verwendung auszuschließen; dasselbe gilt, wenn von den ursprünglich ausgewählten 3 Stück mehr als eines den Bestimmungen nicht entsprochen hat.

Vorschrift[1]

vom 15. Juni 1911

über

die Herstellung von Tragwerken aus Eisenbeton oder Stampfbeton bei Straßenbrücken.

Herausgegeben mit Erlaß des k. k. Ministeriums für öffentliche Arbeiten, Z. 42/30-IX d ex 1911.

———

Tragwerke aus Eisenbeton.

§ 1.

Gleichlautend mit § 1, S. 353.

§ 2. Allgemeines.

Die Bestimmungen der Vorschrift des k. k. Ministeriums des Innern vom 16. März 1906, Z. 49898 ex 1905, über die Herstellung der Straßenbrücken mit eisernen oder hölzernen Tragwerken, bzw. die Bestimmungen der Verordnung des k. k. Eisenbahnministeriums vom 28. August 1904, R. G. Bl. Nr. 97, betreffend die Eisenbahnbrücken, Bahnüberbrückungen und Zufahrtsstraßenbrücken mit eisernen oder hölzernen Tragwerken, gelten, sofern im nachfolgenden nicht abweichende Festsetzungen getroffen werden, sinngemäß auch für die Straßenbrücken mit Tragwerken aus Eisenbeton.

A. Entwurf.

§ 3. Inhalt des Entwurfes.

Der Bauentwurf hat außer den Erfordernissen gemäß § 2 auch die Angabe des Mischungsverhältnisses des Betons und zwar hinsichtlich des Zements nach Gewichtsmengen, hinsichtlich der anderen Baustoffe nach Raummengen zu enthalten.

§ 4. Berechnungsgrundlagen.

1. Für die Berechnungsgrundlagen gelten die im § 2 genannten Bestimmungen.

2. Das Einheitsgewicht von Stampfbeton ist mit mindestens 2200 kg für 1 m³, jenes von Eisenbeton mit 2400 kg für 1 m³ anzunehmen, sofern nicht einge-

---

[1] Diese Vorschrift hat nur in Österreich Gültigkeit nicht auch in Ungarn. Der II. Abschnitt, Tragwerke aus Stampfbeton, dieser Vorschrift ist hier nicht abgedruckt.

sonderter Nachweis mit Rücksicht auf die Ausmaße der Eiseneinlagen geliefert wird.

3. Die Wärmeschwankungen sind, sofern durch sie Spannungen verursacht werden, für Änderungen der Temperatur des Tragwerkes von $\pm 15^0$ C gegenüber dem spannungslosen Zustande und für einen Wärmeausdehnungskoeffizienten des Betons $a = 0{,}000012$ für 1^0 C zu berücksichtigen. Bei Tragwerken, deren geringste Betonstärke mehr als 70 cm beträgt, oder welche vollständig mit Erde, Schotter oder anderem Material auf eine durchschnittliche Höhe von mindestens 70 cm überschüttet sind, können obige Temperaturgrenzen auf $\pm 10^0$ C ermäßigt werden.

§ 5. Statische Berechnung.

1. Als rechnungsmäßige Stützweite ist, sofern sie nicht durch die Art der Auflagerung unzweifelhaft festgestellt erscheint, bei frei aufliegenden Tragwerken mit nur einem Felde die Entfernung von Mitte zu Mitte der Auflagerlängen bzw. Auflagerplatten, bei durchlaufenden Tragwerken in den Mittelfeldern die Entfernung von Mitte zu Mitte der Stützen anzunehmen; in den Endfeldern der letzteren Trägergattung ist die Stützweite hiernach sinngemäß zu bemessen.

2. Bei der Ermittelung der äußeren Kräfte und Angriffsmomente darf an einer Stütze nur jenes Maß von Einspannung angenommen werden, welches durch geeignete bauliche Anordnungen tatsächlich und ohne Überschreitung der festgesetzten zulässigen Spannungen der in Betracht kommenden Bauteile erzielt wird.

Ziffer 3. und 4. gleichlautend mit 3. und 4. § 5, S. 357.

Ziffer 5. und 6. gleichlautend mit 6. und 7., § 5, S. 358.

7. Die Berechnung der Spannungen in Tragwerken aus Eisenbeton ist nach folgenden Annahmen durchzuführen:

Lit. a, b, c, gleichlautend mit a, b, c der Ziffer 8., S. 358.

d) bei den auf Biegung beanspruchten Tragwerken sind auch die größten Zugspannungen des Betons nachzuweisen, welche sich für eine Formänderungszahl des Betons für Zug von 56000 kg auf 1 cm² ergeben.

Lit. e) und f) gleichlautend mit d) und e) Ziffer 8, S. 358.

Ziffer 8. und 9. gleichlautend mit Ziffer 10. und 11. § 5, S. 358.

10. Platten mit weniger als 8 cm kleinster Dicke dürfen bei Plattenbalken nicht als mitwirkend in Rechnung gestellt werden.

Ziffer 11. und 21. gleichlautend mit Ziffer 13. mit 23., § 5, S. 359.

22. Die geringsten Abstände der Oberfläche der Längseisen von der Oberfläche des Betons, sowie die Zwischenräume zwischen den einzelnen Eiseneinlagen müssen, sofern nicht mit Rücksicht auf Scher- und Haftspannungen größere Maße erforderlich sind, mindestens betragen: erstere bei Platten 1 cm, bei anderen Tragwerken 2 cm; letztere 2,5 cm, bei Rundeisen von größerem Durchmesser als 1,6 cm den einundeinhalbfachen Durchmesser. Durchlaufende schlaffe Eiseneinlagen müssen, wenn ihre statische Wirkung berücksichtigt werden soll, bei allen Tragwerken — mit Ausnahme von Stützen — in Abständen von höchstens 20 cm angeordnet sein.

23. Die kleinste Stärke von Längs- und Verteilungseisen muß mindestens 7 mm, jene von Bügeln und Querverbindungen mindestens 5 mm betragen.

Ziffer 24. gleichlautend mit Ziffer 26, § 5, S. 361.

25. Bei frei aufliegenden Tragwerken von 4 m Stützweite an sind Auflagerplatten oder -vorrichtungen anzuordnen und ist für die Ermöglichung der Bewegungen infolge Temperatur- und Spannungsänderungen entsprechend vorzusorgen.

26. Dem möglichen Auftreten von Einspannungsmomenten über den Stützen ist, auch wenn sie rechnerisch nicht besonders nachgewiesen werden, durch entsprechende Anordnung von Eiseneinlagen Rechnung zu tragen.

§ 6. Zulässige Spannungen.

1. Unter Zugrundelegung der gemäß § 4 bestimmten Lastwirkungen und Einflüsse dürfen die größten rechnungsmäßigen Spannungen des Betons und Eisens die in der nachstehenden Tabelle angegebenen Grenzwerte nicht überschreiten.

Materialgattung und Art der Beanspruchung	Zulässige Spannung in kg auf 1 cm²				
	im Falle der Biegung und bei exzentrischem Druck		bei zentrischem Druck	Schub-, Scher- und Hauptzug-spannung	Mittlere Haft-spannung
	Druck-spannung	Zug-spannung	Druck-spannung		
I. Beton. Bei einem Mischungsverhältnis von **1 m³** Gemenge von Sand und Steinmaterial auf:					
a) 470 kg Portlandzement	$33 \cdot 0{,}2\,l$	$19 + 0{,}1\,l$ bis höchstens 22	25	4	5
b) 350 » »	$29 \cdot 0{,}2\,l$	$18 + 0{,}1\,l$ bis höchstens 21	22	3,5	4,5
c) 280 » »	$25 \cdot 0{,}2\,l$	$16 + 0{,}1\,l$ bis höchstens 19,5	19	3	4
				Schweiß-eisen	Flußeisen
II. Eisen. 1. Beanspruchung auf Zug und Druck				$700 + 2\,l$	$800 + 3\,l$
bis höchstens				800	900
2. Beanspruchung auf Abscherung, ausgenommen bei Nieten				500	600
3. Beanspruchung der Niete auf Abscherung				600	700
4. Beanspruchung der Lochleibung auf Druck				1400	1600

Anmerkung: »l« bedeutet die Stützweite des Tragwerkes oder Tragwerkteiles in m.

2. Für Bestandteile aus Schweiß- oder Flußeisen, Roheisenguß oder Flußstahl, welche sich — wie zum Beispiel Lager eiserne Säulen, Geländer usw. — als selbständige Teile des ganzen Tragwerks darstellen, gelten hinsichtlich der zulässigen Spannungen die im § 2 genannten Bestimmungen.

Ziffer 3 mit 8 gleichlautend mit Ziffer 2 mit 7, § 6, S. 362.

B. Ausführung der Tragwerke.

§ 7. Beschaffenheit und Prüfung des Zements.

§ 7 gleichlautend mit § 7, S. 362.

§ 8. Beschaffenheit des Sandes und Steinmaterials.

§ 8 gleichlautend mit § 8, S. 364.

§ 9. Beschaffenheit, Erprobung und Bearbeitung des Eisens und Stahles.

1. Die im § 2 genannten Bestimmungen haben hinsichtlich der Beschaffenheit und Erprobung des Eisens und Stahles vollinhaltlich, hinsichtlich der Bearbeitung, Zusammensetzung und Aufstellung von eisernen Tragwerken sinngemäß auf die Eisenbestandteile von Tragwerken aus Eisenbeton Anwendung zu finden.

2. Bei Tragwerken geringeren Umfanges kann über besondere Genehmigung der Nachweis der bedungenen Eigenschaften des Eisens oder Stahles durch Vornahme entsprechender Erprobungen am Bauplatze oder durch Beibringung eines Zeugnisses einer der im § 7, Absatz 10 genannten Prüfungsanstalten geliefert werden, wobei die betreffenden Probestücke in sinngemäßer Anwendung der im § 9, Absatz 1 genannten Bestimmungen auszuwählen sind.

Ziffer 3 mit 9 gleichlautend mit Ziffer 3 mit 9 § 9, S. 365.

10. Teile aus Eisen oder Stahl, welche im Bauwerke nicht durchgehends von Beton eingehüllt werden, sind an den freibleibenden Stellen mit Anstrichen gemäß den einschlägigen Bestimmungen der im § 2 genannten Vorschriften zu versehen.

§ 10. Bereitung, Beschaffenheit und Prüfung des Betons.

§ 10 gleichlautend mit § 10, S. 365.

§ 11. Herstellung der Tragwerke.

Ziffer 1 mit 11 gleichlautend mit Ziffer 1 mit 11, § 11, S. 366.

12. Die unterstützenden Gerüste dürfen erst nach einer, genügende Tragfähigkeit verbürgenden Erhärtung des Betons und zwar in der Regel nicht früher als 6 Wochen nach Beendigung des Einstampfens entfernt werden. Seitliche Schalungen ohne stützende Wirkung dürfen in der Regel nicht vor Ablauf von 4 Tagen nach Beendigung des Einstampfens abgenommen werden. Bei größeren Stützweiten und Querschnittsabmessungen sowie bei Verhältnissen, welche die Erhärtung ungünstig beeinflussen, ist die Frist bis zur Ausrüstung entsprechend zu verlängern.

Ziffer 13 mit 17 gleichlautend mit Ziffer 13 mit 17, § 11, S. 368.

C. Prüfung der Tragwerke.

§ 12. Prüfung und Erprobung neu hergestellter Tragwerke.

1. Die fertiggestellten Tragwerke sind behufs endgültiger Beurteilung ihrer Eignung für den Verkehr vor Übergabe an denselben einer kommissionellen Prüfung zu unterziehen und haben hierauf die im § 2 genannten Bestimmungen mit Ausnahme jener über die Größe der Durchbiegung der Tragwerke sinngemäß Anwendung zu finden.

2. Belastungsproben dürfen nicht vor Ablauf von 8 Wochen nach Beendigung des Einstampfens bzw. einer gemäß § 11, Absatz 12 und 13 zu bemessenden längeren Frist als 8 Wochen vorgenommen werden.

3. Die beobachteten elastischen Durchbiegungen dürfen die für die Einwirkung der Probelast berechneten nicht um mehr als 20% überschreiten. Bleibende Durchbiegungen dürfen nicht mehr als ein Drittel der berechneten elastischen be-

tragen. Bei Beurteilung der Probeergebnisse ist auf den allfälligen Einfluß von Temperaturunterschieden Rücksicht zu nehmen.

4. Bei der Ermittelung der elastischen Formänderungen sind der Querschnitt und die Formänderungszahl des Betons gemäß § 5, Absatz 7e in Rechnung zu stellen.

5. Werden bei der Erprobung eines Tragwerkes die Tragfähigkeit beeinträchtigende Rißbildungen, ein Ausweichen gedrückter Teile oder sonstige bedenkliche Erscheinungen wahrgenommen oder die im Absatz 3 festgesetzten Grenzwerte der Durchbiegungen überschritten, so ist nach vorausgegangener Instandsetzung des Tragwerkes neuerlich eine Erprobung durchzuführen. Hierbei darf weder eine bleibende Formänderung des Tragwerkes oder einzelner Teile desselben, ein Fortschreiten von Rißbildungen oder eine Vergrößerung der bleibenden Durchbiegung eintreten; im Gegenfalle ist das Tragwerk als für den öffentlichen Verkehr nicht geeignet zu erklären.

6. Vor der Verwendung der im § 11, Absatz 17 genannten Tragwerksteile sind über Verlangen bis 100 und von je 100 dieser Teile 3 Stück auszuwählen und mit allmählich gesteigerter Last bis zum Bruche zu erproben. Die auf den Tragwerksteil aufgebrachte, den Bruch erzeugende Last muß mindestens der vierfachen Nutzlast mehr dem dreifachen Eigengewichte des Tragwerksteiles mehr der vierfachen sonstigen ständigen Belastung (§ 4) gleichkommen. Entspricht von den ausgewählten Stücken eines diesen Bestimmungen nicht, so sind als Ergänzung dieser Proben von derselben Menge weitere 5 Stück auszuwählen und in gleicher Weise zu erproben. Sollte von den Ergänzungsproben auch nur eine nicht genügen, so sind die betreffenden 100 Stück von der Verwendung auszuschließen; dasselbe gilt, wenn von den ursprünglich ausgewählten 3 Stück mehr als eines den Bedingungen nicht entsprochen hat.

§ 13. Überprüfung bestehender Tragwerke.

1. Sämtliche vor dem Erlasse der Vorschrift über die Herstellung von Tragwerken aus Stampfbeton oder Eisenbeton (Erlaß des k. k. Ministeriums des Innern vom 15. November 1907, Z. 37295) erbauten Straßenbrücken mit Tragwerken aus Eisenbeton sind unter Zugrundelegung der tatsächlich vorkommenden ungünstigsten Verkehrsbelastung sowie der sonstigen im § 4 angegebenen Belastungen und Einflüsse (Winddruck, Wärmeschwankungen usw.) rechnungsmäßig zu überprüfen.

2. Bei diesen Straßenbrücken sollen die größten Spannungen, welche unter Zugrundelegung der im Absatz 1 bezeichneten Belastungen und Einflüsse eintreten, die im § 6 festgesetzten Werte nicht um mehr als 15% überschreiten.

3. Wenn die laut Absatz 1 angeordnete Festigkeitsberechnung Überschreitungen der im § 6 festgesetzten zulässigen Spannungen um mehr als 15% ergeben sollte, so ist der zuständigen Zentralstelle unter Bekanntgabe der auf Grund allfälliger Proben erhobenen Materialbeschaffenheit unter Stellung geeigneter Anträge zu berichten.

D. Schlußbestimmungen.

§ 14. Brücken für Straßen- und Eisenbahnverkehr.

1. Neu zu erbauende Straßenbrücken, welche sowohl dem Straßenverkehr als auch dem Verkehr von öffentlichen Eisenbahnen mit elektrischem, Dampf-, animalischem, Seil- oder sonstigem motorischem Betriebe oder einer in öffentliche Bahnen mit gleicher Spurweite einmündenden Schleppbahn dienen sollen, sind

nach den einschlägigen Bestimmungen dieser Vorschrift und den fallweise einzuholenden Weisungen des k. k. Eisenbahnministeriums zu berechnen, zu entwerfen und auszuführen.

2. Für eine bestehende Straßenbrücke, welche von einer öffentlichen Eisenbahn mit elektrischem, Dampf-, animalischem, Seil- oder sonstigem motorischem Betriebe oder von einer in öffentliche Bahnen mit gleicher Spurweite einmündenden Schleppbahn mitbenutzt werden soll, ist dem Eisenbahnministerium und der zuständigen Straßenbehörde der statische Nachweis der Tragfähigkeit für den gedachten Zweck auf Grund der Bestimmungen der §§ 2 bis einschließlich 6 dieser Vorschrift sowie der besonderen Weisungen des Eisenbahnministeriums zu erbringen. Wenn nach dem Ergebnisse dieser Rechnung die Straßenbrücke aus Anlaß der Mitbenutzung für Bahnzwecke einer Umgestaltung bedarf, so sind vor Verfassung des betreffenden Umgestaltungsprojektes Weisungen des k. k. Eisenbahnministeriums und für das Projekt selbst auch die Genehmigung seitens dieser Zentralstelle und der zuständigen Straßenbehörde einzuholen. Dem Projekte sind auch die erstmalig genehmigten Baupläne der gegenständlichen Straßenbrücke oder beglaubigte Kopien dieser Pläne beizuschließen. In Ermangelung solcher ist von der Bahnunternehmung ein auf Grund einer Aufnahme aufzustellender, von der zuständigen Straßenbehörde beglaubigter Bestandsplan der Brücke beizubringen.

3. Rücksichtlich der im Absatz 1 und 2 angeführten Straßenbrücken ist ferner folgendes zu beachten: Vor Durchführung der statischen Berechnung neuer mitzubenutzender Straßenbrücken bzw. vor Ausarbeitung der betreffenden Projekte, dann bei bestehenden mitzubenutzenden Straßenbrücken vor Erbringung des statischen Nachweises ihrer Tragfähigkeit für Bahnzwecke bzw. vor Verfassung der bezüglichen Umgestaltungsprojekte sind dem k. k. Eisenbahnministerium im Sinne des § 2, Punkt f der Verordnung vom 28. August 1904, R. G. Bl. Nr. 97, betreffend die Eisenbahnbrücken, Bahnüberbrückungen und Zufahrtsstraßenbrücken mit eisernen oder hölzernen Tragwerken, schematische Skizzen über die in Aussicht genommenen Fahrbetriebsmittel mit genauen Angaben über das Gesamtgewicht, die Achsdrücke, Achsstände, größte Länge, Breite und Höhe derselben und über das Lademaß vorzulegen.

Dem Ermessen des k. k. Eisenbahnministeriums bleibt es vorbehalten, unter Rücksichtnahme auf den jeweiligen Charakter der Bahn und die Bedeutung derselben für den allgemeinen Verkehr, sowie unter angemessener Bedachtnahme auf etwa in späterer Zeit einzuführende schwerere Fahrzeuge der Bahnunternehmung das Belastungsschema — soweit der Eisenbahnverkehr in Betracht kommt —, dann für den kombinierten Straßen- und Eisenbahnverkehr die Belastungsangaben einvernehmlich mit der zuständigen Straßenbehörde als Grundlagen für die Durchführung der statischen Berechnung bzw. für die Verfassung der Projekte vorzuschreiben.

§ 15. Verkehrsbeschränkungen.

Ohne fallweise besondere Genehmigung dürfen die gemäß dieser Vorschrift hergestellten Brücken mit Fahrzeugen nicht befahren werden, welche dieselben nachteiliger beeinflussen als im Sinne der §§ 6 und 14 gestattet ist; ebenso dürfen die vor Erlassung dieser Vorschrift erbauten Brücken ohne eine solche besondere Genehmigung mit Fahrzeugen nicht befahren werden, welche dieselben ungünstiger beeinflussen, als im Sinne der §§ 13 und 14 zulässig ist.

Vorschriften[1]

über

Bauten in armiertem Beton,

aufgestellt von der Schweizerischen Kommission
des armierten Beton

in ihrer Sitzung vom 30. April 1909.

———

Kap. 1. Allgemeines.

Art. 1. Armierter Beton (Eisenbeton) ist Beton mit Eiseneinlagen, in welchem beide Materialien in solche Verbindung gebracht werden, daß sie gemeinsam zur Aufnahme der Last mitwirken und daß der Beton das Eisen überall umschließt.

Art. 2. Der Entwurf einer Baute aus armiertem Beton hat folgende Angaben übersichtlich zu enthalten:

> die allgemeine Anordnung, die Belastungsannahmen, die Querschnitte der einzelnen Teile und die Anordnung der Eiseneinlagen, die statische Berechnung, das Mischungsverhältnis des Beton, die Qualität der Materialien.

Art. 3. Die zu einem Entwurf gehörenden Pläne sind vor Beginn der Ausführung von dem Projektverfasser, vom Unternehmer und vom Bauherrn oder von seinem bevollmächtigten Bauleiter zu unterschreiben.

Die statischen Berechnungen haben die Unterschrift des verantwortlichen Projektverfassers zu tragen.

Während der Ausführung eines Baues nötig werdende Abänderungen dürfen nur im Einverständnis mit dem Bauherrn oder seinem bevollmächtigten Bauleiter vorgenommen werden. Pläne und statische Berechnungen sind entsprechend abzuändern oder zu ergänzen.

Kap. 2. Grundlagen der statischen Berechnung.

Art. 4. Die Belastungsannahmen. Die auf einen Bauteil entfallende Gesamtlast setzt sich folgendermaßen zusammen:

1. Eigengewicht des armierten Beton. Es ist auf Grund eines Raumgewichtes von 2,5 t/m³ zu berechnen.

2. Übrige ständige Belastung. Dieselbe ist aus den Abmessungen und den Raumgewichten zu bestimmen.

———

[1] Nebst Erläuterungen von Prof. Schüle, Verlag der eidg. Materialprüfungsanstalt in Zürich 1912. — 2. Aufl.

3. Zufällige Belastungen und zwar:

a) Wind- und Schneedruck, gemäß der eidg. Verordnung über Brücken und Dachstühle.

b) Nutzlast in ungünstigster Stellung.

c) Zuschlag zur Nutzlast für Erschütterungen. Es beträgt derselbe für gewöhnliche Maschinen 25%, für Fahrzeuge, stark vibrierende Maschinen 50%.

d) Im Hochbau sind folgende Nutzlasten empfohlen, wobei vorauszusehende Erschütterungen inbegriffen sind:

für Wohnräume. . . . . 200 kg/m²
für Schulräume . . . . 300 »
für Konzert- und Versammlungssäle, Turnsäle, Treppen
  und Podeste in öffentlichen Gebäuden . . . . . 400 »
für Tanzsäle . . . . 500 »

Art. 5. Der Einfluß der Temperatur ist, insofern dadurch innere Spannungen in der Konstruktion verursacht werden, zu berücksichtigen und zwar bei Bauten im Freien für einen Unterschied von $\pm 15^0$ C in bezug auf die mittlere Herstellungstemperatur.

Schwinderscheinungen des Beton an der Luft sind bezüglich ihrer Wirkung auf die auftretenden Spannungen einem Temperaturabfall bis 20^0 C gleich zu achten, d. h. einer linearen Verkürzung bis — 0,25 mm auf ein Meter.

Bei Berücksichtigung dieser Einflüsse dürfen die zulässigen Spannungen für Temperatur allein um 20, für Temperatur und Schwinden um 50% überschritten werden, wobei als äußerste Grenze die Eisenspannung von 1500 kg/cm² und die Betonspannung von 70 kg/cm² einzuhalten sind.

Art. 6. Die statische Berechnung der auf Biegung beanspruchten Teile hat nach folgenden Grundlagen zu geschehen:

a) Zur Ermittelung der Biegungsmomente und Scherkräfte sind die ungünstigsten Stellungen der Nutzlast in Betracht zu ziehen.

b) Ist die Stützweite nicht durch Anordnung der Auflager festgestellt, so wird sie gleich der um 5% vergrößerten Lichtweite der Einzelfelder von Platten und Balken angenommen; bei kontinuierlichen Balken und Platten im Maximum gleich dem Abstand der Mitte der Stützen.

c) An den Endauflagern und über den Zwischenstützen sind die den Verhältnissen entsprechenden negativen Biegungsmomente in Rechnung zu bringen und durch entsprechend angeordnete Eisen zu berücksichtigen.

Bei kontinuierlichen Platten und Trägern ist die Ermittelung der Stützenmomente wie bei durchgehenden Balken aus elastischem Material durchzuführen unter Berücksichtigung der ungünstigsten Belastung der benachbarten Öffnungen.

Die Ermittelung der Biegungsmomente in den Öffnungen hat bei kontinuierlichen Trägern zu geschehen unter Annahme der ungünstigsten Lage der Nutzlast, wobei nur drei benachbarte Öffnungen berücksichtigt werden können.

Bei Feldern mit teilweiser oder vollständiger Einspannung der Enden, welche als Einzelfelder aufgefaßt werden, dürfen die Biegungsmomente in Feldmitte für freie Auflagerung nur unter Berücksichtigung von zwei Drittel der angenommenen Auflagermomente vermindert werden, um der Unbestimmtheit in der Ermittelung der Momente an den Enden Rechnung zu tragen.

Die Senkung der Auflager von durchgehenden Platten und Trägern ist nur dann zu berücksichtigen, wenn Nachbaröffnungen abnormal verschiedene Weiten erhalten und dadurch die Spannungen wesentlich beeinflußt werden.

d) Wirkt auf eine Platte von größerer Breite eine konzentrierte Last, so kann ihre Wirkung auf eine Breite b gleichmäßig verteilt angenommen werden gleich $\frac{2}{3}$ der Stützweite plus der $1\frac{1}{2}$ fachen Dicke der Deckschicht, wenn eine solche vorhanden ist, plus der Breite der Lastangriffsfläche, vorausgesetzt, daß Verteilungseisen vorhanden sind.

e) Bei Balken, bestehend aus einer Platte mit einer Rippe, ist die gleichmäßig wirksame Plattenbreite zu höchstens ein Viertel der Stützweite des Balkens und höchstens der zwanzigfachen Plattendicke anzunehmen.

f) Bei gekreuzt armierten, an den vier Seiten aufgelagerten Platten, in welchen die Länge die anderthalbfache Breite nicht überschreitet, ist die Gesamttragkraft gleich der Summe der Tragkräfte von zwei einzelnen einfach armierten Platten zu berechnen.

Es empfiehlt sich, die Totalbelastung p pro m² zwischen beide Richtungen nach dem Verhältnis

$$p_b = \frac{a^2}{a^2 + b^2} \cdot p \quad \text{für die Stützweite } b$$

und

$$p_a = \frac{b^2}{a^2 + b^2} \cdot p \quad \text{für die Stützweite } a$$

zu verteilen.

Art. 7. Die inneren Kräfte und Spannungen der auf Biegung beanspruchten Konstruktionsteile werden nach folgenden Voraussetzungen ermittelt:

a) Der Beton auf Druck und das Eisen auf Zug und Druck wirken als elastische Materialien; die Wirkung des Betons zur Aufnahme von Zugspannungen wird auch bei der Feststellung der Lage der neutralen Achse außer acht gelassen. Zur Vereinfachung wird ein homogenes Material angenommen und der Eisenquerschnitt im Zuggurt mit dem zwanzigfachen Wert, der allfällige Eisenquerschnitt im Druckgurt jedoch nur mit dem zehnfachen Wert in Rechnung gebracht. Voraussetzung für das Mitwirken der Längseisen auf Druck ist das Vorhandensein von Bügeln oder Querarmierungen, deren Abstand nicht größer als der zwanzigfache Durchmesser der dünnsten Stange sein darf.

b) Überschreitet die Scherspannung im Beton, ermittelt unter Annahme eines homogenen Materials und ohne Rücksicht auf die Eiseneinlagen, die in Art. 9 angegebene zulässige Grenze, so ist die volle Scherkraft mittels geeigneter Abbiegungen der Armierungsstangen oder spezieller Eiseneinlagen zu übertragen.

Art. 8. Die inneren Kräfte und Spannungen der auf zentrischen oder exzentrischen Druck beanspruchten Bauteile werden für die ungünstigsten Kräfte und Biegungsmomente nach folgenden Voraussetzungen ermittelt:

a) Der Beton und das Eisen wirken als elastische Materialien; die Betätigung des Beton zur Aufnahme von Zugspannungen wird nur berücksichtigt, wenn letztere 10 kg auf ein cm² nicht überschreiten. Bei größeren Zugspannungen im Beton wird von der Mitwirkung dieses Materials auf Zug ganz abgesehen; es gilt dann Art. 7.

Zur Vereinfachung wird ein homogenes Material angenommen und der Eisenquerschnitt der Längsarmierung mit dem zehnfachen Wert in Rechnung gebracht. Bei exzentrischem Druck muß das Eisen auf der Zugseite die Zugkräfte ohne Mithilfe des Beton aufnehmen können.

Nur Säulen und Druckglieder mit Eiseneinlagen von mindestens 0,6% ihres minimalen Querschnittes dürfen als armiert betrachtet und berechnet werden.

b) Bilden die Querverbindungen richtige Umschnürungen im Abstand von höchstens $^1/_5$ ihres Durchmessers, so darf das 24fache des Querschnittes einer Längsarmierung von gleichem Volumen als auf Druck mitwirkend in Rechnung gebracht werden.

c) Der nach § a und b ermittelte ideelle Querschnitt des Druckgliedes darf das Doppelte des Querschnittes des Beton bei umschnürtem Beton und das Anderthalbfache des Querschnittes des armierten jedoch nicht umschnürten Beton nicht überschreiten.

d) Voraussetzung für das Mitwirken der Längseisen auf Druck ist das Voerhandensein von Querarmierungen, deren Abstand nicht größer als drzwanzigfache Durchmesser der dünnsten Stangen und auch nicht größer als die schmalste Seite des Querschnittes sein darf.

Art. 9. Die zulässigen Spannungen betragen:

a) bei auf Biegung beanspruchten Bauteilen:

im Beton auf Druck: Druckplatten von Balken T-förmigen Querschnittes 40 kg/cm²,

Balken rechteckigen Querschnittes, Rippen in der Nähe der Stützen

$$40 + 0,05 \, (1200 - \sigma \text{eisen}) \, \text{kg/cm}^2$$

im Maximum 70 kg/cm²,

σeisen bedeutet die maximale Zugspannung des Eisens,

im Beton auf Abscherung . . . . 4 kg/cm²

im Eisen auf Zug . . . . 1200 »

b) bei auf zentrischen Druck beanspruchten Konstruktionsteilen:

im Beton auf Druck . . . . 35 kg/cm²

c) bei auf exzentrischen Druck beanspruchten Konstruktionsteilen:

im Beton auf Druck:

in der Schwerachse . . . . 35 kg/cm²

am Rande . . . . 45 »

im Beton auf Zug am Rande . . . . 10 »

im Eisen auf Zug . . . . 1200 »

d) Die Knickungsgefahr der Säulen und Druckglieder ist bei zentrischer Druckbeanspruchung nicht näher zu berücksichtigen, wenn das Verhältnis von Gesamtlänge zum kleinsten Durchmesser 20 nicht überschreitet.

Für schlankere Säulen und Druckglieder ist die zulässige Druckspannung σ_k zu ermitteln nach der Formel

$$\sigma_k = \frac{\sigma_d}{1 + 0,0001 \cdot \left(\frac{l}{i}\right)^2} \, ;$$

hierin bedeuten:

σ_d die zulässige Randspannung nach Art. 9c oder 45 kg/cm²,

l die freie Knicklänge,

i der kleinste Trägheitshalbmesser.

Kap. 3. Die Materialien.

Art. 10. Eisen. Für die Armierung wird Flußeisen verwendet, welches der eidg. Verordnung für Brücken und Dachstühle zu entsprechen hat.

Die Durcharbeitung des Beton soll in der Regel durch geeignete Maschinen erfolgen.

Der Qualitätsausweis ist durch Kontrollproben an der eidg. Materialprüfungsanstalt in Zürich zu liefern.

Art. 11. Zement. Es darf nur langsambindender Portlandzement verwendet werden, dessen Qualität den schweizerischen Normen entspricht.

Art. 12. Kies und Sand sollen rein und frei von erdigen Bestandteilen sein.

Das Kiesmaterial soll wetterbeständig sein; die Korngröße wird zwischen 5 bis 30 mm Durchmesser variieren können.

Der Sand muß möglichst scharfkörnig und von ungleicher Korngröße von 5 mm abwärts sein; feinere Körner, die ein Sieb mit ½ mm weiten Löchern passieren, dürfen in einer Menge bis 10% darin vorkommen.

Das geeignete Mischungsverhältnis von Sand zu Kies zur Erzielung eines kompakten Beton ist durch Versuche zu bestimmen; liegen solche nicht vor, so gilt die Mischung 1 Sand : 1½ bis 2 Kies in Volumenteilen als die geeignetste.

Vorhandene natürliche Sand- und Kiesmischungen sind auch in bezug auf ihre zweckmäßige Zusammensetzung zu prüfen und nachzubessern.

Art. 13. Der Beton ist nach Gewichtsteilen, für den Portlandzement und nach Volumenteilen für Kies und Sand zu mischen; zur Bereitung des normalen Beton sind auf 1 cbm Kies- und Sandmischung, d. h. auf 0,8 m³ Kies und 0,4 m³ Sand 300 kg Portlandzement zu verwenden.

Nach 28 tägiger feuchter Luftlagerung soll die Druckfestigkeit des Beton,

wenn plastisch angemacht . . . . 150 kg/cm²

wenn erdfeucht angemacht. . . . . 200 »

im Minimum betragen.

Die Festigkeit des Beton wird in der eidg. Materialprüfungsanstalt an vom Bauplatze eingesandten Serien von 3 Würfeln von 16 cm Kantenlänge oder Prismen von 36 · 12 · 12 cm ermittelt; letztere werden auch zur Bestimmung der Zugfestigkeit mittels Biegeproben benutzt.

Die Probekörper sind unter Aufsicht des Bauleiters aus Beton, wie er für die Ausführung des Bauwerkes angemacht wird, herzustellen.

Kap. 4. Ausführung.

Art. 14. Die Einschalungen und Stützen sind sorgfältig herzustellen und sollen ein Einstampfen in dünnen Schichten, namentlich bei Säulen, ermöglichen.

Der Fuß der hölzernen Stützen ist besonders zu sichern.

Art. 15. Die Armierungseisen dürfen nicht nach einem kleineren Radius als dem dreifachen Stangendurchmesser an den Endhaken und nach einem kleineren Radius als dem fünffachen Stangendurchmesser bei den Abbiegungen gekrümmt werden.

Für Durchmesser von 15 mm und darüber ist ein kaltes Abbiegen der Endhaken nicht statthaft.

Das Eisen ist vor seiner Verwendung sorgfältig vor Schmutz, Fett, grobem oder losem Rost zu reinigen.

Die Lage der Armierung muß so genau wie möglich den Plänen entsprechen.

Art. 16. Ausschalen und Ausrüsten. Der Beton ist vor Erschütterungen und vor raschen Temperaturwechseln während mindestens 3 Tagen zu schützen. Vor dem Ausschalen, d. h. vor dem Entfernen nicht stützender Schalhölzer ist die genügende Erhärtung des Beton zu konstatieren. Es darf frühestens nach drei Tagen erfolgen.

Für das Ausrüsten (d. h. die Entfernung stützender Hölzer) sind folgende Fristen einzuhalten:

Stützweite bis 3 m . . . . 10 Tage
»   bis 6 » . . . . 20 »
»   über 6 » . . . . 30 »

Bei Temperatur unter $+ 5^0$ C sind diese Fristen zu verlängern.

Bei mehrgeschossigen Hochbauten hat die Wegnahme der Stützen in der Regel von oben nach unten zu erfolgen.

Art. 17. Der Unternehmer von Eisenbetonbauten darf die Leitung solcher Bauten nur Personen anvertrauen, welche diese Bauart gründlich kennen; zur Ausführung dürfen nur zuverlässige Vorarbeiter verwendet werden, welche Erfahrung in dieser Bauweise besitzen.

Art. 18. Die Verwendung von Konstruktionsteilen aus Eisenbeton, welche fertig auf die Baustelle gebracht werden, ist nur zulässig, wenn diese Teile ein Alter von 20 Tagen erreicht haben.

Eine Belastung darf vor 45tägiger Erhärtungszeit nicht stattfinden.

Kap. 5. Kontrolle und Übernahme der Bauten.

Art. 19. Mit Rücksicht auf die Schwierigkeit einer nachträglichen Kontrolle des verwendeten Armierungseisens, ist dringend notwendig, während des Baues die plangemäße Anordnung und die Querschnitte der Armierungen durch den Bauführer kontrollieren zu lassen.

Das Mischen des Beton soll derart stattfinden, daß das Mischungsverhältnis jederzeit kontrolliert werden kann.

Art. 20. Die mit der Aufsicht über Bauten in armiertem Beton beauftragten Techniker haben über jedes Bauwerk ein Protokoll zu führen, welches enthalten soll: Alle Daten, welche auf den Arbeitsvorgang Bezug haben; Angaben über Temperatur und Witterung; Herkunft und Mischungsverhältnisse der Materialien; Konsistenz des Beton; Skizzen der Verschalungen; ein Verzeichnis nebst Datum der angefertigten Probekörper; Beobachtungen bei der Ausschalung; Beschreibung allfällig entdeckter Mängel.

Art. 21. Das Aufbringen der Nutzlast und Belastungsproben dürfen nicht vor 45tägiger Erhärtung des Beton stattfinden.

Die aufgebrachte Last bei Belastungsproben darf bei Konstruktionsteilen die zur Dimensionierung eingeführte Nutzlast nur bis 50% überschreiten; es ist auf eine möglichst genaue Ermittelung der Einsenkungen in den einzelnen Phasen der Probe Gewicht zu legen.

Eisenbetonteile, welche fertig auf die Baustelle gebracht werden, sind Belastungsproben bis zum Bruch zu unterwerfen im Verhältnis von 1 auf 100 Stücke.

Bei Belastungsproben bis zum Bruch muß die Summe von Eigengewicht, ständiger Belastung und aufgebrachter Last mindestens das Dreifache der Summe von Eigengewicht, ständiger Belastung und vorgeschriebener Nutzlast erreichen.

Kap. 6. Ausnahmen.

Art. 22. Abweichungen von diesen Vorschriften müssen durch eingehende Versuche und durch das Urteil kompetenter Fachleute begründet sein.

Berichtigungen.

Seite 72, 10. Zeile von oben: $x = -n \cdot \dfrac{F_e + F_e'}{b} + \quad$ statt $x = -n \cdot \dfrac{F_e + F_e'}{b} \rightleftharpoons$.

Seite 85, Gleichung (78): F_e' statt F_e.

Seite 90, 8. Zeile von oben: $(80 - 30) \cdot 10$ statt $(80 - 50) \cdot 10$.

Seite 103, unter Abb. 97: $d = \beta \cdot h_1$ statt $d = \beta \cdot b_1$.

Seite 193, vor Gleichung (217): $N_1 (f - z_b)$ statt $P_1 (f - z_b)$.

Seite 303, 6. Zeile von oben: Fundamentrandpressung statt Fundamentwand-pressung.

Seite 321, unter Abb. 327 und 328: $\mathfrak{M}_2$ statt $\mathfrak{M}_1$.

  »   »   »   » 329: $\mathfrak{M}_2 = \mathfrak{M}_3$ statt $\mathfrak{M}_1 = \mathfrak{M}_2$.

VERLAG VON R. OLDENBOURG, MÜNCHEN-BERLIN

Von den

„Illustrierten Technischen Wörterbüchern"
in sechs Sprachen

(Deutsch — Englisch — Französisch — Italienisch — Russisch — Spanisch)

sind bisher folgende Bände erschienen:

Band I:	**Die Maschinen-Elemente und die gebräuchlichsten Werkzeuge.** 407 Seiten, 823 Abbildungen, etwa 2200 Worte in jeder der sechs Sprachen. Preis M. 5.—
Band II:	**Die Elektrotechnik.** 2112 Seiten, 3773 Abbildungen, etwa 15000 Worte in jeder Sprache. Preis M. 25.—
Band III:	**Dampfkessel — Dampfmaschinen — Dampfturbinen.** 1333 Seiten, 3450 Abbildungen, etwa 7300 Worte in jeder Sprache. Preis M. 14.—
Band IV:	**Verbrennungsmaschinen.** 628 Seiten, 1008 Abbildgn., etwa 3500 Worte in jeder Sprache. Preis M. 8.—
Band V:	**Eisenbahnbau und -Betrieb.** 884 Seiten, 2010 Abbildungen, etwa 4700 Worte in jeder Sprache. Preis M. 11.—
Band VI:	**Eisenbahnmaschinenwesen.** 810 Seiten, 2147 Abbildungen, etwa 4300 Worte in jeder Sprache. Preis M. 10.—
Band VII:	**Hebemaschinen und Transportvorrichtungen.** 659 Seiten, 1560 Abbildungen, etwa 3600 Worte in jeder Sprache. Preis M. 9.—
Band VIII:	**Der Eisenbeton im Hoch- u. Tiefbau.** 415 Seiten, 805 Abbild., etwa 2400 Worte in jeder Sprache. Preis M. 6.—
Band IX:	**Werkzeugmaschinen.** 716 Seiten, 2201 Abbildungen, etwa 3950 Worte in jeder Sprache. Preis M. 9.—
Band X:	**Motorfahrzeuge** (Motorwagen, Motorboote, Motorluftschiffe, Flugmaschinen). 1012 Seiten, 1774 Abbildungen, etwa 5900 Worte in jeder Sprache. Preis M. 12.50
Band XI:	**Eisenhüttenwesen.** 797 Seiten, 1685 Abbildungen, über 5100 Worte in jeder Sprache. Preis M. 10.—
Band XII:	**Wassertechnik — Lufttechnik — Kältetechnik.** XXIX und 1959 Seiten, 2075 Abbildungen und Formeln, über 11278 Worte in jeder Sprache. Preis M. 25.—

— **Jeder Band ist einzeln käuflich** —

Weitere Bände in Vorbereitung!

Ausführliche Prospekte über jeden Band (mit Probeseiten, Inhaltsverzeichnis etc.) durch jede Buchhandlung, wie auch vom

Verlag R. Oldenbourg, München NW. 2 und Berlin W. 10

VERLAG VON R. OLDENBOURG, MÜNCHEN-BERLIN

Berechnung ebener, rechteckiger Platten mittels trigonometrischer Reihen.
Von **Karl Hager**, Professor an der Technischen Hochschule München. 94 Seiten Lex.-8⁰. Mit 120 in den Text gedruckten Abb. Geh. M. **7.20**

> . . . Die vorliegende Arbeit Professor Hagers verdient auch aus dem Grunde besonderes Interesse, weil der Leser durch die an einigen wichtigen Sonderfällen in ausführlichster Weise durchgeführte und von lehrreichen Zahlenbeispielen begleitete Vorführung der neuen Berechnungsweise in den Stand gesetzt wird, auch die Lösung einer großen Zahl anderer Aufgaben der technischen Mechanik, bei welchen die Intregation der Differentialgleichung oder deren Aufstellung auf Schwierigkeiten stößt, durchzuführen.
> *(Beton und Eisen.)*

Zur Eisenbetontheorie.
Eine neue Berechnungsweise. Von Ingenieur **W. E. Andrée.** 80 Seiten 8⁰. Mit 60 Abb. Geh. M. **3.—**

Gesetzmäßigkeiten in der Statik des Vierendeel-Trägers
nebst Verfahren zur unmittelbaren Gewinnung der Einflußlinien durch Reihenbildung. Von Regierungsbaumeister Dr.-Ing. **L. Freytag.** 34 Seiten 4⁰. Mit 6 Abb. Geh. M. **1.60**

Der praktische Bauführer für Umbauten,
dessen Tätigkeit vor und während der Bauausführung, mit besonderer Berücksichtigung der Anforderungen, die im heutigen Baugeschäfte in konstruktiver und geschäftlicher Beziehung gestellt werden. Von **F. Hintsche,** Architekt. (Oldenbourgs Techn. Handbibliothek Bd. VI). 287 Seiten. 8⁰. Mit 63 Textabb. und 24 mehrfarbigen lithograph. Tafeln.
Text- und Tafelband, in 2 Leinwdbde, geb. M. **12.—**

> In einem reich illustrierten Textband und einem mehrfarbig lithographischen Tafelband wird die Tätigkeit der Bauführer vor und während der Ausführung eines Umbaues sowohl in konstruktiver wie in geschäftlicher Beziehung dargestellt. Das Ganze gibt sich als die Erfahrungen eines gewiegten Praktikers. Man findet sehr instruktive Maßnahmen und Ratschläge für die verschiedensten Möglichkeiten. Nicht nur Ungeübte sondern auch Erfahrenere werden das Werk mit Nutzen studieren und manche nützlichen Fingerzeige finden. Es steckt eine bewundernswerte Sorgfalt und viel Fleiß in den beiden Bänden.
> *(Zentralblatt für das Deutsche Baugewerbe.)*

Der Bau der Wolkenkratzer.
Kurze Darstellung auf Grund einer Studienreise für Ingenieure und Architekten. Von **Otto Rappold,** Regierungsbaumeister. 263 Seiten gr. 8⁰. Mit 307 Abb. i. Text u. 1 Tafel. In Leinw. geb. M. **12.—**

> . . . Das durch ein großes Bildmaterial von photographischen Aufnahmen und Konstruktionsdetails reich ausgestattete Buch füllt in unserer Literatur eine Lücke aus und läßt überall erkennen, daß der Verfasser an Ort und Stelle aus der Quelle geschöpft hat. Es ist klar und anregend geschrieben und kann auf das wärmste empfohlen werden. *(Zeitschrift für Architektur- und Ingenieurwesen.)*

Träger-Tabelle.
Zusammenstellung der Hauptwerte der von deutschen Walzwerken hergestellten I und E-Eisen. Nebst einem Anhang: Die englischen und amerikanischen Normalprofile. Herausgegeben von **Gustav Schimpff,** Regierungsbaumeister. 67 Seiten quer 8⁰. Kart. M. **2.—**

Der Eisenbau.
Ein Hilfsbuch für den Brückenbauer und den Eisenkonstrukteur. Von **Luigi Vianello.** In zweiter Auflage umgearbeitet und erweitert von Dipl.-Ing. **Carl Stumpf,** Konstruktionsingenieur an der Kgl. Technischen Hochschule zu Berlin. (Oldenbourgs Technische Handbibliothek Bd. IV) 687 Seiten 8⁰. Mit 526 Abb. In Leinw. geb. M. **20.—**

> . . . Diese Inhaltsangabe und noch mehr ein Studium des Buches selbst muß bei jedem Fachmann den Eindruck großer rechnerischer und konstruktiver Erfahrung des Verfassers hervorrufen, die hier im Verein mit einer großen Arbeitsleistung ein Werk geschaffen hat, das der Eisenbautechnik sicher den erstrebten Nutzen und dem Verfasser den verdienten Erfolg bringen wird. *(Stahl und Eisen.)*

www.ingramcontent.com/pod-product-compliance
Lightning Source LLC
Chambersburg PA
CBHW081436190326
41458CB00020B/6223